Emil Ponfick

Handbuch der Krankheiten des chylopoetischen Apparates

Emil Ponfick

Handbuch der Krankheiten des chylopoetischen Apparates

ISBN/EAN: 9783743452299

Hergestellt in Europa, USA, Kanada, Australien, Japan

Cover: Foto ©berggeist007 / pixelio.de

Manufactured and distributed by brebook publishing software (www.brebook.com)

Emil Ponfick

Handbuch der Krankheiten des chylopoetischen Apparates

LEIPZIG,

VERLAG VON F. C. W. VOGEL.

1878.

INHÄLTSVERZEICHNISS.

Ponfick,

Anatomisch-physiologische Einleitung zu den Leberkrankheiten und Icterus.

Thierfelder,

Physikalisch-diagnostische Vorbemerkungen zu den Leberkrankheiten.

LEBERKREBS.

Schüppel,

Pathologische Anatomie.

Leichtenstern,

Klinik des Leberkrebses.

Schüppel,

Amyloide Entartung der Leber.

Fettleber, Hepar adiposum.

Pigmentleber, melanämische Leber.

Heller,

Schmarozer der Leber.

DIE

KRANKHEITEN DER LEBER

VON

E. PONFICK,
PROFESSOR IN GÖTTINGEN.

TH. THIERFELDER,
PROFESSOR IN ROSTOCK.

A. HELLER,
PROFESSOR IN KIEL.

O. SCHÜPPEL,
PROFESSOR IN TÜBINGEN.

UND

O. LEICHTENSTERN,
PROFESSOR IN TÜBINGEN.

ANATOMISCH-PHYSIOLOGISCHE

EINLEITUNG

ZU DEN

LEBERKRANKHEITEN UND ICTERUS

VON

PROFESSOR E. PONFICK.

1 *

Anatomisch-physiologische Einleitung.

Die Leber, die umfänglichste Drüse des menschlichen Körpers, ist in gleichem Maasse durch die Mannichfaltigkeit ihrer räumlichen Beziehungen, wie ihrer functionellen Bedeutung ausgezeichnet. Ihre innige Verbindung mit einer ganzen Reihe wichtiger Nachbarorgane, vor Allem aber der im Verhältniss zu ihrer Masse ausserordentlich ausgedehnte Connex mit der grössten serösen Höhle bringen es mit sich, dass die in ihr vor sich gehenden Störungen nicht allein an und für sich selbst zur Geltung kommen, sondern ebensosehr die umgebenden Organe beeinflussen, wie sie unter Umständen ihrerseits durch ausserhalb der Leber selbst gelegene Momente hervorgerufen werden können.

Der Kreis dieser krankmachenden Möglichkeiten wird aber dadurch noch erheblich erweitert, dass das Organ die bedeutendsten Wechsel in seiner relativen Lage zu erfahren, dass es mit seinen unteren Partien, oder wie man gewöhnlich sagt, mit seinem unteren Rande grosse Wanderungen zu unternehmen vermag. Freilich sind sogar die oberen und hinteren Abschnitte, obwohl sie den eigentlich festen Punkt darstellen, nicht ganz unempfänglich gegen Einwirkungen seitens ihrer Umgebung, wie besonders die Geschichte des rechtsseitigen Empyems und der Entwicklungsgang grosser Nierentumoren , lehren kann. Aber all diese Abweichungen dürfen fast geringfügig erscheinen gegenüber denen, welche die ungleich freier beweglichen, lose in die Bauchhöhle hineinhängenden vorderen und unteren Abschnitte darbieten können.

Zu diesen pathologisch prädisponirenden Momenten topographischer Art tritt nun aber als weitere günstige Bedingung der eigenthümliche Bau des Leberparenchyms hinzu, die mächtige Entwicklung und die einzig dastehende Doppelnatur seines Gefässsystems:

denn hieraus resultirt seine Neigung zur Mitleidenschaft schon bei
leichteren Schwankungen, sei es des allgemeinen, sei es des abdominalen Blutreichthums, sein Abhängigkeitsverhältniss gegenüber
sonst fast unbemerkten Circulationsstörungen. In diesen Gründen
liegt die Erklärung für das bald active, bald passive Wechselver-
hältniss zwischen den Erkrankungen der Leber und anderer Organe,
für die Thatsache, dass diese Drüse durch ihr Leiden nicht nur auf
die Beschaffenheit des Blutes und anderer Theile zurückwirkt, sondern, dass sie auch wie kaum eine andere durch die verschiedensten Alterationen des Blutes und des Stoffwechsels mitergriffen wird
und sonach nicht selten als deren Reagens oder Gradmesser zu dienen
vermag.

Mit Rücksicht darauf werden wir aber auch an dieser Stelle auf
den Werth einer genauen Kenntnissnahme des topographischen, wie
des anatomisch-histologischen Verhaltens der Leber hingewiesen.

Topographie der Leber.

Obwohl selbst bedeutende Desorganisationen der Leber ohne
Rückwirkung auf ihre Lage und Ausdehnung bleiben können, ist
doch eine genaue Feststellung ihrer Grenzen unter allen Umständen
das erste Erforderniss jeder Untersuchung. Andererseits ist es wohl
begreiflich, dass uns ein nach diesen beiden Richtungen hin normaler
Befund noch keineswegs berechtigt, das Fehlen jeder Anomalie anzunehmen.

Gewöhnlich liegt die Leber, die Höhlung des rechten Hypochondriums ausfüllend, so vollkommen vom Rippenbogen überdeckt,
dass nur ein Theil des linken Lappens der vorderen Bauchwand
unmittelbar anliegt, somit nach Eröffnung des Cavum abdominis sichtbar ist. Bei weitem die grösste Constanz zeigt die obere Grenze,
welche dem Stande des Diaphragmas entsprechend, mit ihrem höchsten Punkte in der Regel im Niveau des Knorpels der 4. Rippe liegt.

Die ungleich veränderlichere untere Grenze läuft bald längs des
Rippenbogens, häufiger überschreitet sie ihn, im Allgemeinen der
Richtung seines Saumes folgend, um 2—4 Ctm. In der Axillarlinie
liegt der untere Rand im ersteren Falle gewöhnlich im 10., im letzteren im 11. Intercostalraum oder noch tiefer. Zeigen diese letzteren
Maasse schon bei erwachsenen Männern mannichfache Variationen, so
gilt dies noch mehr, wenn man die beiden Geschlechter mit einander
vergleicht und das Kindesalter mit in Betracht zieht. Bei Frauen
nämlich wie bei Kindern pflegt der den Rippenrand überragende

Abschnitt, entsprechend der grossen Kürze, resp. unvollkommeneren Entwicklung des Thorax, eine bedeutendere Breite zu besitzen.

Der linke Lappen, welcher den oberen Theil der sogenannten Magengrube einnimmt und sich über die kleine Curvatur, die Pars pylorica und den Anfang des Duodenums hinüberbreitet, ist nach Grösse und Gestalt grossen Schwankungen unterworfen: während er vielfach, kurz und gedrungen, nur zu einem kleinen Theil oder gar nicht bis ins linke Hypochondrium hinüber greift, dehnt er sich andere Male, verbreitert und verdünnt, bis gegen die Milz hin aus mit einer zungenförmigen Verlängerung. Der untere Rand liegt in der Medianlinie meist etwas oberhalb der Mitte einer die Spitze des Processus xiphoides mit dem Nabel verbindenden Linie und zieht von da mehr oder weniger schräg nach aufwärts.

Hinsichtlich der Form-, wie besonders auch der Grössenverhältnisse der Leber ist vor Allem hervorzuheben, dass dieselben an dem herausgenommenen Organ wesentlich andere sind als an dem in situ befindlichen, in einem Maasse wie bei keinem sonstigen Organ, das Gehirn etwa ausgenommen: ein Umstand, der bei der controlirenden Vergleichung des intra vitam gewonnenen Befundes mit dem an der Leiche sorgfältigste Berücksichtigung verdient. Durch die Entfernung aus dem Körper wird es im Allgemeinen breiter und flacher: es muss also sowohl die Wölbung der vorderen, als die Concavität an der hinteren Fläche all das an Tiefe verlieren, was sie an Ausdehnung in die Breite gewinnt.

In Zahlen anzugeben, welches die Grössenverhältnisse einer sogenannten normalen Leber seien, ist darum so schwierig, weil, auch abgesehen von Alter und Gesammtkörpergrösse, bei ganz Gesunden noch sehr bedeutende Schwankungen hervortreten. Nach den Erfahrungen von Frerichs wechselt ihre Schwere in der mittleren Lebenszeit von 0,82 bis 2,1 Kilogramm; das relative Gewicht (im Vergleich mit dem des gesammten Körpers) bewegt sich zwischen $\frac{1}{24}$ und $\frac{1}{40}$. Im Allgemeinen nimmt das relative Gewicht mit dem fortschreitenden Alter ab, wie denn schon zwischen dem Volum der fötalen Leber und der des Neugeborenen ein sehr beträchtlicher Unterschied besteht.

Der Bau der Leber

ist, bei den höheren Thieren und beim Menschen wenigstens, von dem aller anderen Drüsen so sehr abweichend, dass auch viele pathologische Vorgänge an ihrem Parenchym eine durchaus eigenthümliche Erscheinungsform zeigen.

Die Gewebseinheiten, die Acini, werden hier nicht wie sonst, durch eine scharf gesonderte Bindegewebsschicht zugleich umhüllt und abgegrenzt, sondern stehen vielfach, d. h. so weit sie nicht durch das von den Portalverzweigungen erzeugte blutführende Netzwerk von einander getrennt werden, in unmittelbarem Contact. Obwohl nun diese „interlobularen" Pfortaderästchen, im Verein mit den entsprechenden Zweigen der Arteria hepatica und des Lebergallenganges, in einen bindegewebigen Mantel eingehüllt verlaufen, so bleibt dieses Interstitialgewebe doch stets nur ein sehr weitlöcheriger Vorhang zwischen zwei benachbarten Lobulis. Da die portale Ramification im Grossen und Ganzen der circulären Richtung folgt, so entsteht dadurch um die kugelig-elliptisch gestalteten Acini herum ein Ring- oder Reifenwerk, dessen einzelne Glieder durch kurze Querbalken mit einander verbunden sind.

In jeder Hinsicht gegensätzlich verhält sich zu der Verbreitungsweise dieser beiden blutzuführenden Gefässe das blutableitende Röhrensystem der Vena hepatica. Während jene nur bis zur Peripherie jedes Acinus vordringen, um ihn dann sinusartig zu umkreisen, tritt die Lebervene von oben oder unten her mitten in seine Substanz hinein, um als Vena intralobularis oder centralis in der Linie seines grössten Längsdurchmessers hindurchzuziehen.

Die Verbindung zwischen diesen beiden Kanalgebieten wird durch die Capillaren vermittelt, welche in dichtestem Nebeneinander in einer im Grossen und Ganzen radiären Richtung den Acinus durchdringen, von dem portalen Ring aus strahlenartig gegen die durch das Lebervenensammelrohr repräsentirte Mitte convergiren. Während sie jedoch die V. interlobularis unter einem annähernd rechten Winkel verlassen, senken sie sich in die Intralobularis in einem spitzen ein, erzeugen somit hier das Bild einer äusserst dichten baumförmigen Ramification.

Der ganze zwischen diesem blutführenden Netzwerke freibleibende Raum wird von den secretorischen Elementen, den Leberzellen eingenommen. Meist sind die Maschen so eng, dass jeweils nur eine darin Platz findet, welche demnach an allen ihren Flächen vom Blutstrome umspült wird. Ueber die Frage ob sich diese absondernden Elemente und die Röhren, welche dazu das erforderliche Rohmaterial heranführen, unmittelbar berühren oder ob zwischen beide ein die Capillaren scheidenartig einschliessender Lymphraum eingeschoben sei, ist noch keine volle Einigung erzielt, so wohlbegründet die letztere Annahme auch erscheinen darf im Hinblick auf die an den meisten anderen Drüsen gewonnenen Erfahrungen, auf manche durch künstliche

Injection gewonnene Ergebnisse und nicht am letzten auf eine Reihe pathologischer Beobachtungen.

Die Substanz der Leberzellen besteht aus einem im Allgemeinen körnigen Protoplasma und einem, häufig mehreren Kernen von rundlich-elliptischer Gestalt. Während die peripherischen Schichten des . Protoplasmas zahlreiche, da und dort recht grobe Granula enthalten, werden die inneren, besonders die dicht um den Kern befindlichen in wechselnder Mächtigkeit von einer gleichartigen und amorphen Masse gebildet, deren Reactionen mit denen des Glykogens übereinstimmen. Neben jenen Körnchen von theils albuminöser, theils fettiger Natur beobachtet man, in sehr vielen Zellen wenigstens, intensiv braune scharf conturirte Granula von Gallenfarbstoff.

Die Ableitung der von den so beschaffenen Zellen bereiteten Galle geschieht durch feinste drehrunde Röhrchen, welche im Centrum jedes Acinus, wahrscheinlich netzförmig, entspringen und sich . in dichtester Ausbreitung so zwischen je zwei Leberzellen hindurchziehen, dass sie zur einen Hälfte der einen, zur andern der anderen Zelle angehören, also sich jeweils gewissermaassen aus zwei Halbkanälchen zusammensetzen. Vermöge einer solchen Anordnung ist jedes absondernde Element mit dem das Secret abführenden Kanalsystem nach allen Richtungen hin in unmittelbaren Contact gebracht und im Stande, von jeder seiner 5—6 Flächen in ein eigenes Drüsenröhrchen hinein zu secerniren. Diese als Gallencapillaren bezeichneten schmalen Rinnsale, von denen es streitig ist, ob sie eine eigene Wandung besitzen oder ob sie blos Hohlgänge, in die Drüsensubstanz eingegraben, darstellen, sammeln sich in der Peripherie jedes Acinus zu gröberen Kanälen, den interlobularen Stämmchen, welche aus einer bindegewebigen Aussenschicht und einem annähernd kubischen Epithel bestehen. Je weiter gegen die Porta hepatis hin, um so höher und schmäler werden diese Zellen, bis sie auf den ausserhalb des Organs gelegenen Strecken ganz den Charakter des Darmepithels gewinnen. Hinsichtlich der Bedingungen des Excretionsvorganges der Galle ist die Thatsache von Belang, dass die Wand der gröberen, wie der feineren Gänge von musculösen Bestandtheilen durchweg frei ist.

Von grösster Wichtigkeit für das Verständniss des grossen Gebietes der Interstitialaffectionen ist die Frage nach der Art des Ursprunges der tiefen Leberlymphgefässe. Eine ganze Reihe einerseits von Stauungszuständen (venöse Hyperämie, die verschiedenen Formen der Muscatnussleber u. s. w.), andererseits von Neubildungsvorgängen — wie beispielsweise der typhösen und der leukämi-

schen Hepatitis — weisen übereinstimmend auf das Vorhandensein
präformirter Bahnen hin zwischen Drüsenzellen und Gefässsystem.
Im ersteren Falle kann man die Capillaren von lymphatischer Flüssigkeit umspült sehen, im letzteren rings von neu aufgetretenen Rundzellen, welche sich innerhalb dieser Räume fortrückend verbreiten. Weit leichter gelingt es, sich von der Existenz der grösseren
Sammelkanäle zu überzeugen, welche, mit allen Charakteren der
Lymphgefässe, im interlobularen Gebiete zur Seite der Pfortader
neben Arterie und Gallengang verlaufen, alsdann zu grösseren
Stämmchen zusammentreten und an der Porta hepatis nach Aussen
dringen. Sowohl diese aus der Tiefe des Organs hervorkommenden,
wie die oberfläehlichen, vom Peritonäalüberzug und der Gallenblase
heranziehenden senken sich in die Lymphdrüsen der Leberpforte
und des Ligamentum hepatoduodenale ein, an deren Dimensionen
und Beschaffenheit man somit einen werthvollen Anhalt besitzt für
das Maass der innerhalb des Parenchyms vor sich gegangenen circu-
latorischen Störungen.

Als die hauptsächliche

Function der Leber

darf auch noch heute die Absonderung der Galle bezeichnet werden,
so ungenügend nach der berühmten Entdeckung Claude Bernard's
und nach den zahlreichen durch seine Nachfolger gegebenen Auf-
schlüssen die Meinung der alten Pathologen auch erscheinen muss,
welche damit ihre Thätigkeit und ihre Beziehungen zum Stoffwechsel
erschöpft wähnten.

Der augenfälligste und in gewissem Sinne charakteristischste Bestandtheil der Galle ist ihr Farbstoff, das Bilirubin. Die Thatsache,
dass derselbe mit dem kristallinischen Producte stagnirender Extravasate, dem Hämatoïdin, identisch ist, gibt einen bedeutsamen
Fingerzeig für seinen Ursprung. Auf ihr fussend kann man sagen,
dass die Lehre der Alten auch in dieser Frage eine Wiederauf-
frischung erfahren hat. In der That wird es immer klarer und sicherer, dass die Galle vor allen als Trägerin der Schlacken des Blutes
anzusehen ist, so wenig uns freilich die Zwischen- und Umwand-
lungsstufen der beiden Farbstoffe und der Modus ihres Ueberganges
aus dem Blute in die secretorischen Kanäle bekannt sind. Noch
weniger hat daher die für das Verständniss des ganzen Absonderungs-
vorganges so wichtige Frage beantwortet werden können, ob und
inwieweit die Bestandtheile der Galle den Zellen durch die Circulation zugeführt, oder inwieweit sie von den secretorischen Elementen

selbst geliefert würden. Bei der Betrachtung der Lehre vom Icterus
werden wir die Gründe im Einzelnen zu würdigen haben, welche
sich zu Gunsten der einen wie der anderen Möglichkeit anführen
lassen.

Neben dem Bilirubin und einigen anderen Stoffen, welche im
Blute, aber bereits präformirt, angetroffen werden, wie dem Cholestearin, Lecithin u. s. w. enthält die Galle als Hauptbestandtheile
zwei an Alkali gebundene sogenannte gepaarte Säuren, die Glyko-
und die Taurocholsäure. Von diesen steht es fest, dass sie der
Leber nicht als solche zugetragen, dass sie vielmehr erst in deren
Parenchym, eben durch die Thätigkeit der Leberzellen, geschaffen
werden.

Das Maass der Gallenabsonderung ist — von den bedeutenden
individuellen Schwankungen abgesehen — ein sehr wechselndes je
nach der Beschaffenheit und Menge der aufgenommenen Nahrung.
Nach den annähernd übereinstimmenden Berechnungen von Ranke
und v. Wittich scheidet 1 Kilogramm Mensch innerhalb 24 Stunden
etwa 14 Gramm Galle aus mit 0,44 Gramm festen Bestandtheilen.
Fleischkost steigert die Secretion, während sie durch fettreiche
Nahrung vermindert wird, ja bei ausschliesslicher Fettdiät sinkt sie
auf ein so tiefes Niveau, wie bei vollkommener Inanition.

Ausser der Bereitung der Galle geht indessen im Parenchym
der Leber noch eine zweite Reihe wichtiger Wandlungen vor sich,
nämlich die Bildung des Glykogens, dessen Gegenwart im Leibe
der Drüsenzellen oben bereits erwähnt worden ist. Als seine Mutter-
substanzen werden jetzt allgemein die der Leber vom Darm her zugeführten Kohlenhydrate unserer Nahrung angesehen. Wahrscheinlich
unter dem direct umwandelnden Einflusse der secretorischen Elemente (ihres Fermentes) setzen sich diese Körper hier in Glykogen
um, welches je nach der Natur der genossenen Kost in sehr bedeutenden Mengen in ihrem Inneren aufgestapelt wird. Ueber die
weiteren Schicksale des Glykogens hingegen sind wir bis jetzt noch
immer nur auf Vermuthungen angewiesen. Denn hinsichtlich der
ursprünglichen Ansicht Cl. Bernard's, dass es sich noch während
des Lebens in Zucker umbilde, hat sich herausgestellt, dass besten-
falls eine ganz geringfügige Quantität des Glykogens diese Metamorphose schon intra vitam erfahre.

Von den beiden Gefässgebieten, welche der Leber Blut zuführen, ist das der Art. hepatica ohne Zweifel von verhältnissmässig
untergeordneter Bedeutung: die Pfortader ist als die Hauptquelle
anzusehen sowohl für die vom Leberparenchym gelieferten und als-

bald nach Aussen geförderten Producte, wie für die, welche auf
längere Zeit darin abgelagert werden, um gelegentlich sei es als
solche, sei es in modificirtem Zustande in die Blutbahn zurückzukehren.

Die wesentlichen Unterschiede, welche in der morphologi-
schen wie chemischen Constitution des Pfortader- und des Leber-
venenblutes hervortreten, sind seit Lehmann stets als Ausdruck
und Maassstab gewaltiger Wandlungen innerhalb des Leberparenchyms betrachtet worden. Man kann den bedingenden Einfluss des
Drüsengewebes selbst aber auch daraus erschliessen, dass weder
irgend einer der genannten specifischen Bestandtheile der Galle,
noch das Glykogen als solche im Portalblute nachzuweisen sind. Die
Ansicht Kühne's, dass gerade die Leber und sie ausschliesslich
der Ort sei, wo sich die aus der Metamorphose von Eiweisssubstanzen hervorgegangenen Paarlinge Glycin und Taurin mit den
Gallensäuren vereinigten, darf daher als ebenso wohlbegründet erscheinen, wie die Annahme, dass, unter normalen Verhältnissen
wenigstens, das Bilirubin als solches erst in ihr erzeugt werde.

Die Gelbsucht.

(Icterus, Cholämie.)

Als Cholämie im weitesten Sinne bezeichnen wir einen
Zustand, wo die wesentlichen Gallenbestandtheile im Blute circu-
liren, als Icterus eine Cholämie, bei welcher die genannten fremdartigen Substanzen, vor Allem der Farbstoff, aus den Gefässen bereits in das Gewebe und zwar besonders gewisser äusserlich sichtbarer Theile übergetreten ist. Allerdings werden die beiden Benennungen nicht selten als völlig gleichwerthig gebraucht; indessen
ist eine Unterscheidung in der angegebenen Weise doch nicht blos
aus theoretischen Gründen gerechtfertigt. Die letzteren sagen uns
ja, dass die Aufnahme von Gallenpigment ins Blut keineswegs mit
Nothwendigkeit Icterus im Gefolge hat: erst wenn dieser Vorgang
eine bestimmte Dauer und damit Höhe erreicht, wird das extravasculäre Gewebe in Mitleidenschaft gezogen: es kommt zu jener Infiltration in die umgebenden Theile, welche sich als Gelbsucht
kundgibt. Es ist sonach gewiss von Wichtigkeit, diese beiden Möglichkeiten scharf von einander zu trennen, wenn man sich erinnert,

dass bei gewissen schleichenden oder an und für sich geringfügigen Veränderungen des Leberparenchyms Icterus sehr wohl gänzlich ausbleiben kann, während doch im Harn und wohl auch im Blut ein leichter oder kurz vorübergehender Gehalt an Gallenbestandtheilen zu beobachten ist. — Die genannte Unterscheidung hat aber auch einen ganz unmittelbaren praktischen Werth, indem zwischen dem die Gallenstauung und -Resorption bewirkenden Moment und dem Eintreten von Icterus stets eine Reihe von Stunden, nicht selten von Tagen liegen muss; sicherlich ist während dieser Zeit die fundamentale Bedingung für den Icterus vorhanden, aber noch nicht die Gelbsucht selbst, in welcher wir nur eine der möglichen Folgen, eine sehr häufig eintretende, jedoch keine absolut constante und nothwendige Aeusserung der Cholämie zu erblicken haben. Stets deutet darum das Erscheinen von Icterus auf einen höheren Grad, auf eine Art Cumulation der cholämischen Blutbeschaffenheit hin, kann somit als eine quantitative Steigerung der Cholämie aufgefasst werden.

Die Anwesenheit von Gallenbestandtheilen im Blute kann nun auf zweierlei Weise zu Stande kommen: einmal durch Aufnahme von fertiger bereits secernirter, aber unterwegs retinirter Galle in den Kreislauf, und sodann — ohne diesen Umweg — durch gewisse, von Anfang an im Blute selbst vor sich gehende Umwandlungsproeesse.

Da eine Bildung von „Galle" nur in der Leber stattfindet, so können jene fremdartigen Beimischungen im ersteren Falle nur aus ihr stammen: hepatogene Cholämie; im letzteren dagegen entstehen sie, allen Anzeichen nach, unmittelbar und autochthon innerhalb der Blutbahn: hämatogene Cholämie.

Aus dieser so sehr verschiedenen Quelle ergibt sich eine wesentliche Differenz der beiden Formen, welche mit Recht als vergleichend-diagnostisches Kennzeichen benutzt wird: während nämlich bei der hepatogenen alle Bestandtheile der Galle, also vor Allem auch die Säuren ins Blut übertreten und je nach Umständen in den Ausscheidungen erscheinen werden, handelt es sich bei der hämatogenen um den Gallenfarbstoff einzig und allein.

I. Die hepatogene Cholämie.

(Hepatogener, mechanischer, Resorptions- oder Stauungs-Icterus der Autoren.)

Unter den zahlreichen Momenten, welche einen Uebertritt fertiger Galle in den Kreislauf bedingen können, sind bei weitem am häufig-

sten diejenigen, wo sich im Verlaufe der Gallenwege, sei es nun
der grösseren, ausserhalb der Leber verlaufenden, sei es der intrahepatischen Gänge irgend welches Hemmniss geltend macht. Bekanntlich ist der Secretionsdruck der Galle schon an und für sich
nur gering; seine Kraftleistung muss aber doppelt schwach aus-
fallen, da seitens der Wandung der ableitenden Wege (welche,
wie wir sahen, musculöse Elemente entbehren) jeder unterstützende
Impuls ausbleibt. In solchem Sinne wirkt ausser der Vis a tergo
nur noch das Zwerchfell, resp. die Athembewegungen, insofern dadurch die Bauchhöhle verkleinert und auf die Gesammtheit der
Leber ein Druck ausgeübt wird. Die Untersuchungen von F r i e d -
l ä n d e r und B a r i s c h lehren nun, dass schon ein mässiger Gegendruck im Stande ist, nicht nur die weitere Secretion hintanzuhalten,
sondern sogar ein Zurückströmen des Secrets mit Uebertritt in die
Blutbahn hervorzurufen.

In der That sind es, gerade auch beim Menschen, zuweilen
sehr geringfügige unscheinbare Umstände, welche den in Rede
stehenden Symptomencomplex einleiten. Als solche sind zunächst
zu bezeichnen die katarrhalische Schwellung der grösseren Gallengänge, insbesondere der Pars duodenalis des Ductus choledochus,
wodurch die katarrhalische Form des Icterus bedingt wird. Mit
Recht hebt V i r c h o w hervor, wie die von Manchen als unumgänglich
angenommene Verlegung des Lumens durch katarrhalisches Secret,
den sogenannten „Schleimpfropf", weder aus theoretischen Gründen
erforderlich erscheine — eben mit Rücksicht auf die oben erwähnten
Erfahrungen —, noch auch constant nachweisbar sei sogar in Fällen
von sehr ausgesprochener Gelbsucht. Vielmehr genügt dazu — bei
den besonderen Modalitäten der Gallensecretion sehr begreiflich —
bereits eine mässige Infiltration der die Ausmündung umstellenden
Falten der Duodenalschleimhaut, seltener der Innenfläche des Choledochus u. s. w. selbst, welche ihrerseits durch stärkere Füllung
der Gefässe, sowie eine seröse Durchtränkung des mucösen und
submucösen Gewebes bewirkt wird. Diese Veränderung ist nun
ihrer Natur nach unscheinbar genug, um einem weniger geübten
Auge zu entgehen, flüchtig und veränderlich genug, um zu verschwinden, noch ehe die Autopsie eine Controle möglich macht; ja
selbst post mortem noch vermag sie sich bis zur Unkenntlichkeit
auszugleichen. Gewiss soll damit nicht geleugnet werden, dass
mitunter ein der Hauptsache nach aus abgestossenen Cylinderepithelien bestehender Tropfen das Lumen des Ganges füllen und trotz
seiner Lockerheit dem Weiterfliessen des Inhaltes Hindernisse be-

reiten kann: nur ist ein solches Vorkommniss weit davon entfernt,
die Regel zu sein.

Die einfachsten und durchsichtigsten Beispiele aus der Gruppe
des katarrhalischen Icterus sind die, wo sich derselbe nachweislich
an einen einfachen Magendarmkatarrh anschliesst. Daran reihen
sich die, wo er auftritt als Consequenz einer gleichfalls symptomatischen Gastroënteritis, wie sie manche typhösen Fieber und
andere infectiöse Krankheiten zu begleiten pflegt. In dies Gebiet
sind sodann, wenn gleich etwas ferner liegend, diejenigen Fälle zu
rechnen, wo in den feineren, den innerhalb des Leberparenchyms
verlaufenden Gängen katarrhalische Erscheinungen auftreten, deren
Grundursache freilich uns nicht selten unklar oder unbekannt ist.
Derart sind die Formen von Icterus, welche sich zu manchen Wundkrankheiten, zu schweren Pyämie- und Puerperalfieberepidemien,
seltener zu malignen Erysipelen u. s. w. hinzugesellen. Obwohl
sich hier in der Anwesenheit von Abscessen der Leber mitunter
eine gröbere Quelle der Gelbsucht entdecken lässt, so gibt es doch
auch Fälle, wo jedes derartige Moment fehlt und einzig und allein
die Füllung gewisser Kanalabschnitte mit angestauter Galle und Epi-
thelrudimenten gefunden werden kann. Die Vorstellung, dass es sich
auch da stets um eine vom Darm aus fortgeleitete katarrhalische Affection handle, hat unstreitig für manche etwas Künstliches und sie hat
darum auch nur bedingungsweise Vertheidigung gefunden: weit näher
liegt es hier wohl, eine autochthone Störung in den interlobulären
Bahnen anzunehmen. In ähnlichem Sinne ist wahrscheinlich die
Gelbsucht zu erklären, welche wir im Verlaufe der Phosphorvergiftung eintreten sehen: nur wirkt hier neben dem Katarrh der
feineren Gänge auch der Druck der stark angeschwollenen Drüsenzellen mit: denn dadurch könnten selbst die von stärkerem Kaliber
bedrängt und eine Anstauung eingeleitet werden, die ihrerseits den
Katarrh erzeugte. Dahin gehören ferner — nach Senator's Hypothese — jene eigenthümlichen Fälle, wo sich in vierwöchentlichen
Perioden wiederkehrend gleichzeitig mit den Menses oder gewissermaassen anstatt derselben Gelbsucht einstellt: Icterus menstrualis, und
vielleicht noch eine Reihe anderer ätiologisch bislang erst schwach
begründeter Formen.

In ganz gleicher Weise wie Schwellung der Schleimhaut und
Vergrösserung der Leberzellen können auch gewächsartige Neubildungen wirken, welche von der Innenfläche der Gallenwege ausgehen
oder sich von anderer Seite her in ihr Lumen hineindrängen. Letzteres
geschieht verhältnissmässig häufig, da ja der zur Entwicklung von Tu-

moren so sehr disponirte Pylorustheil des Magens in unmittelbarster
Nähe liegt. Setzt sich nun eine solche Wucherung auf das Duodenum
fort, oder geht sie — was freilich ziemlich selten — ursprünglich von
diesem aus, so kann sie entweder auf die Einmündungsstelle oder auch,
in das Lumen des Ganges vordringend und seiner Richtung folgend,
sich weiter verbreiten. Vor Allem, aber sind es Steine, welche das
Lumen unvollkommen, seltener ganz verlegen und durch ihre mannichfachen Schicksale zu einem ebenso bunten, als schwer verständ-
lichen Wechselspiel Anlass geben können. Je nachdem sie nämlich
vorrücken oder stecken bleiben, theilweise abbröckeln oder sich
durch neue Anlagerungen vergrössern, je nachdem sie im Lumen
verweilen oder auf dem Wege allmählicher Zerstörung der Wand
nach Aussen durchbrechen, muss sich das Krankheitsbild von Grund
aus und oft sehr plötzlich umgestalten.

Es ist hier sodann der zahlreichen von der Umgebung her wirkenden Momente zu gedenken, welche eine Compression und damit
Verengerung oder Obstruction des Kanallumens bedingen können:
den Ausgangspunkt dafür werden am häufigsten Tumoren des Magens, des Duodenums, des Pankreaskopfes, vor Allem aber solche
der Leber selbst bilden, indem sie sich höckrig vorwölbend gegen
das Ligamentum hepatoduodenale hin entwickeln. Sodann die verschiedenartigen sei es entzündlichen, sei es geschwulstartigen Neu-
bildungsvorgänge im Lig. hepatoduodenale selbst, wie sie auf dem
Boden der darin eingeschlossenen Lymphdrüsen zuweilen erwachsen.
Seltener kommen ferner liegende Organe, wie das Netz, das Colon
transversum u. s. w. in Betracht; wohl aber ist die Anhäufung um-
fänglicher und zugleich harter Kothballen in dem letzteren zu beachten, da diese bei der grossen Verschiebbarkeit gerade des queren
Diekdarms sehr leicht in unmittelbaren Contact mit dem Verlauf der
Gallenwege gerathen können.

Alle diese Proeesse und ganz besonders die, welche in der den
Ductus choledochus tragenden Bauchfellduplicatur selbst Platz greifen,
verbinden sich nur zu gern mit einer bald adhäsiven, bald narbig
retrahirenden Peritonitis und tragen so in sich selbst, wie in ihren
Folgeerscheinungen die doppelte Fähigkeit einer Zerrung, Verschiebung oder winkeligen Knickung des in dem lockeren subserösen
Gewebe lose eingebetteten, nun aber einseitig angelötheten Gallen-
ganges. Einen ganz ähnlichen Einfluss üben Abscesse, Gewächse,
Parasitensäcke u. s. w. im Leberparenchym selbst; je nachdem sie
mit feineren oder gröberen Gallengängen zusammenstossen, je nachdem sie mit einer Fortleitung der Entzündung auf ihre Wand selbst

verbunden sind oder nicht, kann Icterus vorhanden sein oder fehlen, intensiv oder schwach sein.

Nur der Vollständigkeit halber müssen wir noch eine Form kurz berühren, über welche in früherer Zeit sehr viel discutirt worden ist: diejenige nämlich, wo der Icterus auf einem krampfhaften Contractions-, nach Anderen — sonderbar genug — auf einem Lähmungszustand der Gallengangwand beruhen sollte, welcher seinerseits durch Erkältungen, Gemüthsbewegungen u. s. w. entstanden gedacht wurde: Icterus spasticus (Icterus spasmodicus). Es handelt sich da um einen jener, ohne hinreichende physiologische Unterlage aufgestellten Lehrsätze der Alten, hervorgegangen aus dem praktischen Bedürfnisse des Augenblicks, für das überraschend plötzliche Auftreten und Verschwinden von Gelbsucht ein Verständniss zu gewinnen. Seit wir wissen, dass der Wand der Gallenwege die ihr früher zugeschriebenen musculösen Bestandtheile wirklich fehlen, hat die stets hypothetische Lehre vom Icterus spasmodicus sogar die Möglichkeit der Existenz verloren. Dagegen haben uns die Ergebnisse einer combinirten klinisch-anatomischen Betrachtungsweise, wie sie im Vorstehenden kurz skizzirt sind, den Beweis geliefert, dass eine ganze Reihe von Umständen auf grobmechanischem Wege einen solch raschen Wechsel sehr wohl zu erklären im Stande seien.

Etwas ferner liegend sind die Ursachen für jene Formen der Gelbsucht, wo die feineren so gut wie die gröberen Gallengänge ganz frei gefunden werden, das Lebergewebe selbst ursprünglich ganz normal sich verhält, dagegen in der Verminderung oder dem Aufgehobensein der respiratorischen Thätigkeit des Zwerchfells ein Anlass zu Gallenstauung gegeben ist. Allem Anschein nach ist diesem Factor, für die Pathologie wenigstens, noch keine so ausgiebige Berücksichtigung zu Theil geworden, wie er es wohl verdiente. Und doch dürfte wohl manche sonst noch dunkle Form hierauf zu beziehen sein, so gewisse Fälle von biliöser Pneumonie, von Icterus bei den verschiedensten Erkrankungen der Lungen und der Pleura, vielleicht auch bei Pyämie, Puerperalfieber u. s. w., insofern sie mit Anschoppungen oder Infarctbildungen der Lunge oder mit Pleuritis complicirt sind. Aber auch solche chronische Krankheiten, welche lediglich indirect auf die Lungen zurückwirkend Stauungen, Oedem, Hydrothorax nach sich ziehen, können etwas Aehnliches herbeiführen: ich erinnere nur an jene langwierigen Herzleiden, bei denen das endliche Erlahmen der Herzaction, das Versagen einer weiteren compensatorischen Fähigkeit des Myo-

cards einerseits, das Auftreten oder die rasche Zunahme von Oedemen
da und dort, sowie das Erscheinen von Gelbsucht andererseits zeit-
lich eng zusammenfallen, den nahenden tödtlichen Ausgang verkün-
dend. Vielleicht sind hierher auch manche Fälle von Icterus
neonatorum zu rechnen, besonders bei früh geborenen oder sehr
schwachen Kindern, insofern unter solchen Umständen die Respiration nur langsam und unvollständig in Gang kommt.

In allen diesen Fällen hat man sich vorzustellen, dass die Ex-
cretion der Galle, welche ausser von dem Secretionsdruck nur von
dem unterstützenden Impulse der die Leber comprimirenden Zwerch-
fellexcursionen geleistet wird, durch den Wegfall des letzteren Factors
so sehr ins Stocken kommt, dass eine Retention von Galle, wenn
auch nur in manchen Regionen des Organs, eintreten muss.

Ausser den im Vorstehenden geschilderten Hindernissen, welche
eine mehr oder weniger deutlich nachweisbare anatomische Grundlage besitzen, haben wir noch eine andere, allerdings weit kleinere,
jedoch besonders interessante Gruppe zu betrachten, wo die Veranlassung zum Uebertritt nicht in Störungen der Gallenbewegung —
aus welcher Ursache immer — zu suchen ist, sondern in Blutdruck-
veränderungen, welche die Lebergefässe erfahren: eine Möglichkeit,
auf welche zuerst von Frerichs hingewiesen worden ist.

Alle Momente, welche den Blutdruck in der Pfortader und in
ihren Verzweigungen erheblich herabsetzen, müssen begünstigend auf
den Uebertritt eines Secrets in die Blutbahn wirken, welches unter
einem so geringen Absonderungsdruck steht, und zwar um so mehr,
je plötzlicher die Verminderung des Blutdruckes ein gewisses Maass
erreicht. Wenn anders man diesen Modus überhaupt anerkennt, so
wird man sich unwillkürlich zu der Annahme gedrängt fühlen, dass
eine Cholämie auf solcher Grundlage noch weit öfter vorkomme,
als wir durch das Hervortreten von Gelbsucht darauf aufmerksam
gemacht werden. Denn nur die höheren Grade einer solchen gewöhnlich schnell vorübergehenden Cholämie werden ja, wie wir
sahen, zu einer icterischen Färbung der äusseren Theile Anlass
geben.

Als solche Momente sind zu nennen Blutungen aus den Wurzeln
des Pfortadergebiets, Verengerung oder Verstopfung des Lumens
der Stämme, wie sie einerseits durch Pylethrombose und -Phlebi-
tis, andererseits durch Geschwulstbildungen, Concremente u. s. w.
von aussen her bewirkt werden kann. Frerichs hat versucht,
auch jene meist schweren Icterusformen, welche manche Infectionskrankheiten begleiten, auf den verminderten Seitendruck in der

Pfortader zurückzuführen, sei es als Folge der darniederliegenden Resorption im Darm [1]), sei es direct als Folge von Blutungen aus Magen und Darm, wie sie beim gelben Fieber beobachtet werden. Begreiflicherweise begegnet indessen die Feststellung des Vorhandenseins derartiger circulatorischer Anomalien im concreten Falle grossen Schwierigkeiten, um so mehr als unsere Kenntnisse schon über viele Fragen des normalen Leberkreislaufs äusserst mangelhafte sind. Gewiss erklärt es sich zum grossen Theil daraus und aus der Unmöglichkeit, diese Veränderungen anatomisch fixirt zu demonstriren, wenn das Gebiet der letztgenannten Icterusform bis heute noch keine scharfe Abgrenzung erlangt hat. . Es muss daher für jetzt auch noch dahingestellt bleiben, ob beispielsweise die in manchen schwereren Epidemien, resp. Krankheitsfällen von Typhus recurrens so auffällig hervorstechende Gelbsucht, die eine Zeit lang .zur Aufstellung einer eigenen Species, des biliösen Typhoids geführt hat, ebenfalls hieher zu ziehen, oder ob sie — wie die Meisten wollen — einfach als katarrhalische aufzufassen sei. Auch für den Icterus menstrualis in der Senator'schen Beobachtung liesse sich vielleicht Manches zu Gunsten der Ansicht anführen, dass hier nicht ein Katarrh der Gallenwege, sondern rasche Blutdruckänderungen im Portalgebiet, periodisch wiederkehrend, den Icterus erzeugten.

Was die Art und Weise des Uebertrittes der Galle in den Kreislauf anlangt, so hatte man sich bis vor Kurzem stets vorgestellt, dass im Bereich der capillaren Ausbreitung der Drüsengänge das darin stagnirende Secret, sobald die Anstauung einen gewissen Grad erreicht, direct in die benachbarten Blutcapillaren hinüber filtrire. Ein solcher Modus hat aber einige Bedenken, wenn man sich erinnert, dass Gallen- und Blutcapillaren nirgends unmittelbar aneinander stossen, sondern überall durch Leberzellensubstanz von einander getrennt sind; es müsste also die Gallenströmung erst durch deren Leib hindurchpassiren. Nun hat aber Fleischl gezeigt, dass die Galle nach Unterbindung des Ductus choledochus oder hepaticus fast ausschliesslich durch den Milchbrustgang, also auf einem ziemlich weiten Umwege, in die Circulation gelangt; denn es lassen sich nur Spuren von Galle oder gar keine im Blute nachweisen, sobald man mit dem Ductus choledochus gleichzeitig den thoracicus unterbindet. In der That kann man sich schon bei leichteren Icterusformen durch den Augenschein von der Thatsache überzeugen, dass

1) Eine derartige Aufstellung findet ihr experimentell herstellbares Vorbild in dem zuweilen recht intensiven, aber gewöhnlich etwas unbeständigen Icterus, wie er im Verlaufe der künstlichen Inanition wahrgenommen wird.

die Leberlymphe eine deutlich gelbe Farbe annimmt, welche bis in
die portalen Drüsen und weiter verfolgt werden kann. Freilich, die
Kenntniss, dass dieser Weg stets so zu sagen einzig und allein eingeschlagen werde, verdanken wir erst der genannten Experimental-
untersuchung. Eine solche Erfahrung wirft aber auch ein neues Licht
und verleiht eine weitere Stütze der oben entwickelten Auffassung
über die Anfänge der Leberlymphgefässe, wonach also auch in dieser
Drüse zwischen die Secretionszellen und die Blutcapillaren ein weit-
gedehntes System Lymphe führender Bahnen eingeschoben sei.

Allgemeine Symptomatologie des hepatogenen Icterus.

Die durch den verminderten Zufluss oder die gänzliche Ab-
schliessung der Galle vom Darm bedingten Folgeerscheinungen
können in solche positiver und negativer Art geschieden werden.

Die letztere Gruppe umfasst die Störungen in der Verdauung
und der Resorption, welche beim Fehlen oder der mangelhaften Beimischung von Galle zum Darminhalte unausbleiblich sind und sich
in augenfälliger Weise schon durch die abnorme Färbung der Excremente verrathen. Deren Colorit gibt dem Arzte einen werthvollen
Maassstab für die Stärke der ihre Fortbewegung hemmenden Momente. Denn nur in seltenen Fällen sind die Fäces durchaus und
auf längere Zeit ungefärbt, rein staub- bis silbergrau, häufiger hell
lehmfarben in einer zu verschiedenen Zeiten wechselnden Intensität.

Die erstere Erscheinungsweise wird nur bei einem Verschlusse
des Choledochus selbst, am häufigsten durch Steine, beobachtet; sie
deutet auf ein absolutes Hinderniss. Demgemäss geht vor Allem
das Fett grossentheils unverändert durch den Darm hinweg und darauf wiederum beruht das eigenthümlich schillernde, silberglänzende
Aussehen, sowie die teigige, schmierige Beschaffenheit der Abgänge.
Dem entgegen vermag sich bei einer blos relativen Verstopfung der
Gallenwege die Resorption des Fettes sehr wohl zu vollziehen, falls
nicht etwa eine allzu fettreiche Nahrung genossen wird.

Wahrscheinlich ist es auch der geringe Gallengehalt der Darm-
contenta, auf den die den Icterus so häufig begleitende Stuhlver-
stopfung zurückzuführen ist, sowie die Neigung zu Flatulenz und die
erhöhte Zersetzbarkeit der Fäces, — ohne dass wir jedoch im Stande
wären, hierbei den inneren Zusammenhang zwischen Ursache und
Wirkung klar zu verstehen.

Die anderen, die positiven Folgeerscheinungen ergeben sich aus
der Gegenwart der Gallenbestandtheile im Blut. Die Anwesenheit

des Farbstoffs äussert sich zunächst und am merklichsten, indem
nach etwa 24 Stunden das Serum, bald auch (nach 20—40 Stunden)
die Gefässwand eine gelbliche Färbung annimmt und danach (40 bis
60 St.) sogar das extravasculäre Gewebe davon durchtränkt wird.
Damit ist das Erscheinen des augenfälligsten Symptoms der Cholämie gegeben, der Gelbsucht, des Morbus regius. Die Empfänglich-
keit der verschiedenen Theile des Körpers für die Imprägnation mit
Gallenfarbstoff ist eine sehr ungleiche; am grössten ist sie bei den
serösen und fibrösen Häuten, dem dichten, besonders aber dem
lockeren Bindegewebe; dann folgen die Epithelien und gewisse
Drüsenzellen, besonders die der Nieren, während Knochen eine weit
geringere, Knorpel fast gar keine Neigung dazu besitzen. Sehr
rasch findet dagegen der Uebertritt aus dem Blute in den flüssigen
Inhalt der serösen Höhlen statt, sowie in etwaige Trans- und Exsudate; zumal die letzteren, weil unmittelbar aus dem Blutserum hervorgegangen, sind ein sehr taugliches Mittel zur Controlirung einer
schwächeren oder gar zweifelhaften Gelbsucht. Allem Anschein nach
tritt der in das Gewebe transsudirte Farbstoff nicht eher aus demselben ins Blut zurück, als bis dessen eigener Gehalt daran erheblich
abgenommen hat; auf diese Weise muss es zu einer cumulativen
Ansammlung des Farbstoffs und zu einer längere Zeit fortdauernden
Steigerung der abnormen Färbung kommen, ohne dass in der gleichen Zeiteinheit nothwendig eine vermehrte Resorption aus dem Leberparenchym in das Blut stattgefunden hätte. Erst mit dem Aufhören
oder einer wesentlichen Verminderung der Aufnahme aus der Leber
beginnt eine umgekehrte Strömung, welche die allmähliche Wieder-
herstellung der normalen Hautfarbe einleitet. Die Parenchymflüssig-
keiten enthalten das Bilirubin nicht nur gelöst, diffus infiltrirt, sondern zuweilen auch in Form discreter brauner Körner und Klumpen.
Eine dauernde Beeinträchtigung der davon durchsetzten Gewebe
wird dadurch aber nicht herbeigeführt.

Auf dem so eben geschilderten Wege in die Substanz der
verschiedenen Gewebe des Körpers hinein verlässt demnach der
Gallenfarbstoff das Blut nicht definitiv, sondern nur um zu gelegener
Zeit wieder in dasselbe zurückzukehren. Die gewiesenen Pforten,
die ihm normaler Weise offen stehen, um dem Organismus ein für
allemal entrückt zu werden, sind vielmehr die Ausführungsgänge der
Nieren und der Schweissdrüsen.

Kurze Zeit nach dem Beginne der Resorption gewinnt der Harn
eine zuerst safran-, dann röthliche, weiterhin mehr und mehr
braune Farbe, welche alle Stufen von einem bierähnlichen bis fast

grünlichen Aussehen darbieten kann. Die Flüssigkeit ist klar, durch-
scheinend und stark schäumend. Wenn diese Eigenschaften in unver-
kennbarer Weise auf die Beimischung von Gallenfarbstoff hindeuten,
so ist der Nachweis von Gallensäuren weit schwieriger, wie schon
aus der Thatsache erhellt, dass die Kenntniss ihrer Gegenwart im
icterischen Urin eine Errungenschaft der neuesten Zeit und zwar
von Hoppe-Seyler ist. Zum Theil liegt dies wohl daran, dass
nur ein verhältnissmässig kleiner Theil der mit der Galle ins Blut
übergetretenen Säuren den Körper- mit dem Harne verlässt, während
ein grösserer anderer bereits innerhalb des Kreislaufs anderweitige
Umwandlungen erfährt. Auf dem Wege durch die Nieren erzeugen
die hinausstrebenden Gallenbestandtheile, insbesondere der Farbstoff,
in einigermaassen schwereren Fällen von Icterus mancherlei Störungen, welche theils das Epithel, theils das Lumen der Kanälchen
betreffen. Ersteres zeigt nicht nur verschiedene Stadien der körnig-
fettigen Metamorphose, sondern auch mehr oder weniger grobe Pigmentkörner und -klumpen in seinem Innern. Die Tubuli der Rinde
und des Marks dagegen sind da und dort mit Cylindern ausgefüllt,
welche theils hyalin, aber durch den vorbeiströmenden icterischen
Urin leicht grünlich gefärbt sind, theils — und zwar in den schweren Fällen von völliger Gallenstauung, die zur Entstehung des sog.
Icterus viridis Anlass geben — mit wurstartigen Pfröpfen von gras-
grüner bis fast schwärzlicher Farbe, sehr grobklumpigem Gefüge und
grosser Widerstandsfähigkeit gegen die verschiedensten Reagentien.
Die eine wie die andere Art von Cylindern kann auch im Harne
zum Vorschein kommen.

Gegenüber dem Maass der Ausscheidung durch die Nieren ist
die durch die Schweissdrüsen nach Aussen gelangende Menge
verhältnissmässig unbedeutend.

Die geschilderten Wege, durch welche sich das Blut theils vorübergehend, theils dauernd der fremden Bestandtheile entledigt, reichen nun allerdings zu einer endgültigen Elimination nur aus für
den Fall, dass die zu Grunde liegende Ursache nicht allzu lange
fortwirkt und nicht allzu grosse Anforderungen an die depuratorische
Fähigkeit der Nieren u. s. w. stellt. Wirkt sie hingegen fort —
ganz oder wenigstens theilweise —, so wird die Heilkraft der Natur
ebenso fortlaufend immer wieder in Anspruch genommen wie geübt
und ein schliessliches Erlahmen dieser depuratorischen Fähigkeit
kann dann nicht ausbleiben. Es ist dies der gewöhnliche Lauf der
Dinge — falls nicht anderweite Complicationen hinzukommen — bei
den schwereren Icterusformen; der Zeitpunkt, wo jene ausgleichen-

den Factoren erschöpft sind, ist das Signal zum tödtlichen Ausgang.

Nicht selten wird aber dieser so zu sagen günstigste Verlauf
beeinträchtigt und vorzeitig unterbrochen durch die Störungen, welche
das Verweilen der Galle im Blute an den verschiedensten le-
benswichtigen Organen hervorruft. Ihr deletärer Einfluss trifft vor
Allem das Nerven- und Muskelsystem und äussert sich in der seit
alter Zeit bekannten Verlangsamung des Pulses und der Respiration,
sowie in der erheblichen Temperaturerniedrigung. Während hinsichtlich der letzteren beiden Momente das Nervensystem den eigentlichen Angriffspunkt bilden dürfte, ist das Sinken der Pulsfrequenz
(bis auf 40 und weniger) auf einen paretischen Zustand des Herzfleisches zu beziehen, wie er in ähnlicher Weise an der Gesammt-
körpermusculatur beobachtet wird und sich in allgemeiner Abspan-
nung und Mattigkeit kundgibt. Aber nicht blos das verlängerte
Mark, sondern das Grosshirn selbst wird in Mitleidenschaft gezogen:
dafür sprechen die Gehirnreizung, Convulsionen, psychische Exalta-
tion, selbst Tobsucht, welchen in den späteren Stadien die der beginnenden Paralyse — in Gestalt eines apathischen oder komatösen
Zustandes — zu folgen pflegen. Häufig besteht daneben eine tiefe
nervöse Verstimmung und eine allgemeine Hyperästhesie, die sich
besonders auch in Schlaflosigkeit äussert. Der hiermit geschilderte
schwere Symptomencomplex, wie er sich in den Fällen von sog.
Icterus gravis entwickelt und in der Regel öfter wiederholt, wird
als cholämische Intoxication bezeichnet.

Gestützt auf zahlreiche experimentelle Erfahrungen darf man
als die Ursache aller dieser Erscheinungen die Anwesenheit der
Gallensäuren im Blute betrachten und zwar, wie es scheint, in dem
Sinne, dass sie unmittelbar auf die gangliösen und musculösen Ap-
parate einwirken. Jedenfalls ist die Erklärung ungenügend, dass
sie erst durch ihre Eigenschaft, rothe Blutkörperchen zu zerstören,
also indirect jenes Symptom erzeugten, weil die Menge der dadurch
aufgelösten gefärbten Zellen eine verhältnissmässig geringe ist. Ob
aber all die genannten Erscheinungen in gleicher Weise darauf zurückzuführen seien, und ob auch andere, noch dunklere, wie z. B.
das Hautjucken, die abnormen Geschmacks- und Gesichtsempfindun-
gen (bitterer Geschmack und Gelbsehen) eine gleiche Deutung er-
heischen, diese Fragen können für jetzt ebensowenig beantwortet
werden, wie die nach den weiteren Schicksalen, den Producten der
Metamorphose der Gallensäuren innerhalb der Blutbahn. Denn nur
ein kleiner Theil derselben gelangte ja, wie wir sahen, durch den

Harn zur Ausscheidung, der weitaus grössere unterlag weiteren Umwandlungen. Von anderer Seite ist gegenüber dem den Gallensäuren zugeschriebenen Hauptantheil an jenen nervösen Zufällen auf die Retention der Stoffe hingewiesen worden, welche normalerweise bestimmt sind, in der Leber zu Galle verarbeitet und mit dieser ausgeschieden zu werden. Falls nun der Icterus so lange anhält, dass eine gewisse Zahl von Leberzellen in Folge der langen Gallenstauung zerfällt und sich auflöst, oder zwar persistirt, aber durch Ueberfüllung mit sei es unverarbeitetem, sei es bereits fertigem Secretionsmaterial zu weiterer Aufnahme und Umbildung untauglich geworden ist, kann sehr wohl eine solche Anhäufung deletärer Substanzen innerhalb der Blutbahn entstehen, dass schwere Symptome dadurch hervorgerufen werden: die Folgeerscheinungen einer mehr oder weniger vollständigen A c h o l i e.

In jüngster Zeit hat endlich K o l o m a n M ü l l e r, indem er eine von F l i n t ausgesprochene Hypothese einer experimentellen Prüfung unterzog, die Behauptung aufgestellt, dass sich das Bild der cholämischen Vergiftung weder durch Galle, noch durch glykocholsaures Natron, noch endlich durch Taurin erzeugen lasse, dass es vielmehr auf Grund der abnormen Steigerung des Cholestearingehaltes des Blutes zu Stande komme. Eine weitere Prüfung dieser Theorie muss vorerst als dringend erforderlich bezeichnet werden.

II. Die hämatogene Cholämie.

(Der hämatogene oder Bluticterus der Autoren.)

Beim hämatogenen Icterus handelt es sich, im Gegensatz zum hepatogenen, um eine durchaus unabhängig von der Leber vor sich gehende, von Anfang an im Blute verlaufende Störung, welche zum Auftreten freien Gallenfarbstoffs in demselben führt.

Obwohl die Aufstellung dieser Form zahlreichen, immer von Neuem wiederkehrenden Einwänden begegnet ist, so darf doch ihre wirkliche Existenz nicht mehr bezweifelt werden, nachdem die früheren Angaben von K ü h n e und M. H e r r m a n n durch die Untersuchungen von T a r c h a n o f f und die eigenen Erfahrungen des Verfassers eine abermalige Bekräftigung erfahren haben.

Nachdem H o p p e als der Erste die Gallensäuren im Harne Icterischer aufgefunden hatte und damit die F r e r i c h s'sche Hypothese ihrer Umwandlung in Gallenfarbstoff gefallen war, zeigte K ü h n e, dass die Einfuhr einer Reihe von (unter sich ganz differenten) Substanzen in die Blutbahn das Auftreten von Gallenfarbstoff im Harne hervorrufe. In solcher Weise wirken Wasser, die Gallensäuren und gallensauren Salze, Aether, Chloroform, Ammoniak und andere und zwar sämmtlich vermöge der Eigenschaft, rothe Blutkörperchen aufzulösen. Da nun diese zerstörende Fähigkeit nachweislich am energischsten bei den Gallensäuren ist, so gab Kühne für die Genese jenes Icterus des Harns die Erklärung, dass das bei dieser Auflösung freiwerdende Hämoglobin, welches man im Plasma optisch und chemisch leicht nachzuweisen vermag, innerhalb der Blutbahn selbst weiter zerlegt und nach voraufgegangener Umwandlung in Gallenfarbstoff durch den Harn ausgeschieden werde.

Eine andere Genese dieses Icterus, etwa auf Grund eines vielleicht übersehenen Katarrhs im capillaren Gebiet der Gallenwege oder vorübergehender Anomalien der Lebercirculation, oder endlich nervöser Einflüsse, ist jedenfalls noch nicht erwiesen. Dagegen sind mit der vorgetragenen Auffassung die Resultate in vollem Einklang, welche Tarchanoff und der Verfasser erhielten, wenn sie Blutfarbstofflösungen (durch Gefrieren gewonnen) oder Solutionen von kristallinischem Hämoglobin injicirten. Danach erscheint zwar zuerst Hämoglobin im Harn, bald aber ein bräunlicher oder grünlicher Farbstoff, welcher die Reactionen des Bilirubins darbietet. Es darf sonach an der Möglichkeit einer hämatogenen Natur gewisser Icterusfälle auch beim Menschen gewiss nicht gezweifelt werden. Vielmehr werden wir sie überall da zu erwarten haben, wo ein ausgedehnteres Zugrundegehen rother Blutkörperchen Platz gegriffen hat.

Ehe wir diejenigen krankhaften Zustände betrachten, wo ein derartiger Modus nachgewiesen oder wenigstens wahrscheinlich gemacht ist, müssen wir noch des Versuches gedenken, gewisse eigenthümliche Fälle von Icterus als hämatogene aufzufassen, welcher in der Aufstellung einer besonderen Kategorie, des sogenannten Suppressionsicterus seinen Ausdruck gefunden hat. Man ging dabei von der, wie wir jetzt wissen, irrigen Voraussetzung aus, dass die Galle als solche im Blute gebildet werde, mit diesem circulire und in der Leber nur gewissermaassen abfiltrirt werde. Von diesem Vordersatze aus lag es nahe, in solchen Erkrankungen, wo es zu einer tiefgehenden und zugleich plötzlichen Zerstörung des absondernden Parenchyms kommt, wie bei der Phosphorvergiftung, der acuten Atrophie, manchen rasch verlaufenden Eiterungs- und Erweichungsprocessen, wenn sie sich mit schwerer Gelbsucht verbinden, die letztere von einer Retention jener fertig im Blute kreisenden Stoffe abzuleiten. Mit dem Nachweis der Unrichtigkeit jener Prä-

misse, d. h. seit wir durch die Entleberungsversuche von Johannes
Müller und Kunde, sowie von Moleschott wissen, dass die
charakteristischen Bestandtheile der Galle nicht im Blute präformirt,
sondern erst in der Leber durch eine specifische Thätigkeit ihrer
Zellen bereitet werden, ist auch die ganze darauf gebaute Theorie
hinfällig geworden. Dagegen hat der dem Suppressionsicterus zu
Grunde liegende Gedanke der Retention gewisser Stoffe, die, wenn
auch nicht als solche durch die Leber ausgeschieden, so doch zur
Bereitung ihres Secretes verwendet werden sollten, eine den ge-
läuterten Erfahrungen angepasste Form gewonnen in der Aufstellung
der Acholie (vgl. S. 24). Es kann wohl nicht bezweifelt werden,
dass bei eben jenen tiefen Destructionen im Lebergewebe eine grosse
Menge excrementitieller Stoffe, denen der normale Ausweg verschlossen
ist, im Blute verweilen muss; es ist aber auch anzunehmen, dass dieser
Umstand auf das Gesammtverhalten des Kranken von wesentlichem
Einflusse sein werde und es verdient darum die Ansicht, welche den
Symptomencomplex der sogenannten cholämischen Intoxication weit
mehr oder gleichzeitig auf die Acholie zurückführt, vollste Beachtung,
wenngleich es bisher, bei der Schwierigkeit einer experimentellen
Nachahmung all dieser Vorgänge noch nicht gelungen ist, das Maass
ihres Antheils genau festzustellen.

Was nun das thatsächliche Vorkommen von hämatogenem Icterus
beim Menschen anlangt, so ist eine Entscheidung darüber weit schwieriger, als man glauben sollte, weil die Gallensäuren, deren Anwesenheit, resp. Fehlen als differentielles Merkmal dienen sollte, bekanntlich
selbst bei höheren Graden des hepatogenen Icterus nur in sehr geringer Menge in den Harn übergehen. Im Hinblick darauf wird
man sich hüten müssen, ihr Nichtvorhandensein stets als einen
zwingenden Grund für die Annahme der hämatogenen Natur des
Farbstoffes zu betrachten. Andererseits ist gerade bei denjenigen
Icterusformen, welche man, aus einer Art Vorurtheil, immer in
erster Linie als hämatogene ins Auge gefasst hatte, z. B. bei dem
pyämischen Icterus die gleichzeitige Anwesenheit der Gallensäuren
im Harn mehrfach nachgewiesen worden. Nach den obigen Aus-
einandersetzungen über die gar verschiedenartigen Möglichkeiten einer
Antheilnahme der Leber selbst darf ein solcher Befund allerdings
nicht gerade auffallen, vermag auch an und für sich Nichts dagegen
zu beweisen, dass bei der Pyämie in gewissen besonderen Fällen
wirklich ein Icterus hämatogener Natur vorkomme, sagt er uns doch
lediglich, dass in jenen concreten Fällen der Icterus ein hepatogener
gewesen sei. Selbstverständlich werden wir noch weniger darüber

belehrt, ob nicht etwa ausser dem hepatogenen ein hämatogener gewissermaassen selbstständiger nebenher gelaufen sei.

Gewiss ist es demnach nicht mehr blos eine zulässige, sondern auch eine sehr wahrscheinliche Vorstellung, dass der Icterus bei Pyämie unter gewissen Umständen ein hepatogener, unter anderen ein hämatogener sei: aber erst weitere Beobachtungen mit möglichster Individualisirung beim Untersuchen, wie beim Schlussfolgern dürften das jedem von beiden zugehörige Gebiet schärfer abgrenzen.

Als solche Affectionen nun, bei denen mit mehr oder weniger grosser Wahrscheinlichkeit ein hämatogener Ursprung angenommen wird, sind manche Infectionskrankheiten, besonders typhöse und Sumpffieber zu nennen, das gelbe Fieber, sodann eine Reihe von Vergiftungen (mit Schwefel-, Phosphor-, Arsenwasserstoff u. s. w.), sodann durch Schlangenbiss u. s. w., endlich vielleicht der Icterus neonatorum. Dass bei der Phosphorvergiftung, welche von Einigen ebenfalls hierzu gerechnet worden ist, eine mechanische Entstehung der Gelbsucht anzunehmen sei, ist oben bereits dargelegt worden.

Symptomatologie des hämatogenen Icterus.

Es begreift sich leicht, dass die Folgeerscheinungen des hämatogenen Icterus wesentlich andere sein müssen als die des hepatogenen, da es sich lediglich um die Gegenwart von Gallenfarbstoff im Blute handelt. Wir werden also ebensosehr die bei dem letzteren beobachteten negativen Symptome, vor Allem das Fehlen der Galle im Darminhalt und dessen Folgen, zu vermissen haben, als diejenigen positiven, welche aus der Gegenwart der Gallensäuren, des Cholestearins u. s. w. im Blute hervorgehen mögen.

Beide Momente sind von nicht zu unterschätzender diagnostischer Wichtigkeit, aber aus naheliegenden Gründen nicht pathognomonisch, da es auch Fälle von hepatogenem Icterus geben kann, wo die Stühle noch gefärbt sind, der Harn frei von Gallensäuren ist und das typische Bild der Cholämie nicht oder vielleicht noch nicht zur Entwicklung gekommen ist.

Dagegen beobachten wir bei der hämatogenen Form alle die durch die Anwesenheit des Bilirubins gegebenen Symptome hier wie dort: die Färbung des Plasmas, selten zugleich der Gewebe und die dadurch bedingte gelbliche Tinction der äusseren Theile, sowie icterische Färbung des Nierenparenchyms, wie endlich den Gehalt des Harns an Gallenfarbstoff. Es fehlen hingegen all die so sehr

in die Augen fallenden Spuren, die die Gallenretention am Leberparenchym zurücklässt und vor Allem auch jedes Grundleiden dieses
Organes oder seiner Adnexa.

Was die allgemeinen Erscheinungen anlangt, so lässt sich ein
constanter und wohl charakterisirter Symptomencomplex bis jetzt
noch nicht herausheben, welcher zweifellos dem Icterus als solchem
und nicht etwa der meist sehr schweren Grundkrankheit angehörte.

PHYSIKALISCH-DIAGNOSTISCHE

VORBEMERKUNGEN

ZU DEN

LEBERKRANKHEITEN.

WANDERLEBER, HYPERÄMIE DER LEBER, PERIHEPATITIS,
SUPPURATIVE HEPATITIS, INTERSTITIELLE HEPATITIS,
SYPHILITISCHE HEPATITIS, ACUTE ATROPHIE, EINFACHE
ATROPHIE UND HYPERTROPHIE DER LEBER

VON

PROFESSOR TH. THIERFELDER.

Physikalisch-diagnostische Vorbemerkungen.

Wo es sich um die Diagnose einer Leberkrankheit handelt, geht man am sichersten, wenn man sich zuerst denjenigen Erscheinungen zuwendet, durch welche sich die physikalischen Eigenschaften des Organs zu erkennen geben. Denn diese Eigenschaften bieten die wichtigsten Anhaltspunkte für unsere Schlüsse auf den anatomischen Zustand der Drüse.

Ueber die Lage und den Umfang der Leber gibt unter normalen Verhältnissen nur die Percussion Aufschluss. Aber auch durch diese Untersuchungsmethode gelingt es nicht, die obere Grenze des Organs (den Stand der Kuppel des Zwerchfelles) genau zu bestimmen: der helle Schall der rechten Lunge wird vorn unterhalb der 4. Rippe und in der Seitenwand von der Achselhöhle abwärts nur ganz allmählich leerer. Dagegen hat die der unmittelbaren Anlagerung der Leber an die Brustwand entsprechende Dämpfung nach oben eine scharfe Grenze, welche mit dem unteren Rande der rechten Lunge zusammenfällt. Wie dieser verläuft dieselbe als eine nahezu horizontale, nur ganz leicht nach oben gekrümmte Linie um die rechte Thoraxhälfte herum, indem sie in der Regel den rechten Sternalrand an der 6. Rippe, die Papillarlinie im 6. Intercostalraum, die Axillarlinie am unteren Rande der 7. Rippe und die Scapularlinie an der 9. Rippe schneidet und dann an der 11. Rippe auf die Wirbelsäule trifft. Nur bei Personen von untersetzter Statur mit sehr kurzem Thorax kommt es nicht ganz selten vor, dass die obere Grenze der Leberdämpfung um einen Intercostalraum höher liegt als eben angegeben wurde, ein Verhalten, welches sich dadurch als individuell normal erweist, dass dann immer auch der Herzspitzenstoss seine Stelle im 4. Intercostalraum hat. Der von dem rechten Sternalrand nach links gelegene Abschnitt der oberen Leberdämpfungsgrenze wird durch eine gerade Linie bezeichnet, welche von der Stelle, wo jene Grenze den rechten Sternalrand berührt, nach der Stelle des Spitzenstosses hinübergeht. Die dem unteren Rande der Leber ent-

sprechende Dämpfungrenze findet man am sichersten, wenn man am
Bauche aufwärts nach dem Rippenbogen hin percutirt und den Finger
oder das Plessimeter fest andrückt aber nur leise oder bei dickeren
Bauchdecken doch nur mässig stark anklopft. Der Vortheil dieses
Verfahrens beruht darauf, dass man beim Uebergang aus einem hell-
schallenden Bezirk in einen gedämpft schallenden die Grenze zwischen beiden leichter wahrnimmt als in der entgegengesetzten Richtung und dass die dämpfende Wirkung des dünnen Randtheiles der
Leber vor dem lauten tympanitischen Schall der dahinter gelegenen
lufthaltigen Eingeweide nur bei leisem Anschlag zur Geltung kommt.
Freilich ist es aber auch auf die angegebene Weise nicht immer zu
vermeiden, dass man eine Dämpfungsgrenze erhält, die etwas oberhalb des Leberrandes liegt, da dieser mitunter auf Fingerbreite noch
nicht 1 Ctm. dick ist. Ob die Leberdämpfung hinsichtlich ihrer Ausdehnung und Gestalt normal ist oder nicht, lässt sich aus der Grösse
ihrer Durchmesser weniger sicher erkennen, als aus der Lage und
dem Verlaufe ihrer Grenzen. Auf den von Frerichs[1]) gegebenen
Tabellen liegen die Maxima und Minima der einzelnen durch Beobachtung gefundenen Maasse der senkrechten Durchmesser der Leberdämpfung vielfach so weit auseinander, dass die berechneten Mittelzahlen schwerlich als Norm dienen können.

Wir geben beispielsweise einen Theil der Tabelle V auf S. 40,
indem wir zu den dort verzeichneten Mittelzahlen die Minima und
Maxima der Zahlen, aus welchen sie gewonnen sind, hinzufügen.

Der verticale Durchmesser der Leberdämpfung betrug

Bei einer Körperlänge	In der Axillarlinie			In der Mammillarlinie			In der Sternallinie		
	Min.	Max.	Mittel	Min.	Max.	Mittel	Min.	Max.	Mittel
von 67—100 Ctm.									
Individuen 4 männl.	4,0	8,5	5,87	3,0	7,0	4,87	0,5	4,0	2,37
9 weibl.	2,5	7,0	4,36	1,5	7.0	3,94	1,0	5,0	3,28
von 100—150 Ctm.									
Individuen 20 männl.	5,0	11,0	8,57	6,0	12,0	8,30	3,0	7,0	5,25
38 weibl.	6,0	13,0	9,04	6,0	12,0	8,64	3,0	9,0	5,74
von 150—160 Ctm.									
Individuen 24 männl.	6,0	12,0	9,02	6,0	12,0	9,76	4,0	8,0	5,96
11 weibl.	6,0	11,0	9,09	7,0	11,0	9,10	4,5	7,0	5,77
von 160—170 Ctm.									
Individuen 7 männl.	8,0	12,0	10,0	8,0	12,0	9,56	4,0	9,0	6.28

1) Klinik der Leberkrankheiten. Bd. 1. S. 37—40. Braunschweig 1858.

Bamberger fand im Mittel aus 30 Messungen an erwachsenen Individuen die Ausdehnung der Leberdämpfung in der Axillarlinie bei Männern 12 Ctm., bei Weibern 10½ Ctm., in der Papillarlinie bei Männern 11, bei Weibern 9, in der Parasternallinie bei Männern 10, bei Weibern 8½ Ctm. und die Entfernung der äussersten linken Grenze vom Proc. xiph., bei Männern 7, bei Weibern 6½ Ctm.

Eine weit grössere Regelmässigkeit und Constanz als in der Grösse dieser Durchmesser und dem Verhältniss derselben zur Körperlänge zeigt sich in der räumlichen Beziehung zwischen dem unteren Rande der Leber und dem unteren Thoraxrande. Bei normaler Lage und Grösse des Organes verläuft in der Regel die untere Grenze der Dämpfung in der Weise, dass sie in der Papillarlinie am Rippenbogen, in der Axillarlinie ein wenig oberhalb desselben, in der Medianlinie ungefähr in der Mitte zwischen Schwertknorpel und Nabel oder etwas mehr nach dem ersteren hin und von da schräg nach aufwärts steigend mit ihrem linken Ende in der Nähe des Spitzenstosses liegt. Auf der Strecke zwischen der Papillar- und der Medianlinie hat sie entweder eine annähernd horizontale Richtung oder biegt sich schon etwas nach aufwärts; in der Parasternallinie ist ihr Abstand vom Rippenbogen grösser oder kleiner, je nachdem die Krümmung des letzteren steiler oder flacher ist. Hinsichtlich der Ausdehnung des linken Lappens kommen individuelle Abweichungen allerdings nicht selten vor: die durch ihn bedingte Dämpfung überragt manchmal kaum die Spitze des Schwertknorpels und reicht nicht ganz bis zur linken Parasternallinie, während sie andere Male sich weit in die Gegend zwischen linker Papillar- und Axillarlinie erstreckt. Dass die Dämpfung bei normalem Stand ihrer oberen Grenze in der rechten Papillarlinie den Rippenbogen um 1 bis 2 Ctm. überschreitet, ist im früheren Kindesalter nichts ungewöhnliches und im ersten Lebensjahre fast die Regel; ausserdem findet es sich, ohne für abnorm gelten zu müssen, bisweilen bei Personen mit unten engem Thorax.

Bei krankhafter Vergrösserung der Leber oder eines ihrer beiden Hauptlappen erfolgt wegen der gleichzeitigen Gewichtszunahme des am Zwerchfell hängenden Organs die Ausbreitung der Dämpfung für gewöhnlich in der Richtung nach unten resp. nach unten und links. Nach oben findet die Ausbreitung statt, wenn der sonstige Inhalt der Bauchhöhle (Meteorismus, Flüssigkeit im Peritoneum, Unterleibstumoren) die Ausdehnung nach abwärts nicht gestattet oder wenn eine feste Verwachsung der Leber mit der vorderen Bauchwand besteht, oder wenn die Vergrösserung durch Geschwülste bedingt ist, die über die convexe Oberfläche des Organs

emporragen.[1]) Die Zunahme des Dickendurchmessers vermindert
den tympanitischen Beiklang im unteren Theile der Leberdämpfung und steigert den beim Percutiren fühlbaren Widerstand. —
Die Verkleinerung der Leber macht sich stets an der unteren
Dämpfungsgrenze bemerklich. Diese rückt, da der linke Lappen
zuerst betroffen zu werden pflegt, meistens zunächst mit ihrem linken Abschnitte aufwärts und zugleich gegen die Mittellinie hin und
nähert sich später auch in der Gegend des rechten Lappens immer
mehr der oberen Grenze. Dieser Abnahme des Dämpfungsbezirks
nach Breite und Höhe geht in der Regel ein Tympanitischwerden
des dumpfen Schalles voraus, das von unten und links nach oben
und rechts in dem Maasse sich ausbreitet, als das Organ von seinen
Rändern her sich mehr und mehr verdünnt. Wird schliesslich der
Dickendurchmesser auch am rechten Lappen so gering, dass dieser
die Vorderfläche des Hypochondriums nicht mehr berührt, so tritt
an die Stelle der Leberdämpfung vorn überall der helltympanitische
Schall der Därme, die den durch den Schwund der Drüse freigewordenen Raum einnehmen. Bei partieller Verkleinerung der Leber
(syphilitische Schrumpfung) kann an benachbarten Stellen des Dämpfungsbezirks die Grösse der verticalen Durchmesser sehr ungleich
und in Folge dessen der Verlauf der unteren Grenze sehr unregelmässig sein.

Schon bei der Percussion, noch mehr aber bei der Palpation
der Leber ist es für die Gewinnung brauchbarer Resultate von
grossem Belang, Alles zu vermeiden, was zu Täuschungen Veranlassung geben oder die Untersuchung erschweren kann. Man soll
dieselbe deshalb nicht während einer stärkeren Anfüllung des Magens vornehmen, da durch Dämpfung des Percussionsschalls in der
Gegend dieses Organs die Bestimmung der Grenzen des linken Leberlappens vereitelt wird oder bei einer Ausdehnung des Magens durch
Gase dieser Lappen nach oben gedrängt ist. Ferner hat man nö-
thigenfalls vorher für Darmentleerung zu sorgen: grössere Fäcal-
massen in der rechten Hälfte des Colons können sich so dicht an
die Leber anlagern, dass sie leicht für einen Theil derselben gehalten werden. Ein sehr wichtiges Erforderniss ist es, dass die
Bauchmuskeln bei der Untersuchung möglichst erschlafft sind. Die-

---

1) Für acute entzündliche Leberanschwellungen ist es nach Sachs (Ueber
die Hepatitis der heissen Länder. Berlin 1876. S. 38 f.) als Regel zu betrachten,
dass dieselben zuerst nach aufwärts sich entwickeln und erst später, wenn der
Widerstand von oben her einen bestimmten Grad erreicht hat, nach unten zu
sich manifestiren.

sem Zweck entspricht es am meisten, wenn der zu Untersuchende
mit Kopf und Rücken auf einer festen Unterlage ruht und seine
Schenkel in den Hüften mässig flectirt sind; ob und in welchem
Grade dabei der ganze Oberkörper oder nur der Kopf höher zu
lagern ist, ergibt sich im einzelnen Fall durch den Versuch. Durch
zu niedrige Temperatur der untersuchenden Hand und durch zu
rasch ausgeführten Druck auf die Bauchdecken erregt man störende
Reflexcontractionen der Muskeln. Leicht ausweichende Theile, wie
den freien Rand der Leber, wenn derselbe dünn und beweglich ist,
und die gefüllte, aber in der Consistenz ihrer Wandungen nicht veränderte Gallenblase, fühlt man, wenn überhaupt, so nur bei sehr be-
hutsamer Palpation; aber auch wo ein stärkeres Aufdrücken oder
tieferes Eindringen mit den Fingerspitzen nöthig ist, darf es nur allmählich geschehen; blos wenn eine dickere Schicht ascitischer Flüssigkeit zwischen der Bauchwand und der vorderen Leberfläche sich
befindet, erreicht man die letztere in der Regel leichter, wenn man
stossweise palpirt. Man versäume nicht im Laufe der Untersuchung
den Kranken tief einathmen zu lassen: das inspiratorische Herab-
steigen der Leber macht dieselbe manchmal überhaupt erst, andere
Male in grösserer Ausdehnung der Betastung zugängig; ausserdem
gibt es nicht selten Gelegenheit zu Wahrnehmungen, die namentlich
für die Unterscheidung der Leber von krankhaft veränderten Nachbarorganen von Werth sind. Unter Umständen kann auch die Lage
auf der linken oder der rechten Seite, insofern dabei der Lappen
der entgegengesetzten Seite etwas tiefer steht als in der Rückenlage,
für die Palpation förderlich sein, besonders in Betreff des am meisten nach rechts gelegenen Theils der Leber. Die aufrechte Stellung, sowie die Knieellenbogenlage bietet dagegen niemals einen
Vortheil, sondern verursacht vielmehr durch die stärkere Spannung
der vorderen Bauchwand nicht selten Dämpfung des Percussionsschalls und vermehrte Resistenz an einzelnen Stellen, die dann sehr
leicht zu irrthümlicher Deutung verführen.

Unter ganz normalen Verhältnissen lässt sich von der Leber
mittelst des Tastsinns in der Regel nichts wahrnehmen, weil ihre
Resistenz nicht grösser ist als diejenige der Bauchwandungen. Wenn
jedoch die letzteren ungewöhnlich dünn und schlaff sind, fühlt man
mitunter nach aussen vom rechten Rectus abdom. den beim Einathmen unter dem Rippenbogen hervortretenden Rand des rechten Lappens und noch deutlicher bei gleichzeitiger Diastase der Recti in
der Lücke zwischen diesen den entsprechenden Abschnitt vom unteren Rand des linken, sowie einen Theil der vorderen und manch-

mal auch der hinteren Fläche des letzteren. Bei gewöhnlicher Beschaffenheit der Bauchdecken ist aber die Leber nur dann tastbar,
wenn an einem der Palpation zugängigen Theile derselben ihre Consistenz abnorm vermehrt ist. Es ist dann die Aufgabe, durch geeignetes Befühlen dieses Theils sich Kenntniss zu verschaffen über die
Ausdehnung und Beweglichkeit desselben, über den Grad seiner Resistenz im Ganzen und an den einzelnen Stellen, über die Form und
sonstige Beschaffenheit seiner Oberfläche mit Rücksicht auf etwaige
Unebenheiten, Vorsprünge, Furchen an derselben u. s. w. Besonders
ist der freie Rand des tastbaren Theils in den angedeuteten Beziehungen genau zu untersuchen und darauf zu achten, ob er von
der normalen Richtung des unteren Leberrandes abweicht, ob er ab-
gestumpft und verdickt oder auffallend dünn und scharf ist, ob sich
an ihm der Einschnitt für die Gallenblase oder diese selbst als glatte
oder höckerige Geschwulst und die Incisura interlobularis in der Medianlinie oder seitlich von derselben fühlen lässt und ob etwa Verwachsungen mit anderen Organen nachweisbar sind. Womöglich
muss man noch um den freien Rand herum an die concave Seite
der Leber zu gelangen suchen, um auch dort die Beschaffenheit ihrer
Oberfläche zu ermitteln.

Wo die Palpation positive Ergebnisse liefert, zeigt auch die Inspection sehr häufig abnorme Erscheinungen in der Lebergegend und
in deren Umgebung. Die Vergrösserung des Organs kann so beträchtlich sein, dass sie nicht nur das rechte Hypochondrium und
die angrenzende Oberbauchgegend, sondern auch weiter nach oben
gelegene Abschnitte der rechten Brusthälfte oder die ganze untere
Thoraxapertur und sogar den ganzen Unterleib übermässig ausdehnt.
Bei höheren Graden der Vergrösserung ist nicht selten der Rippenbogen nach aussen umgestülpt, indem die falschen Rippen überein-
andergeschoben und zugleich so gedreht sind, dass ihr unterer Rand
zum vorderen wird. Geschwülste, die über die Oberfläche der Leber
vorspringen, bewirken öfter umschriebene Auftreibungen der Bauchwand oder der falschen Rippen. Aber auch wo nur eine geringe
Zunahme des Umfangs und der Consistenz des Organs vorhanden
ist, gelingt es bei dünneren Bauchdecken nicht so selten, an der
Bauchwand eine mit der Respiration sich ab- und aufwärtsschiebende
seichte Furche zu sehen, durch die sich der untere Leberrand abzeichnet.

Die Auscultation liefert nur ausnahmsweise einen Beitrag zu
dem diagnostischen Material. Bei entzündlichen Veränderungen der
serösen Hülle an prominenten Stellen der Leber entsteht manchmal,

indem dieselben mit dem Athmen auf- und abgleiten oder die Bauchwand über ihnen willkürlich vom Beobachter verschoben wird, ein
dem pleuritischen ähnliches Reiben, das sich mit der Hand oder mit
dem Stethoskop wahrnehmen lässt. [1]) In sehr seltenen Fällen verursachen Steine in der Gallenblase, wenn man sie gegeneinander bewegt, eine Art Klirren. Die Grenze, bis zu welcher die Athemge-
räusche der rechten Lunge nach unten hin hörbar sind, kann niemals
zur Bestimmung der oberen Grenze des der Thoraxwand anliegenden
Leberabschnitts dienen: sie liegt bald mehr, bald weniger weit unterhalb der letzteren.

Nicht alle Abweichungen von der Norm, welche die physikalische Untersuchung der Leber ermittelt, dürfen ohne Weiteres als
Zeichen krankhafter Veränderungen des Organs betrachtet werden.
Die gewöhnlichsten derjenigen Abweichungen, die durch Varietäten
in der Gestalt und Grösse der Leber bedingt sind, wurden bereits
erwähnt. Andere ganz vereinzelt vorkommende [2]) wird man im Leben höchstens dann als solche erkennen, wenn sonstige Symptome,
welche auf eine Krankheit der Leber hinweisen könnten, dauernd
fehlen. Gestaltveränderungen, die man ihrer grossen Häufigkeit
wegen und weil sie mit ganz seltenen Ausnahmen ohne merklichen
Einfluss auf die Function der Drüse bleiben, als erworbene Ver-
bildungen bezeichnen kann, entstehen in Folge anhaltender Compression der unteren Thoraxgegend durch enge Kleidungsstücke, und
zwar seltener blos durch das Schnürleib, häufiger zugleich durch
zu fest angezogene Rockbänder und Gurte.

Bei geringen Graden von sog. Schnürleber ist auf der vorderen Fläche des rechten, seltener auch des linken Lappens nur
eine seichte quer verlaufende Furche sichtbar und der unterhalb derselben gelegene, nicht selten abnorm verlängerte Leberabschnitt ist
leichter als unter normalen Verhältnissen nach vorn und hinten zu
bewegen. Das dem Schnürstreifen entsprechende Leberperitoneum
ist unverändert oder es zeigt eine leichte milchige Trübung, welche
an der Druckstelle am intensivsten ist und nach auf- und abwärts
in die jeweilige Leberfärbung unmerklich übergeht. Manchmal erscheint die lädirte Partie leicht granulirt.

Wirkte der Druck andauernd oder intensiver, so sind die Form-
abweichungen des ganzen Organs und die Texturveränderungen an

---

1) Leopold (Arch. d. Hllkde. Jahrg. 17. S. 395) beobachtete laute, blasende,
mit dem Arterienpuls synchronische Gefässgeräusche an einer enorm vergrösserten
carcinomatösen Leber.

2) Abbildungen von solchen siehe bei Frerichs, l. c. S. 48 f.

der gedrückten Stelle erheblicher. Der nach abwärts von der
Schnürfurche sich erstreckende Theil, der sog. Schnürlappen, ist
mit der Hauptmasse des Organs nur noch durch eine verschieden
breite, oft wenige Centimeter dicke, schlaffe Brücke verbunden,
welche nur theilweise aus Drüsensubstanz, manchmal überwiegend
oder selbst ausschliesslich aus fibrösem Gewebe besteht. Der Schnürlappen hat nur selten noch die normale Form des unteren Leber-
segments, sondern ist meist in einen rundlichen Tumor verwandelt,
welcher keinen scharfen Rand an seiner unteren Seite aufweist. Er
reicht mehr oder weniger weit in die Bauchhöhle hinab und lässt
sich vollständig nach vorn und oben umklappen. An der dem Druck
am meisten ausgesetzten Stelle ist das Leberperitoneum schwielig
verdickt, durch perihepatitische Adhäsionen bisweilen mit dem parietalen Blatt verwachsen. Häufiger jedoch ist die Schwielenbildung
nicht auf eine circumscripte Peritonitis zu beziehen, sondern nur als
Resultat des Drüsenschwundes, als partielle Druckatrophie der
Leber zu betrachten: das Bindegewebe daselbst ist nur relativ vermehrt nach Untergang des Leberparenchyms. In der Schwiele sieht
man schon mit blossem Auge weite, meist venöse Gefässe verlaufen,
manchmal auch grössere Gallengänge und ektatische Lymphgefässe.

Die Schwiele besteht aus sehr festem, zähen und zellarmen Bindegewebe und enthält nur spärlich Capillaren, während jene grösseren
Venen und einzelne Arterienästchen die Gefässcommunication zwischen
Schnürlappen und Leber vermitteln. Von der Bindegewebsschwiele
aus lassen sich verschieden breite, gleichbeschaffene Stränge zwischen
die Läppchen und Läppchengruppen des angrenzenden Drüsengewebes
hinein verfolgen, so dass bisweilen auf kleinen Strecken hin das Bild
einer granulirten Leber entsteht[1]) und auch der Schnürlappen ist nicht
selten relativ reicher an Bindegewebe; er ist derber und trockener.

Von den Eigenschaften der Schnürleber kommen für die Diagnostik in Betracht 1) die Verlängerung des Organs und zwar vorzugsweise seines rechten Lappens, welcher mehr oder weniger weit unter
den Rippenbogen, ja selbst bis in die Cöcalgegend hinabreichen kann;
2) die in Folge der Texturveränderungen des Parenchyms und der
Verdickung der Kapsel vermehrte Consistenz des Schnürlappens;
3) die in horizontaler Richtung verlaufende Schnürfurche, in deren
Gegend die Leber durch Atrophie so sehr verdünnt sein kann, dass
sich Darmschlingen über sie lagern und in Folge dessen die dem
Schnürlappen entsprechende Dämpfung durch einen Streifen mit hell-
tympanitischem Schall von dem höher gelegenen Dämpfungsbezirk
der übrigen Leber getrennt erscheint; 4) die Beweglichkeit des Schnür-

---

1) Vergl. A. Thierfelder's Atlas d. pathol. Histologie. Taf. XVI. Fig. 1.

lappens, welche mitunter so beträchtlich ist, dass sich dieser Theil des Organs nach vorn oder hinten umklappen lässt. Die beiden erstgenannten Umstände sind insofern geeignet die Diagnose irre zu leiten, als die grössere Ausdehnung und die derbere Beschaffenheit des der Bauchwand anliegenden Theiles der Leber auch als Zeichen schwerer Krankheiten derselben vorkommen, und der bei der Percussion isolirt erscheinende Schnürlappen kann leicht für ein anderes krankhaft verändertes Organ gehalten werden; aber die Beweglichkeit des Schnürlappens und die mit der Respiration erfolgende Verschiebung desselben sowie der fast stets mögliche Nachweis der Schnürfurche bieten in der Regel genügende Anhaltspunkte für die Erkenntniss des wahren Sachverhalts. Dieselbe wird übrigens noch dadurch erleichtert, dass man die fraglichen Veränderungen fast nur bei erwachsenen Individuen weiblichen Geschlechts, aber bei solchen auch als etwas ganz Gewöhnliches antrifft. Schwieriger ist die Diagnose, wo die Leber ausnahmsweise in ihrem oberen Drittel von der Einschnürung getroffen wird: sie kann dann, wie in einem von Frerichs (l. c. S. 52) abgebildeten Falle, die ganze obere Hälfte der Bauchhöhle einnehmen, indem sie nicht blos beträchtlich verlängert, sondern zugleich weit nach links hinübergedrängt ist; in dem citirten Falle befand sich das Lig. teres am 8. oder 9. Rippenknorpel der linken Seite.

Das Urtheil über den Umfang der Leber ist nicht selten erschwert durch krankhafte Veränderungen der Nachbarorgane. Wird durch abnormen Inhalt der Pleura oder des Herzbeutels oder durch Geschwülste des Mediastinums das Zwerchfell herabgedrängt, so tritt die Leber in grösserer Ausdehnung mit der Bauchwand in Berührung und ihre untere Dämpfungsgrenze kommt ganz oder theilweise tiefer zu stehen.[1]) Obgleich unter solchen Umständen in Folge der durch den krankhaften Zustand der Brustorgane bedingten Circulationsstörungen fast stets eine wirkliche Volumszunahme der Leber besteht, so kommt doch die Ausbreitung der Dämpfung nach unten zu einem mehr oder weniger grossen Theil auf Rechnung der in dieser Richtung erfolgten Dislocation des Organes. Und dass eine solche besteht, ist in Fällen, wo sie durch Lungenemphysem, Pneumothorax, grosse Pericardialexsudate, Mediastinaltumoren bewirkt wird, gewöhnlich leicht zu erkennen, weil sich bei diesen Krankheiten auch entsprechender Tiefstand der oberen Leberdämpfungs-

1) Hochgradige rachitische Thoraxdifformität kann ähnlich wirken, indem sie den Brustraum beengt und das Zwerchfell abflacht.

grenze deutlich nachweisen lässt. Bei grösseren rechtseitigen Pleura-
exsudaten ist dies aber nicht möglich, da der Percussionsschall über
denselben rings um die betreffende Thoraxhälfte herum ebenso dumpf
ist wie über der angrenzenden Leber. Vor dem Irrthum hier die
Dämpfung in ihrer ganzen Höhe auf eine vergrösserte Leber zu beziehen, schützt nicht selten schon die Inspection: denn ein Verstrichensein der Intercostalräume, wie Pleuraexsudate es bewirken,
kommt durch diffuse Leberanschwellungen nicht zu Stande (wogegen
diese zu Umstülpung des Rippenbogens führen können, was wieder
jene niemals thun). Ausserdem liefern aber auch die übrigen Methoden der physikalischen Untersuchung in der Regel Anhaltspunkte
für die differentielle Diagnose. Ist die abnorm weit am Thorax
hinaufreichende Dämpfung durch eine gleichmässige Vergrösserung
der Leber bedingt, so verläuft ihre obere Grenze horizontal vom
Sternum bis zur Wirbelsäule und dem Hochstand des Zwerchfelles
entsprechend liegt auch der Herzstoss höher als normal. Dagegen
wird die einem pleuritischen Exsudate angehörende Dämpfung nach
oben hin in der Regel durch eine Linie begrenzt, welche von vorn
und innen nach aussen und hinten aufsteigt, und wenn durch das
Exsudat der rechte Leberlappen beträchtlich abwärts und gegen die
Mittellinie des Körpers gedrängt ist, so kann, indem das Lig. suspensorium als Hypomochlion wirkt, der linke sich heben und in Folge
dessen der Herzstoss zwar auch eine abnorm hohe Stelle einnehmen,
aber er ist wegen der gleichzeitigen Verschiebung des Mediastinums
stets in gleichem oder in noch höherem Grade nach links aussen
dislocirt. In den seltenen Fällen, wo die obere Dämpfungsgrenze
eines pleuritischen Exsudates im ganzen Umfang der rechten Brusthälfte gleich hoch steht und auch in der Rückenlage sich nicht
ändert, rückt sie wegen der hier vorhandenen Verlöthung beider
Pleurablätter in der Umgebung des Ergusses bei tiefem Einathmen
nicht herab, wogegen an der oberen Grenze einer durch Hinaufragen der Leber bedingten Dämpfung die respiratorische Verschiebung
sich in der Regel deutlich nachweisen lässt. Die letztere fehlt an
der oberen Leberdämpfungsgrenze nur dann, wenn ausnahmsweise
in der Gegend derselben die Pleurablätter miteinander verwachsen
sind oder wenn — was freilich nicht ganz selten vorkommt — das
durch eine Geschwulst der Leber hoch in den Thorax hinaufge-
drängte Zwerchfell in Folge von Atrophie seiner Muskeln unthätig
geworden ist. Eine solche Geschwulst (Echinococcus, Carcinom,
Abscess der Leber) bewirkt indess niemals eine um die ganze rechte
Brusthälfte in gleicher Höhe sich herumziehende Dämpfung, sondern

nur eine umschriebene, die mit einer nach oben convexen Begrenzung aus der übrigen Leberdämpfung hervorragt. Ganz ebenso verhält sich nun aber allerdings bisweilen die Dämpfung, welche durch abgesackte Exsudate im unteren Theil der rechten Pleura verursacht wird, und es kann die Unterscheidung zwischen ihnen und jenen Lebergeschwülsten um so schwieriger sein, als auch bei letzteren Abschwächung der Stimmvibration, Verstrichensein der Intercostalräume und Fluctuationsgefühl an diesen vorkommt. In solchen Fällen vermag mitunter nur das Ergebniss einer Probepunktion die Diagnose festzustellen.

Auch peritonitische Exsudate zwischen dem Zwerchfell und der convexen Fläche der Leber dislociren letztere abwärts, so dass die Dampfung derselben entsprechend weiter nach unten reicht, und können ausserdem in der Gegend, aus welcher sie die Leber verdrängt haben, durch ihre eigene Masse dämpfend wirken. Bei solchen im Ganzen sehr seltenen Fällen lässt sich die Verwechslung mit einer Vergrösserung der Leber nicht immer vermeiden: am ehesten gelingt es, wenn das Exsudat sehr reichlich oder, wie in mehreren von Bamberger erwähnten Fällen, neben ihm Gas vorhanden ist, insofern dann die Erscheinungen ganz denjenigen gleichen, welche ein an der Lungenbasis abgesacktes Exsudat, resp. ein Pneumothorax an dieser Stelle, hervorruft. ·

Mitunter wird der Anschein eines vermehrten Umfanges der Leber dadurch erzeugt, dass Geschwülste anderer Bauchorgane so dicht an derselben anliegen, dass die von ihnen herrührende Dämpfung unmittelbar in die Leberdämpfung übergeht. Dies kommt vor bei Tumoren des Magens, der retroperitonealen Lymphdrüsen, des Pankreas, des Quercolons, des kleinen und grossen Netzes, der rechten Niere. In einem Theile dieser Fälle lässt sich jedoch der freie Rand der Leber, welcher freilich nicht selten in Folge einer Verschiebung durch den Tumor von seinem normalen Verlauf mehr oder weniger abweicht, sowie die Bewegung desselben beim Athmen mit den Fingern und gewöhnlich auch mit den Augen noch deutlich unterscheiden. Manchmal ist indessen der Tumor so eng mit der Leber verwachsen, dass auch die genaueste Palpation die Grenze zwischen beiden nicht zu entdecken vermag. Hier wird, wenn der Tumor so fest sitzt, dass er die Leber verhindert beim Einathmen herabzurücken, dieser Mangel der respiratorischen Verschiebung meistens ein sicheres Zeichen sein, dass es sich um einen fremden Tumor und nicht um einen tief herabragenden Theil einer kranken Leber handelt. Denn selbst wenn eine solche beiderseits bis zur

Inguinalgegend reicht, pflegt die Abwärtsbewegung ihres unteren
Randes bei tiefem Einathmen noch merklich zu sein. Der Einfluss
der Respiration auf die Stellung des Organes fehlt, abgesehen von
dem eben besprochenen Falle nur dann, wenn dasselbe durch starkes Emporragen in den Thorax die Contractilität des Zwerchfelles
schädigt oder bei colossaler Vergrösserung in die Breite sich gegen
beide Hypochondrien anstemmt — Umstände, unter denen eine
scheinbare Lebervergrösserung durch einen unten an das Organ
angelagerten Tumor kaum jemals in Frage kommen wird. Nimmt
aber ein von der Leber nicht abzugrenzender Tumor an der respiratorischen Bewegung derselben Theil und bilden beide zusammen
eine Masse, die ihrer Gestalt nach einer vergrösserten Leber ähnlich
ist, so wird der Irrthum unvermeidlich sein, falls nicht functionelle
Symptome oder anamnestische Data zur richtigen Diagnose verhelfen.

Bei Weitem häufiger entspringen aus den räumlichen Beziehungen
der lufthaltigen Baucheingeweide zur Leber Täuschungen über das
Volumen der letzteren im entgegengesetzten Sinne: das Organ erscheint kleiner als es ist, weil es an einem Theile seiner vorderen
Fläche von Darmschlingen bedeckt oder weil es durch die aufgeblähten oder heraufgedrängten Gedärme nach oben und hinten geschoben wird. Das Erstere kommt, wenn auch selten, als physiologischer Zustand vor, wenn anomaler Weise das Quercolon zwischen
Leber und Rippenrand verläuft; häufiger hängt es mit krankhaften
Veränderungen des Organes (Resistenzverminderung des Parenchyms,
Bildung von Furchen an der vorderen Fläche) oder mit Erweiterung
der unteren Thoraxapertur in Folge von ascitischer Ausdehnung des
Bauches zusammen. Meistens ist der Zustand bei genauer Percussion
aus den Abweichungen im Verlauf der unteren Dämpfungsgrenze zu
erkennen: die derselben entsprechende Linie steigt z. B. wenn die
Flexura coli dextra sich vorgeschoben hat, in der Gegend der Lin.
axill. plötzlich einige Centimeter weit steil aufwärts, um dann wieder
annähernd horizontal weiter zu laufen oder früher oder später bogen-
förmig sich zu senken. Manchmal gelingt es auch die vorgelagerte
Darmschlinge so stark zu comprimiren, dass der den Percussionsschall dämpfende Einfluss der Leber zur Wahrnehmung kommt. Ist
ein Theil einer stärker vergrösserten Leber von Darmschlingen verdeckt, so lässt er sich, indem man diese verdrängt oder zusammen-
drückt, gewöhnlich durch die Palpation erreichen, weil in solchen
Fällen auch die Consistenz des Organes abnorm vermehrt zu sein
pflegt. Bei der Verschiebung durch lufthaltige Därme wird die

Leber in der Regel [1]) gerade aufwärts und gleichzeitig nach hinten gedrängt und Letzteres kann bis zu dem Grade geschehen, dass an dem ganzen Abschnitt der vorderen Brustwand, welcher von dem unteren Lungenrand und dem Herzen nach abwärts gelegen ist, Darmschlingen anliegen. Die Leberdämpfung nimmt also durch Hinaufrücken ihrer unteren Grenze in ihrem Höhendurchmesser ab und kann endlich vollkommen verschwinden, so dass der Lungenschall rechts vorn und bisweilen sogar auch in der Seitenwand unmittelbar an den Darmschall angrenzt. Die Veranlassung zu einer solchen Dislocation gibt am häufigsten intestinaler Meteorismus und Beengung des Bauchraumes durch Flüssigkeit im Peritonealsack oder durch Geschwülste, namentlich solche, welche vom Becken aufsteigen. Die Erkennung der nächsten Ursache der verkleinerten Leberdämpfung ist in derartigen Fällen leicht, ein sicheres Urtheil über die Grösse der Leber dagegen unmöglich, und wenn die Annahme einer Verminderung derselben durch andere Gründe wahrscheinlich gemacht wird, so können ihr doch niemals die Ergebnisse einer Untersuchung zur Stütze dienen, welche bei vorhandener Aufblähung oder Empordrängung der Därme vorgenommen wurde. Uebrigens darf man nicht übersehen, dass bei Personen mit straffen Bauchwandungen Meteorismus vorhanden sein kann, ohne dass der Unterleib aufgetrieben erscheint, und dass dann leicht das Zwerchfell desto stärker hinaufgedrängt und die Leberdämpfung entsprechend verkleinert ist: hier liefert aber der Stand der unteren Lungengrenze sowie derjenige des Herzstosses und der Herzdämpfung genügende Anhaltspunkte für ein richtiges Urtheil.

Wanderleber.

Hepar migrans. Fegato ambulante.

Mit diesem Namen bezeichnet man eine mehr oder weniger beträchtliche Dislocation der Leber nach unten, für welche sich als Ursache ein von oben her auf das Organ wirkender Druck, wie er bei den S. 39 genannten Krankheiten stattfindet, nicht nachweisen lässt. Der erste derartige Fall wurde 1866 von Cantani beschrieben. Seitdem sind 8 weitere Beobachtungen publicirt worden.[2])

1) Ausnahmsweise kann die Verdrängung mehr nach der Seite, gegen die rechte Excavation des Zwerchfells hin, stattfinden, wenn das Colon in Folge von Stenose oder Compression tieferer Darmpartien vorwiegend ausgedehnt ist. Frerichs l. c. S. 66 erwähnt einige solche Fälle.

2) Einen von Salomone-Marino mitgetheilten Fall habe ich bei meiner

A. Cantani, Ann. univers. di Medic. 1866. Nov. p. 373. Schmidt's Jahrbb. Bd. 141. S. 108. — R. Piatelli, Riv. clin. VII. S. p. 239. 1868. Schmidt's Jahrbb. Bd. 141. S. 112. — E. A. Meissner, Schmidt's Jahrbb. Bd. 141. S. 107. 1869. — G. Barbarotta, Il Morgagni XII. p. 848. 1870. Schmidt's Jahrbb. Bd. 149. S. 170. — F. N. Winkler, Arch. f. Gynäkol. Bd. 4. S. 145. 1872. — Fr. Vogelsang, Memorabilien. Jahrg. 17. 1872. Nr. 2. S. 67. — G. Leopold, Arch. f. Gynäkol. Bd. 7. S. 152. 1874. — W. Sutugin, Arch. f. Gynäkol. Bd. 8. S. 531. 1875. — Chvostek, Wiener medic. Presse 1876. Nr. 26—29.

Obgleich bis jetzt bei keinem von diesen 9 Fällen die Diagnose durch die Section controlirt werden konnte, so lassen doch 7 derselben über das Vorhandensein der in Rede stehenden Lageveränderung kaum einen Zweifel, während die beiden übrigen (Piatelli, Vogelsang) nicht ganz so sicher sind.

Sämmtliche Beobachtungen betreffen Frauen [1]), welche geboren hatten. Dieselben waren zu der Zeit, als die abnorme Lage des Organs sich zuerst bemerklich machte, im Alter von resp. 29, 37, 39, 41, 42, 43, ca. 50, 53 und 54 Jahren. Einige von diesen Frauen gehörten den niederen, andere den sog. besseren Ständen an. Drei derselben hatten die Gewohnheit, sich fest zu schnüren; von zwei anderen wird nur erwähnt, dass sie eine Schnürbrust getragen hatten; Sutugin bemerkt ausdrücklich, dass seine Kranke sich nie geschnürt hat. Die auf die Wanderleber hinweisenden Erscheinungen traten auf: in den Fällen von Cantani, Meissner und Winkler wenige Wochen nach einer rechtzeitigen Entbindung, in dem Falle von Barbarotta, wo 6 Geburten vorausgegangen waren, mehrere Monate nach einem mit profusen Metrorrhagien verbundenen Abortus, in Vogelsang's Falle, welcher eine Frau betrifft, die dreimal geboren hatte, 1 Jahr nach der Menopause, in Leopold's Falle 7 Jahre nach der letzten (siebenten) Niederkunft; bei 2 Frauen endlich hatte nur eine rechtzeitige Entbindung stattgefunden, seit welcher in Sutugin's Falle 10, in dem von Piatelli mindestens

Darstellung nicht berücksichtigt, weil mir das Original (Rivista clin. di Bologna 1874. Maggio) nicht zugänglich war und der Auszug desselben im Jahresbericht von Virchow und Hirsch für 1874, Bd. 2, S. 257 nur folgende Angaben enthält: In der Klinik Federici's zu Palermo sah Salomone-Marino eine 26jährige Frau mit einer Geschwulst in der linken Hälfte des Unterleibs, welche die genauere Untersuchung (mit Zuhülfenahme der Anamnese u. s. w.) als die vergrösserte, prolabirte, übrigens aber normale Leber nachwies, während die Milz sich im rechten Hypochondrium befand. Die Brusteingeweide hatten ihre normale Lage.

[1]) Nach Wassiljew (Petersb. med. Wochenschr. 1876. Nr. 30; refer. im Centralbl. f. d. med. Wissensch. 1876. S. 873) kommt die bewegliche Leber auch bei Männern vor.

23 Jahre bis zum Eintritt der Leberdislocation vergangen waren. Dieselbe erfolgte in dem letztgenannten Falle während einer Unterleibskrankheit, die wahrscheinlich chronische Peritonitis war. Bei Sutugin's Kranken endete eine zweite Schwangerschaft mit Abort im 3. Monat in Folge eines Falles, doch fehlt die Angabe der Zeit, zu welcher dies geschah. In dem Falle von Winkler begannen die Symptome der Wanderleber beim Heben einer schweren Last. Ueber den allgemeinen Ernährungszustand der betreffenden Frauen zur Zeit der Entstehung der Leberdislocation wird von den meisten Beobachtern nichts erwähnt; die Kranke von Leopold war schlecht genährt, sehr mager und blutarm, die von Sutugin fett, aber ein wenig anämisch. In mindestens der Hälfte der Fälle (Barbarotta, Winkler, Leopold, Sutugin) war ein schlaffer Hängebauch vorhanden und in zwei derselben wird die ausserordentliche Dünne der Bauchwandungen hervorgehoben; auch Vogelsang erwähnt die Vorwölbung des ganzen Bauches und Cantani die Zartheit der Bauchmuskeln; bei Piatelli's Kranker aber war der Unterleib in seiner Mitte und etwas nach oben zu prominent und die Bauchhaut liess sich in dicke Falten aufheben.

Aus dieser Zusammenstellung derjenigen Umstände, welche etwa als ätiologische Momente in Betracht gezogen werden könnten, ergibt sich, dass keinem derselben ausser dem Geschlecht ein entschiedener Einfluss auf das Zustandekommen der Wanderleber zugeschrieben werden darf. Das ausschliessliche Vorkommen bei Frauen hat die Wanderleber mit der Wandermilz gemein. Während aber bei der Milz der Anlass zur Verlängerung der Ligamente in einer anhaltenden Zerrung gegeben ist, welche das in Folge krankhafter Anschwellung schwerer gewordene Organ auf dieselben ausübt, lässt sich eine analoge Ursache für die Dehnung der Leberligamente nicht auffinden, denn die gesunkene Leber verhielt sich mit einer einzigen Ausnahme (Barbarotta) in allen bisher veröffentlichten Fällen nach Umfang und Consistenz anscheinend normal. Der Umstand, dass die Frauen, bei denen eine Wanderleber beobachtet wurde, sämmtlich geboren hatten, führte zu Versuchen, die Entstehung der Dislocation aus gewissen durch die Gravidität bedingten Vorgängen zu erklären. Cantani nahm an, dass der hochschwangere Uterus eine Rückwärtsdrängung der Leber und dadurch Zerrung und Dehnung ihrer Ligamente bewirken könne. Aber schon Meissner hat auf die Unwahrscheinlichkeit dieser Hypothese hingewiesen und mit Recht hervorgehoben, dass ein Druck gegen die untere Leberfläche das Organ einfach nach oben gegen das Zwerchfell drängen müsse und

wenn er wirklich stark genug wäre, um die von Cantani suppo-
nirte Verschiebung hervorzubringen, Symptome von Störung der
Gallenexcretion und der Blutcirculation, sowie der Ernährung und
der Function der Leber schwerlich ausbleiben dürften, während bei
keinem Falle von Wanderleber das Auftreten solcher Symptome in
einer vorausgegangenen Schwangerschaft bemerkt worden ist. Dazu
kommt, dass der Fundus uteri selbst am Ende des 9. Monats die
Leber, sofern diese ihrer Grösse und Lage nach normal ist, entweder
gar nicht erreicht oder höchstens eben berührt, und dass Letzteres
am wenigsten dann geschehen wird, wenn er antevertirt ist, was in
der Hälfte der vorliegenden Beobachtungen — wie der zurückge-
bliebene schlaffe Hängebauch annehmen lässt — der Fall gewesen
zu sein scheint. Auf einen durch die Schwangerschaft erzeugten
Hängebauch legte Winkler das grösste Gewicht bei seiner Erklärung
des Zustandekommens der Wanderleber. Diesem Autor zufolge soll
es hauptsächlich der intraabdominale Druck sein, durch welchen die
Leber in ihrer normalen Lage erhalten wird, und die erhebliche
Verminderung dieses Druckes, welche nach seiner Annahme mit der
Erschlaffung der Bauchwandungen eintritt, soll eine Senkung des
Zwerchfelles und der Leber nach sich ziehen. Diese Theorie erweist
sich aber, wie Leopold mit Recht einwendet, schon deshalb als
unhaltbar, weil eine Zwerchfellsenkung von keinem Beobachter ausser
Winkler gefunden wurde und dem so häufigen Vorkommen des
Hängebauches gegenüber die Lebersenkung äusserst selten ist. Die
grosse Seltenheit derselben muss überhaupt allen Erklärungsversuchen
entgegengehalten werden, welche darauf ausgehen, zwischen der
Leberdislocation und der Gravidität einen directen Zusammenhang
nachzuweisen. Ein solcher wird übrigens auch dadurch höchst unwahrscheinlich, dass in einigen Fällen während einer Reihe von
Jahren vor dem Auftreten der Wanderleber keine Schwangerschaft
mehr stattgefunden hatte. — Wenn einige Autoren das zu feste
Schnüren als Ursache der Lebersenkung in Verdacht haben, so steht
dies in Widerspruch mit der täglichen Erfahrung, welche zeigt,
dass in der Regel diese üble Gewohnheit nicht sowohl eine Lageveränderung, als vielmehr Formveränderungen des Organs zur Folge
hat; ausserdem würde bei dieser Aetiologie ebenfalls das grosse
Missverhältniss zwischen der Frequenz der Ursache und derjenigen
der Wirkung höchst auffällig sein. So lange uns die von der pathologischen Anatomie zu erwartende Aufklärung fehlt, bleibt nichts
übrig, als nach dem Vorgange von Meissner, dem auch Leopold
und Sutugin sich anschliessen, eine abnorme Länge der Aufhänge-

bänder der Leber — ein Mesohepar, wie Meissner es nennt —
als angeborene Anomalie anzunehmen. Wo diese Prädisposition vorhanden ist, können verschiedene Gelegenheitsursachen die Senkung
der Leber herbeiführen: grosse Schlaffheit der Bauchwandungen, anstrengende körperliche Arbeit, vielleicht auch übermässiges Schnüren
scheinen in den vorliegenden Fällen als veranlassende Momente ge-
wirkt zu haben.

Die der Wanderleber eigenthümlichen Erscheinungen werden
in den sieben Beobachtungen, wo die Diagnose anscheinend sicher
ist, ganz übereinstimmend geschildert. Während die Leberdämpfung
an ihrem normalen Orte fehlte und an den hellen nicht tympanitischen Schall der rechten Lunge sich unmittelbar der helle tympanitische Darmschall anschloss, fand sich in der Mittel- oder Unterbauchgegend hauptsächlich rechterseits und nur wenig die Mittellinie
nach links überragend eine Geschwulst, welche in ihren physikalischen Eigenschaften der Leber glich und sich vollständig an die Stelle,
welche diese bei normaler Lage einnimmt, verschieben liess.

Für die Identität der Geschwulst mit der Leber sprach, ausser der
Uebereinstimmung hinsichtlich des Umfanges und der Configuration
überhaupt, die breite Wölbung ihrer nach oben gerichteten Fläche
und vornehmlich die Beschaffenheit ihres unteren Randes. Derselbe
war in den genauer beschriebenen Fällen dünn oder scharf — nur
Sutugin nennt ihn stumpf — und liess öfter (Cantani, Meissner,
Leopold, Sutugin, Chvostek) einen seichten Einschnitt wahrnehmen, der seiner Stelle nach der Incisura interlobularis oder der
Incis. pro ves. fellea entsprach. In Cantani's und in Leopold's
Falle zeigte der dumpfe Percussionsschall über der Geschwulst gegen
den unteren Rand hin einen tympanitischen Beiklang. Ausserdem
ergab die genauere Palpation in einigen der vorliegenden Beobachtungen noch einzelne charakteristische Befunde. Winkler fühlte
das Lig. suspensorium wenn er mit der Hand zwischen Rippenbogen
und Geschwulst eindrang, als eine scharf gespannte dünne Platte,
Sutugin als ein Band, das von oben her zur Mitte der Geschwulst
verlief. Winkler konnte einen grossen Theil der unteren Fläche
betasten und an derselben deutliche Furchen erkennen, nicht aber
die Gallenblase, die von einem Darmstück nicht zu unterscheiden
war; dagegen bemerkte Leopold hinter dem unteren Rand eine
kleine Anschwellung, die an die Gallenblase erinnerte. — Die Oberfläche der Geschwulst fühlte sich glatt an, die Consistenz derselben
war in der Regel die einer normalen Leber; nur in dem Falle von
Barbarotta war der kleine Lappen steinhart und auch der grosse

etwas verhärtet — vermuthlich in Folge von interstitieller Hepatitis, da die Kranke einige Monate „Fieber" gehabt hatte.

Die Entfernung der Leber von ihrem ursprünglichen Orte war in den einzelnen Fällen verschieden: bei der Kranken von Winkler lag in der Lin. pap. die durch Percussion bestimmte wahre obere Lebergrenze an der 6. Rippe, der untere Rand 6 Ctm. unterhalb des Rippenbogens; in dem Falle von Leopold begann die Leber-dämpfung einen Finger breit oberhalb des unteren Thoraxrandes, und erstreckte sich bis zum horizontalen Schambeinast; in den übrigen Fällen war das Organ ganz aus dem rechten Hypochondrium her-ausgetreten, so dass sein oberer Rand mehr oder weniger weit un-terhalb des Rippenbogens gefunden ward. Am tiefsten scheint der Stand der Leber bei Cantani's Kranker gewesen zu sein, indem sie hier ganz unterhalb des Nabels lag und ihr unterer Rand beim Stehen sich hinter dem Schambein verbarg. Wenn auch die Dauer der Zeit, welche die Dislocation bestanden hatte ehe sie zu ärzt-licher Beobachtung kam, gewiss nicht ohne Einfluss ist, so kann dies doch nicht das einzige Moment sein, von welchem der Grad der Senkung abhängt: denn in dem Meissner'schen Falle, wo die-selbe allem Anschein nach nicht länger als in dem Winkler'schen (d. i. etwa 2 Monate) bestanden hatte, war sie so beträchtlich, dass die Leber bis 2 Querfinger breit oberhalb der Schamfuge herab-reicht.

Die Gegend, welche das dislocirte Organ einnahm, lag stets senkrecht unter derjenigen, wo es sich im normalen Zustande befin-det, so dass es rechts von der verlängerten rechten Axillarlinie be-grenzt ward und nach links hin nur wenige Centimeter (1 Plessimeter Cantani, 4 Ctm. Sutugin, 6½ Ctm. Winkler) über die Mittel-linie reichte. Es war auch an seinem neuen Orte im Allgemeinen stets quer gelagert, jedoch hatte die Senkung nicht jedesmal in der ganzen Breite des Organs in gleichem Maasse stattgefunden; in dem Winkler'schen Falle war der linke, in dem von Leopold der rechte Lappen etwas weiter herabgesunken.

Die dislocirte Leber zeigte constant eine abnorme Beweglichkeit. In der Seitenlage sank sie nach der abhängigen Seite hin, was die Frauen in einzelnen Fällen (Cantani, Barbarotta) selbst be-merkten; sie beschrieb bei ihren seitlichen Bewegungen einen nach unten convexen Kreisbogen, der um so grösser war, je tiefer sie stand, und dessen Radius sein centrales Ende bald im rechten Hy-pochondrium (Cantani), bald da, wo der linke Lappen sich am Zwerchfell inserirt (Leopold), zu haben schien. Dass sie bei der

Respiration sich abwechselnd senkte und hob, wird nur von Piatelli angegeben. Alle Beobachter aber (mit Ausnahme Vogelsang's, bei dem die betreffenden Angaben fehlen) betonen die grosse Beweglichkeit in der Richtung nach oben: in 5 Fällen gelang es ohne Weiteres oder nachdem die Kreuzgegend etwas höher gelagert war (Cantani), die Leber vollständig an ihre gewöhnliche Stelle zu reponiren; diese gab dann den dumpfen Percussionsschall ganz wie in normalem Zustande. In dem Falle von Sutugin blieb auch nach der Reposition zwischen der Leberdämpfung und dem Lungenschall eine querfingerbreite tympanitische Zone, in dem von Chvostek kam der obere Rand des Organs nicht über die 7. Rippe hinauf, und in dem von Piatelli liess sich die Geschwulst überhaupt nur so weit nach oben schieben, dass ihr oberer Rand dicht unter den Rippenbogen zu stehen kam.

Die abnorme Lage der Leber war fast stets mit subjectiven Beschwerden verbunden. Nur in einem Fall (Vogelsang) fehlte jede Schmerzempfindung und die Anschwellung des Unterleibs wirkte auf das Befinden der seit 1 Jahre nicht mehr menstruirten Frau nur insofern störend, als sie bei derselben die Befürchtung, schwanger zu sein, hervorrief. In 3 Fällen bestand ein Gefühl von Schwere, Härte und Vollsein im Unterleib, durch welches die Kranke von Meissner am Bücken gehindert und die von Cantani mit der Furcht, ein schweres Uebel zu haben, erfüllt ward, so dass sie in Hysterie und religiöse Melancholie verfiel; Piatelli's Kranke, die erst 13 Jahre nach der Entstehung der Dislocation zur Beobachtung kam, hatte das Gefühl von Härte und Schwere früher an einer höheren Stelle des Leibes empfunden. In den übrigen 4 Fällen waren lebhaftere Schmerzen vorhanden: Barbarotta's Kranke klagte über fortwährendes Ziehen in der rechten Seite, das sich bis zur Schulter und zum Halse hinauferstreckte; die von Chvostek litt beständig an gastralgischen und dyspeptischen Beschwerden; in 2 anderen Fällen wurden die Schmerzen hauptsächlich durch stärkere Körperbewegungen hervorgerufen (Leopold, Sutugin); ebenso war es in dem von Winkler beobachteten Falle, wo ausserdem auch Rückwärtsbiegen, sowie der Versuch, die Geschwulst nach abwärts oder nach links zu drängen, die Schmerzen steigerte, während Vornüberbeugen und Stützen des Leibes mit den Händen Erleichterung brachte. Der Winkler'sche Fall zeigt aber, dass die Senkung der Leber auch noch zu anderen Erscheinungen Veranlassung geben kann: die betreffende Kranke bekam beim Heben einer schweren Last nicht nur stechende Schmerzen im rechten Hypochondrium, die in

der linken Seitenlage am heftigsten waren, sondern auch öfteres Aufstossen, Uebelkeiten, kalten Schweiss, verfallenes Gesicht — ein
Symptomencomplex, der drei Tage anhielt, und 1½ Jahr später
ward sie nach einer grösseren Anstrengung bei der Wäsche abermals von jenen Schmerzen befallen, an welche sich diesmal die
Entwicklung eines mässigen Icterus anschloss, der 4 Wochen dauerte.
Die Ursache des Icterus und die heftigeren Schmerzen, welche mitunter der Gallensteinkolik sehr ähnlich waren, sucht Winkler gewiss mit Recht in einer Knickung und Torsion des D. choledochus
und der anderen nervenreichen Stränge, die zum Hilus der Leber
verlaufen. Auch für die übrigen Fälle, wo die Schmerzen in der
Gegend der Geschwulst ihren Sitz hatten, dürfte diese Deutung am
annehmbarsten sein, während bei dem bis zur Schulter ausstrahlen-
den Schmerz, über den Barbarotta's Kranke klagte, die Annahme
einer Zerrung der zwischen Zwerchfell und Leber ausgespannten
Bauchfellfalten wahrscheinlicher ist.

Den Winkler'schen Fall abgerechnet wird Icterus von keinem
Beobachter erwähnt; ebensowenig ist von Störungen der Magen-
oder Darmfunctionen die Rede. Vielmehr kann trotz sehr langen
Bestehens der Dislocation ausser den angeführten subjectiven Beschwerden jedes Krankheitssymptom fehlen: Cantani's Patientin,
welche ihre Wanderleber bereits 11 Jahre getragen hatte, zeigte guten
Ernährungszustand, entwickelte Musculatur, elastische weisse Haut
und normale Röthe der Wangen und der sichtbaren Schleimhäute;
auch ihre Hysterie schwand vollständig, sobald sie über die Natur
ihrer Geschwulst beruhigt war. Der von Piatelli beschriebene
Fall hat zwar kurze Zeit nach der Untersuchung, durch welche die
abnorme Lage der Leber constatirt worden war, unter hydropischen
Erscheinungen tödtlich geendet (die Section unterblieb, weil Piatelli
den Tod zu spät erfuhr), aber dieser Fall war durch chronische
Peritonitis complicirt.

Die Momente, auf welche die Diagnose der Wanderleber sich
gründet, sind folgende: 1) in der Mittel- oder Unterbauchgegend
und zwar zum grössten Theil in deren rechter Hälfte findet sich
eine Geschwulst, welche in ihren physikalischen Eigenschaften mit
der Leber übereinstimmt; 2) der obere Rand dieser Geschwulst ist
von dem unteren Rande der rechten Lunge durch eine helltympanitisch schallende Zone getrennt, die sich von der Vorderfläche des
Körpers bis in die rechte Seitenwand erstreckt; 3) die Geschwulst
lässt sich vollständig in die normale Lebergegend repouiren. Wie
wichtig in differentiell diagnostischer Beziehung das 3. Moment ist,

lehrt ein von P. Müller[1]) mitgetheilter Fall. Hier wurde bei einer
57jährigen Frau ein in der Nabelgegend gelegener Tumor für eine
Wanderleber gehalten, weil er alle physikalischen Eigenschaften der
Leber, sogar einen der Incis. interlob. entsprechenden Einschnitt am
unteren scharfen Rande zeigte und in der normalen Lebergegend
jede Dämpfung fehlte; bei der Section erwies sich aber der Tumor
als das durch chronische Entzündung bedeutend verdickte Netz,
während die auf die Hälfte verkleinerte und mit dem Zwerchfell
fest verwachsene Leber von Dünndarmschlingen und vom Magen
überdeckt im hinteren Abschnitt des rechten Hypochondriums lag.
Wäre in diesem Falle 'der Versuch gemacht worden, die vermeintliche dislocirte Leber in die normale Lebergegend zu schieben, so
würde das Misslingen desselben — das verdickte Netz war mit dem
Quercolon verwachsen — auf die Unwahrscheinlichkeit der Diagnose
hingeführt haben. Weil auch in dem Falle von Vogelsang, der
freilich überhaupt ziemlich oberflächlich beschrieben ist, die Reponir-
barkeit des Tumors nicht erwähnt wird und in demjenigen von
Piatelli dieselbe nur unvollkommen vorhanden war, scheint uns,
wie wir schon oben bemerkten, die Diagnose in diesen beiden Fällen
nicht hinlänglich gesichert. In Piatelli's Falle, wo gleichzeitig
chronische Peritonitis bestand, lässt sich zwar annehmen, dass die
herabgesunkene Leber durch Verwachsung mit anderen Bauchorganen
in ihrer Beweglichkeit beschränkt gewesen sei; doch wird man im
Hinblick auf die Müller'sche Beobachtung gerade durch die chronische Peritonitis wieder zum Zweifel angeregt. In dem Falle von
Müller zeigte übrigens auch noch in einer anderen Beziehung der
leberähnliche Tumor ein von dem der Wanderleber abweichendes
Verhalten: er erstreckte sich der Quere nach von der rechten Papillarlinie über die der linken Seite hinaus. Hieraus erhellt, dass nur
dann die Annahme einer Wanderleber gerechtfertigt ist, wenn die
betreffende Geschwulst mit dem grössten Theil ihrer Masse die rechte
Hälfte des Bauches einnimmt.

Therapeutisch hat sich das Tragen einer breiten festanliegen-
den Bauchbinde insofern bewährt, als dadurch in 4 Fällen die subjectiven Beschwerden beseitigt oder doch bedeutend gemindert wurden. Bei Meissner's und bei Winkler's Kranker ward durch
eine solche Binde die Leber in dem Maasse zurückgehalten, dass im
Stehen der vordere Rand des Organs nur sehr wenig (höchstens um
2 Zoll: M., kaum um einige Ctm.: W.) über den Rippenbogen hinab-

---

[1]) Deutsches Archiv f. klin. Med. Bd. 11. S. 146.

reichte. Winkler's Kranke blieb auch als sie die Binde 11 Monate getragen und dann abgelegt hatte, noch längere Zeit von Schmerzen verschont: erst ½ Jahr später stellten sich in Folge einer schweren Arbeit von Neuem Schmerzen ein; als sie dann wieder die Binde anhaltend trug, fühlte sie sich die folgenden 2 Jahre völlig wohl.

Hyperämie der Leber.

Aetiologie.

Die Eintheilung der Leberhyperämien in solche, die durch vermehrten Zufluss, und solche, die durch gehemmten Abfluss des Blutes entstehen, lässt sich nicht streng durchführen. Zwar giebt es zahlreiche Fälle, bei deren Entstehung in leicht erkennbarer Weise das letztere Moment allein wirksam ist, und wieder andere, bei denen die Natur der entfernteren Ursache zur Annahme einer Erweiterung der zuführenden Gefässe nöthigt; aber es bleiben noch viele übrig, bei denen das Wahrscheinlichste ist, dass Fluxion und Stauung zugleich sich an der Erzeugung der Hyperämie betheiligen.

Nehmen wir also die Verhältnisse, wie sie sich der ärztlichen Beobachtung darbieten, so lassen sich folgende Ursachen unterscheiden.

Circulationshindernisse. — Alles was den Abfluss aus den Lebervenen in die untere Hohlader erschwert, verursacht Stauung des Blutes in der Leber. In ganz vereinzelten Fällen geschieht dies durch Stenose der Lebervenenstämme selbst in Folge chronischer Periphlebitis hepatica (s. Krankheiten der Lebervenen). Etwas häufiger besteht das Hinderniss in einer Verengerung der Hohlader oberhalb der Einmündung der Vv. hepaticae, welche durch Geschwülste in dieser Gegend (Aortenaneurysmen, carcinomatöse Retroperitonäaldrüsen-Tumoren), sowie durch grosse Exsudate der linken Pleura bewirkt wird. Letztere können, wie Bartels[1]) nachgewiesen hat, das Mediastinum so stark nach rechts verschieben, dass dadurch die Hohlader am Foramen quadrilaterum eine fast rechtwinklige Knickung erleidet, woraus sich die schon von Roser[2]) hervorgehobene Thatsache erklärt, dass höhere Grade von Leberhyperämie bei linksseitigen Empyemen sehr viel häufiger vorkommen als bei rechtseitigen.

Die bei Weitem häufigste Ursache einer Hemmung des Blutstroms in den Lebervenen ist aber die Zunahme des Seitendrucks

---

1) Deutsches Arch. f. klin. Med. Bd. 4. S. 265.
2) Archiv f. Heilkunde. Bd. 6. S. 40.

in der unteren Hohlvene in Folge jener functionellen Insufficienz des rechten Herzens, welche bei einer Reihe wichtiger Krankheiten der Respirationsorgane und des Herzens selbst früher oder später einzutreten pflegt. Diese Krankheiten sind: angeborene Atelektase, Pneumonie, diffuse Bronchitis, allgemeines Lungenemphysem, ausgedehnte Schrumpfung der Lunge, anhaltende Compression grösserer Lungenabschnitte durch Kyphoskoliose, pleuritisches Exsudat, intrathoracische Geschwülste (namentlich Aortenaneurysmen und grössere Mediastinaltumoren); ferner die verschiedenen Herzklappenfehler [1]) — vor Allem die Insufficienz der Tricuspidalis und die Stenose des linken venösen Ostiums —, sowie entzündliche und degenerative Veränderungen des Herzfleisches und massenhafte pericarditische Exsudate. Wenn bei den genannten Krankheiten eine Hypertrophie der Wandungen des erweiterten rechten Ventrikels überhaupt nicht zu Stande kommt oder doch nicht den zur Bewältigung des vermehrten Inhalts erforderlichen Grad erreicht oder wenn dieselbe — was der gewöhnlichere Fall ist — im weiteren Verlaufe ungenügend wird, so entsteht eine Ueberfüllung des gesammten Körpervenensystems, an welcher die in dasselbe eingeschaltete venöse Blutbahn der Leber an erster Stelle Theil nimmt.

Auf Stauung beruht auch die von Manchen als atonische bezeichnete Leberhyperämie, welche im späteren Stadium erschöpfender Krankheiten und beim senilen Marasmus vorkommt. Hier ist in Folge von schlechter Ernährung, vielleicht auch von mangelhafter Innervation des Herzmuskels die Leistung desselben herabgesetzt, so dass die Ueberleitung des Blutes aus den Venen in die Arterien beeinträchtigt wird: die nächste Ursache der Blutüberfüllung der Leber ist unter diesen Umständen nicht die Verminderung der Kraft, mit welcher das Blut in dieselbe einströmt, sondern die Verminderung der Menge, in welcher es vom Herzen aufgenommen wird.

Diätetische Schädlichkeiten. — Während der Verdauung ist in Folge der Fluxion zur Gastrointestinalschleimhaut und der Diffusion von Flüssigkeiten in die Capillaren derselben die Geschwindigkeit und Menge des durch die Pfortader zur Leber fliessenden

---

1) Nach den Beobachtungen von A. Steffen (Jahrb. f. Kinderheilk. Bd. 5. S. 55) kommen im kindlichen Alter Schwellungen der Leber durch Stauungshyperämie bei Herzfehlern, namentlich bei Insufficienz der Mitralklappe, sehr selten vor, wogegen nach anderen Autoren, z. B. Gerhardt (Lehrb. d. Kinderkrankh. 2. Aufl. S. 214), das Verhältniss der Lebervergrösserung zu den Klappenfehlern bei Kindern kein anderes ist als bei Erwachsenen. Uebrigens bleibt auch bei Letzteren eine gut compensirte Mitralinsufficienz ohne Einfluss auf die Leber.

Blutes vermehrt. Diese periodische Hyperämie des Organs kann
bei Personen, welche zu viel oder zu häufig Nahrung zu sich nehmen, allmählich zu einer anhaltenden, wenn auch dem Grade nach
schwankenden, werden. Will man die Entstehung der letzteren lediglich darauf zurückführen, dass die stärkere Füllung der zuführenden
Gefässe zu lange dauert und zu oft wiederkehrt, so wird man als
ihre nächste Ursache eine Erweiterung dieser Gefässe mit einer dem
vermehrten Inhalt entsprechenden Hypertrophie ihrer Wandungen
(active Dilatation) annehmen müssen. Eine solche ist aber als Folge
der hier in Rede stehenden Einflüsse an den Pfortaderwurzeln noch
von Niemandem nachgewiesen worden und die fragliche Hypothese
lässt sich vor der Hand um so eher entbehren, als sich für die
Erklärung des Zustandekommens der habituellen Leberhyperämie
durch übermässige Nahrungszufuhr in der Regel noch andere besser
begründete Momente darbieten. Der hauptsächlichste Grund des Miss-
verhältnisses zwischen Einnahme und Verbrauch liegt bei der Mehrzahl der betreffenden Individuen in sitzender Lebensweise und relativ zu geringer Muskelthätigkeit überhaupt; da man nun bekanntlich
im Sitzen oberflächlicher athmet als im Stehen und selbst als im
Liegen und da man im gesunden Zustande zu tiefen Inspirationen
fast nur durch stärkere Körperbewegungen veranlasst wird, so fällt
unter den genannten Verhältnissen ein wichtiges Moment für die
Beförderung des Stromes in den Lebervenen weg: das der Leber
reichlicher zugeführte Blut fliesst langsamer ab und der nachgiebigste
Abschnitt ihres Gefässsystems, das Capillarnetz, wird überfüllt. Auf
dieselbe Weise, d. h. durch Beschränkung der Ausgiebigkeit der
Athembewegungen, wirken in solchen Fällen gewöhnlich auch noch
andere Umstände begünstigend auf die Entstehung der Leberhyperämie, so die Ausdehnung des Magens durch die grosse Menge der
Ingesta, die nicht selten vorhandene Ansammlung von Fäces und
von Gasen im Darmkanal[1]) und die so häufig bei gesteigerter Er-

---

1) Dass, wie Frerichs annimmt, ausgebreitete Gasentwicklung und Anhäufung von Fäcalstoffen im Darmrohre, indem sie das Blut von den Wurzeln
der Pfortader gegen den Stamm und die Leber dränge, vorübergehende Hyperämie dieses Organs herbeiführen könne, halten wir nicht für wahrscheinlich. Ein
Druck auf die Darmwand, der stark genug ist, um die Venen derselben zu ver-
engen, bewirkt nothwendig in noch höherem Grade eine Verringerung des Lumens
ihrer Capillaren; die dadurch bedingte Vermehrung der Widerstände in letzteren
vermindert die Menge des in sie einströmenden Blutes und die Geschwindigkeit
des Strömens in ihnen; in Folge dessen gelangt weniger Blut und dieses noch
dazu mit geringerer Kraft in die Venen des Darms: der Zufluss zur Pfortader
muss mithin abnehmen.

nährung sich entwickelnde Fettleibigkeit, die durch die Massenzunahme des Bauchinhalts und besonders der Bauchwandungen die
Abflachung des Zwerchfells erschwert. Die Fettleibigkeit kann aber
auch noch von einer anderen Seite her zur Blutanhäufung in der
Leber führen: wenn nämlich übermässige Ablagerung von Fett im
subepicardialen Bindegewebe eine Verdünnung der Muskelsubstanz
des Herzens und zumal des rechten Ventrikels zur Folge hat, so
tritt in dem Maasse, als dessen Triebkraft abnimmt, an die Stelle
des vermehrten Zuflusses zur Leber der gehemmte Abfluss aus derselben.

Die zu reichlichen Ingesta verursachen um so leichter eine krankhafte Hyperämie der Leber, wenn sie Stoffe enthalten, die entweder
auf die Gastrointestinalschleimhaut oder auf die Leber selbst nach
Art der Acria wirken.

Als solche Stoffe gelten die scharfen Gewürze wie Senf, Pfeffer
(sowohl der schwarze, als der in den Tropen gebräuchliche spanische),
ferner starker Kaffee (wegen seines empyreumatischen Oels), vornehmlich aber Alkohol. Von letzterem ist bekannt, dass er nicht
nur eine Hyperämie der Magenschleimhaut hervorruft, wenn er mit
dieser in der verdünnten Form, in welcher ihn die als Genussmittel
gebräuchlichen stärkeren Spirituosen zu enthalten pflegen, in Berührung kommt, sondern dass er auch unverändert ins Blut übergeht,
so dass sich ein directer Einfluss desselben auf die Leber mit grösster Wahrscheinlichkeit annehmen lässt. Ihre wichtigste Stütze hat
jedoch diese Annahme in den entzündlichen Veränderungen, welche
die Leber in Folge des übermässigen Genusses starker Spirituosen
erleidet; dass durch diesen lediglich die Blutfülle des Organs abnorm vermehrt werde, ist bisher weder an Menschen, bei welchen
der Tod im Alkoholrausch erfolgt war, noch an Thieren, denen man
des Experiments wegen relativ grosse Dosen Alkohol in den Magen
eingeführt hatte [1]), durch die Section erwiesen worden; doch spricht
dafür einigermaassen der Umstand, dass bei schon bestehender Leberhyperämie reichlicher Alkoholgenuss in der Regel eine Steigerung
der Symptome zur Folge hat.

Traumatische Einflüsse. — Nach Quetschung oder heftiger Erschütterung der Leber (durch Druck oder Stoss auf die Lebergegend, durch Fall aus beträchtlicher Höhe) treten mitunter Sym-

---

[1]) Von 21 Hunden, an denen P. Ruge (Virchow's Archiv. Bd. 49. S. 252)
in der angegebenen Weise Versuche über die Wirkung des Alkohols anstellte,
zeigte sich nur bei 5 die Leber mehr oder weniger blutreich.

ptome auf, die auf eine Hyperämie der Drüse hindeuten. Wenn sie
auch gewiss nicht selten durch subseröse oder in der Tiefe sitzende
Rupturen des Parenchyms bedingt sind, so macht doch in anderen
Fällen ihr rasches Wiederverschwinden es sehr wahrscheinlich, dass
ihnen eine paralytische Erweiterung der Lebergefässe zu Grunde
liegt, welche durch die mechanische Reizung des Organs vielleicht
auf dieselbe Weise entsteht, wie die Erschlaffung der Gefässe des
Darms und des Gekröses bei dem Goltz'schen Klopfversuch.

    Atmosphärische Einflüsse. Infectionskrankheiten
u. Aehnl. — Dass anhaltend hohe Lufttemperatur Lebercongestionen
verursache, ist eine sehr verbreitete Annahme. Für die gemässigte
Zone scheint sie aber kaum irgend welche Gültigkeit zu haben, wenigstens ist es nicht erwiesen, dass bei uns in der warmen Jahreszeit Hyperämie der Leber häufiger vorkomme, als zu anderen Zeiten; die im Sommer und Frühherbst herrschenden Katarrhe des Magens und Darms geben wohl zu katarrhalischem Icterus, nicht aber
zur Blutüberfüllung der Drüse Veranlassung. Und selbst für die
heissen Länder erscheint ein directer Einfluss des Klimas auf die
Blutmenge des Organs zweifelhaft. Dass diese bei den in die Tropen
übergesiedelten Europäern vermehrt sei, glaubte man theils auf
Grund von Sectionsbefunden, theils auch deshalb annehmen zu dürfen,
weil nach den Berichten von Annesley, Twining u. A.[1]) als fast
constante Folge des Klimawechsels eine Vermehrung der Gallenabsonderung eintreten soll und die gesteigerte Secretion einen stärkeren
Zufluss von Blut zur Drüse voraussetzen lässt. Nun ist aber diese
Polycholie selbst noch sehr fraglich, da ihre Existenz durch die als
Zeichen derselben angesehenen Erscheinungen, wie gelbliche Hautfarbe, gallichtes Erbrechen, gallicht aussehende Stühle, übermässige
Füllung der Gallenblase keineswegs bewiesen wird.[2]) Was ferner
die Thatsache anbetrifft, dass in den Tropen abnormer Blutreichthum
der Leber einen auffallend häufigen Sectionsbefund bildet, so beruht dies hauptsächlich auf der Theilnahme des Organs an den miasmatischen Krankheiten, die in den meisten jener Gegenden ende-

---

1) s. Hirsch, Handbuch der histor.-geograph. Pathol. Bd. 2. S. 307 ff.
    2) Morehead (Clinical researches on diseases in India. Lond. 1856) er-
klärt die durch die hohe Temperatur herbeigeführte Steigerung der Leberthätigkeit für eine Fabel. Vgl. auch Schwalbe (Klima und Krankheiten der Repu-
blik Costarica. Deutsch. Arch. f. klin. Med. Bd. 15), nach dessen Darstellung
(S. 115 und 325) die Gallensecretion in der ersten Zeit des Tropenaufenthalts
durch den Einfluss der Wärme nicht nur nicht vermehrt, sondern im Gegentheil
vermindert ist.

misch herrschen. Bei den tropischen Malariafiebern ist die Leber nicht selten ebenso stark mit Blut überfüllt wie die Milz, bei der tropischen Dysenterie zeigt sie sich in frischen Fällen oft hyperämisch und die acute Form der tropischen Hepatitis beginnt in der Regel mit einer allgemeinen Hyperämie der Drüse. Dass hier eine durch das heisse Klima verursachte Complication vorliege, ist nicht wahrscheinlich: die hyperämische Schwellung der Leber kommt als Symptom der Intermittens auch in der gemässigten Zone vor und bei den beiden anderen Krankheiten lässt sie sich, wie wir später (s. Hepatitis suppur.) sehen werden, kaum anders als durch die Annahme eines besonderen auf die Leber wirkenden Miasmas oder einer Reizung der Leber durch diätetische Schädlichkeiten erklären.

Von den übrigen Infectionskrankheiten sind noch das biliöse Typhoid, der Flecktyphus, der Scharlach, die Cholera, die epidemische Cerebrospinalmeningitis und der Milzbrand als solche zu nennen, bei denen die anatomische Untersuchung mehr oder weniger constant einen vermehrten Blutgehalt der Leber ergibt, während am Kranken Erscheinungen, die auf eine solche hinweisen, weit seltener beobachtet werden.

Auch beim Scorbut bietet die Leber meistens eine sehr erhebliche Blutfülle, jedoch nach den Erfahrungen von Frerichs auch mitunter das entgegengesetzte Verhalten dar.

Ebenso findet sie sich beim Diabetes mellitus in vielen Fällen sehr blutreich.

Nur bei der letztgenannten Krankheit darf man mit einiger Wahrscheinlichkeit als nächste Ursache der Hyperämie eine Lähmung der vasomotorischen Nerven annehmen, da bekanntlich auch die Bernard'sche Piqûre die Leber hyperämisch macht; dagegen ist es bei allen anderen hier aufgeführten Krankheiten noch völlig unentschieden, ob der Erweiterung der Lebergefässe eine Innervations- oder eine Nutritionsstörung ihrer Wandungen zu Grunde liegt.

Ausbleiben habitueller Blutungen. — Manchmal zeigen sich Symptome von Leberhyperämie zur Zeit der Menstruation entweder statt des uterinen Blutflusses oder unmittelbar vor ihm, oder nachdem er früher und schneller als gewöhnlich aufgehört hat. Hier findet offenbar eine Fluxion zur Leber statt, die höchst wahrscheinlich mit der von dem reifenden Ei hervorgerufenen Erregung der Ovarialnerven durch einen gleichen Reflexmechanismus zusammenhängt, wie die Fluxion zu den Genitalorganen. Einflüsse, welche erfahrungsgemäss auf die letztere störend einwirken können, wie Erkältung, heftige Gemüthsbewegung u. s. w., lassen sich in solchen

Fällen nicht immer nachweisen und selbst wo sie vorhanden sind, bleibt es fast stets unerklärt, warum der reflectorische Vorgang, der in den Genitalien gar nicht oder nur mangelhaft zu Stande kommt, gerade auf die Leber übertragen wird.

Ebenso dunkel ist die Entstehung derjenigen Leberhyperämien, welche sich mitunter in den klimakterischen Jahren einstellen und ihre genetische Beziehung zur Menopause nicht nur durch ihr zeitliches Zusammentreffen mit derselben, sondern auch dadurch erkennen lassen, dass sie vorübergend verschwinden oder wenigstens sich ermässigen, so oft die Menstruation noch wiedererscheint.

Auch das Ausbleiben habitueller Hämorrhoidalblutung soll unter Umständen Leberhyperämie zur Folge haben: in der Regel besteht aber diese dann schon aus anderen Ursachen (Hindernisse im kleinen Kreislauf, diätetische Schädlichkeiten) und tritt nur deutlicher hervor, weil sie mit dem Wegfall des die Spannung im Pfortadersystem regulirenden Abflusses aus den Mastdarmvenen eine Steigerung erfährt.

Anderweitige Leberkrankheiten. — Die Ansicht, dass die grosse Mehrzahl aller Texturveränderungen und Neubildungen in der Leber von einem Congestivzustande des Organs oder einzelner Abschnitte desselben eingeleitet werde, steht mit den Ergebnissen der klinischen sowohl als der pathologisch-anatomischen Erfahrung keineswegs im Einklang. Selbst die entzündlichen Processe beginnen nicht ausnahmslos mit einem hyperämischen Stadium und von den Pseudoplasmen verursachen in der Regel nur die sehr rasch wachsenden eine collaterale oder — aber gewiss weit seltener — irritative Hyperämie des umgebenden Parenchyms. Induration des einen Leberlappens oder Obliteration seines Pfortaderastes führt mitunter durch collaterale Fluxion zu Blutüberfüllung des anderen (Frerichs).

Soweit die Leberhyperämie als Symptom oder Folge anderer Krankheiten auftritt, ist sie hinsichtlich ihres Vorkommens an diese Krankheiten gebunden: so findet sich die Stauungshyperämie und die von Infectionskrankheiten abhängige in allen Lebensaltern. In Betreff der idiopathischen Form der heissen Klimate verweise ich auf die Aetiologie der suppurativen Hepatitis. Die durch diätetische Schädlichkeiten erzeugte Congestion ist vorwiegend dem mittleren Lebensalter eigen. Bei der Entstehung dieser letzteren ist aber, wenigstens in vielen Fällen, ausser jenen Schädlichkeiten noch ein anderes Moment betheiligt, nämlich eine besondere Disposition des Erkrankenden. Von verschiedenen Personen, welche nahrhafte Kost und reizende Genussmittel in reichlichem Maasse zu sich nehmen und dabei eine träge oder sitzende Lebensweise führen, leiden die Einen an Leberhyperämie, Obstruction, Hämorrhoiden u. s. w., während die Anderen von diesen Störungen frei bleiben. Ueber die Ursache dieser Verschiedenheit haben wir vor der Hand nur Vermuthungen: möglich dass sie in der Beschaffenheit der Wandungen der zum Pfortadersystem gehörenden Gefässe liegt, wie ja in dieser Beziehung an den Arterien sehr erhebliche individuelle Verschiedenheiten nachgewiesen sind.[1]) Möglich auch dass die Entwicklung, Ernährung und Innervation der Darmmusculatur von wesentlichem Einfluss ist; wenigstens scheinen nach unserer Erfahrung bei Gourmands und Trinkern mit reichlichen und häufigen Darmentleerungen die nachtheiligen Folgen der Unmässigkeit weit seltener vorzukommen als bei solchen mit trägem Stuhlgange. Die in Rede stehende Disposition zu habitueller Leberhyperämie ist oftmals angeerbt und kann sich dann mehrere Generationen hindurch in derselben Familie wiederholen. Selbstverständlich muss eine ähnliche Disposition für die menstruelle Leberhyperämie angenommen werden. Und etwas Analoges macht sich selbst bei der Stauungshyperämie bemerklich: bei Herzkranken z. B. ist nicht immer die Leber, sondern manchmal die Niere oder die Digestionsschleimhaut dasjenige Organ, an welchem die Folgen der Ueberfüllung des gesammten Venensystems am frühesten und deutlichsten hervortreten und auch hinsichtlich des Grades der Leberveränderung bieten die einzelnen Fälle Verschiedenheiten, welche keineswegs immer der Grösse des Circulationshindernisses proportional sind, so dass, wie Botkin[2]) es ausdrückt, die Nachgiebigkeit der Leber gegen den gesteigerten venösen Druck nicht bei allen Individuen gleich sein kann.

Anatomische Veränderungen.

Congestive Hyperämieen der Leber, welche sich gleichmässig über das ganze Organ verbreiten, kommen nicht oder nur äusserst selten an der Leiche zur Beobachtung. Aus der beträchtlicheren Blutfülle einzelner Leberabschnitte, bei welchen ihre zufällige Lagerung oder die Richtung ihrer grösseren Gefässtämme den Abfluss des Blutes nicht begünstigten, dürfen wir jedoch oft einen Schluss auf den erhöhten Blutgehalt des ganzen Organs während des Lebens machen, wenigstens immer dann, wenn ätiologische Momente für die Entstehung congestiver Hyperämie vorliegen (erhöhte Functionirung

---

1) Virchow, Ueber die Chlorose. Berlin 1872. S. 2. s, 13 ff.
2) Medicin. Klinik. I. Heft. Berlin 1867. S. 72 f.

des Organs nach Aufnahme gewisser Substanzen oder specifischer
Reizmittel; höhere Temperaturen in acut-fieberhaften Krankheiten;
Anfangsstadium entzündlicher Processe in der Leber selbst). Die
Leber ist in solchen Fällen vergrössert, weicher und meist dunkler
geröthet, ihre Schnittfläche an der betreffenden Stelle bedeckt sich
gleichmässig mit Blut. Kleinere Abschnitte des Organs, z. B. die
nächste Umgebung von Abscessen, Neubildungen, Parasiten u. s. w.
bieten häufig das Bild einer congestiven Hyperämie; oft allerdings
mag in solchen Fällen zugleich eine Blutstauung vorhanden sein,
welche das Zustandekommen der Blutüberfüllung begünstigt.

Von viel weiter gehender Bedeutung ist die Stauungshyperämie
in der Leber; auch sie verursacht anfangs eine Volumszunahme und
grössere Weichheit des Organs. Da es ausnahmslos mechanische
Ursachen sind, welche sie hervorrufen (vgl. den Abschn. Aetiologie)
und da diese Ursachen in der Mehrzahl der Fälle lange bestehen
oder doch häufig wiederkehren, so ist auch die Stauungshyperämie
meist eine andauernde und führt zu bleibenden Texturveränderungen
des Organs. Die Vena hepatica bildet den alleinigen Abzugskanal
für das Blut aus der Leber und an ihren Verzweigungen, den Centralvenen, sowie an deren Wurzeln, den centralgelegenen Capillaren
der Acini, begegnet man deshalb zuerst und in vielen Fällen ausschliesslich den Folgezuständen der Blutstauung. Man findet die
Centralvenen und die zunächst in sie einmündenden Capillaren erweitert und unter dem Druck der ektatischen Gefässe atrophiren die
anliegenden Drüsenzellen oft in grosser Ausdehnung. Nur bräunliches oder selbst schwarzes Pigment bleibt meist als letzter Rest
der Parenchymzellen in dem Bindegewebe um die Centralvenen
liegen. Ob wirklich eine Vermehrung des Bindegewebes daselbst
stattfindet, oder ob nach Schwund der Leberzellen nur eine relativ
grössere Menge desselben im Centrum vorhanden ist, muss im concreten Falle oft unentschieden bleiben. Beides scheint vorzukommen.
Obgleich sich die Atrophie manchmal weit nach der Peripherie der
Acini hin erstreckt und hieraus eine bedeutende Verminderung der
secernirenden Drüsensubstanz resultirt, kommt es doch nur selten
zum vollständigen Schwund ganzer Acini. Die Leber ist in toto
verkleinert, dunkelbraun, derb; beim Durchschneiden resistenter als
normal; auf der Schnittfläche dunkel braunroth, klein acinös; zahlreiche stark erweiterte Centralvenen sind mit blossem Auge sichtbar; häufig tritt aus ihren Querschnitten ein dunkler Blutstropfen
hervor; ihre Umgebung ist schwärzlich pigmentirt. Dies ist das gewöhnliche Bild der ausgeprägten sog. cyanotischen Atrophie der

Leber. Eine Modification wird nicht selten dadurch bedingt, dass besonders in früheren Stadien des Processes bei schon bestehender Erweiterung der Lebervenen und dunkler Röthung der Läppchencentra die Portalzone der Acini stärkere Fettanhäufungen in den Leberzellen aufweist. Hierdurch wird ein eigenthümlich fleckiges oder marmorirtes Aussehen hervorgerufen, welches man mit dem Namen Muskatnussleber bezeichnet hat.

Es ist selbstverständlich, dass auch unter nicht hierher gehörigen Verhältnissen — z. B. gelegentlich bei Blutleere oder stärkerem Fettgehalt in den peripheren Theilen der Acini und bei sonst normaler Blutfülle der centralen Abschnitte — durch den dann gleichfalls bestehenden Farbencontrast ein ähnliches Bild erzeugt werden kann. Nicht räthlich ist es jedoch, auch diesen Zustand Muskatnussleber zu nennen: die echte Muskatnussleber beruht auf einer durch Blutstauung bedingten abnorm dunklen Färbung der Läppchencentra.

Häufig gesellt sich, wie Liebermeister nachgewiesen hat, zu der oben beschriebenen centralen Atrophie der Lebersubstanz eine interstitielle Bindegewebswucherung, welche bald nur strichweise, bald mehr gleichmässig durch das ganze Organ auftritt und mit einer entsprechenden Consistenzzunahme desselben verbunden ist: cyanotische Induration. Indem dieser Process sich auf Kosten des Drüsenparenchyms ausbreitet und durch die nachträgliche Schrumpfung des neugebildeten Gewebes zur Volumsabnahme der Leber führt, kommt es zu einem oft sehr erheblichen Schwund der Drüse und es resultirt ein Zustand, welcher grosse Aehnlichkeit mit der echten Cirrhose darbietet und früher häufig mit derselben identificirt worden ist. Doch fehlt es keineswegs an unterscheidenden Merkmalen. Die Oberfläche der cyanotisch indurirten Leber ist zwar granulirt, aber die Granula sind theils flacher, theils kleiner und von weniger regelmässiger Form als bei der Cirrhose. Auch sind sie durchschnittlich dunkler gefärbt, da die Stauung meist andauert. Ueberhaupt erscheinen die Veränderungen weniger gleichmässig entwickelt und die Gestalt des ganzen Organs hat deshalb in der Regel nichts so Charakteristisches, wie bei der ausgebildeten Cirrhose. Auch in diesem Stadium der Erkrankung enthält das restirende Leberparenchym nicht selten viel Fett und gleichzeitig grünliches Gallenpigment, abgesehen von der vorerwähnten dunklen Pigmentirung um die Centralvenen herum. So kann die Leber ein sehr eigenthümlich buntes Bild darbieten, welches man, wie den ganzen der Cirrhose ähnlichen Process, mit dem Namen der atrophischen Muskatnussleber belegt hat.

Symptome.

Die hyperämische Schwellung der Leber ist mitunter nur durch die Percussion nachweisbar: die grössere Ausbreitung der Dämpfung erstreckt sich in der Regel auf beide Lappen in gleichem Grade. Häufig lässt sich aber der vermehrte Umfang auch durch die Palpation erkennen: der unter dem Rippenbogen vorragende Theil des Organs bewirkt entweder nur eine vermehrte Resistenz des Epigastriums und rechten Hypochondriums oder er bietet bis zu dem deutlich tastbaren unteren Rande, welcher meist etwas weniger scharf und derber als normal erscheint, eine* prall und glatt anzufühlende Fläche dar. Nur bei höheren Graden der Stauung und in seltenen traumatischen Fällen wird die Schwellung so beträchtlich, dass die Lebergend sichtbar aufgetrieben ist. Bei Herzkranken kann das vergrösserte Organ den Rippenbogen um eine Hand breit und mehr überragen. Der hyperämische Lebertumor ist dadurch ausgezeichnet, dass er rascher als irgend eine durch andere Ursachen bewirkte Vergrösserung der Drüse wachsen und sich wieder verkleinern kann. So beobachtet man öfter bei Herz- und Lungenkranken während eines heftigen Dyspnoeanfalles eine merkliche Zunahme und andererseits nach reichlichen Blutentziehungen eine deutliche Abnahme des Lebervolumens. Die in Folge übermässiger Nahrungszufuhr entstandene Anschwellung des Organs zeigt nicht selten nach Hämorrhoidalblutung eine schnelle Verminderung. Bei einer Intermittenskranken fand ich in drei aufeinander folgenden Paroxysmen jedesmal die senkrechten Durchmesser der Leberdämpfung um $1\frac{1}{2}$ bis 2 Ctm. grösser als zur Zeit der Apyrexie. Eine allmähliche aber bleibende Verkleinerung tritt bei der durch Stauung geschwellten Leber mit der Atrophie und Induration derselben ein: während die obere Dämpfungsgrenze unverändert bleibt, rückt die untere mehr und mehr — mitunter binnen einigen Wochen um 2 bis 3 Querfinger (Liebermeister) gegen den Rippenbogen hinauf. An dem der Bauchwand dann noch anliegenden Theile der vorderen Leberfläche lassen sich bisweilen die Granulationen als feine Unebenheiten fühlen.

Der vermehrte Umfang der Leber macht sich dem Kranken meistens durch ein Gefühl von Völle oder Spannung im rechten Hypochondrium bemerklich, das durch stärkere Athembewegungen und durch äusseren Druck gesteigert wird. Nur wenn die Hyperämie bei langsamer Entstehung auf einem mässigen Grade bleibt, sind für gewöhnlich keine abnormen Sensationen vorhanden; jedoch pflegt auch dann der von den Rippen nicht gedeckte Theil der Drüse gegen Druck empfindlich zu sein. Wenn dagegen die Schwellung sich rasch entwickelt, wie bei den acuten Fällen in heissen Gegenden und manchmal bei traumatischer und bei menstrueller Hyperämie, oder wenn sie, wie nach der Aufnahme reichlicher und reizender Ingesta, eine rasche Steigerung erfährt, so kann sie von lebhafterem Schmerz in der Lebergegend, der das Athmen und die rechte Seitenlage erschwert, und mitunter auch von Schmerz in der rechten Schulter begleitet sein. Ist es in Folge anhaltender Stauung allmählich zu einer sehr beträchtlichen Volumszunahme gekommen, so verursacht nicht selten das Liegen auf der linken Seite eine Vermehrung der subjectiven Beschwerden.

Icterus gesellt sich häufig zu den höheren Graden der Muskatnussleber bei Herzkranken und erzeugt im Verein mit der Cyanose jenes eigenthümliche fast grünliche Colorit des Gesichts, das für solche Kranke im letzten Stadium fast charakteristisch ist. Dagegen findet er sich verhältnissmässig sehr selten, wo die Blutstauung in der Leber von chronischen Lungenkrankheiten abhängt. Trotz dieser auffallenden und noch nicht aufgeklärten Verschiedenheit, welche die venöse Leberhyperämie je nach ihrer entfernteren Ursache hinsichtlich des Icterus darbietet, ist der letztere doch am wahrscheinlichsten als ein Symptom dieser Hyperämie aufzufassen und auf Resorption von Galle zurückzuführen. Dafür spricht zunächst die Anhäufung von Gallenpigment in mehr oder weniger zahlreichen Leberzellen, die man bei der Section solcher Fälle niemals vermisst. Sodann lässt sich hin und wieder auch ein Hinderniss für den Abfluss des Secrets anatomisch nachweisen, indem das Lumen einzelner intrahepatischer Gallengänge durch katarrhalische Schwellung verengt ist, welche durch Fortpflanzung der Stauung auf die Venen der Schleimhaut dieser Kanäle entsteht. Endlich darf man wohl unbedenklich annehmen, dass hyperämisch geschwellte Acini und ausgedehnte kleine Pfortaderzweige auf interlobuläre Gallengänge eine Compression ausüben[1]), an der sich bei der cyanotischen Induration auch noch das schrumpfende Bindegewebe betheiligen kann. Uebrigens ist die von Blutstockung in der Leber abhängige Gallenstauung immer nur eine partielle, wie sich auch daraus ergibt, dass blos ein Theil der Parenchymzellen die gallige Tingirung zeigt;

---

1) Auf eine Compression feinerer Gallenwege durch ausgedehnte Blutgefässe scheint auch der Icterus neonatorum in denjenigen Fällen zurückgeführt werden zu müssen, wo derselbe bei partieller Atelektase oder entzündlichen Affectionen der Lungen auftritt. Vgl. F. Weber, Beitr. z. pathol. Anat. der Neugeborenen. Heft 3. S. 55 und E. Neumann, Arch. d. Heilk. Bd. 9. S. 45 f.

dementsprechend sind auch die icterischen Erscheinungen nur von
geringer Intensität: die gelbe Färbung ist meistens auf die Conjunctiva und die Haut der oberen Körperhälfte beschränkt, an der
unteren fehlt sie in der Regel, wahrscheinlich weil diese in den betreffenden Fällen fast ausnahmslos ödematös ist; die Fäces bieten
nicht die für Gallenmangel charakteristische Beschaffenheit; die
Menge des im Harn nachweisbaren Gallenpigments ist gering. —
Bei den übrigen Arten der Leberhyperämie kommt, abgesehen vom
biliösen Typhoid, Icterus nur selten vor und ist gewöhnlich noch
geringfügiger. Bei der idiopathischen Form (dem ersten Stadium
der Hepatitis) der heissen Klimate findet er sich nach der Zusammenstellung von Rouis [1] nur in etwa 4 pCt. der Fälle. Mit der habituellen Blutüberfüllung der Leber, die bei Vielessern und Potatoren
und mitunter bei Frauen in den klimakterischen Jahren besteht,
verbindet sich zwar oft ein gelblicher Anflug der Conjunctiva; derselbe ist aber nicht immer icterischer Natur, sondern beruht häufig
auf einer leichten Hyperämie des lockeren subconjunctivalen Bindegewebes zwischen den Augenwinkeln und dem Hornhautrand, sowie
auf dem Vorhandensein zahlreicher Fettzellen in diesem Gewebe.

Nach der Auffassung Senator's von dem Zustandekommen
einer von ihm [2] in vier Fällen beobachteten „menstruellen Gelbsucht"
kann anstatt der Menstrualblutung oder bei abnormer Spärlichkeit
derselben eine Leberhyperämie sich entwickeln, die dadurch ausgezeichnet ist, dass sie constant oder wenigstens auffallend oft Icterus
zur Folge hat. Wenn es sich hier wirklich um eine Leberhyperämie
handelt [3], so entsteht dieselbe aller Wahrscheinlichkeit nach durch
verstärkten Zufluss von der Leberarterie her und die auffallende
Häufigkeit des Icterus liesse sich daraus erklären, dass die Schleimhaut der Gallengänge und das interstitielle Bindegewebe in erster
Linie, die secernirende Substanz dagegen erst secundär von der
Blutüberfüllung betroffen würde und somit eine Verengerung der
ableitenden Kanäle durch Katarrh und Compression sehr leicht zu
Stande kommen könnte.

Ein höherer Grad von Gelbsucht bei Leberhyperämie beruht
entweder auf katarrhalischer Verschliessung der Pars intestinalis des

---

1) Rech. sur les suppurations endém. du foie. Paris 1860. p. 118.
2) Berl. klin. Wochenschr. 1872. Nr. 51.
3) Der dritte der von Senator mitgetheilten Fälle, in welchem gastrische Beschwerden vorhanden, die Stuhlgänge thonartig grau gefärbt und im Harn Gallensäuren deutlich nachweisbar waren, spricht mehr für einen durch Duodenal-
katarrh veranlassten Icterus.

D. choledochus oder auf Obstruction des letzteren oder des D. cysticus durch Concremente.

Gastrische Symptome finden sich in sehr vielen Fällen; die ihnen zu Grunde liegende Affection des Magens und Darmes ist aber nicht eine Folge der Leberhyperämie, sondern entsteht aus derselben Ursache wie diese. So führt bei den oben genannten Krankheiten der Athmungs- und Kreislaufsorgane das Fortschreiten der Stauung von den Lebervenen auf die Pfortader und deren Wurzeln zu venöser Hyperämie der Wandungen des Digestionstractus, die sich durch Erscheinungen der gestörten Verdauung und verlangsamten Peristaltik, mitunter auch durch Anschwellung der Hämorrhoidalvenen kundgibt. Die nämlichen Symptome gesellen sich häufig zu denjenigen der Leberhyperämie bei Gourmands und Trinkern, weil es durch die sich täglich wiederholende Reizung der ersten Wege in deren Schleimhaut (und Muscularis?) früher oder später zu Nutritionsstörungen kommt. Auch bei den verschiedenen, in der Aetiologie angeführten Infectionskrankheiten besteht neben der Leberhyperämie meistens eine Affection der Verdauungsorgane; sie hängt aber mit jener nur insofern zusammen, als beide Coeffecte der Einwirkung des Infectionsstoffes sind.

Eine gedrückte oder hypochondrische Gemüthsverstimmung kommt bei Kranken mit chronischer Leberhyperämie nicht selten vor, doch ist es der psychiatrischen Erfahrung zufolge wohl wahrscheinlicher, dass sie durch den gleichzeitigen Gastrointestinalkatarrh, als dass sie durch die Leberaffection erzeugt wird.

Ascites begleitet zwar die höheren Grade der Stauungshyperämie sehr häufig, doch ist er meistens eine Theilerscheinung des allgemeinen Hydrops, welcher im späteren Stadium der die Stauung verursachenden Herz- und Lungenkrankheiten regelmässig einzutreten pflegt. Nur wo die Stauung zur Atrophie und Induration der Leber geführt hat, nimmt diese in activer Weise Theil an der Erzeugung des Ascites: das schrumpfende Bindegewebe übt auf zahlreiche Verzweigungen der V. portae einen Druck aus, durch den die von der allgemeinen Kreislaufsstörung abhängige Hemmung des Blutstromes in den Wurzeln dieses Gefässes noch gesteigert wird. Es besteht also ausser der im Herzen oder in der Lunge vorhandenen noch eine in der Leber selbst gelegene Ursache für die seröse Transsudation in die Bauchhöhle. Da der Bindegewebswucherung in der Leber immer schon eine erhebliche Stauung im gesammten Körpervenensystem vorausgeht, so stellt sich der Ascites in solchen Fällen stets erst nach dem Oedem der unteren Extremitäten ein und ist

häufig mit allgemeiner Wassersucht verbunden, aber er entwickelt
sich früher als es der Fall sein würde, wenn er blos von der allgemeinen Stauung abhinge, und erlangt eine beträchtlichere Höhe, als
es dem Stande der hydropischen Ergüsse in den anderen Organen
entspricht. Vorgänge, durch welche diese letzteren erheblich vermindert oder vorübergehend beseitigt werden (wie Digitaliswirkung,
Abnahme der Bronchitis u. s. w.) äussern auf ihn gar keinen oder
doch einen weit geringeren Einfluss. Dieses Ueberwiegen des Ascites
im Verhältniss zu den übrigen hydropischen Erscheinungen ist schon
von v. Bamberger für die Muskatnussleber überhaupt, noch bestimmter aber von Liebermeister für die cyanotische Induration
der Drüse als charakteristisch hervorgehoben und seitdem von
v. Niemeyer, Köhler, Cantani u. A. bestätigt worden. Freilich
tritt dasselbe nicht in jedem Falle mit genügender Deutlichkeit
hervor: wo bereits ein sehr bedeutender allgemeiner Hydrops besteht, wird es mitunter nicht mehr möglich sein, zu entscheiden, ob
der vorhandene Ascites ausser seiner Abhängigkeit von der allgemeinen Stauung noch eine besondere Begründung innerhalb des
Pfortadersystems habe oder nicht. — Obgleich die cyanotische Atrophie der Leber nothwendig auch in der V. lienalis eine Zunahme
der Blutüberfüllung bewirkt, so ist doch ein Milztumor bei derselben
in der Regel nicht nachzuweisen. Liebermeister, welcher auf
diese auffällige Thatsache zuerst aufmerksam gemacht hat, sucht
dieselbe durch die Annahme zu erklären, dass unter dem Einfluss
der hochgradigen Hyperämie in der Milz ebenso wie in der Leber
eine zur Schrumpfung führende Bindegewebswucherung stattfinde.

Verlauf, Dauer, Ausgang, Prognose.

Ob die Leberhyperämie in acuter oder, was der häufigere Fall
ist, in chronischer Weise entsteht, richtet sich nach der Art ihrer
Ursache, ebenso wird ihre Dauer lediglich durch das Fortbestehen
der causalen Momente bestimmt. Nach Contusionen des Organes
treten die Erscheinungen gewöhnlich sofort ein und gehen manchmal
sehr bald, mitunter aber auch erst nach Wochen wieder vorüber.
Bei Herz- und Lungenleiden entwickeln sie sich meist allmählich
und können lange anhalten, zeigen aber dann öfter Schwankungen
ihrer Intensität, je nachdem die Insufficienz des rechten Ventrikels
ab- oder zunimmt, was theils von dem Grade des Circulationshindernisses im Herzen oder im kleinen Kreislauf, theils von den Ernährungs-
und Innervationsverhältnissen des Herzens, theils von der Menge des
Gesammtblutes im Körper abhängt. Ein ähnliches Verhalten be-

obachtet man bei der durch übermässige Ernährung und reizende
Ingesta entstandenen Lebercongestion, deren Symptome nicht selten
jedesmal nach der Mahlzeit oder nach dem Genusse von Spirituosen
exacerbiren und andererseits sich vermindern, wenn durch vermehrte
Darmentleerungen oder durch Blutung aus den Mastdarmgefässen
die übermässige Spannung im Pfortadersystem einen Nachlass erfährt.
Wo eine Störung der Menstruation zu Grunde liegt, kehren die Zufälle bisweilen mehrere Monate nacheinander in regelmässigem Rhythmus wieder.

Der Ausgang kann strenggenommen nur ein zweifacher sein:
entweder wird die abnorme Blutfülle mit dem Wegfall ihrer Ursache
rückgängig oder sie hält, wo diese bleibend ist, bis zum Tode an.
Von einem Uebergang in eine andere Krankheitsform lässt sich
höchstens bei der Stauungshyperämie reden. Zwar kann auch diese
wieder verschwinden ohne erkennbare Veränderungen in dem Organ
zurückzulassen, wie beispielsweise die rasche Rückkehr desselben
zur Norm nach der künstlichen Entleerung pleuritischer Exsudate
beweist. Wenn aber die Ursache der Stauung erst aufhört, nachdem
durch die excessive Ausdehnung der Lebervenenwurzeln bereits eine
grosse Anzahl von Leberzellen zu Grunde gegangen ist, so kann die
Drüse selbst unter das normale Volumen zusammenschrumpfen. Ist
es in Folge langdauernder Stauung zur Wucherung des interstitiellen
Bindegewebes gekommen, so erlangt die atrophische Muskatnussleber
bisweilen eine gewisse Selbständigkeit, insofern der von ihr abhängige Ascites fortbesteht, während die anderweitigen Erscheinungen
des Hydrops verschwinden. — Von den übrigen Arten der Leberhyperämie ist es nicht bekannt, dass sie Nutritionsstörungen des
Organes herbeiführen können. Wo dies der Fall zu sein scheint,
entspringen solche Störungen aus derselben Ursache wie die Hyperämie und letztere ist entweder der früheste Effect eines Einflusses,
der bei längerer Dauer und häufigerer Wiederkehr an dem Zwischengewebe oder an den Drüsenzellen seine Wirkung äussert (Alkoholmissbrauch, übermässige Ernährung) oder sie ist ein Glied in der
Kette derjenigen Veränderungen, welche die Leber bei entzündlichen
oder neoplastischen Processen erleidet (Hepatitis suppurat., Carcinom u. s. w.).

Die Prognose richtet sich lediglich nach den ursächlichen
Verhältnissen. Die Leberhyperämie an und für sich bringt das
Leben nicht in Gefahr. Wenn sie aber lange anhält oder öfter
wiederkehrt, legt man ihr mit Recht eine ungünstige Bedeutung
bei, weil sie dann die Vorläuferin oder Begleiterin anderer unheil-

barer Krankheiten des Organs, wie der Cirrhose, des Carcinoms
u. s. w. zu sein pflegt. Die durch Stauung herbeigeführte Atrophie
der Leber kann übrigens auch durch ihre Folgen zur Beschleunigung
des tödtlichen Ausganges chronischer Herz- und Lungenkrankheiten
beitragen.

Diagnose.

Da die im Vorstehenden besprochenen Symptome auch bei
anderen Affectionen der Leber und selbst bei Krankheiten an denen
diese gar nicht Theil nimmt, zur Beobachtung kommen, so berechtigen
sie zur Annahme einer Leberhyperämie nur da, wo sich gleichzeitig
das Vorhandensein eines der oben angeführten ursächlichen Momente
nachweisen lässt. Bei der Stauungshyperämie ist dies in der Regel
leicht, weil den Krankheiten, welche die ihr zu Grunde liegende
Circulationshemmung verursachen, fast stets directe physikalische
Zeichen liefern und gleichzeitig in den übrigen Abschnitten des
Körpervenensystems zu Stauungserscheinungen Veranlassung geben.
Die cyanotische Induration der Leber kann, auch wo sich die Abnahme des Volumens nicht verfolgen oder des Ascites wegen nicht
sicher constatiren lässt, noch durch das Missverhältniss zwischen
Ascites und Anasarca diagnosticirbar sein. Die Unterscheidung von
der eigentlichen Lebercirrhose, welche übrigens als Complication der
zur Stauung führenden Herz- und Lungenaffectionen nur äusserst
selten vorzukommen scheint (Liebermeister), ergibt sich aus der
Reihenfolge, in der die hydropischen Erscheinungen auftreten —
bei der Cirrhose zuerst Ascites, bei der atrophischen Muskatnussleber zuerst Oedem der unteren Extremitäten — und aus dem Verhalten der Milz, indem diese bei der Muskatnussleber in der Regel
einen normalen, dagegen bei der Cirrhose meist einen vergrösserten
Umfang zeigt. — Bei den übrigen Arten der Leberhyperämie ist die
Diagnose oftmals schwieriger und unsicherer: nicht nur, dass die
Symptome mitunter sehr wenig ausgeprägt sind, auch wo sie deutlich hervortreten, bleibt es nicht selten zweifelhaft, ob sie von einer
blosen Blutüberfüllung des Organs oder nicht vielmehr von tiefer-
gehenden Veränderungen desselben, die durch dieselben Veranlassungen wie jene entstehen und mit den gleichen Erscheinungen
einhergehen können, als Hämorrhagie, Fettablagerung, interstitielle
und suppurative Entzündung u. s. w., abzuleiten sind. Hier entscheidet hauptsächlich der Verlauf, indem die Symptome, sofern sie
der Hyperämie angehören, entweder vollkommen wieder verschwinden oder doch jene schon erwähnten Schwankungen zeigen, die

durch die wechselnde Intensität des ätiologischen Momentes und durch sonstige auf die Füllung der Lebergefässe einwirkende Vorgänge bedingt sind.

Therapie.

Die Behandlung muss womöglich in erster Linie gegen die ursächlichen Momente gerichtet sein. Diese Indication tritt namentlich da in den Vordergrund, wo die Leberhyperämie sich allmählich entwickelt oder in wiederholten Anfällen auftritt. Bei der durch übermässige Zufuhr von Nahrungs- und Genussmitteln unter Mitwirkung ungenügender Muskelthätigkeit entstandenen Congestion ist eine zweckmässige Umänderung der Diät und Lebensweise das wichtigste Erforderniss. In frischeren Fällen genügt sie meistens, die Krankheit rückgängig zu machen, und in solchen, wo dies erst durch den Gebrauch der nachher zu erwähnenden direct gegen die Hyperämie gerichteten Mittel gelingt, ist das Aufgeben der schädlichen diätetischen Gewohnheiten das einzige Prophylkaticum gegen die Wiederkehr der Krankheit. Man setze die Nahrungsmenge auf das für den individuellen Fall zulässige Maass herab und lasse fette, starkgewürzte, schwerverdauliche und blähende Speisen, sowie alkoholische Getränke und starken Kaffee vermeiden; in der Regel wird eine aus magerem Fleisch, Eiern, Weissbrod, zartem Gemüse und säuerlichen Früchten bestehende Kost die geeignetste sein, während die von Manchen empfohlenen Milch- und Mehlspeisen wenigstens für alle diejenigen Fälle nicht passen, in denen eine grössere Neigung zur Fettbildung besteht. Ferner verordne man zur Beförderung der Lebercirculation und zur Anregung des Stoffumsatzes im Körper Abwechslung zwischen Stehen und Sitzen bei der Arbeit, öfteres willkürliches Tiefathmen, Bewegung im Freien durch Gehen, Reiten u. s. w., Gymnastik, sowie reichliches Trinken von Wasser oder einfachen Säuerlingen. Wo es sich nach Beseitigung der Leberhyperämie um Verhütung derselben handelt, ist höchstens ein sehr mässiger Genuss der leichteren Spirituosa zu gestatten.

Hängt die Leberhyperämie mit Unterdrückung der Menstruation zusammen, so kann man versuchen, die Blutung aus den Genitalien durch warme Fuss-, Sitz- oder Vollbäder, Uterusdouche, Blutegel an die Vaginalportion u. dgl. hervorzurufen, resp. zu ersetzen: die Bäder passen besonders dann, wenn es der Wiederholung der menstrualen Fluxion zur Leber vorzubeugen gilt, die Blutentziehung eignet sich mehr, die bestehende Fluxion zu vermindern.

Die auf Stauung beruhende Leberhyperämie wird durch eine

zweckmässige Behandlung der zu Grunde liegenden Krankheit manchmal dauernd gehoben, z. B. bei Capillarbronchitis, pleuritischem
Exsudat, weit öfter aber nur für einige Zeit beseitigt oder ermässigt,
wie bei Herzfehlern, Emphysem; in Fällen der letzteren Art erfolgt
die Besserung am häufigsten auf den rechtzeitigen Gebrauch der
Digitalis.

Erweist sich die Erfüllung der causalen Indication als unthun-
lich oder unzureichend, so entsteht die weitere Aufgabe, in mehr
oder weniger directer Weise auf die Blutmenge der Leber vermindernd zu wirken. Diesem Zwecke entspricht in zahlreichen Fällen
am besten die Anwendung der Abführmittel. Indem diese durch
Beschleunigung der Peristaltik die Resorption aus dem Darm ins
Blut beschränken und zum Theil wohl auch Wasser aus dem Blut
an sich ziehen, nimmt die Ueberfüllung einer grossen Anzahl von
Pfortaderwurzeln ab, was nothwendig ein Sinken des Seitendrucks
im gesammten Pfortadersystem zur Folge hat. Diese Medication ist
selbstverständlich vor Allem da am Platze, wo ein abnorm gesteigerter
Blutzufluss vom Darm aus an der Erzeugung des Leberleidens einen
wesentlichen Antheil hat. Deshalb sind bei der durch zu reichliche
und reizende Ingesta entstandenen habituellen Leberhyperämie neben
einem geeigneten diätetischen Verhalten das wichtigste Heilmittel
Curen mit den Quellen von Karlsbad, Marienbad, Tarasp, Franzensbad, Elster, Kissingen, Homburg u. ähnl. Die Auswahl unter diesen
Mineralwässern richtet sich hauptsächlich nach der Constitution des
Kranken: die an Glaubersalz und kohlensaurem Natron reicheren
passen für fettleibige, robuste Individuen. Bei solchen sind auch
die eigentlichen Bitterwässer (Friedrichshaller, Saidschützer, Ofener)
für kürzere Zeit anwendbar. Denselben Nutzen wie diese Brunnencuren haben mitunter auch die Kräuter-, Trauben- und Molkencuren;
jedoch stehen sie jenen nicht nur an Sicherheit der Wirkung, sondern namentlich auch deshalb nach, weil sie leichter die Verdauung
stören. Wo man der Jahreszeit oder anderer Umstände halber von
der Anwendung der genannten Mittel absehen muss, oder der Erfolg
derselben nicht genügend ist, bedient man sich der Präparate von
Rheum, Frangula, Aloe u. ähnl., mit denen man die sog. Extracta
resolventia und von Zeit zu Zeit weinsteinsaure und schwefelsaure
Alkalien verbinden kann. Die Abführmittel können aber auch bei
allen übrigen Arten der Leberhyperämie, welche nicht auf vermehrtem Zufluss von der Pfortader her beruhen, insofern von Nutzen sein,
als sie auf die angedeutete Weise den Blutdruck in den Verzweigungen
dieses Gefässes und somit in der gesammten Capillarität der Leber

herabsetzen. Bei den acuten Congestionen eignen sich ihrer prompten Wirkung wegen am meisten die Mittelsalze in grösseren Dosen. Bei der Stauungshyperämie verdienen in der Regel die milderen vegetabilischen Purgantien den Vorzug, weil sie einen anhaltenderen Gebrauch gestatten; doch sind auch vorsichtige Curen mit den glaubersalzhaltigen Natron- und den Kochsalzwässern keineswegs ausgeschlossen, vielmehr bringen diese nicht selten entschiedene Erleichterung, wenn bei chronischen Herzleiden vor dem Eintritt des hydropischen Stadiums die Symptome von Seiten der Leber stärker ausgeprägt sind. Ebenso erweisen sich die genannten Brunnen gegen die nach Wechselfieber zurückgebliebenen Tumoren wirksam.

In der Absicht, durch einen vermehrten Uebergang von Blutbestandtheilen in die Drüsenzellen der Leber die Blutüberfüllung des Organs zu verringern, hat man ferner solche Mittel angewandt, denen man eine die Gallensecretion antreibende Wirkung zuschrieb. Das Calomel, welches bis in die neueste Zeit eine hervorragende Stelle unter diesen Mitteln einnahm, dürfte jetzt, nachdem die cholagoge Wirkung desselben mehr als unwahrscheinlich geworden ist, bei der Behandlung von Leberhyperämien nur da noch zulässig sein, wo man ihm wegen sonstiger Verhältnisse des einzelnen Falles vor anderen Abführmitteln den Vorzug gibt. Ob das Podophyllin die von amerikanischen, englischen und belgischen Aerzten angenommene galletreibende Eigenschaft, um derentwillen es Manchem als ein bei „Leberanschoppungen" besonders geeignetes Katharticum gilt, wirklich besitze, ist bis jetzt nicht festgestellt. Mit Sicherheit wissen wir aber, dass durch vermehrte Aufnahme von Wasser ins Pfortaderblut die Gallenabsonderung gesteigert wird; der Nutzen des Wassertrinkens und der Brunnencuren mag also zu einem Theile hierauf zurückzuführen sein. Zu den gegen chronische Leberhyperämien empfohlenen Mineralwässern gehören auch die Schwefelquellen: eine abführende Wirkung, aus welcher sich ihr günstiger Einfluss erklären liesse, haben sie in der Regel nicht[1]); nach der Hypothese von Roth[2]) befördert der ins Pfortaderblut diffundirte Schwefelwasserstoff die Rückbildung der alten Blutkörperchen, indem er sich mit dem Eisen derselben verbindet, wodurch ein vermehrtes Material zur Gallenbildung geliefert wird. Vornehmlich die aus Blutüberfüllung der Pfortader hervorgegangenen Leberhyperämien sollen sich für die Cur mit Schwefelwässern eignen; indessen werden auch

1) J. Braun. Lehrb. der Balneotherapie. 3. Aufl. Berlin 1873. S. 483.
2) Bad Weilbach und sein kaltes Schwefelwasser. Wiesbaden 1855. S. 15.

Heilungen durch dieselben von solchen Fällen berichtet, wo die
Krankheit Folge von Wechselfiebern und von Menstruationsanoma-
lien war.[1])

Oertliche Blutentziehungen sind in heftigen acuten Fällen und
bei Exacerbationen chronischer Hyperämieen indicirt. In der Regel
ist die Application von Blutegeln in die nächste Umgebung des Afters das geeignetste Verfahren, weil es vermittelst der Anastomosen
der Hämorrhoidalvenen mit den Hautvenen der genannten Gegend
einerseits und dem Ramus haemorrhoidalis der unteren Gekrösvene
andererseits auf dem kürzesten Wege die Blutmenge in der Pfortader vermindert. Zwar wirken auch Blutegel und blutige Schröpfköpfe, die man in die Lebergegend setzt, auf den Blutgehalt der
Drüse nicht blos dadurch, dass sie die Gesammtmenge des Blutes
im Körper verringern; denn die Venen der Bauchhaut stehen mit
denen des visceralen Peritoneums, diese wieder mit denen der Leberserosa und letztere mit den Gefässen des Leberparenchyms in directer Communication; aber offenbar ist der Weg hier ein viel weiterer und die fragliche Applicationsstelle empfiehlt sich nur dann,
wenn die Blutentziehung gleichzeitig durch eine Hyperämie der peritonealen Hülle indicirt ist, wie mitunter in traumatischen Fällen.
Besteht in solchen Fällen neben grösserer Schmerzhaftigkeit auch
beträchtliche Anschwellung der Leber, so kann bei robusten Individuen selbst der Aderlass gerechtfertigt sein, da derselbe eine rasche
Wiederabnahme des Volumens herbeizuführen vermag.

Mässig gefüllte Eisbeutel oder, wenn diese ihrer Schwere wegen
nicht vertragen werden, häufig gewechselte kalte Compressen auf
die Lebergegend passen ebenfalls bei frischer traumatischer Hyperämie, da es sich bei dieser höchst wahrscheinlich um eine Erschlaffung der Gefässe handelt und nach den Versuchen von Schultze[2])
es nicht zweifelhaft sein kann, dass mit den genannten Mitteln, wenn
sie nur in gehöriger Ausdehnung — vorn und hinten zugleich —
applicirt werden, auch im Innern der Drüse eine zur Einwirkung
auf die Gefässwand hinreichende Temperaturerniedrigung sich erzielen lässt.

Bei anderen Formen der Leberhyperämie dienen öfter warme
Kataplasmen (Priessnitz'sche oder Breiumschläge) auf die Lebergegend zur Minderung der subjectiven Beschwerden; ob sie auch
auf die Hyperämie selbst — etwa vermittelst einer revulsorisch wir-

1) Lersch, Einleitung in die Mineralquellen. Bd. 1. Erlangen 1855. S. 884.
2) Deutsches Arch. f. klin. Med. Bd. 8. S. 504 ff.

kenden Reizung der Haut — einen mindernden Einfluss haben, ist durch die Beobachtung nicht erwiesen. Von der Anwendung stärkerer Hautreize in der Lebergegend rühmen Einzelne entschiedenen Erfolg in chronischen Fällen, so von wiederholten Vesicatoren bei der idiopathischen Form der heissen Klimata (s. die Therapie der Hepatitis suppurat.), von starken kalten Douchen bei der durch diätetische Schädlichkeiten verursachten habituellen Hyperämie [1]), sowie bei der von Malariafiebern herrührenden Schwellung [2]).

Das Regime des Kranken ist im einzelnen Falle mit Rücksicht auf die ätiologischen Verhältnisse, den allgemeinen Ernährungszustand und die Beschaffenheit der Digestionsorgane nach bekannten Grundsätzen zu ordnen. Eine rasche Entwicklung oder Steigerung der abnormen Blutfülle indicirt ruhiges Liegen und eine knappe milde, vorwiegend vegetabilische Diät, wogegen nach längerer Dauer der Krankheit häufiger ein roborirendes Verfahren erforderlich ist.

Gegen den von der cyanotischen Atrophie und Induration der Leber abhängigen Ascites, welcher so beträchtlich werden kann, dass er im Verein mit den von der Grundkrankheit bedingten Respirationsstörungen lebensgefährliche Dyspnoe hervorruft, erweisen sich Diuretica (wie Digitalis mit Kali acet.) fast stets ungenügend oder völlig erfolglos und Drastica sind meist in Rücksicht auf die Kräfte des Kranken nicht zulässig. Hier lässt sich der Indicatio vitalis nur durch die Paracentese entsprechen. Die durch sie bewirkte Fristung des Lebens ist freilich meistens nur kurz; in einem aus Oppolzer's Klinik mitgetheilten Falle [3]) jedoch, wo bei Insufficienz der Mitral- und Tricuspidalklappe mit geschrumpfter Muskatnussleber die Operation des Ascites siebenmal gemacht wurde, trat der Tod erst ein halbes Jahr nach der ersten Punktion ein.

Hämorrhagie der Leber.

Fauconneau-Dufresne, L'Union médic. 1847. Nr. 88—90. — F. Weber, Beitr. z. pathol. Anatomie der Neugebor. 3. Lief. Kiel 1851. S. 56. — Frerichs, Klinik der Leberkrankh. Bd. 1. S. 395 ff. — Bamberger, Krankh. d. chylopoet. Syst. 2. Aufl. Erl. 1864. S. 549. — E. Rollett, Wien. med. Wochenschrift. Jahrg. 15. 1865. Nr. 14. 15. — A. Steffen, Jahrb. für Kinderheilk. N. F. 4. Jahrg. 1871. S. 333. — L. Mayer, Die Wunden der Leber und der Gallenblase. München 1872. S. 63.

---

1) Fleury, Hydrothérapie. 3. éd. Paris 1866. p. 883.
2) Hertz, Dieses Handb. Bd. II. Abth. 2. S. 637.
3) Allgem. Wien. med. Zeitung. Jahrg. 6 (1861). Nr. 19.

Leberblutungen kommen trotz des grossen Gefässreichthums der Drüse im Ganzen selten vor. Sie können die Folge von Continuitäts-trennungen sein, welche durch Verwundung, Quetschung oder Er-schütterung des Organs entstehen. Bei Neugeborenen gehen sie mitunter aus der acuten Stauungshyperämie hervor, die sich während einer schweren Geburt oder bei ausgebreiteter Lungenatelektase ent-wickelt. Ferner finden sie sich bisweilen neben intensiver Con-gestion der Leber in den perniciösen Wechselfiebern, namentlich denjenigen der Tropen, sowie im Scorbut. Dass auch aus anderen Ursachen entstandene Leberhyperämien zu einer nennenswerthen Hämorrhagie führen können, wird zwar von manchen Autoren (z. B. Fauconneau-Dufresne) angenommen, ist aber nicht sicher er-wiesen. Ausnahmsweise erfolgen sehr beträchtliche Blutergüsse aus gefässreichen Krebsknoten der Leber (Rollett; s. Leberkrebs). End-lich gibt es Blutherde in der Leber, deren Genese nach den bis-herigen ganz vereinzelten Beobachtungen[1]) dunkel bleibt, wenn es auch nicht unwahrscheinlich ist, dass ihnen, wie Frerichs ver-muthet, eine locale Erkrankung (fettige Entartung) der Gefässhäute zu Grunde liegt[2]).

Die Symptome der Leberhämorrhagie lassen sich meistens nicht von denjenigen unterscheiden, welche durch die ihr zu Grunde liegende Hyperämie bedingt sind. Nur wenn unter Umständen, welche den Eintritt einer Leberblutung möglich erscheinen lassen (Trauma, perniciöse Intermittens, Lebercarcinom), eine plötzliche mit Schmerzen verbundene Volumszunahme des Organs erfolgt oder in der Lebergegend eine fluctuirende Geschwulst mit dumpfem Percus-sionsschall sehr rasch, so zu sagen unter den Augen des Beobachters, entsteht und in dem Maasse als diese wächst, sich die Erscheinungen zunehmender Anämie einstellen, dürfte der Vorgang mit einiger Wahr-scheinlichkeit zu diagnosticiren sein. Durchbricht das Extravasat die Serosa und ergiesst sich in die Bauchhöhle, so tritt der Tod unter den Zeichen innerer Verblutung oder diffuser Peritonitis ein. — Die Therapie wird in der örtlichen Application der Kälte und in der Anwendung schmerzstillender und analeptischer Mittel bestehen.

---

1) Louis, Mémoires ou Recherches anatomo-patholog. Par. 1826. p. 381. — Andral, Clinique médic. 4. partie. Par. 1827. p. 33. — J. Abercrombie bei Copland, Lond. med. Gaz. Vol. 34. 1844. p. 507.

2) Die Blutung aus einem grösseren Gefäss der Leber (A. hepat., Ast oder Stamm der V. portae), welches durch ein übergreifendes Geschwür des Duode-nums, Magens oder Colons arrodirt ist, gehört nicht hierher, da sie in das an-gelöthete Organ, nicht in die Leber erfolgt.

Perihepatitis.

Man begreift unter diesem Namen sowohl die Entzündung des Bauchfellüberzugs der Leber: Hepatoperitonitis, Peritonitis hepatica s. velamentosa, als auch diejenige des Bindegewebes am Hilus des Organs. Letztere hat hauptsächlich dadurch klinisches Interesse, dass sie bisweilen wichtige Veränderungen der V. portae oder des D. choledochus nach sich zieht: sie wird deshalb zweckmässiger bei der Aetiologie der Krankheiten der Pfortader und der Gallenwege zu besprechen sein.

Die Peritonitis der Leber ist in der Regel eine secundäre Affection. Abgesehen von ihrem Vorkommen als Theilerscheinung einer allgemeinen Peritonitis, wird sie am häufigsten hervorgerufen durch Krankheiten der Lebersubstanz. Sie begleitet constant die diffuse interstitielle Hepatitis und erstreckt sich hier meist über die ganze Oberfläche des Organs. Sie entwickelt sich in beschränkter Ausdehnung da, wo Abscesse, syphilitische Entzündungsherde oder Gummata die Serosa berühren; weniger constant findet sie sich über peripherisch gelegenem Carcinom und Echinococcus. Kleinere Continuitätstrennungen der Serosa durch traumatische Einflüsse geben selten Veranlassung zur Perihepatitis; nach Quetschungen und Erschütterungen der Leber entsteht sie wohl meistens nicht direct, sondern erst in Folge der Läsionen, welche das Parenchym durch diese Einwirkungen erfährt. Dagegen bilden sich an Stellen, wo ein täglich wiederkehrender oder anhaltender Druck auf die Leber stattfindet, regelmässig entzündliche Veränderungen der Serosa, so an der vorderen Fläche beim Schnüren, am stumpfen Rand des linken Lappens bei beträchtlicher Herzvergrösserung u. s. w. Manchmal greift die Entzündung von der rechten Pleura und dem Zwerchfell, vom Pylorustheile des Magens oder von einer benachbarten Darmpartie auf die Leberhülle über.

Wo die Leberserosa an einer allgemeinen Peritonitis Theil nimmt, zeigt sie dieselben anatomischen Veränderungen, wie das übrige Bauchfell. Entsteht die Entzündung derselben aus localen Ursachen, so führt sie meistens, entweder nach vorausgegangener fibrinöser Exsudation oder — noch häufiger — ohne solche, zu Neubildung von Bindegewebe, welches theils Verwachsungen der Leber mit Nachbarorganen: Zwerchfell, vorderer Bauchwand, Kolon, Magen u. s. w., theils partielle oder diffuse Verdickungen der Leberserosa selbst bewirkt. Die Substanz der Leber erleidet durch die entzündlichen

Vorgänge in ihrer Hülle gewöhnlich keine merkliche Veränderung.
Höchstens werden die oberflächlichsten Schichten unter dem Druck
massenhafter Exsudate anämisch. Der scharfe Rand kann durch die
Retraction des ihn überziehenden neuen Bindegewebes eine Abrundung erfahren und so die Gestalt des ganzen Organs sich der Kugel-
form nähern. In seltenen Fällen bildet die sehr verdickte Serosa
eine derbe Kapsel, welche durch ihre concentrische Schrumpfung
einen grösseren Antheil an der Compression der Blutgefässe des
Parenchyms zu haben scheint, als das gewucherte interstitielle Gewebe.[1]

Je nach der Intensität der ursächlichen Momente tritt die Perihepatitis acut oder schleichend auf. Im ersteren Falle ist sie mit
Schmerzen verbunden, welche — entsprechend der Ausdehnung des
entzündlichen Processes — manchmal die ganze Lebergegend einnehmen, häufiger jedoch auf einen Theil derselben beschränkt sind.
Sie werden durch Druck von aussen, durch Liegen auf der rechten
Seite, durch Bewegungen des Rumpfes und meistens schon durch
die respiratorische Verschiebung des Organs hervorgerufen, resp. gesteigert. Sie können auf diese Weise Dyspnoe erzeugen und die
physikalische Untersuchung der Leber erheblich erschweren. Von
den durch Krankheiten des Leberparenchyms bedingten Schmerzen
unterscheiden sie sich dadurch, dass sie lebhaft und stechend, jene
dagegen drückend und überhaupt dumpfer zu sein pflegen. Doch
kommen ebenso heftige Schmerzen und eine gleich grosse Empfindlichkeit gegen Druck wie bei der acuten Perihepatitis auch bei manchen Leberkrankheiten vor, die mit einer sehr raschen Zunahme oder
Abnahme des Volumens der Drüse verbunden sind (acute Hyperämie, acute Atrophie).

Die Schmerzen sind häufig das einzige Symptom, durch welches
sich die acute Perihepatitis zu erkennen gibt. Doch findet sich auch
nicht selten Fieber, hin und wieder leichter Icterus, ausnahmsweise
peritonitisches Reibegeräusch. Letzteres ist dagegen öfter bei chronischer Perihepatitis vorhanden, namentlich wenn diese eine Leberkrankheit begleitet, durch welche das Organ an Umfang und Consistenz zugenommen hat.

Andere Zeichen der chronischen Hepatoperitonitis gibt es nicht.
Aber ihre Folgezustände bedingen zum Theil sehr erhebliche Stö-

1) s. Budd, Die Krankheiten der Leber. Deutsch von Henoch. S. 133.
— Bamberger, Krankheiten des chylopoet. Systems. 2. Aufl. S. 495. — Op-
polzer, Allgem. Wiener med. Ztg. 1866. Nr. 19. — Banks, Dublin quart.
Journ. Aug. 1867. p. 231.

irungen. Wenn sie zu ausgedehnter fester Verwachsung zwischen der Leber und der vorderen Bauchwand geführt hat, fehlt das Herab-irücken des unteren Leberrandes bei tiefer Inspiration. Wird das Parenchym durch die schrumpfende Kapsel hochgradig comprimirt, ·so treten dieselben Symptome ein wie im zweiten Stadium der Cir-irhose und die Krankheit dürfte sich im Leben von letzterer kaum iunterscheiden lassen. Der gleiche Complex von Erscheinungen findet ·sich, wenn, wie in einem von Frerichs (l. c. Bd. 2. S. 409) beob-iachteten Falle, die chronische Entzündung auf die Wand der Leber-'venen übergegriffen hat.

Die acute Peritonitis hepatica kann mit rechtseitiger Pleuritis 'verwechselt werden, wenn die Schmerzen und das Reibegeräusch Ibei letzterer vorn am unteren Ende des Pleurasackes ihren Sitz Ihaben; doch wird meistens die Zuhülfenahme anderer Momente die lEntscheidung ermöglichen, ob man es mit einer Affection der Ath-imungsorgane oder der Leber zu thun hat.

Abgesehen von den äusserst seltenen Fällen, wo die Perihepa-ititis jene eben erwähnten schweren Folgezustände nach sich zieht, iist sie an sich eine ungefährliche Krankheit. Die durch sie entstan-.denen Adhäsionen zwischen der Leber und deren Nachbarorganen kön-inen sogar unter Umständen vermittelst ihrer Blutgefässe für die Aus-.gleichung von Circulationsstörungen in der Drüse förderlich sein.

Bei der acuten Perihepatitis — die chronische kommt in thera-ipeutischer Hinsicht nicht in Betracht — bewirkt oft schon ruhiges Liegen und die fortgesetzte Anwendung von Priessnitz'schen oder Breiumschlägen einen Nachlass der Erscheinungen. In frischen trau-matischen Fällen wird man dem Eisbeutel, wenn derselbe dem Kran-ken nicht zu lästig ist, vor der feuchten Wärme den Vorzug geben. Heftiger Schmerz indicirt bei noch kräftigen Individuen eine örtliche Blutentziehung, bei Geschwächten die subcutane Anwendung von Morphium. Bei länger dauernder Schmerzhaftigkeit sind wiederholte Vesicatore oder Bepinselungen mit Jodtinctur bisweilen von Nutzen. Andere gegen Perihepatitis empfohlene Mittel, wie Calomel, Mittel-salze u. s. w. können durch die zu Grunde liegende Leberkrankheit indicirt sein.

Suppurative Leberentzündung. Leberabscess.

Hepatitis vera s. suppuratoria.

Bontius, De medicina Indorum. L. B. 1645. p. 3. Cap. 7. — Fr. Hoffmann, De inflammat. hepatis rarissima etc. Halae 1721. — W. Saunders,
Observ. on hepatitis in India. Lond. 1809. — Campbell, Observ. to the opi-
nions and pract. of Dr. Saunders etc. Lond. 1809. — T. B. Wilson, On hepatitis. Lond. 1817. — Griffith, An essay on the common causes and preven-
tion of hepatitis as well in India as in Europe. Lond. 1817. — Abercrombie,
Pathol. and pract. researches on the diseases of the stomach and intestines. London 1823. Deutsch von G. v. d. Busch 1833. — Gendrin, Histoire anatom.
des inflammations. Paris 1826. Vol. 2. — Louis, Mémoires ou recherches
anat.-patholog. sur diverses maladies. Paris 1826. — Andral, Clinique médicale. T. 4. Paris 1827. — Geddes, Trausact. of the med. and phys. soc. of
Calcutta. Vol. 6. 1833. p. 284. Schmidt's Jahrb. Bd. 6. S. 242. — Twining,
Clinical illustrations of the most important diseases of Bengal. 2. ed. Calcutta
1835. — Stokes, Ueber d. Heilung d. inneren Krankh. Deutsch von Behrend.
·Leipzig 1835. — Cruveilhier, Anat. patholog. du corps humain. Par. 1830—42.
Livr. 11, 16, 40. — Malcolmson, Medico-chirurg. Transactions. Vol. 21. 1838.
— Murray, Madras quart. Journ. July 1839. — Annesley, Researches into the
causes, nature and treatment of the more prevalent diseases of India etc. Lond.
1841. — W. Thomson, A pract. treatise on the diseases of the liver and bil.
pass. Lond. 1841. — Murray, Lond. med. Gaz. Vol. 38. p. 566. — C. Brous-
sais, Recueil des mémoires de Méd., Chir. et Pharm. militaires. 1. Série. T. 55.
Paris 1843. — Derselbe, Journ. de Méd. Août et Sept. 1845. — Catteloup,
Rec. de mém. de Méd. milit. 1. Série. T. 58. Paris 1845; ibid. 2. Série. T. 7.
Par. 1851. — G. Budd, On diseases of the liver. Lond. 1845. Deutsch von
Henoch. Berl. 1846. 2. ed. 1851. — Schuh, Zeitschr. der Gesellsch. d. Aerzte
zu Wien. Febr. 1846. — Geddes, Clin. illustrations of the diseases of India.
Lond. 1846. — Fauconneau-Dufresne, Revue médic. Avril 1846. — Par-
kes, Remarks on the dysenterie and hepatitis of India. Lond. 1846. — Cam-
bay, Traité de la dysenterie des pays chauds. Paris 1847. — Allan Webb,
Pathologia India. 2. ed. London 1848. — Oppolzer, Prager Vierteljahrschrift.
Bd. 13. S. 110. — Haspel, Maladies de l'Algérie. T. II. Paris 1852. — He-
noch, Klinik der Unterleibskrankh. Berl. 1852. 3. Aufl. 1863. — Virchow,
Arch. f. pathol. Anat. Bd. 4. — Mühlig, Zeitschr. d. G. d. Aerzte zu Wien.
Bd. 8. Nr. 6—8. — Wunderlich, Handb. d. Pathol. u. Ther. 3. Bd. 2. Abth.
Stuttg. 1856. — S. L. Heymann, Verhandl. d. physik.-medic. Ges. zu Würz-
burg. Bd. 5. S. 43 ff. — Ch. Morehead, Clin. researches on diseases of India.
Lond. 1856. — Dutroulau, Mém. de l'Acad. imp. de Méd. T. 20. — Rigler,
Wien. med. Wochenschr. 1856. Nr. 46 u. 47. — Fauconneau-Dufresne,
Précis des mal. du foie et du pancréas. Paris 1856. — Goguel, Des abcès du
foie. Thèse. Strasbourg 1856. — J. Périer, Rec. des mém. de Méd. milit.
2. Série. T. 19. Par. 1857. — Traube, Deutsche Klinik. 11. Dec. 1859. Ges.
Abhandl. Bd. 2. S. 940. — Rouis, Recherches sur les suppurations endémi-
ques du foie. Paris 1860. — Lebert, Traité d'anat. pathol. Paris 1855—1861.
T. 2. p. 253. — Frerichs, Klinik der Leberkrankh. Bd. 2. S. 96 ff. — Bri-
stowe, Transact. of the patholog. soc. of London. Vol. 9. — Tüngel, Klin.
Mittheil. v. d. med. Abth. des allgem. Krankenhauses in Hamburg aus d. J. 1862 63.
Hamb. 1864. S. 155. — H. Cooper, Brit. med. Journ. May 23. 1863. Schmidt's
Jahrbb. Bd. 120. S. 51. — Bamberger, Krankheiten des chylopoetischen
Systems (im Handb. der spec. Path. u. Ther., redig. v. Virchow). 2. Aufl. Erl.
1864. S. 495. — J. Rau. Martin, The Lancet 1864. Vol. II. S. 9. — C. Morehead, The Lancet 1864. I, 20. — Lavigerie, De l'hépatite. Thèse. Paris
1866. — H. Westermann, De hepatitide suppurat. Diss. Berol. 1867. —
Lino Ramirez, Du traitement des abcès du foie. Par. 1867. — A. F. Dutroulau, Traité des maladies des Européens dans les pays chauds. 2. éd. Paris
1868. — H. Rebentisch, Beitr. z. Kenntniss der Leberkrankh. in den Tropen.

Inaug.-Diss. Jcna 1868. — Kussmaul, Berl. klin. Wochenschr. 1868. Nr. 12.
— St. H. Ward, The Lancet 1868. II. p. 141, 305, 474. — G. Bückling,
36 Fälle von Leberabscess. Diss. Berlin 1868. — Klebs, Handbuch der pathol. Anat. S. 426 ff. — Traube. Berl. klin. Wochenschr. 1869. Nr. 1. Ges.
Abhandl. Bd. 2. S. 867. — Th. Ackermann, Virch. Arch. Bd. 45. S. 39.
— S. V. de Castro, Des abcès du foie des pays chauds et de leur traitement
chirurg. Paris 1870. — Heinemann, Virch. Arch. Bd. 58. S. 180. — Gal-
lard, L'Union médic. 1871. Nr. 94 sqq. — Gysb. Luchtmans, Mededeelingen
over het samentreffen van leverettering en dysenterie. Akad. proofschrift. Utrecht
1872. — van Riemsdyk, Leverettering in de tropische gewesten. Akad. proofschrift. Utrecht 1873. — M. Heitler, Wien. medic. Presse 1873. Nr. 24—26.
— Mc. Connell, The Indian annals of med. Sc. July 1873. Jahresber. von
Virchow und Hirsch f. 1873. II. S. 167. — A. Thierfelder, Atlas der patholog. Histologie. 3. Lief. Taf. XV. Fig. 1—3. — Curschmann, Deutsche
Klinik 1874. Nr. 48, 50, 51. — Berenger-Feraud, Giorn. Veneto di Sc. med.
1875. Nr. 1. Allgem. medic. Centralzeit. 1875. St. 21.

Geschichte.

Die ältere Pathologie fasste den Begriff der Hepatitis sehr weit: sie rechnete zu derselben fast alle Krankheiten des Organs, zumal solche, welche mit Schmerzen verbunden sind; am Krankenbette wurde Leberentzündung auch noch deshalb viel zu häufig angenommen, weil man Affectionen benachbarter Organe, der rechten Pleura, der rechten Niere, des Magens u. s. w. vielfach mit ihr verwechselte.

Fälle von wahrer Hepatitis werden schon in den Schriften der alten griechischen Aerzte erzählt und besonders in semiotischer Hinsicht verwerthet. Hippokrates (Aphor. VII, 44) erwähnt bereits die Eröffnung der Leberabscesse mittels des Kauters und bei Celsus findet sich die Angabe, dass Manche sie mit dem Messer öffnen. Eine genauere Kenntniss der Krankheit ward aber erst durch die pathologisch-anatomische Forschung im 16. und 17. Jahrhundert angebahnt. In der von Bonet (Sepulchretum lib. III, sect. 17) und Morgagni (Epist. 36) unter der Ueberschrift de hypochondriorum tumore et dolore gegebenen Casuistik sind die verschiedenen Richtungen, in denen der Aufbruch der Leberabscesse erfolgen kann, fast sämmtlich durch Beispiele vertreten. Die zahlreichsten Beobachtungen über die suppurative Hepatitis verdanken wir den Aerzten, welche Gelegenheit hatten, in den heissen Gegenden, wo diese Krankheit bei Weitem häufiger als in der gemässigten Zone vorkommt, Erfahrungen zu sammeln.

Aetiologie.

Wir lassen bei unserer Darstellung die suppurative Hepatitis der heissen Länder zunächst unberücksichtigt, um die Frage nach der Entstehung derselben später einer besonderen Erörterung zu unterziehen.

In der gemässigten Zone gehört die Krankheit zu den seltenen. Nach Bückling wurden im Berliner pathologischen Institut innerhalb 5 Jahren bei 36 von 2463 Sectionen, d. i. bei 1,5 pCt. Leberabscesse gefunden. Als Ursachen derselben sind folgende Schädlichkeiten bekannt.

1) Mechanische Verletzung. Die traumatische Hepatitis entwickelt sich entweder aus penetrirenden und dann meist mit der Anwesenheit eines Fremdkörpers complicirten Wunden der Leber oder aus Rupturen, wie sie bei einer Quetschung des Organs durch Schlag, Stoss, Fall auf die Lebergegend und bei einer heftigen Erschütterung durch Sturz aus grosser Höhe, ohne dass der Fallende mit der Lebergegend auftrifft, entstehen. Auch der starke Druck, welchem die Leber bei gewissen Haltungen des Körpers ausgesetzt ist, scheint, wenn er länger anhält, die Veranlassung zur Krankheit werden zu können. Borius[1] sah eine acute Hepatitis (mit Ausgang in Abscess) bei einer 38jährigen bis dahin ganz gesunden Frau sich entwickeln, unmittelbar nachdem dieselbe bei kaltem Regenwetter mit einem 3jährigen Kind auf der linken Hüfte und in der rechten Hand den aufgespannten Regenschirm einen Weg von einer Meile zurückgelegt hatte.

Die mechanischen Verletzungen ziehen aber die Krankheit im Ganzen verhältnissmässig selten nach sich: unter den 17 von Louis und von Andral (ll. cc.) beobachteten Fällen liess sich nur bei einem diese Ursache nachweisen. In der Literatur der letzten 30 Jahre, soweit sie uns zugängig war, finden sich ausser dem eben angeführten von Borius noch 11 mit traumatischem Ursprung.[2] Selbst beträchtliche Läsionen der Leber haben oftmals keine Entzündung zur Folge: Frerichs behandelte einen Eisenbahnbeamten, dessen rechtes Hypochondrium zwischen den Puffern von Eisenbahnwagen gequetscht war und welcher in Folge dessen icterisch wurde, ohne

1) Gaz. des hôp. 1866. Nr. 49.
2) Weitenweber, Oesterreich. Wochenschrift 1844. Nr. 14. — Renaud, L'Union méd. 1850. Nr. 37 (bei Bouchut, Kinderkrankh., übers. v. Bischoff. Würzb. 1854. S. 647). — M. Simon, Bull. de Thérap. LVII, 298, 345. Oct. 1859. — Traube, Deutsche Klinik 1870. 7. Apr. Gesammelte Abhandl. II. S. 963. — Wolfes, Deutsche Klinik 1864. 1. — Greenhow, Brit. med. Journ. Sept. 1864. — Löwer (aus Traube's Klinik), Berl. klin. Wochenschr. 1864. Nr. 48. — Huet, Nederl. Tydschr. voor Geneesk. 1867. I. p. 648. — Fischer, Zeitschr. f. Wundärzte u. Geburtsh. 1868. Heft 2. — Volz, Württemb. medic. Correspondenzbl. 1870. Nr. 4. — Curschmann l. c.

dass, eine Hepatitis sich entwickelte. Bei einem Soldaten im hiesigen Reservelazareth (1870) mit einem quer durch beide Hypochondrien gehenden Schusskanal floss aus der rechtseitigen Oeffnung längere Zeit Galle aus: es trat vollständige·Heilung ein, ohne dass sich entzündliche Symptome seitens der Leber gezeigt hatten.

2) Ausbreitung entzündlicher und ulcerativer Processe nach der Contiguität. Die von Broussais[1]) aufgestellte Ansicht, welche auch Andral (l. c. p. 263) theilte, dass eine Gastroenteritis, die sich vom Duodenum auf die Gallenwege und von da weiter auf die Lebersubstanz ausbreite, zur Hepatitis führen könne, und sogar die gewöhnlichste Ursache derselben sei, ist jetzt allgemein verlassen. Dagegen hat man einige Male nach Abdominaltyphus Leberabscesse beobachtet, welche von ulcerösen Zuständen in den Wandungen der Zweige des D. hepaticus ausgegangen waren (Klebs, l. c. S. 480). Etwas häufiger kommt es vor, dass die durch Gallensteine oder eingewanderte Spulwürmer hervorgerufene Ulceration intrahepatischer Gallengänge auf das anliegende Drüsenparenchym übergreift.

Derartige Fälle, durch Gallensteine veranlasst, sind beschrieben von Goguel (l. c. p. 7), Lebert (Traité d'Anat. pathol. T. 2. p. 320, und: Deutsches Arch. f. klin. Med. Bd. 6. S. 518), Frerichs (l. c. S. 431. Beob. 67), Cohnheim (Berl. klin. Wochenschr. 1867. S. 539). — 6 Fälle, wo die Anwesenheit von Spulwürmern zur Abscessbildung geführt hatte, finden sich bei Davaine, Traité des Entozoaires. p. 165—171, darunter (Cas 36) der von Kirkland berichtete Fall, wo ein in der Höhe der rechten 12. Rippe aufgebrochener Abscess neben vielem Eiter einen Spulwurm entleerte.

Aber auch die blosse Ektasie der Gallengänge in Folge von Verschluss des D. choledochus gibt bei längerer Dauer· mitunter Veranlassung zur Bildung von Leberabscessen, welche hier wahrscheinlich durch consecutive entzündliche Processe in der Wand der ausgedehnten kleinen Gallengänge, vielleicht auch durch Ruptur der letzteren zu Stande kommt.[2]) Endlich sind hier die sehr seltenen Fälle zu erwähnen, wo sich Eiterherde um erweiterte Gallengänge bilden, welche mit der Höhle eines Echinococcussackes in Communication stehen und von dessen Inhalt in sich aufgenommen haben.[3])

1) Seine Proposition 149 lautet: L'hépatite est consecutive à la gastroentérite quand elle ne dépend pas d'une violence extérieure.

2) Pentray, Considérations sur certains abcès du foie consécutifs à l'angiocholite intra-hépatique. Thèse de Paris, und: Magnin, De quelques accidents de la lithiase biliaire etc. Thèse de Paris. Virchow-Hirsch, Jahresber. für 1869. S. 153.

3) Bückling (l. c. S. 20) theilt die Sectionsbefunde von zwei solchen Fällen mit.

Durch das Eindringen eines perforirenden Magengeschwürs in den linken Leberlappen entsteht in diesem ein in der Regel nach dem Magen hin offener Substanzverlust; dass derselbe aber ausnahmsweise bei der späteren Vernarbung des Magengeschwürs sich in einen geschlossenen selbständig weiter wachsenden Abscess verwandeln kann, scheint durch eine aus Lebert's Klinik von Wyss[1]) mitgetheilte Beobachtung bewiesen zu werden.

3) Embolie in die Blutgefässe der Leber:

a) in die Pfortader. Cruveilhier[2]) fand nach der Einspritzung von Quecksilber in die V. mesenterica die in der Leber stecken gebliebenen Kügelchen dieses Metalls von Eiterherden umschlossen. Cohn[3]) sagt, dass es ihm häufig gelungen sei, durch Injectionen von Eiter ins Pfortadersystem in der Leber Abscesse zu erzeugen. Auf analoge Weise, wie bei diesen Experimenten, entstehen Leberabscesse, wenn sich irgendwo im System der V. portae Thromben gebildet haben, von denen in Folge puriformer oder jauchiger Erweichung abgelöste Partikelchen in die feineren Verzweigungen dieses Gefässes gelangen. Veranlassung zu diesem Vorgange geben am häufigsten Eiterungen, Verschwärungen und Verjauchungen im Bereiche der Wurzeln der Pfortader. In einem Theil der hierher gehörigen Fälle sind diese Gefässe auf eine, mehr oder weniger grosse Strecke mit Gerinnseln und deren Zerfallsprodukten gefüllt (sog. suppurative Pylephlebitis), so dass der Mechanismus des Zustandekommens der Lebererkrankung klar vor Augen liegt. In anderen Fällen dagegen scheint der die Embolie vermittelnde Process in den Gefässen keine Spuren zurückzulassen. Wenigstens finden sich in der Literatur manche Beobachtungen, in denen die Abscessbildung in der Leber nach den Umständen des Falles mit grösster Wahrscheinlichkeit von einem Entzündungsherd im Gebiete der Pfortaderwurzeln abzuleiten ist, obgleich zerfallende Thromben nirgends im Pfortadersystem gefunden wurden. Hier muss man annehmen, dass der Rest des Thrombus im primären, sowie der Embolus im secundären Krankheitsherde zur Zeit der Untersuchung bereits völlig zerfallen war.

Jedes von den Organen, aus welchen Blut zur Pfortader fliesst, kann der Ausgangspunkt für die Entstehung embolischer Leberabscesse werden. -

---

1) Wiener medic. Presse 1865. Nr. 50. 51.
2) Anat. pathol. livr. XI.
3) Klinik der embol. Gefässkrankh. S. 506.

Bei Neugeborenen ist sie bisweilen eine Folge von Phlebitis um-
bilicalis. Mildner[1] erwähnt einen derartigen Fall, wo der Eiter
bis in die Pfortaderverästelungen der Leber hineinreichte und der
ganze linke Lappen zu einem Abscess umgewandelt war. H. Meckel[2]
spricht von zahlreichen kleinen Abscessen in der Leber, welche in
Folge von Nabelvenenentzündung entstehen, wenn der Eiter in die zuführenden Venen namentlich des rechten Lappens gelangt. — Busk
(bei Budd, l. c. S. 67) sah zahlreiche wallnussgrosse Leberabscesse
neben einem grossen Milzinfarkt: die V. lienalis enthielt in ihren
Wurzeln und im Stamm eine puriforme Flüssigkeit und zerstreute
„lymphatische" Ablagerungen. In einem uns aus dem Leipziger pathologischen Institut mitgetheilten Falle fand sich bei abgesacktem Pyothorax an der Basis der linken Lunge eiterige Infiltration des Diaphragma's und Abscessbildung in der mit letzterem verlötheten Milz,
Eiter in der Milzvene und Abscesse in der Leber von Erbsen- bis Hasel-
nussgrösse. — In einem der von Bückling (l. c. S. 23) aus den
Protocollen des Berliner pathologischen Instituts zusammengestellten
Fälle von Leberabscess zeigte sich die V. pancreatica, die sich in
eine kirschgrosse Eiterhöhle des Pankreas verfolgen liess, an ihrem
in die V. portae mündenden Theile grünlich verfärbt und erfüllt von
theils frischen, theils alten thrombotischen Massen, welche sich in die
Pfortader fortsetzten. — In dem Falle von phlegmonöser Gastri-
tis mit embolischen Herden in der Leber (und in den Lungen), welchen Ackermann (l. c.) beschrieben hat, waren nicht nur zahlreiche
Venen der Magenwand und der Stamm der V. gastro-epiploica dext.,
sondern auch die beiden Hauptäste der Pfortader und deren grössere
Verzweigungen mit grösstentheils puriformen Thromben erfüllt. —
Ulcerationen der Schleimhaut des Digestionscanals ziehen im
Verhältniss zu der grossen Häufigkeit ihres Vorkommens nur äusserst
selten Abscessbildung in der Leber nach sich. Beobachtungen, wo
diese neben carcinomatösem oder einfachem Magengeschwür bestand, ohne dass ein unmittelbares Uebergreifen stattgefunden hatte,
sind von Louis (l. c. Obs. 4), Andral (l. c. Obs. 27. 30), Murchison[3], Finlayson[4] u. A. mitgetheilt; der Zusammenhang der
beiden Affectionen durch die portalen Gefässe ist aber in diesen Fällen nicht nachgewiesen. In einem Falle von Bamberger[5] fand
sich zwar bei einem frischen Magengeschwür und einer zahllosen Menge
von Abscessen in der Leber die Pfortader mit einem missfarbigen zerfallenen Coagulum erfüllt; aber es war auch in der Milz ein grosser
Jaucheherd, so dass es fraglich erscheint, ob dieser oder das Magengeschwür zur Thrombose der Pfortader geführt hatte. Bisweilen gibt

---

1) Prager Vierteljahrschrift 1818. Bd. II. S. 88.

2) Annalen d. Char. IV. S. 244. — Vgl. auch Buhl in: Hecker u. Buhl,
Klinik der Geburtsk. Leipzig 1861. S. 271.

3) Transact. of the pathol. Soc. XVII. 154.

4) Glasgow med. Journ. Febr. 1873. Jahresber. v. Virchow u. Hirsch 1873.
II. 167.

5) Krankheiten des chylopoet. Systems. 2. Aufl. S. 258.

das Ulcus ventriculi auf einem Umwege Veranlassung zur Entstehung
von Leberabscessen, wenn sich nämlich in Folge der Perforation desselben ein abgesackter Eiterherd des Peritonäums gebildet hat: solche
Fälle sind von Seymour[1]) und von Leyden[2]) veröffentlicht worden.
— Beobachtungen, welche dafür sprechen, dass tuberculöse Darm-
geschwüre zur Entwicklung von Leberabscessen führen könnten,
sind uns nicht bekannt. (Bristowe (l. c.) gibt an, dass unter 167
Fällen von tuberculöser Darmulceration 12 mal kleine tuberculöse Höhlen in der Leber gefunden wurden.) Die neuesten Monographien des
Abdominaltyphus[3]) erwähnen Leberabscesse als seltene Nach-
krankheit, ohne jedoch Beispiele davon anzuführen. Nach einer Notiz
bei Leudet[4]) sind solche von Louis, Andral, Barth, Tardieu
u. A. beigebracht worden. Bückling (l. c. S. 21 und 22) referirt
2 Fälle, in denen der Process von den typhösen Darmgeschwüren
selbst ausgegangen zu sein scheint; in einer von Tüngel (l. c. Nr. 6)
mitgetheilten Beobachtung war durch Vereiterung einer Lymphdrüse
in der Nähe des Coecums ein Jaucheherd entstanden, der in eine der
Wurzeln der V. mesent. super. perforirt hatte; die typhösen Darm-
geschwüre waren zur Zeit des Todes, der zwei Monate nach dem Beginn der Krankheit erfolgte, sämmtlich geheilt. Im Gefolge der Dysenterie entstehen mitunter Leberabscesse von chronischen Eiterungen
der Submucosa oder des Gekröses aus. Neben katarrhalischen
und folliculären Geschwüren der unteren Darmabschnitte kommen sie nur ausnahmsweise vor.[5]) Relativ am häufigsten finden sie
sich bei Ulcerationen des Coccums und des Wurmfortsatzes, zumal wenn die Perforation des letzteren zur Bildung eines abgesackten
Jaucheherdes geführt hat. In derartigen Fällen, welche von Buhl[6])
Tüngel (l. c. Nr. 1, 3—5), Traube (ll. cc.), Westermann[7]),
Malmsten und Key[8]), G. Riedel[9]) u. A. mitgetheilt werden, hatte
sich die Thrombose in den Mesenterialvenen von der Coecalgegend aus
bis in den Stamm der Pfortader und in deren Leberzweige hinein verbreitet. In einem von Payne[10]) beobachteten Fall, wo der mit dem
Peritonäum der Darmbeingrube und dem Coecum festverwachsene Proc.
vermiformis an seinem blinden Ende exulcerirt war, sass nur im Stamm
der V. mesent. sup. ein Coagulum, das sich in die V. portae fortsetzte.

---

1) Med. Gaz. Nov. 24. 1843.

2) Berl. klin. Wochenschr. 1866. Nr. 13.

3) Griesinger, Infectionskrankheiten. 2. Aufl. S. 202. — Liebermeister,
Dieses Handbuch. Bd. II. Th. 1. S. 166.

4) Clinique médicale. Par. 1874. p. 84.

5) Solche Fälle berichten u. A. Faller (Lond. Gaz. Apr. 1847) und Everett (ibid. May 1847).

6) Zeitschr. f. ration. Med. 1854. S. 348.

7) H. Westermann, De hepatit. suppur. Diss. Berol. 1867; der Fall 6
Bückling l. c. S. 21, ist wahrscheinlich derselbe.

8) Nord. med. Arkiv. I, 2. S. 20. Schmidt's Jahrb. Bd. 149. S. 171.

9) Ein Fall v. Pylophlebitis in Folge v. Perfor. d. Proc. vermif. Berl. 1873.

10) Transact. of the pathol. Soc. Vol. XXI. p. 231.

In einem anderen Falle desselben Autors stak im Proc. vermiformis ,von einem Concrement umschlossen eine Stecknadel, deren Kopfende in das Coecum hereinragte, die Wandungen des umgeknickten und am Coecum adhärenten Proc. vermif. waren etwas verdickt, übrigens aber frei von entzündlichen Veränderungen, eine Betheiligung der Blutgefässe liess sich nicht nachweisen. — Auf Verletzungen des Mastdarms folgt bisweilen sehr rasch metastatische Hepatitis: Dance[1]) fand zweimal Leberabscesse, wo eine Operation am Mastdarm (Kauterisation eines Carcinoms, Spaltung einer Fistel) kurze Zeit vorausgegangen war; ebenso Pirogoff[2]) bei zwei an Prolapsus ani Operirten; Cruveilhier (l. c.) sah eine Menge frische Leberabscesse bei einem Manne, der am 5. Tage nach der forcirten Reposition eines vernachlässigten Mastdarmvorfalls gestorben war. — Auch partielle purulente Peritonitis aus anderen als den im Vorstehenden erwähnten Ursachen gibt mitunter Veranlassung zu Abscessbildung in der Leber, so in zwei von Dance[3]) mitgetheilten Fällen die Vereiterung einer bei der Herniotomie nicht reponirbaren Partie des Netzes. Winckel[4]) sah äusserst zahlreiche Leberabscesse und mit citerähnlicher Masse und Gerinnseln erfüllte Pfortaderzweige bei einer Puerpera, welche von einer diffusen Peritonitis ein verjauchtes circumscriptes Exsudat zwischen Uterus und Blase zurückbehalten hatte. — Wenn, wie Bamberger anführt, von Suppurationsprocessen des Uterus und der Ovarien aus durch Pfortader-Embolie Leberabscesse entstehen, so kann das Material durch erweichte Thromben des Plexus uterinus geliefert werden, der mit den übrigen Beckengeflechten und dadurch auch mit der V. haemorrhoid. super. in Verbindung steht.

Nur selten wird der Pfortaderstamm direct von dem die Thrombose veranlassenden Processe getroffen.

In dem von Busk (bei Budd, l. c. S. 161) beschriebenen Falle, wo beide Leberlappen von zahlreichen Abscessen durchsetzt waren, zeigte sich in der Fossa transversa eine beträchtliche Eiteransammlung, vereiterte Lymphdrüsen lagen dem Pfortaderstamm unmittelbar an, dieser selbst war mit Eiter erfüllt und theilweise ulcerirt. Tüngel[5]) sah in einem Falle von verjauchendem Cancroid des Oesophagus, welches sich einen Weg hinter den Magen gebahnt und hier den Pfortaderstamm durchbohrt hatte, in letzterem ein der Wand aufgelagertes schmutzig gelbgraues Fibringerinnsel und in der Leber Eiterherde.

Endlich können die Emboli von Thromben herstammen, welche in den Verästelungen der V. portae durch die Einwirkung anderer Leberkrankheiten entstanden sind.

Schon Louis (l. c. Obs. 5), Bright[6]) und Budd (l. c. S. 65)

1) Arch. génér. T. XIX. p. 172.
2) Grundz. d. allgem. Kriegschirurgie. Leipzig 1864. S. 957.
3) l. supra cit.
4) Die Pathol. u. Ther. des Wochenbettes. 2. Aufl. Berl. 1869. S. 252.
5) Virchow's Arch. Bd. 16. S. 359.
6) Guy's Hosp. Rep. Vol. I. p. 630.

beobachteten bei Ulcerationen der Gallenblase oder des D. choledochus
Abscesse in der Leber, die mit den Gallenwegen nicht in Communication standen. Leudet (l. c. p. 7) citirt einen Fall von Lebert,
wo in der mit Abscessen durchsäeten Leber die von Concrementen
ausgedehnten Gallenwege ulcerirt und die Pfortaderzweige mit grösstentheils puriform zerflossenen Thromben erfüllt waren. In einem von
Leudet selbst (ibid.) beobachteten Falle sass im linken Pfortaderast an einer Stelle, wo der durch einen Stein stark erweiterte linke
Gallengang auf denselben drückte, ein central erweichter Pfropf, die
feinsten Pfortaderverzweigungen enthielten purulente Flüssigkeit und
das Leberparenchym in ihrer Umgebung zeigte an erbsen- bis hasel-
nussgrossen Stellen die Anfänge der Abscedirung. In einem anderen
von Leudet (ibid. p. 15) mitgetheilten Falle, wo ein Echinococcus-
sack mit einem grossen Pfortaderzweig communicirte, enthielt der letztere Gerinnsel und in der Leber fanden sich zahlreiche kleine Eiterherde.

Trotz des gleichzeitigen Vorhandenseins von Eiterungen im Gebiete der Pfortader und von Leberabscessen kann es unter Umständen zweifelhaft bleiben, ob letztere auf embolischem Wege aus ersterer
hervorgegangen sind. In einem von Kussmaul (l. c.) beschriebenen
Falle fanden sich bei einer kachektischen Frau von 54 Jahren im
rechten Leberlappen viele erbsen- bis nussgrosse Abscesse, die von
der Adventitia der Pfortaderäste ihren Ausgang nahmen, ferner Eiterherde zwischen den Platten des Mesenteriums und äusserst zahlreiche
submucöse Abscesse. Durch eine sorgfältige Erwägung der Möglichkeiten, welche hinsichtlich des genetischen Zusammenhangs der Eiterungen an den drei verschiedenen Localitäten in Betracht kamen,
sahen sich Kussmaul und R. Maier[1]) veranlasst, diese Eiterungen
sämmtlich als Coeffecte einer und derselben Ursache, nämlich der
Kachexie, zu betrachten, da nach dem klinischen Bilde die Affection
des Darms nicht als das Primäre zu erweisen war.

b) Embolie durch die Art. hepatica. Cohn[2]) sah nach
Injection unfiltrirten Eiters in die Aorta thoracica zahlreiche kleine
Abscesse in der Peripherie der Leber. — Unzweifelhaft erfolgt auf
diesem Wege die Entstehung derjenigen Leberabscesse, welche —
freilich äusserst selten — im Gefolge von gangränösen Processen
in den Lungen und von ulceröser Endocarditis vorkommen.

In einem von Virchow[3]) mitgetheilten Falle hatten sich bei
brandigen hämoptoischen Infarkten der Lunge jauchige Gerinnsel in
den Lungenvenen gebildet, von denen fortgeschwemmte Stücke die A.

---

1) Arch. der Heilkunde. Bd. 8. S. 25.
2) Klinik der embol. Gefässkrankheiten. S. 489.
3) Virchow's Archiv. Bd. 1. S. 332. Gesamm. Abhandlungen. S. 420.

mesent. super. obturirten und in Herz, Gehirn, Leber, Milz, Nieren und Haut metastatische Brandherde erzeugten. R. Meyer[1]) hat aus Biermer's Klinik einen Fall veröffentlicht, wo sich bei Bronchitis putrida im linken Vorderlappen des Grosshirns und im rechten Leberlappen je drei Abscesse fanden. In einem von demselben Autor[2]) auf Griesinger's Klinik beobachteten Falle von Endocarditis ulcerosa enthielten Leber, Milz und Nieren bedeutende Infarkte. Bückling (l. c. S. 22) gibt den Sectionsbefund eines Falles von Endocarditis, in welchem neben mehreren anderen Organen (Herz, Schilddrüse, Hirnrinde, Milz) auch die Leber metastatische Herde zeigte. Ross und Osler[3]) sahen sehr zahlreiche Leberabscesse, welche durch Embolie von einem Aneurysma an der Theilungsstelle der A. hepat. aus entstanden waren.

Eine Embolie durch die Art. hepatica hat man vielfach auch für diejenigen Fälle angenommen, in denen sich zu Eiterungen und Jauchungen irgend einer anderen Körpergegend, deren Venen mit der Pfortader nicht in Zusammenhang stehen, Leberabscesse hinzugesellen. Diese Annahme stösst aber auf sehr erhebliche Schwierigkeiten. Um aus dem Gebiete der Hohlader in die Leberarterien zu gelangen, müssen die Emboli durch die Lungenblutbahn hindurchgehen. Wo neben den Metastasen in der Leber gleichzeitig solche in der Lunge gefunden werden, ist allerdings die Möglichkeit vorhanden, dass nicht der primäre Embolus, sondern von secundären Thromben der Pulmonalvenen durch den Blutstrom abgelöste Bruchstücke in die Leberarterie fortgeschwemmt werden. Beobachtungen, aus denen mit Sicherheit hervorginge, dass dieser Vorgang stattgefunden hat, sind zwar noch von Niemandem beigebracht worden[4]); indessen spricht für diese Auffassung die Thatsache, dass nicht selten die Herde der Leber ihrem anatomischen Verhalten nach offenbar jüngeren Datums sind als die in den Lungen. Die schwierigste Frage ist aber, ob in solchen Fällen, wo die Lungen von Metastasen frei bleiben, die aus den peripherischen Venen stammenden Emboli bis in die Leber fortgeführt werden. Sollen Thrombuspartikelchen oder Eiterflocken den kleinen Kreislauf durchwandern, so muss ihr Durchmesser kleiner sein, als die Lichtung der Lungencapillaren;

---

1) Berl. klin. Wochenschrift 1868. Nr. 42. 43.

2) R. Meyer, Ueber Endocarditis ulcerosa. Zürich 1870. S. 30.

3) Canada Med. and surg. Journ. July 1877.

4) C. Heine (Langenbeck's Archiv. Bd. 7. S. 421) sagt zwar, dass es ihm meistens gelungen sei, die Abstammung der metastatischen Herde im Gehirn, der Leber, der Milz u. s. w. von den keilförmigen Infarkten der Lunge zur Evidenz zu bringen; doch theilt er nicht einen einzigen Fall mit, der als Beleg für diese Angabe dienen könnte.

dass sie dann in der Capillarität der Leber stecken bleiben, hat man aus einer nachträglichen Vergrösserung, die sie durch unterwegs erfolgende Auflagerung von Faserstoff aus dem Blute erfahren sollen, zu erklären versucht [1]). Indessen ist auch diese Hypothese, obschon vielleicht an sich zulässig, so doch bis jetzt nicht erwiesen. Besser begründet erscheint die auf Experimente gestützte Annahme O. Weber's [2]), dass in dem directen Uebergang arterieller Stämmchen in venöse, wie ihn dieser Forscher in der menschlichen Lunge gesehen hat, eine Bahn gegeben ist, auf welcher selbst etwas grössere Emboli aus den Körpervenen ihren Weg in die Leberarterie nehmen können.

Diejenigen Leberabscesse, welche man in der eben besprochenen Weise von Eiterungen in der Peripherie des Hohlvenengebietes abzuleiten pflegte, sind in der gemässigten Zone entschieden die häufigsten. Sie bilden eine Theilerscheinung der sog. Pyämie und kommen bei all' den mannichfachen Affectionen vor, in deren Folge diese sich entwickelt. Ihre Frequenz ist jedoch weit geringer als die der pyämischen Lungenmetastasen: Waldeyer [3]) fand nur bei 6 pCt. der an Wundkrankheiten Gestorbenen Leberabscesse, aber bei mehr als zwei Dritteln embolische Herde in den Lungen; nach den Beobachtungen von Klebs [4]) kommen auf 32 Fälle mit Metastasen in der Lunge 8 mit solchen in der Leber [5]).

Wenn Leberabscesse sich vorwiegend bei Knocheneiterungen finden, so erklärt sich dies, worauf schon Cruveilhier [6]) und Stromeyer [7]) hingewiesen haben, aus dem Umstande, dass die Venen der Knochen, indem sie wegen ihrer festen Anheftung an das starre Gewebe nicht collabiren, mehr als die Venen der Weichtheile die Bildung von Thromben und dadurch die Entstehung von Metastasen begünstigen. Hierauf ist zum Theil auch der von früheren Aerzten, wie Desault und Bichat, statuirte Consensus zwischen Kopf und Leber zurückzuführen: ein Grund zur Annahme desselben liegt nicht vor, da es erwiesen ist, dass Leberabscesse bei Schädelverletzun-

---

1) Stich, Annalen d. Charité-Krankenhauses. Bd. 3. S. 236. — O. Weber, Deutsche Klinik 1864. S. 463.

2) Deutsche Klinik 1864. S. 464 u. 465: Experiment 1 und 7a. Pitha und Billroth, Handb. d. allg. u. spec. Chirurgie. Bd. 1. Abth. 1. S. 87.

3) Virchow's Archiv. Bd. 40. S. 380, 408.

4) Beiträge zur pathol. Anatomie der Schusswunden. Leipzig 1872. S. 118.

5) Ganz abweichend von der gewöhnlichen Erfahrung ist es, dass Pirogoff (Grundz. d. allgem. Kriegschirurgie. Bd. 1864. S. 957) bei mehr als 50 unter 70 Obductionen Pyämischer Leberabscesse angetroffen hat.

6) Anat. pathol. livr. XI.

7) Handb. d. Chirurgie. S. 7.

gen nicht häufiger vorkommen als bei Osteomyelitis überhaupt und der behaarte Kopf zu denjenigen Localitäten gehört, deren eiternde Wunden am häufigsten zu Pyämie Veranlassung geben.

Die Leberabscesse bei Pyämischen sind übrigens nicht in allen Fällen als von dem ursprünglichen Eiterungsherde ausgegangene Metastasen aufzufassen. Virchow[1]) hat an einigen sehr lehrreichen Beispielen nachgewiesen, dass sie mitunter durch Pfortaderembolie entstehen, deren Quelle in Thromben zu suchen ist, welche sich unabhängig von der zur Pyämie führenden Affection in dilatirten Venen des Beckens (Plexus vesicalis) oder des Mesenteriums gebildet, aber erst unter dem Einfluss der pyämischen Blutbeschaffenheit (Ichorrhämie) eine puriforme Schmelzung erfahren haben. Höchst wahrscheinlich würde die Entstehung der Leberabscesse sich öfter auf diese Weise erklären lassen, wenn man in jedem Falle von Pyämie die venösen Beckengeflechte auf das Vorhandensein von marantischen oder Dilatationsthromben genau untersuchte.

c) Embolie durch die Lebervenen. Die Thatsache, dass in der nächsten Nachbarschaft von Leberabscessen Zweige der Art. hepatica ausserordentlich selten, dagegen Lebervenen verhältnissmässig oft Thromben enthalten, hat zu der Frage geführt, ob nicht unter Umständen inficirende Massen aus der unteren Hohlvene in die Lebervenen gelangen und dadurch Abscessbildung in dem Parenchym der Drüse hervorrufen. H. Meckel[2]) bezeichnet die Entstehung mechanischer Metastasen durch die Lebervene als nicht sehr selten. Nach Versuchen von Magendie, Gaspard[3]), Cohn[4]) und Frerichs (l. c. S. 108) kann in die Jugularis eingespritztes Quecksilber in die Vv. hepaticae hinabfliessen und wie Gaspard und Cohn gefunden haben, von da aus sogar Abscesse in der Leber erzeugen. Gegen die Beweiskraft dieser Experimente ist von Cohn mit Recht eingewandt worden, dass die Quecksilberkügelchen zu schwer und zu beweglich seien, um den gewöhnlichen Emboli im kranken Körper gleichgestellt zu werden. Diesen Einwand hat Heller[5]) zu beseitigen versucht: er brachte ohne Anwendung grösserer Gewalt feinen Weizengries, den er zur Verhütung der Quellung mit Canadabalsam überzogen hatte, einem Kaninchen in die Jugularis

---

1) Gesammelte Abhandlungen. S. 570, 572, 623. — Einen wahrscheinlich analogen Fall theilt Bückling (l. c. S. 14. Nr. 19) mit.

2) Annalen des Charité-Krankenhauses. Bd. 4. S. 234.

3) Journ. de Physiol. experiment. I. p. 168, 243.

4) Klinik der embol. Gefässkrankheiten. S. 484.

5) Deutsches Archiv f. klin. Med. Bd. 7. S. 127.

und machte dann einige wenige rhythmische Compressionen des Thorax: es gelang ihm einzelne Grieskörnchen sowohl in Zwerchfellsvenen als in ziemlich feinen Lebervenen aufzufinden. Nach der Ansicht dieses Autors kommt ein rückläufiger Strom in den Lebervenen unter denselben Bedingungen wie in der Jugularis zu Stande, nämlich wenn der intrathoracische Druck denjenigen der Atmosphäre übersteigt, was z. B. beim Husten sowie überhaupt bei jeder Exspiration, welche vorwiegend nicht durch die Elasticität der Lunge, sondern durch Muskelaction erfolgt, der Fall ist. Nun übt aber die Contraction der Bauchmuskeln, durch welche die complexe Exspiration hauptsächlich bewirkt wird, auf den Inhalt der Bauchhöhle einen mindestens ebenso starken Druck aus als auf den Inhalt des Thorax. Die von Heller bei seinem Experiment angewandte Compression des Thorax war allerdings sehr wohl geeignet, das venöse Blut aus dem Thorax auch nach der Bauchhöhle zurückzutreiben, weil bei ihr die Contraction der Bauchmuskeln fehlte, aber eben deshalb darf ihr eine active Exspiration in der Wirkung nicht gleichgestellt werden.

Ein zweites sehr gewichtiges Bedenken, welches Cohn gegen die rückläufige Embolie erhoben hat, dass nämlich noch Niemand jemals fortgeschwemmte Körper in den Lebervenen sicher nachgewiesen habe, ist dagegen in der That durch eine von Heller beigebrachte Beobachtung beseitigt worden. Dieselbe betrifft einen Fall von ulcerirendem Carcinom des Darms mit secundären Carcinomen der Mesenterial-, Retroperitonäal- und Mediastinal-Lymphdrüsen und diffuser eiteriger Peritonitis bei einer Emphysematischen: hier fand sich, während die Leber übrigens von Krebsmetastasen frei war, ein der Gefässwand locker anhaftender unzweifelhaft krebsiger Thrombus in einer feinen Lebervene, in deren nächster Umgebung das Parenchym stark hyperämisch war und Leberzellen enthielt, die in ihrem Innern meist kreisrunde ganz helle Gebilde zeigten. Heller betrachtet diesen Thrombus als Embolus und hält es für das Wahrscheinlichste, dass er aus den mediastinalen Lymphdrüsen stammte. Wenn man ihm in dieser Deutung beipflichten muss, so bietet seine Beobachtung für die vorliegende Frage noch dadurch ein besonderes Interesse, dass sie uns einen Einblick in die Bedingungen gewährt, unter denen eine Embolie in die Lebervenen am leichtesten geschehen kann. Wir sehen in Heller's Falle ausser der carcinomatösen Affection noch zwei Krankheiten, die beide die Ausgiebigkeit der respiratorischen Zwerchfellsbewegungen beträchtlich vermindern und dementsprechend einen wesentlichen Factor der Lebercirculation abschwä-

chen, nämlich Lungenemphysem und acute Peritonitis. Namentlich
bei der letzteren ist bekanntlich das Athmen oft äusserst oberflächlich; überdies wird durch das Exsudat, den Meteorismus, das entzündliche Oedem der Serosa der Blutstrom in zahlreichen Pfortaderwurzeln und durch die Abnahme der Triebkraft des Herzens die
gesammte Circulation verlangsamt. Unter solchen Umständen ist es
sehr wohl möglich, dass das Blut in den Lebervenen so träge fliesst,
dass in demselben ein Körper, der specifisch schwerer ist als die
Blutzellen, wie z. B. ein Krebspartikelchen, so lange der normalen
Stromrichtung entgegen sich fortbewegt, bis er durch die Enge des
Gefässes darin aufgehalten wird. Und in dem fraglichen Falle berechtigt die Beschaffenheit des Leberparenchyms in der nächsten
Nachbarschaft der thrombirten Vene entschieden zu der Annahme,
dass der Embolus erst in den letzten Lebenstagen, also erst nach
dem Eintritt der Peritonitis, an die Stelle, an der er gefunden wurde,
gekommen ist.

Wenn wir demnach das Verdienst Heller's, die Existenz der
rückläufigen Embolie nachgewiesen zu haben, bereitwillig anerkennen,
so vermögen wir doch nicht seine Vermuthung zu theilen, dass von
den Leberabscedirungen, bei denen der Sitz der primären Erkrankung weder im Pfortadergebiet noch in der Lunge oder dem linken
Herzen sich befindet, die Fälle mit zahlreicheren grösseren Herden
auf diese Embolie zurückzuführen seien. Wo die so eben angedeuteten für das Zustandekommen der rückläufigen Embolie erforderlichen Verhältnisse der Circulation, unter denen die ungenügende
Existenz des Herzens offenbar die erste Stelle einnimmt, mit dem
Vorhandensein zur Embolie geeigneter Körper im Hohlvenenblute
combinirt sind, wird das Leben nur äusserst selten noch lange genug bestehen, um es zur Bildung grösserer Leberabscesse kommen
zu lassen. Für diese Ansicht spricht folgender aus dem Leipziger
pathologischen Institute uns mitgetheilter Fall: ein etwa 15 Jahr
alter Bluter, dem wegen erschöpfender Hämorrhagien aus einer Hand-
wunde die A. und V. subclavia unterbunden worden waren, hatte
am letzten Tage seines Lebens wiederholte Schüttelfröste; bei der
Section fanden sich neben jauchiger Thrombose der genannten Vene
nur in der Leber zahlreiche miliare Abscesse, die schon makroskopisch als in den Centren der Acini sitzend erkannt werden konnten.[1]

---

1) Ganz neuerdings ist für die Möglichkeit der rückläufigen Embolie von
L. Diemer (Ueber die Pulsation der V. cava inf. in ihrer Beziehung zu pathologischen Zuständen der Leber. Inaug.-Diss. Bonn 1876) noch ein weiteres Argu-
ment beigebracht worden. Der genannte Autor hat sich durch Versuche an

Ob 4) bei Pyämischen Suppurationsherde in der Leber auch
ohne die Vermittlung einer Embolie lediglich in Folge veränderter Blutbeschaffenheit (pyämischer Krase, Ichorrhämie) entstehen
können, ist eine Frage, die sich noch jetzt ebensowenig entscheiden
lässt wie zu der Zeit, da sie von Virchow[1]) zuerst angeregt wurde.
Häufiger von Chirurgen als von pathologischen Anatomen bejahend
beantwortet, hat sie ganz neuerdings durch die Arbeiten von Klebs
und dessen Nachfolgern eine etwas veränderte Gestalt angenommen.

Klebs[2]) ist auf Grund von Beobachtungen, welche er bei Sectionen zahlreicher an Pyämie und Septicämie in Folge von Schuss-
verletzungen gestorbener Individuen gemacht hat, zu der Ansicht
gelangt, dass die Entstehung der metastatischen Leberabscesse auf
der Anwesenheit und Vermehrung parasitärer Organismen beruht,
die er als Microsporon septicum bezeichnet (und welche F. Cohn
als Micrococcus septicus zu den Kugelbakterien gestellt hat). Dieselben sollen von der Wundfläche aus in die Lymph- und Blutgefässe
eindringen und mittelst des Blutstroms zu den inneren Organen trans-
portirt werden. In der Leber nun bilden sich nach der Theorie von
Klebs metastatische Abscesse in der Weise, dass in dem Capillarsystem der betreffenden Stelle eine massenhafte Entwicklung von Pilz-
sporen stattfindet, welche die Gefässe erfüllen und ausdehnen, die Leberzellen und die Grundsubstanz zum Schwunde bringen und schliesslich Eiterbildung herbeiführen, mit deren Eintritt die Pilzentwick-
lung zum Stillstand kommt. Birch-Hirschfeld[3]) hat die Befunde,
auf welche die Klebs'sche Theorie basirt ist, insofern bestätigt, als
auch nach seinen Beobachtungen die Bakterien in den Lebercapillaren schon vor dem Beginn der Eiterung vorhanden sind; er hat
ferner schon bei Lebzeiten der betreffenden Individuen sowohl in
ihrem Wundsecrete als in ihrem Blute dieselben Pilze theils frei,
theils an und in den weissen Blutkörperchen nachgewiesen; er ist

---

lebenden Kaninchen überzeugt, dass bei der Systole des rechten Atriums regelmässig ein minimaler Theil seines Inhaltes in die Cava inf. entweicht. Er folg-
gert daraus, dass, sobald die Entleerung des Atriums nach dem rechten Ventrikel
hin (durch Herz- oder Lungenkrankheiten) erschwert sei, die Pulsation der Cava
inf. sich verstärken und bis zu den capillaren Anfängen des in die Cava sich
spitzwinkelig inscrirenden Lebervenensystems fortpflanzen müsse. Unter solchen
Umständen können nach D.'s Annahme fremde Körper, die sich dem Blut im
rechten Atrium zugemischt haben, durch den regurgitirenden Blutstrom in die
Cava inf. geschleudert werden und in die Lebervenen gelangen.

1) Gesammelte Abhandlungen. S. 703, 705.
2) Beiträge zur patholog. Anat. der Schusswunden. Leipzig 1872. S. 113 ff.
3) Archiv der Heilkunde. Bd. 14. S. 214 und 234.

endlich bei seinen Experimenten mit subcutanen Eiterinjectionen an Kaninchen zu dem Resultate gelangt, dass metastatische Eiterungen nur dann entstehen, wenn der benutzte Eiter Kugelbakterien enthielt. Wenn man es hiernach auch zwar nicht für bewiesen, aber doch für wahrscheinlich halten darf, dass die Bakterien zur pyämischen Hepatitis in einer causalen Beziehung stehen, so bleibt immerhin, wie mir scheint, eine sehr wichtige Frage noch unerledigt. Um die Entstehung circumscripter Eiterherde zu erklären, genügt der Nachweis der Mikrococcen im Blute an sich ebenso wenig, wie die Annahme einer chemischen Blutalteration. Wie kommt es, dass die Mirkococcen, welche doch mit dem Blute in alle Theile der Leber gelangen, nur an einzelnen Stellen des Organs die Bedingungen finden, unter denen sie sich in solchem Maasse vermehren, dass ihre Anwesenheit Eiterbildung hervorruft? Man wird nicht umhin können, an diesen Stellen noch ein besonderes, locales Moment anzunehmen. Nichts spricht dafür, dass dasselbe ein chemisches Agens sei; viel wahrscheinlicher ist es, dass die Pilze durch einen mechanischen Vorgang festgehalten werden. Vielleicht kommen hier die mit Bakterien vollgestopften weissen Blutzellen in Betracht, an denen Birch-Hirschfeld [1]) oft eine so beträchtliche Volumszunahme fand, dass er sie wohl für geeignet hält, bei der Entstehung embolischer Metastasen eine wichtige Rolle zu spielen. Dies dürfte gerade in der Leber um so eher geschehen, als die bei der Pyämie regelmässig vorhandene trübe Schwellung der Leberzellen eine Verengerung der Capillaren bewirkt, welche sehr leicht hier und da einen solchen Grad erreichen kann, dass das Lumen für den Durchgang jener vergrösserten Blutzellen nicht mehr genügt.

Nach dem Zeugniss zuverlässiger Beobachter (Frerichs, Bamberger, Cloetta [2]), Duhamel [3]), Heaton [4]) u. A.) kommen in den gemässigten Klimaten Fälle von suppurativer Hepatitis vor, in denen es trotz der sorgfältigsten Anamnese und Untersuchung weder am Kranken noch an der Leiche gelingt, eines der im Vorstehenden aufgeführten ätiologischen Momente bestimmt nachzuweisen. Dessenungeachtet bleibt es fraglich, ob man in solchen Fällen berechtigt ist, die Krankheit als primäre zu betrachten. Denn auch bei noch so genauer Erforschung der Antecedentien vergisst oder verschweigt

1) Archiv der Heilkunde. Bd. 13. S. 401.
2) Schweizerische Zeitschrift für Heilkunde. Bd. 2. S. 162.
3) Gaz. des Hôp. 1866. Nr. 15.
4) Brit. med. Journ. July 3. 1869.

der Kranke nicht selten einen seiner Meinung nach unerheblichen
Umstand, der doch in ätiologischer Beziehung von grösster Wichtigkeit ist. Dem Kranken von Cursehmann war unter dem über-
wiegenden Eindruck der starkblutenden Kopfwunde, die er aus einer
Schlägerei davongetragen hatte, die Erinnerung an die gleichzeitig
erhaltenen Fusstritte ins Epigastrium ganz verschwunden und doch
liess sich nur aus letzteren, nicht aber aus der Kopfwunde die Erkrankung der Leber erklären. Ferner wird sich die Möglichkeit,
dass eine Pfortaderthrombose die Ursache gewesen sei, schwerlich
mit vollkommener Sicherheit ausschliessen lassen. So kann z. B.
ein kleiner peritonitischer Entzündungsherd sammt der Phlebothrom-
bose, zu der er Veranlassung gegeben hat, lange vor dem Ablauf
der consecutiven Hepatitis geheilt sein und seine Narbe bei der Section leicht übersehen werden. Endlich dürfte auch die Vermuthung
gestattet sein, dass hin und wieder ein erweiterter Echinococcus für
einen spontanen Leberabscess gehalten wird.[1]

1) In der erst nach dem Abschluss unserer Arbeit uns zu Gesicht gekommenen Abhandlung von C. Bärensprung (Der Leberabscess nach Kopfverletzungen. Langenbeck's Arch. f. klin. Chir. XIII. Heft 3), welche die Aetiologie
der Leberabscesse überhaupt in sehr klarer und eingehender Weise erörtert, befindet sich (S. 586) eine Uebersicht über das Vorkommen und die Ursache der
Leberabscesse, welche aus dem reichen Material gewonnen ist, das die Protocoll-
bücher des Berliner pathologischen Instituts von den Jahren 1859—1873 enthalten. Wir theilen dieselbe theils zur Bestätigung theils zur Vervollständigung
unserer vorstehenden Angaben hier mit.

Unter 7326 Obductionen wurde bei 108 (d. i. bei 1,48 pCt.) Leberabscesse
resp. Leberverletzungen gefunden. Dieselben vertheilen sich ihrer Aetiologie
nach folgendermaassen:

Erweiterungen, Ulcerationen der Gallengänge 11
Diabetes mellitus 1
Phosphorvergiftung (Erweichungsherd) 1
Unbekannte Ursachen 5
Ulcerationsprocesse im Gebiete der V. portae 18
   Affection des Coecum oder Proc. vermif. 8
   Krebs des Magens 5
   Krebs des Pankreas 1
   Krebs des Uterus und der Scheide 3
   Schenkelbruch 1
Lungenbrand und Lungenabscess 4
Verletzungen oder Entzündungen äusserer Theile 55
   embolische Form der Pyämie 30
   (Kopf 7, übriger Körper 22)
   ohne nachweisbaren embolischen Ursprung 25
Leberverletzungen 13
   geheilte Rupturen 3
   ungeheilte (Kopfverletzung gleichzeitig 2) 6
   directe Verletzungen (Kopf gleichzeitig verletzt 1) . . . 4
                         Summa 108

Hinsichtlich der vielfach angenommenen besonderen Häufigkeit des Leberabs-

Wenden wir uns zu der suppurativen Hepatitis der heissen Klimate, so ergibt sich, was zunächst die geographische Verbreitung derselben betrifft, aus den auf umfassenden Literaturstudien basirten Untersuchungen von Hirsch[1]) Folgendes.

In den tropisch gelegenen Gegenden Asiens und Afrikas, in Oberegypten und Algier herrscht die Krankheit endemisch und beträgt daselbst bis zu 5 pCt. der gesammten Morbidität und zum Theil noch darüber; in den entsprechenden Breiten Amerikas kommt sie im Ganzen seltener vor. In Europa findet sie sich noch relativ häufig in Andalusien, Malta, Sicilien und auf den ionischen Inseln, sehr viel seltener in Portugal, Italien, der Türkei.

Aber auch innerhalb der Wendekreise gibt es einzelne Gegenden, die beinahe oder völlig von ihr verschont sind: dahin gehört die Insel Singapura, ferner die Südküste von China, die Sandwichsinseln, das australische Festland. Ebenso verhalten sich manche subtropische Gegenden trotz ihrer anscheinend gleichen klimatischen Verhältnisse hinsichtlich des Vorkommens der Krankheit sehr verschieden, so z. B. in Algier die Provinzen Oran und Constantine: in ersterer wird sie sehr häufig, in letzterer nur selten beobachtet.

Die grösste Zahl der Erkrankungen an endemischer Hepatitis fällt gewöhnlich nicht in die heisseste Zeit des Jahres, sondern in diejenige, welche unserem Spätsommer und Herbstanfang entspricht und durch die grellen Wechsel zwischen noch sehr hoher Tages- und relativ niedriger Nachttemperatur charakterisirt ist. Jedoch gibt es Ausnahmen von dieser Regel: Ronis in Algier und Jimenez[2]) in Mexico sahen während der heissesten, Morehead in Indien während der kühleren Monate die meisten Fälle.

Die Krankheit herrscht in den heissen Ländern vorzugsweise unter den dort lebenden Europäern und andern Fremden, während die Eingeborenen, vielleicht mit Ausnahme der Neger, weit seltener von ihr befallen werden. Worauf diese so sehr hervorragende Prädisposition der Europäer beruht, ist bis jetzt nicht sicher ermittelt. Die Race an sich scheint nicht das Bedingende zu sein, da, wie

---

cesses nach Kopfverletzungen kommt Bärensprung zu dem Ergebniss, dass dieselbe nicht existirt. Unter 33 tödtlich abgelaufenen Fällen von Wundkrankheiten in Folge von Kopfverletzungen bestanden bei 6 = bei 18 pCt., unter 115 dergleichen Fällen nach Verletzungen, Operationen und Phlegmonen des übrigen Körpers bei 17 = bei 15 pCt. Leberabscesse.

1) Handbuch der historisch-geographischen Pathologie. Bd. 2. S. 300.
2) S. Pacheco, Gaz. médic. de l'Algérie 1871. Nr. 7. Jahresber. v. Virchow u. Hirsch für 1871. Bd. 2. S. 160.

De Castro hervorhebt, in Egypten die europäischen Israeliten der Krankheit ebenso häufig unterliegen wie die übrigen Europäer. Vielfach hat man die Ursache in Veränderungen gesucht, welche die Leber von Individuen, die aus einem gemässigten Klima in ein heisses übersiedeln, in Folge dieses Wechsels der äusseren Einflüsse erleiden soll (s. Leberhyperämie). Zu Gunsten dieser Annahme spricht anscheinend eine Mittheilung von Rouis, der zufolge in Algier während der Jahre 1840 — 1856 die Häufigkeit der Hepatitis bei Nordeuropäern viermal so gross war als bei Südeuropäern. Einen weiteren Beweis glaubte man darin zu finden, dass mit der Dauer des Aufenthaltes in den Tropen die Neigung zur Erkrankung anfangs sich steigere, später aber abnehme; indessen lauten die Angaben der einzelnen Autoren über den Beginn des Einflusses der Aeclimatisation sehr verschieden, je nach der Zahl der zu Grunde gelegten Beobachtungen: Catteloup (20 Fälle in Algier), De Castro (26 Fälle in Egypten) und Geddings (28 Fälle in Indien) setzen ihn ins 2.—4. Jahr, nach Rouis (131 Fälle in Algier) fällt er beim Militär ins 6., beim Civil ins 8. Jahr, und Maepherson's Uebersicht von 262 Todesfällen an Hepatitis, welche binnen 5 Jahren unter den europäischen Truppen in Bengalen vorkamen, lässt erst nach dem 10. Jahr eine deutliche Abnahme der Frequenz erkennen. Demnach ist es höchst unwahrscheinlich, dass die Prädisposition der Europäer von Verhältnissen abhängt, deren nachtheilige Wirkung sich durch die Gewöhnung allmählich abschwächt.

Viel mehr für sich hat die Ansicht, die nach Hirsch's Zusammenstellung von der grossen Mehrzahl der ärztlichen Beobachter in den Tropen vertreten wird, dass nämlich die Hauptschuld der unzweckmässigen Diät beizumessen sei, welche die Europäer in jenen Gegenden zu führen pflegen, indem sie, statt die mässige und nüchterne Lebensweise und die überwiegend vegetabilische Nahrung der Eingeborenen zu adoptiren, die ihnen von der Heimath her gewohnte reichliche animalische Kost und den, sehr häufig übermässigen Genuss der Spirituosen beibehalten. Namentlich der letztere gilt fast allgemein als ein besonders wirksames prädisponirendes Moment und manche (Cruwell, Henderson) erblicken in dem Umstand, dass er den asiatischen Völkerschaften fast völlig fremd geblieben ist, eine wesentliche Ursache der relativen Immunität, die diese der Krankheit gegenüber geniessen. Auch die vorhin erwähnte Verschiedenheit zwischen Nord- und Südeuropäern hinsichtlich der Häufigkeit des Erkrankens erklärt sich vielleicht zum Theil aus dem begünstigenden Einfluss des Alkoholmissbrauchs.

Ueber sonstige prädisponirende Ursachen besitzen wir nur spärliche Angaben, was zum Theil daher rührt, dass hauptsächlich die europäischen Armeen das Beobachtungsmaterial geliefert haben. Ronis und De Castro, deren Statistiken die Civilbevölkerung mitbetreffen, heben die äusserst geringe Frequenz der Krankheit beim weiblichen Geschlecht hervor: von ihren Fällen kamen auf dasselbe nur 3,1, resp. 4,7 pCt. Auch unter den 11 von L. Ramirez beobachteten Kranken befindet sich nur eine Frau. Das Lebensalter ist, abgesehen davon dass die Krankheit im ersten Decennium gar nicht vorzukommen scheint, ohne merklichen Einfluss. Ungünstige hygieinische Verhältnisse und körperliche Strapazen erhöhen die Disposition beträchtlich; hieraus erklärt es sich nach De Castro, dass von der arbeitenden Klasse verhältnissmässig mehr erkranken, als von den Wohlhabenden und dass unter den in Egypten meist schlecht situirten Griechen die Procentzahl der Leberabscesse beinahe noch einmal so gross ist, als unter den übrigen Europäern.

Auffallend häufig findet sich in den tropischen Gegenden eine Combination von Hepatitis und Dysenterie. Zwar mag, wie Luchtmans auf Grund seiner in Ostindien gesammelten Erfahrungen[1] wahrscheinlich mit Recht annimmt, die Häufigkeit dieser Combination mehrfach überschätzt worden sein, indem man öfter auch solche Diarrhöen für dysenterisch gehalten hat, die nur durch Katarrh oder einfache Folliculargeschwüre des Dickdarms bedingt waren. Immerhin bleiben noch sehr zahlreiche Fälle, in denen der Sectionsbefund keinen Zweifel darüber lässt, dass eiterige Hepatitis und genuine Dysenterie in demselben Individuum neben oder unmittelbar nach einander bestanden haben.

Dieses Combinationsverhältniss der beiden Krankheiten hat zu verschiedenen Vermuthungen über die Genese der tropischen Hepatitis Anlass gegeben. Budd ist der Ansicht, dass letztere in der Regel als secundärer Process aus der Dysenterie hervorgehe. Nach seiner Auffassung wird der Eiter oder eine andere aus den erweichten

---

[1] Dieselben beziehen sich auf 102 secirte Fälle von Leberabscess; unter diesen fand sich bei 11 ein normaler Darmkanal, bei 14 chronischer Dickdarmkatarrh, bei 52 Folliculargeschwüre im Kolon, bei 9 solche im Kolon und Ileum, bei 16 Dysenterie in verschiedenen Stadien. Andere Autoren, deren Statistiken auf die Beobachtungen am Krankenbette basirt sind, geben für die Dysenterie sehr viel höhere Zahlen. So führt z. B. Ronis an, dass von 143 Kranken mit Leberabscess 128 zugleich an Dysenterie litten, deren Symptome bei 80 vor denen der Hepatitis, bei 25 zugleich mit diesen und bei 23 erst im Verlaufe der Hepatitis aufgetreten waren.

Geweben sich bildende Substanz oder die fötiden im Dickdarm enthaltenen Gase oder Flüssigkeiten von den intestinalen Pfortaderwurzeln resorbirt, mit dem Blute der Leber zugeführt und erregt dort
in zerstreuten kleineren oder einzelnen grösseren Herden Entzündung
und Abscessbildung.[1]) Auch Bamberger, Tüngel und Klebs
erklären sich für die embolische Genese der tropischen Leberabscesse.
Die Unhaltbarkeit dieser Annahme ergibt sich aber aus folgenden,
grösstentheils schon von Frerichs und Hirsch geltend gemachten
Thatsachen. Erstens findet sich in den Tropen die Hepatitis oftmals
ohne jede Darmaffection. Sodann tritt sehr häufig die Ruhr erst im
Verlaufe der Hepatitis auf. (Letzteres versucht Budd seiner Theorie
zu Liebe so zu interpretiren, dass die der Ruhr vorausgehende Leberaffection nicht suppurative Hepatitis gewesen, und wenn sich später
doch Abscessbildung in der Leber finde, letztere erst in Folge der
Ruhr entstanden sei!) Ferner gibt es Gegenden mit endemischer
Ruhr, in denen Leberabscesse überhaupt (Antillen, Cayenne) oder
wenigstens bei den von der Ruhr stark heimgesuchten Eingeborenen
(ganz Indien) äusserst selten oder gar nicht vorkommen. Endlich
stimmen alle Beobachter darin überein, dass zur epidemischen Dysenterie der gemässigten Klimate, obgleich diese sich in nichts Wesentlichem von der tropischen Dysenterie unterscheidet, suppurative
Hepatitis sich niemals hinzugesellt[2]), wenn man von den multiplen
Leberabscessen absicht, die in ganz vereinzelten chronischen Fällen
auf die oben (S. 84) erwähnte Weise entstehen. Das Verhältniss
der beiden Krankheiten zu einander ist also keineswegs ein der-
artiges, dass darnach die Annahme von Budd a priori wahrscheinlich wäre. Dieselbe entbehrt aber auch eine genügende Stütze von
Seiten der pathologischen Anatomie; namentlich fehlt es fast gänzlich an Beobachtungen von Thrombose in den von den dysenteri-
schen Darmpartien ausgehenden Venen, während doch sonst in den
Fällen, denen eine Embolie durch die Pfortader zu Grunde liegt, in
den Wurzeln dieses Gefässes Thromben sehr häufig vorkommen (s.

---

1) Von der entgegengesetzten Auffassung Annesley's, welcher die dys-
enterische Darmentzündung durch den Reiz der von der kranken Leber secor-
nirten abnormen Galle entstehen lässt, können wir hier absehen, da sie die Genese der Ruhr betrifft.

2) So wurde z. B. unter den 231 Sectionen von an Ruhr Verstorbenen,
welche vom Febr. 1846 bis zum Sept. 1848 in Prag vorkamen, bei keiner einzigen
ein Leberabscess gefunden (Finger, Prager Vierteljahrschrift. Bd. 24. S. 145);
desgleichen bei den 80 unter Niemeyer in den Kriegshospitälern zu Nancy beobachteten und secirten Fällen von epidemischer Ruhr (Burkardt, Berl. klin.
Wochenschrift 1872. Nr. 26).

S. 82): Mithlig ist der Einzige, welcher bei einem Fall von Leberabscess nach Dysenterie kleine gelbe, anscheinend halbzerfallene Gerinnsel in der V. mesent. sup. erwähnt. Ferner findet sieh bei der
tropischen Hepatitis ebenso überwiegend häufig nur ein einziger Abscess, wie bei der durch Embolie der Pfortader entstandenen eine
grössere Anzahl von Eiterherden vorhanden ist. Auf die Verschiedenheit, welche hinsichtlich des Fiebers zwischen den tropischen und
den metastatischen Lebereiterungen besteht, werden wir noch an einer
späteren Stelle hinweisen.

So sicher man annehmen darf, dass es auch in den Tropen
Leberabscesse gibt, denen dieselben Veranlassungen zu Grunde liegen, auf die sich bei uns die Krankheit in der Regel zurückführen
lässt, so wird man doch durch eine unbefangene Würdigung der bis
jetzt bekannten Thatsachen genöthigt, in der Mehrzahl der dort vorkommenden Fälle die suppurative Hepatitis als eine idiopathische
Krankheit anzusehen, wie es in der That von vielen Autoren und
namentlich von solchen geschieht, welche in den heissen Ländern
selbst ihre Beobachtungen gemacht haben.

Einige von diesen, wie Bristowe, Dutroulau, St. H. Ward,
sind durch das häufige Zusammentreffen von Ruhr und Hepatitis zu
der Annahme geführt worden, dass beiden Krankheiten dieselbe Ursache zu Grunde liege und dass es von Nebenumständen und individuellen Verhältnissen abhänge, wenn in dem einen Fall die eine,
in einem zweiten die andere, in einem dritten beide gleichzeitig oder
bald nach einander entstehen. Bei dieser Auffassung bleibt es aber
freilich unerklärt, warum in den mittleren Breiten durch die Einwirkung jener Ursache immer nur Ruhr, niemals Hepatitis erzeugt wird:
in den heissen Ländern müsste dann doch noch ein weiteres Moment
hinzukommen, welches bewirkt, dass dort so häufig die Leber von
dem Ruhrgift in suppurative Entzündung versetzt wird.

Von anderen Autoren (Saunders, Annesley, Haspel) wird
die endemische Hepatitis in die Reihe der Malariakrankheiten gestellt. Gegen diese Ansicht spricht aber von vornherein der Umstand, dass sie, wie Hirsch nachgewiesen hat, weder ausschliesslich, noch auch constant in den Malariagegenden der heissen Zone
vorkommt.

Am meisten den Thatsachen entsprechend und wohl auch am
verbreitetsten dürfte vor der Hand die Annahme sein, dass durch
die Einwirkung der oben als prädisponirende Momente bezeichneten
Schädlichkeiten, denen wahrscheinlich auch noch gewisse Miasmen,
wie die Malaria und das Ruhrgift, anzureihen sind, in der Leber

7*

eine zunächst als Hyperämie sich darstellende Irritation gesetzt wird, aus der sich dann beim Hinzutreten einer geeigneten Gelegenheitsursache die suppurative Entzündung entwickelt. Als solche Gelegenheitsursachen beschuldigt man namentlich Erkältung (Twining, Morehead, Murray, Cattcloup) und Alkoholmissbrauch (Annesley, Heymann u. A.). Diese Auffassung hat vor der Annahme eines miasmatischen Ursprungs offenbar den Vorzug, dass sie es leichter erklärlich erscheinen lässt, warum die Krankheit vorzugsweise bei den in die heissen Länder übergesiedelten Europäern vorkommt und das weibliche Geschlecht so ausserordentlich selten befällt. Ueber den Einfluss der Erkältung kann kaum ein Zweifel bestehen, da nach dem Zeugniss zahlreicher Militärärzte die tropische Hepatitis in solchen Zeiten und Gegenden am häufigsten ist, in denen ein greller Wechsel zwischen der Tages- und der Nachttemperatur stattfindet. Ob aber der Alkoholmissbrauch nicht blos die Bedeutung eines wichtigen prädisponirenden Momentes hat, sondern schliesslich — gewissermaassen durch cumulative Wirkung — auch zur directen Krankheitsursache werden kann, lässt sich nach den vorliegenden Beobachtungen nicht mit Sicherheit entscheiden.[1]

---

[1] In einer erst nach der Beendigung meiner Arbeit erschienenen Abhandlung „über die Hepatitis der heissen Länder" (Arch. für klin. Chir. Bd. 19. Separatabdr. Berlin 1876) hat Sachs in Cairo es als sehr wahrscheinlich hingestellt, dass in der Mehrzahl der Fälle der zu reichliche Genuss von Spirituosen die Ursache ist, dass die unter dem Einfluss des Klimas und reizender Speisen leicht zu Stande kommende Hyperämie der Leber in Entzündung und Abscessbildung übergeht. Er beruft sich für diese Annahme auf folgende Thatsachen: 1) unter der mohammedanischen Bevölkerung Egyptens findet sich die Krankheit ganz ungemein selten und dann nachweislich nur bei Individuen, bei denen eingestandener Maassen Abusus alcoholicorum vorangegangen ist. 2) Von den 36 Fällen, die er in der nicht-mohammedanischen, aus beiden Geschlechtern ungefähr gleichmässig zusammengesetzten Bevölkerung Cairo's beobachtet hat, betrafen 34 Männer und nur 2 Frauen: von den Männern waren die meisten Branntweintrinker, die übrigen genossen zwar für gewöhnlich nur Wein, hier und da aber doch auch geringere Quantitäten Liqueur; von den Frauen war eine dem Dienste des Bacchus ergeben. 3) Nach der Erfahrung von Sachs begegnet man in Egypten der Cirrhose der Leber enorm selten, acuten Entzündungen des Organs hingegen relativ häufig — ein Umstand, den Sachs durch die Annahme zu erklären sucht, dass der Alkohol, wie er in Europa die chronische interstitielle Hepatitis verursacht, in den heissen Ländern, wo alle vegetativen Processe rascher und lebhafter verlaufen, die acute eiterige Entzündung der Leber hervorrufe.

Pathologie.

Krankheitsbild.

Das Krankheitsbild der suppurativen Hepatitis ist ein so vielgestaltiges, dass es eine Schilderung, welche auch nur für die Mehrzahl der Fälle Gültigkeit hätte, nicht gestattet. Am vollständigsten ausgeprägt und in den wichtigsten Zügen einigermaassen constant erscheint es in Fällen mit mässig acutem Verlauf, zu denen viele traumatische und manche endemische gehören. Hier beginnt die Krankheit mit den Symptomen einer Reizungshyperämie der Leber, der nicht selten gastrische Beschwerden kurze Zeit vorausgehen oder sich frühzeitig zugesellen: Schmerz in der Lebergegend und öfter auch in der rechten Schulter, Volumszunahme der Leber, bisweilen Icterus, remittirendes Fieber verschiedenen Grades, belegte Zunge, Anorexie, Stirnkopfschmerz, nicht selten auch Erbrechen und meistens träger, andere Male vermehrter Stuhlgang — dies sind die Erscheinungen des ersten Stadiums. Mit dem Eintritt der Eiterung nimmt das Fieber den intermittirenden Typus an: Anfälle von Frost, auf welchen Hitze und meist profuser Schweiss folgt, wiederholen sich rhythmisch oder in unregelmässigen Abständen; die Schmerzhaftigkeit und die Vergrösserung der Leber nehmen noch zu; es treten Störungen der Respiration ein, manchmal auch kurzer trockener Husten, selten Singultus. Unter Fortdauer der gastrischen Symptome und des Fiebers, welches letztere bei mehr protrahirtem Verlauf sich häufig zur Febris hectica gestaltet und später an Intensität abnimmt, sinken die Kräfte und die Ernährung mehr oder weniger rasch. Auch wenn die Eiterung auf die Leber beschränkt bleibt, gesellt sich nicht selten Peritonitis oder Entzündung der serösen Hüllen der Thoraxeingeweide hinzu. Ueberschreitet aber der Abscess die Grenzen der Leber, so treten die von der Läsion der dabei betroffenen Organe abhängigen Erscheinungen auf. Entweder kommt es zur Bildung einer umschriebenen Geschwulst der Bauch- oder der Brustwand, die allmählich fluctuirend werden und schliesslich aufbrechen kann, oder es wird Eiter durch Erbrechen oder mit dem Stuhlgang entleert oder nachdem die Zeichen einer Pneumonie vorausgegangen sind ausgehustet, oder es entwickeln sich die Symptome eines raschwachsenden Exsudates der rechten Pleura oder des Pericardiums oder diejenigen einer diffusen oder einer abgesackten Peritonitis.

Von dem eben skizzirten Bilde zeigt nun, wie gesagt, die Mehrzahl der Fälle mehr oder weniger beträchtliche Abweichungen.

Bei der metastatischen Hepatitis fehlen in der Regel die Symptome des ersten Stadiums. Dass aber die Krankheit auch, wo ihr ein Trauma der Leber zu Grunde liegt, bis zur Entwicklung des Abscesses vollkommen latent sein kann, lehrt die von Curschmann (l. c.) mitgetheilte Beobachtung.

Bei ganz acutem Verlauf ist mitunter nichts als heftiges Fieber mit Frostanfällen und schweren Cerebralerscheinungen nebst Anorexie und Obstipation vorhanden.

Weit häufiger findet sich der Mangel charakteristischer Symptome bei chronischen Fällen. Ja es gibt unter diesen nach der Mittheilung zuverlässiger Beobachter (vgl. Rouis l. c. p. 101) einzelne, in denen jedes Zeichen von Kranksein fehlt, bis plötzlich Erscheinungen der Agonie eintreten. Andere Male verläuft die Krankheit unter dem Bilde einer fieberlosen oder mit hektischem Fieber verbundenen Kachexie, deren Abhängigkeit von einer Affection der Leber sich höchstens durch abnorme Empfindungen in der Gegend dieses Organs verräth. In wieder anderen Fällen ist die Vergrösserung der Leber längere Zeit hindurch das einzige Symptom und erst später treten gastrische Beschwerden und allmähliche Abmagerung hinzu. Es kommt ferner nicht ganz selten vor, dass die Zufälle derjenigen Krankheit, aus oder neben welcher die Hepatitis sich entwickelt hat (Pyämie, Ruhr), oder die Symptome, welche den consecutiven Affectionen der Verdauungs- und Athmungsorgane und ihrer serösen Hüllen angehören, die von der Leberkrankheit abhängigen Störungen völlig verdecken oder doch sehr in den Hintergrund drängen. Bei chronischem Verlauf kann der lange latent gebliebene Abscess schliesslich dadurch, dass er in ein Nachbarorgan perforirt, die eine oder die andere Gruppe der oben erwähnten Erscheinungen hervorrufen.

Bei letalem Ausgange erfolgt das Ende meist unter den Symptomen der allmählichen Erschöpfung, seltener unter denjenigen der Peritonitis, der exsudativen Pericarditis oder einer anderen accessorischen Krankheit. In fieberhaften Fällen stellen sich mitunter zuletzt noch Gehirnzufälle ein.

Tritt mit der Eröffnung des Abscesses nach aussen eine günstige Wendung ein, so verliert sich das Fieber, die Beschwerden des Kranken nehmen ab, die Entleerung des Eiters wird an Menge allmählich geringer und hört endlich ganz auf, die Leber kehrt nach und nach zu ihrem normalen Volumen zurück, der Ernährungs- und Kräftezustand hebt sich wieder und es kommt in der Regel schliesslich zu vollständiger Genesung.

Anatomische Veränderungen.

Die suppurative Hepatitis tritt stets herdweise auf. Bei der Section findet man meistens ausgebildete Abscesse, welche eine annähernd kugelige Gestalt haben. Wo die Krankheit metastatischen Ursprungs ist, sind deren mehrere oder viele (bis zu 40 und darüber) vorhanden: sie sitzen bald gruppenweise bei einander, bald durch das Organ zerstreut und oft vorwiegend an dessen Oberfläche, wo sie gelbe flache Hervorragungen bilden können. Gewöhnlich sind sie haselnuss- bis wallnussgross; ausnahmsweise erreichen sie den Umfang eines Hühner- oder Gänseeies. Bei der traumatischen und namentlich bei der tropischen Leberentzündung ist dagegen meistens ein einziger Abscess vorhanden (nach Rouis in Nordafrika unter 146 Fällen bei 110, nach Luchtmans in Ostindien unter 90 bei 65 — also nach beiden Zusammenstellungen bei ungefähr drei Viertel der Fälle). Die Grösse dieser solitären Abscesse kann sehr beträchtlich sein: am häufigsten schwankt sie zwischen dem Umfang einer Mannesfaust und dem eines Kindskopfes; bisweilen ist aber ein ganzer Lappen oder das ganze Organ zum grössten Theil von der Eiterhöhle eingenommen. In einer von Rouis mitgetheilten Beobachtung enthielt der durch beide Lappen sich erstreckende Abscess 4500 Gramm Eiter und war von einer nur noch $\frac{1}{2}$ Ctm. dicken Schicht Lebersubstanz umschlossen. Diese Verschiedenheit der idiopathischen von der metastatischen Hepatitis hinsichtlich der Zahl und Grösse der Abscesse erklärt sich wohl hauptsächlich aus dem Umstande, dass bei ersterer die Dauer der Krankheit ,in der Regel weit länger ist als bei letzterer. Nach der Angabe der meisten Autoren wird in den heissen Klimaten der rechte Lappen im Vergleich zum linken häufiger von der Entzündung befallen, als es dem Unterschied im Volumen der beiden Lappen entspricht. Rouis sucht zwar das Gegentheil zu beweisen; aber von den 127 Fällen seiner Tabelle, in denen die Eiterung auf einen Lappen beschränkt war, betreffen 124 den rechten.

Die Bildung der Leberabscesse hat man vorzugsweise an pyämischen Herden genauer studirt, da sich bei diesen noch am häufigsten die Gelegenheit bietet, die verschiedenen Stadien der Entwicklung neben einander zu sehen. Nach einer älteren Darstellung von Virchow[1]) beginnt der Process an den Leberzellen: einzelne Acini

1) Beitr. zur experiment. Pathol. u. Physiol. Herausg. v. Traube. Heft 2. S. 62, Note. und Arch. f. pathol. Anat. Bd. 4. S. 314 f. — Vgl. auch A. Förster, Würzb. medic. Ztschr. Bd. 5. S. 43—47.

und weiterhin kleinere oder grössere Gruppen von solchen zeigen
sich zuerst schmutziggelbweiss verfärbt und später in ihrem Centrum
erweicht. Obgleich derartige Stellen schon ganz das Aussehen von
Abscessen darbieten, enthalten sie doch nur trübe, starkgranulirte
Leberzellen und eine aus dem Zerfall von solchen entstandene, in
Essigsäure grösstentheils lösliche Detritusmasse, aber noch keine Spur
von Eiter: die Eiterung kommt erst secundär an den erweichten
Punkten zu Stande. Hiervon abweichend schildern Frerichs (l. c.
S. 97) und Klebs (Handb. der pathol. Anat. S. 429) die körnige
Degeneration der Drüsenzellen und die Eiterung als gleichzeitige
Vorgänge, lassen aber die durch sie bewirkte Schmelzung des Gewebes ebenfalls von der Mitte der Acini ausgehen. Die neueren
Beobachtungen von Klebs und von Birch-Hirschfeld stimmen
wieder mit der Virchow'schen Darstellung insofern überein, als
auch ihnen zufolge Eiterkörperchen im pyämischen Herde erst auftreten, nachdem bereits Veränderungen der Leberzellen vorausgegangen. sind; diese bestehen aber nicht in körniger Degeneration, sondern vielmehr in Compression der Zellen durch die von Mikrococcen
erfüllten und stark ausgedehnten Blutcapillaren: indem mit der massenhaften Vermehrung der Mikrococcen die Capillarwandungen und
die Leberzellen schwinden, beginnt auf der portalen Seite der Acini
die Eiterung.

Bei der traumatischen Hepatitis nimmt nach den Ergebnissen,
welche Koster[1] an Kaninchen erhielt, bei denen er in der Leber
durch mechanische und thermische Reize Entzündung hervorgerufen
hatte, der Process seinen Anfang im interlobulären Bindegewebe. In
diesen findet sich um die Gefässe herum und in deren Wandungen
eine massenhafte Anhäufung von lymphoiden Zellen, welche mehr
weniger zwischen die Leberzellenreihen sich fortsetzen: letztere selbst
sind zunächst noch wohl erhalten, nur sind in dem peripherischen
Theile der Acini die intercellulären (Lymph-?) Räume überall ausgedehnt und mit geronnenem halbdurchsichtigen Plasma und einzelnen Rundzellen gefüllt, wogegen in der Umgebung der Centralvene die geschwollenen Leberzellen zusammengedrängt erscheinen.
Weiterhin tritt eiterige Erweichung der entzündeten Partien ein: sie
bestehen dann aus den gewöhnlichen Eiterkörperchen nebst Produk-
ten der zerfallenen Leberzellen, noch wohl erhaltenen Leberzellen
und Fettkörnchen[2]. Ganz ähnlich gestaltet sich der Vorgang, wo

1) Centralbl. f. d. medic. Wiss. 1868. Nr. 2.
2) Fröhlich (Untersuchungen zur Histologie der traumatischen Leberent-

die Bildung der Leberabscesse im Anschluss an suppurative Peri-pylephlebitis stattfindet (vgl. R. Maier l. c. S. 32 f.; A. Thierfel-der l. c. Fig. 2) und vermuthlich auch, wo sie durch Ulceration der Gallengänge veranlasst ist. Die Entwicklung der Abscesse bei der tropischen Hepatitis ist in ihren histologischen Details noch nicht bekannt: die frühesten makroskopischen Veränderungen bestehen aber hier ebenfalls in mattgelblicher Verfärbung einzelner Gruppen von Leberläppchen und in dem Auftreten miliarer Eiterherde (Annes-ley, Haspel, Rouis). Rouis beschreibt in den Wandungen von grösseren Abscessen befindliche hirsekorn- bis erbsengrosse Lücken, welche theils Eiter, theils mehr oder weniger zerfallene Läppchen enthalten.

Die auf die eine oder die andere Weise entstandenen frischen Abscesse sind meistens mit gelbem zähem Eiter gefüllt; manchmal ist ihr Inhalt durch extravasirtes Blut bräunlich oder röthlich und in den Fällen, wo sie von ulcerirten Gallenwegen ausgegangen sind, deutlich gallig gefärbt. Ihre Wandung ist durch kleinere oder grös-sere eiterig infiltrirte Parenchymfetzen, welche in die Höhle hinein-ragen, rauh und zottig. Die Abscesse wachsen, abgesehen von der mit der Vermehrung des Eiters zunehmenden Ausdehnung der Höhle, durch fortschreitende Einschmelzung der Wandungen. Dabei ge-schieht es häufig, dass benachbarte Abscesse untereinander zusammen-fliessen, was sich daran erkennen lässt, dass Reste der früheren Zwi-schenwand brückenartig die Höhle durchsetzen oder kantenartig in dieselbe vorspringen.

Erreicht der Abscess die Oberfläche der Leber, so ruft er eine circumscripte Entzündung ihres serösen Ueberzuges hervor, die manch-mal zur Nekrose der betreffenden Stelle mit nachfolgendem Austritt von Eiter in die Bauchhöhle und dadurch zu einer in der Regel diffusen, seltener abgesackten Peritonitis führt. Gewöhnlich ver-wächst aber die entzündete Stelle der Leberkapsel mit der gegen-überliegenden Bauchwand oder einem benachbarten Eingeweide und wenn dann die Eiterung die Grenze der Leber überschreitet, kommt es zur Perforation des Abscesses in das adhärente Organ. Ist dieses die äussere Bauchwand, so wird sie entweder in gerader Richtung

---

zündung. Inaug.-Diss. Halle 1874) fand in der Umgebung von Seidenfäden, die er Kaninchen durch die Leber gezogen hatte, zuerst das Parenchym, oft auf weite Strecken, mit spärlichen Lymphkörperchen und massenhaften Kugelbakte-rien durchsetzt, welche letzteren theils in, theils zwischen den Leberzellen sich befanden, und späterhin Cavernen, deren flüssiger Inhalt aus Eiterkörperchen, Bakterien und Resten des nekrotischen Lebergewebes bestand.

durchbohrt oder der Eiter gelangt erst auf einem Umwege in der
Regio axillaris, sacralis, inguinalis nach aussen. Dringt der Abscess
durch das Zwerchfell, so kann eiterige Pericarditis die Folge sein;
weit häufiger aber entsteht rechtseitiger Pyothorax oder, nach Verlöthung des Zwerchfells mit der Lungenbasis, ulceröse Pneumonie
und Erguss des Eiters in die Bronchien. Unter den Baucheinge-
weiden sind es das Colon, der Magen und das Duodenum, in welche
die Perforation am häufigsten stattfindet; äusserst selten erfolgt sie
in die rechte Niere und nur ausnahmsweise in die untere Hohlvene
oder in die Pfortader; dagegen nicht ganz so selten in die Gallenblase
oder in einen Gallengang.

Zur Heilung gelangen in der Regel nur solche Abscesse, welche
ihren Inhalt, sei es direct oder durch ein anderes Organ hindurch,
nach aussen entleert haben. Die Heilung geht in der Weise vor
sich, dass die Wandungen des Abscesses zu eitern aufhören, sich
einander mehr und mehr nähern und schliesslich durch neugebildetes
Bindegewebe mit einander verwachsen; durch die Schrumpfung des
letzteren entsteht im Parenchym der Leber eine strangförmige oder
strahlige Narbe und an der Oberfläche eine Einziehung. Gelangt
die Eiterbildung zum Stillstand, ohne dass eine Entleerung des Abscesses vorausgegangen ist, so kann der Eiter durch Resorption seiner
flüssigen Bestandtheile eingedickt und die Lücke des Parenchyms
durch Wucherung des interstitiellen Gewebes ausgefüllt werden: die
Narbe schliesst dann meistens eine käsige oder verkalkte Masse ein.
Eine derartige Heilung kommt jedoch sehr selten und überhaupt nur
bei kleineren Abscessen vor. Gewöhnlich bildet das wuchernde
Bindegewebe blos eine Kapsel um den Abscess und die Eindickung
des Eiters beschränkt sich auf die den Wandungen anliegende Schicht,
welche die glatte Innenfläche der Kapsel wie eine Membran aus-
kleidet (sogen. pyogene Membran); die Hauptmasse des Inhaltes ist
nach wie vor flüssiger Eiter, der bisweilen einen stechenden ammo-
niakalischen Geruch besitzt. In diesem eingekapselten Zustand können
Abscesse lange Zeit fortbestehen; die Kapsel erlangt nicht selten
eine fast knorpelartige Härte.

Von den in der Nachbarschaft eines Abscesses verlaufenden
grösseren Blutgefässen werden die Lebervenen weit häufiger von der
Entzündung ergriffen als die Pfortaderzweige, wahrscheinlich weil
letztere durch die Glisson'sche Scheide mehr geschützt sind: in
den entzündeten Gefässen befinden sich die Thromben meist in puriformer Schmelzung. Obliterirte Arterien treten mitunter auf den
Wandungen älterer Abscesse als Stränge und Leisten hervor. Ero-

sionen von Gefässen erfolgen durch die fortschreitende Vereiterung nur ausnahmsweise. Gallengänge dagegen werden durch dieselbe nicht selten eröffnet; doch ist die Quantität der Galle, die aus ihnen in die Abscesshöhle fliesst, häufig nicht gross genug, um den Eiter merklich zu färben und zu verdünnen.

In den von der Entzündung freigebliebenen Partien der Leber zeigt das Parenchym keine constanten Veränderungen. Neben pyämischen Abscessen besteht in der Regel diffuse körnige Degeneration. Eine allgemeine Hyperämie des Organs, wie sie als erstes Stadium der acuten Hepatitis der heissen Länder von vielen Autoren angenommen wird, ist in Fällen, wo die Section charakteristische Entzündungsherde nachweist, nicht vorhanden. Wohl aber haben jüngere, namentlich rasch wachsende Abscesse nicht selten einen hyperämischen Hof. In der Umgebung grosser Eiteransammlungen bietet das Drüsengewebe die Merkmale der Compression dar: es ist blässer und dichter, die Acini sind verkleinert. Und da überhaupt alle Abscesse mit Ausnahme der erst in der Entstehung begriffenen einen grösseren Raum einnehmen als die Parenchymabschnitte, durch deren Einschmelzung sie entstanden sind, so zeigt das Organ meistens eine Volumszunahme, die entweder auf die Stelle, wo ein grösserer Abscess seinen Sitz hat, beschränkt oder beim Vorhandensein zahlreicher Abscesse allgemein ist.

Aeusserst selten entwickelt sich in den Abscesswandungen Gangrän. Bei aufgebrochenen oder künstlich geöffneten Abscessen kann die durch das Eindringen von Luft oder von Magen- oder Darminhalt hervorgerufene Fäulniss des Eiters die Ursache sein. In einem von Andral (l. c. Obs. 30) mitgetheilten Falle war die Gangrän um den apfelgrossen abgekapselten Abscess wahrscheinlich unter dem Einfluss der hochgradigen Inanition entstanden, zu welcher ein grosses Magengeschwür bei dem 60jährigen Manne geführt hatte. Die meisten in der Literatur enthaltenen Beobachtungen von jauchigen Leberabscessen betreffen metastatische, von Gangrän in einem peripherischen Körpertheil oder in der Lunge abstammende Brandherde, an deren Grenzen eine demarkirende Eiterung eingetreten war.

Symptomatologie.

Anschwellung der Leber ist in der Mehrzahl der Fälle vorhanden. Sie zeigt sich häufig erst mit dem Beginn des Suppurationsstadiums oder in dessen weiterem Verlaufe. Der Grad und die Gestaltung der Volumszunahme sind hauptsächlich von der Grösse,

der Zahl und dem Sitze der Abscesse abhängig. Selbstverständlich
ist dabei der Zustand des übrigens Parenchyms nicht ohne Einfluss:
eine mehr oder weniger ausgebreitete Hyperämie der Drüse ist bei
manchen acuten Fällen im Anfang die alleinige Ursache der Vergrösserung und kann auch später noch zu derselben beitragen. Andererseits kann bei chronischem Verlauf in Folge secundärer Atrophie des Parenchyms selbst bei umfänglicheren Abscessen jede Vergrösserung fehlen (s. Andral l. c. Observ. 29). Geringere Grade der
Anschwellung sind meist nur mittelst der Percussion nachweisbar.
Bei beträchtlicherer Volumszunahme des rechten Lappens, die sich in
der Regel auch durch stärkere Wölbung des rechten Hypochondriums
zu erkennen gibt, kann der dumpfe Schall um 1 bis 2 Intercostalräume weiter als normal nach oben oder, was häufiger der Fall ist,
eine mehr oder weniger grosse Strecke über den Rippenbogen nach
abwärts reichen.[1] Ausnahmsweise bewirken colossale Abscesse eine
sehr bedeutende Ausdehnung der Leber nach beiden Richtungen:
Bitchey[2] erzählt einen Fall, in welchem der rechte Lappen in
einen 5 Quart Eiter enthaltenden Sack verwandelt war: hier war die
rechte Thoraxhälfte bis gegen die Lungenspitze hinauf und die rechte
Seite des Bauches bis zur Crista ilei hinab gleichmässig gedämpft.
Bei umfänglichen Abscessen im linken Lappen erstreckt sich die
Anschwellung manchmal bis ins linke Hypochondrium hinüber und
bis unter den Nabel, ja selbst bis zur linken Darmbeingegend hinab;
ausserdem kann durch Hinaufdrängung des Zwerchfells das Herz
nach oben und links verlagert sein. Die unter den Rippen hervor-
ragenden Partien der Leber zeigen vermehrte Resistenz, aber niemals eine solche Härte, wie bei der interstitiellen Hepatitis. Der
untere Rand ist häufig nicht nur fühlbar, sondern als vorspringende
Kante auch sichtbar. Entzündungsherde, welche an einem der Palpation zugänglichen Theile des Organs über dessen Oberfläche vorspringen, lassen sich als flachgewölbte, seltener stumpfkonische
Prominenzen bald nur mit dem tastenden Finger, bald auch mit dem
Auge wahrnehmen. Solche Tumoren sind anfangs bis tauben- oder
hühnereigross und fest oder sogar hart anzufühlen; im weiteren Verlaufe können sie zum Umfange einer Faust und darüber wachsen
und bei tiefer Palpation ein Fluctuationsgefühl darbieten, das jedoch
meistens, auch wenn die Beschaffenheit der Bauchdecken seine Wahr-

---

[1] Nach Sachs (l. c. S. 38) ist es die Regel, dass die Anschwellung zuerst
in der Richtung nach oben und dann erst nach unten hin stattfindet.

[2] Philadelphia med. and surg. Reporter. March 1871. Schmidt's Jahrbb.
Bd. 152. S. 260.

nehmung nicht erschwert, nur undeutlich ist.[1]) Abscesse, welche am
oberen Theil der convexen Fläche des rechten Lappens eine Vorwölbung bilden, bedingen, falls sie nicht gerade unter der Kuppel
des Zwerchfells versteckt sitzen, eine entsprechende Ausbeugung der
sonst geradlinigen oberen Grenze der Leberdämpfung: der Gipfel
derselben liegt an der Vorderfläche des Thorax bald dem Sternum,
bald der Achsel näher und kann bei grossen Abscessen bis zur
3. Rippe hinaufragen. In solchen Fällen bildet die obere Dämpfungsgrenze eine Curve, die von dem Sternum nach rechts hin aufsteigt
und in ihrem Verlauf durch die Seitenwand und nach dem Rück-
grat zu steil abfällt.

Bei sehr bedeutender Anschwellung der Leber kommt es bisweilen zu einer Ausdehnung der oberflächlichen Venen in der Oberbauchgegend: offenbar eine Folge des Drucks, den das geschwollene
Organ gegen die Bauchwand ausübt.

Die Spannung des rechten geraden Bauchmuskels, welche zuerst von Twining als ein wichtiges Zeichen eines in der Tiefe des
rechten Lappens sitzenden Entzündungsherdes angeführt wird, beruht
höchst wahrscheinlich auf einem tonischen Reflexkrampfe. Bamberger, der eine blosse Dehnung des Muskels durch die unter ihm
liegende vergrösserte Leber annimmt, beruft sich zur Stütze dieser
Ansicht auf seine Erfahrung, derzufolge das Symptom sowohl bei
Leberabscessen als bei anderen Leberkrankheiten nur dann vorkommt, wenn diese mit bedeutender Vergrösserung des Organs verbunden sind. Aber, wie sich aus den Mittheilungen von Budd
(l. c. S. 84) ergibt, findet es sich auch bei solchen Affectionen der
Gallenwege, bei denen die Leber keine erhebliche Vergrösserung
erfährt. Ueberdies scheint mir auch der Umstand, dass die Veränderung auf den rechten Rectus beschränkt ist, für die spastische
Natur derselben zu sprechen.

Schmerz in der Lebergegend ist von den Localsymptomen
das constanteste. Er fehlt am häufigsten bei der pyämischen Hepatitis, ferner bei sehr langsamer Entwicklung und bei tiefem Sitze

---

1) Dass eine solche umschriebene und undeutlich fluctuirende Hervorragung
in der Lebergegend auch durch einen Abscess, der nicht in dem unmittelbar darunter gelegenen Theil des Organs seinen Sitz hat, bedingt sein kann, lehrt eine
Beobachtung von Sachs (l. c. S. 36): hier hatte ein an der hinteren Leberfläche
befindlicher grosser Abscess, indem er bei seinem Wachsthum nach hinten an
den Rippen einen unüberwindlichen Widerstand fand, die ganze vor ihm liegende
erweichte Leberpartie nach vorwärts gedrängt und so eine unterhalb des rechten
Rippenbogens zwischen L. parastern. und L. papill. liegende Prominenz erzeugt.

der Entzündungsherde. Oft stellt er sich erst mit dem Beginn der
Eiterung ein; war er aber schon vorher vorhanden, so steigert er
sich in der Regel um diese Zeit; dagegen pflegt er nach der Bildung
des Abscesses wieder abzunehmen. Soweit er von den entzündlichen Veränderungen des Parenchyms abhängt, ist er nur gering
und dumpf; höhere Grade entstehen durch eine Affection der Leber-
hülse, und zwar entweder durch eine rasche Ausdehnung derselben
in Folge acuter Schwellung des Organs, oder — weit häufiger —
durch eine Entzündung, die von oberflächlich gelegenen, resp. bis
zur Oberfläche vorgedrungenen Abscessen auf die Serosa übergreift.
Seiner Qualität nach ist der Schmerz meist drückend oder spannend,
seltener reissend oder stechend. Klopfender Schmerz als Zeichen
der Abscessbildung kommt selten vor: manchmal scheint er nicht
sowohl von dem Leberabscesse selbst als vielmehr von dessen Vordringen in die Bauchwand herzurühren. Neben dem eigentlichen
Schmerz hat der Kranke mitunter das Gefühl, als ob im Hypochondrium ein schwerer Körper liege oder quer durch die Oberbauchgegend ein Balken gezogen sei (sensation de barre). Manchmal
reicht der Schmerz bis über die Grenze der Leber hinaus, indem er
durch Irradiation mehr oder weniger weit nach oben über die rechte
Brusthälfte, seltener nach unten gegen den Bauch hin oder sogar
in den rechten Schenkel ausstrahlt. Meistens aber bleibt er auf die
Lebergegend beschränkt: er kann diese ganz einnehmen oder auf
eine einzelne Stelle derselben concentrirt sein. Letztere entspricht
dann in der Regel ziemlich genau dem Sitze des Entzündungsherdes; so findet sich z. B. bei Abscessen am hinteren Rande des
rechten Lappens ein umschriebener Schmerz in der rechten Lendengegend. Mechanische Einwirkungen auf das kranke Organ, wie sie
bei der Palpation und Percussion der Lebergegend, bei Druck auf
dieselbe, beim Tiefathmen und Husten, bei Lageveränderungen u. s. w.
stattfinden, vermehren den Schmerz und wo er spontan nicht vorhanden ist, rufen sie ihn öfter hervor. In einem von Sistach[1])
erzählten Falle zeigte sich der Leberschmerz nur beim Reiten. Bei
traumatischer und endemischer Hepatitis gibt sich die Gegend des
Abscesses nicht selten durch eine circumscripte Schmerzhaftigkeit
bei tiefem Druck zu erkennen. Ausnahmsweise findet sich an den
gegen Druck empfindlichen Stellen auch Hyperalgesie der Haut
(Löwer). Der Schmerz kann für die Lage und Haltung des Kranken
bestimmend sein: ist er heftig, so wird anhaltend die Rückenlage

---

1) Réc. de Mém. milit. 3. Sér. XX. p. 455.

eingenommen und dabei mitunter der Rumpf leicht nach rechts gebogen, der Schenkel etwas flectirt und der Kopf nach vorn geneigt (Malcolmson Dutroulan, Huet) — eine Positur, in welcher der Druck auf das kranke Organ so sehr als möglich vermindert ist [1]); besteht neben beträchtlicher Vergrösserung der Leber nur geringfügiger Schmerz, so liegt der Kranke meist auf der rechten Seite.

Schulterschmerz, schon in den Hippokratischen Schriften als Symptom des Leberabscesses erwähnt, kommt bei etwa der Hälfte der Fälle vor.[2]) Gewöhnlich tritt er bald nach dem Leberschmerz ein, seltener gleichzeitig mit demselben; er kann aber auch schon vor diesem vorhanden sein oder mit ihm alterniren; Cloetta, Habershon [3]) und Löwer erzählen Fälle, in denen er während des ganzen Verlaufes oder wenigstens längere Zeit hindurch das einzige Zeichen für das Bestehen einer Leberkrankheit war. Er nimmt in der Regel die Schultergegend ein; manchmal aber verbreitet er sich bis zur Seite des Halses hinauf oder nach hinten über das Schulterblatt oder in den Arm hinab. Sein Sitz auf der rechten Seite entspricht constant einer Entzündung im rechten Lappen, die dann zwar meistens (aber nicht, wie Annesley annahm, ausnahmslos [4]) in dessen convexer Fläche sitzt. Nur äusserst selten findet sich bei Affection des linken Lappens linkseitiger Schulterschmerz (Beispiele bei Gintrac [5]), Cas. Broussais, Mühlig). Die abnorme Empfindung wird bald nur als Ziehen, Spannen oder Nagen, bald als heftiges Brennen, Schiessen, Bohren bezeichnet; sie kann so stark sein, dass der Leberschmerz dagegen zurücktritt. Durch Druck auf die Lebergegend, mitunter auch durch Bewegungen des Arms wird der Schulterschmerz gesteigert, durch ersteren manchmal vorübergehend erregt in Fällen, wo er ausserdem nicht besteht. Seine Dauer ist verschieden; manchmal be-

---

1) Sachs (l. c. S. 35) gibt an, dass in Fällen von sehr grosser Intumescenz der Leber mit sichtbarer Erweiterung der Intercostalräume die Kranken bei der Rückenlage sich weit eher nach links als nach rechts krümmen, und erklärt dies daraus, dass bei der Krümmung nach rechts die Rippen sich einander nähern und dadurch einen unerträglichen Druck gegen die empfindliche Organoberfläche ausüben.

2) Sachs (l. c. S. 45) fand ihn unter 36 Fällen mindestens bei 25.

3) Med. Times and Gaz. 4. Nov. 1865.

4) Die 32. Beobachtung bei Andral liefert ein Beispiel von rechtseitigem Schulterschmerz bei Sitz des Abscesses dicht an der unteren Fläche des rechten Lappens.

5) Journ. de la Soc. de Méd. de Bord. Juill. 1841.

gleitet er nur die Entwicklung des Abscesses; in anderen Fällen
erhält er sich mit Schwankungen oder in fast gleicher Intensität
Monate lang. Rouis sah nach einer Hepatitis, bei welcher Abscedirung durch die Bauchdecken erfolgte, mit dem Aufhören des Schulterschmerzes Atrophie des rechten Deltoideus eintreten. — Die wahrscheinlichste Erklärung des Schulterschmerzes ist die von Luschka[1])
gegebene, dass die im serösen Ueberzug und im Lig. suspens. der
Leber (und unter Umständen auch die im Bauchfellüberzug des
Zwerchfells) verlaufenden Zweigchen des Phrenicus, wenn sie durch
die entzündlichen Vorgänge lädirt werden, ihre abnorme Erregung
durch Vermittelung von Centralorganen auf die Schulteräste des
4. Cervicalnerven übertragen, von welchem der Phrenicus vorzugsweise seinen Ursprung nimmt.

Icterus ist eines der selteneren Symptome. Fasst man die Angaben von Morehead, Cas. Broussais, Rouis, Lyons und
Ward über die Häufigkeit seines Vorkommens zusammen, so ergibt
sich, dass er unter 375 Fällen 58 mal, d. i. nur bei etwa 16 pCt.
der Kranken sich findet. Abgesehen von einzelnen sehr acut verlaufenden Fällen, in denen er als Symptom der allgemeinen Hyperämie schon frühzeitig auftritt, und von solchen, die durch Affectionen
der Gallenwege veranlasst oder complicirt sind, stellt er sich meist
erst mit oder nach dem Beginn der Eiterung ein. In der Regel
bleibt er gering und besteht nur kurze Zeit. Dieser schwache und
vorübergehende Icterus scheint am häufigsten auf einer Compression
intrahepatischer Gallengänge durch Eiterherde zu beruhen. Stärker
und anhaltender ist er, wenn Herde, die eine solche Compression
ausüben, in grosser Anzahl sich entwickeln oder wenn ein grösserer
Abscess an der concaven Leberfläche auf den D. hepaticus oder
choledochus drückt. Diese seltenen Fälle ausgenommen, ist er gerade
bei sehr umfänglichen Eiterhöhlen meistens nicht vorhanden. Wo
die Abscesse pyämischen Ursprunges sind, entsteht er wahrscheinlich
oft ganz unabhängig von den Veränderungen in der Leber, da letztere
in solchen Fällen ganz frei von Icterus sein kann, obgleich Haut und
Conjunctiva stark gelb gefärbt sind und der Harn deutliche Reaction
auf Gallenpigment zeigt, aber keine Gallensäuren enthält.[2])

Fieber scheint in manchen chronischen Fällen während des
ganzen Verlaufes fehlen zu können; in anderen tritt es erst mit der
Bildung oder der weiteren Ausbreitung des Abscesses hinzu. Dass

---

1) Der N. phrenicus des Menschen. Tüb. 1853. und: Die Anatomie des Menschen. Tüb. 1863. Bd. 1. Abth. 2. S. 221.
2) s. Leyden, Beiträge zur Pathologie des Icterus. Berlin 1866. S. 13.

auch in acuten Fällen das erste Stadium fieberlos sein kann, zeigt die Beobachtung von Cursehmann, bei welcher 13 Tage nach dem Trauma die erste Temperaturerhöhung gefunden ward. In der Regel ist aber die acute Hepatitis schon frühzeitiger oder gleich von Anfang an von Fieber begleitet. Ueber das Verhalten derselben in der Zeit vor der Abscessbildung mangelt es noch an detaillirteren Angaben; in einzelnen Berichten über traumatische Fälle ist von starkem anhaltendem Fieber die Rede, das bereits in den ersten Tagen nach der Verletzung eingetreten war. Aus dem Suppurationsstadium dagegen liegen in den Publicationen von Traube, Tüngel, Wunderlich[1]), Kussmaul, Westermann, Heitler, Cursehmann, sowie in den Journalen der Rostocker Klinik genauere Beobachtungen vor, denen zufolge während desselben verschiedene Fiebertypen vorkommen können. Am meisten charakteristisch ist der regelmässig intermittirende, bei welchem sich die Anfälle, die von Schüttelfrost eingeleitet sind und in starken Schweiss endigen, täglich um dieselbe Zeit und zwar in der Regel gegen Abend einstellen. Die Temperatur erhebt sich dabei meist auf 40 ⁰ und darüber. Diese Fieberform kann in subacuten Fällen wochenlang bestehen. Sie findet sich, worauf Traube zuerst aufmerksam gemacht hat, nur da, wo die Abscessbildung der Leber nicht durch Pyämie, Endocarditis oder Pylephlebitis hervorgerufen ist. Bei den durch eine der eben genannten Ursachen entstandenen Leberabscessen sind zwar ebenfalls Frostanfälle von verschiedener Heftigkeit und Dauer mit nachfolgendem, oftmals profusem Schweisse sehr gewöhnlich vorhanden, aber dieselben zeigen stets einen unregelmässigen Rhythmus, indem sie meistens in ganz ungleichen Abständen, bald mit mehrtägigen Intervallen, bald an einem Tage mehrmals (bis zu 3 und 4 mal binnen 24 Stunden) auftreten und nur ausnahmsweise einige Tage hintereinander jedesmal zu derselben Stunde wiederkehren; auch sind ihre Zwischenzeiten fast niemals völlig fieberfrei, ja die Temperatur erreicht in denselben mitunter die gleiche Höhe wie in den Anfällen und bleibt dagegen während der letztern nicht selten unter 40⁰, obgleich sie auch hier sich mitunter bis über 41⁰ erhebt (vgl. Tüngel l. c. S. 170, Westermann). Ein solches pyämisches Fieber kann indessen auch bei Hepatitis, die nicht metastatischen Ursprunges ist, und zwar dann vorkommen, wenn von dem Leberabscesse aus Metastasen in der Lunge entstanden sind (Cursehmann). So erklären sich die Fälle, in denen die Paroxysmen sich

1) Archiv der Heilkunde. I. S. 25.

anfangs kürzere oder längere Zeit rhythmisch wiederholen, später
aber unregelmässig werden. Bei protrahirtem Verlauf besteht mitunter im Suppurationsstadium remittirendes Fieber mit hohen Abend-
temperaturen, das bei zunehmendem Kräfteverfall durch Herabsinken
der Morgentemperatur auf oder, unter die Norm in intermittirendes
übergeht, wobei aber das schnelle Ansteigen der Temperatur nicht
von Frost begleitet zu sein pflegt; dagegen sind hier profuse Nacht-
schweisse fast constant. Tritt bei rasch verlaufenden Fällen acute
Perihepatitis hinzu, so nimmt das Fieber den continuirlichen Typus
an. In subacuten und chronischen Fällen, sofern sie mit Fieber einhergehen, zeigt dieses in den letzten Wochen des Lebens meistens
eine Abnahme seiner Intensität: die Durchschnittshöhe der Temperatur wird geringer, die Frostanfälle bleiben aus. Dagegen wird
der Puls, dessen Zahl vorher in dem gewöhnlichen Verhältnisse zur
Temperaturhöhe stand, nun dauernd sehr frequent, so dass er auch
in den Remissionszeiten die Norm weit übersteigt, dabei verliert er
immer mehr an Völle und bekommt häufig eine undulirende Beschaffenheit.

Was das Fieber bei der tropischen Hepatitis anlangt, so sind
uns auf häufigere Temperaturmessungen gestützte Angaben über dasselbe nicht bekannt; doch geht aus den Mittheilungen der Beobachter in den heissen Gegenden (Annesley, Haspel, Rouis, De
Castro u. A.) wenigstens soviel hervor, dass auch dort die Entwicklung und Ausbreitung der Leberabscesse sehr häufig durch Fieberanfälle bezeichnet ist, die sowohl durch die Aufeinanderfolge von
Frost, Hitze und Schweiss, als auch durch ihre regelmässige Wiederkehr mit den Paroxysmen eines Malariafiebers die grösste Aehnlichkeit haben. Sie zeigen gewöhnlich den Rhythmus einer Quotidiana,
doch auch nicht selten den einer Quotidiana duplex, einer Tertiana
oder einer Quartana und fallen häufiger in die Abendstunden als
auf irgend eine andere Tageszeit. Zwar könnte das Vorkommen
eines zweimaligen Anfalls an demselben Tage den Verdacht erwecken,
dass es sich um einen pyämischen Process handle, aber Rouis (l. c.
p. 99) sagt ausdrücklich von dem Fieber im Eiterungsstadium chronischer Fälle: Ses accès sont d'une régularité parfaite. Ist dies
richtig, so darf man es im Hinblick auf den oben angeführten Satz
von Traube, dass ein in regelmässigen Anfällen sich wiederholendes
Fieber bei den aus Pylephlebitis hervorgegangenen Leberabscessen
nicht vorkommt, als einen weiteren Beleg für die idiopathische Natur
der tropischen Hepatitis betrachten. Freilich heisst es an einer
anderen Stelle bei Rouis (l. c. p. 122) von den Fieberanfällen: Chez

certaines personnes ils conservent opiniâtrement leur type originel; chez d'autres ils se rapprochent par degrés, au point d'acquérir peu à peu le type double ou triple quotidien, et même de simuler une fièvre rémittente; aber auch in den Fällen der letzteren Art ist wenigstens anfänglich der Rhythmus regelmässig; dass er später unregelmässig wird, kann durch secundäre Abscessbildung bedingt sein und vielleicht nicht blos wenn diese in den Lungen, sondern auch wenn sie in der Leber selbst stattfindet. Diese Hypothese lehnt sich an die Thatsache an, dass bei der tropischen Hepatitis in der grossen Mehrzahl der Fälle (nach Rouis in 75 pCt.) nur ein Abscess vorhanden ist und dass, wo sich mehrere finden, häufig einer derselben durch seine Grösse und sonstige Beschaffenheit den anderen gegenüber sich deutlich als der ältere erweist. Wir halten es nicht für unstatthaft, die jüngeren Abscesse als Metastasen aufzufassen, die von dem älteren aus durch Vermittlung thrombirter Pfortaderzweige entstanden sind. (Vgl. Klebs, Hdb. d. path. Anat., S. 429 ff.)

Der Schlaf zeigt bei der Hepatitis sehr gewöhnlich Anomalien: er ist unruhig, von Träumen begleitet, unerquicklich; nicht selten besteht mehr oder weniger vollständige Agrypnie. Letztere wird von den ärztlichen Beobachtern in den heissen Gegenden geradezu für ein charakteristisches Symptom der Krankheit gehalten, das sich in der Regel nicht auf körperliche Leiden oder psychische Affecte des Kranken zurückführen lasse.

Schwerere Cerebralsymptome, Delirien, Somnolenz, Unbesinnlichkeit u. dergl. stellen sich mitunter gegen Ende des Lebens ein, kommen indessen hin und wieder auch in genesenden Fällen bei heftigem Fieber vor. Bisweilen scheinen sie durch gröbere anatomische Veränderungen des Gehirns selbst bedingt zu sein. In einem von Everett[1]) beobachteten Falle, wo die 38jährige Kranke 2 Tage vor dem Tode über Kopfschmerz klagte, dann in stille Delirien verfiel und am letzten Tage heftige Convulsionen bekam, fanden sich sowohl an der Oberfläche, als in der Substanz des Gehirns sehr zahlreiche Eiterherde von verschiedener Grösse, wogegen in dem von Faller[2]) mitgetheilten Falle, wo ebenfalls das Gross- und Kleinhirn an den verschiedensten Stellen und ausserdem auch beide Lungen metastatische Abscesse enthielten, Gehirnzufälle nicht bemerkt wurden.

Gastrische Symptome, wie dicker, gelblich-weisser Zungen-

---

1) London. Gaz. May 1847.
2) Ibidem Apr. 1847.

beleg, Gefühl von Druck und Auftreibung im Epigastrium nach der Ingestion, Anorexie, manchmal abwechselnd mit Heisshunger, Erbrechen von schleimigen oder galligen Massen [1]), Verstopfung oder Diarrhoe sind bei der idiopathischen Hepatitis meistens vorhanden. In der Regel gehören sie zu den Initialsymptomen der Krankheit und pflegen in acuten Fällen während des ganzen Verlaufes fortzubestehen. In chronischen treten sie manchmal erst später ein, wenn bereits in Folge der langdauernden Eiterung die Bluthildung und die Ernährung des Körpers merklich gelitten haben. In der Leiche finden sich öfter die Zeichen des acuten oder chronischen Katarrhs der Digestionsschleimhaut und bei der tropischen Hepatitis sehr häufig folliculäre oder diphtheritische Geschwüre des Dickdarmes; andere Male sind aber diese Organe frei von gröberen Veränderungen oder höchstens anämisch. Namentlich der Magen erscheint nicht selten völlig normal, wo im Leben hartnäckiges Erbrechen bestanden hatte, wie schon Budd bemerkt. — Finlayson [2]) und Grainger Stewart [3]) sahen, jeder in einem Falle, in den letzten Tagen vor dem Tode blutige Stühle, ohne dass sich bei der Section im Dick- oder Dünndarm gröbere Veränderungen fanden.

Die zu oberflächlichen Abscessen — ohne Perforation derselben — hinzutretende Entzündung des serösen Ueberzugs breitet sich bisweilen auf das gesammte Peritonäum aus: das Exsudat ist dann in der Regel ein serös fibrinöses.

Ascites findet sich mitunter als Symptom allgemeiner Hydropsie bei sehr heruntergekommenen Kranken; doch kann er, wie Haspel beobachtete, auch dadurch bedingt sein, dass ein an der unteren Fläche der Leber vorspringender Abscess die Pfortader comprimirt.

An den Respirationsorganen kann die Hepatitis in mehrfacher Weise zu abnormen Erscheinungen Veranlassung geben, doch fehlen solche bei mehr centralem Sitz und mässigem Umfang der Entzündungsherde oft vollständig. Ist die Leber beträchtlich vergrössert, so wird sie durch ihre Masse ausgiebigen Zwerchfellsbewegungen hinderlich und es tritt schon bei geringen körperlichen Anstrengungen Dyspnoe ein. Anhaltendere Athembeschwerden ent-

---

1) Nach Maclean (Brit. med. Journ. Aug. 1874. Virchow-Hirsch Jahresber. pro 1874. Bd. 2. S. 259) kann bei tief im Gewebe oder an der unteren Fläche der Leber gelegenen Abscessen hartnäckiges Erbrechen das einzige hervorstechende Symptom sein.

2) Glasgow med. Journ. Febr. 1873. Virchow-Hirsch Jahresber. pro 1873. II. S. 167.

3) Edinb. med. Journ. January 1873.

stehen, wenn ein grosser Abscess an der Convexität weit in den Thorax hinaufragt, doch sind sie auch dann in der Regel nur mässig, weil die Beschränkung des Brustraums allmählich erfolgt. Die Compression der Lungen kann dabei so beträchtlich werden, dass leer-tympanitischer Schall und Verstärkung des Stimmfremitus an den oberen Abschnitten der vorderen Thoraxwand sowie exspiratorische Schwellung der Halsvenen entsteht (Immermann [1]). Ausgedehnte Verwachsung des Zwerchfells mit der Leber und der Lungenbasis, ulcerative Zerstörung seiner Musculatur, vornehmlich aber stärkerer Schmerz in der Lebergegend wirkt hemmend auf das diaphragmale Athmen, so dass die Respiration häufiger, kürzer und vorwiegend im costalen Typus geschieht. Die durch den Schmerz bedingte Dyspnoe kann sich bei äusserem Druck auf die Lebergegend zum Erstickungsgefühl steigern. Neben derselben besteht manchmal ein quälender trockener Husten. Diese Tussis hepatica der älteren Autoren mag, wie Andral meint, früher oftmals angenommen wor-den sein, wo eine complicirende Bronchitis übersehen wurde; aber Henoch geht offenbar zu weit, wenn er ihre Existenz in Zweifel zieht. Wo die Entzündung auf das Zwerchfell übergreift, lässt sich eine Reizung der Pleura diaphragmatica als Ursache des Hustens annehmen. Derselbe kommt aber ohne nachweisbare Affection der Luftwege auch da vor, wo die hepatitischen Herde nicht in der Nähe der convexen Fläche ihren Sitz haben. Ein von Leyden [2]) beobachteter Fall, in welchem bei einem Kranken mit Gallenstein-koliken zu verschiedenen Malen 24 Stunden vor dem Anfall trockner Husten mit Schmerz im rechten Hypochondrium eintrat, der sofort mit dem Erscheinen des Icterus wieder verschwand, macht es eben-falls wahrscheinlich, dass von der Leber aus Husten entstehen kann.

Noch dunkler hinsichtlich der Art seines Zustandekommens ist der Singultus, der in ganz vereinzelten Fällen lange vor dem Eintreten der Agoniesymptome erscheint und dann sehr hartnäckig zu sein pflegt.

Die Zufälle, welche der Durchbruch eines Leberabscesses in den Thorax zur Folge hat, werden wir später besprechen; hier ist aber noch zu erwähnen, dass die Hepatitis beträchtliche Störungen der Respirationsorgane mitunter dadurch herbeiführt, dass sich zu Ent-zündungsherden, die an das Diaphragma angrenzen, auch ohne Per-

1) Deutsches Archiv f. klin. Med. II. S. 354.
2) Kohts, Virchow's Archiv. Bd. 60. S. 199.

foration eine aeute Pleuritis mit serös-fibrinösem Exsudat hinzu-
gesellt. In analoger Weise kann sich aueh Pcriearditis ohne
Zerstörung des Diaphragmas durch Fortpflanzung des entzündlichen
Proeesses von der Leber aus entwiekeln.

Der Harn zeigt in Fällen, wo Fieber und wo Icterus besteht,
die von diesen Zuständen abhängigen Veränderungen; bei stärkerem
Ficber ist er nicht ganz selten albuminös. Etwas für die Krankheit
Charakteristisches bietet er nur in äusserst seltenen Fällen durch
abnorme Beimischungen, die er in Folge der Perforation eines Lcber-
abscesses ins reehte Nierenbeeken erfährt (s. nuten).

Auf die Milz bleibt die suppurative Hepatitis an sieh ohne
naehweisbaren Einfluss. Unter den traumatisehen und idiopathischen
Fällen sind selbst die mit heftigem Fieber verbundenen nur zum
Theil von Milzanschwellung begleitet, wogegen eine solche in der
dureh Pyämie und Pylephlebitis verursaehten Fällen fast stets vorhanden ist. Bei der Complication mit Ruhr seheint die Milz in der
Regel klein zu sein; wo sie in den tropischen Fällen gross und
derb gefunden wird, beruht dies meistens auf einer Complieation
mit Malariakrankheiten. Bei sehr langer Dauer der Lebereiterung
entsteht mitunter eine Vergrösserung der Milz durch amyloide Degeneration.

Die Ernährung leidet am auffälligsten in den subaeuten und
ehronisehen Fällen, die mit Fieber verbunden sind; in den ganz
acuten kommt es gewöhnlich gar nicht zu auffälliger Abmagerung;
bei fieberlosem chronischem Verlauf erhält sich oft lauge ein leid-
lieher oder selbst guter Kräftezustand, ja es kann sogar, wie Rouis
in 3 Fällen beobachtete, während der Krankheit eine Vermehrung
des Unterhautfettes eintreten und bis zum Tode fortbestehen. In der
Regel aber fallen die Kranken allmählich immer mehr ab, werden
blässer und schwächer, und manchmal zuletzt hydropisch. Die Haut
zeigt bei der endemischen Form öfter eine kaehektische Färbung,
die von einigen Beobachtern mit der Farbe des verlegenen Wachses
verglichen wird.[1)

Wir haben nun noeh die Symptome zu schildern, zu welchen
der Durchbruch der Lcberabscesse nach den verschiedenen
bereits oben erwähnten Richtungen Veranlassung gibt.

Bei der Perforation durch die äusseren Decken bildet sich
im Epigastrium, rechten Hypochondrium, der rechten Lendeugegend

---

1) Sachs (l. c. S. 32) bezeichnet das Aussehen der Sclerotica bei Leber-
abscesskranken, welches sich nach Farbe und Glanz mit demjenigen nicht ganz
weissen Wachses vergleichen lasse, als etwas für die Krankheit Charakteristisches.

oder einem der unteren Intercostalräume eine flache Geschwulst, die langsam wächst und meistens gegen Druck sehr empfindlich ist. Nach einiger Zeit (in der 2. bis 3. Woche: Rouis) lässt sich an ihr Fluctuation wahrnehmen. Ihre Umgebung wird in der Regel ödematös; manchmal ist die teigige Beschaffenheit auch auf der Geschwulst selbst so beträchtlich, dass sie die Wahrnehmung der Fluctuation sehr erschwert oder ganz verhindert. Nachdem sich die Haut auf dem Gipfel der Geschwulst geröthet und mit Blasen bedeckt hat, berstet sie schliesslich und lässt den Abscessinhalt durchtreten. Bisweilen erhebt sich, nachdem die Fascien und Muskeln der Bauch- oder der Brustwand perforirt sind, an der entsprechenden Stelle der Haut eine scharf umschriebene Vorwölbung, die nach Art einer Hernie reponirbar ist. Einige Beobachter sahen in ganz seltenen Fällen in der ganzen Ausdehnung der Geschwulst Gangrän der Bauchwand sowie auch Nekrose der untersten Rippen eintreten. Ausnahmsweise kriecht die Eiterung zwischen den Schichten der Bauch- oder Brustwand eine grosse Strecke weit fort und letztere wird erst in der Achselhöhle, neben den letzten Lendenwirbeln, an der Hüfte, in der Leistengegend oder sogar an der inneren Schenkelfläche durchbrochen. In einem von Rouis bezeichneten Falle hatte der Eiter zwischen den Blättern des Lig. suspensorium sich einen Weg zum Nabel gebahnt und entleerte sich durch diesen nach aussen.

Der Eröffnung eines Leberabscesses in den Magen gehen nicht selten Symptome von Dyspepsie, manchmal ein nach jeder Ingestion sich einstellendes Oppressionsgefühl oder wie in dem Falle von Köhler[1]) eine in heftigen Anfällen auftretende Dyspnoe eine Zeit lang voraus. Ist der Durchbruch erfolgt, so wird in der Regel eine grössere Menge (mehrere Hundert Cubikcentimeter) mehr oder weniger fötiden Eiters auf einmal erbrochen. Das Eitererbrechen kann sich in den nächsten Tagen in geringerem Maasse wiederholen. Oefter geht auch mit den Stuhlgängen Eiter ab, selten mit diesen allein. Die Lebergeschwulst nimmt an Umfang ab und die von ihr abhängigen Beschwerden verlieren sich, je reichlicher die Entleerung war, desto rascher. In den von Graves[2]) und von Tophoff[3]) beobachteten Fällen ward sofort nach dem Erbrechen statt der früheren Dämpfung über der Geschwulst ein heller tympanitischer Percussionsschall gefunden.

1) Deutsche Klinik 1864. Nr. 36 und 37.
2) Doublin Journ. Jan. 1839.
3) Ueber Leberabscess. Inaug.-Diss. Halle 1874.

Perforirt der Abscess in das Colon, so erscheint im Stuhlgang reichlicher Eiter, der nach Heinemann ziegelroth aussieht. Mitunter kündigt sich das Ereigniss durch einen plötzlichen lebhaften Schmerz im Bauche an oder auch, wie bei v. Franque's Kranker [1]), durch das Gefühl, als sei etwas im Leibe geplatzt. .

Ergiesst sich der Abscessinhalt direct oder nachdem er in die Gallengänge durchgebrochen ist, ins Duodenum, so kann röthlicher Eiter sowohl in dem Stuhle als auch in dem Erbrochenen sich zeigen [2]). Geht er nur durch den Darm ab, so ist er nicht selten so innig mit den Fäces gemischt, dass er sich schwer erkennen lässt. Dann gelingt mitunter nur eine Wahrscheinlichkeitsdiagnose, die sich darauf stützt, dass mit dem Eintritt der Diarrhoe der Kranke sich plötzlich erleichtert fühlt und auch die objectiven Symptome schnell nachlassen.

Bricht der Abscess in das rechte Nierenbecken auf, so entleert sich der Eiter mit dem Harn. In dem von Huet [3]) erzählten Falle zeigte der unter Tenesmus abgehende Harn, nachdem er einige Tage blutig gewesen war, eine schmutzigbraune Färbung und machte ein reichliches Sediment, welches neben Eiterkörperchen und rothen Blutkörperchen eine grosse Menge Leberzellen enthielt. Diese Beschaffenheit verlor sich erst binnen einigen Wochen ganz allmählich und nur einmal ward in dieser Zeit statt des dunkeln sedimentösen Harnes ein normal heller und klarer (bei Verstopfung des rechten Ureters aus der linken Niere kommender) gelassen. Nachdem die vorher sehr beträchtlich angeschwollene Leber bereits auf ihr normales Volumen zurückgegangen war, bestand noch eine vermehrte Empfindlichkeit der rechten Nierengegend auf Druck mit Ausstrahlen des Schmerzes nach der Blase und der rechten Leistengegend.

Bahnt sich der Abscess einen Weg in die Bronchien, so treten zunächst Zeichen einer entzündlichen Infiltration in dem untersten Abschnitte der rechten Lunge auf: bis einige Querfingerbreit über die Basis nach oben, seltener bis zum Schulterblatt hinauf ist der Schall gedämpft, das Athemgeräusch knisternd oder bronchial; ausserdem besteht mehr oder weniger lebhafter Schulterschmerz, Athemnoth, und Husten mit pneumonischem oder katarrhalischem Auswurf. In einem von mir beobachteten Falle war das begleitende Fieber

---

1) Memorabilien. XI, 1. 1866.
2) So in einem von Jubiot (Le Mouvement médic. 1873. Nr. 49) erzählten Falle, wo der Eiter von der mit in den Abscess gezogenen Gallenblase aus in das Duodenum gelangte.
3) Nederl. Tydschr. voor Geneesk. 1867. I. p. 648.

intermittirend (Abends bis 39,7°, Morgens einige Zehntel unter 37°).
Nachdem die Dyspnoe und die Häufigkeit der Hustenanfälle sich gesteigert und oftmals der Athem einen stinkenden Geruch bekommen
hat, ändert sich das Sputum: entweder wird, meistens unter heftigem
Würgen, plötzlich stromweise Eiter entleert, der von rothbrauner,
ziegelrother oder gelber Farbe und häufig von fauligem Geruch und
Geschmack ist; seine Quantität kann sehr copiös sein: in einem Falle
von Heaton[1]) betrug sie binnen 6 Stunden ein Nachtgeschirr voll.
Oder das Expectorirte besteht aus dicken Klumpen, in denen Streifen
weisslichen oder rothbraunen Eiters durch zähen Schleim zusammengeballt sind; nicht selten ist ihnen Blut beigemengt; auch schliessen
sie zuweilen, wie Rouis (l. c. p. 138 und p. 184) angibt, feine Ge-
websfetzen ein, die aus der Lunge oder aus der Leber (?) stammen.
Die hellziegelrothe Farbe des eiterigen Auswurfs ist nach Heinemann so charakteristisch, dass sie allein genügt, um die Diagnose
auf Leberabscess zu stellen; auch Budd gründete in mehreren Fällen auf die Farbe der expectorirten Massen die Diagnose eines Leberabscesses, von dem er vorher keine Ahnung gehabt hatte. Nach
dem letztgenannten Autor nimmt der Eiter diese eigenthümliche Färbung erst bei seinem Durchgang durch die Lunge an, indem er sich
daselbst mit Blut und zerrissenem Parenchym vermischt; doch ist
es, wie Rouis annimmt, wohl wahrscheinlich, dass er die färbende
Beimischung (verändertes Hämoglobin) auch schon in der Leber erhalten könne, da auch der durch die äusseren Decken entleerte oder
bei der Section angetroffene Abscessinhalt manchmal in verschiedenen
Nüancen roth gefärbt ist. — Oftmals findet sich neben dem Eiter im
Auswurf Galle (in einem meiner Fälle — durch die Pettenkofer'sche
Probe nachgewiesen — vom 2. Tage an 3 Wochen hindurch, in
2 Fällen von Heinemann, die ebenso wie der meinige in Genesung endeten, Monate lang); manchmal wird auch reine Galle in
grosser Menge ausgehustet: ein Kranker von Rouis lieferte binnen
2 Tagen 900 Gramm; in einem aus Hasse's Klinik von Wolfes[2])
mitgetheilten Falle wurden innerhalb einiger Stunden 400 Cubikcentimeter einer gelblichen Flüssigkeit expectorirt, die Gallenfarbstoff und theils vollkommen erhaltene (?), theils im Zerfall begriffene Leberzellen enthielt. — Heitler sah grüngelbe Sputa, in denen
Gallenfarbstoff, aber keine Gallensäuren gefunden wurden, dem
Auswurf von Eiter mehrere Tage lang vorausgehen. — Wenn aus

---

1) Brit. med. Journ. July 3. 1869.
2) Deutsche Klinik 1861. S. 11.

den Bronchien Luft in den Eiterherd der Lunge gelangt ist, können
bei günstiger Lage des letzteren an der ihm entsprechenden Stelle
des gedämpften Bezirks die Zeichen einer Lungencaverne auftreten.
Erfolgt der Durchbruch durch das Zwerchfell in die rechte
Pleura — was, obwohl sehr selten, auch von einem Abscess des
linken Lappens aus geschehen kann (Peacock [1])) — so stellen sich
die Symptome eines rasch wachsenden Empyems ein. Eine Abnahme
des vergrösserten Volumens der Leber ist dabei nicht zu constatiren:
im Gegentheil rückt der untere Rand des Organs noch weiter herab
und oben geht die Leberdämpfung unmittelbar in die durch den
flüssigen Inhalt der Pleura bewirkte Dämpfung über. Die Unterscheidung von einem pleuritischen Exsudat, das zu einem Abscess
an der Convexität der Leber ohne vorausgegangene Durchbohrung
des Zwerchfells hinzutritt, ist oftmals um so weniger möglich,
als höchstwahrscheinlich ein solches Exsudat meistens schon vorhanden ist, ehe die Ulceration die obersten Schichten des Zwerchfells
vollends zerstört hat. Die Annahme, dass Letzteres geschehen sei,
wird aber ziemlich sicher, wenn später die eiterige Beschaffenheit
des Pleurainhalts sich dadurch manifestirt, dass derselbe durch die
Thoraxwand oder in die Lunge und die Bronchien durchbricht. Denn
es kommt nur äusserst selten vor, dass — wie in dem von Löwer [2])
aus Traube's Klinik veröffentlichten Falle — so lange das Zwerchfell noch nicht perforirt ist, ein Pyothorax sich entwickelt und sich
in die Bronchien öffnet.

Der Erguss von Lebereiter in den Herzbeutel veranlasst mehr
oder weniger heftige Schmerzen in der Herzgegend, Unregelmässig-
keit der Herzaction, Palpitationen, Beklommenheit, Angst, Erstickungsgefühl, sowie die physikalischen Zeichen eines raschwachsenden peri-
cardialen Exsudats. Graves [3]) hörte in einem Fall, wo der Abscess
sich zugleich in den Magen und in den Herzbeutel eröffnet hatte,
Metallklang in Begleitung der Herztöne.

Bricht der Abscess in die Bauchhöhle auf, so kommt es in
der Regel sofort zu den Symptomen einer diffusen Peritonitis. In
seltenen Fällen jedoch, wo der Austritt des Eiters langsam erfolgt
oder sich schon vorher in der Umgebung der Perforationsstelle genügende Adhäsionen gebildet hatten, bleiben die Erscheinungen der
Peritonitis auf eine umschriebene Stelle beschränkt, indem ein abgesackter Eiterherd entsteht. Dieser kann sich dann durch die Bauch-

1) Transact. of the pathol. Soc. XIX. p. 243.
2) Berl. klin. Wochenschr. 1864. S. 461.
3) Dubl. Journ. Jan. 1869.

wand nach aussen öffnen, was in einem Fall von Cambay (l. c. p. 225) zwischen der 11. und 12. Rippe, in einem von Rouis (l. c. p. 319), wo die Perforation aus der Leber ins grosse Netz stattgefunden hatte, im Epigastrium geschah, oder er kann mit dem Colon in Communication treten, wie in den von Schmidt und Koster[1]) und von Domenichetti[2]) mitgetheilten Fällen, in deren einem zwischen Schwertknorpel und linkem Rippenbogen, in dem anderen hinten rechts auf den beiden letzten Rippen eine deutlich fluctuirende Geschwulst bestand, an der sich die in ihr enthaltene Luft durch Palpation und Percussion nachweisen liess. Haspel (l. c. p. 193) berichtet von einem Kranken, bei welchem sich ein abgesackter Eiterherd von der Leber bis zum Leistenkanal erstreckte und der in letzteren ergossene Eiter eine umfängliche bis ins Scrotum hinabreichende Geschwulst bildete. Ein ganz ähnlicher Fall, in welchem sich nach einem Einstich ins Scrotum eine sehr grosse Menge Eiter entleerte und Genesung eintrat, wird von Kallies[3]) erzählt.

Die Perforation in die Pfortader führte in dem von Wyss[4]) beschriebenen Falle, wo sie von einem im hinteren Theile des linken Lappens gelegenen Abscess aus erfolgt war, während des Lebens zu keinen auf diesen Vorgang zu beziehenden Erscheinungen. Ebenso war es in einem Falle von Colin[5]), wo der Abscess durch eine 25 Millim. grosse Oeffnung mit der Vena cava communicirte.

Perforation des Leberabscesses kommt in ungefähr der Hälfte der Fälle vor. Von den 203 Fällen, welche Rouis gesammelt hat, war bei 107 die Eiterung über die Grenzen der Leber hinausgegangen; unter diesen sind 17, wo mehrere Abscesse bestanden, von denen nur ein Theil sich öffnete. Die relative Häufigkeit, in welcher der Durchbruch nach den einzelnen Richtungen vorkommt, ergibt sich aus folgender Uebersicht: unter 170 Fällen, von denen 24 der neuesten Literatur entnommen, die übrigen in den Zusammenstellungen von Rouis, Dutroulau und De Castro enthalten sind, geschah die Perforation bei 74 in die Bronchien, bei 32 in den Darm, bei 26 in die rechte Pleura, bei 23 in die Bauchhöhle, bei 13 in den Magen, bei 4 in den Herzbeutel, bei 1 in das rechte Nierenbecken. Für die Perforation durch die äusseren Decken führen wir

---

1) Nederl. Weekbl. Juli 1854. Schmidt's Jahrbb. Bd. 88. S. 310.

2) The Lancet 1863. 6. Febr. — Auch bei Bristowe (l. c.) findet sich ein solcher Fall erwähnt.

3) Med. Zeit. Russl. 1845. Nr. 6 u. 7.

4) Wiener medic. Presse 1865. Nr. 50 u. 51.

5) Gaz. hebdom. de Méd. et de Chir. 1873. Nr. 33.

keine Zahl an, weil sich die Fälle, in denen dieser Vorgang spontan zu Stande kam, von denjenigen, in welchen er durch Kunsthülfe herbeigeführt oder doch befördert ward, nicht wohl trennen lassen.

Unter den obigen 170 Fällen sind 3, in denen nach einander Perforationen in verschiedenen Richtungen stattfanden. Ob solche von demselben oder von verschiedenen Abscessen ausgehen, lässt sich während des Lebens meist nicht mit Sicherheit entscheiden. Letzteres ist dann das Wahrscheinlichere, wenn von den Organen, auf welche die Eiterung übergreift, das eine an der concaven, das andere an der convexen Fläche der Leber liegt, wie z. B. wenn die Eröffnung in die Pleura und in das Peritonäum (Haspel l. c. p. 182) oder in die Bronchien und in den Darm (Depesselche[1])) erfolgt, während zwei Perforationsstellen, welche demselben Abscess angehören, sich in der Regel beide an derselben Seite der Leber befinden: so in dem Falle von Budd (l. c. S. 86), wo der Durchbruch zuerst in den Magen und dann durch die Bauchwand, und in dem von Marroin[2]), wo er in die Pleura und in das Nierenlager geschah. Wenn jedoch ein Abscess die ganze Dicke der Leber einnimmt, kann er Perforationen nach ganz entgegengesetzter Richtung veranlassen, z. B. in das Colon und in den Herzbeutel[3]).

Complicationen.

Ausser der Ruhr und den Malariafiebern in den heissen Gegenden gibt es keine Krankheit, welche einigermaassen häufig als Complication der suppurativen Hepatitis vorkäme, wenn man von den consecutiven Entzündungen des Peritonäums und der rechten Pleura absieht. Pericarditis und Pleuritis, beide in der Regel mit serösfibrinösem Exsudat, sowie Pneumonie treten mitunter hinzu, ohne dass ein hepatitischer Herd in der Nähe des Herzbeutels oder der Pleura seinen Sitz hat, und werden dann meistens die nächste Veranlassung zum Tode. Auch die von chronischem Alkoholismus abhängigen Veränderungen sowohl der Leber selbst als anderer Organe, ferner chronische Affectionen der Bronchien und der Lunge, chronische Hepatitis, Pyelitis u. s. w. bestehen hin und wieder neben Leberabscessen und beschleunigen die Erschöpfung des Kranken.

---

1) Journ. de Méd. 1843. Juillet.
2) Arch. génér. 5. Sér. T. XX. p. 568.
3) Ibidem. 1828. p. 98.

In ganz vereinzelten Fällen beobachtete man als accessorische Krankheiten Erysipelas capitis (Andral, Observ. 28), doppelseitige abscedirende Parotitis (Köhler l. e.), Schenkelvenenthrombose (Jeffresson und Martin[1])).

Diagnose.

Die Fälle sind nicht selten, in denen es während des Lebens unmöglich ist, die Krankheit zu erkennen, weil entweder jedes Symptom fehlt, das auf eine Leberaffection hindeutet, oder doch nur solche Symptome vorhanden sind, die sich nicht mit Sicherheit auf die Leber beziehen lassen (z. B. Schulterschmerz) oder ebensowohl einer anderen Krankheit derselben angehören können (wie Vergrösserung des Organs, Icterus u. s. w.). Zu dieser Kategorie gehören vorwiegend chronische Fälle und zwar vor allen solche, die in Begleitung oder in Folge von anderen Krankheiten entstehen, deren Symptome zum Theil mit denjenigen, welche die suppurative Hepatitis hervorruft, zusammenfallen; so in den heissen Ländern die mit Ruhr complicirten, bei uns viele von denen, die als Theilerscheinung von Pyämie auftreten, und einzelne der aus Affectionen der Gallenwege hervorgegangenen. Ferner gehören hierher manche schleichend verlaufende Fälle, die nicht eher zur Beobachtung kommen als bis die über die Grenzen der Leber hinausschreitende Eiterung in einem benachbarten Organe entzündliche Veränderungen herbeigeführt hat: letztere werden dann leicht für selbständige Affectionen genommen, weil die Anamnese häufig keinen genügenden Hinweis auf die ursprüngliche Krankheit liefert. Dies gilt namentlich von der consecutiven Pleuritis und den durch Perforation in die Lungen verursachten Störungen, von letzteren besonders dann, wenn sie schon länger bestehen und neben ihnen eine chronische Bronchitis vorhanden ist, auf welche der purulente Auswurf bezogen werden kann, wie z. B. in dem einen der von Kussmaul mitgetheilten Fälle. Zur Diagnostik der tropischen Hepatitis bemerkt Heinemann: „Sehr vorsichtig muss bei Affectionen des unteren Lappens der rechten Lunge erwogen werden, ob nicht ein Leberabscess vorliege." — In einem von Dohlhoff[2]) erzählten Falle, wo Perforation in das rechte Nierenbecken erfolgt war, litt der Kranke in den letzten 1½ Jahren seines Lebens an den Zufällen der Pyelitis.

---

1) The Lancet 1860. 7. Febr.
2) Med. Zeit. des Vereins f. Heilk. in Preussen 1837. Nr. 38.

Aber auch wo die Krankheit von Anfang an deutlichere Erscheinungen macht, gelingt die Diagnose derselben in der Regel erst,
wenn die Zeichen der Abscessbildung (Schüttelfröste, tastbare oder
percutirbare Prominenzen an der Leber, Fluctuation) eingetreten sind.
Eine Ausnahme bilden fast nur solche Fälle, in denen eines der
bekannten ursächlichen Momente der suppurativen Hepatitis vorliegt
und dadurch die Annahme des Bestehens der Krankheit von vornherein wahrscheinlich gemacht wird. So können in Gegenden, wo
sie endemisch ist, schon die Symptome ihres ersten Stadiums
(gastrische Störungen, Fieber, schmerzhafte Anschwellung der Leber,
Schulterschmerz und Schlaflosigkeit) von pathognomonischer Bedeutung sein. Bei uns sind es die traumatischen Fälle, welche öfter
eine frühzeitige und directe Diagnose gestatten. Bei allen übrigen
gelangt man gewöhnlich erst im weiteren Verlaufe und auf dem
Umwege der excludirenden Methode zur richtigen Deutung, die strenggenommen oft genug nur eine wissenschaftlich begründete Vermuthung
bleibt.

Die Schwierigkeit der Diagnose erhellt am klarsten daraus, dass
selbst in Betreff solcher Symptomengruppen, welche für die suppurative Hepatitis noch am meisten charakteristisch sind, bei minder
vorsichtigem Verfahren leicht eine Verwechslung mit andern Krankheiten stattfindet.

Sobald sich in der Gegend der vergrösserten Leber an einer
umschriebenen Stelle Fluctuation fühlen lässt, besteht meistens kein
Zweifel mehr über die Natur der Krankheit und doch ist hinsichtlich dieses Symptoms die Möglichkeit eines Irrthums nicht völlig
ausgeschlossen.

Echinococcensäcke wird man zwar kaum mit Abscessen ver-
wechseln, weil ihre Entwicklung weit langsamer, meist schmerzlos
und ohne nachtheiligen Einfluss auf die Ernährung des Körpers erfolgt; dagegen kann die Vereiterung einer Echinococcuscyste ganz
dieselben Symptome wie ein hepatitischer Abscess hervorrufen, so
dass nur die Kenntniss der vorausgegangenen Erscheinungen einen
Anhalt für die Unterscheidung zu gewähren vermag.

Ektasie der Gallenblase, die durch eine schmerzhafte fluctuirende
Geschwulst am Leberrande und durch Fieber, in dessen Verlauf manchmal auch Schüttelfröste eintreten, mit einem in der Nachbarschaft
der Gallenblase sitzenden Abscesse Aehnlichkeit haben kann, lässt
sich meistens bei genauerer Untersuchung an ihrer birnförmigen oder
halbkugeligen Gestalt erkennen; der Abscess bildet eine flache ge-
wölbte, breiter aufsitzende Prominenz. Auch fehlt bei der Gallen-

blasengeschwulst das teigige Gefühl, welches man über Leberabscessen, die mit der Bauchwand verwachsen, gewöhnlich wahrnimmt.

Wo oberflächliche Markschwammknoten der Leber ausnahmsweise so weich sind, dass sie sich fluctuirend anfühlen, kann nur
eine sorgfältige Berücksichtigung aller übrigen Verhältnisse des Falles
vor Täuschung bewahren.

Zur Unterscheidung von einem Abscess in den tieferen Schichten
der Bauchwand, bei welchem man seinem Sitze nach an einen Leberabscess denken kann, räth S a c h s (Cairo) [1] feine Insectennadeln
so tief einzustechen, bis man an dem Aufhören des Widerstandes
merkt, dass man in der Höhle ist: die Nadel macht, wenn sie in
einem Leberabscess steckt, mit ihrem freien Ende Bewegungen in
entgegengesetzter Richtung wie das Zwerchfell, dagegen bleibt sie
bei der Respiration unbeweglich wenn sie in einem Bauchwand-
abscesse steckt.

Gleichwie die Fluctuation können auch die für die Diagnose
der suppurativen Hepatitis so wichtigen Schüttelfröste zu Verwechs-
lungen Anlass geben.

Wenn sie mit nachfolgendem Hitze- und Schweissstadium in regelmässigem Rhythmus wiederkehren und durch fieberfreie Zwischen-
räume getrennt sind, verleiten sie nicht selten zur Annahme einer
Malaria-Intermittens; von den Paroxysmen der letzteren unterscheiden
sie sich dadurch, dass sie fast stets in die Nachmittags- oder Abendstunden, jene dagegen meist in die Zeit von Mitternacht bis Mittag
fallen und dass sie von Chinin wenig oder gar nicht beeinflusst
werden. .(Die entgegengesetzten Beobachtungen von C á m b a y und
von J a c c o u d [2] über die Wirksamkeit des Chinins stehen ganz vereinzelt da.) Dazu kommt noch, dass häufig ein nachweisbarer Milztumor fehlt, während die Leber stärker geschwollen zu sein pflegt
als beim einfachen Malariafieber.

Unregelmässig eintretende Frostanfälle und Temperatursteigerungen
in Verbindung mit Icterus und mässiger Leberanschwellung kommen
auch bei solchen Fällen von Pyämie vor, in denen die Leber von
Metastasen frei bleibt. Selbst wenn sich ein peritonitischer Eiterherd
oder eine vorausgehende Ulceration im Gebiete der Pfortaderwurzeln
nachweisen lässt, berechtigen die genannten Erscheinungen noch nicht

---

[1] Gaz. hebdom. 1868. Nr. 14; Ueber die Hepatitis der heissen Länder.
Berl. 1876. S. 71 f.
[2] Bei D i e u l a f o y, Gaz. des Hôp. 1867, 89.

zur sicheren Annahme von Leberabscessen, da es sich möglicherweise
um eine Pylephlebitis handelt, die sich nicht bis in das Leberparenchym fortsetzt. Den meisten Werth für die Diagnose besitzt
unter derartigen Umständen eine deutliche Schmerzhaftigkeit der
Leber.

Auch die Reizung der Gallengänge durch Concremente veranlasst
mitunter Fieberanfälle, die mit Schüttelfrost beginnen und sich in unregelmässigen Zwischenräumen wiederholen; dabei können Schmerzen
in der Lebergegend und selbst Schulter- und Lendenschmerzen sowie gastrische Störungen vorhanden sein, so dass ein Krankheitsbild
entsteht, welches demjenigen der abscedirenden Hepatitis sehr ähnlich ist. Indessen fehlt nicht blos der Milztumor, der die metastatische Hepatitis begleitet, sondern es ist auch der Umfang der Leber
in der Regel normal und wo letzterer durch Gallenstauung in Folge
von Obturation des Duct. choledochus zunimmt, besteht zugleich
Icterus von solcher Intensität, wie er bei Leberabscessen — abgesehen von den äusserst seltenen Fällen, wo sie selbst den Duct.
choledochus comprimiren — nur dann mitunter gefunden wird, wenn
ihnen eine durch Concremente hervorgerufene Entzündung der Gallenwege zu Grunde liegt.

Bei manchen chronischen Fällen von Leberabscess, in denen
hektisches Fieber mit Nachtschweissen neben mässiger Lebervergrösserung vorhanden ist, wird durch einen complicirenden chronischen
Bronchialkatarrh die Verwechslung mit Lungenphthisis nahe gelegt;
doch dürfte sie sich bei sorgfältiger Anamnese und genauer Berücksichtigung des Zustandes der Lungenspitzen fast immer vermeiden
lassen.

Vor dem Irrthum, die durch einen grossen Abscess an der Convexität der Leber bedingten Veränderungen in den physikalischen
Zeichen am Thorax auf ein pleuristisches Exsudat zu beziehen,
schützt man sich am besten durch eine genaue Aufzeichnung der
oberen Grenze der Percussionsdämpfung: diese steht bei derartigen
Abscessen stets an der Vorderfläche des Thorax höher als am Rücken
(s. oben), während sie bekanntlich bei flüssigen Ergüssen in die Pleura
meistens das umgekehrte Verhalten zeigt oder allenfalls rings um
die betreffende Thoraxseite in gleicher Höhe verläuft.

Verlauf, Dauer, Ausgang, Prognose.

In der Mehrzahl der Fälle nimmt die suppurative Hepatitis
einen chronischen Verlauf; auch wo sie mit acuten Erscheinungen

beginnt, zieht sich das Suppurationsstadium oft in die Länge. Verläuft die Krankheit durchaus acut, so zeigt sie auch in ihren Symptomen ein stetiges Fortschreiten. In den subacuten und chronischen Fällen dagegen kommt es häufig vor, dass ein Theil oder die Mehrzahl der Symptome zeitweise sich ermässigt oder wieder verschwindet, um erst nach Wochen oder Monaten wieder zuzunehmen, resp. von Neuem anfzutreten. Auch schiebt sich mitunter eine Periode völliger Latenz in den Verlauf ein.

Hinsichtlich der Dauer zeigen sich grosse Verschiedenheiten. In traumatischen Fällen, bei denen sich dieselbe am sichersten feststellen lässt, schwankt sie bei tödtlichem Ausgang zwischen einigen Wochen (25 Tage: Curschmann) und 2 Jahren (Andral Observ. 28); beim Ausgang in Genesung beträgt sie meist 2 bis 3 Monat, kann aber auch noch etwas kürzer und andererseits weit länger sein. Ein Eisenbahnbeamter, welchem Fischer[1]) 20 Tage nach der Verletzung (Stoss durch einen Rollwagen in die Lebergegend) die fluctuirende Geschwulst am Rippenbogen durch den Schnitt öffnete, war schon in der 7. Woche wieder arbeitsfähig; in einem von Goodwin[2]) beobachteten Fall, der eine zartgebaute Frau betrifft, bei welcher die Eröffnung spontan durch den Magen und später durch die Bauchwand erfolgte, bestand noch 10 Monat nach dem Trauma eine Fistel. Unter den idiopathischen Fällen gibt es sowohl in den Tropen als bei uns einzelne, die schon nach einer Dauer von 1½ bis 3 Wochen tödtlich endigen: nach Dutroulan kann die Krankheit all' ihre Stadien in 8—10 Tagen durchlaufen; Rouis gibt als kürzeste Dauer bei den mit Dysenterie complicirten Fällen 10, bei den nicht complicirten 18 Tage an; in einem von Andral (l. c. p. 75) erzählten Falle erfolgte der Tod nach 17 Tagen, in einem anderen Falle desselben Autors (Observ. 22) nach 14 Tagen, in dem von Wunderlich[3]) mitgetheilten sogar bereits am 12. Tage.

In der Regel erstreckt sich aber die Krankheit über einen weit längeren Zeitraum; derselbe ist jedoch sehr häufig nicht genau zu bestimmen, entweder weil der Anfang des Processes zu wenig markirt ist und erst mit dem Beginn der Suppuration die Erscheinungen deutlicher werden oder weil die Hepatitis bis zum Eintritt der Zufälle, welche die Perforation in ein Nachbarorgan ankündigen, völlig latent verlief. Rechnet man von den ersten Symptomen der Krank-

---

1) Zeitschr. f. Wundärzte und Geburtsh. XXI, 2. S. 81.
2) Brit. med. Journ. 1864, Sept.
3) Arch. d. Heilk. I. S. 25.

130 TＨＩＥＲＦＥＬＤＥＲ, Suppurative Hepatitis. Pathologie.

heit bis zu ihrem Ausgang in den Tod oder in Genesung, so ergibt sich für die Mehrzahl der Fälle eine Dauer von 1 bis 5 Monat. In den 6 durch Embolie der Pfortader verursachten Fällen, welche Tüngel mittheilt, vergingen vom Eintritt des ersten Schüttelfrostes bis zum Tode 27—38 Tage. Nach den Beobachtungen von Geddes (in Madras) betrug die mittlere Dauer zwischen 40 und 118 Tagen. Rouis fand in 192 tödtlichen Fällen bei solchen, wo die Abscesse nicht aufbrachen, im Mittel 70, bei denen, wo sie zur Perforation gelangten, 110 Tage und in 26 genesenden Fällen, die sich sämmtlich nach aussen entleerten, 140 Tage. Die längste von Rouis angegebene Dauer — in einem mit Ruhr complicirten Falle, wo der Abscess geschlossen blieb — betrug fast 16 Monate. Es liegen aber vereinzelte Angaben vor, denen zufolge die Krankheit noch weit länger dauern zu können scheint. Eine derartige Beobachtung von Andral (Tod 2 Jahre nach dem Trauma) wurde bereits vorhin erwähnt. In einem Falle von Mayet[1]) erfolgte der Tod nach 2½jähriger Krankheit, die jedoch mit monatelangen freien Intervallen verlief. Greenhow[2]) berichtet von einem 62jährigen Manne, der nach 35jährigem Aufenthalt in Indien während der folgenden 6 Jahre in England zu verschiedenen Malen an Fieber mit unrhythmisch wiederkehrenden Frostanfällen gelitten und einen allmählich sehr beträchtlich werdenden Lebertumor bekommen hatte: bei der Section fand sich im linken Lappen ein sehr grosser und einige kleine Abscesse und an dem vergrösserten rechten Lappen eine tief ins Gewebe dringende Narbe. Bei dem Wundarzte Lawson, der länger als 10 Jahre vor seinem Tode in Indien eine acute Hepatitis überstanden hatte, enthielt die Leber, wie Budd (l. c. S. 165) erzählt, neben kleinen sternförmigen knorpelharten Narben zahlreiche bis haselnussgrosse;. mit weissem Eiter gefüllte Abscesse. Bertulus[3]) theilt einen Fall mit, in welchem die Hepatitis sogar 15 Jahre gedauert haben soll.

Die suppurative Hepatitis endet weit häufiger mit dem Tod als mit Genesung. Bei der endemischen Form kommt in Nordafrika durchschnittlich auf 4 Todesfälle nur 1 Fall von Genesung (nach Rouis in Algier starben 162 von 201 = 80 pCt., nach einer Zusammenstellung der Soc. medico-chirurg. d'Alexandrie 58 von 72 = 80,55 pCt., nach De Castro in Alexandrien 93 von 128 = 72,55 pCt.).

1) Gaz. hebdomad. 1873. Nr. 39.
2) Transact. of the patholog. Soc. XVIII. p. 117.
3) Gaz. des Hôp. 1859. Nr. 20.

In Ostindien scheint den Angaben von Morehead zufolge das Verhältniss weit günstiger zu sein; der genannte Autor fand unter den in die Hospitäler mit acuter oder chronischer Hepatitis Aufgenommenen eine Mortalität von nur 14 bis 37 pCt.; er räumt indessen selbst ein, dass in seine Statistik auch Fälle von Cirrhose mit aufgenommen sein dürften; dazu kommt noch, dass von den in den Tropen practicirenden Aerzten gewöhnlich die acute Hyperämie der Leber als erstes Stadium der Hepatitis angesehen wird; die oben erwähnten afrikanischen Beobachtungen beziehen sich aber sämmtlich auf Fälle, in denen es zur Suppuration gekommen war. Die Häufigkeit des letalen Ausgangs in jenen Gegenden ist hauptsächlich in der so gewöhnlichen Complication mit Ruhr begründet, welche nicht nur zur Schwächung des Kranken erheblich beiträgt, sondern auch, wie es scheint, den Durchbruch der Abscesse nach aussen seltener zu Stande kommen lässt, als er ohne sie erfolgt. Nach den von Rouis gesammelten Erfahrungen entleerten von 24 Abscessen ohne Dysenterie 19 (d. i. mehr als $2/3$) ihren Inhalt nach aussen, von 118 mit Dysenterie dagegen nur 58 (d. i. die Hälfte); von den ersteren genasen 14 (d. i. ungefähr $3/5$), von den letzteren 25 (d. i. etwas mehr als $1/5$).

In der gemässigten Zone ist der tödtliche Ausgang der Krankheit nicht minder häufig als in den Tropen. Die abweichende Ansicht von Frerichs dürfte, wie er übrigens selbst andeutet, höchstens für die traumatische Hepatitis gültig sein; jedoch ergibt sich auch für diese aus einer Zusammenstellung von Fällen, die wir in der Literatur der letzten 30 Jahre gefunden haben, kein günstigeres Verhältniss, als das soeben für die nicht complicirte tropische Hepatitis angeführte: von 12 Fällen endeten 7 in Genesung und zwar 3 durch Operation, je 1 nach Perforation resp. in den Magen, in den Darm, in das Nierenbecken, in die Bronchien. Dazu kommt, dass höchst wahrscheinlich von den letal verlaufenen Fällen ein grösserer Theil unveröffentlicht bleibt als von den genesenen. Ausser traumatischen gelangen nur noch eine geringe Zahl derjenigen Fälle zur Heilung, in denen eine Ursache der Krankheit nicht nachzuweisen ist, und bei einigen der zu dieser Kategorie gerechneten Beobachtungen ist es noch dazu zweifelhaft, ob es sich nicht um vereiterte Echinococcen handelt[1]). Wo die Eiterbildung in der Leber von einer Er-

---

1) Die grosse Mehrzahl der in der französischen und englischen Literatur enthaltenen Beobachtungen von geheilten Leberabscessen bezieht sich auf Individuen, die früher oder später nach ihrer Heimkehr von einem Aufenthalt im heissen Klima unter Erscheinungen erkrankt waren, wie sie der bereits ausgebil-

krankung der Gallenwege ausgegangen und wo sie metastatischen
oder pyämischen Ursprunges ist, bildet der Ausgang in den Tod so
sehr die Regel, dass wir in der von uns benutzten Casuistik nur
eine Beobachtung gefunden haben, die — wenn man nicht ein zufälliges Zusammentreffen der äusseren Verletzungen und der Hepatitis statuiren will — als eine Ausnahme angesehen werden muss.
Sie betrifft folgenden von Vedrènes[1] mitgetheilten Fall: kräftiger
Mann, 24 Jahr alt; Verwundung durch Säbelhiebe am rechten
Scheitelbein und an der einen Hand; seit dem 21. Tage schlechtere
Eiterung der Wunden; seit dem 23. Tage wiederholte Schüttelfröste;
später Schmerz in der Lebergegend, namentlich in der Gegend des
linken Lappens; allmählich wachsender Tumor zwischen Proc. xiph.
und Nabel, deutliche Fluctuation; nach vorheriger Anwendung eines
Aetzmittels Eröffnung des Abscesses: Entleerung eines halben Glases
voll Eiter; nach längerer Eiterung vollständige Genesung.

Der tödtliche Ausgang ist am häufigsten die Folge der Erschöpfung durch langwierige Eiterung, Fieber, Digestionsstörungen
u. s. w. Oftmals tragen die der Hepatitis zu Grunde liegenden oder
dieselbe complicirenden Processe (Pyämie, Krankheiten der Gallenwege, Ulcerationen des Diekdarms u. dgl.) sehr viel und unter Umständen sogar noch mehr als die Hepatitis selbst zur Erschöpfung
bei. Ganz ähnlich wirkt die consecutive Pleuritis, namentlich die
durch Perforation hervorgerufene eiterige.

In mehr acuter Weise wird der Tod herbeigeführt: relativ häufig
durch diffuse Peritonitis, mag dieselbe durch Ausbreitung der Entzündung von der Leberserosa aus oder durch Erguss des Abscess-
inhaltes in die Bauchhöhle entstanden sein; hin und wieder durch
perforative oder per contiguitatem vermittelte Pericarditis, durch
Bildung metastatischer Herde in den Lungen nach Lebervenenthrom-
bose; selten durch zu grosse Ausbreitung der beim Vordringen der
Eiterung in die Lunge entstandenen Pneumonie; in ganz vereinzelten
Fällen durch Perforation des Abscesses in die V. cava, durch Gastrorrhagie oder Bronchorrhagie nach Eröffnung des Abscesses in den
Magen (De Castro l. c. p. 19), resp. in die Bronchien (Bitehey).

Genesung kann bei der endemischen Hepatitis nach den Angaben der Beobachter im ersten Stadium, ehe es zur Suppuration
gekommen ist, durch Resolution eintreten. Solche Fälle bilden zu

---

dete Leberabscess hervorruft; solche Fälle können selbstverständlich für eine Statistik der Hepatitis der gemässigten Zone nicht verwerthet werden.

1) Réc. de mém. de Méd. mil. 1869. Avr. p. 329.

manchen Zeiten (en temps d'endémie benigne: Dutroulau l. c.
p. 626) die Mehrzahl. Sie haben in der Regel eine Dauer von 1
bis 2 Wochen, lassen aber nicht selten einen längeren Schwäche-
zustand des Kranken, eine nur ganz allmählich zurückgehende Anschwellung der Leber und die Neigung zu Recidiven zurück.

Wo bereits Abscessbildung eingetreten ist, erfolgt Genesung in
der Regel nur wenn der Eiter sich nach aussen entleert. Lassen
wir die unter Mitwirkung operativer Eingriffe zu Stande gekommenen Heilungen zunächst ausser Betracht, so ist von den drei
Wegen, auf denen diese Entleerung vorzugsweise geschieht: durch
die Bronchien, durch den Digestionskanal und durch die äusseren
Decken, der erstgenannte derjenige, auf welchem absolut und relativ
am häufigsten der günstige Ausgang angebahnt wird; der zweite
steht ihm hinsichtlich der absoluten Häufigkeit sehr bedeutend, hinsichtlich der relativen aber nur wenig nach. Der Statistik von
Rouis zufolge genasen von 30 Kranken unter Eröffnung des Abscesses in die Luftwege 15, von 14 mit Erguss des Eiters in den
Magen oder den Darm 7, nach De Castro kamen auf 25 Fälle
der ersteren Art 19, auf 17 der letzteren 11 Genesungen. Nach
Heinemann ist Entleerung durch die Lunge der für die Heilung
günstigste Modus. Dutroulan (l. c. p. 631) hält den Durchbruch
in die Verdauungswege für günstiger, ohne jedoch diese Ansicht
durch Zahlen zu belegen. Die Eröffnung des Abscesses durch die
Bauch- oder die Brustwand führt, wenn sie sich selbst überlassen
und nicht durch Kunsthilfe befördert wird, nur selten zur Genesung.
Dies erklärt sich zum Theil daraus, dass wegen der Länge der Zeit,
die der Durchbruch, wenn er in dieser Richtung vor sich geht, zu
erfordern pflegt, der Abscess meist zu einer beträchtlichen Grösse
gelangte, zum Theil aber wohl auch daraus, dass gewöhnlich nur
in solchen Fällen die Operation unterbleibt, in denen man von ihr
wegen der Entkräftung des Kranken nichts mehr erwartet. Bei Perforation ins Nierenbecken kann Heilung erfolgen, wie die oben angeführte Beobachtung von Huet und zwei andere von ihm in der
Literatur aufgefundene Fälle beweisen. Der Zeitraum vom Beginn
der Entleerung des Eiters bis zur Vollendung der Reconvalescenz
variirt selbstverständlich nach den Verhältnissen des Einzelfalles
und kann namentlich durch Complicationen (Ruhr, Malariakrankheiten) oder zurückbleibende Verdauungsstörungen so verlängert
werden, dass er sich auf einige Jahre erstreckt. In der Regel beträgt er aber nur 1—2 Monat und es gibt für alle drei Richtungen
der Abscedirung Beispiele von noch rascherem Fortschritte der Ge-

nesung. Nach Perforation in die Bronchien genas von Rouis'
Kranken einer in 17 Tagen, von denen De Castro's einer in 17,
einer in 15, einer in 12 Tagen; der Kranke in Th. Weber's
Klinik, von welchem Tophoff berichtet, ward am 19. Tage nach der
Perforation in den Magen geheilt entlassen; in dem einzigen Falle, in
welchem Rouis (l. c. p. 160) nach spontanem Durchbruch durch die
äusseren Decken Genesung eintreten sah, erfolgte diese binnen
15 Tagen.　-

In manchen Fällen kommt es nur zu einer unvollständigen
Heilung des Abscesses: sind die Wandungen desselben zu starr,
um sich genügend aneinander zu legen, so dauert die Eiterabsonderung, wenn auch in vermindertem Maasse, fort und verhindert die
Schliessung des nach aussen führenden Canals; es besteht eine bleibende Fistel zwischen der verkleinerten Eiterhöhle und den äusseren
Decken oder den Bronchien. Auch die Communication mit dem
Darm soll nach zwei Beobachtungen von Petit Fils, die De
Castro (l. c. p. 38) citirt, Jahre lang fortbestehen können. Mar-
tenet sah einen Soldaten in Algier, welcher sich seinen Leberabscess alle 2 bis 3 Monat punktiren lassen musste und in der
Zwischenzeit seinen Dienst besorgte: es floss jedesmal ein Glas voll
dicker Eiter aus und in 2—3 Tagen war die Oeffnung wieder geschlossen; binnen kaum 4 Jahren wurde die Punktion bei ihm 24 mal
gemacht.

Dass kleinere Leberabscesse, ohne vorausgegangene Entleerung
ihres Inhalts, nach Resorption des Serums und der moleculär zerfallenen Zellen des Eiters zur Vernarbung gelangen können, darf als
sicher angenommen werden, da von mehreren Beobachtern [1] bei der
Obduction von Individuen, die während des Lebens deutliche Symptome von Hepatitis dargeboten hatten, entweder allein oder neben
Eiterherden solche Narben in der Leber gefunden wurden, wie sie
die nach der Entleerung ihres Inhalts geheilten Abscesse zurücklassen. Ein von Cas. Broussais mitgetheilter Fall zeigt, dass
sogar mehrere in einer Leber enthaltene Abscesse sämmtlich auf die
angegebene Weise heilen können: bei einem 30jährigen Manne, der
als Reconvalescent von Dysenterie und Hepatitis entlassen worden,
aber später an einer Recidive der ersteren Krankheit gestorben war,
sassen 4 weisse strahlige harte Narben an der convexen Fläche
der Leber, die ausserdem keine entzündlichen Veränderungen darbot.

---

1) Vgl. Cambay l. c. p. 223, Haspel l. c. p. 239 u. 240, Morehead
l. c. p. 346, Dutroulau l. c. p. 346 und die oben (S. 130) angeführten Beobachtungen von Budd und Greenhow.

Dass aber auch wo mehrere grössere Abscesse bestehen, Genesung möglich ist, wenn dieselben sich sämmtlich nach aussen eröffnen, scheint ein von Goodwin [1]) beobachteter Fall zu beweisen, den wir als ein Unicum hier im Auszug mittheilen.

Bei einer 38jährigen Frau entstanden nach einem Stoss in die Lebergegend lebhafte Schmerzen daselbst, Fieber mit Delirien, beträchtliche Anschwellung der rechten Seite; unter starkem Würgen ward plötzlich über $1/2$ Pinte stinkender Eiter und die nächsten 3 Wochen täglich Eiter in geringerer Menge erbrochen, wobei die rechte Seite merklich an Umfang abnahm. $3\frac{1}{2}$ Monat nach dem Trauma von Neuem heftige Symptome von Hepatitis: das rechte Hypochondrium beträchtlich vorgewölbt und gespannt, der untere Rand der Leber von der rechten Darmbeingegend bis zum Nabel fühlbar; 14 Tage später erfolgte zwischen Proc. xiph. und Nabel rechts neben der Mittellinie der spontane Aufbruch mit Entleerung von $1/2$ Pinte übelriechendem Eiter, 5 Tage später mitten unter dem rechten Rippenbogen die Eröffnung einer zweiten Eiteransammlung und abermals 9 Tage später an einer Stelle zwischen den beiden ersten die Eröffnung eines dritten Abscesses, jedesmal mit Entleerung von etwa 1 Pinte stinkendem Eiter. Nach etwa 2 Monaten schlossen sich die beiden zuletzt entstandenen Oeffnungen, während die erste noch immer bald bräunliches Serum, bald dicken Eiter absonderte. Im 10. Monat nach der Erkrankung war die Patientin in der Reconvalescenz, aber die Absonderung aus der Fistel bestand noch fort.

Die suppurative Hepatitis ist eine äusserst gefährliche Krankheit. Ihre Prognose wird noch verschlechtert durch Complication mit Ruhr, mit hartnäckigem Wechselfieber, sowie überhaupt mit Processen, die die Consumtion befördern; sie ist fast absolut ungünstig, wenn die Krankheit pyämischen Ursprunges ist oder wenn ihr eine Affection der Gallenwege zu Grunde liegt und ebenso wenn exsudative Pleuritis, metastatische Erkrankung der Lungen oder ausgebreitete Pneumonie hinzutritt. Führt die Krankheit zu diffuser Peritonitis oder Perforations-Pericarditis, so steht der Tod nahe bevor. Heilung von Leberabscessen ohne vorausgegangene Entleerung ihres Inhalts kommt so ausserordentlich selten vor, dass in sicher diagnosticirten Fällen die Möglichkeit dieses Ausgangs kaum in Betracht gezogen werden darf. Bei der Eröffnung nach aussen ist es prognostisch von geringer Bedeutung, durch welches Organ dieselbe erfolgt, dagegen von erheblicher Wichtigkeit, ob in Folge derselben die Symptome der Krankheit abnehmen und völlig verschwinden, oder nicht. Namentlich muss die Fortdauer oder Wiederkehr febriler Erscheinungen

---

1) Brit. med. Journ. Spt. 1864.

die Befürchtung erwecken, dass der aufgebrochene Abscess zu alt
ist um zu vernarben oder dass die Leber ausser ihm noch andere
Entzündungsherde birgt. Dutroulau warnt davor, selbst nach der
durch die Operation herbeigeführten Heilung eines Leberabscesses
eine absolut günstige Prognose zu stellen.

Therapie.

Wir besprechen zunächst die Behandlung der Krankheit in dem
der Suppuration vorausgehenden Stadium, welches, wie schon oben
hervorgehoben wurde, in unserem Klima, abgesehen von den traumatischen Fällen, nur sehr selten zur Beobachtung kommt.

Die acute Hepatitis erfordert in frischen Fällen ein entzündungs-
widriges Verfahren. Die früher auch bei dieser Krankheit fast allgemein als mächtigstes Antiphlogisticum angesehene Venäsection
wird von französischen und englischen Aerzten noch bis in die neueste
Zeit zu ausgiebiger Anwendung empfohlen. Frerichs, der an die
schon von van Swieten gegen dieses Mittel erhobenen Bedenken
erinnert und auf den mindestens zweideutigen Nutzen desselben hinweist, hält es nur dann für indicirt, wenn bei robusten Individuen
die hyperämische Schwellung und Schmerzhaftigkeit der Leber und
die Dyspnoe bedeutend sind. Aber selbst unter solchen Umständen
erscheint heutzutage die Anwendung desselben nicht mehr gerechtfertigt. Einen directen Einfluss auf die entzündlichen Vorgänge vermögen wir nach dem jetzigen Stand unserer Kenntnisse der Venäsection nicht zuzuerkennen und ihre fiebervermindernde Wirkung ist
eine schnell vorübergehende. Auf letzterer beruht es höchst wahrscheinlich, dass unmittelbar nach dem Aderlass die Respiration etwas
freier zu sein pflegt. Aber die Hauptursache der Dyspnoe ist die
Schmerzhaftigkeit der acut geschwollenen Leber, und diese zu ermässigen gibt es Mittel, welche auf directerem Wege und mit weit
geringerer Gefahr für den Kräftezustand des Kranken den Zweck
erfüllen.

Als solche Mittel haben von jeher die localen Blutentziehungen und die Purgantien eine wichtige Stelle in der Therapie
der acuten Hepatitis eingenommen. Erstere bewirkt man am besten [1])

---

1) Neuerdings empfehlen Maclean (The Lancet. July 12. 1873. Jahresbericht von Virchow und Hirsch 1873. II. S. 167) und Berenger-Feraud
(l. c.) directe Blutentziehungen aus der Leber mittelst des Aspiratortroicarts (von
Dieulafoy), mit dem man zu diesem Zwecke einen 5—15 Centimeter tiefen

durch Application einer Anzahl (10 — 15) Blutegel in die nächste
Umgebung des Afters, weil die Hautvenen dieser Gegend mit Pfortaderwurzeln in Communication stehen. Oder man setzt die Blutegel
oder auch blutige Schröpfköpfe in die Lebergegend, falls diese gegen
äusserem Druck sehr empfindlich ist, was namentlich bei der traumatischen Hepatitis, in Folge frühzeitiger Betheiligung der Serosa,
öfter vorkommt. In diesem Falle passt auch die örtlich angewandte
Kälte in Form häufig (aller 5 Minuten) gewechselter kalter Compressen oder mässig gefüllter Eisbeutel.

Als Abführmittel benutzen Viele mit Vorliebe grosse Dosen
Calomel. Rouis gibt es mehrere Tage nacheinander täglich zu
1,0 entweder auf einmal oder auf 3—4 Dosen vertheilt, und räth
für solche Fälle, wo es sich noch um Bekämpfung der prodromalen
Hyperämie handelt, dieser Anwendung des Calomels weniger ener-
gische Mittel, wie Ricinusöl, Glaubersalz, citronsaure Magnesia, vor-
auszuschicken. Nach den Erfahrungen Anderer sind auch bei der
ausgesprochenen Entzündung die milderen vegetabilischen und sali-
nischen Purgantien ausreichend oder sie genügen wenigstens, die
vermehrte Darmentleerung zu unterhalten, nachdem dieselbe durch
einige Gaben Calomel angeregt ist. Jedoch kann es zur Herbeiführung derselben bei grosser Heftigkeit der Krankheit sogar erforderlich sein, dem Calomel noch ein Drasticum zuzusetzen. Bei
starker Schmerzhaftigkeit des Epigastriums und häufigem Erbrechen
hält man die Abführmittel für contraindicirt; man soll dann nicht
eher zu ihrer Anwendung schreiten, als bis die Hyperämie und
Reizung der Magenschleimhaut durch Blutegel in der Magengegend
und Narcotica beseitigt ist.

Zu den Mitteln, deren man sich bedient um auf die Blutüberfüllung der Leber vermindernd zu wirken, gehören auch die Emetica.
Rouis empfiehlt sie ausserdem noch gegen stärker ausgeprägte
„biliöse Symptome". Offenbar wird durch die während des Brech-
aktes stattfindende allseitige Compression der Drüse der Abfluss des
Blutes und der Galle aus derselben befördert. Die Brechmittel
passen aber nur für den Anfang der Krankheit, so lange sich annehmen lässt, dass Entzündungsherde noch nicht vorhanden sind;
und selbst dann ist ihr Nutzen fraglich: Annesley sah auf den

---

Einstich machen soll. Nach Maclean wird dadurch die auffälligste Abnahme
aller Symptome herbeigeführt und Berenger-Feraud sah in 2 Fällen von
acuter Hepatitis, wo er auf die angegebene Weise Blut (das eine Mal 100 Grm.)
entleerte, Genesung eintreten. (S. unten S. 144.)

Gebrauch derselben nach kurzer Besserung eine um so stärkere Wiederzunahme der Erscheinungen folgen.

Als ein Verfahren, durch welches man direct auf den entzündlichen Process einzuwirken glaubte, galt lange Zeit, namentlich bei englischen, weit weniger bei französischen Aerzten die bis zur Salivation fortgesetzte Anwendung kleinerer Gaben Calomel. Neuerdings scheint dieselbe nur noch wenig in Gebrauch zu sein, und gewiss mit Recht. Denn wenn auch der von Budd gegen diese Medication erhobene Einwand, dass die Abscessbildung schneller eintrete als das Quecksilber seine Allgemeinwirkung zu entfalten vermöge, nicht durchaus zutreffend ist, so hat sich doch für die Hepatitis ebensowenig wie für acute Entzündungen anderer Organe bisher beweisen lassen, dass die Krankheit durch eine Mercurialcur in ihrem Fortschreiten aufgehalten werde. Für die Hepatitis ist dies geradezu unwahrscheinlich; denn zuverlässige Autoren (z. B. Twining) haben den Uebergang ins Eiterungsstadium an solchen Kranken beobachtet, bei denen bereits Salivation eingetreten war, und andererseits waren in den Fällen, wo beim Gebrauch des Quecksilbers Resolution erfolgte, stets noch andere entzündungswidrige Mittel zur Anwendung gekommen. Grund genug also, von einem Verfahren abzustehen, welches gegenüber einer Krankheit, die in ihrem weiteren Verlaufe so häufig zur Erschöpfung führt, schon von vornherein die Widerstandsfähigkeit des Körpers erheblich herabsetzt. Die Einreibung von grauer Salbe in die Gegend des kranken Organs erscheint eher zulässig, wenn sie nicht so massenhaft geschieht, dass dadurch ebenfalls eine allgemeine Hydrargyrose herbeigeführt wird. Wo dies aber nicht der Fall ist, bleibt die Möglichkeit einer Einwirkung des Medicaments von den Bauchdecken aus auf die Leber mindestens völlig unverständlich.

Aehnlichen Bedenken, wie die Mercurialcur unterliegt die nach der Rasori'schen Methode formulirte Behandlung mit Tartarus stibiatus, welche in Verbindung mit örtlichen Blutentziehungen von mehreren französischen Aerzten in St. Louis, deren Berichte Dutroulau (l. c. p. 637) mittheil*, als ein sehr wirksames Antiphlogisticum gerühmt wird. Die Verminderung des Fiebers, welche wahrscheinlich als der einzige günstige Erfolg bei dieser Behandlung eintreten kann, lässt sich sicherer durch Chinin oder Digitalis erzielen. Letztere ist von Rouis zu diesem Zweck empfohlen worden; doch erscheint die Dosis, welche er vorschreibt: 1 Decigramm alle 6 bis 8 Stunden — nach den bei anderen Krankheiten gemachten Erfahrungen viel zu gering.

Ueber das vor einigen Jahren von dem englischen Militärarzt W. Stewart[1]) gerühmte Ammonium hydrochloratum, welches nach vorausgeschickten Blutentziehnngen Morgens und Abends zu 1,2 gegeben werden soll, so lange noch Zeichen von Hepatitis vorhanden sind, werden weitere Erfahrungen abzuwarten sein.

Vesicatore werden von Einigen schon auf der Höhe der Krankheit, von den Meisten erst nachdem die heftigeren Symptome gewichen sind, in Gebrauch gezogen. De Castro schreibt ihnen einen entschiedenen Einfluss auf die Abnahme des Schmerzes und der Leberschwellung zu; Haspel sah unter ihrer Anwendung harte Entzündungsherde sich verkleinern und allmählich schwinden[2]).

- Nach dem Aufhören des Fiebers sind auch feuchtwarme Umschläge und warme Vollbäder geeignet die Resorption zu beschleunigeu.

Als Palliativmittel gegen die Schmerzen und die Schlaflosigkeit können Opiumpräparate, innerlich oder subcutan, erforderlich werden.

Bei Complication mit Dysenterie sind reichlichere Blutentziehungen, Emetica und Purgantia contraindicirt.

Die Diät beschränkt sich in der acuten Hepatitis auf leicht verdauliche flüssige Nahrungsmittel: Wassersuppen, verdünnte Milch, und auf säuerliche Getränke: Alcoholica sind absolut zu vermeiden. Reconvalescenten dürfen nur allmählich zu substantiellerer Nahrung übergehen.

Wo die Erscheinungen der Hepatitis sich in einer weniger acuten Weise gestalten, wird dem entsprechend auch die Therapie sich vereinfachen. Blutentziehungen sind in solchen Fällen meist entbehrlich. Dagegen gestattet nach Rouis' Erfahrungen die kürzere Dauer der prodromalen Hyperämie häufiger die Anwendung eines Emeticums. Weiterhin genügen in der Regel mildere Abführmittel, Narcotica und Vesicantien.

Zeigt die Krankheit einen schleichenden Verlauf, so unterscheidet sich ihre Behandlung nicht wesentlich von derjenigen der chronischen Hyperämie der Leber. Sie hat hauptsächlich die Aufgabe, eine Diät vorzuschreiben, welche mit Vermeidung alles Dessen, was auf die Digestionsorgane oder die Leber reizend wirken könnte,

---

1) The Lancet 1871. I. 19. 21.

2) Auch Sachs rühmt den Nutzen eines grossen Vesicans namentlich in solchen Fällen, wo gleich Anfangs die Empfindlichkeit bei der Palpation auffallend gross ist, und räth die Derivation während mehrerer Tage durch Verband mit reizenden Salben zu unterhalten.

die Kräfte des Kranken zu erhalten geeignet ist, und daneben durch
möglichst milde Mittel für vermehrte Stuhlentleerung zu sorgen.
Oefter passen Curen mit einfachen oder besser noch mit muriatischen
Natronwässern, wie Vichy, Ems. Solche Fälle sind es wahrscheinlich, für welche Heinemann zur Verhütung der Abscessbildung
den Gebrauch des Karlsbader Wassers mit vollem Recht empfehlen
zu können glaubt. Für den in den Tropen lebenden Europäer ist
in der Regel, aber freilich nicht immer, die Rückkehr in ein gemässigtes Klima das beste Heilmittel.

Wenn trotz der gegen die Entzündung gerichteten Therapie die
Zeichen der Eiterung sich einstellen, müssen alle schwächenden Eingriffe vermieden werden. Den etwa noch bestehenden oder im weiteren Verlaufe recrudescirenden entzündlichen Erscheinungen gegenüber beschränkt man sich auf die Anwendung von Hautreizen (feuchte
Wärme, Vesicatore) in die Lebergegend und von Laxantien. Mer-
curialien sind nach dem übereinstimmenden Urtheile aller guten Beobachter vom Eintritt der Suppuration an geradezu schädlich. Es
gilt jetzt vor Allem, der in diesem Stadium früher oder später dro-
henden Erschöpfung nach Möglichkeit vorzubeugen. Man nährt den
Kranken so gut als es der Zustand seiner Verdauungsorgane gestattet.
Auch die Spirituosa, namentlich Bier und Wein, sind jetzt am Platze;
unter den von englischen Aerzten berichteten Fällen sind manche
mit günstigem Ausgang, in denen sogar Brandy reichlich gegeben
wurde. Ebenso eignen sich ihrer tonisirenden Wirkung wegen die
China-Präparate und — falls nicht Fieber besteht — die Martialien.
Die zuerst von Indien, dann auch von England aus empfohlene Aq.
regia ist von mindestens sehr zweifelhafter Wirksamkeit.

Einzelne Symptome indiciren noch eine besondere Medication.
Bei trägem Stuhlgang verordnet man Rheum, Aloe, Senna u. Ae.
in Dosen, welche die Darmbewegung gelinde anregen. Diarrhöen
sind mit vegetabilischen und mineralischen Adstringentien und Opium
zu bekämpfen. Schlaflosigkeit und Schmerzen erfordern die Anwendung der Narcotica. Gegen das Fieber in seinen verschiedenen
Formen erweisen sich die medicamentösen Antipyretica fast ausnahmslos ohnmächtig: es ist deshalb gewiss richtiger, sich des Gebrauchs
derselben gänzlich zu enthalten oder ihn doch, sobald er erfolglos
bleibt, wieder aufzugeben, da er bei längerer Fortsetzung leicht Störungen des Magens oder des Darms hervorruft [1]. Der Versuch, durch

---

[1] Nach meinen Erfahrungen über die antipyretische Wirkung des salicyl-
sauren Natrons in Dosen von 4,0—6,0, die mindestens ebenso sicher ist wie diejenige
entsprechend grosser Chinindosen, würde ich diesem Mittel zur Bekämpfung des

abkühlende Bäder das Fieber zu vermindern, ist — abgesehen davon dass er höchst wahrscheinlich ebenso erfolglos sein würde, wie beim Eiterungsfieber überhaupt — um deswillen nicht rathsam, weil die dabei unvermeidlichen Bewegungen des Kranken den Durchbruch eines Abscesses in die Bauchhöhle begünstigen könnten. Diese Möglichkeit erheischt selbst in solchen Fällen Berücksichtigung, wo sich mit Sicherheit ein Abscess diagnosticiren lässt, der seinem Sitze nach zu einer solchen Befürchtung keinen Anlass gibt; denn man kann niemals wissen ob nicht neben ihm noch ein anderer ungünstiger gelegener vorhanden ist. Aus diesem Grunde erscheint es auch geboten, den Kranken dauernd eine möglichst ruhige Lage — wenn auch nicht gerade, wie Ward es verlangt, immer die Rückenlage — beobachten zu lassen.

Gegen den Abscess selbst kann die Therapie nur dann gerichtet sein, wenn derselbe die künstliche Eröffnung gestattet. Dass dieser Eingriff überhaupt zulässig sei, unterliegt keinem Zweifel. Die dagegen erhobenen Einwände erweisen sich bei näherer Betrachtung als nicht stichhaltig. So fürchtet Budd das Eindringen von Luft in die Wunde, wodurch eine neue Entzündung angefacht und Gangrän mit schnell tödtlichem Ausgang herbeigeführt werden könne: dies ist aber selbstverständlich auch nach dem spontanen Aufbruch möglich und kommt erfahrungsgemäss überhaupt sehr selten vor. Wenn ferner vor der Operation gewarnt worden ist, weil man Gefahr laufe, statt eines Leberabscesses die ausgedehnte Gallenblase oder einen Krebsknoten anzustechen, so berührt man damit eine schwache Seite nicht sowohl der Therapie als vielmehr der Diagnostik. Endlich haben Einige (Jos. Franz, J. Martin, Maclean) die Operation deswegen verworfen, weil sie zu wenig günstige Resultate liefere; dieses Urtheil gilt jedoch höchstens von den Erfahrungen früherer Zeit, bei denen der Misserfolg hauptsächlich der mangelhaften Methode zuzuschreiben ist, insofern diese gegen die Gefahr des Eintritts von Eiter in die Bauchhöhle nicht die genügende Sicherheit gewährte.

Die Gründe, welche zu Gunsten der künstlichen Eröffnung sprechen, ergeben sich aus folgender Erwägung. Die Leberabscesse heilen mit äusserst seltener Ausnahme nur dann, wenn sie ihren Inhalt nach aussen entleert haben; jedes Verfahren also, welches diese Entleerung beschleunigt, muss ceteris paribus der Heilung

Fiebers bei der suppurativen Hepatitis den Vorzug geben, weil es einen ungünstigen Einfluss auf die Digestionsorgane weit seltener auszuüben scheint als das Chinin.

förderlich sein. Nun sind aber sowohl die örtlichen als die allgemeinen Verhältnisse zu dem Zeitpunkt, wo die künstliche Eröffnung
möglich zu werden anfängt, fast stets günstiger, als später wann der
Aufbruch von selbst erfolgt. Denn ein Abscess schliesst sich um
so leichter, je jünger und je weniger umfänglich er ist und der
Kräftezustand des Kranken sinkt mit der längeren Dauer der Eiterung
immer mehr. Dazu kommt, dass die Gefahr der Bildung secundärer
Abscesse oder der Perforation in eine seröse Höhle vor der Eröffnung bei Weitem grösser ist als nach derselben. Hiernach ist es
einleuchtend, dass die Aussicht auf einen günstigen Ausgang wächst,
je früher die künstliche Eröffnung geschieht. Oder mit anderen
Worten: die Operation ist indicirt, sobald sie möglich ist.

Dies führt zu der Frage: unter welchen Umständen ist der
Abscess zur Operation geeignet? Bis vor Kurzem war man fast
allgemein der Ansicht, dass dies nur dann der Fall sei, wenn nicht
blos die Stelle der Bauch- oder Brustwand, unter welcher er sitzt,
genau bekannt, sondern auch das Vorhandensein einer Verwachsung
zwischen der visceralen und parietalen Serosa in der Gegend desselben festgestellt ist. Wo eine deutliche Fluctuation oder gar eine
Phlegmone der äusseren Decken oder in der Gegend der falschen
Rippen eine schmerzhafte Hervortreibung der Weichtheile mit Oedem
besteht, da unterliegt es keinem Zweifel, dass die Eiterung bereits
bis in die Bauchwand, resp. bis durch das Zwerchfell vorgedrungen
ist. Unter diesen Umständen ist aber auch der Abscess meistens
schon sehr umfangreich. Man kann die Eröffnung desselben mit dem
Bistouri oder mit einem gewöhnlichen Troicart vornehmen. Ist dagegen an der umschriebenen Vorwölbung der Bauchwand nur Oedem
oder eine dunkle Fluctuation in der Tiefe zu fühlen, so darf man
nicht sicher auf die Verwachsung rechnen, sondern diese nur dann
annehmen, wenn die vorgewölbte Stelle bei den Bewegungen des
Zwerchfells und den verschiedensten Lagen des Körpers ihren Ort
an der Bauchwand nicht ändert[1]). Zeigt sie dies Verhalten nicht
oder bleibt in dieser Beziehung ein Zweifel, so kann man, um zunächst eine adhäsive Entzündung des Bauchfells in der Gegend des
Abscesses herbeizuführen, entweder die Bauchwand bis auf das
parietale Peritonäum (Graves[2])) oder bis auf die Leber (Bégin[3]))

1) H. Cooper (l. c.) hält es bei undeutlicher Fluctuation für ein sicheres
Zeichen der Verwachsung, wenn die Hervorragung rings an ihrer Basis von einem
verhärteten bei Druck empfindlichen Rande umgeben ist und räth in solchem
Falle die Eröffnung ohne Weiteres vorzunehmen.
2) Dublin Hosp. Rep. May. 1827.
3) Journ. hebdom. 1830. I. p. 117.

durchschneiden und die Wunde dann mit Charpie ausstopfen, oder
die Bauchwand mittelst Kali causticum nach und nach durchätzen
(Récamier[1])). Das letztgenannte Verfahren ist, weil es für das
zuverlässigste gehalten wird, am meisten gebräuchlich, aber es ist
zugleich das schmerzhafteste und — was bei weit heruntergekommenen Kranken noch mehr ins Gewicht fällt — das langwierigste.
Ueberdies ist es an der Brustwand nicht anwendbar, weil es Caries
der Rippen verursachen würde. Bei dem Einschneiden bis auf die
Leber kann, wie Haspel und Rouis hervorheben, die Gefahr entstehen, dass die Leber sich nicht in die Wunde eindrängt und deshalb eine Verwachsung derselben mit der Bauchwand nicht zu Stande
kommt.

Neuerdings wird von manchen englischen und französischen
Aerzten (H. Cooper, Ran. Martin, Cameron, De Castro,
P. Garnier u. A.) die Punktion mit Liegenlassen der Canüle allen
übrigen Methoden vorgezogen. Das Verfahren besteht darin, dass
man den Abscess mit einem Troicart von mittlerer Weite[2] ansticht
und die Canüle so lange liegen lässt, bis sie in dem weitgewordenen
Stichkanal nur noch locker sitzt, was meistens am 3. Tage der Fall
ist. Dann entfernt man sie und legt statt ihrer entweder (R. Martin)
ein in Oel getränktes Stückchen Leinwand oder (De Castro) eine
Drainageröhre ein, welche so oft es nöthig ist gewechselt wird und
schliesslich, wenn man nach der geringen Menge des Ausflusses und
dem ganzen Zustande des Kranken annehmen darf, dass der Abscess
seiner Heilung nahe ist, ganz wegbleibt. Durch dieses Verfahren
wird die Verwachsung zwischen Leber und Bauchwand, falls sie
nicht schon vor der Punktion vorhanden war, noch sicherer erreicht[3]),
als durch das Récamier'sche; denn der Entzündungsreiz wirkt
hier nicht blos, wie bei der Durchätzung der Bauchwand, auf das
parietale Blatt des Peritonäums, sondern auch auf die Leberserosa
direct ein. Ueberdies ist der Reiz, den die Verwundung mit einer
glatten Canüle ausübt, jedenfalls geringer, als der, welchen Kali
causticum oder in eine Schnittwunde des Peritonäums eingestopfte
Charpie hervorruft, somit auch die Gefahr einer diffusen Peritonitis

---

1) Bei Velpeau, Méd. opérat. 2. éd. IV. p. 19.

2) De Castro benutzt einen Troicart, dessen Stilet hohl und mit seitlichen
Oeffungen versehen ist, denen entsprechend sich auch in der Wand der Canüle
Oeffnungen befinden: in Folge dieser Einrichtung fliesst am Griff des Instruments
Eiter aus, sobald der Abscess getroffen ist.

3) Murray (l. c.) hebt schon 1842 als einen Vortheil der Punktion hervor,
dass sie Adhäsionen zwischen Leber und Bauchwand bewirkt.

bei der Punktion in noch geringerem Grade vorhanden, als bei den
anderen Methoden. Dass der Reiz der Canüle für den Zweck genügt, lehrt eine Beobachtung von Jameson [1]: derselbe fand in
einem am 4. Tage nach der Punktion tödtlich endenden Falle Verwachsung der Leber mit der Bauchwand rings um die Stichöffnung
in einer Breite von 1 1/2 Centimeter. Ausser diesen Vortheilen gewährt das in Rede stehende Verfahren noch folgende: es verursacht
sehr wenig Schmerz; es ist nicht, wie die Incision, mit einem Blut-
verlust verbunden; es setzt keinen Substanzverlust der Bauchwand,
wie es die Aetzung thut; es führt am schnellsten zum Ziele; es ist
in jedem Falle anwendbar, wo sich ein Abscess an einer für den
Troicart überhaupt erreichbaren Stelle diagnosticiren lässt [2]. Der
letztgenannte Umstand macht das Verfahren besonders werthvoll für
die endemische Hepatitis, bei welcher sich aus früher angegebenen
Gründen die Natur der Krankheit oft schon frühzeitig erkennen lässt:
hier kann schon eine leichte Vorwölbung oder eine grössere Schmerzhaftigkeit an einer umschriebenen Stelle der geschwollenen Leber
den Sitz des Eiterherdes anzeigen und man braucht die Operation
nicht zu verschieben bis Oedem oder Fluctuation eingetreten ist.
Einzelne gehen noch weiter, indem sie die Punktion selbst dann für
zulässig halten, wenn zwar die Diagnose der Abscessbildung sicher,
aber der Sitz des Abscesses unbekannt ist. So sagt De Castro
(l. c. p. 59): „Quand je ne connais pas le point où se trouve l'abcès, je ponctionne au milieu des limites du foie, au centre de son
plus grand diamètre vertical" und führt mehrere Fälle an, in denen
von ihm und von anderen Aerzten in Alexandrien die Operation ein-,
zwei- und selbst dreimal gemacht wurde, ohne dass man Eiter fand.
In keinem dieser Fälle hatte der Eingriff schlimme Folgen, in einem
trat sogar nach der Entleerung von einigen Unzen Blut aus der
Punktionsöffnung eine merkliche Abnahme des Leberumfangs und
Besserung im Befinden des Kranken ein. Nach den Berichten von
Ran. Martin verfuhren englische Aerzte in Indien auf ganz dieselbe Weise und sahen davon sehr günstige Resultate, indem die

---

1) The Lancet 1871. Apr. 29.

2) Sachs hebt als sehr bedeutenden Vortheil noch hervor, dass bei der
Anwendung des Triocarts die Entleerung des Abscesses allmählich und mit Unterbrechungen sich bewerkstelligen lässt, so dass die Nachbarschaft nach und nach
heranrücken und die Höhle comprimiren kann. Auf diese Weise werden die
Berstungen der in der Abscesswand verlaufenden Blut- und Gallengefässe und
die äusserst gefährlichen Rupturen der die Leber mit der Nachbarschaft verbindenden Adhäsionen möglichst vermieden.

Erscheinungen der Krankheit sehr bald nach dem Eingriff verschwanden. Wenn es nun auch wohl mehr als wahrscheinlich ist, dass die zuletzt erwähnten Beobachtungen nicht Fälle von suppurativer Hepatitis, sondern solche von einfacher oder entzündlicher Hyperämie der Leber betrafen, und in der Behandlung des Leberabscesses ein solches Operiren ins Blaue hinein gewiss keine Nachahmung verdient, so sind diese Erfahrungen doch insofern von Interesse, als sie den Beweis liefern, dass die Punktion der Leber in der Regel ganz ungefährlich ist und die ihr von Budd zugeschriebene Gefahr einer Hämorrhagie oder einer neuen Entzündung nicht mit sich bringt. Dasselbe zeigen auch die von De Castro, Lavigerie u. A. an Thieren (Kaninchen, Katze, Hund) angestellten Versuche, aus denen sich ergibt, dass Einstiche in die Leber mit einem Explorativ- oder selbst mit einem Hydrocelen-Troicart nicht die mindesten acut entzündlichen Zufälle oder sonstige Störungen verursachen und, wie die später angestellte Section erwies, gar keine oder höchstens in der Leberkapsel eine punktförmige Narbe zurücklassen. Für die Unschädlichkeit der Verletzungen durch sehr dünne Instrumente spricht ferner der Erfolg des Verfahrens, dessen Trousseau zur Herbeiführung von Adhärenzen zwischen Bauchwand und Leber beim Echinococcus der letzteren sich bediente: es besteht in der multiplen Acupunctur mit mehrstündigem Steckenlassen der Nadeln. Bei Leberabscessen ist dasselbe aber nicht anwendbar, da der mechanische Reiz hier zu kurze Zeit einwirkt, um eine feste Verklebung zwischen den beiden Flächen des Peritoneums zu Stande zu bringen und wenn die Nadel den Eiterherd geöffnet hat — was sich ja nicht sicher vermeiden lässt — nach ihrer Entfernung der in die Wunde der Leberserosa eindringende Inhalt desselben leicht eine purulente Entzündung dieser Membran erzeugen wird.

Was die weitere Behandlung des künstlich eröffneten Abscesses anlangt, so verweisen wir auf die Handbücher der Chirurgie und wollen hier nur noch erwähnen, dass man in manchen Fällen durch Auspumpen mittelst der Spritze oder (De Castro) durch Schröpfköpfe, die mehrmals täglich auf die Stichöffnung gesetzt wurden, die Entleerung des Eiters befördert hat, ohne dabei stärkere Blutungen oder andere ungünstige Nebenwirkungen zu beobachten. Von Mc. Connell (Indien) wurde Dieulafoy's pneumatischer Aspirator mit verhältnissmässig sehr günstigem Erfolge angewandt [1]), nament-

---

1) Von 14 Kranken, die zwischen 24 und 45 Jahre alt und sämmtlich im höchsten Grade heruntergekommen waren, starben 6, genasen 8; die Punktion

lich bei kleineren Abscessen; für grosse ist nach diesem Autor freie Drainage das Geeignetste [1]). Bei umfänglichen Höhlen oder fötider Beschaffenheit des Inhalts haben sich Ausspritzungen mit Wasser sowie mit Lösungen von Jod, Kreosot, Carbolsäure nützlich erwiesen. Es bedarf kaum der Erwähnung, dass der Kranke anstrengende Bewegungen vermeiden muss, um sich nicht der Gefahr einer Trennung der Adhäsionen auszusetzen, die, wie es in einem bei Rouis citirten Falle geschah, raschen Tod zur Folge haben kann.

Hinsichtlich der Resultate der operativen Eröffnung lauten die Angaben sehr verschieden: Curtis (1782) sah von 10 Operirten nur 2 genesen; J. Clark hatte unter 13 Fällen 8 mal, Murray unter 17 Fällen 6 mal einen günstigen Erfolg; nach Waring's Zusammenstellung kamen auf 81 Operationen nur 15 Heilungen (d. i. noch nicht $1/5$); unter 61 von De Castro gesammelten Fällen endeten 34 in Genesung.

In der uns zugänglichen Literatur der letzten 15 Jahre haben wir, abgesehen von den vorhin erwähnten Fällen von Mc. Connell über 34 Operirte genauere Angaben gefunden. Von diesen gelangten 22 zur Heilung. Bei der Mehrzahl der tödtlich endenden Fälle war erst spät (nachdem sich bereits Fluctuation gezeigt hatte) operirt worden. Doch finden sich auch unter den Genesenen einzelne, in denen die Quantität des Eiters, der sofort nach der Punktion ausfloss (in dem Falle von Paeheco[2]) 5 Pfund, in einem von R. Benett[3] sogar 6 Pinten) auf einen sehr beträchtlichen Umfang des Abscesses schliessen liess. Diejenigen, bei denen der Abscess nur einige Unzen enthielt, heilten rasch, nicht selten schon in 3 Wochen; in derselben Frist erfolgte die Heilung auch bei dem schon früher erwähnten traumatischen Falle von Fischer, wo mittelst des Schnitts 8—10 Unzen entleert wurden; in dem von Borius erzählten ebenfalls traumatischen Falle, wo die Höhle 200 Cubiketm. fasste, war sie erst 5 Wochen nach der Incision vollendet. Der Tod stand in keinem Falle in nachweisbarem Zusammenhange mit der Operation, die vielmehr fast immer zunächst einen Nachlass der Krankheitserscheinungen zur Folge hatte; die Section ergab entweder ausser den künstlich

---

musste meist wiederholt werden, in einem Falle sogar 8 mal im Ganzen, doch genügte in einigen Fällen eine einmalige Punktion.

1) Sachs empfiehlt bei grossen Leberabscessen die von Simon für die Operation der Echinococcussäcke angegebene Doppelpunktion.

2) Gaz. med. de l'Algérie. 1871. Nr. 7. Virchow und Hirsch's Jahresber. f. 1871. II. 1. S. 160.

3) The Lancet 1860. I. 7.

eröffneten noch andere Abscesse in der Leber oder hinzugetretene Pleuritis, Pericarditis u. s. w., niemals aber diffuse Peritonitis.

Ist der Abscess von selbst durch die äusseren Decken aufgebrochen, so erfordert mitunter die ausgedehntere Ulceration der Bauch- oder Brustwand noch besondere Berücksichtigung Seitens der Therapie.

Gegen eine nach spontaner oder künstlicher Eröffnung zurückbleibende chronische Leberfistel empfiehlt R o u i s, welcher die Ursache in einer entzündlichen Anschoppung der Leber (un fond d'engouement au sein du foie) sucht, als einzig wirksames Mittel den inneren und äusseren Gebrauch der Schwefelthermen. L a n c h l a n A i t k e n [1]) sah in einem Falle, wo die Fistel bereits über ½ Jahr bestanden hatte, nach dreimaliger Injection von reiner Tinct. Jodi rasche Heilung eintreten.

Bei der Perforation in die Lunge kann die Anwendung localer Kälte, reizender Expectorantien, antiseptischer Inhalationen nöthig werden. Nach dem Durchbruch in die Pleura ist, falls die Kräfte des Kranken nicht schon allzuweit gesunken sind, die Operation des Empyems indicirt, die hier vielleicht nicht ganz so selten, wie es nach der bisherigen Erfahrung der Fall zu sein scheint, einen günstigen Erfolg herbeizuführen vermag, wenn sie möglichst frühzeitig vorgenommen wird. Beim Erguss des Eiters in die Bauchhöhle versucht man durch absolute Ruhe und häufig gereichte grössere Dosen Opium die Ausbreitung der Peritonitis zu beschränken, was ausnahmsweise in einem von S t o k e s (l. c. p. 111) beobachteten Falle gelungen zu sein scheint. Nach der Eröffnung des Abscesses in den Digestionskanal oder in die Niere ist in der Regel eine besondere Therapie nicht erforderlich.

---

1) Edinb. med. Journ. June 1870.

Interstitielle Leberentzündung, Hepatitis fibrosa. Cirrhose der Leber.

I. Gewöhnliche, genuine oder Laennec'sche Cirrhose, granulirte Induration oder Granularatrophie der L., granulirte Leber.

Laennec, Traité de l'auscult. médiate. 4. éd. T. 2. p. 501. — Boulland, Mém. de la Soc. d'émulat. T. 9. p. 170. — Andral, Clin. médic. T. 4. p. 198 bis 213. (4. éd. T. 2. p. 243.) — Bright, Rep. of medical cases. 1827. p. 89—110. Pl. 6 et 6* u. Guy's Hosp. Reports. T. 1. 1836. — Kiernan, Philosoph. transact. 1833. — Cruveilhier, Anat. patholog. Livr. 12. Pl. 1. — Carswell, Illustrations of the elementary form of diseases. Lond. 1838. Fasc. 10. Pl. 2. — Hallmann, Ed., De cirrhosi hep. Diss. inaug Berol. 1839. — Becquerel, Alfr., Arch. génér. Avr. et Mai 1840. — Schuh, Zeitschr. d. Wien. Aerzte. Bd. 2. S. 360. Oppolzer, Prager Vierteljahrschr. Bd. 3. S. 17. — Henle, Zeitschr. f. ration. Med. Bd. 2. S. 253. — Budd, Krankh. d. Leber, deutsch v. Henoch. S. 125 — 159. — Wunderlich, Hdb. der Pathol. u. Ther. 2. Aufl. Bd. 3. S. 313. - Bamberger, Wien. medic. Wochenschr. 1851. Nr. 1, 4, 9, 11. — Monneret. Arch. génér. Août et Sept. 1852. — Gubler, De la cirrhose. Paris 1853. — Koller, De hep. cirrhosi. Diss. Berol. 1854. — Cohn, Günsburg's Zeitschr. Bd. 6. Heft 6. — Bamberger, Krankheiten des chylopoet. Syst. 2. Aufl. S. 510 — 527. — Klinger, Virch. Arch. Bd. 12. S. 549. — Redenbacher, Hg., Ueb. d. Zusammensetzung hydropischer Transsudate bei Lebercirrh. Inaug.-Diss. Augsburg 1858. — Wallmann, H., Oesterr. Ztschr. f. prakt. Heilk. Bd. 5. Nr. 9. — Tüngel, Klin. Mittheilungen a. d. J. 1858. S. 127, a. d. J. 1859. S. 163. — Sappey, Bull. de l'Acad. de Méd. T. 24. p. 943. — Frerichs, Klinik der Leberkrankh. Bd. 2. S. 19 — 90. — Henoch, Klinik der Unterleibskh. 3. Aufl. S. 84—90. — E. Wagner, Arch. d. Heilkunde. 3. Jahrg. S. 459. — Liebermeister, Beiträge z. pathol. Anat. u. Klinik d. Leberkh. S. 29 — 76. - Botkin, Virch. Arch. Bd. 30. S. 456. · · Foerster, Gst., Die Lebercirrhose nach pathol. anatom. Erfahr. Inaug.-Diss. Berl. 1868. — Hauerwaas, Frz., Zur Casuistik d. Lebercirrh. im Kindesalter. Inaug.-Diss. Würzb. 1871. — Habershon, S. O., Guy's Hosp. Rep. 3. Sér. Vol. 16. p. 389. — Duchek, Wiener medic. Presse 1871. Nr. 49—51. — Legg, J. Wickham. St. Barthol. Hosp. Rep. Vol. 8. p. 74. Jahresber. von Virchow und Hirsch für 1872. Bd. 2. S. 164. · · Cornil, Arch. de physiol. norm. et pathol. 1874. p. 264. — Borelli, D., Verhdlgn. der physik. medic. Ges. in Würzburg. N. F. Bd. 8. S. 87. — Leudet, Clinique médic. de l'Hôtel Dieu de Rouen. Paris 1874. p. 48 66, 540—549, 557 -565. — Charcot et Gombault, Arch. de phys. norm. et pathol. 1876. p. 453. — Charcot, Leçons sur les mal. du foie. Progrès méd. 1876. — Stricker, Charité-Annalen. 1. Jahrg. 1876. S. 324.

Geschichte.

Die Kenntniss der in Rede stehenden Krankheit reicht mindestens bis ins vierte Jahrhundert a. Chr. zurück. Coelius Aure-

lianus[1]) sagt, wo er von den Ursachen des Ascites handelt: Era-
sistratus jecur inquit pati: in aperitionibus enim saxeum semper
inveniri confirmat. Von Aretaeus wird es als eine bekannte Thatsache angeführt, dass die Entzündung der Leber, wenn sie nicht in
Eiterung übergehe, Verhärtung (σκιῤῥός) des Organs zur Folge habe.
Vesal[2]) schildert die granulirte Induration mit folgenden Worten:
hepar totum candidum et multis tuberculis asperum, tota anterior
jecoris pars et universa sinistra sedes instar lapidis indurata. Posth[3])
gebraucht schon die uns jetzt geläufige Bezeichnung: er fand neben
Ascites substantiam hepatis interius totam granulosam, granis nimi-
rum quantitate pisorum ubique apparentibus. Morgagni[4]) weist
bereits auf die Compression der kleineren Blutgefässe der Leber
und die dadurch bedingte Störung der Function der Drüse und des
abdominalen Blutlaufs hin. — Von Einigen wurde die Krankheit
unter dem Namen Obstructio hepatis, Marasmus hepatis (Bianchi)
beschrieben, Andere bezeichnen sie als Tuberkeln (Baillie) oder
Knoten der Leber (J. F. Meckel). Versuche, das Zustandekommen
der anatomischen Veränderungen zu erklären, machte man aber erst
in unserem Jahrhundert. Laennec, der durch die gelbe Farbe
der Granulationen veranlasst wurde, die Krankheit Cirrhose (von
κιῤῥός = gelb) zu nennen, hielt die Granulationen für Neubildungen, mit deren Entwicklung das eigentliche Lebergewebe unter-
gehe, so dass das Organ, anstatt sich zu vergrössern, an Umfange abnehme. Boulland widersprach dieser Auffassung, indem
er die Granulationen für die secernirende Substanz erklärte, welche
in Folge krankhafter Veränderungen der gefässreichen Bindesub-
stanz (anfänglich Hyperämie, später Obliteration der Gefässe) deutlicher als gewöhnlich hervortrete und schliesslich eine Desorganisa-
tion erleide. Andral sieht das Wesen des Processes in einer Hypertrophie des von ihm als weisse Substanz bezeichneten Gerüstes
der Leber und einer gleichzeitigen Atrophie der in den Areolen
des Gerüstes eingeschlossenen rothen sehr gefässreichen Substanz.
Cruveilhier, welcher das Vorhandensein von dichtem fibrösem
Gewebe in der cirrhotischen Leber hervorhebt, hält es für das
Wahrscheinlichste, dass neben Atrophie der meisten Acini Hypertrophie der übrigen stattfinde. Eine klarere Vorstellung von dem

1) Morb. chron. lib. III, cap. VIII.
2) Opera. T. II. p. 674.
3) Bei Morgagni, De sed. et caus. morb. Epist. 38.
4) Ibidem.

histologischen Vorgang bei der Cirrhose ward erst durch die Untersuchungen von Carswell und Hallmann gewonnen. Diesen zufolge beruht die Krankheit auf einer Vermehrung und Induration
des interlobulären Bindegewebes, durch welche die Lobuli zusammen-
gepresst und eingeschnürt werden, woraus sich die Verkleinerung
des Organs, die Verminderung seiner secretorischen Thätigkeit und
die Erschwerung der Circulation in demselben erklärt; die Granulationen bestehen aus solchen lobulis, welche noch nicht oder doch
nur in geringerem Grade von der Compression gelitten haben. Diese
Auffassung gilt der Hauptsache nach noch heute. Die Ergebnisse
neuerer Forschungen, durch welche sie in einzelnen Punkten modi-
ficirt und vervollkommnet worden ist, werden geeigneten Ortes im
Folgenden ihre Berücksichtigung finden.

Aetiologie.

Unter den Ursachen der Krankheit ist der übermässige Genuss
des Brantweins die am längsten bekannte und am sichersten constatirte. Daher ihr englischer Name Gin-drinker's liver. In Deutschland ist mehr als ein Dritttheil der Fälle auf diese Schädlichkeit
zurückzuführen. Die Leber befindet sich offenbar nächst den ersten
Wegen am meisten in der Lage, durch die Einwirkung des Alkohols
zu erkranken, da derselbe nach seinem Uebergange ins Blut zu ihr
in einem weit weniger verdünnten Zustande gelangt, als zu irgend
einem der übrigen Organe. Warum trotzdem nicht wenige Brant-
weintrinker von der Krankheit verschont bleiben, erklärt sich vielleicht zum Theil daraus, dass nach einer bekannten Erfahrung das
Trinken minder schädlich wirkt, wenn daneben regelmässig ge-
gessen wird: der Alkohol kommt dann langsamer und mehr verdünnt in die Leber. Aus demselben Grunde führt der Missbrauch
der weniger alkoholreichen Getränke die Krankheit viel seltener
herbei. Dass aber lange fortgesetzter reichlicher Genuss von Wein
oder starkem Bier diese Wirkung haben kann, lässt sich nicht bezweifeln: Fälle bei Weintrinkern sowie bei Bierbrauern, welche
jeden Brantweingenuss aufs Entschiedenste in Abrede nahmen, finden sich in der Literatur mehrere (Bamberger, Liebermeister,
Leudet u. A.).

Von keinem der übrigen Bestandtheile unserer Genuss- oder
Nahrungsmittel ist es erwiesen, dass er auf die Entstehung der
Cirrhose einen Einfluss habe. Budd vermuthet es von den in Indien
gebräuchlichen scharfen Gewürzen.

Die Frage nach der Ursache der Krankheit in den zahlreichen Fällen, bei denen abusus spirituosorum nicht stattgefunden hat, fand zunächst insofern eine Beantwortung, als es durch allmählich sich mehrende Beobachtungen immer sicherer wurde, dass zwei Infectionskrankheiten zur Entwicklung der Cirrhose Veranlassung geben können, nämlich die Syphilis und die Intermittens. Dufour[1]) hatte bereits 1851 einen Fall von Lebercirrhose bei Syphilis beschrieben und Virchow in seiner Arbeit „über die Natur der constitutionell syphilitischen Affectionen"[2]) ausdrücklich erwähnt, dass sich in syphilitischen Lebern zuweilen eine ausgedehnte Induration durch interstitielle Bindegewebsentwicklung findet, die zu Formen der Cirrhose Veranlassung gibt. Darauf hat Frerichs, gestützt auf die Thatsache, dass unter seinen 36 Cirrhotischen sich 6 befanden, die an Syphilis litten oder früher Symptome derselben gezeigt hatten, dieser chronischen Infectionskrankheit geradezu einen Platz in der Aetiologie der Cirrhose angewiesen. Allerdings ist in den Fällen, die zu dieser Kategorie gehören, der Process nicht immer durch das ganze Organ mit derselben Regelmässigkeit entwickelt, wie er es zu sein pflegt, wo er durch die Einwirkung des Alkohols hervorgerufen ist, aber trotzdem darf man sagen, dass die syphilitische Erkrankung der Leber hin und wieder wenn auch nicht in ganz reiner Form, so doch der Hauptsache nach als Cirrhose sich darstellt.

Was den Zusammenhang der Cirrhose mit der Intermittens, betrifft, so ist derselbe den deutschen Beobachtern nicht entgangen, jedoch hat es nach ihren Angaben den Anschein, als ob sich der Einfluss der Malaria auf die Leber nur sehr selten in dieser Weise äussere. Frerichs sah trotz der grossen Häufigkeit des Wechselfiebers in Breslau (s. Klinik der Leberkrankh. Bd. I. S. 364) nur 5 Fälle von Cirrhose nach anhaltender Intermittens, von denen noch dazu einer (l. cit. Bd. II. S. 67) in Kiel zur Beobachtung kam und zwei möglicher Weise durch abusus spirituosorum veranlasst waren; unter Bamberger's 51 Cirrhose-Kranken war nur bei 3 hartnäckige Intermittens vorausgegangen. Dagegen ist, wie Franco[3]) berichtet, Cantani in Neapel der Ansicht, dass die Lebercirrhose in Italien, wo sie sehr häufig vorkomme, nicht von Alkoholmissbrauch abzuleiten sei, vielmehr bestehe das wesentliche ätiologische Moment für dieselbe in der Malaria-Infection. A. Hirsch[4]) erwähnt unter

1) Bull. de la Soc. anat. de Paris 1851. p. 139.
2) Virchow's Arch. Bd. 15. S. 281.
3) Il Morgagni 1870. Virchow-Hirsch's Jahresber. 1870. Bd. 2. S. 170.
4) Hdb. der histor.-geogr. Pathol. Bd. 2. S. 321; vgl. ibid. S. 306.

den Gewebsveränderungen der Leber, welche als Folgekrankh en
von Malariafieber vorzugsweise in tropischen und subtropischen Ländern, aber auch in intensiven Malariaherden der gemässigten Breiten
angetroffen werden, die der Cirrhose ähnliche auf Gefässobliteration
beruhende Atrophie.

Neuerdings hat Botkin[1]) versucht, eine Abhängigkeit der
Cirrhose von vorausgegangenen Infectionskrankheiten in weit grösserem Umfang nachzuweisen. Er vindicirt auch der Cholera und
den verschiedenen Typhusformen einen directen Einfluss auf die Entstehung dieser Leberkrankheit. Seiner Auffassung zufolge werden
die unter dem Einfluss acuter Infectionsprocesse gesetzten anatomischen Läsionen parenchymatöser Organe (Leber, Milz, Nieren, Herz)
mit der Zeit eine Hauptursache chronischer Entzündungsprocesse in
denselben[2]). Sehr selten komme es vor, dass man einen unmittelbaren Uebergang einer Infectionskrankheit in die chronische Entzündung der Leber beobachten könne. Wohl aber ergebe sich für
letztere in der Mehrzahl der Fälle aus der Anamnese ein deutlicher
Causalnexus mit einer früher überstandenen derartigen Krankheit.

Die Beobachtungen, auf welche Botkin diese Ansicht stützt,
hat er nicht mitgetheilt[3]). Auch in den zahlreichen von Anderen
veröffentlichten Beobachtungen, welche wir verglichen haben, finden
sich anamnestische Angaben, die als Belege für dieselbe gelten
könnten, äusserst selten[4]). Nichtsdestoweniger ist die von Botkin
gegebene Anregung jedenfalls geeignet, dem ebenso interessanten,
wie in prophylaktischer Hinsicht wichtigen Gegenstande weitere Beachtung zu verschaffen. Namentlich wird die Forschung auch darauf
zu richten sein, ob nicht in den Fällen, wo die Leberkrankheit mit

---

1) Tschudnowsky, Berl. klin. Wochenschr. 1872. Nr. 22 u. Botkin,
Die Contractilität der Milz und die Beziehung der Infectionsprocesse zur Milz,
Leber u. s. w. Berlin 1874.

2) Eine ähnliche Auffassung findet sich angedeutet bei A. Beer, Die Ein-
geweidesyphilis. S. 158.

3) Die Mittheilungen von Tschudnowsky betreffen nur den mikroskopischen Befund in den Lebern von 10 auf Botkin's Klinik gestorbenen Cholera-
kranken: diese zeigten sämmtlich ausser anderweitigen Veränderungen die Anfänge
der interstitiellen Entzündung. Dasselbe wird von den Lebern der an Abdominaltyphus Gestorbenen erwähnt. Dagegen wird kein Fall angeführt, in welchem
ausgebildete Lebercirrhose als Folgekrankheit von Cholera oder Typhus nachgewiesen worden wäre.

4) So berichtet z. B. Redenbacher einen Fall, wo bei der 38 Jahre alten
Cirrhotischen die Anamnese weiter nichts ergibt, als dass sie im 3. Jahre vor dem
Eintritt des Ascites die Cholera durchgemacht hatte.

Wahrscheinlichkeit auf eine vorausgegangene Infectionskrankheit zurückzuführen ist, noch gewisse Nebenmomente zu ihrer Entstehung
mitgewirkt haben [1]).

Von den Intoxicationskrankheiten wäre ausser dem Alkoholismus
noch die Phosphorvergiftung zu nennen, bei welcher in protrahirt
verlaufenden Fällen das interstitielle Gewebe der Leber nicht selten
Veränderungen erleidet, welche um so sicherer mit den Anfängen
des zur Cirrhose führenden Processes identificirt werden dürfen, als
es G. Wegner[2]) gelungen ist, bei Thieren (Kaninchen, Katzen,
Hunden) durch Einverleibung allmählich gesteigerter Dosen von
Phosphor eine interstitielle Hepatitis zu erzeugen, die nach Monate
lang fortgesetzter Anwendung relativ sehr grosser Mengen des Giftes
in Granularatrophie überging und durch ganz dieselben Störungen,
wie sie diese Krankheit beim Menschen hervorruft, den Tod herbei-
führte. Indessen ist beim Menschen die Krankheit als Folge von
Phosphorvergiftung noch nicht beobachtet worden[3]).

Dass die Cirrhose auch auf dem Boden der gichtischen Dyskrasie, als eine Form der visceralen Gicht, sich entwickeln könne,
wie von englischen und französischen Autoren noch bis in die neueste
Zeit[1]) angenommen wird, ist nicht wahrscheinlich. Denn weder
kommt sie bei Gichtkranken auffallend häufig vor, noch ist sie bei
ihnen — wie die Nephritis arthritica — mit einer Ablagerung harnsaurer Salze in das kranke Organ verbunden.

Von der Mehrzahl der bisher erwähnten Schädlichkeiten, die zu
Ursachen der Cirrhose werden können, ist es kaum zweifelhaft, dass
sie mit dem Pfortaderblut in die Leber gelangen. Dafür spricht
sowohl die Natur dieser Schädlichkeiten, als auch der Umstand, dass
die durch die Einwirkung derselben erzeugte Hepatitis ihren Ausgangspunkt und hauptsächlichsten Sitz in der Umgebung der kleinsten Pfortaderverzweigungen hat.

Dass auch Verschliessung der Pfortader Cirrhose der Leber nach

---

1) Nach der Angabe von Bleeker (La Dysenterie etc. La Haye 1856. p. 21),
dass die Dysenterie auf dem Indischen Archipel am häufigsten mit Hyperämie
und „altération granuleuse" der Leber complicirt sei, gehört vielleicht auch die
tropische Ruhr zu denjenigen Infectionskrankheiten, in deren Gefolge sich Cirrhose entwickeln kann.

2) Virchow's Arch. Bd. 55. S. 18.

3) Die Annahme von Aubry (Gaz. des hôp. 1865. p. 113), dass durch chronische Bleivergiftung Lebercirrhose entstehen könne, findet in dem von ihm erzählten Falle keine genügende Stütze.

4) Vgl. z. B. Trousseau, Medic. Klinik. Deutsche Bearb. Bd. 3. S. 283
und Murchison, On functional derangements of the liver. Lond. 1874. p. 81.

sich ziehen könne, ward zuerst von Gintrae[1]) und Oré[2]) (von Letzterem nach den Ergebnissen von Versuchen an Hunden) statuirt. Botkin[3]) gelangte zu derselben Annahme auf Grund einer Beobachtung, wo der Eintritt eines sehr rasch zunehmenden Ascites der Volumsabnahme der Leber einige Monate vorausging. Von den übrigen Autoren (Frerichs, Bamberger, Tüngel, Klebs u. A.) wird dagegen überall, wo Cirrhose und Verstopfung der Pfortader zusammen vorkommen, die letztere als Folge der ersteren angesehen. Ganz neuerdings folgert Solowieff[4]) aus Experimenten, die er an Hunden angestellt hat, dass der Verschluss der V. portae, wenn er allmählich erfolgt, an und für sich Ursache der Entwicklung eines mehr oder weniger verbreiteten interstitiellen Processes in der Leber wird, der sich in nichts von dem cirrhotischen unterscheidet. Das Zustandekommen desselben sucht er übereinstimmend mit Botkin daraus zu erklären, dass das die Verzweigungen der Pfortader begleitende Bindegewebe nach dem Verschluss des Stammes weder von den Blutgefässen, die aufgehört haben sich in dem früheren Grade mit Blut zu füllen, noch von den allmählich atrophirenden Leberzellen gedrückt werde und somit sich in einem Zustande befinde, der für die Proliferation der günstigste sei. In den Experimenten von S. war aber nicht blos die Pfortader verschlossen, sondern auch das Lumen ihrer feinsten Verästelungen durch eine kleinkörnige Masse verstopft, so dass höchst wahrscheinlich auch das Blut aus der Leberarterie nicht zu den Acini gelangte und in den ernährenden Gefässen des interacinösen Gewebes der Blutdruck gesteigert war. Der Pfortaderverschluss an sich bewirkt weder Atrophie der Leberzellen noch Wucherung des interstitiellen Bindegewebes, wofür die Fälle von einfacher Pfortaderthrombose beim Menschen den Beweis liefern.[5])

Endlich ist noch zu erwähnen, dass granulirte Induration der Leber hin und wieder im Anschluss an chronische Peritonitis entsteht, indem der entzündliche Process von dem serösen Ueberzug und der Glisson'schen Scheide auf das interlobuläre Gewebe übergreift.

1) Journ. de Bordeaux, Jan. - Mars 1865. Schm. Jahrb. Bd. 93. S. 48.
2) Fonction de la veine-porte. Bordeaux 1861, ausgezogen von Robin, Journ. de l'Anat. et de la Physiol. I. p. 556.
3) Virchow's Arch. Bd. 30. S. 456.
4) Virchow's Arch. Bd. 62. S. 195.
5) Vergl. z. B. die Beobachtungen von Cohn, Klin. d. embol. Gefässkrankh. S. 498 und von Leyden, Berl. klin. Wochenschr. 1866. Nr. 13. Beob. 2.

Wie sich aus dem Vorstehenden ergibt, sind die Ursachen der Cirrhose ziemlich mannigfaltig. Auf die meisten von ihnen ist man aber erst seit Kurzem aufmerksam geworden. Daraus erklärt es sich, dass unter den in der Literatur enthaltenen Beobachtungen ziemlich viele sind, in denen ein ätiologisches Moment nicht aufgefunden ward: sie gehören grösstentheils jener Zeit an, wo nur der Einfluss des Alkohols auf die Entstehung der Krankheit sicher bekannt war.

Die Prädisposition ist anscheinend im mittleren Lebensalter und beim männlichen Geschlecht sehr überwiegend.

Von Bamberger's Kranken war die Hälfte zwischen dem 30. und 45. Jahre, bei Frerichs 20 (von 36) zwischen 50 und 70, 12 zwischen 30 und 50 Jahre alt. Bei Bamberger 39 Männer, 12 Weiber; bei Frerichs 20 Männer, 16 Weiber; bei Tüngel 24 Männer, 6 Weiber. Im Berliner pathologischen Institute fand sich nach G. Förster unter 3200 Sectionen 31 mal Cirrhose bei Individuen zwischen 30 und 90 Jahren, darunter 16 im Alter von 40 bis 60 Jahren; 24 Männer, 7 Weiber.

Dem Greisenalter, sowie dem späteren Kindesalter gehören nur sehr wenige Kranke an: Bamberger's jüngster Kranke war 15 Jahr alt, Gerhardt gibt in seinem Lehrbuch der Ausc. u. Perc. 2. Aufl. S. 322 die Abbildung eines 15jährigen Potators mit Cirrhose der Leber, Steffen sah die Krankheit bei einem 13jährigen Mädchen und einem 11jährigen Knaben, Wunderlich bei 2 Geschwistern von 12 und 11 Jahren, Maggiorani[1]) bei einem 11jährigen, Frerichs bei einem 10jährigen Knaben, Löschner[2]) bei einem 9jährigen Mädchen, Hauerwaas bei einem 8jährigen Knaben. Fälle aus früherem Alter habe ich in der Literatur nicht gefunden[3])

---

1) Gazz. clin. dello Sped. civ. di Palermo. 1874. Mazzio. Jahresbericht von Virchow u. Hirsch für 1874. Bd. 2. S. 259.

2) Oesterr. Zeitschr. f. Kinderheilkde. Jahrg. 1 (1856), Mai.

3) Die von Rilliet und Barthez in der 1. Aufl. ihres Handb. angeführten 4 Fälle von Cirrhose bei Kindern finden sich in der 2. Aufl. nicht mehr. Der Fall eines 4jährigen Mädchens, welchen Henoch (in seiner Bearbeitung der Monographie von Budd S. 151) erwähnt, zeigt in mehrfacher Beziehung von der Cirrhose abweichende Verhältnisse (intensive Gelbsucht, glatte und ebene Oberfläche der Leber, succulente Beschaffenheit des interstitiellen Gewebes trotz beträchtlicher Verkleinerung des Organs). — Nach Beobachtungen von W. H. Dickinson (Med.-chir. Transact. Vol. 52. p. 359. Schmidt's Jahrbb. Bd. 154. S. 284) kommt mitunter bei Rachitis in den ersten Lebensjahren eine Affection der Leber vor, welche mit dem ersten Stadium der Cirrhose übereinzustimmen scheint.

mit Ausnahme zweier Beobachtungen von fötaler Cirrhose: die eine
von F. Weber[1]) betrifft einen todtgeborenen Zwilling, die andere
von Virchow[2]) ein unmittelbar nach der Geburt verstorbenes Kind;
in beiden war die Aetiologie dunkel.

Der Brantweingenuss ist jedenfalls von erheblichem Einfluss auf
die in Rede stehenden Verhältnisse: die Cirrhose und die Trunksucht
stimmen hinsichtlich der Häufigkeit ihres Vorkommens nach Alter
und Geschlecht im Wesentlichen überein; auch die grössere Frequenz
der Krankheit in den niederen Ständen und in einzelnen Ländern
(England, Norddeutschland) erklärt sich höchstwahrscheinlich auf
diese Weise. Dass jedoch auch nach Abzug der durch den Alkohol
verursachten Fälle die übrigen sich nicht gleichmässig auf alle Altersstufen und beide Geschlechter vertheilen würden, lässt sich schon
aus der bisherigen, im Ganzen freilich sehr dürftigen Statistik ersehen: unter den eben aufgezählten Fällen aus dem Kindesalter[3])
kommen zwar nur die beiden von Wunderlich, der von Gerhardt, der von Hauerwaas und der von Maggiorani auf Rechnung des Brantweins, aber die anderen repräsentiren eine Zahl, die
so niedrig ist, dass sie die absolute Seltenheit der Krankheit bei
Kindern hinlänglich beweist.

Pathologie.

Krankheitsbild.

Meist beginnt die Krankheit symptomlos und das erste Stadium
ihrer Entwicklung verläuft unbemerkt. Nur in seltenen Fällen, die
vorwiegend Potatoren betreffen, zeigen sich Monate und selbst Jahre
vor dem Auftreten der charakteristischen Erscheinungen dumpfe oder
lebhaftere Schmerzen in der Lebergegend, verbunden mit Anschwellung des Organs, gastrischen Beschwerden, manchmal auch Icterus
und Fieber. Ein solcher Anfall dauert gewöhnlich nur Tage; er
kann aber öfter wiederkehren und jedesmal eine Zunahme der Leberanschwellung zurücklassen; zu dieser gesellen sich dann allmählich
weitere Symptome der Krankheit. Oder es folgt nach einem oder
einigen Anfällen eine längere Zeit, in welcher der pathologische

---

1) Beitr. z. patholog. Anat. d. Neugebor. 3. Lief. S. 47.
2) Virchow's Arch. Bd. 22. S. 426.
3) In Virchow-Hirsch's Jahresbericht f. 1876 sind ausserdem noch 5 Fälle
aufgeführt, welche bei Kindern im Alter von 6 bis 12 Jahren beobachtet wurden;
nur in einem derselben liess sich als Ursache Abusus spirit. nachweisen.

Process in der Leber keine oder doch nur sehr unbedeutende Beschwerden veranlasst.

In der grossen Mehrzahl der Fälle treten überhaupt erst dann Erscheinungen auf, wenn es bereits zu consecutiven Störungen in anderen Organen gekommen ist. Den Anfang machen gewöhnlich Symptome vom Magen und Darm, wie Appetitverminderung, Gefühl von Druck im Epigastrium nach der Ingestion, Uebelkeit, Aufstossen, Trägheit des Stuhlgangs u. s. w. Fast stets folgt sehr bald der Beginn einer Kachexie, die sich durch das fahle oder schmutzig gelbliche Aussehen, die allmähliche Abmagerung und zunehmende Schwäche des Kranken manifestirt. Meist gleichzeitig mit ihr stellt sich Ascites ein und nach demselben früher oder später oft Anasarka, das an den Füssen beginnt. Um diese Zeit ist in der Regel die Leber verkleinert, die Milz vergrössert. Die Digestionsstörungen bestehen fort, wenn auch der Appetit manchmal wieder besser ist. In einzelnen Fällen erfolgt Bluterbrechen und blutiger Stuhl. Die Verstopfung geht nicht selten später in Diarrhoe über. Meteorismus und der steigende Ascites beeinträchtigen die Respiration. Der Urin wird mit der Zunahme des Hydrops spärlicher und relativ reicher an Pigment und Uraten. Der Puls, der allmählich an Völle und Spannung abnimmt, beschleunigt sich meist erst gegen das Ende. Ausgesprochener Icterus tritt im Verlaufe der Krankheit selten auf. Häufiger zeigen sich in der späteren Zeit Petechien der Haut und Blutungen aus der Nase, dem Zahnfleisch u. s. w. Bisweilen stellen sich zuletzt schwere Cerebralsymptome ein. Der Tod erfolgt gewöhnlich durch Lungenödem oder Collapsus, nachdem es zu äusserster Abmagerung und Schwäche gekommen oder eine acute Affection hinzugetreten ist. Complicationen können den Tod bereits in einem früheren Stadium der Krankheit herbeiführen, in welchem das Volumen der Leber noch vergrössert ist.

Anatomische Veränderungen.

In der Mehrzahl der Fälle findet sich bei der Section die cirrhotische Leber verkleinert und durch strangartige oder membranöse Pseudoligamente mit den benachbarten Organen, namentlich dem Zwerchfell verwachsen. Die Verkleinerung ist manchmal nur gering, andere Male beträchtlicher, bis zu dem Grade, dass der Umfang des Organs kaum noch die Hälfte des normalen beträgt. Das Gewicht ist nicht in gleichem Verhältniss vermindert; es kann bei nur mässiger Volumsabnahme sogar noch etwas über der Norm sein,

bei hochgradiger bis auf ca. 1000 Gr. sinken. Am auffallendsten
zeigt sich die Verkleinerung gewöhnlich am linken Lappen, der mitunter nur wie ein schmaler membranöser Anhang des rechten erscheint. Auch am rechten ist der scharfe Rand nicht selten in einen
dünnen schlaffen Saum verwandelt, der nach vorn oder hinten um-
geklappt und in dieser Stellung durch Pseudoligamente fixirt sein
kann; im Uebrigen pflegt aber der rechte Lappen mehr seiner Höhe
und Breite, als seiner Dicke nach verkleinert zu sein. Die Oberfläche der Leber ist uneben durch unzählige Warzen und Höcker,
welche durch die mehr oder weniger verdickte und bisweilen mit
Zotten besetzte Kapsel mit gelblicher Farbe durchscheinen und durch
weissgraue Furchen von einander getrennt sind. Diese sog. Granulationen bilden meist halbkugelige Prominenzen von Hirsekorn- bis
Erbsengrösse; bald sind sie sämmtlich annähernd gleich, bald verschieden gross: letzterenfalls können sie stellenweise den Umfang
einer Haselnuss erreichen und sind dann mitunter von traubenartiger
Gestalt. Das Gewebe der granulirten Leber ist sehr derb bis zu
fast knorpelähnlicher Härte, beim Einschneiden knirschend, lederartig zähe, trocken und blutarm. Das Bild auf dem Durchschnitt
entspricht den äusserlich sichtbaren Veränderungen: ein weissgraues
Netz verschieden breiter, meist scharfbegrenzter Züge schwieligen
Bindegewebes zeigt in seinen Lücken rundliche oder unregelmässig
gestaltete Parenchyminseln von der Grösse der an der Oberfläche
prominirenden Höcker und von meist gesättigt gelber, selten gelb-
bräunlicher oder grünlicher Farbe. Diese Parenchyminseln treten
mehr oder weniger deutlich über ihre Umgebung hervor, indem das
schwielige Gewebe zwischen ihnen sich von der Schnittfläche zurück-
zieht. Schon mit blosem Auge erkennt man an feinen Bindegewebs-
zügen, welche sich von den breiteren Balken des sklerotischen Gewebes abzweigen und die Granula durchsetzen, sowie an dem gewöhnlich noch sichtbaren acinösen Bau der letzteren, dass dieselben
meist nicht aus je einem Läppchen, sondern aus einer kleineren oder
grösseren Anzahl von solchen bestehen. — Die Pfortader und die
Leberarterie, sowie die gröberen Aeste von beiden sind nicht selten
erweitert. Das Gewebe der Glisson'schen Scheide längs dieser grossen
Gefässe ist in der Regel nicht verdickt. Auch die makroskopischen
Gallengänge zeigen nichts Abnormes. Der Inhalt der Gallenblase ist
häufig dünner, blässer und spärlicher als die gewöhnliche Blasengalle.

Das eben entworfene Bild entspricht den am weitesten vorgeschrittenen Fällen. In mehrfacher Hinsicht verschieden davon ist
dasjenige, welches die Leber darbietet, wenn der Tod in einem

früheren Stadium der Krankheit erfolgt ist. Sie ist dann fast stets
und zwar oft in bedeutendem Maasse vergrössert und kann bis zu
3000 Gr. wiegen. Ihre Gestalt weicht nicht wesentlich von der Norm
ab; nur ist mitunter die Volumszunahme des linken Lappens noch
beträchtlicher als die des rechten. Das Organ im Ganzen zeigt eine
erheblich vermehrte Consistenz. Die Oberfläche ist eben und meistens
anscheinend gleichmässig gelb. Bei genauerem Zusehen unterscheidet
man aber schon aussen und noch deutlicher auf der Schnittfläche
die bald mehr, bald weniger intensiv gelb gefärbten Parenchyminseln und das blassrosarothe oder grauröthliche Zwischengewebe.
Das letztere ist ansehnlich verdickt, manchmal derart, dass es an
Masse die Drüsensubstanz zu übertreffen scheint; es bildet netzartig
sich verästelnde Streifen, welche weiter als das normale interlobuläre Gewebe zwischen die Läppchen eindringen und grössere oder
kleinere Gruppen von solchen scheinbar vollständig umschliessen.
Durchschnitte in verschiedene Richtungen zeigen jedoch, dass auch
diese Läppchengruppen nicht vollständig isolirt sind, sondern immer
mindestens nach einer Seite hin mit anderen noch in Zusammenhang
stehen.

Den Uebergang von dem soeben beschriebenen zu dem oben
zuerst geschilderten Zustand der Leber stellen solche Fälle dar, wo
der Umfang des indurirten Organs noch vermehrt oder doch nicht
unter die Norm vermindert, aber die Granulirung stellenweise (am
linken Lappen und längs des freien Randes des rechten) oder auch
schon überall deutlich ausgesprochen ist. Hier hat auch häufig das
fibröse Gewebe zwischen den Granulationen noch nicht das grauweisse Aussehen des Narbengewebes, sondern eine grauröthliche
Farbe.

Der Sitz des pathologischen Processes, durch welchen die der
Cirrhose eigenthümlichen Veränderungen zu Stande kommen, ist das
interlobuläre Bindegewebe. Mag die Leber noch vergrössert oder
schon verkleinert sein, stets findet sich in diesem Gewebe längs des
Randes der Läppchen ein an den verschiedenen Stellen verschieden
reichliches Infiltrat von Rund- und Spindelzellen. Dasselbe pflegt
in der Umgebung der feinsten Pfortaderzweige am dichtesten zu sein
und lässt sich stellenweise längs der Capillargefässe bis in die peripherische Zone der Läppchen hineinverfolgen. Ein Theil der Zellen
dieses Infiltrats entwickelt sich zu einem an fixen Körperchen sehr
reichen Fasergewebe, welches allmählich durch Schrumpfung dem
schwieligen Narbengewebe ähnlich wird. Ein anderer Theil der
Zellen ist höchstwahrscheinlich als die erste Anlage neuentstehender,

aus den Capillaren der Arteriolae interlobulares hervorsprossender
Gefässe zu betrachten. Denn wie Frerichs zuerst nachgewiesen
hat, lassen sich von der A. hepat. aus in dem verdickten Bindegewebe der cirrhotischen Leber netzförmig untereinander anastomosi-
rende Capillaren von verhältnissmässig grossem Kaliber injiciren,
welche sich durch ihre Anordnung und die Beschaffenheit ihrer
Wandungen als neugebildete kennzeichnen. Dass, wie Frerichs
anzunehmen scheint, auch von den Pfortaderverzweigungen neue Gefässe auswachsen, ist aus den Abbildungen, die er von seinen In-
jectionspräparaten gibt, nicht zu ersehen und an sich auch nicht
wahrscheinlich. Die Endzweige der Pfortader erleiden durch die
Schrumpfung des neugebildeten Bindegewebes, von welchem sie umschlossen sind (vielleicht auch schon durch die Wucherung desselben
— Liebermeister —), eine Compression, in Folge deren sie ob-
literiren. Dies zieht den Untergang derjenigen Leberläppchen nach
sich, welche von diesen Pfortaderzweigen gespeist wurden. Denn,
wie Cohnheim und Litten[1]) nachgewiesen haben, gelangt nicht
nur das Blut aus der Pfortader, sondern auch — wenigstens zum
allergrössten Theile — dasjenige aus der Leberarterie durch die
Interlobularvenen zu den Capillaren des Lobulus. Werden diese
Venen unwegsam, so hört jede nennenswerthe Blutzufuhr zum Lobulus auf: seine Capillaren veröden und die Leberzellen atrophiren.
Vor dem Bekanntwerden der Cohnheim-Litten'schen Untersuchungen erklärte man die Destruction der Läppchen durch die
Annahme einer intralobulären Bindegewebswucherung. Für dieselbe
scheint zu sprechen, dass man häufig in dem peripherischen Theile
der Läppchen atrophische Leberzellenballen oder Bruchstücke von
solchen durch breite Streifen fibrösen Gewebes von einander getrennt
sieht, während der centrale Theil noch wohlerhaltene Zellen in normaler Anordnung zeigt. Da aber jedes Leberläppchen durch mehr
als eine Interlobularvene mit Blut versorgt wird, so könnte eine solche
particlle Atrophie auch darauf beruhen, dass die zuführenden Gefässe
noch nicht sämmtlich obliterirt sind. Indessen ist es ja sehr wohl
möglich, dass beide Vorgänge: die Obliteration der Interlobularvene
und der Verschluss der peripherischen Capillaren durch intralobuläre
Bindegewebswucherung, an der Atrophirung des Drüsenparenchyms
sich betheiligen. In dem schwieligen Gewebe, das an die Stelle des
letzteren tritt, sieht man oftmals feine Fetttröpfchen und Häufchen
von gelbem oder braunem Pigment als letzte Ueberreste der zu

---

1) Virchow's Arch. Bd. 67. S. 153 f.

Grunde gegangenen Leberzellen. Die interlobulären Gallengänge persistiren nach dem Untergange der zugehörigen Läppchen: die gestreckten, mitunter dichotomisch verzweigten Doppelreihen ihres kubischen Epithels finden sich sehr zahlreich in der fibrösen Masse. Diejenigen Abschnitte des Drüsenparenchyms, welche bis zuletzt erhalten bleiben, bilden die auf der Oberfläche und der Schnittfläche prominirenden Granulationen. Ihre Leberzellen haben nur selten ein vollkommen normales Aussehen. In manchen Fällen sind sie durch compensatorische Hypertrophie vergrössert, oft bis auf das Doppelte oder Dreifache (Klebs). Gewöhnlich sind sie reich an Gallenfarbstoff, der in feinen Körnchen angehäuft ist oder auch das Protoplasma gleichmässig färbt. Da dieser Icterus in der Regel sich auf die Granulationen beschränkt, so muss seine Ursache darin gesucht werden, dass durch die Bindegewebswucherung am Rande der Läppchen der Abfluss des Secrets aus den Gallencapillaren in die interlobulären Gänge erschwert ist. Zur gelben Farbe der Granulationen trägt meistens auch noch ein reichlicher Fettgehalt der Leberzellen bei. Dieselben verhalten sich häufig ganz so, wie bei chronischer Fettleber. Mag dies auch mitunter durch die Einwirkung einer der bekannten Schädlichkeiten, welche übermässige Fettablagerung in der Leber erzeugen, wie namentlich Alcoholmissbrauch, bedingt sein, so rührt es doch wohl noch öfter davon her, dass die Gesammtzahl der Leberzellen erheblich abgenommen hat und deshalb von dem an sich nicht in abnormer Menge abgelagerten Fett desto mehr auf die einzelne Zelle kommt. Andere Male lässt der Umstand, dass neben mit Fetttröpfchen erfüllten Leberzellen auch solche mit einfach körniger Trübung des Protoplasmas vorhanden sind, auf fettige Degeneration schliessen, welche vielleicht von ungenügendem Blutzufluss aus den durch den cirrhotischen Process verengten Interlobularvenen abzuleiten ist. Bisweilen zeigt das Parenchym einzelner oder auch sämmtlicher Granulationen die für die acute gelbe Leberatrophie charakteristischen Veränderungen. — Das Capillarnetz der Läppchen bietet, ausser der schon erwähnten Anlagerung von Rund- und Spindelzellen in seinem peripherischen Theile, in der Regel nichts Abnormes. Wenn in vereinzelten Fällen die Capillaren erweitert gefunden wurden, so beruhte dies auf einer Stauung des Blutes in den Lebervenen, die durch eine Complication, wie z. B. in der 2. Beobachtung von Cornil (l. c. p. 274) mit Herzklappenfehler, bedingt war.

Wie sich aus dem Vorstehenden ergibt, charakterisirt sich der pathologische Process, welcher bei der Cirrhose in der Leber stattfindet, als diffuse chronische entzündliche Hyperplasie des interstitiellen Bindegewebes und nachfolgende Schrumpfung dieses hyperplastischen Gewebes. Erstere bewirkt die Vergrösserung des Organs in der früheren, letztere die Wiederabnahme seines Volumens in der späteren Periode der Krankheit. Es wäre aber unrichtig, wollte man ein erstes Stadium der Krankheit als dasjenige der Hyperplasie, ein zweites als dasjenige der Schrumpfung annehmen. Abgesehen von den ersten Anfängen bestehen während der ganzen Dauer der Krankheit Hyperplasie und Schrumpfung nebeneinander. So lange das in Wucherung begriffene Gewebe das geschrumpfte überwiegt, ist die Leber vergrössert, tritt das umgekehrte Verhältniss ein, so verkleinert sie sich. Zu dem vermehrten Volumen trägt unter Umständen auch der Zustand des Drüsenparenchyms bei: dies ist der Fall, wenn neben der interstitiellen Entzündung ein höherer Grad von Fettinfiltration oder von amyloider Entartung besteht. Namentlich bei der letzteren Combination kann die Leber ausserordentlich gross und schwer werden (Ilmoni[1]) beschreibt einen derartigen Fall, wo sie 19 Pfd. wog) und selbst wenn die Schrumpfung schon weit verbreitet ist, noch vergrössert bleiben. Dass die Schrumpfung in der Regel zur Verkleinerung der Leber führt, beruht nur z. Th. auf der Volumsabnahme des neugebildeten Bindegewebes selbst, zum anderen und grösseren Theile auf der durch die Retraction desselben herbeigeführten Atrophie des Drüsenparenchyms.

Die interstitielle Hepatitis ist bei der Laennec'schen Cirrhose zwar durch das ganze Organ, aber nicht überall gleichmässig verbreitet: zahlreiche kleinere und grössere Gruppen von Läppchen bleiben verschont, während andere dazwischen liegende in dem fibrösen Gewebe zu Grunde gehen. Worauf diese ungleichmässige Vertheilung der entzündlichen Hyperplasie beruht, ist noch nicht ermittelt. Die Annahme von Charcot und Gombault, dass es nicht die Interlobularvenen, sondern die nächst grösseren — den sublobularen Lebervenen entsprechenden — Pfortaderzweige (les vaisseaux veineux portes prélobulaires) seien, von denen die Wucherung ihren Ausgang nehme, entbehrt des anatomischen Beweises.

Symptomatologie.

Nur ausnahmsweise hat man Gelegenheit, wie R. Bright, die anfängliche Anschwellung der Leber und ihre allmähliche Verklei-

1) Ilmoni und Törnroth, Analecta clin. icon. illustr. Helsingförs. 1851. Tab. 4.

nerung Schritt für Schritt zu verfolgen. Meistens befinden sich die Kranken, wenn sie Hilfe suchen, bereits in einem späteren Stadium. In einzelnen Fällen ist indessen schon die Entwicklung der Krankheit mit grösseren Beschwerden verbunden oder es geben Complicationen mit anderen Leberkrankheiten oder intercurrente Krankheiten anderer Organe die Veranlassung, dass der Arzt ein früheres Stadium zur Beobachtung bekommt. Die Leber zeigt sich dann vergrössert, mitunter so bedeutend, dass sie den Bauch sichtbar vorwölbt; sie kann bis gegen den Nabel, ja selbst bis über die Mitte zwischen diesem und der Symphyse herabreichen (so z. B. in einem Falle von Liebermeister, l. c. S. 59. Beob. 13): ihre Oberfläche fühlt sich glatt und sehr resistent an, ihr unterer Rand ist ebenfalls hart und zwar scharf, aber dicker als normal, die Incisura interlobul. oft sehr deutlich.[1]

Dieses Verhalten der Leber, welches der Hyperplasie des interstitiellen Bindegewebes entspricht, ändert sich mit der zunehmenden Schrumpfung dieses Gewebes. In dem Maasse als die Vergrösserung allmählich zurückgeht, nähert sich die untere Grenze des Organs mehr und mehr der oberen. Da in der Regel der linke Lappen zuerst abnorm klein wird, so fehlt nicht selten zwischen rechtem Rippenbogen und Schwertfortsatz jede Spur von Dämpfung, während in der Gegend des rechten Lappens die Ausdehnung des gedämpften Schalles noch normal oder selbst abnorm gross und der beim Percutiren fühlbare Widerstand vermehrt ist. Auch hier kann aber schliesslich die gedämpfte Partie auf einen schmalen Streifen reducirt sein, der in der Papillarlinie nur über 2 bis 3 Rippen reicht. Die Volumsabnahme der cirrhotischen Leber geht in der Regel langsam vor sich; nur ausnahmsweise macht sie so rasche Fortschritte, wie in einem von Stricker beobachteten Falle, wo der verticale Durchmesser der Dämpfung in der Parasternallinie binnen einem Monat von 24 auf 11 Cm. sich verkleinerte. Wenn die Schrumpfung einen solchen Grad erlangt hat, dass auch der rechte Lappen unter

---

[1] Nach Borelli ist es für die interstitielle Hepatitis charakteristisch, dass die obere Grenze der Leberdämpfung schon während der anfänglichen Vergrösserung des Organs höher hinaufrückt und gewöhnlich auch im weiteren Verlaufe der Krankheit diesen hohen Stand bewahrt. Die Ursachen dieses Verhaltens findet B. theils in dem Meteorismus, der schon frühzeitig vorhanden sei und die Ausdehnung der Leber nach unten hin verhindere, theils in einer Parese des Zwerchfells, welche durch die consecutive Perihepatitis herbeigeführt werde. Jedoch ist der Hochstand der Leber keineswegs ein so constantes Symptom des ersten Stadiums der Krankheit, wie B. annimmt, der ihn allerdings bei 16 Fällen, die er in der „neoplastischen Phase" beobachtete, jedesmal gefunden hat.

sein normales Volumen herabgegangen ist, lässt sich sehr häufig die
Grösse des Organs überhaupt nicht bestimmen, weil dasselbe von
den durch den Ascites emporgehobenen und meist überdies noch
aufgeblähten Darmschlingen nach hinten und oben gedrängt oder
überlagert ist. Auch kann die ascitische Flüssigkeit selbst einen
Theil der Leber bedecken, so dass die durch sie bewirkte Dämpfung
ohne erkennbare Grenze in die Leberdämpfung übergeht; dann gelingt es manchmal durch die Percussion in der linken Seitenlage des
Kranken die Verkleinerung des Organs nachzuweisen; andere Male
ist dies erst nach der Paracentese möglich. Wird dabei der Rand
den unter den Rippenbogen eindringenden Fingern zugänglich, so
erscheint er meist dünn und scharf oder lässt sich selbst umklappen;
mitunter sind an ihm einzelne Granulationen als kleine Unebenheiten
zu fühlen, die von dem Umfang einer Linse oder Erbse bis zu dem
einer Weinbeere variiren und in seltenen Fällen hier und da stärker
vorspringende Gruppen bilden. Wo in Folge der Combination mit
amyloider Entartung oder beträchtlicher Fettinfiltration der Leber
eine Vergrösserung des Organs auch bei vorgeschrittener Schrumpfung
fortbesteht, kann durch dünne und schlaffe Bauchdecken und, vermittelst der stossweise ausgeführten Palpation, selbst durch eine
Schicht ascitischer Flüssigkeit hindurch die kleinhöckerige Beschaffenheit bisweilen an dem ganzen Abschnitte der vorderen Fläche, welcher unter dem Rippenbogen vorragt, wahrnehmbar sein; von ähnlichen Unebenheiten, die in den Bauchwandungen ihren Sitz haben
und meist von Fettklümpchen gebildet werden, unterscheiden sich
die Lebergranulationen durch ihr Ab- und Aufsteigen mit der In-
und Exspiration, das nur sehr selten durch feste Verwachsung mit
dem parietalen Peritonäum ganz aufgehoben ist.

Manchmal lässt sich an Stellen, wo die cirrhotische Leber der
Bauchwand anliegt, bei der durch die Respiration oder durch Dar-
überstreichen mit den Fingern bewirkten Verschiebung der Theile
ein Reiben oder Knirschen fühlen und mittelst des Stethoskops hören
(Jackson[1]), Bamberger[2]), Seidel[3])). Es beruht auf der durch
die Perihepatitis erzeugten Rauhigkeit der betreffenden Peritonäal-
flächen.

So lange das Organ vergrössert ist, zeigt es sich in der Regel
gegen stärkeren Druck etwas empfindlich und verursacht auch manchmal ein Gefühl von Schwere und Spannung im rechten Hypochon-

1) American Journal. July 1850. Schmidt's Jahrbb. Bd. 69. S. 329.
2) Kkhten d. chylop. Syst. S. 516.
3) Deutsche Klinik 1865. Nr. 49. Beob. 5.

drium. In vereinzelten Fällen, die vorwiegend bei Potatoren vorkommen, treten im Anfang der Krankheit zeitweise lebhaftere Schmerzen in der Lebergegend auf, die mit stärkerer Anschwellung des
Organs und gewöhnlich auch mit Fieber verbunden sind. Solche
Anfälle, die einige Tage zu dauern pflegen, können sich öfter, bald
in regelmässigen, bald in unregelmässigen Intervallen wiederholen.
Hier handelt es sich höchstwahrscheinlich um fluxionäre Hyperämien,
wie sie durch diätetische Schädlichkeiten, namentlich durch Excesse
im Trinken, bei derartigen Individuen auch sonst hervorgerufen werden. Im weiteren Verlaufe der Krankheit ist Schmerzhaftigkeit der
Lebergegend in der Regel nicht vorhanden; wo sie sich vorübergehend findet, ist sie durch eine Exacerbation der Perihepatitis
bedingt.

Die Obliteration zahlreicher Interlobularvenen durch das schrumpfende Bindegewebe bereitet dem Blutstrom in der Pfortader ein
erhebliches Hinderniss. Dementsprechend steigt der Seitendruck in
den Aesten, dem Stamme und den Wurzeln derselben. Diese
Drucksteigerung pflanzt sich auch in diejenigen Venen fort, welche
ausserhalb der Leber Communicationen zwischen dem System der
Pfortader und demjenigen der Hohlvenen bilden, und gibt nicht
selten Anlass zu einer mehr oder weniger namhaften Erweiterung
solcher Venen, die dann als Abzugskanäle für das gestaute Pfortaderblut dienen. Am meisten hierzu geeignet ist eine innerhalb des
Ligam. teres und fast durch die ganze Länge desselben verlaufende
Vene, welche von der Bauchwand her mehrere subperitoneale Aestchen empfängt und in den linken Theil des Sinus venae portae
mündet. Wie ganz neuerdings P. Baumgarten[1]) nachgewiesen
hat, ist diese Vene der Restkanal der unvollständig obliterirten Umbilicalvene, der bei den meisten Menschen während des ganzen
Lebens fortbesteht. Er ist manchmal (in 8 unter 60 Fällen) so weit,
dass sich von der Pfortader her bequem eine dünnere oder dickere
Stahlsonde einschieben lässt, und kann sich bei Lebercirrhose bis zu
Gänsefederkiel- und selbst Kleinfingerdicke erweitern.

Auch früher schon ward die in manchen Fällen von Cirrhose beobachtete sehr weite Vene im Lig. teres für die wieder ausgedehnte
Umbilicalvene angesehen, indem man annahm, dass die in der Regel
stattfindende vollkommene Obliteration der letzteren bei den betreffenden Individuen ausnahmsweise nicht erfolgt sei. Sappey (Bull. de
l'Acad. d. Sc. méd. T. 24 p. 943. Juin 1859) erklärte diese Auffassung
für irrthümlich, da die Umbilicalvene constant nur eine kurze Strecke

1) Centralbl. f. d. med. Wiss. 1877. S. 722—725 u. 741.

weit von ihrem portalen Ende her offen bleibe, im Uebrigen aber zu
einem soliden Strange obliterire; was man für dieselbe gehalten, sei
eines der von ihm als Venae portac accessoriac beschriebenen Gefässe,
welches unmittelbar neben der Ansatzstelle des Nabelvenenstranges
in den linken Pfortaderast münde. Aber schon Bamberger (Krankh.
d. chylop. Syst. S. 520) machte dagegen geltend, dass er die Nabelvene beim Erwachsenen gar nicht selten für eine feine Sonde durchgängig gefunden habe. Später theilte Hoffmann (Correspondenzbl.
f. Schweizer Aerzte. 1872. Nr. 4) einen Fall von Cirrhose mit, wo das
8 Millim. weite Gefäss sich dadurch als die Umbilicalvene documen-
tirte, dass es am Nabel mit der V. epigastr. infer., in der Leberpforte
mit der Pfortader und durch den offenen D. ven. Arant. mit der unteren
Hohlvene in Verbindung stand und ein dem Lig. rotundum entsprechender Strang nicht vorhanden war. — Der D. venos. Arant. gehört nach den Untersuchungen von Baumgarten ebenfalls zu den nicht
vollständig obliterirenden fötalen Gefässen: den Restkanal derselben
fand auch dieser Beobachter in einem Fall von Cirrhose, wo die Umbilicalvene beträchtlich erweitert war, etwas weiter als normal.

Durch die erweiterte Umbilicalvene fliesst das Blut der normalen
Richtung entgegen von der Pfortader zur Bauchwand, deren tiefere
Venen sich in Folge davon gleichfalls erweitern. Indem von diesen
die Stauung sich in die subcutanen Bauchvenen fortsetzt, können
letztere zu dicken Gefässen von ½—1 Ctm. Querdurchmesser ausgedehnt werden, welche als starkgeschlängelte bläuliche Wülste unter
der Haut hervortreten. Diese bilden dann ein Geflecht, das den Nabel
kranz- oder sternförmig umgibt (Cirsomphalus, Caput Medusae) oder
sich zu beiden Seiten desselben nach aufwärts bis ins Epigastrium
und über die vordere Thoraxfläche, nach abwärts gegen die Inguinalgegend erstreckt. Mitunter lässt sich an diesen varicösen Venen mit
der aufgelegten Hand ein leichtes Schwirren und mittelst des Stethoskops
ein continuirliches Rauschen wahrnehmen (Bamberger[1]), Sappey).
— Für das Blut der Pfortaderzweige eröffnen sich Abzugskanäle theils durch die Erweiterung der Venen, welche im Lig. suspensorium und coronarium vom Zwerchfell zur Leber laufen (Sappey),
theils durch die neugebildeten Gefässe der perihepatischen Pseudomembranen, welche eine Verbindung zwischen erweiterten Kapsel-
venen und den Vv. diaphragmaticae herstellen. — Unter den Pfortaderwurzeln ist es einer sehr verbreiteten Annahme zufolge hauptsächlich die V. haemorrhoidalis interna, welche die Ableitung des
Blutes in die V. hypogastrica vermitteln soll; aber so sehr dies durch
ihre zahlreichen Anastomosen mit dem Venengeflecht des unteren
Mastdarmendes begünstigt zu werden scheint, kommen doch Varices

1) Wiener medic. Wochenschrift 1851.

an letzteren, wie bereits von Sappey und Frerichs hervorgehoben wird, bei der Cirrhose nicht besonders häufig vor. Noch seltener hat man an anderen Venen, welche aus den Wandungen des Darmkanals direct in das Hohladersystem überführen, eine Erweiterung beobachtet: Rindfleisch[1]) sah in einem Falle neben Obliteration sämmtlicher Pfortaderzweige eine Anzahl sehr erweiterter Anastomosen der Mesenterialvenen mit spermatischen Venen. Dagegen ist die zuerst von Fauvel (bei Gubler l. c.) beobachtete varicöse Erweiterung der Vv. oesophageae infer., durch welche ein Abfluss des Blutes aus der V. coronaria ventric. nach der V. agygos vermittelt wird, in den letzten Jahren wiederholt gesehen worden.[2])

Wenn auch derartige Collateralbahnen, namentlich an Stellen, wo sie sich während des Lebens nicht erkennen lassen, bei sorgfältiger Leichenuntersuchung vielleicht noch etwas häufiger zu finden sind, als es nach den bisherigen Beobachtungen der Fall zu sein scheint, so erweisen sie sich doch nur äusserst selten zur völligen und dauernden Entlastung des Pfortadersystems als ausreichend. Dies ist, wie sich leicht einsehen lässt, am ehesten dann möglich, wenn sie mit dem Stamme selbst oder mit intrahepatischen Zweigen in unmittelbarer Communication stehen (Beispiele s. unten bei Ascites). In der Regel führt aber das in der Leber bestehende Circulationshinderniss in denjenigen Organen, welche ihr Blut zur Pfortader schicken, eine mehr oder weniger beträchtliche Stauung herbei. So kommt es in der Milz, dem Bauchfell, dem Magen und Darmkanal zu venöser Hyperämie und zu weiteren aus dieser hervorgehenden Veränderungen.

Die Milz ist in den meisten Fällen geschwollen. Wenn die Erfahrung mancher Autoren dem zu widersprechen scheint, so erklärt sich dies aus Zufälligkeiten, wie sie selbst das relativ grosse Beobachtungsmaterial eines Einzelnen nicht ausschliesst. Rechnet man die Beobachtungen von Oppolzer, Bamberger, Frerichs, E. Wagner, Birch-Hirschfeld und die aus dem Berliner pathologischen Institute, über welche G. Förster berichtet, zusammen, so kommen auf 172 Fälle nur 39 (oder zwischen 22 und 23 pCt.), in denen der Milztumor fehlte. In der Regel erreicht die Vergrösserung nur das Anderthalb- bis Dreifache des normalen Umfangs und

---

1) Lehrbuch der patholog. Gewebelehre. 3. Aufl. S. 429.
2) Ebstein, Schmidt's Jahrbb. Bd. 161. S. 160; Audibert, Des varices oesophagiennes dans la cirrhose du foie. Paris 1874; Hanot, Étude sur une forme de cirrh. hypertroph. du foie. Paris 1876, p. 19. Vgl. ferner dieses Hdb. Bd. VII. 1. Anhang. S. 127 f.

entzieht sich dann nicht selten der Wahrnehmung, wenn das Organ durch stärkeren Meteorismus weit nach oben und hinten unter die linke Lunge geschoben ist; bisweilen wird sie aber viel beträchtlicher und bildet einen harten Tumor, der bis in die Nähe des Nabels und selbst noch unter diesen herabragen kann. Die Volumszunahme ist keineswegs immer dem Grade der Stauung proportional; denn sie wird nur zu einem Theil durch die venöse Blutüberfüllung direct bewirkt. Meistens beruht sie der Hauptsache nach auf einer diffusen Hyperplasie des Milzgewebes.[1]) Diese kommt zwar gewiss nicht selten erst unter dem Einfluss der Stauungshyperämie zu Stande, so dass sie als eine Folge der Leberaffection erscheint; andere Male aber ist sie hinsichtlich ihrer Genese der letzteren coordinirt, indem dieselben Reize, welche die Wucherung im interstitiellen Gewebe der Leber anregen (Malaria [2]), syphilitisches Gift [3]) und andere Infectionsstoffe) auch zu einer Vermehrung der Elemente des Milzparenchyms Anlass geben. Die auf solche Weise entstehenden Milztumoren entwickeln sich neben der Lebercirrhose und können bereits nachweisbar sein, wenn diese noch gar nicht zu merklichen Störungen der Pfortadercirculation geführt hat. Aber auch sie werden selbstverständlich durch die hinzukommende Stauungshyperämie noch vergrössert. Soweit die Schwellung der Milz von der Stauung abhängig ist, ändert sie sich mit dem Grade der letzteren: nach reichlichen Gastrorrhagien lässt sich öfter eine plötzliche Abnahme der Milzgeschwulst constatiren. Wo das Organ wegen erheblicher fibröser Verdickung, resp. Verkalkung seiner Kapsel einer Ausdehnung nicht fähig ist, oder wo es sich, wie nicht selten bei bejahrten und decrepiden Personen, im Zustande der Atrophie befindet [4]), fehlt die Vergrösserung.

Der Ascites ist in der späteren Zeit der Krankheit ein fast constantes Symptom. Die Fälle, in denen er ausbleibt, sind meistens

---

1) Vergl. Eichholtz, Müller's Archiv 1845. S. 335. — Virchow, Wiener medic. Wochenschrift 1856. S. 534. — Liebermeister, Beiträge. S. 132.

2) Frerichs (l. c. Bd. 2. S. 44) bemerkt, dass in Gegenden, wo Intermittens häufiger vorkommt, auch der Milztumor neben Cirrhose regelmässiger als in anderen sich einzustellen scheine.

3) s. Virchow in seinem Archiv Bd. 15. S. 319. — Vergl. ferner dieses Handbuch Bd. 3. S. 175; Bd. 8. 2. Hälfte. S. 135.

4) Dass Frerichs unter 36 Kranken bei 18, Bamberger dagegen unter 51 nur bei 4 den Milztumor vermisste, erklärt sich vielleicht wenigstens zum Theil aus der Verschiedenheit der Altersverhältnisse der betreffenden Kranken: unter denen von Frerichs waren 21 über 50 Jahr alt, während die Hälfte der von Bamberger beobachteten im Alter zwischen 30 und 45 Jahren stand.

solche, wo in Folge einer Complication der Tod eintritt, bevor es
zu ausgebreiteter Schrumpfung des neugebildeten Gewebes gekommen ist. Hat diese aber stattgefunden, so wird nur äusserst selten noch durch Entwicklung eines genügenden Collateralkreislaufs
die zur Transsudation in die Bauchhöhle führende Stauung im Pfortadersystem vermieden. [1]) Bei der Entstehung des Ascites bildet
zwar der erhöhte Blutdruck in den Gefässen des Peritoneums das
wichtigste Moment; aber selbstverständlich äussert auch die Beschaffenheit des Blutes ihren Einfluss. Da nun diese oftmals nicht
von der Leberaffection allein, sondern mehr oder weniger auch von
vorausgegangenen oder gleichzeitigen Affectionen anderer Organe abhängig ist, so begreift es sich, warum der Ascites in manchen Fällen schon frühzeitig, in anderen erst später auftritt. Er kann sogar
allen übrigen Stauungserscheinungen vorausgehen und so scheinbar
das erste Symptom der Krankheit sein, indem der Kranke nicht
eher etwas von seinem Leiden merkt, bis ihn die Ausdehnung des
Bauches zu belästigen anfängt. Der allmählichen Zunahme der cirrhotischen Schrumpfung entsprechend entwickelt sich der Ascites in
der Regel langsam, erreicht aber nicht selten eine so bedeutende
Höhe, wie kaum bei irgend einer anderen Krankheit der Leber.
Einmal vorhanden verschwindet er in der Regel nicht wieder. Wo
dies ausnahmsweise geschieht, beruht es auf einem ungewöhnlichen
Erfolg gewisser therapeutischer Einwirkungen (s. unter Therapie)
oder auf einer Abnahme der Stauung in Folge der Erweiterung col-
lateraler Blutbahnen (Monneret, Frerichs). Wenn durch wässerige Diarrhoe oder Gastrorrhagie der Druck im Pfortadergebiete für
einige Zeit herabgesetzt wird, erfährt das Transsudat zwar eine
vorübergehende Verminderung, steigt aber dann der grösseren Anämie wegen um so rascher. Auch nach der Punktion des Bauches,
die meistens zwischen 20 und 40 Pfd. Flüssigkeit liefert, pflegt die
Ansammlung schon im Verlauf der nächsten Tage merklich wieder
zu wachsen und binnen 2—4 Wochen, bei sehr heruntergekommenen Kranken sogar in noch kürzerer Frist, die frühere Höhe zu
erreichen.

Die ascitische Flüssigkeit ist klar, meist gelblich, seltener durch

---

1) So war in einem von Sappey beobachteten Falle, wo 10—12 bis zu
Rabenfederdicke erweiterte Venen des Lig. suspensor. das Blut aus der Leber in
die Vv. diaphragmat. ableiteten, ferner in dem oben erwähnten Hoffmann'schen
Falle mit Ausdehnung der Nabelvene sowie in einem von Hanot (Thèse de Paris.
1876. p. 19) beschriebenen Fall mit varicöser Erweiterung der Vv. oesophageae
keine Spur von Ascites vorhanden.

Gallenpigment grünlich oder bräunlich oder durch extravasirte Blutkörperchen röthlich gefärbt. Ihre chemische Constitution weicht von derjenigen seröser Ergüsse des Bauchfells, welche bei anderen Krankheiten vorkommen, nicht wesentlich ab: sie enthält 1½—3 pCt. feste Stoffe, von denen in der Regel mehr als die Hälfte Eiweiss ist.

Redenbacher fand in einem Falle 1,333 pCt. feste Bestandtheile, darunter 0,849 pCt. Eiweiss; F. Hoppe [1] fand 1,55—1,75 pCt. feste Stoffe und 0,62—0,77 pCt. Eiweiss; in 6 Analysen von Frerichs schwankte die Menge der festen Bestandtheile zwischen 2,04 und 2,48 pCt., die des Eiweisses von 1,01—1,34; Bamberger führt als Ergebniss einer Analyse an: 3,032 pCt. feste Stoffe, darunter 2,497 organische, Budd: 3,015 feste Stoffe mit 2,251 Eiweiss. Bei gleichzeitiger leichter Peritonitis stieg in einer Beobachtung von Frerichs der Gehalt an festen Bestandtheilen auf 3,59 pCt. mit 2,60 Eiweiss.

Ausserdem wurden als Bestandtheile des ascitischen Transsudates bei Cirrhose nachgewiesen: Faserstoff später Gerinnung mehrmals (Frerichs), Zucker in einzelnen Fällen (Frerichs, Bamberger), Harnstoff (Redenbacher: 0,077 pCt., Bamberger: Spuren), Leucin (Frerichs).

Sehr oft bildet sich kürzere oder längere Zeit nach dem Eintritt des Ascites Oedem der Füsse; nur ausnahmsweise stellt sich der Hydrops — falls er nicht von einer complicirenden Nieren- oder Herzkrankheit abhängt — an beiden Stellen gleichzeitig ein und vielleicht auch dann blos scheinbar, insofern die Anfänge des Ascites leichter der Beobachtung entgehen, als die äussere Geschwulst. Letztere breitet sich nicht selten weiter aus, indem sie nach und nach die Schenkel, die äusseren Genitalien, die Gefäss- und Lendengegend und die vordere Bauchwand überzieht. Dagegen bleibt, abgesehen von Complicationen mit Herz- und Nierenleiden, die obere Körperhälfte fast immer frei, oder es kommt höchstens zuletzt Hydrothorax hinzu. Die häufigste Ursache des Oedems ist höchstwahrscheinlich der durch den Ascites und Meteorismus erheblich gesteigerte intraabdominale Druck in seiner Wirkung auf die Vv. iliacae und die Cava inferior. Wird. derselbe durch die Punktion vermindert, so pflegt auch das Anasarka abzunehmen. Wo die Verbindungen zwischen der Pfortader und der V. epigastrica eine stärkere Erweiterung erfahren haben, kann auch die vermehrte Zufuhr, welche aus der letzteren zu der V. cruralis stattfindet, den Rückfluss des Blutes aus den unteren Extremitäten erschweren und dadurch zur Entstehung von Oedem derselben Veranlassung geben, ehe noch ein höherer Grad von Ascites vorhanden ist. Unter denselben Umständen wer-

---

1) Virchow's Archiv Bd. 9. Heft 1.

den bisweilen noch früher die Bauchdecken ödematös (Monneret), indem sich in die Venen derselben aus, der von der Pfortader her überfüllten Epigastrica der erhöhte Druck fortpflanzt. Ein sehr beträchtliches Oedem der ganzen unteren Körperhälfte wird in vereinzelten Fällen dadurch bedingt, dass die Pars hepatica der unteren Hohlvene bei der Schrumpfung der Leber eine Verengerung erleidet (Bamberger). Wenn der Ascites eine solche Höhe erreicht hat, dass durch die übermässige Spannung des Bauches der Blutstrom in der Cava inferior beeinträchtigt wird, so hat der gehemmte Abfluss aus den Venen der Bauchdecken nicht selten eine Erweiterung ihrer oberflächlichen Verzweigungen zur Folge. Die dadurch am Bauche sichtbar werdenden Gefässe unterscheiden sich von den collateralen Phlebektasien (S. 166) durch ihren geringeren Umfang und ihre grössere Verbreitung: sie sind niemals auf die Nachbarschaft des Nabels beschränkt, im Gegentheil häufiger in den seitlichen Partien am meisten entwickelt.

Symptome von Seiten des Magens und Darms sind bei der Cirrhose sehr gewöhnlich vorhanden. Wo sie sich schon im früheren Stadium finden, gehören sie krankhaften Veränderungen der Digestionsorgane an, welche durch die Einwirkung derselben Schädlichkeiten (Alkoholmissbrauch, Malaria) entstanden sind, wie die Leberkrankheit selbst. Häufiger treten sie erst in einer späteren Periode ein und hängen dann meistens von nutritiven und functionellen Störungen ab, welche sich in den Wandungen des Verdauungskanals unter dem Einfluss der andauernden Stauung des Blutes entwickeln. Mitunter erhält sich allerdings bis zuletzt der Appetit und der Stuhlgang normal, was theils auf dem Ausbleiben der venösen Hyperämie der Digestionsorgane in Folge der Ableitung des Pfortaderblutes durch Collateralen, theils auf noch unbekannten individuellen Verhältnissen beruhen mag. Die Mehrzahl der Kranken leidet aber an gastrischen Beschwerden und an Obstipation: es besteht Anorexie, Uebelkeit, Druck im Epigastrium, Aufstossen nach dem Essen u. s. w.; die harten Excremente sind öfter mit glasigem Schleim überzogen. Dem entsprechend trifft man meistens bei der Section am Magen und Dickdarm die Merkmale des chronischen Katarrhs. Doch gibt es auch Fälle, wo diese fehlen, obgleich während des Lebens dyspeptische Erscheinungen bestanden haben. Hier liegt die Ursache vielleicht darin, dass die durch den Ascites und die Tympanie verursachten Beschwerden nach jeder Ingestion noch zunehmen. Ebenso hat die Trägheit des Stuhlganges ihren Grund nicht blos in den Veränderungen der Darmwand selbst: sie kann auch durch

den Druck, den ein massenhaftes Transsudat im Bauchfellsack auf
die am Becken fixirten Theile des Darmrohres ausübt, sowie durch
den verminderten Zufluss von Galle bedingt sein. Denn dass die
Menge dieses Secrets in der Regel allmählich immer geringer wird,
kann bei der fortschreitenden Atrophie des secernirenden Parenchyms
keinem Zweifel unterliegen. Und in der That bekommen sehr häufig
die Darmexcrete in der späteren Zeit der Krankheit eine abnorm
helle Farbe, auch wo keine Gelbsucht vorhanden ist. Graves und
Frerichs geben an, dass mitunter der eine Theil der Fäces thonartig blass, der andere dunkler gefärbt sei; Bamberger und Jaccoud beobachteten einen Wechsel zwischen normal pigmentirten und
blassen Stühlen. Indessen kommt es doch auch nicht selten vor,
dass trotz nachweisbarer Verkleinerung der Drüse die Farbe der
Fäces nicht von der gewöhnlichen abweicht. Vielleicht wird hier
der Ausfall, der durch die numerische Abnahme der Leberzellen entsteht, durch Hypertrophie der übriggebliebenen einigermaassen com-
pensirt. — Dieselben Momente, welche für die Erklärung der Obstipation in Betracht kommen, begünstigen auch die Entstehung von
Meteorismus; der wichtigste Factor bei derselben dürfte aber die
Erschlaffung der Darmwandungen sein, die im Gefolge des Ascites
einzutreten pflegt und wohl hauptsächlich auf seröse Infiltration der
Muscularis zurückzuführen ist. Meteorismus ist in dem späteren
Stadium der Cirrhose fast stets vorhanden und wird oft so beträchtlich, dass er das lästigste Symptom der Krankheit bildet. — Diarrhoe stellt sich gegen das Ende des Lebens nicht selten, manchmal
auch schon früher ein. Sie beruht höchstwahrscheinlich meistens
auf einer hydropischen Transsudation; dafür spricht die oft wasser-
dünne Beschaffenheit der schmutzigblassgelblichen oder fast farblosen
Entleerungen sowie der häufige Befund von Oedem der Darmschleimhaut in der Leiche. Bisweilen liegt ihr hinzugetretene Diphtheritis
des Rectums und Colons zu Grunde. Wo amyloide Degeneration der
Leber mit der Cirrhose combinirt ist, kann die gleiche Erkrankung
der Darmschleimhaut die Ursache des Durchfalls sein. — Zu reichlicheren Blutungen aus der Schleimhaut des Digestionskanals,
und zwar häufiger des Magens, seltener des Darms, kommt es hauptsächlich dann, wenn der Ascites eine solche Höhe erreicht hat, dass
ein weiterer Austritt von Serum aus den Peritonäalgefässen durch
die Spannung der Bauchwandungen verhindert und in Folge dessen
die Stauung in den intestinalen Pfortaderwurzeln zu einem sehr bedeutenden Grade gesteigert wird. Vor dem Auftreten von Ascites
findet Gastrorrhagie nur selten statt; doch kann sie ausnahmsweise

sogar das erste auffallende Symptom der Krankheit sein.[1]) In der
Regel sind es die überfüllten Capillaren, aber auch manchmal submucöse Varices, welche bersten. Ausser dem Erguss auf die freie
Fläche erfolgt öfter (im Magen und Duodenum) auch die Bildung
von hämorrhagischen Infiltraten und Erosionen der Schleimhaut. Co-
piöses Bluterbrechen ist im Ganzen keine seltene Erscheinung bei
der Cirrhose[2]): diese gibt nächst dem einfachen Magengeschwür am
häufigsten von allen Krankheiten Veranlassung zu demselben. Es
kann sich im einzelnen Falle mehrere oder selbst viele Male wiederholen. Rollett[3]) sah die Hämatemesis zwei Jahre hindurch fast
regelmässig in Abständen von 4—5 Wochen wiederkehren und nach
derselben jedesmal den in der Zwischenzeit wieder gewachsenen
Ascites abnehmen. In seltenen Fällen stammt das erbrochene Blut
nicht aus den Magengefässen, sondern aus einem geborstenen oder
durch Ulceration der Schleimhaut arrodirten Varix im unteren Abschnitt des Oesophagus (s. S. 167).

Während die Veränderungen des interstitiellen Gewebes in der
späteren Zeit der Krankheit constant zu einer mehr oder weniger
beträchtlichen Stauung des Pfortaderblutes führen, bedingen sie an
und für sich wohl niemals eine erheblichere Stauung der Galle. Denn
wenn auch der meistens vorhandene Lebericterus keinen Zweifel darüber lässt, dass der Abfluss des Secretes aus den noch fungirenden
Resten der Drüse nicht völlig so ungehindert wie im normalen Zustande geschieht, so findet sich doch in der Mehrzahl der Fälle ein
allgemeiner Icterus entweder gar nicht oder höchstens in schwacher
Andeutung als eine leicht gelbliche, mitunter auf die obere Körperhälfte beschränkte Färbung der äusseren Decken, bei welcher Gallenpigment im Harn nicht immer nachweisbar ist. Hiernach muss man
annehmen, dass die feinsten Gallengänge an der Grenze des Lobulus
erst dann durch die Schrumpfung des neugebildeten Bindegewebes
unwegsam gemacht werden, wenn diese Schrumpfung auch die Interlobularvenen zuschnürt und dadurch den Drüsenzellen die Zufuhr des
Materials zur Gallenbereitung abschneidet. Wo ein ausgesprochener
Icterus im Verlaufe der Krankheit auftritt, beruht er meistens auf
einer consecutiven complicirenden Affection des D. choledochus, wie

---

1) Heitler (Wiener med. Presse 1872. Nr. 30) theilt einen solchen Fall
mit, der eine 36jährige Frau betraf. Ich beobachtete dasselbe bei einem 47 Jahr
alten wohlbeleibten Potator.

2) Auffallender Weise findet sich bei Trousseau (l. c. S. 421) die entgegengesetzte Angabe.

3) Wien. med. Wochenschr. 1866. S. 99.

Katarrh der Pars intestinalis, Compression durch schwieliges Gewebe im Lig. hepato-duoden., durch angeschwollene Portaldrüsen u. s. w., oder er hängt von acuter gelber Atrophie des übriggebliebenen Drüsenparenchyms ab.

Die übrigen Krankheitserscheinungen gehen entweder als nothwendige Folgen aus den bisher besprochenen Störungen hervor oder sind von secundären Processen und Complicationen abhängig.

Die fortschreitende Verkleinerung des secretorischen Parenchyms der Leber und die Beeinträchtigung, welche die Functionen der Verdauungsorgane durch die venöse Hyperämie, den chronischen Katarrh, den Ascites u. s. w. nothwendig erleiden, sind die hauptsächlichsten Momente für das Zustandekommen von Ernährungsstörungen, die bei allen Cirrhotischen im zweiten Stadium der Krankheit früher oder später eintreten. Gewöhnlich macht sich zuerst eine Veränderung der Farbe der Haut bemerklich: dieselbe erscheint nicht einfach anämisch, sondern bekommt ein erdfahles oder, ebenso wie die Conjunctiva, ein schmutzig blassgelbliches Aussehen. Ob letzteres als leise Spur von Icterus aufzufassen oder auf anderweitig entstandene Producte des Hämoglobins zu beziehen ist, lässt sich, wenn der Urin nicht die Reaction des Gallenpigments zeigt, schwerlich entscheiden, da auch bei Kachexie aus anderen Ursachen ein ganz ähnliches Colorit vorkommt. Weiterhin wird die Haut schlaff, trocken, abschilfernd. Der Schwund des Fettes und der Muskeln beginnt meist zeitig, schreitet jedoch mitunter anfangs nur langsam fort, so dass bei schon abnorm kleinem Lebervolum noch eine gewisse Wohlbeleibtheit bestehen kann; schliesslich aber kommt es zur äussersten Magerkeit, die wegen des Contrastes mit dem angeschwollenen Unterleib am Oberkörper besonders grell hervortritt.

Mit Fieber ist die Krankheit an sich in der Regel nicht verbunden; die febrilen Exacerbationen des chronisch-entzündlichen Processes, welche hin und wieder in der früheren Periode desselben auftreten, wurden schon oben (S. 165) erwähnt. Wo ausserdem zeitweise Fieber besteht, rührt es von acuten Exacerbationen der Perihepatitis oder des Katarrhs der Digestionsorgane oder von Complicationen her.

Der Harn nimmt mit der Entwicklung des Ascites an Menge ab, ist dann in der Regel rothgelb oder roth, von etwas vermindertem specifischen Gewicht und macht sehr häufig pigmentreiche Uratniederschläge. Den Harnstoffgehalt fand Redenbacher annähernd normal, die Quantität der Chloride verringert. Nach der Punktion des Bauches pflegt in den folgenden 3—4 Tagen die Nierensecretion zu steigen; dagegen kann sie auf ein Minimum herabsinken, wenn aus der Punktionsöffnung ein reichlicher Ausfluss fortdauert. Die Abnahme des Harnvolumens im zweiten Stadium der interstitiellen Hepatitis erklärt sich aus einer Verminderung des Druckes im Aortensysteme, welche theils auf der Zurückhaltung eines beträchtlichen Blutquantums im Pfortadergebiet, theils auf der Abgabe einer grossen Menge von Serum in den Peritonäalsack, theils auf der Erschwerung des kleinen Kreislaufs in Folge der Verengerung des Thoraxraums durch die Ausdehnung des Bauches beruht.

Haematuria vesicalis ward von B. Langenbeck[1]) bei Lebercirrhose beobachtet und mit derselben durch die Annahme in Zusammenhang gebracht, dass die Leber bei ihrer zunehmenden Degeneration einen Druck auf die Cava inferior ausüben könne, in Folge dessen Blutstauung in den Beckenästen der letzteren und eine Blutung aus den Venae minoris resistentiae eintreten müsse. Jedoch war es in dem einen der von dem genannten Autor mitgetheilten Fälle nicht die cirrhotische Leber selbst, sondern eine mit der concaven Fläche derselben und dem Omentum verwachsene, anscheinend aus krankhaft veränderten Lymphdrüsen bestehende festfaserige Masse, welche die untere Hohlvene comprimirte, und in dem anderen Falle befand sich die Leberkrankheit noch in einem so frühen Stadium, dass durch eine Cur in Karlsbad Heilung erfolgte. Demnach dürfte die Auffassung der Blasen-Hämaturie als eines — wenn auch sehr seltenen — Symptoms der Cirrhose noch nicht hinlänglich erwiesen sein.

Die Respiration leidet gewöhnlich in der späteren Zeit durch die Ausdehnung des Bauches, indem das peritonäale Transsudat und der aufgeblähete Darm das Zwerchfell stark nach oben drängen und in seiner Contraction beschränken. Mitunter trägt zuletzt auch noch Hydrothorax zur Athemnoth bei.

Der Puls wird mit der zunehmenden Anämie kleiner und zuletzt auch frequenter. Nicht selten tritt schliesslich Collapsus ein. Sonst zeigt sich an den Circulationsorganen in der Regel nichts Abnormes ausser in Fällen, wo durch stärkeren Icterus oder durch Fieber die bekannten Aenderungen in der Herzaction und der Arterienspannung hervorgerufen werden.

E. Wagner, welcher in 2 Fällen bei Männern von 33 und von 36 Jahren, von denen wenigstens der eine stets nüchtern gelebt hatte, eine geringe Hypertrophie des linken Ventrikels fand, hat (l. c. S. 474) die Vermuthung ausgesprochen, dass zwischen dieser und der Lebercirrhose dieselbe Beziehung bestehe, wie nach der Traube'schen Theorie zwischen der gleichen Herzaffection und der Schrumpfniere.

---

1) Archiv f. klin. Chirurgie Bd. I. S. 41.

Angaben anderer Beobachter, die dieser Auffassung zur Stütze dienen könnten, sind mir nicht bekannt. Wo sonst unter den Sectionsbefunden Hypertrophie des linken Ventrikels notirt ist, bestand daneben Granularatrophie der Nieren oder Arteriosklerose oder ein Klappenfehler am linken Herzen. Auch scheint mir die Neubildung zahlreicher mit den Verzweigungen der Leberarterie zusammenhängender Gefässe in dem interstitiellen Gewebe der cirrhotischen Leber nicht zu Gunsten der fraglichen Hypothese zu sprechen.

Nicht selten kommt es in der späteren Zeit der Krankheit auch an solchen Körperstellen, wo eine Hemmung der Circulation durch die Stauung des Pfortaderblutes nicht mitwirken kann, zu capillären Hämorrhagien. Am häufigsten sind Petechien und Ekchymosen der Haut und Blutungen aus der Schleimhaut des Mundes und der Nase [1]); doch finden sich auch Extravasate im intermusculären Bindegewebe, Lungenblutungen, hämorrhagische Transsudate in der Pleura u. s. w.[2]) Die nächste Ursache dieser Blutungen oder der zur Erklärung derselben angenommenen hämorrhagischen Diathese ist noch unbekannt, wenn auch die hochgradige Beeinträchtigung der Leberfunctionen und der schlechte allgemeine Ernährungszustand auf abnorme Beschaffenheit des Blutes und Ernährungsstörungen der Gefässwand mit Wahrscheinlichkeit hinweisen.

Von Seiten des Nervensystems sind meistens keine Symptome vorhanden. Selbst die Gemüthsstimmung der Kranken ist weniger häufig deprimirt als bei anderen chronischen Leberleiden. Schwere Cerebralerscheinungen, wie Somnolenz, Delirien, Convulsionen, Koma, treten in manchen Fällen, und zwar nicht ausschliesslich in solchen, wo Icterus besteht, gegen das Ende des Lebens ein. Die Section zeigt dann nur ausnahmsweise acute gelbe Atrophie der Granulationen; weit öfter ist ein Zerfall der Leberzellen in den Resten des Drüsenparenchyms nicht nachzuweisen. Dies berechtigt zu der Annahme, dass bei der Cirrhose, wenn dieselbe nicht schon früher durch Complicationen oder durch die Veränderungen, welche sie selbst in zahlreichen anderen Organen zur Folge hat, tödtlich endet, die allmählich fortschreitende Atrophie des Drüsenparenchyms schliesslich ganz ähnliche Gehirnstörungen hervorruft, wie die acute Atrophie der Leber.

---

1) Bruzelius (Hygiea 1873. S. 41. Virchow-Hirsch Jahresber. für 1873. Bd. 2. S. 164) sah neben wiederholter Epistaxis eine nicht unbedeutende arterielle Blutung aus einer Teleangiektasie der Haut an der Nasenwurzel.

2) Hämorrhagien in der Netzhaut beider Augen wurden von Stricker in einem Falle beobachtet, wo die Section auch in der Dura und Pia mater über der Convexität der Grosshirnhemisphären Extravasate nachwies.

Complicationen.

Unter den mannichfachen Krankheiten, mit denen die Cirrhose der Leber complicirt sein kann, verdienen zuvörderst diejenigen, welche mit ihr aus derselben Ursache stammen, sowie die, welche in demselben Organe ihren Sitz haben, wegen des Einflusses, den sie auf die Gestaltung des Krankheitsbildes und des Verlaufs äussern, besondere Erwähnung.

Zu den ersteren gehören wahrscheinlich die chronischen Veränderungen der Nieren, welche neben der Cirrhose ziemlich häufig angetroffen werden. Sie bestehen vorwiegend in körniger und fettiger Degeneration der Epithelien der Rinde, doch scheinen auch die durch Wucherung des interstitiellen Gewebes charakterisirten Processe nicht ganz selten vorzukommen.

Von einem Fall der letzteren Art gibt Liebermeister (l. c. S. 70) die Beschreibung des histologischen Befundes. Bei den 31 Sectionen, deren Ergebniss G. Förster aus den Protocollen des Berliner pathologisch-anatomischen Instituts im Auszug mittheilt, ist 3 mal interstitielle Nephritis, 4 mal Granularatrophie und ebenso oft Induration der Nieren notirt. E. Wagner fand unter 12 Fällen, von denen 10 habituelle Branntweintrinker betrafen, 11 mit „chronischer Nephritis".

Da diejenigen Schädlichkeiten, welche am sichersten als Ursachen der Lebercirrhose bekannt sind (chronischer Alkoholmissbrauch, Malaria, Syphilis), auch in der Aetiologie der diffusen Nierenerkrankungen ihre Stelle haben, so liegt es nahe, in ihnen bei dem Zusammentreffen von Leber- und Nierenaffection das beiden gemeinsame ursächliche Moment zu vermuthen. Die in Rede stehende Complication macht sich gewöhnlich durch Albuminurie und durch allgemeinen, auch auf den Oberkörper ausgebreiteten Hydrops bemerklich.

Die parenchymatöse Degeneration der Herzmusculatur, die sich in den Leichen Cirrhotischer öfter findet, dürfte wenigstens bei Säufern in der Regel als eine Wirkung des Abusus spirituorosum aufzufassen sein. Andere Male ist sie wahrscheinlich eine zufällige, durch das höhere Alter bedingte Complication. In vereinzelten Fällen beruht sie auf einer weiter verbreiteten Ernährungsstörung, die sich ausserdem durch fettigen Zerfall der Leberzellen und der Nierenepithelien manifestirt. Wo die Degeneration des Herzfleisches sich in mehr chronischer Weise entwickelt, begünstigt sie die Entstehung des Hydrops und den Eintritt von Collapsus.

Affectionen der Hirnhäute und des Gehirns, wie sie dem chronischen Alkoholismus eigen sind, werden auch bei Cirrhotischen

hin und wieder angetroffen. E. Wagner fand sogar unter 9 Fällen
5 mal chronische Pachymeningitis theils als stärkere Verdickung und
Verwachsung der Dura mater, theils als Neubildung von gefässreichem
Bindegewebe an ihrer Innenfläche mit consecutiven Hämorrhagien.
Indessen bleiben diese Complicationen während des Lebens öfter
latent.

Von den in der Leber selbst mit der Cirrhose zusammen vorkommenden Krankheiten ist die amyloide Entartung und die Fettinfiltration sowie der Einfluss beider auf die Grösse des Organs
bereits angeführt worden. Die Pfortaderthrombose, welche sich mitunter zur Cirrhose hinzugesellt, befördert die Ausbildung der Stauungserscheinungen und beschleunigt namentlich die Wiederzunahme des
Ascites nach der Punktion. Cholelithiasis scheint, wie schon Budd[1]
bemerkt, verhältnissmässig selten neben der Cirrhose vorzukommen.
Hin und wieder sieht man Combinationen mit Leberkrebs und mit
Krebs der Pfortader; in derartigen Fällen ist öfter das peritonäale
Transsudat von stark hämorrhagischer Beschaffenheit.[2] Die Complication mit Abscess der Leber wird von Bamberger, die mit Echinococcus von G. Förster erwähnt.

Aus der Reihe der übrigen Krankheiten, die man in einzelnen
Fällen neben der Cirrhose antrifft, sind noch Herzfehler und Lungenemphysem hervorzuheben, weil sie die Entwicklung der Stauungserscheinungen befördern und das Allgemeinwerden des Hydrops bedingen können. Ihrer Seltenheit wegen verdient die Complication
mit Leukämie[3] erwähnt zu werden. Noch seltener scheint diejenige mit Diabetes mellitus zu sein: sie bestand in einem von Budd
(l. c. S. 148) erzählten Falle; auch Leudet (l. c. p. 560) beobachtete einmal im ersten Stadium der interstiellen Hepatitis eine leichte
Glykosurie mit vermehrtem Durst.

Acute, grösstentheils entzündliche Processe, zu denen die Disposition hauptsächlich durch die Kachexie, zum Theil auch durch einzelne locale Veränderungen gegeben ist, treten häufig zur Cirrhose
hinzu, so namentlich Pneumonie, besonders bei Potatoren, ferner

---

1) Die Krankheiten der Leber. Deutsch von Henoch. S. 315.
2) Vergl. die Beobachtungen von Corazza, Bull. delle scienze med. di Bologna. Ser. 5. vol. 11. p. 342 (Virchow-Hirsch Jahresber. für 1871. Bd. 2. S. 161)
und von Fitz, Boston med. and surg. Journ. Mai 2, 1872 (Virchow-Hirsch
Jahresber. f. 1872. Bd. 2. S. 165).
3) Mosler, Die Pathologie und Therapie der Leukämie. S. 85 und 259. —
Leudet l. c. p. 56.

Bronchitis, Pleuritis, Pericarditis, allgemeine Peritonitis[1]), Darm-diphtheritis, Erysipel und Gangrän der ödematösen Haut u. s. w.

Diagnose.

In der Mehrzahl der Fälle handelt es sich um die Diagnose zu einer Zeit, in welcher bereits zahlreiche Symptome bestehen; diejenigen von ihnen, welche in ihrem Zusammentreffen die Annahme der Krankheit wahrscheinlich machen, sind folgende vier: Ascites, der nicht von Oedem der unteren Extremitäten begleitet oder doch vor diesem aufgetreten ist, Milztumor, Leberverkleinerung, Kachexie. Lässt sich daneben eines der häufigeren ätiologischen Momente nachweisen, so ist die Wahrscheinlichkeit sehr gross. Zur Gewissheit erhebt sie sich aber streng genommen erst dann, wenn es gelingt die Granulationen zu fühlen. Ueberhaupt wird die Diagnose oftmals erst durch die Punktion ermöglicht, und zwar nicht blos, weil unmittelbar nach der Entleerung des peritonäalen Transsudats die dann erschlafften Bauchdecken in der Regel eine Betastung der Leber gestatten, sondern auch deshalb, weil vorher sich häufig nicht einmal die Grösse des Organs mit Sicherheit bestimmen lässt. Wo man nur das verminderte Volumen und die vermehrte Consistenz der Leber, aber nicht die granulirte Beschaffenheit ihrer Oberfläche nachzuweisen vermag, muss es unentschieden bleiben, ob Cirrhose oder jene allerdings äusserst seltene Form der chronischen Perihepatitis vorliegt, bei welcher durch starke Schrumpfung der verdickten Kapsel ein im Uebrigen mit dem der Cirrhose völlig übereinstimmendes Krankheitsbild zu Stande kommt. Auch zwei andere Leberkrankheiten, die freilich ebenfalls bei Weitem seltener vorkommen als die Cirrhose, sind dieser in ihren Erscheinungen mitunter so ähnlich, dass sie sich nur dann von derselben unterscheiden lassen, wenn man in der Lage ist, ihren Verlauf zu verfolgen, oder die Aetiologie genügende Anhaltspunkte bietet: es sind dies die Verschliessung der Pfortader durch adhäsive Thromben oder durch Compression und die einfache Atrophie der Leber. Die Pfortader-verschliessung entsteht stets secundär, im Anschluss an andere chronische Krankheiten der Bauchorgane und hat gewöhnlich eine raschere Entwicklung der Stauungserscheinungen zur Folge als die Cirrhose, wogegen sie niemals zu einer Vergrösserung, aber auch nicht zu

---

[1]) Rokitansky (Lehrbuch der pathol. Anatomie. Bd. 3. S. 259) erwähnt bei der im Verlaufe der Cirrhose sich entwickelnden Peritonitis „hämorrhagisch-tuberkulisirende Pseudomembranen"; auch unter den von G. Förster zusammengestellten 31 Obductionen findet sich in 3 Fällen Peritonitis tuberculosa verzeichnet.

einer so beträchtlichen Verkleinerung der Leber führt, wie sie sich
bei der Cirrhose häufig findet. Bei der einfachen Atrophie, die
fast nur bei decrepiden Personen vorkommt und zu der nur ausnahmsweise Ascites früher als Anasarka hinzutritt, geht die Volumsabnahme an beiden Lappen gleichmässig vor sich, bei der Cirrhose
dagegen ist sie in der Regel am linken schon sehr weit gediehen,
wenn sie am rechten eben erst nachweisbar wird. Auch die diffuse
chronische Peritonitis, und zwar sowohl die einfache, als die
tuberkulöse und krebsige, bietet unter Umständen einen Symptomencomplex, der ihre Unterscheidung von der Lebercirrhose äusserst
schwierig macht. Bei reichlichem Exsudat kann die Fluctuation
ebenso deutlich und so verbreitet wie bei Ascites und die Leber
wegen ihrer Verdrängung nach oben und hinten anscheinend verkleinert sein, daneben kann Milzvergrösserung (namentlich bei tuberkulöser, aber auch — nach Galvagni [1]) — bei einfacher Peritonitis)
bestehen und die Schmerzhaftigkeit des Bauches fehlen. In derartigen
Fällen wird mitunter die Berücksichtigung der übrigen Verhältnisse
zur richtigen Deutung verhelfen: bei der einfachen und der tuberkulösen Peritonitis ist in der Regel Fieber vorhanden und die Haut
zeigt nicht jene schmutzig-gelbliche Farbe wie bei der Cirrhose, sondern ist einfach bleich; bei Tuberkulose und Krebs des Bauchfells
finden sich meistens noch in anderen Organen diagnostisch wichtige
Veränderungen (käsige Herde in den Nebenhoden, in Lymphdrüsen;
Carcinom der Baucheingeweide, der Mamma) u. s. w. Die cyanotische Atrophie und Induration der Leber hat zwar die allmähliche Abnahme des im Anfang meistens vergrösserten Volumens
und das Vorhandensein von Ascites mit der genuinen Cirrhose gemein,
aber das Anasarka geht hier dem Ascites voraus und die Abhängigkeit der Erscheinungen von der insufficienten Leistung des rechten
Ventrikels lässt sich aus den Befunden an den Circulations- und
Respirationsorganen mit Sicherheit nachweisen. Eine bleibende
Verschliessung der grossen Gallenausführungsgänge
(D. choledochus oder hepaticus), welche schliesslich ebenfalls zu
einer allmählichen Leberverkleinerung führt, unterscheidet sich —
abgesehen von den Symptomen des höchsten Grades der Gallenstauung, die in Folge von Complicationen auch bei der Cirrhose vorhanden sein können — von letzterer dadurch, dass sie nicht zur Anschwellung der Milz Veranlassung gibt und Ascites entweder ganz

---

1) Rivista clin. di Bologna 1869. Virchow-Hirsch Jahresbericht pro 1869.
Bd. 2. S. 158.

fehlt oder doch bei Weitem nicht die Höhe erreicht, wie gewöhnlich
bei der Cirrhose. Nur ausnahmsweise wird die Diagnose dadurch
erschwert, dass trotz nachweisbarer Leberverkleinerung die Folgen
der Blutstauung in den Pfortaderwurzeln sehr wenig ausgebildet sind
oder auch ganz ausbleiben, weil sich eine genügende Collateralbahn
durch Gefässe, welche der Beobachtung nicht zugänglich sind, z. B.
die unteren Speiseröhrevenen, hergestellt hat.

In dem ersten Stadium der Krankheit, so lange das Organ noch
vergrössert und seine Oberfläche glatt ist, wird der Speckleber
gegenüber — welche ebenfalls im Gefolge von Syphilis und Intermittens vorkommt und in der Regel von amyloidem Milztumor begleitet ist — der Umstand ins Gewicht fallen, dass stets mit ausgesprochener Kachexie einhergeht, während eine solche bei der Cirrhose
in der früheren Zeit des Verlaufs nicht zu bestehen pflegt; manchmal wird jedoch erst das spätere Kleinerwerden der Leber den
Ausschlag geben. Eine Verwechslung mit anderen Krankheiten, bei
denen das Organ einen vermehrten Umfang zeigt, ist fast immer
leicht zu vermeiden; am ehesten kann Leberkrebs, wenn er keine
fühlbaren Knoten bildet, Veranlassung dazu geben.

Dauer, Ausgang, Prognose.

Die Dauer des Krankheitsprocesses ist bei der Verborgenheit
seines Anfangs nicht genau zu bestimmen. Die Zeit, welche vom
Auftreten der ersten Krankheitserscheinungen bis zum Tode vergeht,
schwankt in den verschiedenen Fällen zwischen sehr weiten Grenzen.
Rechnet man von den Symptomen der Leberhyperämie an, die manchmal den Beginn der Wucherung des interstitiellen Gewebes zu begleiten scheint, so gibt es Fälle, in denen die Krankheit 3 Jahre und
darüber dauert. Andere wiederum sieht man unter dem Einfluss
von Complicationen zu Ende gehen, nachdem erst mehrere Wochen
vorher die Cirrhose sich bemerklich gemacht hatte. Nach einer von
Stricker aus Traube's Klinik mitgetheilten Beobachtung kann aber
auch ohne Complicationen der Verlauf ein sehr rascher sein: in dem
betreffenden Falle, der einen 36jährigen, an mässigen Alkoholgenuss
gewöhnten Mann betraf, vergingen von den ersten Krankheitserscheinungen bis zum Tode nicht mehr als 6 Wochen.

Der Ausgang ist in den sicher diagnosticirbaren Fällen ohne
Ausnahme der Tod. Wenn auch die Störungen, welche die Hemmung des Pfortaderstroms in der Regel nach sich zieht, durch Erweiterung von Collateralen hier und da vermindert und vielleicht
selbst ausgeglichen werden, so wird doch die immer weiter schrei-

tende Verkleinerung des secernirenden Parenchyms schliesslich an
sich deletär. Zwar lässt es sich nicht bezweifeln, dass die nachtheiligen Folgen des Schwundes zahlreicher Leberzellen durch Vergrösserung oder Vermehrung der übrig gebliebenen verringert und
hinausgeschoben werden können; aber die Fälle von Cirrhose, bei
welchen bisher eine Hypertrophie oder Hyperplasie von Leberzellen
beobachtet worden ist, waren nicht zugleich solche, in denen eine
Ausgleichung der Circulationsstörungen stattgefunden hatte. Eine
andere Frage ist, ob Heilung in der Weise erfolgen kann, dass ein
Stillstand des Processes auf einer früheren Entwicklungsstufe eintritt, wo noch nicht so viele Capillaren und Drüsenzellen vernichtet
sind, dass dadurch merkbare Störungen entständen. Doch auch für
diese Möglichkeit fehlt bis jetzt der Beweis. Denn obschon man
hin und wieder eine noch nicht weitgediehene Cirrhose bei der Section
von Individuen findet, die an anderen Krankheiten gestorben sind
und während des Lebens keine Symptome einer Leberaffection dargeboten haben, so darf man daraus doch gewiss nicht den Schluss
ziehen, dass es eine leichtere, nicht tödtliche Form der Krankheit
gebe, da die Cirrhose ja auch in der Mehrzahl der Fälle, in .denen
sie schliesslich zum Tode führt, verhältnissmässig lange symptomlos
bleibt.

Der Tod erfolgt oftmals erst nachdem der Marasmus den höchsten Grad erreicht hat: durch häufige Diarrhöen und völlige Anorexie
wird die Erschöpfung befördert; es tritt schliesslich Lungenödem oder
ein oft über mehrere Tage sich hinziehender Collapsus ein. In einzelnen Fällen wird das Leben unerwartet rasch durch profuses Blutbrechen beendet. Nicht selten sind es acute, grösstentheils entzündliche Processe, wie Pneumonie, Pleuritis, Peritonitis u. a. oben bei
den Complicationen genannte, die durch ihr Hinzutreten das Ende
herbeiführen. Manchmal wird der Tod durch dieselben Cerebralsymptome eingeleitet, wie bei der acuten Leberatrophie.

Die Prognose ist, sobald über die Natur der Krankheit kein
Zweifel besteht, absolut letal. Wie lange im concreten Falle das
Leben noch dauern könne, lässt sich unter Berücksichtigung des
noch vorhandenen Kräftemaasses, des Zustandes der Digestionsorgane,
etwaiger Complicationen und der äusseren Verhältnisse des Kranken
nur vermuthungsweise bestimmen. Einzelne Kranke sieht man bei
zweckmässiger Pflege und Behandlung den Eintritt des Ascites noch
1 Jahr und länger überleben. Nach einer Beobachtung von Leudet
(l. c. p. 456) soll der Ascites sogar für mehrere Jahre wieder verschwinden und während dieser Zeit eine wenigstens scheinbare Ge-

nesung bestehen können; indessen scheint mir der betreffende Fall gar nicht zur Cirrhose gerechnet werden zu dürfen.

Derselbe betrifft einen Potâtor von 60 Jahren, der 1857 nach lange anhaltenden gastrischen Störungen Ascites bekam. Auf die Punktion, durch welche 20 Liter entleert wurden, folgte allmähliche Besserung, der Kranke ward wieder arbeitsfähig und befand sich 3 Jahre hindurch ziemlich wohl. Im Juni 1860 entwickelte sich von Neuem beträchtlicher Ascites und die sehr bald nöthig gewordene Punktion lieferte ebenso wie eine zweite, welche 14 Tage später vorgenommen ward, eine sanguinolente Flüssigkeit. In Folge einer Darmblutung trat Ende Juli 1860 der Tod ein. Bei der Section fand man im Bauche einige alte Pseudomembranen und bluthaltige Flüssigkeit; die Leber um ein Drittel vergrössert, mit einzelnen cirrhotischen Granulationen durchsetzt, ihre Zellen mit feinkörniger und fettiger Masse infiltrirt und das Bindegewebe ein wenig hypertrophisch (un peu d'hypergenèse de la trame celluleuse); die Milz aufs Doppelte vergrössert; den Pfortaderstamm von einem weisslichen adhärenten Pfropf ausgefüllt. — Aller Wahrscheinlichkeit nach gehörte hier der erste Erguss in den Peritonäalsack einer einfachen chronischen Peritonitis an, wogegen der 3 Jahr später aufgetretene ebenso wie die Darmblutung durch die Pfortaderthrombose bedingt war, zu deren Entstehung vermuthlich schrumpfende peritonitische Neubildungen in der Porta hep. Veranlassung gegeben hatten.

Therapie.

Eine prophylaktische Behandlung ist indicirt, sobald bei Trinkern oder bei Individuen, von denen man wegen Vorhandenseins eines der übrigen ätiologischen Momente annehmen darf, dass sie in Gefahr sind an Cirrhose zu erkranken, Zeichen von Leberhyperämie oder von Perihepatitis sich einstellen. Dann sind alle Spirituosen, scharfe Gewürze, starker Kaffee u. dgl. zu verbieten. Bei kräftigen Individuen muss die Fleischdiät beschränkt werden und die Nahrung hauptsächlich aus Mehl- und Milchspeisen, leichten Gemüsen und Obst bestehen. Sind die Schmerzen lebhafter, so ist ruhiges Liegen im Bett und Blutentziehung unterhalb des rechten Rippenbogens und in der Umgebung des Afters erforderlich, dann feuchtwarme Umschläge auf die Lebergegend; innerlich leichte salinische Purganzen, Bitterwässer u. dgl. Bei dumpferen und länger anhaltenden Schmerzen sind Curen mit Karlsbader, Marienbader, Tarasper Brunnen, bei weniger kräftigen Personen mit den Quellen von Franzensbad, Elster, Kissingen indicirt. Auch nach Beseitigung der genannten Symptome empfiehlt es sich, noch längere Zeit das der chronischen Leberhyperämie entsprechende Verhalten beobachten zu lassen. — Malariakranke sind auf die in Bd. II. 2. dieses Handbuchs S. 637 angegebene Weise zu be-

handeln und womöglich in eine gesündere Gegend zu versetzen. Wo
sich Syphilis als Ursache annehmen lässt, muss das der Indicatio
causalis entsprechende Verfahren eingeschlagen werden. In allen
übrigen Fällen ist der innerliche und äusserliche Gebrauch von Jod-
und Quecksilber-Präparaten von sehr zweifelhaftem Nutzen; indessen
werden von englischen Praktikern noch in neuester Zeit [1]) die mer-
curiellen Purgantien mit Vorliebe angewandt.

Das spätere Stadium der Krankheit, in welchem sich die meisten Fälle befinden, wenn sie in ärztliche Behandlung kommen, gestattet fast stets [2]) nur noch eine symptomatische Therapie. Ein-
greifende Curen und schwächende Mittel überhaupt sind dann contraindicirt: ihre Anwendung würde den ungünstigen Ausgang nur beschleunigen. Deshalb vermeidet man bei einer etwaigen Exacerbation
der Perihepatitis womöglich die Blutentziehung oder lässt, wenn
ruhige Lage und feuchte Wärme nicht ausreichen, höchstens einige
Schröpfköpfe setzen. Die wichtigste Aufgabe in dieser Zeit ist, die
Ernährung des Kranken möglichst lange auf einem leidlichen Stande
zu erhalten oder wo sie schon weiter gesunken ist, wieder zu heben.
Zur Verfolgung dieses Zwecks müssen gewöhnlich mehrere Wege
eingeschlagen werden. Vor Allem erfordert der Zustand des Magens
und Darms Berücksichtigung: gegen den chronischen Katarrh derselben eignen sich am häufigsten kohlensaure Alkalien, für sich oder
in Verbindung mit geringen Mengen aromatischer oder bitterer Mittel,
kleine Dosen Karlsbader Salz, Rheum- und Aloe-Präparate in ekko-
protischen Dosen u. Aehnl. Freriehs empfiehlt zur Regulirung der
Darmverdauung und zur Beseitigung des Meteorismus Natr. cholcïni-
cum in einem Infusum Rhei oder einem aromatischen Wasser aufgelöst. Sodann ist eine dem Zustande der Verdauungsorgane angepasste möglichst nahrhafte Diät und bei schon weiter Heruntergekommenen der Genuss einer mässigen Quantität von Wein oder
Bier anzuordnen. Endlich erweist sich nicht selten der Gebrauch
von Eisenpräparaten nützlich, unter denen man solche wählt, die
den Magen des Kranken nicht belästigen. Die Verminderung des
Ascites, welche man hin und wieder in vernachlässigten Fällen lediglich unter dem Einfluss besserer Kost und der Anwendung von Eisen
eintreten sieht, zeigt deutlich, welcher Antheil bei der Transsudation
aus den überfüllten Peritonäalgefässen der Anämie zukommt.

Im Uebrigen pflegt eine pharmaceutische Behandlung gegen

---

1) Vergl. Habershon, Guy's Hosp. Rep. 3. Ser. XVI. 1871. p. 319.
2) In Betreff der durch Syphilis verursachten Fälle s. den Abschnitt über
die syphilitische Hepatitis.

den Ascites nur selten Erfolg zu haben. Wo die Krankheit aus einer Malaria-Infection hervorgegangen ist, scheint das Chinin von entschiedenem Nutzen sein zu können. Diego Coco[1]) erzählt einen derartigen Fall, in welchem bei fortgesetzter Anwendung von Chinin, die durch einige kalte Douchen unterstützt ward, der Ascites sich gänzlich verlor und der Kranke ½ Jahr nach der Aufnahme mit verkleinerter Leber „im Ganzen fast geheilt" entlassen wurde. Die gewöhnlichen Diuretica zeigen sich nur in Ausnahmefällen wirksam und zwar sind dies höchst wahrscheinlich solche, wo zur Entstehung der Bauchwassersucht eine Störung der Nierensecretion beiträgt, die in einer Complication der Cirrhose begründet und der Wirkung dieses oder jenes Diureticums zugänglich ist. Wenigstens dürften Beobachtungen, wie die nachstehende von C. Handfield Jones[2]), sich kaum anders als auf diese Weise erklären lassen.

Bei einem 34 Jahr alten Potator mit beträchtlichem Ascites und Milztumor und starken Blutverlusten aus Magen und Darm trat nach der zweiten Punktion, welche ebenso wie die erste 10 Pint entleert hatte, unter dem Gebrauche von Digitalis reichliche Diurese ein, so dass der Bauchumfang von 39½ auf 33½ Zoll abnahm.

Dagegen hat sich ein anderes bei uns in Deutschland als Diureticum nicht gebräuchliches Mittel nach den Erfahrungen englischer Aerzte als entschieden nützlich erwiesen. Es ist dies der Copaivabalsam. Garrod, Duffin[3]), Sieveking[4]), Wilks[5]) sahen bei dem Gebrauche von 3 mal täglich 10 bis 20 Gran (0,6—1,3) des Balsamum Cop. oder der (nach Wilks) wahrscheinlich noch wirksameren Resina Cop. binnen wenigen Tagen die Harnmenge auf das Doppelte bis Vierfache sich vermehren und den Hydrops verschwinden.[6]) Einen ebenso eclatanten Erfolg hatte übrigens in einem schon vor 20 Jahren von Klinger (l. c. S. 554) mitgetheilten Falle die

---

1) Il Morgagni Disp. VII. p. 469.
2) Brit. med. Journ. 1871. March 4.
3) The Lancet 1869. Febr. 27.
4) Ibidem 1870. Dec. 17.
5) Ibidem 1873. March 22.
6) Vergl. Brudi, Deutsches Archiv f. klin. Med. Bd. XIX (1877). S. 511 ff., woselbst ausser zwei weiteren Citaten aus der englischen Literatur (Thompson, Transact. of the clin. Soc. of London. vol. 3. p. 26 und Liveing, ibid. p. 30) auch ein von Dr. Thiry in Freiburg beobachteter Fall sich mitgetheilt findet, in welchem bei Cirrh. hep. alcoh. mit colossalem Ascites ebenfalls eine prompte diuretische Wirkung von der Resina Copaivae zu notiren war. Das Mittel wurde hier nach folgender Formel gegeben: Rp. Res. Cop. 5,0 Natr. carbon. 2,0 M. f. pil. no. 50. S. 3 mal täglich 5 Pillen. In 3 Fällen von hochgradiger Cirrhose, bei denen ich dasselbe angewendet habe, blieb es ohne Einfluss auf die Diurese.

Anwendung von täglich zweimal 12 Tropfen Ol. Terebinth. aeth. —
Auch die Drastica hat man häufig gegen den Ascites in Gebrauch
gezogen. Dieselben vermögen allerdings eine Herabsetzung des
Druckes in der Pfortader und damit eine Resorption von Flüssigkeit
aus dem Peritonäalsack zu bewirken; aber aller Wahrscheinlichkeit
nach thun sie dies nur, indem sie durch Steigerung der Peristaltik die
Resorption des flüssigen Darminhalts verhindern (Radziejewski);
während ihrer Wirkung liegt also die Darmverdauung darnieder, der
Appetit verliert sich und es tritt leicht Erbrechen ein; manchmal
hört auch nach dem Aussetzen der Drastica der Durchfall nicht wieder auf. Die Anwendung derartiger Medicamente beschleunigt deshalb bei schon geschwächten Kranken den Eintritt des Collapsus
und bringt selbst den noch kräftigeren durch die Schädigung der
Digestionsorgane in der Regel mehr Nachtheil als sie durch die Verminderung des Ascites Nutzen schafft. In ganz vereinzelten Fällen
scheint sie allerdings ein auffallend günstiges Resultat zu haben: so
wird von Leudet[1] eine Beobachtung mitgetheilt, wo bei einem
53 Jahr alten Weinhändler, der binnen noch nicht ganz 5 Wochen
dreimal punktirt werden musste, vom 10. Tage nach der letzten
Punktion an, als der Ascites schon wieder bedeutend gewachsen
war, 6 Wochen hindurch Gummi Guttae in grossen Dosen (0,5—1,0
pro die, im Ganzen 20,4) gegeben ward: der Ascites nahm bei den
wässerigen Diarrhöen erheblich ab und war während der folgenden
2 Jahre trotz starker Abmagerung des Kranken völlig verschwunden.
Aber auch abgesehen davon, dass in diesem Falle die Bestätigung
der Diagnose durch die Section fehlte, kann derselbe doch höchstens
als eine äusserst seltene Ausnahme gelten und den Erfahrungssatz
nicht umstossen, dass man besser thut, von der Anwendung der
Drastica bei der Cirrhose ganz abzusehen. Dazu kommt, dass wir in
der Punktion ein Mittel besitzen, welches die seröse Ansammlung
in der Bauchhöhle sicherer und rascher vermindert und dessen ver-
ständige Benutzung in der Regel mit keiner directen Gefahr verbunden ist. Die dabei gesetzte Verwundung gibt zu Erysipel der
Bauchhaut oder zu Peritonitis verhältnissmässig sehr selten Anlass.
Die Functionen des Magens und Darmkanals pflegen sogar sich nach
der Punktion wieder zu heben, indem mit dem Nachlass des Druckes,
den vorher die Masse der ascitischen Flüssigkeit und die Spannung
der ausgedehnten Bauchdecken auf die Gefässe der Darmserosa aus-
übten, eine stärkere Füllung der letzteren und damit eine Abnahme

[1] l. c. p. 547. Obs. XIII.

der venösen Hyperämie in den übrigen Schichten der Darmwand eintritt. Aber aus den stärker gefüllten Peritonäalgefässen erfolgt bei dem Fortbestand des Circulationshindernisses in der Leber auch wieder eine stärkere Transsudation, ein vermehrter Verlust des Blutes an eiweissreicher Flüssigkeit.[1]) Hierin liegt der Grund, warum die Punktion stets nur eine vorübergehende Erleichterung schafft und trotz der Besserung, welche sie in mancher Hinsicht herbeiführt, doch das Fortschreiten der allgemeinen Ernährungsstörung nicht aufzuhalten im Stande ist. Deshalb darf sie nicht ohne Noth, sondern immer nur dann vorgenommen werden, wenn sie einer dringenden Indication entspricht. Eine solche ist vorhanden, wo die durch Hinaufdrängung des Zwerchfells entstandene Dyspnoe das Leben bedroht oder wo ein hartnäckiges Erbrechen sich mit Wahrscheinlichkeit auf die mechanische Beeinträchtigung des Digestionskanals durch den hochgradigen Ascites zurückführen lässt. Macht man nur unter diesen Umständen von der Punktion Gebrauch, so leistet sie, was man von einem symptomatischen Verfahren erwarten kann. Dies erhellt am besten daraus, dass die Fälle nicht selten sind, in denen man Veranlassung hat, sie mehrere oder selbst viele Male zu wiederholen.[2])

Die übrigen lästigen und gefährlichen Symptome und die complicirenden Affectionen, welche im Verlaufe der Cirrhose eintreten können, versucht man unter steter Rücksichtnahme auf den Kräftezustand des Kranken mit denjenigen Mitteln zu bekämpfen, welche die Therapie gegen die ihnen zu Grunde liegenden Veränderungen der betreffenden Organe an die Hand gibt.

II. Seltenere Formen der interstitiellen Hepatitis.

Gluge, Atlas d. pathol. Anat. Lief. 2. S. 4. Taf. 1. — Frerichs, Klinik. Bd. 2. S. 90 f. — Henoch, Klinik der Unterleibskh. 3. Aufl. S. 83. — Liebermeister, Beiträge. S. 135 f. und S. 144 f. — Jaccoud, Gaz. des Hôp. 1867.

1) Der Versuch, die Wiederansammlung des Ascites durch Erregung einer adhäsiven Peritonitis mittelst Jodinjectionen in die Bauchhöhle zu verhüten, ist, wie sich a priori erwarten lässt und die Erfahrung von Strohl (Gaz. de Strasb. 1855. Nr. 5) beweist, ebenso nutzlos als gefährlich.

2) Leudet (l. c. p. 557) empfiehlt in Fällen, wo der Nabel sackartig ausgedehnt ist, durch diesen die Punktion mittelst eines feinen (Explorativ-) Troicarts zu machen. Bei einem Manne von 57 Jahren, der nach den beiden ersten mit einem gewöhnlichen Troicart ausgeführten Punktionen in grosse Schwäche verfallen war, äusserte die „capilläre Punktion", welche binnen 13 Monaten 15mal vorgenommen wurde und jedesmal eine fast vollständige Entleerung des Transsudats binnen 3½—4½ Stunden bewirkte, weder auf die Operationsstelle noch auf das Allgemeinbefinden des Kranken einen ungünstigen Einfluss.

Nr. 69, 71, 72. — H. Mollière, Journ. de Méd. de Lyon 1868; Gaz. hebdom. de Méd. et de Chir. Sér. 2. vol. 5. p. 765. — P. Olivier, Union médic. 1871. Nr. 68, 71, 75. — Leudet, Clin. médic. p. 46 sqq. — G. Hayem, Arch. de physiol, norm. et pathol. 1874. p. 126 sqq. — Cornil, ibid. p. 265 sqq. — C. Hanot, Étude sur une forme de cirrhose hypertrophique du foie. Thèse de Paris 1876. — Charcot et Gombault, Arch. de physiol. 1876. p. 272 sqq. u. p. 453 sqq. — Du Castel, Arch. génér. 1876. vol. II. p. 264 sqq. — v. Fragstein, Berl. klin. Wochenschr. 1877. Nr. 16. 17. 19.

Während bei der gewöhnlichen Cirrhose die durch die Züge des sklerotischen Gewebes von einander getrennten Parenchyminseln in der Regel aus grösseren oder kleineren Gruppen von Läppchen bestehen, findet bei den hier zu besprechenden Formen der interstitiellen Hepatitis die Bindegewebsnenbildung zwischen den einzelnen Läppchen statt. Am schärfsten haben Charcot und Gombault diese Verschiedenheit hervorgehoben. Sie nennen die gewöhnliche Cirrhose die annuläre oder multilobuläre, weil bei dieser immer eine ganze Anzahl Läppchen von einem fibrösen Ring umschlossen wird: ihr stellen sie gegenüber die insuläre oder monolobuläre C., bei welcher die Wucherung zuerst in den Interlobulärräumen kleine Inselchen bildet, dann jedes Läppchen mehr oder weniger vollständig umgibt und zuletzt zwischen die Reihen der Leberzellen eindringt, welche dadurch auseinandergeschoben werden und, ohne sonstige Veränderungen zu zeigen, schliesslich durch einfache Atrophie zu Grunde gehen. Da hier die Parenchyminseln im fibrösen Gewebe grösstentheils von den einzelnen Läppchen gebildet werden, so sind sie weit kleiner und weniger scharf begrenzt, aber gleichmässiger vertheilt als bei der gewöhnlichen Cirrhose. Im Vergleich zu letzterer ist die Wucherung meistens beträchtlicher und kann länger dauern, die Schrumpfung dagegen erfolgt später und langsamer.

Auf einer interstitiellen Hepatitis mit monolobulärem Typus beruht die namentlich von deutschen Autoren (Henoch, Frerichs u. A.) als **Induration** schlechtweg oder **einfache Induration der Leber** beschriebene Veränderung, wie sich aus den histologischen Befunden ergibt, welche Liebermeister (l. c. S. 146) in einem derartigen Fall erhalten hat.

Man bezeichnet mit diesem Namen gewöhnlich nur das letzte Stadium, doch ist derselbe neuerdings auch für den noch in der Entwicklung begriffenen Process gebraucht worden. Vgl. A. Thierfelder, pathol. Histol. T. 14. Fig. 3 und Birch-Hirschfeld, Lehrb. d. pathol. Anat. Lpz. 1866. S. 939.

Bei der vollkommen ausgebildeten einfachen Induration ist an die Stelle des Leberparenchyms eine dichte Bindegewebsmasse getreten, in welcher jede Spur der Drüsensubstanz fehlt oder höchstens noch durch braune, gleichmässig vertheilte Pünktchen die Ueberreste der Leberzellen angedeutet werden. In ihrem äussersten Grade ist die Veränderung selbstverständlich niemals über das ganze Organ verbreitet: meistens ragt die homogene fibröse Masse von der Oberfläche her hier mehr, dort weniger tief in das Parenchym hinein; am linken Lappen erstreckt sie sich mitunter durch die ganze Dicke desselben. Die Gallengänge und meistens auch die Pfortaderzweige der indurirten Partieen sind erweitert. Die übrigen Partieen bieten die Merkmale der granulirten Induration dar oder verhalten sich völlig normal. Wo die gleichförmige feste Masse den grösseren Theil des Organs (wie z. B. in dem Falle von Gluge ³/₄, in dem von Henoch ³/₅) einnimmt, kann das Volumen und Gewicht sehr vermehrt sein (in Gluge's Falle wog die Leber 5³/₄ Pfd.). Die Oberfläche ist bald glatt, bald zeigt sie grössere oder kleinere Erhabenheiten, die zwar an Umfang und Gestalt denen der grobgranulirten Leber ähneln, aber ganz oder hauptsächlich aus indurirtem Gewebe bestehen.

Die Ursachen scheinen dieselben zu sein, wie bei der gewöhnlichen Cirrhose; in den von Frerichs beobachteten Fällen war die Krankheit 1 mal nach Trunksucht, 1 mal nach Intermittens und 2 mal im Anschluss an chronische Peritonitis entstanden. (Ueber ihren Ursprung von chron. Entzündung der Gallenwege s. den folgenden Abschnitt.) Auch die Symptome stimmen im Wesentlichen mit denen der gewöhnlichen Cirrhose überein; nur die Schmerzhaftigkeit der Lebergegend fand Frerichs bei der einfachen Induration grösser und ausgebreiteter und nach den Beobachtungen von Gluge und von Henoch kann noch neben Ascites und reichlichen Blutungen aus dem Digestionstractus beträchtliche Vergrösserung der Leber vorhanden sein und bis zum Tode fortbestehen. Eine Unterscheidung von anderen Formen der interstitiellen Hepatitis ist während des Lebens nicht möglich und auch die Therapie hat keine anderen Indicationen als bei der gewöhnlichen Cirrhose.

Interstitielle Hepatitis in Folge von Krankheiten der Gallenwege.

Bei Gallensteinbildung innerhalb der Leber kann von den Wandungen der mit Concrementen erfüllten Gallengänge eine Bindegewebswucherung ausgehen, die in der nächsten Umgebung der erkrankten Abschnitte dieser Kanäle zur Induration des Leberparen-

chyms führt, ausnahmsweise aber auch, wie Liebermeister (l. c.)
an einem sehr genau beschriebenen Falle gezeigt hat, auf das interlobuläre Gewebe der ganzen Drüse sich ausbreitet und einen Zustand
erzeugt, der in allen wesentlichen histologischen Beziehungen mit der
Cirrhose übereinstimmt.

Ein weiteres Beispiel dieser Entstehungsart der Krankheit scheint
in einer bereits 1857 von Berlin (Nederl. Tydschr. I. p. 321; Schmidt's
Jahrb. Bd. 99. S. 43) mitgetheilten Beobachtung vorzuliegen: hier
hatten auch die klinischen Erscheinungen der Cirrhose nicht gefehlt;
die Induration (welche B., nach dem Vorgange von Schröder
v. d. Kolk, als Albescentia hepatis bezeichnet) beschränkte sich
aber auf den linken Lappen und den angrenzenden Theil des rechten;
die Gallengänge in diesen Particen des Organs enthielten theils Gallensteine, theils eingedickte Galle.

Dass krankhafte Zustände des D. choledochus, mit
denen eine länger dauernde Gallenstauung verbunden ist, interstitielle
Hepatitis zur Folge haben könne, ist eine in den letzten Decennien
von verschiedenen Autoren mit mehr oder weniger Bestimmtheit ausgesprochene Annahme.

Von Virchow (Verhandl. d. phys.-med. Ges. zu Würzb. Bd. 7.
S. 27) wurde es schon 1857 bei Besprechung eines Falles, wo der
Gallenabfluss zu wiederholten Malen auf längere Zeit durch Gallensteine behindert war und sich bei der Section die Leber leicht granulirt und ihr Zwischengewebe mässig vermehrt fand, als sehr möglich
bezeichnet, dass dieser Zustand der Leber als eine Folge der durch
die Gallensteine bedingten Reizung zu betrachten sei. B. Cohn
(Günsburg's Zeitschr. Bd. 5. H. 6) stellte 1864 als eine besondere
Form der Cirrhose die icterische auf, bei welcher durch den anhaltenden Druck von Seiten der überfüllten Gallengänge Obliteration der
interlobulären Blutgefässe und Bindegewebswucherung in deren Umgebung entstehe und dadurch die Leber zur körnigen Schrumpfung
geführt werde, aber er theilte keine einschlägige Beobachtung mit.
Dann (1866) machte -O. Wyss (Virch. Arch. Bd. 35. S. 559) die Angabe, er habe bei länger dauerndem Icterus der Leber das interlobuläre Bindegewebe häufig mehr oder weniger, jedoch nie sehr stark
vermehrt gefunden. — Versuche, welche von H. Mayer (Wiener
medic. Jahrb. 1872. II. S. 133) und von Wickh. Legg (St. Barthol.
Hosp. Rep. Vol. 9. p. 161) an Katzen, von Charcot und Gombault
an Meerschweinchen angestellt wurden, ergaben übereinstimmend, dass
bei diesen Thieren die Unterbindung des D. choled. eine lebhafte
Wucherung des Bindegewebes nicht nur zwischen den Läppchen, sondern auch innerhalb derselben nach sich zieht und in Folge dessen,
wenn die Thiere lange genug leben, das ganze Organ eine nicht unerhebliche Volums- und Consistenzzunahme erfährt. Nach einer Beobachtung von Legg scheint Wiederabnahme des Volums und Granulirung folgen zu können. Charcot und Gombault fanden ausser-

dem an der Peripherie der Läppchen äusserst zahlreiche netzartig unter einander zusammenhängende feinste Gallengänge (nach ihrer Ansicht: erweiterte Gallencapillaren, welche eine Epithelauskleidung erhalten haben). Die letztgenannten Forscher haben dann auch beim Menschen in zwei Fällen, wo der D. choled. (das eine Mal durch einen Gallenstein, das andere Mal durch Krebs des Pankreaskopfs) verschlossen war, eine solche extra- und intralobuläre Bindegewebsneubildung mit consecutiver Verkleinerung der Läppchen (in Folge einfacher Atrophie der Leberzellen) und eine, im Vergleich mit der bei den Versuchsthieren beobachteten allerdings sehr geringe Vermehrung der interlobulären Gallengänge nachgewiesen.

Die durch Verengerung oder Verschliessung der D. choled. hervorgerufene interstitielle Hepatitis ist bis jetzt hauptsächlich in pathogenetischer und pathologisch-histologischer Hinsicht von Interesse. Ob sie einen Grad erreichen kann, bei welchem die durch sie bedingten Veränderungen auch im klinischen Bilde ihren Ausdruck finden, ist aus den bisherigen Beobachtungen nicht mit Sicherheit zu ersehen.

In den beiden von Charcot und Gombault untersuchten Fällen war der Process noch in einem sehr frühen Stadium. Von dem einen wird nur der histologische Befund mitgetheilt; in dem andern hatte die Kranke keine Erscheinungen dargeboten, aus denen sich auf eine interstitielle Hepatitis hätte schliessen lassen. Drei weitere Beobachtungen, welche als Beispiele einer durch Verschluss des D. choled. hervorgerufene Cirrhose von L. S. Beale, Du Castel und v. Fragstein mitgetheilt worden sind, würden sehr wohl geeignet sein, die klinische Wichtigkeit dieser Krankheitsform zu illustriren, wenn sie nicht theils in ätiologischer, theils in symptomatologischer Beziehung zweifelhaft erschienen. Der Fall von Beale (Arch. of Medic. t. 1. p. 125), den ich allerdings nur aus dem von Charcot und Gombault gegebenen Auszug kenne, betrifft einen 40jährigen Mann, bei welchem 2 Jahre hindurch Symptome von Leberkrankheit: Icterus und zuletzt Ascites, der die Punktion nöthig machte, bestanden hatten. Bei der Section fand sich an der Verbindungsstelle des D. cysticus und hepaticus ein harter Lymphdrüsentumor, durch dessen Druck der Abfluss der Galle fast vollständig behindert war, und eine etwas vergrösserte, harte und blasse Leber mit unebener Oberfläche, in welcher das neugebildete fibröse Gewebe die einzelnen Läppchen umgab. Gewiss ist hier die Vermuthung nicht ausgeschlossen, dass eine Entzündung des portalen Bindegewebes einerseits die Lymphdrüsenanschwellung und andererseits, durch ihre Ausbreitung auf die Glisson'sche Scheide, auch die Cirrhose veranlasst habe. — In dem Falle von Du Castel, wo der D. choled. dicht vor seiner Duodenalmündung einen Stein enthielt, neben welchem jedoch noch Galle vorbeifliessen konnte, zeigte die ansehnlich vergrösserte und an ihrer Oberfläche glatte Leber eine allgemeine Erweiterung der Gallengänge und die histologischen Charaktere der monolobulären Cirrhose; aber der Kranke wird als

„leichter Potator" bezeichnet und der Icterus trat erst auf, nachdem
andere Beschwerden, welche aller Wahrscheinlichkeit der interstitiellen
Hepatitis angehörten, schon einen Monat lang bestanden hatten. —
v. Fragstein's Kranke hatte vor etwa 12 Jahren im Verlauf einer
mit Magenkrampf, Anorexie und Erbrechen verbundenen Krankheit
3 Monat lang Gelbsucht gehabt; das letzte halbe Jahr ihres Lebens
litt sie an cardialgischen und dyspeptischen Beschwerden, magerte
immer mehr ab und bekam 4 Wochen vor dem Tode einen an Gesicht und Füssen beginnenden Hydrops, der bald allgemein wurde. Die
Section ergab eine etwas verkleinerte und schlaffe Leber mit rundlichen, höchstens kleinhaselnussgrossen Erhabenheiten an der Oberfläche
und gelapptem Aussehen auf der gelbbräunlichen (nicht icterischen)
Schnittfläche; der D. choled. sowohl in seiner Mündung als in seinem
ganzen Verlauf stark erweitert (mehr als 2 Cm. im Umfang), die Gallenblase verdickt und geschrumpft und der D. cyst. obliterirt; die Milz
um das Doppelte vergrössert und mässig derb; die Magenschleimhaut
reichlich vascularisirt und ihre Gefässe geschlängelt; die Nieren geschwollen. Mikroskopisch zeigten sich die interlobulären Gallengänge
in ihren Wandungen sehr verdickt und von breiten concentrischen
Lagen fibrösen Gewebes umgeben; das extra- und intralobuläre Bindegewebe erheblich vermehrt, meist dicht und straff, stellenweise aber
von lymphoiden Zellen mehr oder weniger reichlich durchsetzt; die
Leberzellen z. Th. verkleinert, die peripherischen meistens mit Fett,
die centralen mit Pigment erfüllt; ausserdem Gallenconcretionen in den
Gallencapillaren; an einzelnen Stellen die Läppchen ganz oder bis auf
spärliche Reste verschwunden; in den Nieren die Epithelien der gewundenen Kanälchen geschwollen und in verschiedenem Grade körnig
getrübt; in den geraden Kanälchen intacte und geschrumpfte Blutkörperchen und vereinzelte Fibrincylinder. v. Fragstein schliesst
aus den an den grossen und den kleinsten Gallenwegen gefundenen
Veränderungen auf eine früher vorhanden gewesene Gallenstauung und
sucht die Ursache derselben in einer Chololithiasis, die zur Zeit jener
dreimonatlichen Gelbsucht zu Obstruction des D. choled. geführt hatte;
die Cirrhose betrachtet er als Folge dieser Gallenstauung und die z. Th.
noch reichliche kleinzellige Infiltration des interstitiellen Bindegewebes
als Beweis, dass der Process bis zuletzt im Fortschreiten begriffen war.
Ist diese Auffassung richtig, so erscheint die interstitielle Hepatitis in
diesem Falle als eine sehr wenig intensive; denn trotz ihrer zwölf-
jährigen Dauer war es nicht zu einer ausgesprochenen Induration der
Leber gekommen („das ganze Organ war schlaff") und ausser der
Schlängelung der Magengefässe fehlte jeder Hinweis auf eine Stauung
im Pfortadergebiet. Es ist mir deshalb sehr fraglich, ob man, wie
v. Fr. will, die schweren Verdauungsstörungen und indirect auch die
Degeneration der Nieren von der Leberkrankheit ableiten darf.

Konr. Lotze hat jüngst (Berl. klin. Wochenschr. 1876. No. 30)
bei Mittheilung eines Falles von hochgradiger granulirter Induration
der Leber neben congenitalem Defect der Gallenausführungsgänge auf die Möglichkeit hingewiesen, dass dieser Defect als Folge
einer mangelhaften Entwickelung und die durch ihn am Abfliessen be-

hinderte Galle als Entzündungsreiz für das Bindegewebe der Leber anzusehen sei; indessen dürfte der Umstand, dass das neugebildete fibröse Gewebe gerade an der Unterfläche des Organs und um die Pfortaderverzweigungen besonders hart und fest war, auch hier für die gewöhnliche Auffassungsweise sprechen, nach welcher in derartigen Fällen eine fetale Perihepatitis das Primäre ist, die durch ihre Ausbreitung auf die Glisson'sche Scheide sowohl zur Obliteration der Gallengänge als auch zur Hyperplasie des interlobulären Gewebes führt.

Hypertrophische Cirrhose, hypertrophische oder allgemeine Sklerose der Leber.

Für die unter obigem Namen neuerdings von französischen Autoren (P. Olivier, Hayem, Charcot u. Gombault) aufgestellte Form der interstitiellen Hepatitis wird es als pathognomonisch bezeichnet, dass eine Verkleinerung des Organs durch Schrumpfung des neugebildeten Bindegewebes, wie sie das spätere Stadium der gewöhnlichen Cirrhose charakterisirt, auch bei längerer Dauer des Processes nicht eintritt, sondern bis zum tödtlichen Ausgang der Krankheit die Hyperplasie überwiegt.

Unter den Beobachtungen, welche als Beispiele dieser Krankheitsform und zugleich als Beweise für die Existenz derselben veröffentlicht worden sind, befinden sich verhältnissmässig sehr viele, in denen gleich zu Anfang oder doch sehr frühzeitig ein ausgesprochener, aber in der Regel nicht mit Entfärbung der Fäces verbundener Icterus auftritt und, wenn auch mit Schwankungen, während des ganzen weiteren Verlaufs der Krankheit fortbesteht. Die Ursache desselben suchen die französischen Forscher (Cornil, Hanot, Charcot und Gombault) in Veränderungen der kleinen Gallenwege. Ihren Beobachtungen zufolge sind, ohne dass sich in den gröberen Gallengängen eine Secretstauung oder Entzündung nachweisen lässt, die interlobulären Gänge erweitert und verzweigen sich in feinere Gänge, die dicht vor dem Rande des Lobulus ein Netz bilden, von welchem noch feinere Zweige abgehen, die zwischen den Leberzellen verschwinden. Alle diese Kanäle sind mit kubischem Epithel ausgekleidet; in den weitesten scheint öfter das Lumen mit solchem Epithel verstopft zu sein. In der Umgebung dieser Kanäle sind die Merkmale der Bindegewebsneubildung am deutlichsten. Nach der Auffassung der genannten Autoren liegt das Netz der feinsten Gallengänge bereits in der peripherischen Zone des Lobulus, dessen Leberzellen hier durch das wuchernde Bindegewebe verdrängt und zur

Atrophie gebracht worden sind: es ist demnach nichts Anderes, als das Netz der Gallencapillaren, welche auf noch unerklärte Weise eine Epithelauskleidung erhalten haben. Hanot, sowie Charcot u. Gombault gründen auf diese Befunde die Annahme, dass in den mit frühzeitigem Icterus verbundenen Fällen von hypertrophischer Cyrrhose das Primäre eine aus unbekannter Ursache entstandene (spontane) Entzündung der interlobulären Gallengänge sei und von den Wandungen der letzteren die interstitielle Wucherung ihren Ausgang nehme. Sie unterscheiden deshalb die „hypertrophische Cirrhose mit Icterus" als eine besondere Form und fassen sie mit der durch Verschluss des D. choled. hervorgerufenen interstitiellen Hepatitis, bei welcher sie die gleichen Veränderungen der inter- und intralobulären Gallenwege gefunden haben (s. S. 00), in eine Gruppe zusammen, die sie als Cirrhose biliären Ursprungs oder biliäre Cirrhose der gewöhnlichen Cirrhose, bei welcher die Wucherung in der Umgebung der Interlobularvenen beginnt, gegenüberstellen.

Was die übrigen pathologisch-anatomischen Veränderungen bei der hypertrophischen Cirrhose mit Icterus anlangt, so ist die Vergrösserung der Leber meist beträchtlich: das Gewicht beträgt zwischen 2000 und 3000 Gramm; die Gestalt des Organs ist nicht merklich verändert, der freie Rand scharf, die Oberfläche manchmal glatt, andere Male mit höchstens kleinerbsengrossen flachen Prominenzen besetzt; die Schnittfläche, deren Farbe in verschiedenen Nüancen gelb oder grün sein kann, zeigt hanf- bis mohnsamengrosse, mitunter etwas vorspringende Parenchyminseln und zwischen denselben bis zum Vier- und Fünffachen breitere Balken von fibrösem Gewebe. Auch die Milz ist constant, und in der Regel erheblich, durch chronische Hypertrophie vergrössert: sie wog mehrmals 500, einmal (Pitres bei Hanot, l. c. p. 35) 1300 und einmal (P. Olivier) sogar 2300 Gramm.

Die ersten Erscheinungen der Krankheit bestehen mitunter vorwiegend in Verdauungsstörungen: noch öfter aber kündigt sich der pathologische Process in mehr directer Weise durch Schmerzen in der Lebergegend an, die von Zeit zu Zeit wiederkehren und jedesmal von einer Zunahme des Icterus und der Leberanschwellung, sowie meist auch von Fieber begleitet sind. Die Leber überragt in der Papillarlinie den Rippenbogen mindestens um mehrere Finger breit, oft reicht sie bis zum Nabel oder noch unter diesen hinab und bis zur Milz hinüber, so dass sie die Oberbauchgegend vorwölben und beide Hypochondrien ausfüllen kann. Eine Wiederabnahme ihres

Umfangs scheint selbst bei sehr langer Dauer der Krankheit äusserst selten und auch dann nur in dem Maasse vorzukommen, dass sie von einer Verkleinerung unter die Norm noch weit entfernt bleibt. Die Grösse des Milztumors ist manchmal der anstossenden Leber wegen nicht genau zu bestimmen. Der Ernährungszustand und das Allgemeinbefinden können lange ziemlich gut bleiben; andere Male beginnt schon früher eine fortschreitende Abmagerung und Kachexie. Auch Nasenbluten kommt mitunter schon zeitig vor. Blutungen aus den Verdauungsorganen sind sehr selten. Symptome von chronischem Katarrh der Digestionsschleimhaut dagegen treten, wo sie nicht von Anfang an bestehen, in der späteren Zeit regelmässig ein. Ascites fehlt mitunter selbst bei schon weit heruntergekommenen Kranken; öfter erscheint er als Theil einer durch Kachexie bedingten allgemeinen Wassersucht, indem er sich erst einstellt, wenn das Oedem bis zum Bauche heraufgestiegen ist. Doch tritt er auch manchmal auf, wo kein Anasarka besteht, aber dann meistens erst in den letzten Wochen oder Monaten des Lebens. Der Tod wird häufig durch schwere Cerebralsymptome (Delirien, Koma, bisweilen mit terminaler Temperatursteigerung) eingeleitet.

Die D a u e r der Krankheit beträgt selten unter 1 Jahr, meistens 2 Jahr und darüber, in einzelnen Fällen (P. O l i v i e r , P i t r e s) wird sie zu 5 und 7 Jahren angegeben.

Der hier skizzirten Krankheitsform in vielen Beziehungen sehr ähnlich ist diejenige, welche H a y e m mit Zugrundelegung zweier von ihm beobachteter Fälle als e i n f a c h e h y p e r t r o p h i s c h e C i r - r h o s e beschrieben hat.

Auch in diesen Fällen war die Leber sehr vergrössert, in dem einen 3180, in dem anderen nahezu 4000 Gramm schwer, mit glatter Oberfläche und von fibromähnlicher Consistenz. Die Lobuli, welche für das blosse Auge als verschieden gefärbte Fleckchen und Pünktchen auf dem grauweissen Grunde der Schnittfläche erschienen, zeigten sich bei der mikroskopischen Untersuchung in einzelne, z. Th. inselartig im Zwischengewebe verstreute Zellengruppen aufgelöst und in ihrer Structur so verändert, dass im ersten Falle die Centralvene nirgends, im zweiten wenigstens nicht überall mehr erkennbar war. In manchen Läppchen waren die Capillargefässe sämmtlich oder an einzelnen Stellen stark erweitert. Das sehr beträchtlich vermehrte Bindegewebe bestand aus Fasern und spindelförmigen Zellen und zeigte, hauptsächlich längs der Gefässe, eine kleinzellige Infiltration. Die Leberzellen waren hier und da atrophisch, meistens aber wohl erhalten und weder mit Fett noch mit Pigment infiltrirt. Die interlobulären Gallengänge erschienen normal, in dem zweiten Falle einzelne mit kleinen Pigmentconcretionen erfüllt. In diesem Falle hatte eine Zeit lang leichter Icterus bestanden, in dem anderen ward erst gegen das Ende des

Lebens die Hautfarbe schwach gelblich (subictérique). Ascites fehlte in dem zweiten Falle, obgleich die Krankheit 2³/₄ Jahr dauerte; im ersten, dessen Dauer zu 9 Jahren angenommen wird, trat er erst nach dem Oedem der unteren Extremitäten ein, indessen bestand hier durch die sehr weiten Gefässe zahlreicher peritonitischer Adhäsionen eine directe Communication zwischen den Venen des Darms und den stark ausgedehnten und geschlängelten Venen der vorderen Bauchwand. In beiden Fällen starben die Kranken in marastischem Zustand, der eine an Pneumonie, der andere an Cholera.

Sowohl bei diesen als auch bei den mit frühzeitigem Icterus verbundenen Fällen liegt die Frage nahe, ob der Umstand, dass die Vergrösserung der Leber bis zum Tode fortbesteht, als Kriterium einer besonderen Form von interstitieller Hepatitis gelten darf. Da die Stauungserscheinungen im Bereiche der Pfortaderwurzeln meist nur wenig entwickelt sind, so liesse sich an eine nicht vollständig abgelaufene Cirrhose denken. Auch bei der gewöhnlichen Cirrhose zeigt das Organ hin und wieder eine ähnliche Volums- und Gewichtszunahme, wenn durch eine complicirende oder intercurrente Krankheit der Tod herbeigeführt wird, ehe es zu einer ausgedehnteren Schrumpfung gekommen ist. Bei der hypertrophischen Cirrhose mit Icterus könnte man geneigt sein, dem anhaltenden Icterus einen beschleunigenden Einfluss auf den letalen Ausgang zuzuschreiben. Aber abgesehen davon, dass ein analoges Moment bei der einfachen hypertrophischen Cirrhose nicht zu finden ist, so wird bei beiden Varietäten die Auffassung, dass man es mit einem früheren Stadium des Processes zu thun habe, schon durch die Dauer der Krankheit widerlegt. Dieselbe ist bei der hypertrophischen Cirrhose keineswegs kürzer, sondern im Allgemeinen sogar länger als bei der gewöhnlichen, und eine Dauer von 5 Jahren und darüber, wie sie — wenn auch nur selten — bei ersterer vorkommt, ist bei letzterer niemals beobachtet worden. In einem der von Frerichs mitgetheilten Fälle (l. c. S. 82, Beobachtung 19) hatten zwar die Symptome der chronischen Hepatitis bereits 6 Jahre vor dem Tode begonnen, allein es handelte sich hier offenbar nicht um eine gewöhnliche Cirrhose: denn bei der Obduction fand sich die Leber noch sehr vergrössert und schwer, die Granula sehr klein und das fibröse Gewebe sehr reichlich, der Ascites gering. Ferner spricht aber auch der Krankheitsverlauf bei der hypertrophischen Cirrhose gegen die Annahme, dass eine consecutive Verkleinerung der Leber nur deshalb nicht eingetreten sei, weil die Krankheit ihr letztes Stadium nicht erreicht habe. Der Verfall der Gesammternährung, welcher bei der gewöhnlichen Cirrhose mit der fortschreitenden Schrumpfung der Leber einhergeht, kommt bei der hypertrophischen zu Stande, während die Vergrösserung des Organs fortbesteht oder noch wächst, ohne dass eine andere von dem Leberleiden und dessen Folgen unabhängige Krankheit hinzugetreten ist, auf welche die Ernährungsstörungen sich zurückführen liessen. Wodurch diese bedingt sind, lässt sich nicht mit Bestimmtheit angeben. Vermuthlich trägt der mit der Wucherung des interstitiellen Gewebes nothwendig verbundene Untergang eines grossen Theils der secernirenden Elemente der Leber hauptsächlich die Schuld; denn während bei der gewöhnlichen Cirrhose der Druck der schrumpfenden Neubildung in erster Linie an den feinsten Pfortaderverzweigungen zur Geltung kommt, scheinen bei der hypertrophischen Form die Leberzellen mehr direct unter der Wucherung des Bindegewebes zu leiden, da diese hier weit tiefer in das Innere der Acini eindringt.

In ätiologischer Beziehung ist auch bei dieser Form der habituelle Alkoholmissbrauch an erster Stelle zu nennen: nach P. Olivier ist er sogar die einzige· wohl constatirte Ursache. Durch Hayem's ersten Fall wird indessen die Vermuthung gerechtfertigt, dass auch durch gewisse Infectionskrankheiten, wie Typhus und Cholera, der erste Keim zu der Krankheit gelegt werden könne. Nicht selten ist die Ursache unbekannt. Syphilis ist in keinem Falle nachgewiesen.

Was die Diagnose betrifft, so wird sich die Krankheit während ihrer früheren Periode von dem ersten Stadium der gewöhnlichen Cirrhose nicht unterscheiden lassen. Dagegen dürfte in der späteren Zeit ihres Verlaufs, wenn die Abmagerung und Kachexie mehr hervortreten, die Erkenntniss meistens keine besonderen Schwierigkeiten bieten, sobald es möglich ist, die lange, oft über Jahre sich erstreckende Dauer der Leber- und Milzvergrösserung und — in der Mehrzahl der Fälle — des Icterus festzustellen. Vor einer Verwechslung mit Echinococcus, welche in einigen Fällen vorgekommen ist, schützt die Berücksichtigung der normalen Gestalt des Organs und der Mangel einer fluctuirenden oder weichelastisch anzufühlenden Stelle im Bereiche desselben; auch hat der Echinococcus der Leber weder Milztumor noch Kachexie im Gefolge. Die irrthümliche Annahme einer Leukämie vermeidet man durch die Untersuchung des Blutes. Bei Pseudoleukämie ist fast stets die Vergrösserung der Milz verhältnissmässig weit beträchtlicher als die der Leber und mit sehr seltenen Ausnahmen sind ausserdem Lymphdrüsentumoren vorhanden. Dem Carcinom gegenüber kommt die ebene Beschaffenheit und die überall gleichmässige Resistenz der Leberoberfläche sowie der Milztumor in Betracht. Von der amyloïden Degeneration unterscheidet sich die hypertrophische Cirrhose durch den scharfen unteren Rand und durch die Verschiedenheit der Ursachen.

Die Therapie hat bei der hypertrophischen Cirrhose durch keines der bisher versuchten Mittel (Jodkali, Quecksilber, Salmiak, Arsen, Eisen) irgend einen merklichen Erfolg erzielt. Zur Paracentese des Bauches gibt die Krankheit sehr selten Veranlassung.

Syphilitische Hepatitis.

Dittrich, Prager Vierteljahrschrift 1849. Bd. I. S. 1. Bd. II. S. 33. — Gubler, Gaz. méd. de Paris 1852. p. 262 und Mém. de la Soc. de Biol. 1852. T. 4. p. 25. — Hecker, Verh. d. Ges. f. Geburtsk. in Berlin 1855. Bd. VIII. S. 131. — Quelet, Essai sur la Syph. du foie. Thèse de Strasb. 1856. — Schützenberger, Gaz. hebdom. de Méd. et de Chir. 1857. p. 279. — Leudet, Moniteur des Sc. méd. 1860. p. 1131. Arch. gén. de Méd. Févr. et Mars 1866. Clin. médic. de l'Hôt.-Dieu de Rouen. p. 550 sq. — Budd, Diseases of the liver. II. ed. 1857. — Virchow, Archiv für pathol. Anatomie. XV. S. 266 und Die krankh. Geschwülste. II. S. 423. — Rokitansky, Path. Anat. 1. Aufl. II. S. 648. — Frerichs, Klin. d. Leberkrankh. 1861. Bd. II. S. 152. — Biermer, Schweiz. Zeitschr. f. Heilk. 1862. I. 1 u. 2. S. 118. — Wilks, Guy's Hosp. Reports. Ser. III. vol. 9. 1863. — Derselbe, Transact. Path. Soc. vol. XVII. 1866. p. 167. — Wagner, Archiv d. Heilkunde. Bd. V. S. 121. — Kurzwelly, Ueber das Syphilom der Leber. Leipzig. Dissert. 1863. — Howitz, Journal für Kinderkrankh. 1863. S. 365. — Schott, Jahrb. f. Kinderkrankh. 1861. IV. und Jahrb. d. Ges. d. Wiener Aerzte 1862. Heft 2. — v. Bärensprung, Die hereditäre Syph. Berl. 1864. S. 189 ff. — H. Weber, Transact. Path. Soc. vol. XVII. 1866. — W. Moxon, Transact. Path. Soc. vol. XXII. 1871. p. 274 und vol. XXIII. 1872. p. 153. — Oedmansson, Nord. med. Arch. I. 4. (Virchow-Hirsch, Jahresb. f. 1869. 2. Abth. S. 561. — Kahl, Beitr. z. Anat. u. Symptomatol. d. syphil. Affect. der Leber. Leipzig. Dissert. 1869. — Schüppel, Arch. d. Heilk. Bd. XI. S. 74. — Lancereaux, Traité de la Syphilis. Paris 1873. p. 259. — Bäumler, Dieses Handbuch. Bd. 3. S. 177 ff. — Vergl. ausserdem die Lehrbücher der path. Anatomie von Förster, Klebs und Rindfleisch. — Weitere Literaturangaben s. noch bei Lancereaux l. c. p. 258 und 259.

Geschichte.

Die ältesten Schriftsteller über Syphilis hielten aus rein theoretischen Gründen die Leber entweder · für den eigentlichen Sitz und Ausgangspunkt der Krankheit oder doch für ein Organ, welches sehr frühzeitig consecutiv erkranke. Hinsichtlich der pathologisch-anatomischen Befunde, welche von späteren Autoren (Bonet, Astruc, Baader, van Swieten, Portal) als Beispiele syphilitischer Leberaffection angeführt werden, ist die Berechtigung zu dieser Auffassung sehr fraglich. In der Beschreibung, welche Budd in der 1. Aufl. seiner Leberkrankheiten von den „eingkapselten knotigen Geschwülsten der Leber" gibt, sind die Gummata nicht zu verkennen, aber sie wurden von ihm als circumscripte Ektasien entzündeter Gallengänge mit käseartig umgewandeltem Inhalt angesehen. Oppolzer und Bochdalek deuteten dieselben Bildungen als geheilte Leberkrebse. Dittrich wies das Irrige dieser Deutung nach und erkannte zuerst mit Bestimmtheit die syphilitische Natur der Veränderung. Mit seiner Arbeit beginnt die genauere Erforschung der syphilitischen Hepatitis, welche er zunächst am Erwachsenen studirte. Die bald darnach publicirten Beobachtungen von Gubler hatten die analoge Affection beim Kinde zum Gegenstand. Seitdem ist die Kenntniss der Krankheit in ihren verschiedenen Formen durch zahlreiche Untersuchungen gefördert worden.

Aetiologie.

Die Krankheit kommt zwar im Verhältniss zur grossen Verbreitung der Syphilis selten vor, ist aber unter den syphilitischen Affectionen der Eingeweide eine der häufigsten. Auch bei der hereditären Syphilis gehört die Leber zu den am constantesten befallenen Organen und zeigt hier nach den Erfahrungen von Gubler, v. Bärensprung, Wegner[1] u. A. meistens ebenfalls entzündliche Veränderungen, während S. Wilks[2] bei vielen Sectionen nur Fettleber und Verdickung der Kapsel gefunden hat.

Die durch acquirirte Syphilis herbeigeführte Hepatitis beobachtet man gewöhnlich in einer späteren Periode der chronischen Infectionskrankheit. In der Regel finden sich neben derselben an anderen Organen Veränderungen, die von abgelaufenen oder noch bestehenden Processen des tertiären Stadiums herrühren oder von der syphilitischen Kachexie abhängig sind. Auch die Befunde in der Leber sind meistens zum Theil wenigstens solche, die als charakteristisch für das tertiäre Stadium gelten. In manchen Fällen führt indessen die Syphilis schon in einer früheren Zeit ihres Verlaufs zu interstitieller Hepatitis (Dittrich, Gubler, Leudet, Biermer). Wahrscheinlich geschieht dies öfter als es zur Beobachtung kommt, da der Vorgang, zumal wenn er auf kleinere Stellen der Leber beschränkt ist, völlig symptomlos bleiben kann[3].

---

1) Virchow's Archiv Bd. 50. S. 316 ff.
2) Transact. of the patholog. soc. V. 17. p. 167.
3) Key (Hygiea 35. S. 370). Schmidt's Jahrb. Bd. 161. S. 142) fand bei einer 26jährigen Frau, die ½ Jahr zuvor an einem Geschwür der grossen Schamlippe behandelt worden und an Miliartuberkulose gestorben war, als einziges Zeichen von Syphilis in der Leiche zwei Lebergummata von resp. Wallnuss- und Erbsengrösse.

Pathologie.

Ein übersichtliches Bild lässt sich von der Krankheit nicht entwerfen; ob und welche Erscheinungen sie macht, hängt hauptsächlich von dem Sitze und der Ausbreitung der anatomischen Veränderungen ab und in diesen Beziehungen bieten die einzelnen Fälle eine ziemliche Mannichfaltigkeit dar.

Ihren Sitz hat die syphilitische Hepatitis wie die Cirrhose anfangs im interlobulären Bindegewebe; allmählich bewirkt sie wie, diese Schwund des Drüsenparenchyms in verschiedener Ausdehnung und auch bei ihr findet eine Umwandlung des zellenreichen Granulationsgewebes in schwieliges Narbengewebe statt, so dass selbst die Gestaltveränderungen, welche im Gefolge beider Processe auftreten, vielfach Vergleiche gestatten. Dennoch bieten sie gewisse Differenzen dar, welche eine Unterscheidung meist leicht ermöglichen und die syphilitische Hepatitis als eine eigenartige Entzündung charakterisiren. Das unter der Einwirkung des syphilitischen Giftes in der Leber entstehende Gewebe neigt in hohem Grade zu fettigem und käsigem Zerfall und die Producte dieser rückgängigen Metamorphosen können vollständig resorbirt werden, so dass die Neubildung verschwindet und in einzelnen Fällen nur eine wenig mächtige Narbe noch auf die Lebersyphilis hinweist.

Die grosse Mannichfaltigkeit, welche in anatomischer und symptomatologischer Beziehung der Syphilis überhaupt eigenthümlich ist, spricht sich auch in den wechselnden Bildern aus, unter denen sie in der Leber auftritt und diese haben Veranlassung gegeben, viele getrennte Formen der syphilitischen Hepatitis zu unterscheiden. In der That repräsentiren alle nur einen Process, dessen verschiedene Altersstufen und dessen bald herdweises, bald diffuses Auftreten gebührend berücksichtigt werden müssen, wenn es gilt, den concreten Fall in das allgemeine typische Bild einzufügen.

Wir unterscheiden die diffuse syphilitische Hepatitis mit dem Ausgang in Induration und die circumscripte, gummöse Hepatitis oder das Syphilom der Leber, welches im letzten Stadium oder nach relativer Heilung die sogenannte gelappte Leber darstellt.

Die diffuse Lebersyphilis kommt am häufigsten als Theilerscheinung der congenitalen Lues bei todtgeborenen Kindern, bei solchen, die wenige Tage oder Wochen nach der Geburt sterben und bei sog. todtfaulen Früchten zur Beobachtung; bei Erwachsenen ist sie selten. Die Leber ist meist in allen Durchmessern vergrössert und schwerer [1]), von grauröthlieher oder sehmutzig gelbgrauer Farbe, welche von Gubler mit der des Feuersteins vergliehen wird. Ihre Oberfläche ist glatt, mit der Umgebung nicht verwachsen. Ihr Gewebe ist blutleer, derb, mattglänzend, undeutlich aeinös oder ganz homogen — letzteres auch dann, wenn keine amyloide Degeneration nachweisbar ist; manchmal lässt es sich, wie Gubler angibt, in dünne Scheiben mit ganz glatten, ebenen Flächen schneiden, verhält sich also auch in dieser Beziehung wie speckig entartetes Gewebe. Unter dem Mikroskop sieht man das interlobuläre Bindegewebe fast allenthalben breiter und verschieden reichlich durchsetzt mit kleinkernigen rundlichen und spindelförmigen Zellen. Kleine Gruppen von Rundzellen finden sich daneben regelmässig auch im Innern der Acini um Capillaren gelagert, die Leberzellen vollständig substituirend oder in wechselndem Maasse verdrängend, so dass diese abgeplattet erscheinen und manchmal verschiedene Stadien des einfachen und fettigen Zerfalls erkennen lassen. Die neugebildeten Zellen im intraacinösen Gewebe liegen in deutlich nachweisbarem Bindegewebe (Wagner l. c. S. 140), welches sich entweder von den Capillarwänden direct oder im Verlauf derselben vom interlobulären Bindegewebe aus entwickelt. Das Hereinwuchern eines zellenreichen Gewebes in das Innere der Acini von der Peripherie her ist häufig zu beobachten.

Bei der grossen Aehnlichkeit, welche die diffuse syphilitische Hepatitis mit der gewöhnlichen interstitiellen Hepatitis in ihren Anfängen darbietet, erscheint die Annahme berechtigt, dass bei längerer Dauer der Affection die Leber ein Bild darbieten muss, welches den ausgeprägteren Formen von gewöhnlicher Cirrhose völlig gleicht. Sichere Beobachtungen hierüber liegen jedoch nicht vor, und für diejenigen im kindlichen Alter beobachteten Fälle von granulirter Leber, welche nicht auf übermässigen Alkoholgenuss zurückgeführt werden dürfen, bleibt es immerhin zweifelhaft, ob sie als Fälle von Lebersyphilis zu betrachten sind. Dagegen ist eine gleichmässige Induration der Leber mit geringer oberflächlicher Granulirung als Ausgang der diffusen syphilitischen Hepatitis beschrieben.

Einmal beobachtete sie Wagner bei einem 54jährigen Manne. „Die Leber war in allen Durchmessern gleichmässig vergrössert, 6 Pfd. schwer, an der Oberfläche ziemlich glatt, nur stellenweise feinnarbig, eigenthümlich gelbröthlich; Durchschnitt kreischend;

---

1) Birch-Hirschfeld (Archiv d. Heilk. Bd. 16. S. 174) fand als Durchschnittsgewicht kindlicher Lebern bei Syphilis (32 Fälle) 129 Grm. gegen 109 Grm. Normalgewicht oder 6 pCt. des Körpergewichts bei Syphilis gegen 4,6 pCt. in der Norm.

Schnittfläche weniger deutlich acinös" u. s. w. „Die mikroskopische Untersuchung zeigt das intcracinöse Bindegewebe doppelt breiter, durchsetzt von gleichmässig vertheilten, kleinen und mittelgrossen Kernen und rundlichen Zellen." — Eine weitere Beobachtung theilt L. Wronka mit.[1]) Er fand bei einem 5 mon. Abort die Leber sehr klein, 6,5 Ctm. im Querdurchmesser u. s. w., die Serosa an einigen Stellen verdickt und getrübt. Das Organ fühlte sich sehr derb und fest an und war auf der Oberfläche leicht granulirt. — Wahrscheinlich gehört hierher auch eine Beobachtung von Virchow in dessen Arch. Bd. 22. S. 428.

Zwischen dieser diffusen Lebererkrankung und der gummösen Form sind alle möglichen Uebergänge beobachtet worden. Weisse verwaschene Flecke oder kleinste gelblich verfärbte Stellen[2]) werden bei Beschreibung von Fällen erwähnt, welche im Uebrigen der diffusen Form angehören. Andere Male finden sich deutliche miliare Knötchen in grosser Anzahl, zwischen denen das Lebergewebe noch nahezu normale Beschaffenheit oder doch deutlich acinösen Bau zeigt. Solche Beobachtungen — fast ausschliesslich bei Neugeborenen — sind zuerst von Gubler mitgetheilt, dann von Wagner und Klebs. Wagner (Fall XXXIV) und Wronka (Fall I) sahen reichliche miliare Neubildungen neben grösseren Knoten. Der histologische Bau solcher kleinsten Syphilome weicht nicht ab von dem der grösseren.

Die circumscripte syphilitische Hepatitis ist sowohl im kindlichen, als besonders im reiferen Alter oft gesehen worden und bildet neben der gelappten Leber, welche ihr Endstadium repräsentirt, die häufigste Form der Lebersyphilis. Meistens finden sich in der übrigens normalen oder consecutiv hypertrophischen, fettig entarteten oder amyloiden Lebersubstanz ein oder wenige, selten viele (bis über 50) Gummiknoten von Erbsen- bis Hühnereigrösse.

Die Grössenverhältnisse sind in der That sehr schwankend; aber auch die Grössenangaben der einzelnen Autoren sind verschieden zu beurtheilen, je nachdem die schwielige periphere Zone des Herdes als zur syphilitischen Neubildung gehörig oder als secundäre Kapselbildung betrachtet wird.

Sie sind gelegentlich in fast allen Theilen des Organs nachgewiesen: in der Tiefe und oberflächlich, vom Zwerchfell gedeckt oder an den vorragenden Rändern der Lappen. Dennoch scheinen gewisse Prädilectionsstellen für ihre Entstehung zu existiren: die Umgebung der Aufhängebänder der Leber, namentlich das Lig. susp.

---

1) Wronka, Beiträge z. Kenntniss d. angeborenen Leberkrankh. Dissert. Breslau 1872. Fall II.
2) Klebs l. c. Bd. 1. S. 440.

hepatis und das Bindegewebe der Glisson'schen Kapsel an der Leberpforte und längs der grossen Aeste der Venae portae. Virchow
macht darauf aufmerksam, dass der Zug des schweren Organs an
seinem Aufhängeband die Entwicklung der Neubildung an dieser
Stelle vielleicht begünstige. In Betreff der anderen Prädilections-
stelle sei auf die Beobachtung Schüppel's hingewiesen, welcher
drei Fälle von Localisation der syphilitischen Neubildung um die
Pfortader herum unter dem Namen der Peripylephlebitis syphilitica
bei Neugeborenen beschreibt.

Er fand den Stamm der Pfortader bei seinem Eintritt in die Leber
zu einem 1 Ctm. dicken, festen, graugelbgefärbten Strang umgewandelt, und das Lumen des Gefässes war so verengt, dass es das Ein-
führen einer Schweinsborste eben noch gestattete.

Auch Schott sah in einzelnen Fällen hereditärer Lebersyphilis derbere Knoten um grössere Gefässstämme, von denen aus sich
weissliche Schwielen nach verschiedenen Richtungen hin verzweigten. Liegen die Knoten oberflächlich, so ist das Leberperitonäum
manchmal emporgewölbt wie bei secundären Leberkrebsen und zeigt
frische entzündliche Veränderungen oder bereits die Ausgänge derselben: schwielige Verdickungen und Verwachsungen mit Nachbarorganen. Ganz frische syphilitische Geschwülste kommen relativ
selten zur Beobachtung. Sie sind auf dem Durchschnitt von weisser,
röthlicher oder grauer Farbe, markigem Aussehen und ziemlich derber
Consistenz. In einem fein- oder grobfaserigen Bindegewebe enthalten sie neben reichlichen Rund- und Spindelzellen viele meist capillare Gefässe und oft weit verzweigte Netze von Gallengängen mit
deutlich cylindrischem Epithel. Die Leberzellen in ihrer Umgebung
sind atrophisch, durch Albumin- und Fettkörnchen trübe. Am Rande
der Neubildung lässt sich die fortschreitende Wucherung meist im
interlobulären Bindegewebe in Form eines kleinzelligen Infiltrats auf
verschieden weite Strecken hin verfolgen.

Aeltere, namentlich umfängliche Syphilomknoten lassen auf ihrer
Schnittfläche meist zwei nach Anordnung, Färbung und Consistenz verschiedene Substanzen mit blossem Auge erkennen. Ein centraler Theil,
von der gelblichen Farbe eingedickten Eiters oder verkästen Gewebes,
ist zäh und trocken; er bildet meist einen rundlichen oder unregelmässig zackig begrenzten Körper; manchmal erscheint er auf dem Durchschnitt als eine verästelte Figur oder ist netzförmig angeordnet, so dass
er einzelne Beobachter an die Ausbreitung beträchtlich erweiterter
Lymphgefässe erinnerte. Er besteht aus feinen, dicht verfilzten Fasern, Zellendetritus, Fetttröpfchen, sog. freien Kernen und spärlichen,

zerstreut liegenden, atrophischen Rundzellen. Ansammlungen grösserer
Fetttropfen, sowie die breiige oder bröckelige Consistenz, welche sonst
im käsigen Untergang begriffene Gewebe darbieten, fehlen meist.

Eine völlige Erweichung scheint nur ausnahmsweise vorzukommen;
sie wurde beobachtet von Zenker (bei Bäumler l. c. S. 180), Wagner (l. c. S. 123. Fall 24), Moxon (Transact. of the pathol. Soc.
Vol. 23. p. 153). Kalkablagerung im Centrum der Knoten fand sich
in einem Falle von Wegner (Berl. klin. Wochenschr. 1869. S. 420)
und in einem von Wronka (l. c. p. 11); beide Fälle betreffen 9 mon.
Früchte.

Die centrale Partie der Neubildung wird von einem verschieden
breiten Hof grauröthlichen oder narbenähnlich mattglänzenden Gewebes umschlossen, welches meist scharf aber unregelmässig zackig
gegen das benachbarte Lebergewebe hin abgegrenzt ist. Diese
schwielige Substanz zeigt unter dem Mikroskope das Verhalten jüngeren oder älteren Narbengewebes, ist wie dieses in wechselndem
Maasse reich an Gefässen, welche manchmal durch die beträchtliche Dicke ihrer Wandungen (Obliteration?) auffallen, und besteht
vorwiegend aus runden und spindeligen Bindegewebszellen. Letztere
bilden meist die äusserste Zone der Geschwülste, während die rundlichen Elemente nach der gelben Substanz zu überwiegen und sich
in ihr noch regelmässig nachweisen lassen. Eine scharfe Grenze
zwischen beiden Substanzen existirt nicht, wovon man sich bei der
mikroskopischen Untersuchung leicht überzeugen kann; das schwielige Gewebe geht vielmehr unmerklich in das atrophische über und
deshalb scheint es auch nicht gerechtfertigt, den schwieligen peripheren Theil nur als Product einer reactiven Entzündung, als Kapselbildung aufzufassen.

Mit der Umwandlung des gefässreichen Granulationsgewebes, aus
welchem ursprünglich die Neubildung in toto besteht, in ein gefäss-
armes Narbengewebe geht der Untergang der zelligen Elemente und
vom Centrum aus die Verkäsung Hand in Hand. Die verkäste Substanz wird allmählich resorbirt; der Tumor verkleinert sich und bildet schliesslich nur noch eine verschieden gestaltete, meist strahlige
Narbe in der Lebersubstanz. War die Neubildung nahe der Oberfläche gelegen, so folgt diese der narbigen Retraction des Bindegewebes und es entstehen meistens tiefe, mit seitlichen Ausläufern
versehene, unregelmässige Einziehungen, zwischen denen das übrig
gebliebene, häufig amyloid entartete, manchmal wohl auch hypertrophische Drüsengewebe halbkugelige Prominenzen bildet. Endlich
erscheint das Organ in abnorm gestaltete Lappen zerklüftet: gelappte Leber. Es liegt auf der Hand, dass je nach der Menge

und Lage der atrophirenden Geschwülste die resultirenden Defor-
mitäten des Organs grosse Mannichfaltigkeit darbieten müssen, besonders wenn man noch die weiteren Veränderungen in Betracht
zieht, welche durch Perihepatitis, abnorme Verwachsung mit Nachbarorganen und die verschiedenartigen Parenchymerkrankungen hervorgerufen werden können, die gelegentlich theils im Anschluss an
die Syphilis, theils unabhängig von ihr auftreten (einfache Atrophie,
fettige und speckige Degeneration, acute gelbe Atrophie, Leberhypertrophie). Die Möglichkeit einer vollständigen Resorption der ver-
käs4en Massen ist für die Fälle angezweifelt worden, in denen die
Entwicklung des schwieligen Bindegewebes in der Peripherie der
Neubildung einen besonders hohen Grad erreicht hat. Die Thatsache jedoch, dass charakteristische Narben ohne jede Spur käsiger Herde in ihrem Grunde neben solchen, welche deutlich die
Reste syphilitischer Neubildungen aufweisen, in ein und derselben
Leber vorkommen, scheint doch für den oben angeführten Modus der
Rückbildung und die Möglichkeit einer vollständigen Resorption zu
sprechen.[1]) Die Frage nach der Resorption der betreffenden Geschwülste ist nicht nur für die anatomische Auffassung des Processes
von Bedeutung, sondern sie bietet ein praktisches Interesse, insofern
durch Resorption und Aufnahme der Zerfallsproducte in den Säftestrom möglicher Weise die Infection anderer Organe vermittelt werden kann.

Symptomatologie.

Die syphilitische Hepatitis entsteht und verläuft oftmals ohne
irgend welches Symptom, das auf eine Erkrankung der Leber hinweisen könnte, selbst in Fällen, wo die Section tiefe Narben und
zahlreiche Gummata nachweist. Wo aber die Krankheit im Leben
Erscheinungen macht, können dieselben durch die Veränderungen in
den physikalischen Eigenschaften des Organs, durch die Perihepatitis und durch den Druck des fibrösen Gewebes auf die Blut- und
Gallengefässe bedingt sein.

Die Le ber zeigt nur selten normale Dimensionen. In den congenitalen Fällen erscheint sie fast stets nach allen Richtungen vergrössert und bildet einen glatten und harten Tumor, der mit seinem
scharfen Rande bis zum Nabel und noch weiter hinab reichen kann
und öfter am Bauche durch Auftreibung der entsprechenden Gegend
sich deutlich abzeichnet. Bei acquirirter Syphilis können in einer
früheren Periode der Leberkrankheit dieselben Erscheinungen vor-

1) Vgl. Wagner, l. c. Fall XXXVIII und XXXIX.

handen sein. Häufiger ist hier aber die Gestalt des Organs unregelmässig: an seiner Oberfläche lassen sich deutliche Höcker oder
wallnuss- bis hühnereigrosse, mitunter die Bauchdecken sichtbar vor-
wölbende Knollen wahrnehmen; die letzteren fühlen sich glatt und
meistens hart an, auch wenn die abgeschnürten Leberpartien nicht
amyloid entartet sind, seltener haben sie die teigichte Consistenz fettreichen Leberparenchyms (Frerichs[1]), Löwenfeld[2])); wo sie
dichter stehen, bemerkt man zwischen ihnen seichte oder tiefere
Furchen.[3]) Der untere Rand ist meistens stumpf, bisweilen in mehrere kolbig abgerundete Segmente getheilt. Diese Erscheinungen
sind am ausgeprägtesten, wenn die Leber in grösserer Ausdehnung
der Bauchwand anliegt: dieselbe kann sich bis in die Darmbeingegend und bis weit ins linke Hypochondrium erstrecken (Quélet,
Biermer); aber auch wenn der Umfang des Organs im Ganzen verkleinert ist, findet man häufig, wegen der ungleichmässigen Vertheilung des schrumpfenden Gewebes, unter oder neben dem rechten
Rippenbogen einen vorragenden Abschnitt, der die beschriebenen Veränderungen erkennen lässt. Nach Lancereaux soll es bisweilen
möglich sein, die vorhandenen Adhärenzen zu fühlen oder daraus zu
diagnosticiren, dass sich das Organ bei der Respiration nicht unter
den Bauchdecken verschiebt. — Die Befunde an der Leber bleiben
sich auch bei längerer Beobachtung meistens im Wesentlichen gleich;
nur selten hat man Gelegenheit, ein allmähliches Kleinerwerden des
anfänglich vergrösserten Organs und das Hervortreten von Unebenheiten an demselben zu constatiren.

Wo der Umfang der Leber vergrössert ist, besteht öfter ein Gefühl von Unbehagen, Schwere oder Druck im rechten Hypochondrium,
das wohl hauptsächlich in der Massenzunahme des Organs seinen
Grund hat. Andere Male sind zeitweise oder Wochen und Monate
hindurch anhaltend Schmerzen vorhanden, bald über die ganze Lebergegend verbreitet, bald auf einzelne Stellen beschränkt; sie können
sehr heftig sein und werden stets durch äusseren Druck gesteigert,

---

1) l. c. Beobachtung 20.
2) Wiener med. Presse 1873. Nr. 39.
3) In dem von Riegel (Deutsches Archiv f. klin. Med. Bd. XI. S. 113) mitgetheilten Falle erschien die abgeschnürte, durch einen langen Stiel mit der übrigen Leber zusammenhängende Partie im Leben als zwei mässig harte, sehr bewegliche Tumoren, welche an den respiratorischen Verschiebungen des Organs
nicht Theil nahmen und in der rechten Bauchseite umschriebene Dämpfungs-
bezirke bildeten, die sowohl von einander als von der normalen Leberdämpfung
durch helltympanitisch schallende, übergelagerten Darmschlingen entsprechende
Streifen getrennt waren.

seltener durch solchen erst hervorgerufen. Bei Säuglingen können sie sich durch Aechzen und gekrümmte Haltung der Beine äussern. Sie gehören der Perihepatitis an. Letztere gibt sich nach Gerhardt[1] mitunter auch durch ein hörbares und noch leichter fühlbares respiratorisches Reiben in der Oberbauchgegend zu erkennen. Ueber Schmerz in der rechten Schulter und im rechten Arm wird nur von wenigen Kranken geklagt, trotz der fast constanten und meist sehr festen Adhäsionen zwischen Leber und Zwerchfell.

Ascites entwickelt sich öfter, und zwar nicht blos, wenn die Leber abnorm klein ist (Schützenberger, Hjelt[2]), Niemeyer[3]) u. A.). Auch in den hereditären Fällen findet er sich häufig, aber freilich vorwiegend bei todtgeborenen oder bald nach der Geburt gestorbenen (unter 9 von Wegner[4]) mitgetheilten Sectionsbefunden 5 mal), weit seltener bei solchen, die länger am Leben bleiben (in Wagner's 48. Fall bei einem 7 wöchigen, in von Bärensprung's 22. Fall bei einem 9 wöchigen). Er beruht, wie bei der Cirrhose, auf Verschluss zahlreicher Pfortaderzweige durch den Druck der Neubildung in der Glisson'schen Kapsel und kann auch hier so beträchtlich werden, dass er Erweiterung der oberflächlichen Bauchvenen nach sich zieht, die Untersuchung der Leber sehr erschwert und wegen Empordrängung des Zwerchfells die Punktion nöthig macht; in einem nicht publicirten Falle wurden durch diese 27 Pfund leicht hämorrhagische Flüssigkeit entleert. Auch Hämorrhagien der Magen- und Darmschleimhaut als Folge von Compression und consecutiver Thrombose grösserer Pfortaderäste kommen hin und wieder vor (Leudet, Frerichs, Löwenfeld). Die mitunter vorhandene Diarrhoe ist öfter durch Amyloidentartung der Darmschleimhaut bedingt.

Icterus ist selten. Aeste des D. hepaticus können durch schrumpfendes Bindegewebe an der concaven Leberfläche eine narbige Constriction erfahren: in solchen Fällen kann der Icterus schon frühzeitig auftreten, sehr stark sein und mit geringen Schwankungen viele Monate anhalten. Meistens geht aber in der fibrösen Masse das secernirende Parenchym zu Grunde. Frerichs führt nach eigenen Beobachtungen ausserdem noch die Perihepatitis und geschwollene Portaldrüsen bei amyloider Degeneration und Gummabildung in der Leber als Ursachen des Icterus an.

1) Lehrbuch d. Kinderkrankh. 2. Aufl. 1871. S. 464.
2) Finska läkaresällskap handlingar. Bd. 11. S. 153. Schm. Jahrb. Bd. 161. S. 141.
3) Lehrbuch d. Pathol. u. Ther. 9. Aufl. von E. Seitz. Bd. 1. S. 742.
4) Virch. Arch. Bd. 50. S. 316 ff.

Gegen die Vermuthung Gerhardt's, dass mit der Gelbsucht auch die bei syphilitischen Neugeborenen häufiger beschriebene Bildung vielfacher Ekchymosen an der Haut im Zusammenhange stehe, spricht die Thatsache, dass Ekchymosen der äusseren Haut sowie der serösen Häute, der Muskeln und verschiedener innerer Organe auch bei solchen syphilitischen Neugeborenen vorkommen, wo der Icterus bei der Hepatitis fehlt oder wo die Leber überhaupt nicht nachweisbar erkrankt ist (vergl. Wegner 1. c. Fall 1, 6. 12, v. Bärensprung 1. c. Beob. 11, 12, 50).

Ob der Icterus, welcher mitunter in einer frühen Zeit des secundären Stadiums der Syphilis auftritt und dann meistens nicht lange anhält (Gubler, Lendet), wenigstens in einzelnen Fällen schon der Hepatitis angehört, lässt sich nach den bis jetzt vorliegenden Beobachtungen nicht entscheiden.

Ein von Biermer mitgetheilter Fall scheint dafür zu sprechen: die 28 Jahr alte Kranke, vor 9 Monaten inficirt, zeigte allgemeinen starken Icterus neben syphilitischer Roseola und nicht unerheblicher Vergrösserung der Leber, deren Oberfläche sich kleinhöckerig und hart anfühlte, sowie der Milz; beim Gebrauch von Jodkali verminderte sich der Icterus ziemlich rasch und verschwand dann bis auf eine Spur, wogegen die objectiven Veränderungen der Leber keine merkliche Abnahme erfuhren.

Die Mehrzahl der Kranken zeigt eine schmutzig blasse erdfahle Hautfarbe; jedoch ist nach Lancereaux Broncehaut ein häufiger Befund bei Lebersyphilis und in Schützenberger's Falle, sowie in zwei von Pleischl und Klob[1]) mitgetheilten Fällen aus Oppolzer's Klinik, welche Mädchen von 28 und 29 Jahren betrafen, wird blassbräunliches Colorit der allgemeinen Decken erwähnt.

Die Hepatitis syphilit. ist in der Regel von einem deutlichen, mitunter ziemlich beträchtlichen Milztumor begleitet, dem entweder Hyperplasie oder Gummabildung oder amyloide Degeneration des Organs zu Grunde liegt; wo eine der beiden ersteren vorhanden ist, zeigt sich bisweilen die Milzgegend schmerzhaft gegen Druck.

Auch Albuminurie und Ausscheidung von hyalinen oder epithelialen Cylindern mit dem Harn finden sich häufig als Symptome parenchymatöser und amyloider Entartung der Nieren.

Für die Diagnose sind natürlich charakteristisch syphilitische Processe in anderen Organen oder Residuen solcher von der grössten Wichtigkeit: abgesehen von den seltenen Fällen, wo die Leberkrankheit schon in der Periode der Roseola und der Condylome zur Beobachtung kommt, finden sich am häufigsten Narben an den Geni-

---

1) Wiener med. Wochenschrift 1860. Nr. 8. 9.[?]

talien, Narben und Geschwüre des Gaumensegels, des Rachens, des
Kehlkopfes, Anschwellungen der Cubital-, Inguinal- und Cervical-
drüsen, specifische Knochenaffecte an Schädel, Nase, hartem Gaumen, Schienbein, Schlüsselbein, Rippen, Sarkocele, ulceröse Syphiliden u. s. w. Ausnahmsweise fehlt jeder derartige Hinweis auf die
Natur des Leberleidens: dann kann die Erkennung derselben grosse
Schwierigkeit haben, indem eine Verwechslung mit Leberkrebs [1])
oder nicht-syphilitischer Cirrhose kaum zu vermeiden ist. Für die
Unterscheidung zwischen den Protuberanzen der syphilitischen Lappung und prominirenden Krebsknoten legt Frerichs Gewicht auf
die Consistenz: diese sei bei letzteren stets verändert, bei ersteren
dagegen der des normalen Lebergewebes gleich; indessen bilden
bei beiden Krankheiten diejenigen Fälle die Mehrzahl, in welchen
die Tumoren sich hart anfühlen. Lancereaux schreibt sogar den
knolligen Erhebungen an der Oberfläche der syphilitischen Leber
eine grössere Härte zu als den durch Lebercarcinom bedingten. Nach
dem letztgenannten Beobachter zeichnen sich jene vor diesen durch
eine deutlicher umschriebene Begrenzung aus; jedoch dürfte ein solcher relativer Unterschied im gegebenen Falle sich kaum verwerthen
lassen. Auch wird es nur sehr selten möglich sein, das Missverhältniss zwischen der Grösse der einzelnen Lappen, welches ebenfalls von
Lancereaux als charakteristisch für die Lebersyphilis dem Carcinom gegenüber hervorgehoben wird, im Leben mit Sicherheit zu constatiren, ganz abgesehen davon, dass das Carcinom gleichfalls mitunter
den einen Lappen, z. B. den linken, vorwiegend befällt, so dass die Vo-
lumenzunahme auf diesen beschränkt sein kann. Bamberger macht
auf das lange Stationärbleiben der Protuberanzen und ihre minder
regelmässig runde Configuration aufmerksam; aber die einzelnen Ab-
theilungen einer gelappten Leber bilden nicht selten fast vollkommene
Kugelsegmente und können, indem sie bei zunehmender Schrumpfung
ihrer Umgebung stärker hervortreten, zu wachsen scheinen oder auch
durch Hypertrophie der Leberzellen wirklich wachsen. Einen weit
zuverlässigeren Anhaltspunkt liefert das Verhalten der Milz, deren
Vergrösserung bei der syphilitischen Hepatitis ebenso regelmässig vorhanden ist, als sie beim Carcinom der Leber fehlt. Ebenso verdient
das häufige Vorkommen von Albuminurie bei der Hepatitis syphilit.
in differentiell diagnostischer Hinsicht Beachtung. Mitunter wird
auch das Alter des Kranken insofern von einigem Belang für die
Entscheidung sein können, als ungefähr die Hälfte der Fälle von

1) s. Virchow, Die krankh. Geschwülste. Bd. 2. S. 428.

Lebersyphilis Individuen unter 40 Jahren betrifft, während bekanntlich der Leberkrebs bei solchen relativ selten ist.

Wo die Krankheit mit dem Symptomencomplex der Cirrhose einhergeht, wird man bei dem Mangel sonstiger Zeichen des constitutionellen Leidens manchmal dadurch auf die richtige Spur geleitet, dass die Verkleinerung nicht so regelmässig wie bei der gewöhnlichen Cirrhose vor sich geht, indem sie z. B. am rechten Lappen weiter vorgeschritten ist als am linken oder auf der im Uebrigen kleinhöckerigen Oberfläche einzelne grössere Knollen hervorragen.

Der Verlauf der syphilitischen Hepatitis ist schleichend; sie besteht immer schon mehr oder weniger lange ehe sie Symptome hervorruft. Ob die während des Fötallebens entstandene Krankheit eine Reihe von Jahren latent bleiben und erst im späteren Kindesalter oder um die Zeit der Pubertätsentwicklung sich manifestiren kann, so dass — wie Rindfleisch vermuthet — ein Theil der in dieser Lebensperiode vorkommenden sonst ätiologisch völlig dunkeln Cirrhosefälle auf sie zurückzuführen wäre, ist zum Mindesten sehr zweifelhaft. Ebenso wenig ist es erwiesen, dass, wie Dittrich für 3 von ihm mitgetheilte Fälle, die einen 11jährigen Knaben und zwei Mädchen von 15 und 18 Jahren betreffen, als wahrscheinlich annimmt, bei congenitaler Syphilis die Leberkrankheit erst in diesem Alter zum Ausbruch kommen könne. — Die Dauer der syphilitischen Hepatitis kann sich vom Auftreten der ersten Erscheinungen an über mehrere Jahre erstrecken. Wenn die meisten Fälle in weit kürzerer Zeit einen letalen Ausgang nehmen, so ist dies vorwiegend durch die Mitwirkung anderer Störungen bedingt, welche neben der Leberaffection bestehen. Der Einfluss, den diese selbst auf die Gestaltung und den Verlauf des einzelnen Falles von Syphilis äussert, richtet sich hauptsächlich nach zwei Momenten: 1) nach der Wegsamkeit der Pfortaderverzweigungen — je mehr diese beeinträchtigt ist, desto mehr wird die Hepatitis durch Ascites oder Magen- und Darmblutung direct lebensgefährlich; 2) nach der Menge des functionsfähig bleibenden Drüsenparenchyms — in dieser Beziehung ist aber die oft gleichzeitig vorhandene Amyloid- und Fettentartung entschieden wichtiger als die Hepatitis. Auf Rechnung der Fettentartung kommt wohl auch der in einigen Fällen unter den Erscheinungen des Icterus gravis eintretende Tod. — Neugeborene sterben in der Regel nach wenigen Stunden oder Tagen; selten leben sie bis in den 2., nur ausnahmsweise bis in den 3. Monat und erliegen dann häufig erschöpfenden Durchfällen oder einer acuten allgemeinen Peritonitis.

Die Prognose der Krankheit ist aber, namentlich wo acquirirte Syphilis zu Grunde liegt, nicht absolut ungünstig. Die Möglichkeit einer Heilung, soweit diese durch Stillstand der Wucherung und durch Zerfall und Resorption der Producte derselben herbeigeführt werden kann, muss im Hinblick auf die Erfahrungen bei analogen Veränderungen anderer Organe a priori zugegeben werden. Und in der That findet sich in den Leichen Syphilitischer, die an einer anderen Krankheit gestorben sind, hier und da eine Leber mit festen Narben und unregelmässigen Furchungen, in der sich keine Spur eines frischen Processes entdecken lässt. Indessen sind dies wohl meist solche Fälle, wo die Leberaffection latent verlaufen war. Man hat aber mitunter auch da, wo sie sich durch unzweideutige Symptome zu erkennen gab, einen Theil dieser letzteren, wie z. B. die Schmerzhaftigkeit der Leber, die Vergrösserung derselben, den Icterus, bei einer antisyphilitischen Cur sich erheblich vermindern oder ganz verlieren sehen. Diese Erfolge sind meistens durch die innere Anwendung von Jodpräparaten (Jodkali oder bei grösserer Anämie Jodeisen) erzielt worden (Frerichs, Käsbacher[1], Biermer, Oppolzer); doch fehlt es auch nicht an Beobachtungen, denen zufolge der Gebrauch des Quecksilbers, namentlich der grauen Salbe, Aehnliches leistete (Schützenberger, Leudet, Duchek[2]). Beispiele einer nachhaltigen Beseitigung aller Krankheitserscheinungen liegen allerdings bis jetzt nicht vor; aber eine rechtzeitige antisyphilitische Behandlung vermag unzweifelhaft den Process in seiner Weiterentwicklung aufzuhalten und die von derselben drohende Gefahr hinauszuschieben. Dies zeigt u. A. der von Schützenberger erzählte Fall:

Die 39jährige Frau hatte Rachengeschwüre, squamöse Syphiliden, Dolores osteocopi, Periostitis tibiarum, dumpfe Schmerzen im rechten Hypochondrium und eine beträchtliche Vergrösserung der Leber; bei einer dreiwöchigen Inunctionscur verschwanden die übrigen Symptome und das Volumen der Leber verringerte sich etwas; die nächsten zwei Jahre war der Zustand der Kranken vollkommen befriedigend; dann aber kehrte der Schmerz im Hypochondrium zurück; es trat anhaltende Gelbsucht ein und 1½ Jahr später fand man enorme Anschwellung der Leber, Ascites und Milztumor; jetzt blieben Quecksilber und Jodkali erfolglos; nach vier Monaten starb die Kranke.

Kachektisches Aussehen darf von einer energischen causalen Therapie nicht abhalten. Wo jedoch Marasmus höheren Grades

---

1) Wiener medic. Wochenblatt 1861. Nr. 36.
2) Bei Chvostek, Wiener medic. Wochenblatt 1863.

212 THIERFELDER, Acute Leberatrophie.

oder ein stärkerer von der Leberkrankheit abhängiger Ascites besteht, ist nur noch eine diätetisch-roborirende und symptomatische Behandlung am Platze.

Acute Atrophie der Leber.

Hepatitis diffusa parenchymatosa (Frerichs). Hepatitis cytophthora (Lebert).

¿Morgagni, De sed. et causis morb. Epist. 37. 2. 6. — Cheyne, Dublin Hosp. Rep. Vol. 1. p. 282. — Marsh, ibid. Vol. 3. p. 205. — Martinet, Biblioth. médic. Vol. 66; bei Horaczek l. i. c. S. 120. — Abercrombie, Patholog. und prakt. Untersuch. Aus dem Engl. 2. Th. Bremen 1830. S. 445. — Aldis, Lond. med. Gaz. 1834. Vol. 13. p. 833. — Alison, Edinb. med. and surg. Journ. 1835. — Bright, Guy's Hosp. Rep. Vol. 1. p. 604. — R. Froriep, Pathol.-anat. Abbild. Lief. 1. Weimar 1836. Taf. VI. — Heyfelder, Heidelb. medic. Ann. Bd. 4. H. 2. — Sicherer, Würtemb. Correspondenzbl. 1841. S. 309. — Rokitansky, Handb. d. pathol. Anat. Bd. 3. Wien 1812. S. 313. Lehrb. d. path. Anat. Bd. 3. Wien 1861. S. 269. — P. J. Horaczek, Die gallige Dyskrasie (Icterus) mit acuter gelber Atr. d. Leber. Wien 1843; 2. Aufl. Ibid. 1844. — Budd, On diseases of the liver. Lond. 1845. Deutsch von Henoch. Berl. 1846. S. 219; 2. ed. Lond. 1852. p. 258. — Frey, Arch. f. physiol. Heilk. Bd. 4. S. 47. — Rampold, Heidelb. Ann. Bd. 12. — C. Handf. Jones, Lond. med. Gaz. 1847. p. 1145. — Wisshaupt, Prager Vierteljahrschr. Bd. 19. S. 38. — Ch. Ozanam, De la forme grave de l'ictère essentiel. Thèse. Par. 1849. — Bamberger, Deutsche Klinik 1850. S. 98. — J. A. Kiwisch, Geburtskunde. Abth. 2. Erlangen 1851. S. 48. — C. Dittrich, De atrophia hep. ac. fl. Diss. inaug. Vratisl. 1851. — K. W. Lewin, Hygiea. Bd. 12. Schmidt's Jahrbb. Bd. 76. S. 320. — Henoch, Klinik d. Unterleibskrankh. Berl. 1852; 2. Aufl. 1855. Bd. 1. S. 318; 3. Aufl. 1863. S. 202. — Bamberger, Wien. medic. Wochenschr. 1852. Oct. — Spengler, Virch. Arch. Bd. 6. S. 129. — Rühle, Günsburg's Zeitschr. f. klin. Med. Jahrg. 4. S. 104. — Th. v. Dusch, Zur Pathogenie des Icterus und der gelben Atrophie der Leber. Leipzig 1854. — A. E. Lohsse, De ac. fl. atrophia hep. Diss. inaug. Halis. p. 1854. — Wertheimber, Fragmente zur Lehre vom Ict. Inaug.-Diss. München 1854. — Späth, Wiener medic. Wochenschr. 1854. Nr. 48. 49. — Lebert, Virch. Arch. Bd. 7. S. 343 ff. Bd. 8. S. 147 ff. — Frerichs, Wien. medic. Wochenschr. 1854. Nr. 30; Müller's Arch. 1854. S. 384; Correspondenzbl. d. V. f. gemeinsch. Arb. z. F. d. wissensch. Heilk. 1855. Nr. 13. — Buhl, Zeitschr. f. ration. Med. N. F. Bd. 4. S. 351; Bd. 8. S. 37. — Pleischl, Wien. medic. Wochenschr. 1855. Nr. 1. 2. — Bamberger, Krankh. d. chylopoet. Syst. im Handb. d. spec. Path. u. Ther., redig. v. Virchow. Bd. 6. Erlangen 1855; 2. Aufl. 1864. S. 527. — Guckelberger, Württemb. Correspondenzbl. 1856. Nr. 20. — Löscher, Oesterr. Zeitschr. f. Kinderheilk. Bd. 1. Nr. 8. 9. — Fritz, L'Union médic. 1856. Nr. 129. — Förster, Virch. Arch. Bd. 12. S. 533. — Zimmermann, Wiener medic. Wochenschr. 1857. Nr. 20. — Robin, Gaz. médic. de Paris 1857. No. 28. 31. — Robin et Hiffelsheim, Ibid. No. 42. — Bamberger, Verhandl. d. phys.-med. Ges. zu Würzb. Bd. 8. S. 268. — W. Kühne, Virch. Arch. Bd. 14. S. 324. — Aus der med. Klin. des Prof. Oppolzer, Wiener medic. Wochenschr. 1858. Nr. 23—26. — Zenker, Jahresber. d. Gesellsch. f. Natur- u. Heilk. in Dresden. 1858. S. 49. — Pleischl u. Folwarczny, Zeitschr. d. Ges. d. Aerzte zu Wien. N. F. Bd. 1. Nr. 39—41. — Klob, Ibid. Nr. 47. — Standthartner, Ibid. Nr. 50. — Gaupp, Württemb. Correspondenzbl. 1858. Nr. 42. — Frerichs, Klinik der Leberkrankh. Bd. 1. S. 204; Bd. 2. S. 9. — Bericht aus dem St. Josephs-Kinderspit. in Wien. Jahrbb. f. Kinderheilk. Bd. 2. S. 42. — Aerztl. Bericht d. Krankenh. Wieden für 1857. Wien 1859. S. 107. — Schnitzler, Deutsche Klinik. 1859. Nr. 28. — Trost, Wiener medic. Wochenschr. 1859. Spitalszeitung. Nr. 18. — Breithaupt, Preuss. Vereinszeitung 1859. Nr. 39. 40. — L. Marcq, Presse médic. 1859. Nr. 4. Schmidt's Jahrbb. Bd. 105. S. 187. — Pollitzer, Jahrbb. f. Kinderheilk. Jahrg. 3. S. 40. — Genouville, De l'ictère grave essentiel. Thèse.

Paris 1859. Canstatt's Jahresber. f. 1859. Bd. 3. S. 193. — Lebert, Handb. d. prakt. Med. Bd. 2. Tüb. 1860. S. 358. — Wunderlich, Arch. d. Heilkunde. Jahrg. 1. S. 1 u. 205; Jahrg. 4. S. 145. — Sander, Deutsche Klinik. 1860. S. 33. — v. Plazer, Wiener medic. Wochenschr. 1860. Spitalzeit. Nr. 5. — Oppolzer, Ibid. Nr. 6—9. — Lendet, Gaz. médic. de Paris 1860. No. 26. — Buhl in Hecker u. Buhl, Klinik d. Geburtskunde. Leipz. 1861. S. 243. — Smoler, Allg. Wiener medic. Zeit. 1861. Nr. 39. — Tüngel, Klin. Mittheil. a. d. medic. Abth. d. Allg. Krankenh. in Hamb. aus d. J. 1859. Hamb. 1861. S. 160. — Metten- heimer, Betz' Memorabilien. Bd. 7. H. 1 u. 3. — Monneret, Arch. génér. de Méd. 1862. Vol. 1. p. 129. — Lebert, Ibid. p. 431. — E. G. R. Liebert, De atrophia hep. ac. Diss. inaug. Berol. 1862. — Heschl, Oesterr. Zeitschr. f. prakt. Heilk. Jahrg. S. H. 10. — Virchow, Monatsschr. f. Geburtsk. Bd. 21. S. 91. — Hecker, Ibid. S. 210. — Fritz, Gaz. des Hôp. 1863. Nr. 21. — Mannkopff, Wien. medic. Wochenschr. 1863. Spitalszeitung Nr. 31. — C. Braun, Schweiz. Wiener med. Zeit. 1863. Nr. 35—37. — Trousseau, Medic. Klinik des Hôtel Dieu. Deutsche Bearb. Bd. 3. Würzb. 1868. S. 226. — Merbach, Varges' Zeitschr. N. F. Bd. 2. S. 55. — Mann, Ann. des Charité-Krankenh. Bd. 10. S. 109. — Roper, The Lancet 1863. II. No. 22. — R. Demme, Schweiz. Zeit- schrift f. Heilk. Bd. 2 u. 3. — Huppert, Arch. d. Heilk. Jahrg. 5. S. 254. — Oppolzer, Allg. Wiener medic. Zeit. 1864. Nr. 30. 31. 33. 35. 38. 39. — Erich- sen, Petersb. medic. Zeitschr. Bd. 6. S. 77. — Hugenberger, Ibid. S. 95. — Stockmajer, Würtemb. Correspondenzbl. 1864. Nr. 37. — Chvostek, Me- dic.-chirurg. Rundschau. Jahrg. 5. Bd. 2. Nr. 9. — Liebermeister, Beiträge zur pathol. Anat. u. Klin. d. Leberkrankh. Tüb. 1864. S. 163 ff. — Chr. Degen, Zur Lehre von der ac. Leberatrophie. Inaug.-Diss. Nürnb. 1865. — Klob, Wien. medic. Wochenschr. 1865. Nr. 75—77. — Spengler, Wiener medic. Presse 1865. Nr. 22. — v. Haselberg, Monatsschr. f. Geburtsk. Bd. 25. S. 344. — Sieve- king, The Lancet 1865. II. No. 8. — Riess, Ann. des Charité-Krankenhauses. Bd. 12. H. 2. S. 122. — Leyden, Beitr. z. Pathol. des Icterus. Berlin 1866. S. 144 ff. — Stehberger, Arch. d. Heilk. Jahrg. 7. S. 281. — Traube (Ref. Fräntzel), Berl. klin. Wochenschr. 1867. Nr. 47. (Gesamm. Beitr. Bd. 2. S. 815). — Wood, Americ. Journ. Apr. 1867. — Proust, Du genre morbide ictère grave. Thèse. Paris 1867. — Gayda, Quelques reflexions sur l'ictère grave. Thèse. Strasb. 1867. p. 17. — L. Corazza, Storie d'alc. mal. del fegato. Bo- logna 1867. — Davidson, Monatsschr. f. Geburtsk. Bd. 30. S. 452. — Ho- mans, Americ. Journ. July 1868. Virchow u. Hirsch's Jahresber. f. 1868. Bd. 2. S. 146. — Reynold, Ibid. — Wilson, Edinb. med. Journ. Febr. 1868. — Ro- senstein, Berl. klin. Wochenschr. 1868. S. 161. — Poppel, Monatsschr. für Geburtsk. Bd. 32. S. 199. — Waldeyer, Virch. Arch. Bd. 43. S. 533. — Klebs, Pathol. Anat. Berl. 1869. S. 414. — Paulicki, Berl. klin. Wochenschr. 1869. S. 47. — Valenta, Oesterr. medic. Jahrbb. Bd. 13. S. 183. — Anstie, The Lancet. Nov. 1869. — Murchison, Transact. of the patholog. soc. Vol. 19. p. 248. — Aron, Gaz. hebdom. de Méd. et de Chir. 1869. No. 47. 50. — Leich- tenstern, Zeitschr. f. ration. Med. Bd. 36. S. 241. — Bollinger, Deutsches Arch. f. klin. Med. Bd. 5. S. 149. — Baader u. Winiwarter, Wien. medic. Wochenschr. 1870. Nr. 58. — Schultzen u. Riess, Ann. des Charité-Krankenh. Bd. 15. — Fagge, Transact. of the pathol. Soc. Vol. 20. p. 212. — Duck- worth and J. Wickh. Legg, St. Bartholom. Hosp. Rep. Vol. 7. p. 208. Vir- chow u. Hirsch's Jahresbericht für 1871. Bd. 2. S. 162. — Porter, Americ. Journ. January 1871. Ebendas. — Chamberlain, New-York med. Recorder. Aug. 1871. Ebendas. — Homans, Boston med. and surg. Journ. 1871. Nov. 9. Ebendas. S. 163. — Clements, Brit. med. Journ. 1871. Apr. 8. Ebendas. — Goodridge, Brit. med. Journ. 1871. June 10. Ebendas. — Steiner, Jahrb. f. Kinderkrankh. N. F. Bd. 4. 1871. S. 428. — v. Krafft-Ebing, Aerztliche Mittheilungen aus Baden 1871. Oct. 15. Virchow u. Hirsch's Jahresbericht für 1871. Bd. 2. S. 161. — Zenker, Deutsches Arch. f. klin. Med. Bd. 10. S. 166. Tageblatt der 45. Versamml. deutscher Naturforscher in Leipzig 1872. S. 221. — Ackermann, Tagebl. d. 45. Vers. deutsch. Naturf. in Leipzig 1872. S. 222. — Wadham, The Lancet 1872. March 2. — Sieveking, Ibid. Aug. 17. — Moxon, Transact. of the patholog. Soc. Vol. 23. p. 138. — Winiwarter, Wien. med. Jahrbb. 1872. S. 256. — Burkart, Ueb. ac. gelbe Leberatr. Tüb. Diss. Stuttg.

1872. — Morand, Gaz. des Hôp. 1873. No. 20. 21. — Kowatsch, Betz' Memorabil. Bd. 18. S. 25. — Dupré, Ueb. Icterus gravis. Strassb. 1873. — Zander, Virchow's Arch. Bd. 59. S. 153. — E. F. Boese, Ueb. ac. gelbe Leberatrophie. Inaug.-Diss. Bonn 1873. — Eppinger, Prager Vierteljahrschr. Bd. 125. S. 29. — Rehn u. Perls, Berl. klin. Wochenschr. 1875. Nr. 48. — W. Fick, Zwei Fälle v. ac. gelber Leberatrophie. Diss. Würzburg 1876. — Lewitski u. Brodowski, Virchow's Arch. Bd. 70. S. 421.

Geschichte.

Das Vorkommen von Gelbsucht mit schweren Gehirnsymptomen und tödtlichem Ausgang war schon zu Hippokrates Zeiten bekannt. Von ärztlichen Schriftstellern des 17. Jahrhunderts (Vercelloni, Rubeus, Baillou und Bonnet) werden derartige Fälle erzählt und z. Th. auch schon Angaben über die Farbe der Leber gemacht, welche wenigstens die Vermuthung gestatten, dass es sich um die in Rede stehende Krankheit gehandelt habe. Aber erst Morgagni theilt eine Beobachtung von Valsalva mit, welche sowohl den Symptomen als dem Leichenbefunde nach höchst wahrscheinlich hierher gehört. Mehr Beachtung fand die Krankheit seit dem 2. Decennium unseres Jahrhunderts und zwar zunächst Seitens englischer Aerzte, von denen auch der auffälligen Verkleinerung der Leber zuerst Erwähnung geschieht. Hauptsächlich war es jedoch Rokitansky, der (1842) durch die Aufstellung der gelben Leberatrophie als einer besonderen, anatomisch wohlcharakterisirten Krankheitsform die Anregung zu weiteren Forschungen gab. Schon im folgenden Jahre erschien die Monographie von Horaczek; die derselben zu Grunde gelegte Casuistik enthält indess vieles entschieden Fremdartige. Einen wichtigen Fortschritt in der Erkenntniss der Natur der Krankheit bezeichnet der zuerst von Busk (bei Budd l. c. S. 226) im Jahre 1845 durch das Mikroskop gelieferte Nachweis des Zerfalls der Leberzellen. In den funfziger Jahren fing man auch anderwärts an sich mit den histologischen Verhältnissen der Krankheit eingehender zu beschäftigen. Dieselben sind zuerst von Buhl, der auch die Mitbetheiligung von Herz und Nieren zuerst hervorhob, dann von Robin, Zenker, Klob, später von Liebermeister, Waldeyer, Klebs, Riess, Bollinger u. A. genauer erforscht worden. Die Kenntniss der klinischen Erscheinungen ward hauptsächlich durch deutsche Beobachter gefördert, unter denen in dieser Hinsicht besonders Oppolzer, Bamberger, Frerichs, Wunderlich, Traube, Riess und Schultzen zu nennen sind. Ausserdem hat aber auch die übrige Casuistik aus Deutschland und aus anderen Ländern manchen werthvollen Beitrag zur Symptomatologie der Krankheit geliefert. Umfassendere Darstellungen enthalten, ausser den neueren Werken über die Leberkrankheiten überhaupt, die Arbeiten von Lebert, Demme und Liebermeister. — Die über das Wesen der acuten Leberatrophie und über ihr Verhältniss zu anderen ähnlichen Krankheiten aufgestellten Theorien werden später, am Schlusse des pathologischen Theils meiner Arbeit ausführlicher zu besprechen sein.

Aetiologie.

Die acute Leberatrophie ist eine der seltensten Krankheiten. Selbst in grossen Krankenhäusern kommt sie oft Jahre lang nicht zur Beobachtung.

Sie tritt entweder primär und anscheinend selbständig auf oder sie entwickelt sich im Anschluss an andere Krankheiten, bei denen die Leber in idiopathischer oder in symptomatischer Weise afficirt ist.

Die Zahl der ausführlicher mitgetheilten primären Fälle, welche ich in der mir zugänglichen Literatur aufgefunden und meiner Darstellung hauptsächlich zu Grunde gelegt habe, beläuft sich auf 143. Sie umfasst allerdings nur diejenigen, bei denen mir die Diagnose durch den Sectionsbefund völlig gesichert erscheint. Ausserdem sind in den Jahresberichten aus Krankenhäusern und Gebäranstalten, sowie in einigen Abhandlungen über die Krankheit und namentlich über die pathologische Anatomie derselben noch manche Fälle blos erwähnt; aber auch, wenn man diese mitrechnet, dürfte die Gesammtsumme der bisher bekannt gewordenen Beobachtungen die Zahl von 200 nicht viel übersteigen.

Der Einfluss des Alters und des Geschlechts auf das Vorkommen der Krankheit ergibt sich aus folgender Tabelle, für welche ausschliesslich primäre Fälle benutzt sind.

Personen:	unter 1 Jahr	1—4 Jahr	5—9 Jahr	10—14 Jahr	15—19 Jahr	20—29 Jahr	30—39 Jahr	40—49 Jahr	50—59 Jahr	60—69 Jahr	Alter nicht angegeben	Sa.
Männliche . .	1	5		2	8	21	8	7	1	1	1	55
Weibliche . .	1	1		2	11	49	15	1	3		5	88
Schwangere .				1	16	10					3	30
Wöchnerinnen						2					1	3
Summa	2	6		4	19	70	23	8	4	1	6	143

Man sieht, dass fast genau die Hälfte der Fälle auf das dritte Lebensdecennium und reichlich drei Viertheile — mindestens 112, aber wahrscheinlich ausserdem noch 4 (die 3 Schwangeren und die eine Puerpera), bei denen das Alter nicht angegeben ist — auf die Zeit vom 16. bis 40. Jahre kommen; vor und hinter dieser die Blüthezeit des Lebens umfassenden Periode fällt die Frequenz sehr rasch ab. Es erscheint bemerkenswerth, dass bei Kindern von 5 bis

9 Jahren die Krankheit nicht beobachtet worden ist, während die ersten 5 Lebensjahre mit 9 Fällen vertreten sind. Einer von diesen, den Pollitzer mittheilt und bei dem die Erscheinungen der Krankheit im Leben und in der Leiche sehr deutlich ausgeprägt waren, betrifft ein Mädchen, das am 4. Lebenstage erkrankte.

Die übrigen 8 finden sich bei Horaczek (Beob. 38), in dem Bericht des Joseph-Kinderhospitals, bei Gaupp, Heschl, Fagge, Löschner, Mettenheimer und Rehn. — Ausserdem berichtet Hecker (Monatsschr. f. Geburtsk. Bd. 29. S. 334) einen Fall, wo bei einem Neugeborenen, das 90 Stunden nach der Geburt starb, die Section fettige Degeneration und Verkleinerung der Leber, sowie moleculären Zerfall des Herzmuskels und des Nierenepithels ergab.

Unter den Geschlechtern überwiegt das weibliche sehr bedeutend: es kommen auf dasselbe im Ganzen reichlich die Hälfte mehr Erkrankungsfälle als auf das männliche, und wenn man blos die Zeit des Frequenzmaximums berücksichtigt, sogar doppelt soviel (mindestens 75 gegen 37).

Unter den 70—80 im zeugungsfähigen Alter stehenden weiblichen Individuen sind 30 Schwangere und 3 Wöchnerinnen. Die Gravidität gibt also offenbar eine Prädisposition zu der in Rede stehenden Krankheit. Von den Schwangeren befanden sich zur Zeit der Erkrankung 3 im vierten, 5 im fünften, 6 im sechsten, 8 im siebenten, je 1 im achten und im neunten, 6 im zehnten Monat. Die Krankheit kommt demnach ausser in den ersten drei Monaten [1]) zu jeder Zeit der Schwangerschaft vor, ist aber um die Mitte derselben am häufigsten. Von den Wöchnerinnen erkrankte 1 in der ersten, 1 in der dritten und 1 in der fünften Woche nach der rechtzeitigen Entbindung.

Trotz der Prädilection, welche die Krankheit für Schwangere zeigt, ist sie doch auch bei diesen äusserst selten: Späth sah sie nur bei 2 von 33000 Gebärenden und C. Braun sogar nur bei 1 von 28000.

Andere disponirende Momente sind nicht bekannt oder wenigstens nicht sicher festgestellt.

Dass die Krankheit, wie Oppolzer annahm [2]), im Frühling häufiger vorkomme als in den anderen Jahreszeiten, wird durch eine Zusammenstellung von 81 Fällen, in denen die Zeit der Erkrankung an-

---

1) Spaeth (Wiener medic. Wochenschr. 1854. Nr. 49) erwähnt einen Fall aus dem dritten Monat.

2) Nach einer Angabe bei Pleischl u. Folwarczny, Zeitschr. d. Ges. d. Aerzte zu Wien. Bd. 14. S. 628.

gegeben ist, nicht bestätigt: es fallen von denselben in den Winter 19, in den Frühling 20, in den Sommer 18, in den Herbst 24.

Auch die Körperconstitution und der vorausgehende Gesundheitszustand scheinen ohne Einfluss zu sein. Grösstentheils sind es gut genährte und weit häufiger robuste, als zarte Individuen, welche befallen werden. Doch erkranken mitunter · auch solche, die durch Kummer, Entbehrungen, dissoluten Lebenswandel geschwächt sind. In 7 Fällen ergab die Anamnese, dass der Kranke schon früher ein oder mehrere Male gelbsüchtig gewesen war; aber die Zahl dieser Fälle ist offenbar zu gering, um die Annahme zu begründen, dass bei einzelnen Individuen eine besondere Anlage zu .Krankheiten der Leber oder der Gallenwege existire, durch welche die Entstehung der acuten Leberatrophie begünstigt werde. In 13 Fällen waren es Potatoren, welche von der Krankheit befallen wurden, und 8 Fälle betreffen Individuen, welche syphilitische Affectionen entweder früher gehabt hatten oder noch an sich trugen. Ob man hiernach dem habituellen Alkoholmissbrauch und der Syphilis einen prädisponirenden Einfluss zuschreiben darf, ist bei der Häufigkeit ihres Vorkommens überhaupt mindestens fraglich.

Eine besondere Veranlassung zur Entstehung der acuten Leberatrophie ist meistens nicht aufzufinden. Nur bei etwa einem Zehntheil der Fälle begann die Krankheit sofort nach einer heftigen deprimirenden Gemüthsbewegung, wie Aerger, Schreck, Zorn; einmal (Breithaupt) nach sehr heftigem Ekel vor einer Speise. In 6 Fällen, welche sämmtlich Potatoren betrafen, war ein ungewöhnlich starker Excess im Genuss von Spirituosen dem Erkranken unmittelbar vorhergegangen, und in zwei von diesen Fällen lag die Vermuthung nahe, dass die Krankheit die directe Folge einer acuten Vergiftung mit concentrirtem Alkohol sein könne. (In dem einen von Oppolzer beobachteten Falle hatte der Kranke ein Seidel Rum, in dem anderen von Leudet mitgetheilten ein grosses Glas concentrirten Alkohol getrunken.) Indessen haben, wie Liebermeister berichtet, die auf dessen Veranlassung von Kirchner angestellten Experimente mit acuter Alkoholvergiftung an Kaninchen in Betreff der Leber nur negative Resultate geliefert.

Als secundärer Process kommt die acute Leberatrophie hin und wieder vor bei Cirrhose der Leber, bei langdauernder durch Verschluss der grossen Ausführungsgänge bedingter Gallenstauung, bei Fettleber und nach Traube's Annahme[1]) noch bei anderen chronischen Affectionen des Organs, z. B. bei den durch Blutstauung in Folge von Herzkrankheiten hervorgerufenen Veränderungen.

Fälle, in denen sich acute Atrophie zu Cirrhose hinzugesellt, sind mitgetheilt von Löschner l. c. Beob. 2; Frerichs, Klinik.

---

1) Berl. klin. Wochenschr. 1872. Nr. 19. S. 223.

Bd. 2. S. 11. Beob. 1; Wunderlich, Arch. d. Heilk. Bd. 1. S. 23.
Beob. 7; Liebermeister, Beiträge. S. 62. Beob. 14; Gee, St. Bartholom. Hosp. Rep. Vol. 5. p. 103; Bollinger l. c. S. 156; Picot,
Journ. de l'Anat. et de Physiol. Vol. 8. p. 246; Maggiorani (Gaz.
clin. di Palermo 1874. Maggio. p. 193), Virchow-Hirsch's Jahresber.
f. 1874. Bd. 2. S. 259. — Beispiele von acutem Zerfall des Leberparenchyms bei langanhaltender Gallenstauung finden sich bei
Pleischl u. Folwarczny, Zeitschr. d. Wien. Aerzte. N. F. Bd. 1.
Beob. 1; Demme l. c. S. 234. Beob. 2; Murchison, Transact. of
the pathol. Soc. Vol. 22. p. 159. — Fälle von acuter Atrophie bei
chronischer Fettleber berichten Frerichs, Klinik. Bd. 2. S. 14.
Beob. 2; Wunderlich l. c. S. 218. Beob. 15; Liebermeister,
Beiträge. S. 185. Beob. 39; Bollinger l. c. S. 154 u. A. Wahr-
scheinlich gehören hierher auch manche der als acute Steatose der
Leber beschriebenen Fälle, so z. B. die 1. Beob. bei Stehberger.

Ferner kann die körnige Degeneration der Leberzellen, welche
bei der Mehrzahl der acuten Infectionskrankheiten als constante Veränderung stattfindet, bei einigen derselben, wie Puerperalfieber, Recurrens, Abdominaltyphus, ausnahmsweise einen so hohen
Grad erreichen, dass dadurch ein acuter Schwund der Leber zu
Stande kommt.

Buhl (Hecker u. Buhl, Klinik der Geburtsk. S. 244) sah bei
der von ihm als Pyämie mit Peritonitis bezeichneten Form des Puer-
peralfiebers die parenchymatöse Degeneration der Leber in allen
Graden bis zum ausgeprägtesten Bilde der acuten Leberatrophie. Ebenso theilt Hugenberger (l. c. Nr. 3 u. 4) zwei Beobachtungen von
puerperaler Peritonitis mit, wo die Leber alle Charaktere der acuten
Atrophie darbot. Küttner (Herrmann und Küttner, Die Febris
recurrens in St. Petersburg. Erlangen 1865) fand in der Petersburger
Recurrensepidemie von 1864 bei einigen Fällen die Leber von einer
Beschaffenheit, welche vollkommen derjenigen glich, die das Organ bei
der acuten Atrophie zeigt. Aehnliche Befunde bei vereinzelten Fällen
von Abdominaltyphus haben Frerichs (l. c. Bd. 1. S. 222.
Beob. 18), Oppolzer (Wiener medic. Wochenschr. 1858. S. 448),
Liebermeister (l. c. S. 207. Beob. 47), C. E. E. Hoffmann (Untersuch. üb. die pathol.-anat. Veränd. d. Org. bei Abdominaltyphus. Leipzig 1869. S. 214. Fall 49) und Eppinger (Prager Vierteljahrschr.
Bd. 118 u. 119. S. 51) beschrieben. — Liebermeister (l. c. S. 332.
Beob. 61) sah die Krankheit bei einem 63jährigen Manne im Verlauf
eines Katarrhalfiebers mit terminaler (?) croupöser Pneumonie sich entwickeln.

Auch bei der acuten Phosphorvergiftung erleidet die Leber
in einzelnen weniger rapid als gewöhnlich verlaufenden Fällen schliesslich ganz dieselben Veränderungen, wie bei der ausgebildeten acuten
Atrophie.

Beispiele finden sich bei Mannkopff, Wiener med. Wochenschr.
1863. Spitalzeit. Nr. 27, Bollinger l. c. S. 149, Schultzen u.

Riess l. c. S. S. Vergl. auch Lebert et Wyss, Arch. gén. de Méd. 1868. Vol. 2. p. 267.

Wie man bei den zuletzt erwähnten Kategorien von secundärem Auftreten der Krankheit den Process, welcher zum acuten Schwund der Leber führt, von der Einwirkung eines Infectionsstoffes oder Giftes herleitet, so hat man auch bei den hinsichtlich ihrer Aetiologie so dunkeln primären Fällen als Ursache eine analoge Schädlichkeit vermuthet. So sehr diese Vermuthung vom theoretischen Standpunkte berechtigt erscheint (s. unter „Theorie"), so ist doch eine solche Schädlichkeit noch in keinem primären Falle mit Sicherheit nachgewiesen worden.

Nach Gerhardt's Ansicht [1] sind die meisten acuten Leberatrophien abhängig von „acutester septischer Infection, namentlich herrührend von abgestorbenen Früchten im Uterus". Abgesehen davon, dass der hier besonders hervorgehobene Ursprung der supponirten Septicämie bei einem doch recht grossen Bruchtheil der Fälle überhaupt nicht in Betracht kommt, so sind auch unter den bei Schwangeren und Wöchnerinnen beobachteten verhältnissmässig viele, bei denen die Möglichkeit einer derartigen Genese ausgeschlossen ist. Von den 30 für die obige Tabelle benutzten Fällen, welche Schwangere betreffen, ward bei 5 ein lebendes Kind geboren (Bamberger, Valenta Beob. 2, Kowatsch, Beob. 1 und 2, Chamberlain), bei 2 starb der Foetus erst unter der Geburt (Hecker, Kiwisch), bei 1 wurden die Herztöne des Foetus noch 24 Stunden nach Eintritt des Icterus gehört (Mettenheimer), bei 4 wird ausdrücklich angegeben, dass der Foetus frisch gewesen sei (Frérichs l. c. Bd. 1. Beob. 15, Davidson, Valenta Beob. 1, Roper), und bei der Mehrzahl der übrigen ist das Gegentheil deshalb unwahrscheinlich, weil bei der Genauigkeit, mit welcher die betreffenden Beobachtungen referirt sind, wohl angenommen werden darf, dass es nicht unerwähnt geblieben wäre, wenn der Foetus Spuren von Fäulniss gezeigt hätte, und weil häufig im Sectionsbefunde der Uterus als gut contrahirt und seine Schleimhaut als normal bezeichnet wird. Damit soll natürlich nicht in Abrede gestellt werden, dass eine von der macerirten Frucht oder von fauligen Placentar- oder Eihautresten ausgehende Septicämie parenchymatöse Degeneration der Leber mit mehr oder weniger ausgedehntem Zerfall der Drüsenzellen hervorrufen könne: Bamberger [2], Hecker [3], Liebermeister (l. c. Beob. 43) u. A. haben solche Fälle mitgetheilt.

In der Einwirkung eines Miasmas die Ursache der idiopathischen acuten Leberatrophie zu vermuthen, wird durch einige Beobachtungen nahe gelegt, denen zufolge die Krankheit bisweilen — abweichend von ihrem in der Regel sporadischen Vorkommen — mehrere zu-

---

1) Ueber Ict. gastro-duod. in Volkmann's Samml. klin. Vortr Nr. 17. S. 3.
2) Deutsche Klinik 1850. S. 98 f. Beob. 2.
3) Chiari, Braun und Spaeth, Klinik der Geburtsh. Erl. 1855. S. 254. Beob. 3 und 4.

sammenwohnende Personen, wie Glieder derselben Familie [1]), Leute von demselben Schiffe [2]), gleichzeitig oder nacheinander befällt. Diesen Fällen würden sich hinsichtlich der Aetiologie manche in Icterus-epidemien vorgekommene anreihen, wenn bei ihnen — was wenigstens für einige derselben sehr wahrscheinlich ist — ein acuter Schwund des Leberparenchyms vorhanden war.

Epidemien von Gelbsucht, in denen einzelne Kranke, und zwar meistens vorwiegend oder ausschliesslich Schwangere, Erscheinungen darboten, welche an acute Atrophie der Leber denken lassen, sind zwar mehrfach beobachtet worden [3]), aber nur aus einer derselben (s. unten in der Anmerkung sub 5) liegt ein Bericht über die Leichenbefunde der 11 tödtlich verlaufenen Fälle vor: hier zeigte die Leber bei allen eine gleichmässig gelbe Farbe und beträchtliche Anämie, bei zweien ausserdem Erweichung und bei einem von diesen vermindertes Volumen und Gewicht; die Nieren waren entfärbt, vergrössert und mürbe, die Milz bei 10 Fällen erweicht; eine mikroskopische Untersuchung der Organe hat jedoch auch hier nicht stattgefunden.

Pathologie.

Krankheitsbild.

In den meisten Fällen gleicht die Krankheit anfangs einem acuten Magenkatarrh; es besteht Appetitstörung, Druck im Epigastrium, Erbrechen, Kopfschmerz, Mattigkeit, gedrückte Stimmung; die Zunge ist belegt, der Stuhlgang in der Regel träge. Dabei kann, namentlich in den ersten Tagen, mässiges Fieber vorhanden sein.

---

1) Griffin bei Budd l. c. S. 228; Hanlon, Ibid. S. }231; Duckworth u. Legg l. c.

2) Budd l. c. S. 224—228.

3) In dem hier folgenden Verzeichniss dieser Epidemien bezieht sich von den in Parenthese beigesetzten Zahlen die erste auf die sämmtlichen vorgekommenen Fälle, die zweite auf diejenigen, welche unter den Symptomen des Icterus gravis einen tödtlichen Ausgang nahmen. — 1) Epidemie in Lüdenscheid 1794, beschrieben von Kerksig, Hufeland's Journ. Bd. 7 (70, † 3, darunter 2 Schwangere) — 2) in Greifswald 1807 und 1808, beschr. von Mende, Hufeland's Journ. Bd. 31 (?, † 2: 1 Potator und 1 Frau in der 6. Woche nach der Entbindung) — 3) in der Gegend von Roubaix (Lille) im Anfang der fünfziger Jahre, beschr. von Carpentier, Revue médic.-chir. Mai 1854 (?, † 11 Schwangere) — 4) auf Martinique 1858, beschr. von Gallot, Gaz. des Hôp. 1859. No. 62 und von Saint-Vel, Ibid. 1862. No. 135 (über die ganze Insel verbreitet — vielleicht Gelbfieber? — † 20 Schwangere) — 5) im Gefängnisse von Gaillon (Eure) 1859, nach Beobachtungen von Carville, beschr. von Bergeron, Union médic. 1862 (47, † 11) — 6) in Limoges 1859/60, beschr. von Bardinet, Union médic. 1863. No. 133. 134 (von 13 befallenen Schwangeren † 3).

Zu diesen Symptomen gesellt sich gewöhnlich sehr bald, seltener erst nach einigen Wochen, Gelbsucht, die in ihren Erscheinungen nichts von einem katarrhalischen Icterus Abweichendes zeigt.

Die bisher genannten Störungen, bei denen manchmal das Allgemeinbefinden der Kranken so wenig alterirt ist, dass sie ihren gewöhnlichen Beschäftigungen nachgehen, pflegt man als prodromale zu bezeichnen. Die Dauer derselben variirt für die grosse Mehrzahl der Fälle von mehreren Tagen bis zu mehreren Wochen, sie kann sich aber auch noch länger ausdehnen und andererseits auf wenige Stunden beschränkt sein.

Aus diesem ersten Stadium geht die Krankheit entweder ganz plötzlich oder unter mehr allmählicher Entwicklung nervöser Symptome in das zweite über, dessen Beginn man gewöhnlich· von dem Auftreten schwerer Gehirnzufälle datirt. Die Kranken werden somnulent, verfallen in Delirien, zeigen grosse Unruhe, die oftmals sich paroxysmenweise zu Tobsucht steigert. Gewöhnlich findet wiederholt Erbrechen statt. Auch Krämpfe der willkürlichen Muskeln kommen nicht selten vor, klonische häufiger als tonische. In der Regel sehr bald stellt sich Sopor und schliesslich Koma ein. Nur in ganz vereinzelten Fällen kommt es nicht zu so heftigen Cerebralerscheinungen, sondern die Kranken zeigen blos eine immer zunehmende Schwäche, Apathie und Benommenheit

Manchmal schon vor Beginn des zweiten Stadiums, meist aber erst im weiteren Verlauf desselben lässt sich eine rasch fortschreitende Abnahme der Leberdämpfung nachweisen, deren Deutung auf ein entsprechendes Kleinerwerden des Organs nur verhältnissmässig selten durch gleichzeitig vorhandenen Meteorismus unsicher bleibt. Es kommt aber auch vor, dass eine merkliche Abnahme des Volumens nicht eintritt, ja, dasselbe kann in Folge einer Combination mit anderen pathologischen Processen (Fettinfiltration, interstitielle Hepatitis) sogar vergrössert sein. Schmerzhaftigkeit der Lebergegend oder auch des ganzen Bauches ist öfter und bisweilen selbst noch im Koma vorhanden, aber keineswegs constant. Die Milzdämpfung findet sich in der Regel vergrössert. In vielen Fällen erfolgt Blutbrechen, weniger häufig blutiger Stuhlgang, Nasenbluten, Hämaturie, Bluterguss aus der Mundschleimhaut; nicht selten bilden sich auch Petechien oder Ekchymosen in der Haut. Bei Schwangeren gibt die Geburt, welche mit seltener Ausnahme während der Krankheit eintritt, meistens Veranlassung zu Metrorrhagie.

Der Urin enthält ausser den abnormen Bestandtheilen, die vom Icterus herrühren, in der Mehrzahl der Fälle Tyrosin, Leucin und

diesen verwandte Producte des gestörten Stoffumsatzes, sowie hin
und wieder Eiweiss, pigmentirte und granulirte Epithelien aus den
Harnorganen und Cylinder. Der Gehalt an Harnstoff ist sehr vermindert und kann zuletzt völlig verschwunden sein.

Der Puls zeigt im zweiten Stadium anfangs eine normale oder
— dem Icterus entsprechend — eine verminderte oder auch eine
vermehrte und dann mitunter rasch schwankende Frequenz, später
aber constant eine zunehmende Beschleunigung bei abnehmender Höhe.
Die Temperatur ist normal oder etwas unter der Norm; sie bleibt
entweder so bis zuletzt, oder erfährt eine mehr oder weniger beträchtliche terminale Steigerung.

Vom Eintritt der schweren Symptome vergehen meist nur wenige
Tage bis im tiefsten Koma unter den Erscheinungen des Lungen-
ödems oder des Collapsus der Tod erfolgt. Indessen scheint nach
einigen, hinsichtlich der Diagnose freilich nicht absolut zweifellosen
Beobachtungen der Ausgang in Genesung hin und wieder vorzukommen.

Anatomische Veränderungen.

In ausgeprägten Fällen ist die Leber beträchtlich verkleinert und
so schlaff, dass man sie gegen die Wirbelsäule zurückgesunken und
von Darmschlingen überlagert findet. Die meisten Angaben über den
Grad der Verkleinerung beruhen auf Schätzung, der zufolge das Volumen auf $2/3$, auf $1/2$, ja auf fast $1/4$ des normalen verringert sein
kann. Aber auch die zuerst von Bright und neuerdings häufiger
vorgenommenen Wägungen liefern ein ähnliches Ergebniss: in 33 Fällen, welche Individuen im kräftigsten Alter betrafen, betrug das Gewicht der Leber zwischen 1000 und 500 Grm., bei einem 13jährigen
Mädchen 390 Grm.[1] Die Verkleinerung betrifft vorzugsweise den
Dickendurchmesser. Derselbe beträgt am linken Lappen bisweilen
nicht viel über 1 Ctm. (Frerichs, Förster, Hugenberger: $1/2''$,
Schultzen u. Riess: kaum $1/2''$) und kann auch am rechten auf
wenige Centimeter reducirt sein (Rühle: $1 1/4''$, Frerichs: $1 1/6''$).
Dementsprechend ist das Organ abgeplattet, seine Ränder sind scharf
und nicht selten fast blattartig dünn.

In Folge der Volumsverminderung und enormen Schlaffheit des

---

[1] Das etwas höhere Gewicht (1200—1300 Gramm), welches in einigen Fällen
sehr weit vorgeschrittener Atrophie gefunden wurde, dürfte auf Rechnung einer
(präexistenten oder erst neben der parenchymatösen Degeneration vor sich gehenden) Vermehrung des interstitiellen Gewebes zu bringen sein (s. unten).

Parenchyms ist die Kapsel in feine Falten zusammengeschoben und hat ein trübes runzeliges Aussehen.

Hinsichtlich der Farbe und Consistenz bestehen mannichfache Verschiedenheiten, nach denen sich die Fälle in zwei Gruppen ordnen lassen. Die eine derselben umfasst diejenigen, wo das atrophische Organ durchweg die gleiche Beschaffenheit zeigt, nämlich gelbe Farbe und grosse Weichheit, wogegen in den Fällen der anderen Gruppe gelbe weiche und rothe relativ derbe und zähe Stellen miteinander abwechseln.

In den Fällen der ersteren Art sieht die ganze Leber, namentlich auf dem Durchschnitt, intensiv icterisch aus: ihre Farbe ist gummigutti-, saffran-, ocker- oder rhabarbergelb, je nach dem höheren oder geringeren Grade der Anämie des Gewebes. Dabei ist die Läppchenzeichnung entweder völlig verschwunden oder doch wie verwaschen: die durch eine graue Randzone undeutlich von einander abgegrenzten Acini sind in der Regel kleiner als normal. Von den feineren Blutgefässen ist ihres geringen Blutgehaltes wegen wenig oder gar nichts wahrzunehmen. Eine solche gelbe Leber ist stets äusserst weich, leicht eindrückbar und zerreisslich, stellenweise fast breiartig. Bei der mikroskopischen Untersuchung trifft man zwar hier und da, am ehesten im rechten Lappen, noch erhaltene, durch diffuses Gallenpigment gelb gefärbte Leberzellen; jedoch sind auch diese meistens ohne scharfe Contur und mehr oder weniger körnig getrübt. Die Veränderung pflegt am geringsten im Centrum der Acini zu sein und gegen die Peripherie hin zuzunehmen; die graue Randzone besteht fast ganz aus feinsten Körnchen und Fetttröpfchen. An vielen Stellen, namentlich oft im ganzen linken Lappen, sieht man aber nichts mehr von Leberzellen, sondern nur den durch ihren Zerfall entstandenen Detritus, der alle übrigen Structurtheile verdeckt. Die Hauptmasse desselben besteht meistens aus Fetttröpfchen von verschiedenster, z. Th. beträchtlicher Grösse. Sie bilden hier und da Gruppen und Züge, welche durch ihre Gestalt an die Leberzellen und deren Netze erinnern; gewöhnlich indessen fehlt jede Spur einer regelmässigen Anordnung. In anderen, wie es scheint seltener vorkommenden Fällen besteht der Detritus, sowie der Inhalt der noch vorhandenen Zellen vorwiegend aus Molecülen, welche die optischen und chemischen Eigenschaften des Fettes nicht besitzen. [1]) Sowohl

---

1) Einige nehmen an, dass auch das interstitielle Gewebe in körnigen und fettigen Detritus verwandelt werde; in Wirklichkeit besteht aber wohl nur eine starke Anfüllung seiner Saftcanälchen mit dem resorbirten Detritus der Leberzellen.

innerhalb der einzelnen Zellen als auch zwischen den Zerfallspro-
ducten finden sich in grösserer oder geringerer Anzahl Körnchen und
Schollen von gelbem oder grünem Farbstoff, die mitunter in der Umgebung der Centralvene besonders reichlich sind. Endlich enthält
der Detritus oftmals kleine Bilirubinkrystalle. Zuweilen kommen
solche Krystalle auch in Leberzellen vor (Schüppel [bei Burkart],
Lewitski u. Brodowski).

In den Fällen der zweiten Gruppe zeigt die atrophische Leber,
wie schon erwähnt, abwechselnd rothe und gelbe Partien, so dass
sie wie aus zwei verschiedenen Substanzen zusammengesetzt erscheint.[1]) Hinsichtlich der räumlichen Vertheilung dieser beiden
Substanzen besteht eine grosse Mannichfaltigkeit. Bald bildet die
rothe Substanz die Hauptmasse, in welcher die gelben Herde, deren
Umfang von dem einer Linse bis zu dem eines Apfels variirt, inselartig zerstreut oder (Klob, Waldeyer, Perls) um grössere Pfortaderzweige herum laubartig gruppirt liegen; der linke Lappen besteht dann bisweilen ganz aus rother Substanz; ausnahmsweise findet
sich diese in grösserer Ausdehnung am rechten Rande des Organs.[2])
Andere Male wiegen die gelben Partien vor und umschliessen hier
und da kleinere oder grössere unregelmässig begrenzte rothe Stellen,
die mitunter deutlich um Lebervenenzweige gelagert sind (Zenker).
Am seltensten ist die Anordnung derartig, dass der einzelne Acinus
in der Peripherie rothe, im Centrum gelbe Substanz enthält, oder
auch umgekehrt. Gewöhnlich lassen sich die zweierlei Substanzen
schon an der Oberfläche des Organs erkennen, indem dieselbe gelb
und blauroth gefleckt aussieht und an den gelben Stellen vorgewölbt,
an den rothen eingesunken erscheint; noch deutlicher tritt aber ihre
Verschiedenheit auf Durchschnitten hervor. Die rothen Partien, deren
Farbe bald mehr ins Graue, bald ins Violette oder Braune spielt,
sind beträchtlich collabirt, von schlaffer, seltener von fester Consistenz, dabei äusserst zäh, bisweilen fast lederartig, ihre Schnittfläche
ist glatt und entweder völlig homogen (Zenker), oder sie zeigt
äusserst kleine, durch hellere Linien von einander abgegrenzte Acini
(Riess, Klebs, Perls). Die gelben Partien dagegen haben ihrem
Aussehen und ihrer Consistenz nach ganz dieselbe Beschaffenheit,
wie das Leberparenchym in den Fällen der ersten Gruppe; wo sie

---

1) Abbildungen s. bei Riess, Charité-Annalen. Bd. 12. H. 2. Taf. 2. Fig. 5,
bei Waldeyer, Virch. Arch. Bd. 43. Taf. 16. Fig. 4, bei Zenker, Deutsches
Arch. f. klin. Med. Bd. 10. Taf. 4.

2) Beispiele dieses ungewöhnlichen Verhaltens sind der von Rehn u. Perls
mitgetheilte Fall und die beiden Fälle von Standthartner.

an rothe Substanz angrenzen, springen sie mehr oder weniger über diese hervor, so dass umschriebene gelbe Herde sich oftmals wie in der rothen Substanz sitzende Geschwülste ausnehmen. Auch das mikroskopische Verhalten der gelben Stellen ist in der Regel ganz so wie es oben von der gelberweichten Leber beschrieben wurde; bisweilen jedoch (Klob, Rosenstein, Waldeyer, Klebs, Zenker) sind in ihnen die Leberzellen grösstentheils noch erhalten und in Folge ihrer Anfüllung mit feinkörniger albuminöser oder fettiger Masse vergrössert. In den rothen Partien dagegen fehlen die Leberzellen vollständig oder es finden sich höchstens einzelne, offenbar im Verfall begriffene (Riess, Waldeyer, Perls). Meistens sieht man blos ein blasses, theils homogenes, theils streifiges oder faseriges Bindegewebe und in demselben eine geringe Menge meist ganz feiner Fetttröpfchen, spärliche Gallenfarbstoffkörnchen und vereinzelte Bilirubinkrystalle. Nach einer Beobachtung von Klebs kommen an vereinzelten Stellen und zwar anscheinend vorzugsweise an der Grenze der früheren Acini Anhäufungen von lymphatischen Rundzellen vor, die in erweiterten Spalträumen des interstitiellen Gewebes liegen. In manchen Fällen (Klob, Rokitansky, Riess, Gayda, Waldeyer, Zenker, Degen u. A.) zeigt sich das Bindegewebe in der Umgebung der kleinsten Pfortaderzweige und der peripherischen Capillaren der Acini von zahlreichen rundlichen und ovalen Kernen durchsetzt, welche höchst wahrscheinlich durch eine frische, erst im Verlauf der Atrophie eingetretene Wucherung entstanden sind.

Für diese Auffassung spricht namentlich das scharfe Abschneiden der Kernwucherung an der Grenze der noch erhaltenen Läppchen in den gelben Partien, welches Waldeyer in seinem Falle ausdrücklich hervorhebt; ebenso fand Klob (1865) in den icterischen weichen Theilen nur ein sehr zartes Bindegewebe mit einzelnen länglichen Kernen, dagegen in den dunkelrothen eine beträchtliche Vermehrung der Kerne, welche vom interacinösen Gewebe und der Adventitia der Gefässe ausging. Auch in den Fällen von Riess, wo sich die Wucherung in beiden Substanzen fand, war sie in der rothen doch viel weiter vorgeschritten.

Ein anderer, von Waldeyer, Klebs, Zenker, Winiwarter, Perls, A. Thierfelder und Cornil beschriebener Bestandtheil der rothen Substanz sind eigenthümliche, Drüsenschläuchen ähnliche Zellenzüge [1]), in denen nach der Deutung von Waldeyer,

---

1) Abbildungen s. bei Klebs, Handb. d. path. Anat. S. 149. Fig. 32 u. 33, Zenker, Deutsches Arch. f. klin. Med. Bd. 10. Taf. 3. Fig. 4 u. 5, A. Thierfelder, Atlas d. pathol. Histol. Taf. 17. Fig. 7, Cornil et Ranvier, Manuel d'anat. patholog. p. 890 sqq.

Zenker und Winiwarter eine Sprossung neuen Leberparenchyms von erhalten gebliebenen feinsten Gallengängen aus stattzufinden scheint,. während Klebs und Perls es für wahrscheinlicher halten, dass stehengebliebene Leberzellenbalken derartige capillare Gänge bilden.

Die beiden im Vorstehenden geschilderten Zustände der acut atrophirten Leber, von denen der eine durch die gleichmässig gelbe Farbe, der andere durch das Vorhandensein von gelben und rothen Partien charakterisirt ist, werden von Klebs als die Ausgänge zweier von einander verschiedener Processe angesehen, die er als gelbe und als rothe Atrophie bezeichnet. Zenker, Rokitansky und Perls dagegen betrachten die rothe Atrophie nur als ein späteres Stadium der gelben, welches niemals durch das ganze Organ hindurch, sondern nur in einzelnen, bald grösseren, bald kleineren Abschnitten desselben zur Ausbildung kommt, während in den übrigen der Process nur dasjenige Stadium, welches sich durch die gelbe Atrophie kennzeichnet, erreicht, weil er in diesen entweder erst später begonnen oder sich langsamer entwickelt hat. Für diese Auffassung hat Zenker hauptsächlich vom pathologisch-anatomischen Standpunkte überzeugende Gründe beigebracht und wie sich später zeigen wird, sprechen auch klinische Thatsachen zu Gunsten derselben.

Als ein Umstand, der gegen die Weiterentwickelung der gelben zur rothen Atrophie zu sprechen scheint, wird von Klebs die scharfe Abgrenzung der beiden Substanzen gegen einander hervorgehoben. Dieselbe ist jedoch nach den Beobachtungen von Zenker schon makroskopisch keineswegs immer vorhanden und die mikroskopische Untersuchung weist an der Grenze beider Substanzen die deutlichsten Uebergangsstufen nach. Damit stimmen auch die Angaben anderer Autoren überein. So sagt Paulicki von den saffrangelben Inseln, welche sich in seinem Falle in das theils braune, theils schmutzigrothe Leberparenchym eingestreut fanden, dass sie zwar z. Th. scharf umschrieben waren, z. Th. aber allmählich in letzteres übergingen. Perls sah bei der mikroskopischen Untersuchung der frischen sowie der in Müllerscher Flüssigkeit und Spiritus gehärteten Leber die allmählichsten Uebergänge von den gelben zu den rothen Zonen.

Ob diejenigen Fälle, in welchen die Leber auch bei ausgeprägtem allgemeinen Schwunde gleichmässig gelb aussieht, oder jene anderen, in denen es an mehr oder weniger grossen Abschnitten der Drüse zur rothen Atrophie gekommen ist, die häufigeren seien, lässt sich mit dem bisherigen casuistischen Material nicht sicher entscheiden.

Unter den hier benutzten 143 Beobachtungen finden sich 37, welche zweifellos, und 19, welche mit Wahrscheinlichkeit zur letzteren Kategorie zu rechnen sind; ob aber die übrigen 87 sämmtlich zur ersteren gehören, erscheint mindestens sehr fraglich, weil bei vielen derselben die Beschreibung der Leber nicht genau genug ist, um das Vorhandensein rothatrophirter Partien sicher auszuschliessen. Denn diese sind, zumal wenn sie nur geringen Umfang hatten, gewiss oft übersehen oder falsch (z. B. als Blutextravasate) gedeutet worden. Es spricht überdies entschieden für das relativ sehr häufige Vorkommen des durch die rothen zähen Stellen bezeichneten höchsten Grades der Atrophie, dass Zenker, welcher am frühesten die Natur dieser Stellen erkannt hat, dieselben in mindestens 10 von den 12 Fällen, die er zu untersuchen Gelegenheit hatte, sehr deutlich ausgeprägt fand.

Von dem oben geschilderten Verhalten der Leber zeigt sich manchmal insofern eine Abweichung, als der Umfang und das Gewicht derselben nur in geringem Maasse (z. B. ersterer nur im Dickendurchmesser) oder auch gar nicht unter die Norm vermindert sind, während doch die hochgradige körnige Degeneration und der massenhafte Zerfall der Leberzellen über das Vorhandensein des in Rede stehenden Processes keinen Zweifel lassen. Für die Mehrzahl dieser Fälle liegt die Erklärung in dem Umstand, dass der Process sich in einer Leber entwickelt hat, die durch Fettüberfüllung ihrer Drüsenzellen oder durch Vermehrung ihres interstitiellen Gewebes vergrössert war und deshalb bei dem acuten Schwunde nicht auf ein so kleines Volumen reducirt wurde, wie ein vorher normalgrosses Organ.

So war z. B. in einem Falle von Liebermeister (l. c. S. 185, Beob. 39) die von acuter Atrophie befallene Fettleber eines 37 jährigen Potators in der Flächenausdehnung vergrössert, aber im rechten Lappen nur 2 1/4 ″, im linken 1 ″ dick und 1520 Gramm schwer. Frerichs beschreibt (l. c. Bd. 2, S. 11) die Leber eines an acuter Atrophie verstorbenen 36 jährigen Potators, deren Bindegewebsgerüst ansehnlich verdickt war: sie hatte eine Breite von 13 ″, im rechten Lappen eine Dicke von 3 ″ und wog 2100 Gramm.

In einzelnen, seltenen Fällen beruht der geringe Grad der Verkleinerung darauf, dass der Tod eingetreten ist, als es erst in einem Theil der Leber zu weiter vorgeschrittenen Veränderungen gekommen war.

Solche Fälle sind z. B. der von Frerichs l. c. Bd. 2, S. 16 mitgetheilte und ein später noch besonders anzuführender von Winiwarter.

Die feinsten Gallengänge scheinen in der Regel erhalten zu bleiben und, wie bereits auf S. 226 erwähnt wurde, in den roth atrophirten Partien nicht selten durch Proliferation sich zu vermehren. Bisweilen umschliessen sie gefässartig verzweigte Massen von Gallen-

farbstoff. Bollinger fand ihr Epithel verfettet; Perls sah sie zum
Theil in abnormer Weise mit Epithelien ausgestopft. Die übrigen
innerhalb der Leber verlaufenden Gallenwege sind am häufigsten
ganz leer und an ihrer Innenfläche ohne merkliche Abnormität; seltener zeigt die Schleimhaut derselben katarrhalische Veränderungen.
Ebenso verhalten sich die grossen Ausführungsgänge: in der Regel
sind sie leer und die Duodenalmündung des D. choledochus ist frei.
Indessen findet sich doch nicht ganz selten in der Pars intestinalis
des letzteren die Schleimhaut geschwollen (Paulicki, Schultzen
u. Riess), oder das Lumen durch einen Schleimpfropf verschlossen
(Bamberger, Mann, Rosenstein, Davidson, Waldeyer,
Schultzen u. Riess, Rehn u. Perls, Fick). In solchen Fällen
erstreckt sich manchmal der schleimige Inhalt über den ganzen Choledochus sowie über den Cysticus und Hepaticus, wogegen andere
Male diese Kanäle selbst frei von Katarrh und collabirt sind oder
ein wenig gelbliche oder bräunliche Flüssigkeit enthalten. Bisweilen
zeigt zunächst oberhalb des Pfropfes die Schleimhaut des D. choledochus eine stark gallige Färbung. Dieselbe bestand in dem Falle
von Waldeyer auch im Cysticus, während die Ductus hepatici
ganz blass waren.

Die Gallenblase ist gewöhnlich schlaff und bisweilen leer;
meistens enthält sie aber schleimige Flüssigkeit, die manchmal farblos und grau, häufiger in verschiedenen Nüancen grün oder gelb aussieht. In einem Falle von Frerichs (l. c. Bd. 2, Beob. 3) und in
dem von Sander liess sich trotz der galligen Färbung kein Bilirubin nachweisen. Nur in sehr rasch verlaufenen Fällen ist mitunter
der Inhalt der Blase von gewöhnlicher Leichengalle nicht merklich
verschieden.

Die Blutgefässe der Leber zeigen keine mit blossem Auge
wahrnehmbare Anomalie; mikroskopisch fand Liebermeister in
einem Falle (l. c. S. 187) die Wandungen der Pfortaderäste fettig
degenerirt. Das in den grösseren Gefässen enthaltene Blut ist dünn.
Blutextravasate kommen nur selten und in geringer Ausdehnung vor.
Eine Hyperämie der Capillaren in den weniger veränderten Theilen
des Organs ist von Niemandem mit Sicherheit nachgewiesen. Der
rothe Saum um die Acini, welchen Frerichs in einem seiner Fälle
(Bd. 1, Beob. 15, S. 215) auf Blutüberfüllung der Pfortaderästehen
deutete, war, wie Klebs und Zenker vermuthen, höchst wahrscheinlich rothatrophirte Substanz. Durch künstliche Injection (von
der Pfortader und der Lebervene aus) lässt sich das Capillarnetz
nur sehr unvollkommen füllen: die Masse extravasirt zwischen die

Leberzellen (Frerichs, Demme, Riess). — Bisweilen sind die Lymphdrüsen der Porta hep. geschwollen.

Sowohl im Parenchym der Leber, namentlich an der Oberfläche und auf Schnittflächen, die der Luft ausgesetzt sind, als auch an der Innenfläche der Lebervenen und der Pfortaderzweige bilden sich häufig — worauf zuerst von Frerichs (1854) aufmerksam gemacht wurde — krystallinische Abscheidungen von Leucin und Tyrosin, manchmal in sehr beträchtlicher, mit dem Fortschreiten der Verdunstung zunehmender Menge.[1]) Sie erscheinen unter dem Mikroskop als Kugeln und Knollen, die öfter radiäre oder concentrische Streifung zeigen, und als feine in Garben oder Drusen gruppirte Nadeln.[2])

Unter den 34 Fällen, in welchen über das Vorhandensein dieser Stoffe in der Leber Angaben gemacht sind, wurden 14 mal beide, 6 mal Leucin allein, 4 mal Tyrosin allein und 12 mal keines von beiden gefunden.

Der Fettgehalt (Aetherextract) der acut atrophirten Leber beträgt, wie sich aus zwei von Perls[3]) mitgetheilten Analysen ergibt, das Zwei- bis Dreifache des normalen Durchschnitts, die übrige feste Substanz des Organs hat entsprechend abgenommen, der Wassergehalt dagegen ist nicht vermindert.

Auf Zucker ward das wässrige Extract der Leber von Oppolzer und von Liebermeister mit negativem Ergebniss untersucht.

Neuerdings sind von einigen Beobachtern in der acut atrophirten Leber Bakterien gefunden worden.

Klebs hat nach seiner eigenen Mittheilung[4]) einmal und, wie aus einer Angabe von Eppinger hervorgeht, dann noch öfter in den Gallengängen massenhafte Bakterienanhäufungen gesehen. Eppinger konnte in einem der von Klebs untersuchten und ausserdem in 2 anderen Fällen Bakterien und Mikrokokken in den grossen und kleinen Gallengängen, sowie im interstitiellen Bindegewebe nachweisen und fand in einem dieser Fälle auch die Leberzellen und Gallengangepithelien der noch halbwegs erhaltenen gelben Partien mit Mikrosporen imprägnirt. In allen diesen Fällen hat also höchst wahrscheinlich vom Darm aus eine Einwanderung von Bakterien in die Gallengänge und zum Theil weiter in das Parenchym der Leber stattgefunden. In ein paar anderen Beobachtungen waren die Bakterien wohl zweifellos eine cadaverische Bildung: in der Waldeyer'schen

---

1) Mitunter beginnt die Abscheidung erst längere Zeit nach der Section (Förster, Mann, Lewitski u. Brodowski).

2) Abbildungen siehe bei Frerichs, Atlas. Heft 1. Taf. 2.

3) Centralbl. f. d. medic. Wissensch. 1873. S. 802; Berl. klin. Wochenschr. 1875. S. 651.

4) Tagebl. d. Vers. d. Naturf. zu Leipzig 1872. S. 223.

beschränkte sich ihr Vorkommen auf kleine blauschwarze Flecke
(Pseudomelanose durch Schwefeleisen) in den völlig atrophischen Abschnitten des Organs; in der Zander'schen scheinen sie zwar überall in der durchaus gelbgefärbten Leber vorhanden gewesen zu sein,
aber die Section ward erst 58 Stunden nach dem Tode gemacht [1]).

Für die im Vorstehenden gegebene Darstellung der Veränderungen, welche die Leber bei der acuten Atrophie darbietet, sind ein
paar der neuesten Beobachtungen nicht mit benutzt worden, weil sie
hinsichtlich des histologischen Befundes von allen übrigen so bedeutend abweichen, dass sie mir eine besondere Erwähnung zu erfordern scheinen.

Winiwarter sah in einem sehr rapid verlaufenen Falle, wo nur
der linke Lappen erheblich verkleinert war, an den in ihrer Struktur
noch wohl erhaltenen Stellen des rechten eine beträchtliche Verbreiterung
des interstitiellen Gewebes sowohl im Umkreis als im Innern der Acini,
bedingt durch reichliche Einlagerung lymphoider Zellen und durch
Neubildung von Fibrillen und spindelförmigen Bindegewebskörperchen,
und auch in den Leberzellen selbst fand er neben dem Kern kleinere
Gebilde, welche er für eingewanderte lymphoide Zellen hielt.   Nach
der Schilderung dieses Beobachters geht weiterhin unter zunehmender
Vermehrung der Rundzellen und des Bindegewebes die regelmässige
Anordnung der Leberzellen verloren, dieselben werden kleiner, erscheinen wie arrodirt, und zerfallen endlich zu Detritus. — Aus-
wanderung weisser Blutzellen und Bildung jungen Bindegewebes in
der Umgebung der Gefässe hebt auch Fiek in einem der von ihm
aus Gerhardt's Klinik mitgetheilten Fälle hervor. — In dem von
Lewitski und Brodowski beschriebenen Falle bestand ebenfalls
kleinzellige Infiltration des interstitiellen Bindegewebes.   Ausserdem
waren an den noch nicht im Zerfall begriffenen Stellen des Parenchyms die Acini vergrössert und die Drüsenzellen 3 — 4 mal kleiner
als normal, aber der Zahl nach bedeutend vermehrt, ihr Protoplasma
meistens stark körnig und Fetttröpfchen enthaltend.   Die Beobachter
schliessen aus diesem Befund, dass im Anfang des Processes ausser
der Emigration farbloser Blutkörperchen eine Proliferation der Leberzellen stattfindet und die jungen Zellen fettig degeneriren.   Ausserdem
statuiren sie eine Proliferation nicht nur der feinsten Gallengänge,
sondern auch der intralobulären Blutcapillaren.   Der rothe Theil
der Leber bestand hauptsächlich aus sehr dünnwandigen, stark mit
Blut angefüllten Capillarschlingen, deren Lumen grösstentheils enger
war, als das gewöhnlicher intralobulärer Capillaren.

Was nun die Befunde in den übrigen Organen anbelangt, so ist
fast ausnahmslos allgemeiner Icterus bald in höherem, bald in ge-

---

1)ˈ In dem von Dupré mitgetheilten Falle, wo durch v. Recklinghausen
eine grössere Anzahl von Mikrokokken nachgewiesen wurde, handelt es sich um
Veränderungen der Leber durch acute puerperale Septicämie.

ringerem Grade vorhanden. In den Nieren sind mitunter die gewundenen Kanälchen streckenweise mit krystallinischem Gallenpigment erfüllt (Buhl, Paulicki). Der Dickdarm enthält in der Regel graue oder grauweisse thonartige, seltener graugelbliche lehmige Fäces; daneben findet sich aber im oberen Theile des Dünndarms gar nicht selten Galle, manchmal in ziemlicher Menge, gewöhnlich jedoch nur so viel, dass die Mucosa oder deren schleimiger Beleg damit tingirt ist (Bright, Bamberger, Förster, Riess, Waldeyer, Degen, Fick u. A.).

Ausser der Leber befinden sich auch noch andere Organe im Zustande der körnigen Degeneration. Und zwar scheint eine mehr oder weniger vorgeschrittene Verfettung der Nierenepithelien und des Herzfleisches constant zu sein, da sie in allen Fällen, in denen darauf untersucht worden ist, gefunden ward [1] und in vielen von den übrigen die Angaben über das makroskopische Verhalten dieser Theile kaum einen Zweifel darüber lassen, dass sie vorhanden war. Dagegen ist sie an der Körpermusculatur bisher erst in wenigen Fällen (1 von Paulicki, 1 von E. Wagner, 3 von Schultzen u. Riess) und an den Labzellen und Epithelien der Magenschleimhaut und den Zottengefässen des Dünndarms sowie an den Epithelien der feineren Bronchien und der Lungenalveolen nur in einem Falle (Bollinger) nachgewiesen worden.

Die Schleimhaut des Verdauungskanals bietet häufig katarrhalische Veränderungen dar. Bisweilen sind die solitären und agminirten Follikel sowie die Mesenterialdrüsen mässig geschwollen (Horaczek, Buhl, Waldeyer, Paulicki).

Die Milz zeigt in mehr als zwei Dritttheilen aller Fälle die Merkmale der acuten Intumescenz, ähnlich wie in acuten Infectionskrankheiten; ihr Volumen kann dabei bis aufs Doppelte vergrössert, die Consistenz der Pulpa je nachdem der Verlauf der Krankheit rascher oder mehr protrahirt war, vermindert oder vermehrt sein. In den übrigen Fällen ist die Milz entweder von gewöhnlicher Grösse oder sogar kleiner als normal. Der Mangel des Milztumors lässt sich meistens auf Hämorrhagie aus den Pfortaderwurzeln zurückführen. Doch ist auch nicht selten nach einer solchen das Organ noch vergrössert, aber dabei blass und schlaff. Manchmal schien die Schwellung durch Verdickung der Milzkapsel verhindert zu sein.

---

[1] Nur in einer von Trousseau mitgetheilten Beobachtung sollen die Nieren und in einer von Morand das Herzfleisch auch mikroskopisch normal gewesen sein.

Das Blut ist dunkel und in der Regel dünnflüssig. Im Herzen und den grösseren Gefässen finden sich meistens nur lockere oder auch gar keine Coagula; festere speckhäutige Abscheidungen sind sehr selten. Sonstige Anomalien des Blutes finden sich bei Weitem nicht constant genug, um als wesentlich für die Krankheit gelten zu können. In wenigen Fällen (Buhl, Bamberger) waren die weissen Körperchen vermehrt. Leucin und Tyrosin sind im Blute des Herzens und der Hohlvenen öfter, einzelne Male auch noch an anderen Orten ausserhalb der Leber (im Blut der Axillargefässe, in der Milz, im Gehirn, in den Nieren) nachgewiesen worden (Frerichs, Pleischl, Oppolzer, Bamberger, Vallin). Harnstoff enthielt das Blut in einem der Frerichs'schen Fälle (Klinik, Bd. 1, Beob. 16) in „sehr ansehnlicher Menge", in einem anderen Falle desselben Autors (ibid. Bd. 2, Beob. 1) fand sich keiner, in 3 Fällen aus der Oppolzer'schen Klinik sehr wenig.

Blutextravasate kommen in mindestens drei Viertheilen aller Fälle und zwar meistens an mehreren, oft an sehr zahlreichen Stellen des Körpers vor. Am häufigsten trifft man blutigen Inhalt des Magens und Darms und Ekchymosen im subscrösen Gewebe des Peritoneums, des Epicardiums und der Pleuren; ferner solche im mediastinalen, retroperitonealen und intermusculären Bindegewebe, in und unter der äusseren Haut, in der Schleimhaut des Magens, des Nierenbeckens, der Harnblase, im Herzfleisch und unter dem Endocardium, in den Lungen, in der Nierenrinde; am seltensten im Gehirn (Breithaupt, Oppolzer, Rosenstein) und den Meningen (Tüngel). Bei etwas mehr als einem Fünftel der Fälle sind sie auf den Bereich der Pfortaderwurzeln beschränkt.

Das Gehirn erscheint meistens normal. Manchmal bietet es die Zeichen der Anämie oder der venösen Hyperämie und noch öfter die durch Oedem und hydrocephalische Erweichung bedingten Veränderungen dar.[1]

In den Lungen findet sich hypostatische Hyperämie und Oedem häufig, Hepatisation dagegen sehr selten und dann meist im rechten unteren Lappen.

---

[1] Bei einer höchstwahrscheinlich durch Phosphorvergiftung erzeugten acuten Leberatrophie fand Herzog Carl in Baiern (Virch. Arch. Bd. 69. S. 62) in der Gehirnrinde Fettdegeneration der Ganglienzellen und der Grundsubstanz, Zerklüftung der letztern zu Kugeln von 0,02—0,03 Mm. Durchmesser, welche theils grobkörnig, theils concentrisch geschichtet waren; ferner an einzelnen Stellen ganze Reihen kleiner Tyrosinbüschel und in den Capillargefässen grosse Fetttropfen (wie bei Fettembolie nach Zertrümmerung der Extremitätenknochen).

Seröses Transsudat im Bauchfellsack trifft man hin und wieder in solchen Fällen, wo der Process an grösseren Abschnitten der Leber bis zur rothen Atrophie fortgeschritten ist. Die Farbe ist entweder rein icterisch oder in Folge von hämorrhagischer Beimischung schmutzig roth, die Quantität meistens gering; nur in relativ sehr langsam verlaufenden Fällen ist sie mitunter beträchtlicher (so z. B. im Waldeyer'schen 6—8 Liter), und dann pflegen auch in den übrigen serösen Säcken sowie unter der Haut hydropische Ansammlungen zu bestehen. Bei hämorrhagischem Lungeninfarkt kann in der Pleura allein ein seröser Erguss vorhanden sein (Zimerman).

Symptomatologie.

Die Leberdämpfung zeigt in den meisten Fällen eine rasch fortschreitende Abnahme sowohl ihrer Ausdehnung als ihrem Grade nach. Dieselbe beginnt regelmässig am linken Lappen, so dass zuerst in dem Winkel zwischen den beiden Rippenbögen der gedämpfte Schall durch einen helltympanitischen ersetzt wird. In der Gegend des rechten Lappens verkleinert sich die Dämpfung durch Hinaufrücken ihrer unteren Grenze und bekommt längs der letzteren mehr oder weniger weit nach oben hin einen tympanitischen Beiklang; sie kann schliesslich an der Vorderfläche des Thorax gänzlich fehlen, so dass nur noch in der Axillarlinie der Lungenton vom Darmton durch einen schmalen Dämpfungsstreifen getrennt ist. Dieses fast vollständige Verschwinden der Leberdämpfung kommt hauptsächlich dadurch zu Stande, dass das erschlaffte Organ nach hinten zusammensinkt und in den dadurch freiwerdenden vorderen Abschnitt des Hypochondriums sich Darmschlingen einschieben.

Aus der Abnahme der Dämpfung auf eine Abnahme des Volumens der Leber zu schliessen, ist in der Mehrzahl der Fälle deshalb gerechtfertigt, weil Meteorismus entweder gar nicht oder doch nicht in einem solchen Grade besteht, dass sich die Veränderung der Percussionserscheinungen in der Lebergegend auf ihn zurückführen liesse. Manchmal sind die Bauchwandungen sogar sehr schlaff und man kann mit den Fingerspitzen ungewöhnlich weit hinter den rechten Rippenbogen nach oben eindringen, ohne etwas von der Leber wahrzunehmen; seltener gelingt es unter solchen Umständen im Anfang der Verkleinerung, den zurückgewichenen scharfen Rand des Organs hinter dem Rippenbogen zu fühlen. (Pleischl, Bamberger, Liebert, Rehn.)

Die Verkleinerung wird in der Regel erst in den letzten Lebenstagen nachweisbar. Hält man sich an solche Fälle, wo schon vorher

die Grössenverhältnisse des Organs genauer beachtet wurden, so ist
es meistens einer der drei letzten Tage und zwar am häufigsten der
vorletzte, an welchem sie zuerst constatirt wird.

Wie spät und zugleich wie rasch sie erfolgen kann, zeigt unter
Anderem eine Beobachtung von Davidson: 23 Stunden vor dem Tode
war noch ebenso, wie ½ Tag früher, die Leberdämpfung vollkommen
normal; 14 Stunden später hatte sie in der l. papill. um 2, in der
l. med. um 3½ Ctm. abgenommen und liess sich nach links von der
l. med., die sie um 6 Ctm. überragt hatte, gar nicht mehr auffinden.

Es kommt aber auch nicht selten vor, dass die Verkleinerung
schon 4 oder 5 Tage vor dem Tode deutlich ausgesprochen ist und
es fehlt selbst nicht an Beispielen eines noch früheren Beginns derselben.

So war in einem Falle von Bamberger bereits 12 Tage vor
dem Tode eine Abnahme bemerkbar, die im weiteren Verlauf bis zu
fast völligem Verschwinden der Dämpfung fortschritt. Aehnliche Beobachtungen sind von Guckelberger, Oppolzer, Demme, Paulicki, Erichsen und Moxon mitgetheilt.

Wenn die Verkleinerung der Leber wahrgenommen wird, sind
meistens die Cerebralsymptome schon vorhanden und sehr häufig
geben sie erst die Veranlassung zu einer genauen Bestimmung der
Dämpfungsgrenze; manchmal jedoch lässt sich schon 1 bis 2 Tage
vor ihrem Auftreten die Verminderung des Leberumfangs nachweisen
(Merbach, Sander, Sieveking, Rosenstein, Goodridge,
Kowatsch).

In einer Reihe von Fällen ist die Leber vor dem Eintritt der
wahrnehmbaren Verkleinerung grösser als normal gefunden worden.
Scheidet man diejenigen aus, wo Alkoholismus, Syphilis, chronisches
Herzleiden im Spiele sein konnte, so bleiben noch 9 (Bamberger,
Sander, Mettenheimer, Merbach, Mann, Huppert, Sieveking, Burkart, Rehn), in denen das vermehrte Volumen sich
nicht als Folge einer anderweitigen vorausgehenden oder complicirenden Affection auffassen lässt, sondern auf Veränderungen bezogen werden muss, welche dem früheren Stadium des zur Atrophie
führenden Processes selbst angehören. Am meisten beweisend sind
die von Mann und von Rehn mitgetheilten Beobachtungen: hier
zeigte sich der Umfang der Leberdämpfung bei der ersten Untersuchung normal, 2 Tage später vergrössert und nach weiteren 2 Tagen unter die Norm verkleinert. Auch Oppolzer[1]) sah einmal
vor dem Schwunde die Leber grösser werden. In den übrigen er-

---

1) Wiener medic. Wochenschr. 1858. S. 474.

wähnten Fällen bestand die Vergrösserung schon bei der ersten Untersuchung und eine weitere Zunahme derselben ward nicht beobachtet. Es gibt unzweifelhafte Fälle von acuter Atrophie, in denen bis zuletzt die Zeichen einer Verkleinerung des Organs vermisst werden. Bisweilen — namentlich bei Wöchnerinnen — nimmt die Krankheit einen so rapiden Verlauf, dass es nicht zu einer merklichen Verminderung des Volumens kommt, weil das Leben erlischt, ehe eine Resorption der Zerfallsprodukte in grösserer Ausdehnung stattgefunden hat. Andererseits kann auch gerade bei mehr protrahirtem Verlauf der Umfang der Dämpfung normal bleiben, wenn mit der Degeneration und dem Schwunde der Drüsenzellen eine Hyperplasie des interstitiellen Gewebes einhergeht, welche das am Parenchym Zusammensinken verhindert (Riess). Entwickelt sich die Krankheit in einer durch chronische Bindegewebswucherung oder Fettinfiltration vergrösserten Leber, so bleibt sie mitunter ebenfalls ohne nachweisbaren Einfluss auf das Volumen derselben; häufiger aber erfährt dieses unter solchen Umständen eine deutliche Abnahme, wenn es auch dabei gewöhnlich nicht bis unter die Norm herabsinkt. (Frerichs, Tüngel, Liebermeister. Böse.)

Picot (Journ. de l'Anat. et de la Physiol. Vol. 8 No. 3) theilt einen Fall mit, wo bei einer Syphilitischen das durch diffuse interstitielle Hepatitis vergrösserte Organ binnen 2 Tagen sich bis unter die Norm verkleinerte: es zeigte bei der Section ein Gewicht von nur 750 Grm. und vollständigen Zerfall der Parenchymzellen.

Schmerzhaftigkeit der Lebergegend kommt nicht ganz so häufig vor, wie es frühere Zusammenstellungen zu ergeben schienen. Nach Frerichs fand sie sich bei drei Vierteln der von ihm benutzten 31 Beobachtungen. In etwa einem Drittel der Fälle, die ich meiner Darstellung zu Grunde gelegt habe, geschieht dieses Symptoms keine Erwähnung: bei fast einem Fünftel der übrigen wird das Fehlen desselben ausdrücklich hervorgehoben. (Bamberger vermisste es in den sämmtlichen 6 Fällen, die bis 1856 zu seiner Beobachtung gekommen waren.) Wo es vorhanden ist, tritt es meistens erst mit dem Beginn oder im Verlauf des zweiten Stadiums der Krankheit ein. Druck auf die Lebergegend sowie starke Percussion derselben ruft dann lebhafte Schmerzensäusserungen und oft sogar noch im Koma, wenn auf Kneipen der Haut und Nadelstiche keine Reaction mehr erfolgt, Verzerrungen des Gesichts und abwehrende Bewegungen hervor; seltener wird spontan über heftigen Schmerz in der Lebergegend geklagt. Doch auch im ersten Stadium besteht bisweilen schon eine abnorme Druckempfindlichkeit in dieser

Gegend, häufiger aber ein gewöhnlich nur dumpfer Schmerz im Epigastrium. Letzterer ist vielleicht mit demselben Recht auf die gastrischen Störungen, wie auf die Affection des linken Leberlappens zu beziehen. Aber auch hinsichtlich der stärkeren Schmerzhaftigkeit im zweiten Stadium erscheint es mitunter fraglich, ob sie mit den krankhaften Vorgängen innerhalb der Drüse in direktem Zusammenhang steht. Manche Kranke reagiren auf Druck an anderen Stellen des Bauches oder auch des übrigen Körpers in ganz derselben Weise wie auf Druck in der Lebergegend: für solche Fälle ist die Annahme von Bamberger sehr wahrscheinlich, dass es sich mehr um Hyperästhesie der Haut, als um Schmerzhaftigkeit der Leber handelt. Bisweilen zeigt sich die Lebergegend schmerzfrei so lange der Kranke bei Bewusstsein ist, und erst nachdem dieses geschwunden, stellen sich bei der Untersuchung die als Zeichen des Schmerzes gedeuteten Erscheinungen ein: hier sind diese möglicher Weise nur der Ausdruck einer abnorm gesteigerten Reflexerregbarkeit.

Von den gastrischen Symptomen, mit denen die Krankheit beginnt, ist die Verminderung des Appetits das constanteste und in seltenen Fällen das einzige. Sie kann bis in das zweite Stadium hinein gering sein; häufiger besteht aber schon von Anfang an stärkere Anorexie. — Erbrechen kommt im ersten Stadium bei etwas mehr als der Hälfte aller Kranken vor und bei einem Theil der übrigen ist wenigstens Uebelkeit vorhanden. Das Erbrechen tritt bald frühzeitig, manchmal angeblich als erstes Symptom der Krankheit, bald erst im Verlauf des ersten Stadiums ein; bisweilen findet es nur ein Mal, gewöhnlich aber wiederholt oder sehr häufig statt und kann sich dann bis ins zweite Stadium fortsetzen. Das Erbrochene besteht entweder hauptsächlich aus Ingesten, oder, und zwar häufiger, aus schleimiger Flüssigkeit die gar nicht selten (in fast einem Viertel der Fälle) ihrer Farbe und ihrem Geschmack nach Galle enthält. Im zweiten Stadium ist Erbrechen ein constanteres Symptom: auch in Fällen, wo es vorher nicht bestanden oder schon eine Zeit lang wieder aufgehört hatte, pflegt es die schweren Cerebralsymptome einzuleiten. Das Entleerte kann auch dann schleimig und trotz des stärkeren Icterus sogar gallig sein und diese Beschaffenheit noch am vorletzten und selbst am letzten Lebenstage zeigen (Trousseau, Stockmayer, Erichsen, Mann); häufiger aber enthält es im zweiten Stadium Beimischungen von mehr oder weniger verändertem Blut oder besteht aus solchem allein. Die Fälle in denen Erbrechen durch den ganzen Verlauf der Krankheit fehlt, bilden — wenn man alle, in denen es nicht erwähnt wird, als solche ansehen

darf — etwa ein Viertheil der Gesammtzahl. — Die Stuhlentleerungen sind in der Regel angehalten und öfter besteht hartnäckige Obstipation. Spontaner Durchfall findet sich sehr selten.

Icterus gehört in der Mehrzahl (bei etwa zwei Dritttheilen) der
Fälle zu den frühesten Erscheinungen, indem er fast gleichzeitig mit
den gastrischen Symptomen oder doch nur wenige Tage nach denselben auftritt. In etwa einem Viertheil der Fälle gesellt er sich erst am
5. bis 7. Tage hinzu und noch seltener erst nach zwei oder mehreren
Wochen. Bei sehr acutem Verlaufe der Krankheit zeigt er sich mitunter erst am vorletzten oder letzten Lebenstage, so dass sein Auftreten mit dem der schweren Gehirnsymptome zusammenfällt (Lewin, Frerichs, Hugenberger, Homans, Chamberlain, Vallin) oder diesem sogar nachfolgt (Hanlon, Frerichs, Seidel,
Mettenheimer). Abgesehen von den Fällen der letzteren Art, in
denen es eben ihrer kurzen Dauer wegen zu keiner stärkeren Entwicklung der Gelbsucht zu kommen pflegt, erlangt diese meistens
eine ziemliche Intensität. Die Haut wird allmählich immer gesät-
tigter gelb, zuletzt saffran, orange, selbst grünlich. Der Urin zeigt
in der Regel die Gmelin'sche Reaction auf Gallenpigment. Dieselbe pflegt um so deutlicher zu sein, je stärker der Icterus ist. Wo
letzterer sehr gering bleibt und der Harn seine normale Farbe behält, kann sie ganz fehlen (wie z. B. in der 17. Beob. von Frerichs
l. c. Bd. 1. S. 222); bisweilen wird sie aber auch bei ausgeprägter
Gelbsucht vermisst oder kommt nur undeutlich zum Vorschein, obgleich die dunkle Farbe und der gelbe Schaum des Harns auf die
Anwesenheit von Gallenpigment schliessen lassen (Trost, Riess).
Der Nachweis der Gallensäuren im Harn gelang mehreren Beobachtern (F. Hoppe[1]), Huppert, Hugenberger, Wood, Davidson, Rosenstein, Kowatsch, Boese, Schultzen u. Riess,
Fick); das negative Resultat, mit welchem einige andere auf diese
Stoffe prüften, erklärt sich wenigstens zum Theil aus der Unzuläng-
lichkeit der angewandten Methode. — Die Stuhlgänge sind in der
Regel lehm- oder thonfarben oder fast völlig farblos; mitunter aber
erfolgen selbst bei stärkerem Icterus im ersten Stadium und zwischen-
durch auch im zweiten normaler gefärbte Darmentleerungen; auch
kommt es vor, dass die im Uebrigen grau aussehenden Fäces an
einzelnen Stellen gallige Färbung zeigen.

Befällt die Krankheit Schwangere, so hängt es von der Dauer
und dem Grade der Gelbsucht ab, ob auch der Fötus icterisch wird
oder nicht.

---

[1] Virchow's Arch. Bd. 13.

Bei protrahirtem Verlaufe des ersten Stadiums kommen während desselben mitunter Schwankungen in der Intensität des Icterus vor. Im Allgemeinen nimmt diese aber bis in die letzten Lebenstage zu. Die (von Schnitzler[1]) erwähnte) Annahme Oppolzer's, dass dies nicht mehr geschehe, sobald die Leberverkleinerung nachweisbar sei, hat wenigstens, was die Hautfärbung anbetrifft, keine allgemeine Gültigkeit.

Vgl. z. B. den Fall von Bamberger in den Verhandlungen der physik.-medic. Gesellschaft zu Würzburg Bd. S. Indessen lassen sich einige Beobachtungen dafür anführen, dass allerdings die Ausscheidung von Gallenbestandtheilen durch die Nieren zuletzt wieder abnimmt. Nach den Ergebnissen, welche Huppert durch Wägungen des aus dem Harn gewonnenen, aber noch mit ziemlich viel fremden Substanzen vermengten gallensauren Natrons erhielt, schien in dem betreffenden Falle die Gallensäureausscheidung mit der Dauer der Krankheit zu-, aber kurz vor dem Ende beträchtlich wieder abzunehmen. In einem aus Traube's Klinik von Fräntzel mitgetheilten Falle enthielt der Harn am letzten Lebenstage weniger Gallenpigment, als an den Tagen zuvor, während die gelbe Färbung der Haut noch intensiver geworden war.

Ausnahmsweise kann der Icterus gänzlich fehlen. Die Fälle, in denen er vermisst wurde, sind solche, die sich durch ihren ungewöhnlich rapiden Verlauf auszeichnen. So z. B. der folgende von Bamberger[2]) mitgetheilte:

Bei einer 30jährigen Erstgebärenden war während der Entbindung wiederholt chloroformirt und nach der Extraction des lebenden Kindes wegen Metrorrhagie die Placenta gelöst worden. Am nächsten Tage grosse Schwäche, mässiges Fieber und starker Collaps des Gesichts. Am folgenden Tage früh ausser beschleunigtem Puls (110) keine krankhaften Erscheinungen, aber schon gegen 10 Uhr Vormittags Klagen über grosses Angstgefühl, öfteres Schluchzen, starker Durst, kalte Hände und Füsse und fast kein Puls mehr. Während eines Bades wurden die Augen stark verdreht und die Kranke fing an, heitere Lieder zu singen. Nach einigen Stunden kamen maniakalische Zufälle mit leichten Zuckungen. Mittags erfolgte der Tod, 38 Stunden nach der Geburt. Vom Icterus war weder im Leben noch an der Leiche eine Spur vorhanden und doch zeigte die Leber den entwickeltsten Grad der acuten Atrophie und der Zerfall der Leberzellen war ein so completer, dass man kaum hie und da noch Spuren derselben auffinden konnte. Auch in einem von Liebermeister (l. c. S. 200 Beob. 45) mitgetheilten Falle, wo die Krankheit bei einer 35jährigen Frau im Verlauf einer acuten Peritonitis sich entwickelte, fand sich weder an der Körperoberfläche, noch in irgend einem

---

1) Deutsche Klinik 1859. S. 286.
2) Krankh. d. chylopoet. Syst. 2. Aufl. S. 532, Anm.

anderen Organe (mit Ausnahme der Leber) eine Spur von Icterus. Eppinger citirt einen Fall von sehr weit gediehener acuter Leberatrophie bei einer Typhusreconvalescentin, dessen Sectionsbefund er mittheilt, als Beleg dafür, dass selbst bei mehr protrahirtem Krankheitsverlaufe der Icterus fehlen könne; jedoch sind die von ihm gegebenen Notizen über die Krankengeschichte dieses Falles so dürftig, dass sich nicht ersehen lässt, ob der Verlauf der Leberaffection hier wirklich ein protrahirter war.

Eine Vergrösserung der Milzdämpfung ist häufig, aber nicht constant vorhanden. Sie fand sich bei noch nicht ganz zwei Dritttheilen der Fälle, in denen darauf untersucht wurde. In der Regel ist sie nur gering und erreicht höchstens den Umfang eines Handtellers. Ausnahmsweise kann die vordere Spitze des Tumors auch gefühlt werden. Schmerzhaftigkeit beim Percutiren der Milzgegend oder bei der Palpation des linken Hypochondriums kommt bisweilen vor, ohne sich jedesmal mit Bestimmtheit auf das geschwollene Organ beziehen zu lassen. — Ueber die Zeit des Beginnes der Milzschwellung geben die meisten Beobachtungen keinen Aufschluss. Gewöhnlich wird dieselbe erst gleichzeitig mit der Verkleinerung der Leber nachgewiesen; dabei ist aber zu berücksichtigen, dass häufig eine genauere Bestimmung der Grösse dieser Organe vor dem Eintritt des zweiten Stadiums der Krankheit überhaupt nicht stattgefunden hat. Einige Beobachtungen liegen indessen vor (Pleischl, Chvostek, Demme, Oppolzer 1864, Traube, Davidson u. A.), denen zufolge schon 1 bis 6 Tage, ehe die Abnahme des Lebervolumens erkennbar wird, der Milztumor bestehen und im weiteren Verlaufe noch wachsen kann. Das Wachsen lässt sich mitunter bis zum letzten Lebenstage verfolgen. — Bei stärkeren Blutungen im Bereiche der Pfortaderwurzeln kann die Schwellung schnell wieder abnehmen.

Blutungen werden bei mehr als der Hälfte aller Kranken beobachtet und in fast der Hälfte der Fälle, in denen sie auftreten, zeigen sie sich in mehr als einem Organ. Am häufigsten (bei zwei Drittheilen) kommt Hämatemesis vor: je nach der Menge des Ergossenen wird eine kaffeesatzähnliche oder schwärzlich-flockige oder theerartige Masse oder schmutzig rothe Flüssigkeit oder dunkles, mitunter zu Klumpen geronnenes Blut erbrochen. Bei etwa einem Viertheil der Fälle findet Entleerung von mehr oder weniger verändertem Blut durch den After statt. Ebenso häufig bilden sich Petechien und Ekchymosen der Haut. Etwas seltener sind Blutungen aus der Nase; noch seltener solche aus der Mundschleimhaut. Auch der Harn enthält mitunter Blut, aber meistens nur in geringer Menge. Bei Gebärenden und Wöchnerinnen treten oftmals Metrorrhagien ein; bei

Nichtschwangeren zeigen sich Blutflüsse aus den Genitalien verhältnissmässig selten. Blutegelstiche geben leicht zu hartnäckigen Nach-
blutungen Anlass. Bei Weitem die meisten Hämorrhagien fallen in
die zweite Periode der Krankheit und zwar vorwiegend in die beiden letzten Lebenstage; nur in mehr protrahirt verlaufenden Fällen
beginnen sie bisweilen schon einige Zeit — bis zu 9 Tagen (Demme,
Paulicki) — vor dem Eintritt der sehweren Gehirnsymptome.

Ueber die Beschaffenheit des Blutes bei Lebzeiten des
Kranken liegen nur sehr spärliche Angaben vor.

In einem von Horaczek mitgetheilten Falle war das am 9. Tage
vor dem Tode mittelst Aderlasses entzogene Blut nach mehreren
Stunden noch nicht in Kuchen und Serum geschieden, sondern nur
zu einer halbfesten, leichtzerreisslichen Masse geronnen. Rosenstein,
der das Blut seines Kranken 1/2 Tag vor dem Tode untersuchte,
fand die farblosen Blutkörperchen auffallend vermehrt, die farbigen
zum Theil stark geschrumpft und ihr Stroma sehr schnell körnig
werdend; an einigen farbigen Zellen konnte er deutliche Gestaltveränderungen (Bildung von Fortsätzen, Einschnürungen in der Mitte)
wahrnehmen. Aehnliches berichtet Fick von 2 Fällen aus der Gerhardt'schen Klinik: in beiden erschien die Farbe des Blutes heller
als normal; die rothen Körperchen zeigten im ersten Falle theilweise,
im zweiten sämmtlich ein Aussehen, wie wenn Stacheln ihrer Oberfläche aufsässen; das Verhalten der weissen zu den rothen war im
ersten Falle wie 1 : 11, im zweiten normal. Von Schultzen und
Riess ward in der Flüssigkeit, welche sie aus dem nur kleinen Blut-
kuchen des 4 Stunden vor dem Tode entleerten Venäsectionsblutes
ausgepresst hatten, Tyrosin sicher nachgewiesen, Leucin dagegen vergeblich gesucht.

Fieber ist im ersten Stadium der Krankheit häufig vorhanden.
Nicht nur werden bei der Anamnese unter den Initialerscheinungen
subjective Fiebersymptome (Frost und nachfolgende Hitze, gewöhnlich in wiederholten Anfällen, vermehrter Durst, Mattigkeit u. s. w.)
öfter angegeben, sondern es liegen auch, wenigstens aus der späteren
Zeit dieses Stadiums von mehreren Fällen Temperatur- und Puls-
zahlen vor, welche einem remittirenden Fieber mittleren oder niederen Grades entsprechen, wie es acut katarrhalische Affectionen zu
begleiten pflegt. Das zweite Stadium dagegen ist anfangs stets
fieberlos und in der Regel auch schon die letzte Zeit vor dem
Eintritt desselben: die Temperatur ist entweder normal oder — noch
häufiger —, wie bei Icterus gewöhnlich, subnormal (zwischen 37 und
36°, manchmal sogar bis 35,5° herab). Es macht in dieser Hinsicht
keinen Unterschied, ob die Symptome der Hirnreizung oder diejenigen der Depression vorwiegen: die heftigsten Wuthanfälle bleiben
ohne Einfluss auf die Temperatur (Traube). Während nun in einem

Theil der Fälle die niedrige Temperatur bis zum Tode fortbesteht oder noch weiter sinkt (in einem Falle von Fick betrug sie 7 Stunden vor dem Tode 35,0" in rect., 34,6" in ax.), erfolgt bei anderen (von den 34 Fällen meiner Sammlung, in denen Messungen vorgenommen wurden, bei 1S) gegen das Ende des Lebens eine Steigerung. Sie beginnt erst innerhalb der letzten 1S—30 Stunden vor dem Tode und führt manchmal nur zu einer mässigen, meist aber zu einer beträchtlichen oder selbst excessiven Höhe der Temperatur. (Dieselbe betrug z. B. in einer Beobachtung von Wunderlich zuletzt 39,5°, in einer von Traube ¼ Stunde vor dem Tode 41,3°, in einer anderen von Wunderlich im Moment des Todes 42,6° und 6 Minuten später 42,9°.) Die Pulsfrequenz ist im zweiten Stadium anfangs oft ebenfalls abnorm niedrig (zwischen 60 und 40 in der Minute), andere Male etwas höher, als es dem gleichzeitigen Temperaturgrade entspricht. Nicht selten zeigt sie rasche, vom Gange der Temperatur unabhängige Schwankungen. Hauptsächlich aber weicht sie von letzterem insofern ab, als sie in den letzten Lebenstagen constant zunimmt: in den Fällen mit terminaler Steigerung der Temperatur gelangt sie meist früher als diese zu bedeutender Höhe und erreicht schliesslich 140—160; aber auch in denjenigen Fällen, wo die Temperatur bis zuletzt subnormal bleibt, steigt die Häufigkeit des Pulses allmählich bis 120 und darüber. Hinsichtlich seiner Qualität bietet der Puls im Anfang des zweiten Stadiums mitunter keine auffällige Anomalie dar; öfter ist er jedoch schon zu dieser Zeit kleiner und weicher als normal. Gegen das Ende des Lebens wird er schwach, manchmal bis zur Unfühlbarkeit.

Die Fieberlosigkeit im Anfang des zweiten Stadiums darf als constant angesehen werden. Unter den sämmtlichen von mir verglichenen Beobachtungen sind nur zwei — eine von Demme und eine von Burkart mitgetheilte, — welche eine Ausnahme zu bilden scheinen. Der Burkart'sche Fall, in welchem die Temperatur während der letzten 3 Tage dauernd erhöht war (zwischen 38°,0 und 40°,3), bietet indessen auch sonst noch manches Abweichende und wenn er überhaupt zur idiopathischen acuten Leberatrophie gehört, so ist der Tod in einem sehr frühen Stadium der Krankheit, wahrscheinlich in Folge der Complication mit doppelseitiger Pneumonie, erfolgt. Im Demme'schen Fall (l. c. 1. Beobachtung), wo die Krankheit sehr protrahirt verlief, fand sich sogar die letzten 1½ Wochen hindurch constant eine Temperatur von 39° bis 40°, aber auch hier bestanden neben der acuten Leberatrophie noch andere Affectionen, nämlich chronische Nephritis und linksseitiges pleuritisches Exsudat.

An der Haut zeigen sich, abgesehen von dem Icterus und den Extravasaten, in seltenen Fällen roseolaartige oder auch etwas grös-

sere circumscripte Hyperämien, die bald über die meisten Gegenden
der Körperoberfläche verbreitet, bald auf den Rumpf oder auf die
Extremitäten beschränkt sind.   Bisweilen kommen sie neben Petechien
vor und sind dann wahrscheinlich nur eine Vorstufe von solchen. —
Gegen das Ende des Lebens ist bei subnormaler Körpertemperatur
die Haut meist blass und wenig elastisch, bei erhöhter Temperatur
dagegen besonders im Gesicht oft stark geröthet und turgescent.

Der Harn zeigt ausser seinem Gehalt an Gallenbestandtheilen
gewöhnlich noch in manchen anderen Beziehungen ein abnormes Verhalten.   Seine Menge sinkt gegen das Ende des Lebens mehr oder
weniger, und zwar nicht selten sehr erheblich, unter das normale
Mittel; jedoch kann sie noch am vorletzten Tage bis 1400 und am
letzten bis nahe an 1000 C.-Cm. betragen.

In einem von Fick aus Gerhardt's Klinik mitgetheilten Falle
wurden sogar 3000 C.-Cm. in den letzten 24 Stunden entleert.

Das specifische Gewicht ist in der Regel von mehr als mittlerer
Höhe (meist zwischen 1016 und 1030).

In der 1. Beobachtung von Traube war es am vorletzten Lebenstage 1010, in dem eben erwähnten Falle bei Fick am letzten Tage
ebenfalls 1010, in einem von Zuntz (bei Böse l. c.) untersuchten
Falle am letzten Tage 1036.

Die für die Krankheit charakteristischen Eigenthümlichkeiten des
Harns betreffen aber seine chemische Zusammensetzung: er enthält
in der Mehrzahl der Fälle beträchtliche Quantitäten von Leucin und
Tyrosin, während der Harnstoff in demselben auffallend vermindert und zuletzt oft nur noch spurweise vorhanden oder auch
gar nicht mehr nachzuweisen ist.   Das Tyrosin scheidet sich manchmal schon beim Erkalten, häufiger erst beim Verdunsten, resp. Ein-
dampfen des Harns in zarten Nadeln aus, die zu fast farblosen garben-
artigen Büscheln oder mit Gallenpigment tingirten kugeligen Drusen
aggregirt sind.   Das Leucin erscheint dagegen niemals als Bestandtheil eines spontanen Harnsediments; die concentrisch gestreiften,
z. Th. mit feinen Spitzen besetzten Kugeln, in denen dieser Körper
im unreinen Zustande krystallisirt, finden sich aber nicht selten neben
den Tyrosinnadeln im Verdunstungsrückstand des frischen Harns,
während sie andere Male erst durch wiederholte Behandlung des
abgedampften Harns mit Alkohol gewonnen werden [1]).

---

1) In der Regel genügt es, einen Tropfen Harn auf dem Objectträger (am
besten unter Zusatz von etwas Essigsäure zur Zersetzung harnsaurer Salze) verdunsten zu lassen, um Leucin und Tyrosin in den charakteristischen Formen zu
erhalten.   Die chemischen Methoden und Reagentien, welche in zweifelhaften

Frerichs, dem wir die Kenntniss vom Vorkommen dieser beiden Körper im Harn bei der acuten Leberatrophie verdanken, fand dieselben in allen Fällen, welche er darauf untersuchte. Ausser den von ihm mitgetheilten enthält unsere Zusammenstellung noch 34 Fälle (welche reichlich den dritten Theil der seit dem Bekanntwerden der Frerichs'schen Entdeckung publicirten Beobachtungen ausmachen), in denen der Harn in dieser Richtung untersucht worden ist; bei 7 von diesen (Tüngel, Erichsen, Hugenberger, Riess, Baader u. Winiwarter, Steiner, Rehn) war das Resultat negativ; bei 17 waren beide Körper vorhanden; bei 3 wird nur das Vorhandensein von Tyrosin angegeben, bei 7 wurde nur Leucin gefunden. Freilich ist nicht in allen diesen Fällen die Untersuchung auf hinreichend zuverlässige Weise ausgeführt worden. Dies gilt namentlich vom Leucin, auf dessen Vorhandensein oder Fehlen von Einigen lediglich aus dem Ergebniss der mikroskopischen Untersuchung des verdunsteten oder eingedampften Harns geschlossen ward. Trotzdem ist die Zahl der vollkommen sicheren Beobachtungen gross genug, um keinen Zweifel darüber zu lassen, dass bei der acuten Leberatrophie in der Regel diese Stoffe — und zwar meistens beide, seltener nur einer von ihnen — im Harn enthalten sind, dass sie aber auch in manchen, übrigens ganz charakteristischen Fällen vermisst werden. Unter den letzteren sind sowohl solche mit mehr protrahirtem Verlaufe, als auch solche mit ganz acutem. — Zu welcher Zeit der Krankheit die in Rede stehenden Körper zuerst im Harn erscheinen, ist noch nicht ermittelt, da man bisher fast immer erst im zweiten Stadium nach denselben gesucht hat. Nur Demme vermochte in einem sehr protrahirt verlaufenden Falle (l. c. 1. Beobachtung) bereits einen Monat vor dem Tode „aus dem Harnsediment kleine Drusen von Tyrosin, sowie Leucinkugeln darzustellen".

Neben Leucin und Tyrosin wurden hin und wieder noch andere von Eiweisskörpern stammende abnorme Bestandtheile des Harns nachgewiesen, so von Frerichs (l. c. Bd. 1. S. 217) in einem Falle, „ein dem Tyrosin ähnlicher, in gleicher Form krystallisirender Körper, welcher durch leichtere Löslichkeit und grösseren Stickstoffgehalt (8,83 pCt.) sich von diesem unterschied"; von demselben Forscher in 3 Fällen (l. c. Bd. 2. S. 14, 16, 17) Kreatin in grosser Menge; von Schultzen u. Riess in 3 innerhalb eines Vierteljahrs zur Beobachtung gekommenen Fällen (l. c. S. 74, 80, 85) Oxymandelsäure und kleine Mengen von Fleischmilchsäure. Die Letztgenannten fanden ausserdem bei 2 dieser Fälle im Harn eine peptonähnliche Substanz (l. c. S. 72, 80) und ebenso wie Frerichs viel in Alkohol lösliche Extractivstoffe [1]).

Fällen zur Darstellung und Diagnose dieser Körper anzuwenden sind, siehe bei Neubauer und Vogel, Anl. zur qualit. u. quantit. Analyse des Harns. 7. Aufl. 1876. S. 113 ff.

[1]) In einem von Zuntz (bei Boese l. c. S. 25) untersuchten Falle schieden

Die manchmal bis zum völligen Verschwinden fortschreitende Abnahme des Harnstoffs im Urin, auf welche ebenfalls zuerst von Frerichs aufmerksam gemacht wurde, fand sich unter den 20 Fällen, in denen spätere Beobachter den Harn auf seinen Gehalt an diesem Stoffe untersucht haben, bei 14. Bei den 6 übrigen (Bamberger, Standthartner, Huppert, Rosenstein, Valenta, Fick) schien dagegen die Menge des Harnstoffs in den letzten Lebenstagen entweder nicht vermindert, oder sogar grösser als normal zu sein. Indessen sind diese Befunde, wie Schultzen u. Riess mit Recht hervorheben, deshalb unzuverlässig, weil die Bestimmung mittelst der Liebig'schen Titrirmethode ausgeführt wurde, bei welcher auch die peptonartige Substanz und manche im Alkoholextract des Harns enthaltenen fremdartigen Materien durch das salpetersaure Quecksilberoxyd mitgefällt werden. — In einer der Frerichs'schen Beobachtungen (l. c. Bd. 1. S. 216) fehlte auch der phosphorsaure Kalk im Harn. — Die Quantität des Chlornatriums war in allen Fällen, wo sie bestimmt worden ist (mit Ausnahme eines von Pleischl und Folwarczny mitgetheilten) in den letzten Lebenstagen sehr gering.

Eiweiss enthält der Harn zwar nicht selten, doch ist die Menge desselben meistens gering.

Es fand sich in 19 von den 43 Fällen, in denen darauf geprüft wurde; nur in 3 Fällen wird der Eiweissgehalt als erheblich bezeichnet.

Beim Stehen des Harns bildet sich öfter ein trockenes gelbes oder grüngelbes, manchmal auch schmutzigweissliches Sediment. Es besteht am häufigsten aus Epithelien der Harnwege und der Nieren, welche meist durch Gallenpigment gefärbt und mit matten oder glänzenden Körnchen gefüllt sind. Daneben enthält es bisweilen Tyrosindrusen. Seltener besteht es aus solchen allein. Hin und wieder findet sich auch ein. ziegelrother Bodensatz, in welchem die Urate mit Epithelien der Harnorgane oder mit Tyrosinkrystallen untermischt sind. Harncylinder im Urin werden nur von wenigen Beobachtern erwähnt.

Die Störungen von Seiten des Nervensystems beginnen in der Regel mit Symptomen, welche die Schwere des Zustandes nicht sofort in ihrem ganzen Umfange erkennen lassen. Am häufigsten sind es lebhafte Kopfschmerzen, Schlaflosigkeit, Unruhe, verdrossenes, störrisches Wesen, oder andererseits Schläfrigkeit, grosse Mattigkeit, deprimirte Stimmung, Apathie. Seltener findet sich Herzklopfen

---

sich, als der stark concentrirte und mit gleichem Volum Alkohol versetzte Harn 3 Tage bei 0° C. gestanden hatte, Krystalle in Form von Blättchen und Schüppchen aus, ganz analog denen, welche Liebig bei der Gewinnung von Inosinsäure aus Hühnerfleisch erhielt.

mit Verstärkung des Herzstosses und des ersten Tones am linken Ventrikel, Angstgefühl, abnorme Empfindlichkeit gegen Licht oder Geräusch, Schwindel, häsitirende Sprache. Die Dauer dieser einleitenden Symptome schwankt von mehreren Tagen bis zu wenigen Stunden. Mitunter lassen sie wieder nach und es tritt für kurze Zeit ein besseres Befinden ein; meistens schliessen sich ihnen die schweren Zufälle sofort an. Doch kann der Eintritt der letzteren bei sehr acutem Verlaufe der Krankheit auch ganz unvorbereitet erfolgen.

Von diesen schweren Zufällen sind die am meisten charakteristischen durch Störungen der psychischen Functionen bedingt: sie bestehen in Delirien und Betäubungszuständen. Die Delirien sind meistens aufregender Art, was sich durch Herumwälzen, heftiges Wesen, vieles Sprechen, lautes Singen, durchdringendes Schreien, angstvollen Gesichtsausdruck, Fortwollen u. dgl. äussert. In mindestens einem Drittheil der Fälle steigert sich die Aufregung zeitweise zu förmlichen Tobsuchtsparoxysmen. Blande, mussitirende Delirien kommen weit seltener vor. Bei etwa einem Fünftel der Kranken scheinen aber die Delirien gänzlich zu fehlen. Die Betäubungszustände dagegen, welche in der Regel die verschiedenen Grade von leichter Benommenheit und Somnulenz bis zu tiefem Sopor und völligem Koma durchlaufen, sind fast ausnahmslos vorhanden; nur bei peracutem, namentlich durch Blutungen beschleunigtem, und andererseits bei sehr protrahirtem Verlauf bleibt in ganz vereinzelten Fällen das Bewusstsein bis zuletzt erhalten. (Stehberger Beob. 2 — Buhl, Waldeyer.)

Mit den Störungen der psychischen Functionen verbinden sich in der Regel noch andere Symptome von Reizung und Lähmung der Nervencentralorgane.

Krämpfe treten bei Erwachsenen in ungefähr einem Drittheil der Fälle auf; bei Kranken aber, welche noch im ersten Kindesalter stehen, finden sie sich fast constant. Man sieht am häufigsten leichte oder stärkere Zuckungen einzelner Muskelgruppen, vorwiegend im Gesicht, am Hals, an den Extremitäten, manchmal nur auf einer Körperhälfte; fast ebenso oft heftige allgemeine Convulsionen; bisweilen ein über den ganzen Körper verbreitetes Muskelzittern; ferner Singultus, Zähneknirschen. Zu den klonischen Krämpfen gesellt sich mitunter Trismus; für sich allein kommt dieser nur selten vor, etwas häufiger Tetanus.

Auch das Erbrechen hat im zweiten Stadium vorwiegend die Bedeutung eines cerebralen Symptoms. In einem Theil der Fälle

stellt es sich überhaupt erst mit dem Beginn dieses Stadiums ein;
bei anderen, wo es schon im Anfang der Krankheit bestanden, aber
nachher aufgehört hatte, erscheint es um diese Zeit wieder. Wenn
es auch zum Theil durch Bluterguss in den Magen angeregt sein
mag, so ist doch noch öfter die Menge des im Erbrochenen enthaltenen Blutes zu gering, um diese Wirkung hervorzurufen.

Bisweilen findet sich bei normaler Körpertemperatur ein sehr
lebhafter Durst, der sich nicht immer auf einen starken Wasser-
verlust durch reichliche Blutungen oder häufiges Erbrechen zurückführen lässt.

Die Pupillen zeigen meist ein abnormes Verhalten. Am häufigsten sind sie erweitert und ihre Empfindlichkeit gegen Licht ist
vermindert oder aufgehoben; mitunter sieht man sie trotz der Erweiterung gut reagiren. Sehr selten sind sie eng. Traube (bei
Fräntzel 1. Beob.) fand sie am vorletzten Tage weit und sehr träge,
am letzten eng und ohne Reaction.

Das Athmen ist im Koma häufig verändert. In manchen Fällen
geschieht es seufzend, indem auf eine kurze, tiefe, meist geräusch-
volle Inspiration eine anfangs rasche, weiterhin aber sehr langsame
Exspiration folgt. Oefter ist es schnaufend oder schnarchend. Auch
ungleichmässiges und intermittirendes Athmen wird hin und wieder
beobachtet. Gegen das Ende des Lebens nimmt die Zahl der Athem-
züge zu und kann in Fällen, wo die Temperatur normal ist, auf 40
in der Minute, bei hoher Temperatur auf 50 und darüber steigen.

Zu den Symptomen von Lähmung centraler Nervenapparate gehören ferner noch, und zwar als solche welche häufiger vorkommen:
hartnäckige Obstipation, Ischurie, unwillkürliche Entleerung der Blase
und des Mastdarms; als solche, die nur in wenigen Fällen gegen
Ende des Lebens auftreten: stärkerer Meteorismus und profuse Schweisse.
Eine analoge Erscheinung ist endlich auch der fuliginöse Belag, mit
dem sich die Lippen, die Zähne und die Zunge im Laufe des zweiten
Stadiums zu überziehen pflegen.

Anomalien der Sensibilität machen sich in der Regel nicht
bemerkbar — abgesehen von den Folgen der durch die höheren Grade
der Betäubung gestörten Perceptionsfähigkeit. Nur in vereinzelten
Fällen besteht eine mehr oder weniger ausgebreitete Hyperästhesie
der Haut, welche rasch mit Anästhesie wechseln kann.

Die Reihenfolge, in welcher die verschiedenen Symptome von
Seiten des Nervensystems auftreten, ist keineswegs eine constante.
Wenn auch im Allgemeinen anfangs die Erscheinungen der Reizung
später die der Abschwächung und Lähmung der Functionen vor-

herrschen, so laufen doch meistens beide Reihen von Erscheinungen
nebeneinander und unterbrechen sich gegenseitig auf das Mannich-
faltigste. Oft stellen sich Somnulenz und Irrereden gleichzeitig ein
oder der Kranke ist schon in einem fast soporösen Zustande ehe er
anfängt zu deliriren; andere Male nimmt mit der fortschreitenden
Abnahme des Bewusstseins die Heftigkeit der anfallsweise eintretenden Aufregung zu und es kann das Delirium sogar erst kurz vor
dem Tode furibund werden. Die Krämpfe kommen fast niemals im
Beginn des nervösen Stadiums vor; einzelne Kranke sterben unter
Convulsionen. Auch das Erbrechen wiederholt sich in manchen Fällen
ohne durch Gastrorrhagie bedingt zu sein, bis zum Ende des Lebens.
Hin und wieder fehlt jedwede Reizungserscheinung: höchstens Kopfschmerz und Erbrechen gehen dem Sopor voraus, der ohne dass
Delirien oder Krämpfe hinzutreten, rasch immer tiefer werdend in
den Tod überführt. Die Symptome der cerebralen Lähmung zeigen
aber nicht in allen Fällen eine stetige Zunahme. Selbst wenn sie
schon eine beträchtliche Höhe erreicht haben, können sie noch wieder
nachlassen, so dass die verschwundene Besinnlichkeit theilweise oder
— wenn auch sehr selten — vollständig wiederkehrt. Indessen verräth gewöhnlich das Fortbestehen anderer Hirnerscheinungen, z. B.
der abnormen Weite und Trägheit der Pupillen, auch dann noch die
Gefährlichkeit des Zustandes und nach wenigen Stunden, manchmal
erst nach 1 bis 1 1/2 Tag sinkt der Kranke von Neuem in Betäubung.
In Fällen, welche Schwangere betreffen, folgt eine solche vorübergehende Besserung nicht selten unmittelbar auf die Geburt.

Die Abnahme der Gesammternährung ist bei der kurzen
Dauer der meisten Fälle in der Regel wenig bemerklich. Nur wenn
die Krankheit Solche befällt, deren Ernährung bereits durch andere
Einflüsse gelitten hatte, oder wenn sie einen mehr protrahirten Verlauf nimmt, kann auffälligere Abmagerung eintreten. (In einem Falle
von Wunderlich sank das Körpergewicht binnen 8 Tagen um fast
3 Pfund.) Unter derartigen Umständen entwickeln sich mitunter selbst
hydropische Erscheinungen: meistens beschränken sie sich auf
leichtes Oedem der Füsse; nur äusserst selten kommt es zu Trans-
sudaten in die serösen Säcke, die schon während des Lebens nachweisbar sind.

Analyse der hervorragenderen Erscheinungen der
Krankheit.

Die Verkleinerung der Leberdämpfung ist ebensosehr
die Folge der Erschlaffung als der Volumensabnahme des Organs,

welche durch den Zerfall der Leberzellen und der Resorption der Zerfallsprodukte bewirkt werden. Die mitunter beobachtete vorgängige Vergrösserung der Leber beruht höchstwahrscheinlich auf der im Beginn der körnigen Degeneration stattfindenden trüben Schwellung der Drüsenzellen; eine den Proecss einleitende Hyperämie ist wenigstens noch nicht nachgewiesen.

Die Schmerzhaftigkeit der Lebergegend lässt sich umsoweniger mit Sicherheit erklären, als sie ein sehr inconstantes Symptom ist. Möglich, dass der rasche Collapsus des Organs in analoger Weise, wie bei anderen Krankheiten die rasche Schwellung desselben, auf die Nervenfasern im Parenchym und namentlich im serösen Ueberzug einen mechanischen Reiz ausübt; möglich auch, dass die Nervenfasern selbst von der acuten Ernährungsstörung mitbetroffen werden.

Die Entstehungsweise des Icterus ist trotz zahlreicher Erklärungsversuche noch nicht genügend ermittelt. Die namentlich von englischen Autoren (Alison, Bright, Budd, Harley) und von Liebermeister vertretene Ansicht, nach welcher der Icterus dadurch zu Stande kommen soll, dass die Gallenbestandtheile oder deren nächste Vorstufen, wenn die Secretion in der Leber mit der Zerstörung der Drüsenzellen aufhört, im Blute zurückgehalten werden, befindet sich mit den jetzt geläufigen Vorstellungen von der Bildung der specifischen Gallenbestandtheile zu wenig in Einklang um annehmbar zu sein. Uebrigens würde sie auch nicht ausreichen für die doch verhältnissmässig häufigen Fälle, in denen der Icterus schon wochenlang vor dem Tode, also zu einem Zeitpunkte eintritt, wo eine ausgedehntere Zerstörung des Leberparenchyms sicher noch nicht stattgefunden hat. Gegen die Annahme von Rindfleisch[1]), dass es sich um einen hämatogenen Icterus handle, spricht einmal der constant vorhandene, nicht selten intensive Lebericterus und sodann die wiederholt nachgewiesene Anwesenheit von Gallensäuren im Harn. Wenn man nun aber jetzt auch fast allgemein einen Resorptionsicterus annimmt, so sind die Meinungen doch darüber verschieden, wo in den Gallenwegen das Hinderniss sitzt, durch welches die zur Resorption führende Stauung des Secrets bewirkt wird.

Einige nehmen einen Katarrh der Portio intestin. des D. choledochus als Ursache an. Allerdings sind die Merkmale eines solchen in einer Anzahl von Fällen gefunden worden: allein die Gallenausführungsgänge selbst waren auch dann blass und zusammengefallen

1) Lehrb. d. pathol. Gewebelehre. 5. Aufl. S. 406.

oder enthielten höchstens ein wenig gelbliche Flüssigkeit. Einem derartigen Befunde gegenüber liesse sich die Annahme einer Gallenstauung durch Unwegsamkeit der Choledochusmündung allenfalls mit der (von Pastau bei dem gleichen Verhalten der Gallengänge in einem Fall von Phosphorvergiftung aufgestellten) Hypothese stützen, dass in der letzten Zeit des Lebens die Secretion vollkommen aufgehört habe und die vorher aufgestauete Galle bis zum Eintritt des Todes resorbirt worden sei. Es ist jedoch gewiss sehr unwahrscheinlich, dass das Leben fortbestehen sollte, bis nicht nur die Gallensecretion völlig versiegt, sondern auch jede Spur des Secrets aus den Gallenwegen resorbirt ist: bei chronischem, durch Verschluss des Ausführungsganges bedingtem Icterus findet man selbst dann, wenn derselbe zu ausgedehntem Zerfall der Leberzellen geführt hat, oberhalb des Hindernisses sämmtliche Gallenwege noch von dunkler Galle erfüllt. Dass auch bei der acuten Leberatrophie die Bildung von Galle, natürlich in immer abnehmender Menge, bis gegen das Ende des Lebens fortbesteht, dafür sprechen die meist bis zuletzt wachsende Intensität des Icterus, das Vorkommen von galligem Erbrechen und durch Galle gefärbtem Stuhlgang noch im zweiten Stadium der Krankheit und der von mehreren Beobachtern erwähnte Befund von Galle im Dünndarm bei der Section.

In der grossen Mehrzahl der Fälle wird durch den Mangel einer Schwellung oder eines Schleimpfropfes im Duodenaltheil des Choledochus, durch die Leerheit und Blässe aller makroskopisch sichtbaren Gallengänge und den gallenarmen oder rein schleimigen Inhalt der Gallenblase die Annahme eines gewöhnlichen katarrhalischen Icterus ausgeschlossen und damit die Vermuthung gerechtfertigt, dass das Hinderniss für den Abfluss des Secrets in den Ductus interlobulares oder noch weiter oben, in der unmittelbaren Nähe der Secretionsstätte selbst, seinen Sitz habe. Buhl sucht es in der Verstopfung der feinsten Gallengänge durch die von ihm (später auch von Bollinger und von Perls) beobachtete Verfettung und Desquamation ihres Epithels, sowie in der Compression dieser Gänge durch die entzündliche Schwellung des interstitiellen Gewebes. Frerichs und Bamberger verlegen das Hinderniss in die Peripherie der Leberläppchen: der Erstere lässt die Anfänge der Gallengänge durch das von ihm angenommene freie Exsudat comprimirt, der Letztere durch den Detritus der peripherischen Leberzellen verstopft werden. Dass alle die genannten Vorgänge eine Stauung des Secrets in den Leberläppchen, resp. in den noch fungirenden centralen Theilen derselben zur Folge haben müssen, liegt auf der Hand und es ist sehr wohl möglich, dass bald der eine, bald der andere dieser Vorgänge oder auch mehrere zugleich das mechanische Moment für die Entstehung des Icterus bilden. Zur Verstärkung desselben kann weiterhin auch die Resorption des in dem Detritus reichlich enthaltenen Gallenpigments beitragen; dass diese stattfindet, beweist der Mangel des Icterus in der rothen Substanz (siehe S. 225).

Die nächste Ursache der schweren Hirnerscheinungen ist noch unbekannt. In gröberen Veränderungen des Gehirns kann sie nicht bestehen, da solche in der Mehrzahl der Fälle gar nicht vorhanden sind. Es lag deshalb der Gedanke sehr nahe, dass es sich um einen Stoff handle, der in analoger Weise wie gewisse Gifte auf das Gehirn wirke. Nach einer sehr alten und bis in die neueste Zeit von namhaften Autoren (am entschiedensten von Leyden) vertretenen Ansicht sind es die ins Blut übergetretenen Gallenbestandtheile und unter diesen namentlich die Gallensäuren, welche diesen Einfluss ausüben. Zur Begründung dieser Hypothese, der zufolge die Hirnerscheinungen als cholämische bezeichnet zu werden pflegen, beruft man sich auf die positiven Resultate, welche mehrere Forscher [1] bei ihren Experimenten mit Injection von filtrirter Galle oder gallensauren Salzen ins Blut erhalten haben: die Thiere zeigten Störungen der Respiration und verfielen in einen soporösen oder Koma-ähnlichen Zustand, welchem manchmal Convulsionen vorausgingen. Aber abgesehen davon, dass diesen Experimenten andere gegenüberstehen, bei denen das Resultat hinsichtlich der Functionen des centralen Nervensystems ein negatives war [2], so sind sie auch an sich schwerlich geeignet, über das Zustandekommen der Hirnzufälle bei der acuten Leberatrophie Aufschluss zu geben. Zwischen den letzteren und den durch das Experiment hervorgerufenen Erscheinungen besteht zunächst insofern ein nicht unerheblicher Unterschied, als ein mit den Tobsuchtsanfällen vergleichbarer Zustand bei den Versuchsthieren von Niemandem beobachtet worden ist. Sodann traten die schweren Nervenstörungen nach Injection von Gallensäuren immer nur dann ein, wenn relativ sehr grosse Mengen eingespritzt wurden oder die Einspritzung direct in die Carotis geschah. Gelangen die Gallensäuren in Folge von Unterbindung des D. choledochus ins

---

1) Kühne, v. Dusch, Röhrig, Huppert, Leyden — s. bei Leyden l. c. S. 57 ff.

2) v. Dusch l. c. S. 41 sub 6; Frerichs, Klinik. Bd. 1. S. 240 u. 404; Traube, Ges. Abhandl. Bd. 2. S. 823; Müller, Arch. f. experim. Pathologie. Bd. 1. S. 226 ff.

Blut [1]), so werden die Thiere trotz ihrer intensiven Gelbsucht höchstens matt und traurig, zeigen aber selbst bei tödtlichem Ausgang der künstlich erzeugten Krankheit nichts von den schweren Cerebralsymptomen, welche durch die acute Leberatrophie und zum Theil auch durch die Ueberladung des Blutes mit injicirten Gallensäuren hervorgerufen werden. Ebenso fehlen diese Symptome bei der durch pathologische Processe bedingten Unwegsamkeit des Gallenausführungsgangs oder stellen sich doch erst ein, wenn nach langdauernder Stauung des Secrets die Drüsenzellen grösstentheils zerfallen sind.

Es ist auch a priori unwahrscheinlich, dass bei einer Krankheit wie die acute Leberatrophie, in welcher die Bildung der Gallensäuren allmählich immer mehr abnimmt, gerade gegen das Ende des Lebens die Wirkung dieser Stoffe auf das Gehirn sich äussern sollte, während doch die Wirkung derselben auf andere Abschnitte des Nervensystems, z. B. auf die Herzganglien, sofort nach dem Eintritt der Cholämie sich bemerklich macht. Dazu kommt, dass mitunter die Cerebralsymptome früher auftreten als der Icterus, ja dass sie selbst wenn dieser ganz ausbleibt, in charakteristischer Form vorhanden sein können (vgl. die oben S. 238 referirte Beobachtung von Bamberger); so wenig nun auch in derartigen Fällen der Mangel des Icterus die Möglichkeit, dass die Cholämie bereits begonnen habe, ausschliesst, ebensowenig weist doch irgend Etwas auf eine besonders reichliche Anhäufung von Gallenbestandtheilen im Blute hin. Die Verminderung der Harnsecretion, durch welche nach der Annahme von Leyden eine solche Anhäufung zu Stande kommt, tritt in der Regel erst mit oder nach dem Beginn der schweren Nervensymptome ein.

Gestützt auf die Thatsache, dass neben der Leber constant auch die Nieren von der parenchymatösen Degeneration ergriffen sind und dass in den meisten Fällen, welche in dieser Richtung untersucht wurden, in der späteren Zeit der Krankheit der Harnstoffgehalt des Urins erheblich abnahm oder sogar schliesslich vollkommen verschwand, haben Einzelne (Rokitansky, — auch Frerichs) die Vermuthung ausgesprochen, dass die Hirnerscheinungen, in der Hauptsache oder wenigstens zum Theil, urämischer Natur seien. Aber schon ihrem äusseren Gepräge nach zeigen dieselben wenig Uebereinstimmung mit denjenigen, welche wir bei der Urämie beobachten. Während der urämische Anfall sich im Wesentlichen durch epileptiforme Krämpfe mit nachfolgendem Koma charakterisirt, nehmen in

---

1) s. bei Leyden l. c. S. 83—90. Vgl. auch Feltz et Ritter, Journ. de l'Anat. etc. 1875. p. 405 sq.

dem uns hier beschäftigenden Symptomencomplex Krämpfe entweder
eine mehr untergeordnete Stelle ein oder fehlen gänzlich. (Ob solche
auftreten oder nicht, hängt möglicher Weise zum grössten Theil von
der individuellen Disposition des Kranken ab: wenigstens spricht für
diese Annahme der unverkennbare Einfluss des kindlichen Alters.)
Dagegen sind Tobsuchtsparoxysmen oder doch diesen verwandte und
nur dem Grade nach von ihnen verschiedene psychische Erregungs-
zustände so häufig, dass in der Regel, um mit Traube zu reden,
der cholämische Anfall ein psychiatrisches Bild darstellt. Ueberdies
zeigen die Nieren in den meisten Fällen weder hinsichtlich ihrer
Function noch hinsichtlich ihres anatomischen Verhaltens solche Störungen, wie wir sie bei denjenigen Krankheiten finden, in deren Gefolge sich mehr oder weniger constant Urämie zu entwickeln pflegt.
Und was die Abnahme, resp. das Verschwinden des Harnstoffs im
Urin betrifft, so ist es, wie sich an einer späteren Stelle ergeben
wird, viel wahrscheinlicher, dass nicht die Abscheidung dieses Stoffes
aus dem Blute, sondern die Bildung desselben gehemmt ist.

Eine dritte Theorie führt die Entstehung der Cerebralsymptome
auf die Acholie zurück. Schon vor mehr als 20 Jahren ward von
Virchow[1]) die mit der Aufhebung der Leberthätigkeit eintretende
„Retention zu secernirender Stoffe" als die wahrscheinlichste Ursache
der Hirnerscheinungen beim Icterus gravis bezeichnet und nach ihm
haben auch Andere (Frerichs, Bamberger, Liebermeister)
sich in diesem Sinne ausgesprochen. Aber bis jetzt sind in dem
Blute der Kranken Stoffe, denen eine solche Wirkung mit Wahrscheinlichkeit zuzuschreiben wäre, nicht nachgewiesen. Austin
Flint[2]) glaubte im Cholesterin einen solchen Stoff gefunden zu haben.
Nach seiner Annahme ist das Cholesterin hauptsächlich ein Product
des Stoffwechsels im Nervensystem und die Leber hat die Aufgabe,
das Blut von diesem excrementitiellen Stoffe zu reinigen, indem sie
denselben in die Galle überführt. Ist die Leber durch krankhafte
Veränderungen behindert, diese Aufgabe zu erfüllen, so führt das im

---

1) Virchow's Arch. Bd. 8. S. 363.
2) Experimental researches on a new excretory function of the liver. Gaz.
des Hôp. 1868. No. 52 et 58. — Recherches expériment. sur une nouvelle fonction
du foie consistant dans la séparation de la choléstérine du sang et son élimina-
tion sous forme de stercorine. Paris 1868. S. ferner: Tincelin, Des principes
biliaires. Thèse de Strasb. 1869. — Pagès, De la cholésterine et de son accu-
mulation dans l'économie. Thèse de Strasb. 1869. — Koloman Müller, Arch.
für experiment. Pathol. Bd. 1. S. 213. — V. v. Krusenstern, Virch. Arch.
Bd. 65. S. 410. — Feltz et Ritter, Journ. de l'Anat. et de la Physiol. 1875.
p. 147.

Blute zurückgehaltene Cholesterin — die Cholesterämie — jenen
Zustand herbei, den man gewöhnlich als cholämische Intoxication
bezeichnet. Das Thatsächliche an dieser Theorie beschränkt sich
darauf, dass in Krankheiten, durch welche die Leberthätigkeit beträchtlich herabgesetzt oder völlig aufgehoben wird, mehrfach ein
auffallend hoher Cholesteringehalt des Blutes gefunden worden ist.
Dass dieser aber auf das Gehirn eine toxische Wirkung ausübe, ist
keineswegs erwiesen, sondern im Gegentheil sowohl den klinischen
Beobachtungen, als auch namentlich den Ergebnissen des Experi-
mentes zufolge höchst unwahrscheinlich.

Nach den Angaben von Flint enthielt das Blut von gesunden Erwachsenen 0,445—0,751 pro mille Cholesterin, dagegen in einem Falle
von Lebercirrhose mit schweren Symptomen 0,922 und in einem andern
Falle derselben Krankheit, wo sich eine allgemeine und tiefe Veränderung
der Leberzellen fand, sogar 1,850 p. m. Pagès erwähnt einen Fall
von Ict. gravis aus der Klinik von Feltz, wo die Untersuchung des
Blutes ebenfalls 1,85 p. m. Cholest. ergab. Picot (Journ. de l'Anat.
et de la Physiol. VIII. 3) fand bei einem an acuter Leberatrophie gestorbenen Weibe im Blute 1,864, im Gehirn 15,20 p. m. — Was die
Versuche anlangt, den zweiten Theil der Flint'schen Lehre durch
das Experiment zu prüfen, so konnte Pagès bei Hunden, denen er
innerhalb 16 Tagen bis zu 2,75 Gramm in Seifenwasser gelöstes Cholesterin ins Blut injicirte, nicht die geringsten Cerebralerscheinungen
beobachten; auch Feltz sah bei der von ihm künstlich erzeugten Cholesterämie keine Hirnstörungen; ebensowenig fand v. Krusenstern,
welcher Hunden täglich 10 Ccm. einer 3proc. Lösung von Stearinseife,
die ½ pCt. Cholest. enthielt, in die Venen einspritzte, das Befinden
der Thiere im Mindesten alterirt. Dagegen beobachtete K. Müller
in 9 Versuchen an Hunden nach Injection von 4,5 Centigr. Cholest.
constant Abgeschlagenheit, Erschwerung der Respiration und der willkürlichen Bewegung, Herabsetzung der peripheren Empfindlichkeit und
Koma und in einem Versuche sogar einen Zustand, der die grösste
Aehnlichkeit mit einem Tobsuchtsparoxysmus hatte; aber die von ihm
angewandte Injectionsflüssigkeit war ein dickflüssiges Gemisch aus Seifenwasser und äusserst fein zertheiltem, aber nicht gelöstem Cholesterin!

Frerichs weist auf die Möglichkeit hin, dass unter den ins
Blut übergehenden Producten des Zerfalls der Drüsensubstanz sich
Stoffe befinden, welche bei der Erzeugung der Hirnerscheinungen betheiligt sind. Leucin und Tyrosin haben einen solchen Einfluss nicht:
sie wurden von dem genannten Forscher selbst sowie auch von Pa-
num [1] und von Billroth [2] in grossen Quantitäten Thieren ins Blut
gespritzt, ohne dass Störungen der Nerventhätigkeit eintraten.

[1] Schmidt's Jahrbb. Bd. 101. S. 215.
[2] Langenbeck's Archiv. Bd. 6. S. 396.

Eine von den bisher besprochenen Hypothesen principiell verschiedene Deutung der schweren Cerebralsymptome hat T r a u b e versucht. Nach seiner Ansicht haben die cholämischen Anfälle denselben Grund, wie die rasch vorübergehenden, oft ebenfalls in Form von Tobsucht erscheinenden Geistesstörungen, welche man nicht selten gegen das Ende oder nach der Krise rasch verlaufender acuter Krankheiten, namentlich der Pneumonie, beobachtet und, weil sie auf einer mangelhaften Ernährung der Cerebralsubstanz beruhen, als Inanitionsdelirien bezeichnet. Diese Auffassung hat meiner Meinung nach viel für sich. Einmal sind ganz oder doch annähernd dieselben Momente, welche eine acute Inanition des Gehirns als Ursache des in Rede stehenden Symptomencomplexes bei den von T r a u b e zum Vergleich herangezogenen Krankheiten wahrscheinlich machen, auch bei der acuten Verfettung und Atrophie der Leber in den meisten Fällen und z. Th. sogar noch in höherem Grade, als bei jenen Krankheiten, vorhanden: Verdauungsstörungen, Schlaflosigkeit, parenchymatöse Degeneration zahlreicher Organe, Schwäche des Kreislaufes, Verminderung der rothen Blutkörperchen sehen wir hier wie dort in acuter Weise auftreten und es muss hinsichtlich des Einflusses dieser pathologischen Vorgänge auf die Ernährung und Function des Gehirns an sich gleichgiltig sein, ob dieselben in Folge eines heftigen Fiebers oder auf irgend eine andere Weise zu Stande gekommen sind. Andererseits ist aber die Verschiedenheit der Genese sehr wohl geeignet, den verschiedenen Verlauf zu erklären: bei jenen schweren fieberhaften Krankheiten gehen die heftigen Cerebralerscheinungen wieder vorüber, weil die ihnen zu Grunde liegenden Veränderungen nach dem Aufhören des Fiebers wieder rückgängig werden; bei der uns hier beschäftigenden Krankheit sind sie fast ohne Ausnahme die Vorläufer des Todes, weil sie in letzter Instanz von einem Processe abhängen, der unaufhaltsam vorwärts zu schreiten pflegt. Die T r a u b e'sche Theorie empfiehlt sich ferner noch dadurch, dass es mit Hilfe derselben begreiflich erscheint, warum das in den meisten Fällen so charakteristische Bild der Gehirnsymptome in manchen anderen weniger ausgeprägt ist und die prägnantesten Züge desselben, die lauten Delirien und die Tobsuchtsanfälle, sowohl bei ganz acutem, als bei sehr protrahirtem Verlaufe der Krankheit mitunter fehlen. Denn offenbar kann eine Mangelhaftigkeit der Ernährung des Gehirns je nach ihrer rascheren oder langsameren Zunahme und nach der Individualität des Betroffenen weit eher in ihren Erscheinungen graduelle Unterschiede und selbst wesentliche Differenzen zeigen, als die tödtliche Wirkung eines Gehirngiftes.

Die Verminderung der Harnmenge in den letzten Lebenstagen erklärt sich theils aus der acuten Fettdegeneration der Nierenepithelien, theils daraus, dass in Folge der Verfettung des Herzmuskels der Blutdruck im Aortensysteme abnimmt. Die höchst auffälligen Anomalien der chemischen Constitution des Harns weisen auf Störungen der Oxydations- und Umsetzungsvorgänge im Organismus hin. Während der Harnstoffgehalt allmählich auf ein Minimum sinkt, erscheinen leicht oxydirbare stickstoffhaltige und stickstofffreie Substanzen im Nierensecret. Mehrere von diesen: die Milchsäure, das Kreatin, der peptonähnliche Körper und die in Alkohol löslichen Extractivstoffe, gehören zu den normalen Producten des intermediären Stoffwechsels: ihr Uebergang in den Harn findet in der gehemmten Oxydation seine genügende Erklärung. Das Tyrosin dagegen, von welchem vermuthlich auch die Oxymandelsäure herstammt, kommt für gewöhnlich im Organismus nicht vor und man darf als sicher annehmen, dass es durch eine abnorme Umsetzung des Organeiweisses bei den höheren Graden der parenchymatösen Degeneration entsteht. Das Leucin hat theilweise gewiss denselben Ursprung, da es bekanntlich bei der Zersetzung stickstoffreicher thierischer Substanzen regelmässig neben dem Tyrosin auftritt. Insofern es aber andrerseits einen normalen Bestandtheil der meisten drüsigen Organe bildet und als solcher eine Vorstufe des Harnstoffs darstellt, wird man kaum umhin können, sein Erscheinen im Harn auch mit dem Verschwinden des Harnstoffs in Zusammenhang zu bringen und wenigstens einen Theil des Leucins als Stellvertreter des Harnstoffs aufzufassen. Denn dass wirklich die Bildung des letzteren und nicht blos seine Abscheidung aus dem Blute gehemmt ist, ist deshalb höchst wahrscheinlich, weil bei anderen Krankheiten, in denen die Degeneration und die Functionsstörung der Nieren mindestens ebenso beträchtlich sind wie hier, ein solches Verschwinden des Harnstoffs aus dem Urin nicht beobachtet wird.

Blutungen, und zwar in der Regel an mehreren, nicht selten an sehr zahlreichen Stellen, kommen so häufig vor, dass eine mehr oder weniger ausgesprochene hämorrhagische Diathese als eine ziemlich constante Erscheinung der Krankheit bezeichnet werden muss. Die Fälle, in denen die Blutungen sich auf das Gebiet der Pfortaderwurzeln beschränkt zeigen, bilden eine zu kleine Minderzahl, als dass man dem Hinderniss, welches der Circulation in der Leber durch den Collapsus des Parenchyms bereitet wird, eine andere Bedeutung als die eines secundären, das Zustandekommen der Hämorrhagien befördernden Momentes beilegen dürfte. Der Einfluss desselben macht es aber verständlich, warum in den zum Bereiche der Pfortader gehörenden Organen Blutungen entschieden häufiger vorkommen, als in den übrigen. Und in analoger Weise lässt es sich auch erklären, dass die Blutungen überhaupt fast ausschliesslich in den letzten Lebenstagen auftreten; denn der zu dieser Zeit mit der fortschreitenden Degeneration des Herzmuskels langsamer werdende Kreislauf führt nothwendig zu einer Ueberfüllung der Venen und Capillaren. Wodurch die hämorrhagische Diathese bedingt ist, lässt sich hier ebenso wenig, wie bei den meisten andern Krankheiten, bei denen wir sie finden, im Speciellen angeben. So nahe die Vermuthung liegt, dass derselbe Process, welcher ausser in der Leber noch in zahlreichen anderen Organen zur körnigen Degeneration führt, auch in den Wandungen der Blutgefässe analoge Veränderungen hervorrufe und dadurch die Widerstandsfähigkeit derselben gegen den Blutdruck vermindere, so ist doch bei der uns hier beschäftigenden Krankheit in dem histologischen Verhalten der kleineren Gefässe bis jetzt etwas Abnormes nicht nachgewiesen worden. Dagegen kann es keinem Zweifel unterliegen, dass das Blut in mehrfacher Beziehung von der Norm abweicht. Es ergibt sich dies zunächst schon aus seiner verminderten Gerinnbarkeit. Dieselbe ward zwar meistens erst in der Leiche constatirt und könnte somit als eine Folge des Blutverlustes aufgefasst werden [1]; aber sie fand sich auch, wo ein solcher gar nicht stattgefunden hatte und bestand in dem oben (S. 240) angeführten Falle von Horaczek schon mehrere Tage vor dem Auftreten irgendwelcher wahrnehmbaren Blutung. Ferner enthält das Blut Stoffe, die unter normalen Verhältnissen entweder gar nicht oder doch nicht in solcher Menge in ihm vorhanden sind, wie es bei einer Krankheit der Fall sein muss, durch welche die Function der grössten drüsigen Organe erheblich beeinträchtigt wird. Unter den Stoffen der ersteren Art hat man namentlich den Gallensäuren einen Einfluss auf die Entstehung der Blutungen zugeschrieben. Und in der That spricht für diese Annahme das von Leyden u. A. nach der Injection von Gallensäuren ins Blut beobachtete Vorkommen von frischen Hämorrhagien in zahlreichen Organen (Gehirn, Conjunctiva, Humor aqueus, Lungenpleura, Darm, Nieren). Wenn man aber berücksichtigt, dass es gerade die mehr protrahirt verlaufenden Fälle sind, in denen trotz eines länger bestehenden stärkeren Icterus die Blutungen öfter fehlen, während sie bei peracutem Verlauf und wenig entwickel-

---

[1] Mit grösserer Wahrscheinlichkeit lässt sich die von einigen Autoren gefundene Vermehrung der weissen Blutkörperchen auf eine durch die Hämorrhagien bewirkte Verminderung der rothen zurückführen.

tem Icterus bisweilen in grosser Verbreitung sich finden, so wird man kaum geneigt sein, die Wirkung der ins Blut übergetretenen Gallensäuren für die einzige Ursache der hämorrhagischen Diathese zu halten. Die übrigen abnormer Weise im Blut enthaltenen Stoffe kennen wir entweder gar nicht oder doch nicht hinsichtlich ihres Einflusses auf die Gefässwand. Da aber, wie Cohnheim nachgewiesen hat, schon eine verhältnissmässig kurzdauernde Unterbrechung der Zufuhr von frischem Blut an denjenigen Gefässen, welche keine eigenen Vasa vasorum besitzen, eine abnorme Durchlässigkeit für rothe Blutkörperchen herbeiführt, so darf man wohl mit grosser Wahrscheinlichkeit annehmen, dass der Contakt mit einem in seiner Mischung erheblich veränderten Blute denselben Effect haben kann.

Die Anschwellung der Milz hat man theils von der abnormen Blutmischung, theils von der Störung der Lebercirculation abgeleitet. Der anämische und collabirte Zustand, den das Leberparenchym bei der Obduction zeigt, lässt keinen Zweifel darüber, dass in den letzten Lebenstagen der Abfluss des Blutes aus der Pfortader beträchtlich erschwert ist. Allein der Umstand, dass die Milzschwellung schon vor dem Lebercollapsus besteht, sowie namentlich die anatomische Beschaffenheit des Tumors und sein Zusammentreffen mit einer über zahlreiche Organe verbreiteten parenchymatösen Degeneration machen es wahrscheinlich, dass er hauptsächlich in einer qualitativen Veränderung des Blutes seine Ursache hat und die Stauung in der Pfortader höchstens als Nebenmoment in Betracht kommt.

Theorie der Krankheit.

In Betreff der Natur des anatomischen Processes in der Leber, welcher zum Schwunde der Drüse führt, stehen sich zwei Ansichten gegenüber. Nach der einen, die zuerst von R. Bright ausgesprochen ward und dann in Wedl, Buhl, Bamberger, Frerichs, Oppolzer, Lebert, Förster, Liebermeister, Riess u. A. ihre Vertreter gefunden hat, ist dieser Process eine acute diffuse Entzündung. Dass dabei mehr die secernirende Substanz, als das Bindegewebe betheiligt sei, vermuthete schon Bright, und auch von der Mehrzahl der anderen genannten Autoren wird die Krankheit als parenchymatöse Hepatitis im Virchow'schen Sinne aufgefasst.

Im Gegensatz hierzu halten Rokitansky, Henoch, v. Dusch, Leyden, Zenker, Klebs, Ackermann u. A. den Vorgang nicht für einen entzündlichen, sondern sehen in demselben lediglich eine regressive Metamorphose der Drüsenelemente.

Fasst man blos die körnige Degeneration ins Auge, so entspricht allerdings die letztere Ansicht dem jetzigen Stande der Entzündungslehre, insofern die mit dem Körnigwerden des Protoplasmas verbundene Schwellung der Drüsenzellen nicht mehr als Beweis einer in die Substanz derselben erfolgten Exsudation gelten kann. Indessen sind mehrfach neben' der körnigen Degeneration Veränderungen gefunden worden, welche auf einen entzündlichen Ursprung der Krankheit hinzuweisen scheinen. Dies gilt am wenigsten von dem freien Exsudat, welches Frerichs an Stellen, wo es noch nicht zur Atrophie gekommen war, in Form grauer Säume im Umkreise der Läppchen nachgewiesen zu haben glaubte: der Umstand, dass die feinkörnige Materie, aus der diese Säume bestanden, einzelne im Zerfall begriffene Leberzellen einschloss, lässt kaum einen Zweifel darüber, dass sie selbst nichts anderes als Detritus bereits zerfallener Zellen war. Von grösserem Belang ist die frische diffuse Hyperplasie des interstitiellen Bindegewebes und die Infiltration desselben mit lymphoiden Zellen. Erstere kommt zwar nicht selten, aber doch keineswegs constant vor; überdies kann sie in den Fällen, wo sie auf die rothe Substanz beschränkt ist (s. S. 225), offenbar nur für einen secundären Vorgang gelten. Kleinzellige Infiltration ist bisher erst in wenigen primären Fällen gesehen worden [1]) und die Beobachtung von Lewitski u. Brodowski, der zu Folge neben der kleinzelligen Infiltration eine Proliferation der Leberzellen und weiterhin der intralobulären Blutcapillaren stattfindet, steht vollends ganz vereinzelt da. Für jetzt lässt sich also nur so viel sagen, dass es Fälle gibt, für welche die Annahme, dass der ac. L.-A. eine Entzündung (im engeren Sinne des Wortes) zu Grunde liege, zulässig erscheint, dass aber — auch wenn man nur diejenigen berücksichtigt, bei denen eine genauere histologische Untersuchung gemacht worden ist — solche die Mehrzahl bilden, in welchen Veränderungen von entschieden entzündlichem Charakter nicht nachgewiesen sind. Jene selteneren Fälle gehören übrigens mit Ausnahme einer Beobachtung von Winiwarter (s. S. 230) sämmtlich zu der als rothe Atrophie bezeichneten Varietät.

Ueber die Pathogenese der ac. L.-A. sind zahlreiche Theorien aufgestellt worden. Manche derselben haben jetzt nur noch ein historisches Interesse. So die Annahme, dass der Krankheit ein Ueberfluss von galligen Elementen im Pfortaderblute (Rokitansky), dass

---

1) In secundären Fällen — bei Puerperalfieber — hat sie Buhl schon 1856 und neuerdings Dupré beobachtet.

ihr eine Polycholie (Henoch), eine Verschliessung der Pfortader
(Henle), eine Lähmung der Gallenwege (v. Dusch) zu Grunde liege;
desgleichen die von Budd angedeutete und von Lebert ausführlicher entwickelte Auffassung, dass durch eine Blutvergiftung [1]) die
Leber zunächst eine bedeutende Verminderung ihrer Function erleide und erst in Folge dessen, ebenso wie andere unvollkommen
fungirende Organe, atrophire. Eines näheren Eingehens auf diese
Hypothesen bedarf es um so weniger, als dieselben längst als unhaltbar erkannt und zum Theil von ihren Urhebern selbst später verlassen
worden sind. Nicht minder unhaltbar ist die von Rokitansky (in
der 3. Aufl. seines Lehrbuches) ausgesprochene Vermuthung, dass
die Krankheit in einer Innervationsstörung der Leber begründet sei,
in deren Folge die secretorischen Elemente in ihrem anomalen Secrete
zerfallen: Klebs [2]) hat die Lebernerven durchschnitten, ohne darnach
Zerfall der Leberzellen eintreten zu sehen.

Nach der jetzt wohl am meisten vertretenen Ansicht liegt der
ac. L.-A. eine Allgemeinkrankheit zu Grunde. So betrachtet Buhl
die Entstehungsstörungen in der Leber als Theilerscheinung einer gehemmten Ernährung des gesammten Organismus, die vor Allem Herz
und Nieren mit ergreife. Nach Wunderlich ist es eine acute perniciöse (theriode) Constitutionskrankheit, durch welche der Destruc-
tionsprocess in der Leber und meist zugleich auch in anderen Organen
angeregt wird. Auch Bamberger, welcher früher die Krankheit
als primäre Hepatitis auffasste, hat sich später dahin ausgesprochen,
dass sie in die Reihe der schweren Allgemeinkrankheiten gehöre und
die anatomischen Veränderungen in der Leber als secundäre und bedingte Vorgänge zu betrachten seien.

Zu Gunsten dieser Auffassung spricht zunächst der Umstand,
dass neben der Leber constant auch die Nieren und das Herz, und
zufolge neuerer, bis jetzt allerdings vereinzelter Beobachtungen höchst
wahrscheinlich noch zahlreiche andere Organe (s. S. 231) im Zustande
der körnigen Degeneration gefunden werden. Das Vorhandensein
gleichartiger Veränderungen an so verschiedenen Punkten des Körpers
legt es allerdings nahe, die einzelnen Localerkrankungen für Coeffecte derselben Ursache zu halten. Ferner lässt sich für die in
Rede stehende Auffassung anführen, dass auch bei manchen acuten
allgemeinen Infectionskrankheiten (Pyämie, Abdominaltyphus, Recur-

---

1) Lebert verglich dieselbe derjenigen, welche die typhoiden Processe erzeugt, und wollte deshalb die schwere Form der Gelbsucht als Icterus typhoides
bezeichnet wissen.
2) Tagebl. d. 45. Vers. Deutscher Naturforscher in Leipzig 1872. S. 223.

rens, biliöses Typhoid, Gelbfieber) die körnige Degeneration der
Leber hin und wieder einen so hohen Grad erreicht, dass der Zustand des Organs demjenigen, welchen es bei der idiopathischen
ac. L.-A. darbietet, sehr nahe kommt oder völlig gleicht. Zu den
acuten allgemeinen Infectionskrankheiten im engeren Sinne dürfte
nun freilich die idiopathische ac. L.-A. schon ihres geringfügigen
Fiebers wegen wohl schwerlich gehören. Dagegen zeigt sie nicht
nur hinsichtlich des Verhaltens der Körpertemperatur, sondern auch
in vielen anderen Beziehungen eine auffallende Analogie mit der
acuten Phosphorintoxication und man ist deshalb gewiss zu der Vermuthung berechtigt, dass sie durch die Einwirkung eines Giftes entstehe, welches in ähnlicher Weise wie der Phosphor durch Hemmung der Oxydation und Störung des Eiweissumsatzes die parenchymatösen Degenerationen und die abnormen Stoffwechselproducte
erzeugt.

Einige Autoren (Davidson,' Gerhardt) wollen die ac. L.-A.
wenigstens in einem Theile der Fälle auf Gallensäuren-Vergiftung
zurückführen: sie nehmen an, dass anfangs eine katarrhalische
Gelbsucht bestehe und bei dieser die resorbirten Gallensäuren in
Folge ungenügender Ausscheidung durch die Nieren sich so sehr
im Blute anhäufen, dass sie die fettige Degeneration der Leber und
der übrigen Organe, sowie die Gehirnzufälle und die hämorrhagische
Diathese bewirken. Aber schon Leyden, der zwar die Veränderung des Herzens und der Nieren und die schweren Symptome der
Krankheit ebenfalls von der Anhäufung der Galle im Blute ab-
leitet, hält es doch für unstatthaft, auch den anatomischen Process
in der Leber auf dieselbe zurückzuführen, da bei den Thierexperi-
menten mit Injection von Gallensäuren, resp. mit Unterbindung des
D. choled. wohl Verfettung der Leber, dagegen niemals Zerfall ihrer
Drüsenzellen und noch weniger ein der ac. L.-A. entsprechender Zustand beobachtet werde. So sehr in den meisten Fällen das klinische Bild im Prodromalstadium dafür zu sprechen scheint, dass
die Krankheit aus einem einfachen katarrhalischen Ikterus hervorgehe, so stehen doch, wie wir oben (S. 249) gesehen haben, dieser
Annahme wichtige Bedenken entgegen. Will man dieselbe trotzdem
festhalten, so muss man, wie Zenker es thut, das Hinzutreten noch
anderer, bis jetzt ganz unbekannter Ursachen statuiren, durch welche
die perniciöse Wendung des ursprünglich gutartigen Ikterus herbeigeführt wird. Denn wäre die Zerstörung rother Blutkörperchen durch
die Gallensäuren eine so massenhafte, dass sich von der dadurch erzeugten Oligocythämie die Ernährungsstörungen der Leber ableiten

liessen, so würde aller Wahrscheinlichkeit nach auch eine Anhäufung von Hämoglobinkrystallen in den Harnkanälchen nicht fehlen. Eine solche ist nun allerdings von Hoppe [1]) bei einem Hunde, dem eine grössere Menge cholalsaures Natron in die Jugularis eingespritzt worden war, dagegen noch niemals in einem Fall von ac. L.-A. beobachtet worden.

Gegen die Auffassung der ac. L.-A. als Theilerscheinung einer Allgemeinkrankheit lässt sich geltend machen, dass die körnige Degeneration zwar über zahlreiche Organe verbreitet, aber doch in der Leber stets sehr viel weiter vorgeschritten ist, als in einem der übrigen Organe und dass die Entwickelung der charakteristischen Symptome an die höheren Grade der Leberveränderung gebunden zu sein scheint. Auf diese Momente gründet sich die Ansicht Derjenigen, welche, wie Frerichs, Sander, Demme, Liebermeister, Rosenstein u. A. den eigentlichen Sitz und Ausgangspunkt der Krankheit in die Leber verlegen und wenn sie auch die Einwirkung eines Giftes als Ursache annehmen, doch dieses Organ als das primär erkrankte und die Anomalien des Stoffwechsels erst als secundäre, durch die Functionsstörung der Leber bedingte Vorgänge ansehen. Diese Ansicht würde sehr an Wahrscheinlichkeit gewinnen, wenn bei künftigen Beobachtungen ähnliche Befunde in der Leber, wie die neuerdings von Winiwarter und von Lewitski u. Brodowski mitgetheilten, sich ergeben sollten oder die Meinung von Klebs sich bestätigte, der zufolge die Krankheit durch Bakterieninvasion von den Gallengängen aus hervorgerufen wird.

Die Varietäten des anatomischen Bildes (einfacher Zerfall — fettiger Zerfall; gelbe Atrophie — rothe Atrophie) und die in sehr weiten Grenzen schwankende Krankheitsdauer legen die Vermuthung nahe, dass es mehrere Schädlichkeiten gibt, die zu Ursachen der Krankheit werden können. Indessen dürften die in Rede stehenden Verschiedenheiten vielleicht ebenso gut aus der verschiedenen Quantität der Noxe sich erklären lassen. Sodann wird aber auch der Grad der individuellen Widerstandsfähigkeit nicht ohne Einfluss bleiben auf das Zustandekommen und die mehr oder weniger rasche Entwickelung der Störungen. So ist die relativ grosse Häufigkeit und der fast ohne Ausnahme rapide Verlauf der Krankheit bei Schwangeren wahrscheinlich durch den Umstand bedingt, dass die Gravidität schon an und für sich eine grössere Disposition zu parenchymatöser Entartung drüsiger Organe, namentlich der Leber und der Nieren, mit

1) Virch. Arch. Bd. 25. S. 183.

sich bringt. An eine ähnliche Disposition durch schon vorher bestehende Ernährungsstörungen der Leberzellen lässt sich auch in jenen Fällen denken, wo die ac. L.-A. zu einer chronischen Leberkrankheit (Cirrhose, cyanotische Induration u. s. w.) hinzutritt.

Die Aufstellung einer idiopathischen ac. L.-A. schliesst streng genommen die Voraussetzung in sich, dass es eine Krankheit gibt, bei welcher die körnige Degeneration der Leber nicht blos — wie bei den oben genannten acuten Infectionskrankheiten — in vereinzelten Fällen, sondern constant, d. h. mit einer durch die Natur der specifischen Ursache bedingten Nothwendigkeit zum Schwunde der Drüse führt. Darf nun aber in der That dieser Schwund als etwas Pathognomonisches gelten? Es gibt Fälle von allgemeiner acuter Fettdegeneration, welche mit der Mehrzahl der Fälle von idiopathischer ac. L.-A. in den ätiologischen Verhältnissen (weibliches Geschlecht, jugendliches Alter, unbekannte Schädlichkeit) und, bis auf graduelle Verschiedenheiten, auch in den Symptomen übereinstimmen, in denen aber die Leber bei der Section nicht Verkleinerung und Collapsus, sondern vermehrtes Gewicht und acute Schwellung zeigt. Solche Fälle sind von Rokitansky[1]) als lethale Leber- und Nierensteatose, von Wunderlich[2]) als spontane rapid tödtliche allgemeine Verfettung beschrieben worden, durch welche Benennungen sie offenbar als etwas von der ac. L.-A. Verschiedenes bezeichnet werden sollen. Liebermeister dagegen rechnet sie zu derselben Krankheit, welche andere Male erst mit dem Schwunde der Drüse endigt und erklärt das abweichende Verhalten der Leber durch die Annahme, dass hier der kurzen Krankheitsdauer wegen die parenchymatöse Degeneration ihr letztes Stadium nicht erreicht habe. Allerdings erfolgt der tödtliche Ausgang in den fraglichen Fällen schon am 5. bis 8. Tage, aber auch unter den Fällen von idiopathischer ac. L.-A. finden sich nicht wenige, in denen er eben so früh und selbst noch früher eintritt. Ueberdies gleichen jene Fälle klinisch und anatomisch den gewöhnlichen Fällen von acuter Phosphorintoxication so vollständig, dass von einigen Autoren die freilich gewiss nicht berechtigte Vermuthung geäussert worden ist, sie seien selbst auch durch die Einwirkung von Phosphor veranlasst. Ist nun bei Wunderlich's spontaner rapid tödtlicher Verfettung der pathologische Gesammtprocess derselbe wie bei der idiopathischen acuten Leberatrophie, so wird man nicht umhin können, auch bei

1) Zeitschr. d. Ges. d. Aerzte in Wien 1859. Nr. 32.
2) Arch. d. Heilk. 4. Jahrg. S. 145.

der acuten Phosphorintoxication den gleichen Process anzunehmen. Gegen diese Annahme ist hauptsächlich geltend gemacht worden, dass bei der acuten Phosphorintoxication der histologische Befund in der Leber weit mehr dem bekannten Bilde der Fettinfiltration als dem der körnigen Degeneration entspreche (Schultzen und Riess). Allein auch bei der Phosphorintoxication haben die Zellen im Beginne ihrer Veränderung ganz das Aussehen, wie es allgemein als für die körnige Degeneration charakteristisch gilt. Zudem ist eine scharfe Trennung zwischen Fettinfiltration und Fettdegeneration nach rein histologischen Merkmalen überhaupt nicht durchführbar. Und wenn in der ausgebildeten Phosphorleber zu Folge einer Bestimmung von Perls [1]) der Fettgehalt hauptsächlich auf Kosten des Wassers zugenommen hat, so hat doch auch die fettfreie, feste Substanz eine Abnahme erlitten, die nicht geringer ist als in einem von demselben Forscher untersuchten Falle von ac. L.-A.[2]) Wahrscheinlich nehmen die Leberzellen, während sie selbst unter der Einwirkung des Phosphors verfetten, noch Fett in sich auf, welches aus den übrigen, gleichzeitig in Verfettung begriffenen Organen stammt. Wenn dies bei der ac. L.-A. nicht geschieht, so kann dies darauf beruhen, dass hier die parenchymatöse Degeneration in den übrigen Organen sich später einstellt als in der Leber. (Die auch bei der ac. L.-A. im Detritus vorkommenden grossen Fetttropfen sind möglicher Weise erst aus kleineren durch den Untergang der Zellen freigewordenen Tröpfchen zusammengeflossen.) Uebrigens documentirt sich die Veränderung der Leber bei der acuten Phosphorintoxication als ein in der Hauptsache degenerativer Vorgang auch dadurch, dass es in vereinzelten Fällen mit ungewöhnlich langer Krankheitsdauer zu ausgedehnterem Zerfall der Leberzellen und stellenweise zu völliger Resorption des Detritus kommt.

Wenn nun aber auch die Ernährungsstörung der Leber bei der acuten Phosphorvergiftung von der bei der idiopathischen acuten Leberatrophie nicht wesentlich verschieden ist, so folgt doch daraus noch nicht, dass auch der pathologische Gesammtprocess bei beiden Krankheiten identisch sei. Die Thatsache, dass die weit überwiegende Mehrzahl der acuten Phosphorintoxicationen tödtlich endet, so lange die Leber noch geschwollen ist, scheint darauf hinzuweisen, dass die Veränderungen der übrigen Organe hier in höherem Grade an der Herbeiführung des lethalen Ausgangs betheiligt sind, als bei

---

1) Lehrb. d. allgem. Pathol. 1. Th. Stuttg. 1877. S. 173. Nr. 15.
2) Ebenda. S. 172. Nr. 12.

der idiopathischen acuten Leberatrophie. Dass der Process, welcher der letzteren zu Grunde liegt, schon in einem ebenso frühen Stadium der Leberveränderung, wie es bei der Phosphorvergiftung in der Regel geschieht, zum Tode führen könne, ist eine bisher wenigstens nicht erwiesene Annahme. Will man die Fälle von Wunderlich's spontaner rapid tödtlicher Verfettung als Belege für dieselbe ansehen, so bilden diese fast eben so seltene Ausnahmen, wie bei der acuten Phosphorvergiftung diejenigen Fälle, in denen es zu einem ausgedehnten Schwunde der Leber kommt.

Wenn man aber auch, wie ich es in der vorliegenden Abhandlung gethan habe, nur solche Fälle zur acuten Leberatrophie rechnet, in denen die Mehrzahl der Drüsenzellen in Folge hochgradiger körniger Degeneration untergeht und durch Resorption des Detritus das Organ in seiner Consistenz und seinem Volumen eine merkliche Abnahme erleidet, so bleibt es immerhin noch sehr fraglich, ob wirklich überall, wo dieser Vorgang aus unbekannten Ursachen entsteht, eine und dieselbe Krankheit vorliegt. Der Umstand, dass in einem Theil der Fälle die körnige Degeneration erst die Folge einer diffusen Hepatitis zu sein scheint, während es sich bei den übrigen wahrscheinlich von vornherein um eine regressive Metamorphose handelt, deutet schon jetzt darauf hin, dass „idiopathische acute Leberatrophie" ein Collectivname für verschiedene Krankheitsprocesse ist.

Diagnose.

Im ersten Stadium ist es — nach den bis jetzt vorliegerden Erfahrungen — nicht möglich, die Krankheit zu erkennen. Wenn auch einzelne Symptome, wie Erbrechen, grosse Hinfälligkeit, Agrypnie, bei ihr häufiger vorkommen als bei einfacher katarrhalischer Gelbsucht, so sind diese doch bei letzterer Affection keine so seltenen Erscheinungen, dass sich aus ihnen auch nur mit Wahrscheinlichkeit auf die schwere Krankheit schliessen liesse. Eher berechtigt das Auftreten von Gelbsucht während der Schwangerschaft zu einer solchen Vermuthung.

Den ersten deutlichen Hinweis erhält man gewöhnlich dadurch, dass sich Cerebralsymptome oder Hämorrhagien zum Icterus hinzugesellen. Doch darf man nicht vergessen, dass Blutungen aus der Nase und dem Zahnfleisch, sowie Schwindel, Unruhe und selbst Delirien mitunter auch in solchen Fällen von Gelbsucht auftreten, welche man ihres im Uebrigen milden Verlaufes wegen nicht berechtigt ist, zu der hier in Rede stehenden Krankheit zu rechnen. Im zweiten Stadium wird das Krankheitsbild meistens sehr bald ein so charakteristisches dass die Diagnose keine Schwierigkeiten hat. Der Icterus, die hämorrhagische Diathese, die Hirnzufälle, die Fieberlosigkeit, die rasche Verkleinerung der Leberdämpfung, der Milztumor und die eigenthümlichen Veränderungen des Harns bilden einen Symptomencomplex, wie er sich ganz so bei keiner anderen Krankheit wiederfindet. Diese Symptome sind aber freilich nicht in jedem einzelnen Falle sämmtlich vorhanden. Wo die Volumsabnahme der Leber — entweder weil sie zu geringfügig ist oder weil Meteorismus besteht — sich nicht constatiren lässt und der Harn weder Leucin noch Tyrosin enthält, bleibt die Diagnose unsicher, wohingegen es für dieselbe nicht von Belang ist, wenn eines oder das andere der übrigen Symptome fehlt. Diese letzteren kommen gelegentlich auch bei manchen anderen Krankheiten vor, bei denen die körnige Degeneration der Leber nur eine untergeordnete Stelle in dem pathologischen Gesammtprocesse einnimmt: so Milztumor, Icterus, Hirnerscheinungen und Blutungen bei Typhus, Puerperalfieber, Endocarditis ulcerosa; Icterus und Hirnerscheinungen bei Pyämie, Pneumonie, Peritonitis. Eine Verwechselung dieser Krankheiten mit acuter Leberatrophie wird sich aber leicht vermeiden lassen. Denn abgesehen von anderen unterscheidenden Merkmalen, welche bei sorgfältiger Untersuchung niemals gänzlich vermisst werden dürften, bietet das Verhalten der Körpertemperatur einen sicheren Anhalt für die differentielle Diagnose: all' die genannten Krankheiten sind mit Fieber verbunden, das noch dazu bei der Mehrzahl derselben beträchtlich und in seinem Verlaufe charakteristisch ist, während bei der acuten Leberatrophie · im zweiten Stadium entweder durchweg oder doch wenigstens anfangs völlige Fieberlosigkeit besteht.

Von der acuten Phosphorvergiftung lässt sich die acute Leberatrophie, wenn man auf die klinische Beobachtung allein angewiesen ist, nicht immer unterscheiden. Zwar pflegt die dem Auftreten der schweren Zufälle vorausgehende mehrtägige Remission der Krankheitserscheinungen, welche bei der acuten Phosphorvergiftung fast constant beobachtet wird, bei der acuten Leberatrophie gänzlich zu fehlen oder doch nur undeutlich ausgeprägt zu sein und andererseits beginnen bei der Phosphorvergiftung die schweren Symptome in der Regel gleichzeitig mit dem Icterus, während letzterer in der Mehrzahl der Fälle von acuter Leberatrophie schon Tage oder Wochen lang vor dem Eintritt des zweiten Stadiums besteht. Indessen sind diese Differenzen im Krankheitsverlauf doch nicht durchgreifend und lassen sich oftmals für die Diagnose deshalb nicht verwerthen, weil die Kranken erst so spät in ärztliche Beobachtung kommen, dass ihr psychischer Zustand die Erhebung einer genauen Anamnese nicht gestattet. Im letzten Stadium können die Erscheinungen bei beiden Krankheiten vollkommen die gleichen sein, und zwar nicht nur was den Icterus, die hämorrhagische Diathese und die Hirnzufälle anlangt, sondern auch in allen übrigen Beziehungen. Denn auch bei der acuten Phosphorvergiftung pflegt dieses Stadium fieberlos zu sein und gegen das Ende des Lebens entweder eine subnormale oder eine rasch ansteigende Temperatur zu zeigen; auch bei ihr sind im Harn peptonartige Körper, abnorm reichliche Extractivstoffe und Fleischmilchsäure neben beträchtlicher Verminderung des Harnstoffs (Schultzen u. Riess) und einige Male sogar Tyrosin und Leucin (Wyss [1]), Ossikovsky [2])) nachgewiesen und endlich kommt eine schon im Leben nachweisbare Verkleinerung der Leber bei ihr ebenfalls vor.[3]) Indessen findet die letztere sich bei der Phosphorvergiftung doch nur ganz ausnahmsweise und tritt niemals nach so kurzer Krankheitsdauer ein, wie dies bei der acuten Atrophie häufig der Fall ist, so dass da, wo sie sich schon vor Ablauf der ersten Woche constatiren lässt, der Phosphor als Krankheitsursache mit Bestimmtheit ausgeschlossen werden kann. In analoger Weise verhält es sich auch mit dem Leucin und Tyrosin: ein irgend reichlicherer Gehalt des Harns an diesen Stoffen spricht mit grosser Wahrscheinlichkeit für acute Atrophie und gegen Phosphorvergiftung [4]).

Dauer. Ausgang. Prognose.

Von 102 Fällen, bei denen die Zeit des Beginnes der die Krankheit einleitenden Symptome genau angegeben ist, endeten tödlich

binnen 4 Tagen . . . . 5, sämmtlich bei Schwangeren.
zwischen dem 5. und 7. Tag 18, darunter 10 "
" " 8. " 10. " 14, " 4 "
" " 11. " 14. " 17, " 6 " und 1 [5]) mit rother Atrophie.
" " 15. " 19. " 9, " 2 " " 2 [6]) " " "
am Ende der 3. Woche 13, " · · · · · 5 " " "
in der 4. " 6, " · · · · · 2 " " "
nach 4—4½ Wochen 10, " · · · · · 7 " " "
" 5—8 " 10. " · · · · · 6 " " "

1) Schweiz. Zeitschr. Bd. 3. S. 321.
2) Wiener med. Presse 1870. Nr. 50, 51.
3) Bollinger l. c. S. 152. — Schultzen u. Riess l. c. S. 7. Fall 1.
4) In einem erst während des Druckes meiner Arbeit von Fränkel (Berl. klin. Wochenschr. 1878. Nr. 19) aus Leyden's Klinik publicirten Falle von acuter Phosphorvergiftung, in welchem der Tod am Ende der 2. Krankheitswoche erfolgte und die Leber, deren Verkleinerung sich schon am drittletzten Tage des Lebens nachweisen liess, in beiden Lappen rothatrophirte Stellen zeigte, fanden sich Leucin und Tyrosin sehr reichlich im Harn.
5) Rehn: 2¼jähr. Knabe, Tod am 13. Tage.
6) Fick, 2. Beob.; Lewitski u. Brodowski.

Aus der vorstehenden Tabelle ergibt sich, dass zwar die Dauer der Krankheit überhaupt in sehr weiten Grenzen schwankt, dass aber fast die Hälfte aller Fälle innerhalb 5—14 Tagen und reichlich ein Dritttheil innerhalb der 3.—5. Woche ihr Ende erreichen; nur bei c. 10 pCt. erstreckt sich die Krankheit weiter in den zweiten Monat hinein. Eine Dauer von wenigen Tagen kommt nur bei Schwangeren vor, wie denn überhaupt bei diesen der Verlauf stets ein in der engeren Bedeutung des Wortes acuter ist und äusserst selten die zweite Woche überschreitet. Ausgedehntere rothe Atrophie scheint bei einer Dauer unter drei Wochen äusserst selten vorzukommen; andrerseits sind die Fälle mit vierwöchiger und noch längerer Dauer ihrer grossen Mehrzahl nach (von 20 mindestens 13) solche, wo der Process diesen äussersten Grad erreicht hat.

Die Zeit vom Eintritt der schweren-Symptome bis zum Tode beträgt am häufigsten 1½—3, weit seltener 4—7 Tage und nur ganz ausnahmsweise mehr als 1 Woche.

Unter 118 Beobachtungen, welche darüber Auskunft geben, findet sich für das zweite Stadium eine Dauer von 24 Stunden oder weniger bei 10, von 1¼—2 Tagen bei 46, von 2½—3 Tagen bei 26, von 3½—4 Tagen bei 17, von 5—7 Tagen bei 15, von 9 Tagen bei 2 und von 10 und 14 Tagen bei je 1.

Wo das 2. Stadium weniger als 24 Stunden dauert, lässt sich meistens eine Beschleunigung des Todes durch erschöpfende Blutungen aus dem Uterus oder aus dem Magen annehmen. Wo dagegen dieses Stadium sich ungewöhnlich in die Länge zieht, sind in der Regel die Cerebralerscheinungen anfangs weniger heftig oder machen deutliche Remissionen.

Nach der Verschiedenheit der Krankheitsdauer kann man die Fälle in peracute, mässig acute und protrahirte eintheilen. Eine acute und eine chronische Form der Krankheit zu unterscheiden, wie Eppinger will, scheint mir nicht zulässig; denn zwischen der kürzesten und der längsten Dauer finden sich so zahlreiche Zwischen-stufen, dass es sehr schwer sein dürfte, die Grenze zu ziehen.

Ob die Krankheit anders als tödtlich enden kann, ist fraglich. Die Literatur enthält eine verhältnissmässig 'nicht ganz kleine An-zahl von Beobachtungen, welche als Belege für das Vorkommen eines günstigen Ausgangs veröffentlicht worden sind. Wenn diese nun auch grösstentheils in diagnostischer Beziehung zu gegründeten Bedenken Anlass geben, so sind doch einige unter ihnen, bei denen sich gegen die Diagnose kein anderer Einwand erheben lässt, als eben der, dass sie in Genesung geendigt haben. Solche Fälle sind mitgetheilt von

Frerichs[1]), Schnitzler (aus Oppolzer's Klinik)[2]), Leichtenstern[3]), Jones[4]).

In diesen Fällen hatten sich bereits die Zeichen einer Verkleinerung der Leber sowie charakteristische Störungen der Hirnfunctionen und meistens auch Blutungen eingestellt, ehe die Wendung zur Besserung eintrat; in dem Schnitzler'schen Falle wurden sogar Leucin und Tyrosin im Harne nachgewiesen.[5]) Die Reconvalescenz ging verhältnissmässig rasch (binnen 1—2 Wochen) von Statten. In den beiden am genauesten beschriebenen Fällen, dem von Schnitzler und dem von Leichtenstern, war die Leber noch bei der Entlassung des Kranken verkleinert.

A priori lässt sich die Möglichkeit des Ausgangs in Genesung nicht in Abrede stellen. Wenn der Process nicht allzu acut verläuft, ist es wohl denkbar, dass es einen Zeitpunkt gibt, wo die Zerstörung des Leberparenchyms schon weit genug fortgeschritten ist, um eine erkennbare Volumsabnahme des Organs und eine die Ernährung der Nervencentralorgane, die Durchlässigkeit der Gefässwand und die Zusammensetzung des Harns alterirende Blutbeschaffenheit herbeizuführen, und doch andererseits functionsfähige Abschnitte der Drüse noch in solchem Umfange vorhanden sind, dass sie zum Fortbestehen des Lebens genügen. Sistirt jetzt der Process, so kann die Degeneration an den Stellen, wo sie erst einen geringen Grad erreicht hat, rückgängig werden und für völlig untergegangene Zellen ein Ersatz durch Neubildung stattfinden. Ob als Anfänge einer solchen die in den am meisten atrophischen Partien des Organs mehrfach beobachteten eigenthümlichen Zellenzüge (s. S. 225) gelten dürfen, ist freilich noch nicht ausgemacht; dass aber eine Regeneration von Leberparenchym unter ähnlichen Umständen wirklich vorkommt, ergibt sich aus den Befunden, welche C. E. E. Hoffmann[6]) an der Leber von Individuen, die in der Reconvalescenzperiode von schwerem Abdominaltyphus gestorben waren, erhalten hat: derselbe zählte hier weit mehr zwei- und dreikernige Zellen als in der normalen Leber, sowie auch nicht wenige mit vier und fünf Kernen, und sah ausserdem auffallend kleine einkernige Zellen in sehr grosser Zahl. Trotzdem muss man Bamberger beipflichten, wenn er den anato-

1) Klinik. Bd. 1. S. 231. Bd. 2. S. 18.
2) Deutsche Klinik 1859. S. 285.
3) Zeitschr. f. ration. Med. Bd. 36. S. 241.
4) Brit. med. Journ. May 1872.
5) Leucin im Harn fand auch Radziejewski (Virch. Arch. Bd. 36. S. 13) bei einem Fall von Icterus gravis, in welchem Heilung erfolgte.
6) Unters. üb. d. Veränd. d. Org. beim Abdominaltyphus. S. 216 ff.

mischen Nachweis des Heilungsvorganges bei der acuten L.-A. für noch nicht erbracht und deshalb das Vorkommen eines günstigen Ausgangs derselben für unerwiesen hält.

Aber selbst wenn man die oben citirten Fälle als geheilte gelten lassen will, so bilden sie doch nur äusserst seltene Ausnahmen von der Regel, indem sie noch nicht 2 pCt. der Gesammtzahl ausmachen, und die Prognose der Krankheit bleibt trotzdem eine fast absolut letale.

Therapie.

Im ersten Stadium kann begreiflicher Weise die Behandlung keine andere sein wie beim acuten Magenkatarrh und katarrhalischen Ikterus. Sobald die bedenklicheren Erscheinungen eintreten, fordert die Gefährlichkeit des Zustandes zu einem eingreifenderen Verfahren auf. Von der Annahme ausgehend, dass es sich um einen entzündlichen Process in der Leber handle, suchte man durch Drastica und mitunter auch durch Brechmittel (Corrigan) sowie durch örtliche und allgemeine Blutentziehungen die vermeintliche Blutüberfüllung der Drüse zu vermindern. Auch im ausgebildeten zweiten Stadium wurden starke Abführmittel und zur Bekämpfung der hämorrhagischen Diathese die Mineralsäuren gegeben. Ausserdem wendete man gegen die einzelnen schweren Zufälle die der Indicatio symptomatica entsprechenden Mittel an: gegen das Erbrechen und den Singultus Eispillen, kohlensäurehaltige Getränke, Bismuth. subnitr., Vesicator auf die Magengegend; gegen die cerebralen Reizungserscheinungen Kälte und Blutegel an den Kopf, reizende Klystiere; Morphium; gegen die Symptome der Depression des Nervensystems kalte Uebergiessungen und Epispastica; gegen Blutungen aus zugängigen Organen Kälte, Adstringentien, Tamponade; gegen den Collapsus Analeptica.

Einen wesentlichen Erfolg hat aber diese Therapie wohl niemals gehabt. Denn unter der Gesammtheit der Fälle, in welchen sie zur Anwendung gekommen ist, befindet sich eine so verschwindend kleine Zahl von Genesungen, dass selbst wenn bei diesen die Richtigkeit der Diagnose nicht beanstandet wird, doch ein Einfluss der Behandlung auf den günstigen Ausgang äusserst zweifelhaft erscheint. In dem von Leichtenstern aus Oppolzer's Klinik mitgetheilten Falle (s. S. 268), welcher am ehesten für einen Heilungsfall gelten darf, bestand die Medication lediglich in einem gelinden Purgans aus Calomel und Jalappe. Die übrigen oben angeführten Fälle, in denen Genesung erfolgte, stimmen hinsichtlich der Behandlung insofern überein, als bei ihnen allen Drastica wiederholt angewandt wurden; die abführende Methode dürfte sonach noch am meisten zu empfehlen sein. Blutentziehungen stehen zur Indicatio morbi in offenbarem Widerspruch, da durch die Verminderung der rothen Blutkörperchen die parenchymatöse Degeneration nur befördert werden kann; als symptomatisches Mittel haben sie höchstens einen schnell vorübergehenden, meist aber gar keinen merkbaren Nutzen gebracht.

Ueber einen Fall von Teissier, in welchem (nach Ozanam) das Aconit, und über einen von Lebert, in welchem die Benzoesäure mit Moschus in hohen Dosen Heilung bewirkt haben soll, liegen keine näheren Angaben vor, so dass sich weder über die Sicherheit der Diagnose, noch über die Wahrscheinlichkeit des angenommenen Einflusses der Medication urtheilen lässt.

Einfache Leberatrophie.

Rokitansky, Handb. d. pathol. Anat. Bd. 3. S. 314. Lehrb. d. pathol. Anat. Bd. 3. S. 244. — Virchow, Arch. für pathol. Anat. Bd. 5. S. 290. — Cohn, Günsburg's Zeitschr. V. 6. 1854. — Rühle, Wien. medic. Wochenschr. 1855. S. 67. — Frerichs, Klinik. Bd. 1. S. 260—284. — Bertog, Greifswalder Beiträge. Bd. 1. S. 81. — Murchison, Transact. of the pathol. soc. XVIII. p. 152. — Cohnheim u. Litten, Virchow's Arch. Bd. 67. S. 153.

Aetiologie. Totale einfache Atrophie der Leber findet sich als Theilerscheinung des senilen Marasmus und ähnlicher Störungen der Gesammternährung, wie sie namentlich durch chronische Krankheiten der Verdauungsorgane, bei denen die Zufuhr oder die Resorption der Nahrungsstoffe erheblich und anhaltend vermindert ist, herbeigeführt werden [1]. Warum an einer derartigen allgemeinen Abmagerung die Leber nicht constant in sichtlicher Weise Theil nimmt, lässt sich ebenso wenig erklären, wie die Ungleichheit, welche sich hinsichtlich der senilen Involution der verschiedenen Organe bei den einzelnen Individuen zeigt.

Frerichs hat den Versuch gemacht, die einfache Atrophie der Leber aus einer dauernden Beeinträchtigung des Blutstroms in dem Capillargefässsystem der Drüse zu erklären, und statuirt deshalb als

---

[1] Für die Angabe von Klebs (Handb. d. pathol. Anat. S. 414), dass bei chronischen Intoxicationen durch Blei und Quecksilber einfache Leberatrophie vorkomme, haben wir in der Literatur vergeblich nach Belegen gesucht; für Arsen und Antimon aber hat Saikowsky (Virchow's Arch. Bd. 34. S. 80) durch Experimente an Kaninchen allerdings nachgewiesen, dass bei länger fortgesetzter Vergiftung eine Abnahme des Lebervolumens durch Atrophie der Zellen eintritt.

die gewöhnliche Ursache derselben eine Verödung der Capillaren der Acini. Diese kommt nach den Beobachtungen des genannten Autors mitunter im Gefolge schwerer Malariafieber dadurch zu Stande, dass die Haargefässe von melanämischen Pigmentschollen und Pigmentkörnern verstopft werden, welche entweder aus der Milz in die Pfortader herübergeschwemmt oder in dem Blute der letzteren selbst gebildet worden sind. Frerichs nimmt ferner an, dass auch Hyperplasie oder carcinomatöse Infiltration der Glisson'schen Kapsel, von einem Magencarcinom ausgehend und längs der Pfortader und deren Verästelungen bis tief in die Leber hinein sich erstreckend, eine Obsolescenz der portalen Capillaren-veranlassen könne; auf welche Weise dies aber geschehe, ist aus dem als Beleg für diese Annahme mitgetheilten Falle (l. c. S. 263, Nr. 23) nicht ersichtlich und das in demselben wahrgenommene Verhalten der Capillaren, welche dicht zusammengedrängt waren und Pigmentkörnchen enthielten, kann ebenso gut als die Folge wie als die Ursache des Unterganges der Zellen gedeutet werden. Sehr fraglich erscheint auch die Hypothese, durch welche Frerichs die Entstehung der Leberatrophie bei chronischen Exsudativprocessen und Ulcerationen des Dünn- und Dickdarmes auf eine Obliteration der Lebercapillaren zurückzuführen versucht, indem er diese durch Vermittelung der Pfortader zu Stande kommen lässt, „die je nach der Art und Weise, wie ihre Wurzeln an Exsudativprocessen im Gewebe der Darmschleimhaut sich betheiligen, in dem einen Falle sogen. metastatische Abscesse, in dem anderen capillare Verschliessungen mit nachfolgender Atrophie veranlasst (l. c. S. 275).

Nach der Annahme von Frerichs kann auch chronische Pfortaderthrombose ähnliche Folgen wie der Untergang der Lebercapillaren nach sich ziehen[1]). Jedoch haben wir in der Literatur keinen Fall gefunden der den Beweis lieferte, dass sie zu einer durch einfache Atrophie bedingten Verkleinerung führen könne[2]). Wohl aber werden von Frerichs selbst (l. c. S. 280 Nr. 30), von Cohn[3]) und von Leyden[4]) Beobachtungen mitgetheilt, wo trotz einer lange be-

---

1) Auch Cohn (Klinik der embol. Gefässkrankh. S. 503) gibt an, dass bei chronischem Verlauf eines Pfortaderverschlusses die Leber kleiner werde.

2) Ueber den von Botkin (Virchow's Arch. Bd. 30. S. 449) beschriebenen Fall, wo nach der Ansicht dieses Autors in Folge von Pfortaderthrombose zunächst einfache Atrophie und unter Mitwirkung der letzteren erst secundäre Cirrhose entstanden war, vgl. S. 154.

3) Klinik der embol. Gefässkrankh. S. 497.

4) Berl. klin. Wochenschr. 1866. Nr. 13: 2. Beob.

stehenden und sogar bis weit in die Leber hineinreichenden Obturation der Pfortader das Volumen der Drüse sich nicht vermindert
zeigte und die Zellen derselben nur „blass und arm an körnigem Inhalt" oder nur „im Centrum der Acini verkleinert" oder „sämmtlich
in ihrer Hülle und in ihrem Kern erhalten und deutlich, nur im Allgemeinen kleiner" waren. Es ist leicht verständlich, dass bei Pfortaderverschluss die functionelle Störung der Leber weit geringer aus-
fällt, als wenn das Capillarnetz der Acini selbst unwegsam ist; denn
die Speisung des letzteren erfolgt nicht blos durch die Pfortader,
sondern auch durch die von Sappey als regelmässige accessorische
Wurzeln derselben bezeichneten Venen und in sehr bedeutendem Masse
durch die Leberarterie; diese war in dem erwähnten Falle von Cohn
um das Dreifache erweitert.

In analoger Weise wie Frerichs deutet Bertog das Entstehen
der Leberatrophie bei zwei von ihm aus Rühle's Klinik in Greifswald veröffentlichten Fällen. Dieselben betrafen Männer von resp.
57 und 47 Jahren, bei denen in Folge chronischer Peritonitis an
vielen Stellen des Mesenteriums und des übrigen Bauchfells festes
Narbengewebe vorhanden war, durch welches zahlreiche Pfortaderwurzeln comprimirt wurden. Die von Bertog vertretene Auffassung, dass hier der verminderte Blutzufluss zur Pfortader die Ursache der mangelhaften Ernährung und des schliesslichen Schwundes
der Leber gewesen sei, dürfte der Thatsache gegenüber, dass selbst
durch einen vollständigen Verschluss der Pfortader die Ernährung der
Drüse nicht erheblich beeinträchtigt wird, kaum haltbar sein. Wir halten es für viel wahrscheinlicher, dass auch hier die Leberatrophie auf
den allgemeinen Marasmus zurückzuführen ist, der bei beiden Kranken
in hohem Grade vorhanden war und bei dem einen durch erschö-
pfendeDurchfälle, bei dem anderen durch eine Pylorusstenose genügend erklärt wird. Zwar fanden sich auch in zwei von Frerichs
erzählten Fällen ähnliche, wenngleich weniger ausgebreitete Veränderungen des Peritoneums [1]), aber ausserdem bestanden Kachexie
und allgemeine Wassersucht, welche im Gefolge einer ulcerösen
Darmaffection sich entwickelt hatten.

Pathologische Anatomie. Die einfache Atrophie der Leber
bedingt eine gleichmässige Verkleinerung des Organs in allen Dimensionen, so dass es in seiner Gestalt keine wesentliche Verände-

---

1) Vgl. l. c. S. 270. Nr. 26: „An der Flexura iliaca im Mesocolon dicke
weisse strahlige Narbenstränge, welche einen Theil der durchtretenden Venen
beengten" und S. 273. Nr. 28: ein 3 Fuss langer Abschnitt des Dünndarms in
seinen Häuten verdickt, „das dazugehörige Mesenterium sehnenartig indurirt".

rung erleidet. Es kann dabei bis auf die Hälfte seines normalen Umfanges reducirt werden. Ist die Volumsabnahme eine hochgradige, so erscheinen die vorderen Ränder oft stärker verdünnt als die andern Abschnitte der Leber und bilden manchmal einen bandartig dünnen Saum, der dann lediglich aus Bindegewebe besteht.

Die Resistenz ist meist etwas vermehrt, was sich besonders beim Einschneiden bemerklich macht und durch Ueberwiegen des Bindegewebes nach Untergang des secernirenden Leberparenchyms bedingt ist; eine wirkliche Neubildung von Bindegewebe ist nicht zu constatiren.

Die Farbe der Leber ist dunkler als normal, jedoch in ihren Nüancen abhängig von dem jeweiligen Blutgehalt und einer häufig auftretenden Pigmentirung der Leberzellen. Die Anwesenheit von Fett kann einen helleren Farbenton hervorbringen. Im Ganzen ist das Lebergewebe blutarm und trocken; nur aus den Durchschnitten der grösseren, relativ weiten Gefässe (besonders Centralvenen) fliesst Blut ab.

Die Verkleinerung der Leberacini, welche meist eine auffällige ist, hängt von der Volumsabnahme der einzelnen Leberzellen ab. Letztere sind kleiner als normal und scharfrandiger; ihr Protoplasma ist feinkörnig und enthält häufig — nicht nur in der Nähe der Centralvenen, sondern durch den ganzen Acinus — braune oder braunrothe Pigmentkörnchen, welche wahrscheinlich von Gallenfarbstoff herrühren (Braune oder Pigmentatrophie — Klebs).

An den Gallengängen sind keine Veränderungen wahrnehmbar.

Die Symptome der einfachen Leberatrophie sind langsame Volumsabnahme des Organs und gallenarme Beschaffenheit der Darmexcrete. Erstere gibt sich durch eine gleichmässige Verkleinerung aller Durchmesser der Leberdämpfung zu erkennen und betrifft nicht, wie bei der Cirrhose, den linken Lappen in höherem Grade als den rechten; es pflegt deshalb die Dämpfung in der Mittellinie auch dann noch nachweisbar zu sein, wenn sie in der Papillar- und Axillarlinie schon beträchtlich an Ausdehnung verloren hat.[1]) Die Verkleinerung erfolgt so allmählich, dass ihre Fortschritte nur bei einer von Monat zu Monat oder in noch längeren Intervallen wiederholten Untersuchung bemerkbar werden.

---

1) Vgl. Frerichs Beob. Nr. 23: L. axill. 5 Centim., L. pap. 3, L. med. 2 Centim.; Bertog 1. Beob.: L. axill. und L. papill. 3 Centim., neben dem Sternum 2½ Centim.: 2. Beob.: L axill. und L. pap. 5 Centim.. L. stern. 2½ Centim.

Die Darmentleerungen zeigen infolge der immer mehr abnehmenden Gallensecretion eine abnorm helle Farbe und können zuletzt eben so blass und lehmartig aussehen, wie bei mechanischer Behinderung des Gallenabflusses in den Darm.

Frerichs nimmt in das Krankheitsbild der einfachen Leberatrophie noch manche andere Symptome auf, die er theils von der Rückwirkung, welche die verminderte Function der Drüse auf den Gesammtorganismus äussert, theils von der Stauung des Pfortaderblutes herleitet. Er führt als solche an: Abnahme der Esslust und Auftreibung und Druck im Epigastrium bei bald reiner, bald belegter Zunge; Wechsel von Obstipation und Diarrhoe oder anhaltender profuser Durchfall, nur ausnahmsweise regelmässige Defäcation; blasses kachektisches Aussehen ohne icterischen Anflug; Schwinden der Musculatur; in der Regel Wasseransammlungen im Peritonealsack, zu dem sich bald allgemeiner Hydrops hinzugesellt. Aber alle diese Symptome können fehlen, wie es bei zwei von mir beobachteten Kranken mit senilem Marasmus der Fall war, und wo sie sich in den von Andern mitgetheilten Beobachtungen finden, ist es mindestens sehr fraglich, ob sie auf die Leberatrophie und nicht vielmehr auf diejenigen Veränderungen, aus denen diese hervorgeht, zu beziehen sind. Dies gilt von dem Appetitmangel und den übrigen Zeichen gestörter Magenverdauung in Fällen, wo die Krankheit im Verlauf eines Carcinoma ventriculi (Frerichs Beob. Nr. 23) oder einer Pylorusstenose (Bertog 2. Beob.) entsteht, von der erschöpfenden Diarrhöe, wo dieselbe zu Darmulcerationen (Frerichs Beob. Nr. 27. 28) oder zu einem durch Compression der Mesenterialvene bedingten chronischen Intestinalkatarrh (Bertog Beob. 1) hinzutritt. Ist eine selbständige Erkrankung des Magens, eine von der Leberatrophie unabhängige Darmaffection nicht vorhanden, so kann bei schon weit vorgeschrittenem Schwund der Drüse der Appetit noch gut (Bertog 1. Beob.), der Stuhlgang fortwährend consistent sein (Frerichs Beob. 23. 26, Bertog 2. Beob.). Dass die einfache Leberatrophie eine Stauung des Pfortaderblutes herbeiführe, ist schon a priori unwahrscheinlich. Denn wenn auch ein Theil der Capillargefässe mit den Drüsenzellen untergeht, so wird doch dadurch nicht nothwendig die Blutbahn in der Leber unzureichend, weil entsprechend der allgemeinen Ernährungsstörung auch die gesammte Blutmenge vermindert ist. Und in der That fehlt der Ascites mitunter trotz beträchtlicher Atrophie (Frerichs Beob. Nr. 23. 27., Bertog 2. Beob.); in der Regel ist er indess vorhanden, tritt aber erst nach dem Oedem der unteren Extremitäten ein (Cohn l. c., Rühle l. c, Frerichs Beob. Nr. 28,

Bertog 1. Beob.) und erweist sich somit als Theilerscheinung allgemeiner Wassersucht, wofür auch die Erfahrung von Cohn spricht,
dass wenn er durch Punction entleert wird, seine Wiederkehr in
unverhältnissmässig späterer Zeit erfolgt, als bei dem durch Pfortaderstauung entstandenen; wo er aber, wie in einigen der Frerichs'-
schen Fälle, dem Anasarka vorausgeht, bestehen neben der Leberatrophie Veränderungen, welche eine Stauung des Blutes in der Pfortader oder in Wurzeln derselben zu verursachen geeignet sind, wie
in Nr. 24 Verstopfung zahlreicher Lebercapillaren in Folge von Melanämie, in Nr. 26 Narbenstränge im Mesocolon, welche einen Theil
der durchtretenden Venen beengen u. s. w. Dass die mit der Atrophie der Leber verbundene fortschreitende Abnahme der Thätigkeit
der Drüse auf die Beschaffenheit des Blutes, auf die Darmverdauung
und noch auf andere Factoren der Gesammternährung nicht ohne
nachtheiligen Einfluss bleibt, darf man als unzweifelhaft annehmen;
worin aber dieser Einfluss besteht ist uns nicht bekannt, und da in
allen Fällen gleichzeitig mit der Leberaffection oder sogar noch vor
ihr auch in anderen Organen wichtige Störungen vorhanden sind,
welche ebenfalls Abmagerung und Kachexie nach sich ziehen, so
lässt sich der Antheil, den jene an der Erzeugung dieser Zustände
hat, nicht näher bestimmen und somit nicht einmal die Hydrämie
mit Sicherheit von derselben ableiten, zumal es Fälle gibt, welche
ohne jede Spur von Hydrops verlaufen.

Bertog beobachtete in seinen beiden Fällen eine „ganz eigenthümliche, dunkelgelbe, oft entschieden rothe Färbung" des Harns,
die derselbe auch dann zeigte, wenn er in grösserer Menge gelassen,
also nicht concentrirt war. In dem einen Fall bildete sich bei Zusatz von Salpetersäure, die etwas salpetrige Säure enthielt, ein bläu-
licher Ring, nicht aber die bekannte Reihenfolge der Farben, wie
bei der Reaction des Gallenfarbstoffs. Auch Frerichs fand in einigen Fällen eine „eigenthümliche hyacinthrothe Farbe" des Harns,
ohne dass in demselben Gallenpigment sich nachweisen liess. Da
aber nach den Beobachtungen des letztgenannten Autors der Harn
in der Regel blass ist, so bleibt es fraglich, ob jene hin und wieder
vorkommende eigenthümliche Farbe desselben zur Leberatrophie in
einer näheren Beziehung steht. Cohn fand den Harn saturirt braun
und reich an mikroskopisch nachweisbarer freier Harnsäure. Es zeigt
also dieses Secret ein so wenig constantes Verhalten, dass sich wenigstens nicht ein regelmässiger Einfluss des Schwundes der Leber
auf dasselbe annehmen lässt.

Der Verlauf der einfachen Leberatrophie ist stets chronisch.

Die Dauer derselben lässt sich nicht genau angeben, weil der Schwund der Drüse unmerklich beginnt; von da an, wo derselbe durch die physikalische Untersuchung zu constatiren ist, kann, wie die 1. Beobachtung von Bertog lehrt, ein halbes Jahr vergehen, bis der Tod eintritt. Dass ein anderer Ausgang als der in den Tod, etwa ein Stillstand des Processes, nicht vorkommt, erklärt sich aus der Natur der ursächlichen Momente, welche stets von der Art sind, dass sie nicht blos in der Leber, sondern auch noch in anderen Organen schwere Störungen hervorrufen, so dass das letale Ende niemals unmittelbar und allein durch die Leberaffection bedingt ist.

Die Diagnose der einfachen Leberatrophie darf als begründet gelten, wenn bei einem marantischen Individuum eine ganz allmählich zunehmende Verkleinerung des Organs nachweisbar ist, die sich weder auf Stauung in den Lebervenen noch auf Cirrhose zurückführen lässt, und wenn zugleich die gallige Tingirung der Darmexcremente abnorm gering ist, ohne dass Zeichen von Gallenretention (Hauticterus, Gallenpigment im Urin) vorhanden sind. Eine Verwechselung mit cyanotischer Atrophie wird sich durch die Untersuchung der Brustorgane leicht vermeiden lassen. Dagegen kann die Unterscheidung von Cirrhose schwierig sein, wenn gleichzeitig Ascites besteht; hier ist es von Wichtigkeit, dass bei der Cirrhose der Ascites, bei der einfachen Atrophie in der Regel das Anasarka der unteren Extremitäten die erste hydropische Erscheinung bildet, sowie dass meistens der Milztumor bei der einfachen Atrophie fehlt, bei der Cirrhose dagegen vorhanden ist; ausserdem dürfte, wenn die Leber nicht emporgedrängt ist, auch der schon oben erwähnte Umstand, dass bei der einfachen Atrophie die Verkleinerung nicht vorwiegend den linken Lappen betrifft, für die differentielle Diagnostik einen Anhalt gewähren.

Eine Therapie der in Rede stehenden Leberaffection gibt es nur insofern, als man zu versuchen hat, durch Anordung eines geeigneten diätetischen Regimes und durch Anwendung roborirender Medicamente — Cohn fand namentlich die Eisenpräparate wirksam — den Marasmus in seinem Fortschreiten aufzuhalten. Doch gelingt dies im günstigsten Falle nur unvollkommen und vorübergehend, weil der allgemeinen Ernährungsstörung, die zum Schwunde der Leber führt, stets Veränderungen zu Grunde liegen, denen gegenüber die ärztliche Kunst sich ohnmächtig erweist.

Hypertrophie der Leber.

Frerichs, Klinik. Bd. 2. S. 200 ff. — Klebs, Handb. S. 370 ff., 378 ff. — Rindfleisch, Lehrb. 4. Aufl. S. 398 ff.

Von den älteren Autoren [1]) sind die verschiedenartigsten Leber-affectionen, bei denen das Organ eine gleichmässige Volumszunahme ohne sehr in die Augen fallende Anomalien seiner Structur zeigt, als Leberhypertrophie bezeichnet worden und noch bis in die neueste Zeit finden sich Fälle unter dieser Benennung beschrieben, bei welchen die Berechtigung zu derselben wegen mangelnder oder ungenügender Untersuchung der feineren Texturverhältnisse mindestens zweifelhaft erscheint. [2])

Man versteht unter Hypertrophie der Leber diejenige Massenzunahme des Organs, welche durch vermehrtes Wachsthum oder vermehrte Neubildung seiner Drüsenzellen hervorgebracht ist. Selbstverständlich müssen dabei auch die übrigen in die Structur der Drüse eingehenden Gewebe, namentlich die intraacinösen Blut-, Lymph- und Gallengefässe, in entsprechendem Maasse gewachsen sein; jedoch ist Letzteres bisher noch nicht direct beobachtet und die anatomische Diagnose der Leberhypertrophie beruht vor der Hand auf dem Nachweis, dass eine einfache, nicht durch Infiltration oder Degeneration bedingte Zunahme des Umfangs der Leberzellen — einfache Hypertrophie — oder dass eine Zunahme der Zahl derselben — Hyperplasie, numerische Hypertrophie — stattgefunden hat. Bei jener sind die Acini stets vergrössert, bei dieser ist dies nicht nothwendig der Fall: die numerische Hypertrophie kann auch auf die Weise zu Stande kommen, dass durch reichlichere Entwicklung des Lebervenenbaums mit seiner Drüsenumhüllung die Zahl der Acini sich vermehrt (Klebs). Eine strenge Scheidung der Hyperplasie von der einfachen Hypertrophie lässt sich in concreto nicht immer durchführen, weil beide Processe öfter nebeneinander bestehen.

Die Ursache der gesteigerten Ernährung und Anbildung des Leberparenchyms ist am wahrscheinlichsten in einer gesteigerten Function der Drüsenzellen zu suchen. Die Umstände, unter denen die Leber hypertrophisch wird, sprechen zum Theil entschieden für diese Annahme.

Wo zahlreiche kleinere oder einzelne grössere Partien der Drüse in Folge von Wucherung und Retraction des interstitiellen Gewebes

---

1) Die Literatur s. bei Frerichs l. c.
2) Vgl. z. B. Blachez, L'Union médic. 1865. Nr. 92.

ihrer specifischen Gewebselemente verlustig gegangen sind, erfolgt
bisweilen eine compensatorische Hypertrophie der übrigen Abschnitte. So sieht man in manchen Fällen von Cirrhose und noch
häufiger bei syphilitischer Lappung die zwischen dem Narbengewebe
erhalten gebliebenen Reste des Parenchyms erheblich geschwollen,
so dass sie um so stärker über die narbig eingezogenen Stellen hervorragen, und die Leberzellen in denselben bis auf das Doppelte
und Dreifache ihres normalen Umfangs vergrössert. Auf compen-
satorischer Hyperplasie beruht es ferner, wenn neben einer grossen
Echinococcusgeschwulst in dem einen Hauptlappen oder neben ausgedehnter Zerstörung desselben durch Carcinom oder Abscess der
andere bei vollkommen normaler Textur ungewöhnlich voluminös ist.

Eine reine diffuse Hyperplasie der Leber, verbunden mit Polycholie, kommt nach Klebs bei erwachsenen, meist kräftigen Männern,
namentlich Trinkern vor. „Das Organ ist gleichmässig in allen
Dimensionen vergrössert, die Serosa glatt, stark gespannt; das Gewicht hat bedeutend zugenommen, in den Gallengängen findet sich
meist sehr reichliches dunkles Secret. Auf dem Durchschnitt erscheint das ganze Parenchym dunkelbraun gefärbt, bei reichlichem
Blutgehalt mehr bläulich. Die Läppchenzeichnung tritt erst bei genauerer Betrachtung, dann aber sehr deutlich hervor, indem die einzelnen Läppchen klein, ihrer Zahl nach vermehrt erscheinen. Die
Leberzellen haben im Ganzen normale Grösse."

Einfache Hypertrophie des Drüsenparenchyms findet sich nicht
selten bei Diabetes mellitus, wo sie wahrscheinlich mit vermehrter und beschleunigter Glykogenbildung in den Leberzellen zusammenhängt. Nach der Beschreibung von Klebs ist die diabe-
tische Leber gleichmässig vergrössert, mit etwas stumpfen Rändern,
die Consistenz ziemlich normal, vielleicht etwas schlaffer als gewöhnlich. Die Schwellung kommt nur zum Theil auf Rechnung des stärkeren Blutgehaltes, vielmehr sind die Drüsenzellen selbst vergrössert,
die Ecken derselben weniger scharf vortretend, das Protoplasma sehr
reichlich, leicht getrübt, die Kerne gross und hell. Auf Zusatz von
ganz schwacher Jodlösung färbt sich die ganze Zelle (nach Rindfleisch nur der Kern) weinroth. Beobachtungen von Stockvis
und Frerichs zeigen aber, dass die Schwellung der Leber bei Diabetes auch durch Wucherung und Neubildung der Drüsenzellen bedingt sein kann. Frerichs fand in einem Falle wesentlich dieselben Veränderungen, wie sie Klebs von der reinen diffusen Hyperplasie beschreibt (s. oben).

Eine zuweilen nur hypertrophische, gewöhnlich aber hyperplastische Zunahme der Leberzellen ist die hauptsächlichste Ursache des leukämischen (und des pseudoleukämischen) Lebertumors. Die Acini werden hier sehr gross und die Vergrösserung des ganzen Organs ist oft sehr beträchtlich, so dass das Gewicht 4 bis 5 und selbst 8 bis 14 Pfund betragen kann.[1]) Soweit wir die pathologischen Vorgänge bei der Leukämie kennen, deutet nichts darauf hin, dass hier die Leber in Folge der gesteigerten Function ihrer Drüsenzellen hypertrophisch werde. Klebs vermuthet, dass die Veranlassung dazu in der Zufuhr eines reichlicheren Ernährungsmaterials von der Milz und den Lymphdrüsen aus gegeben sei. Indessen scheint die Annahme näher zu liegen, dass dieselben Einflüsse, welche die Milz, die Lymphdrüsen und das Knochenmark in Hyperplasie versetzen, auch in der Leber den analogen Process direct hervorrufen. Bei Sectionen Leukämischer werden nicht selten neben der Leberhypertrophie die Zeichen einer verminderten Gallensecretion angetroffen; diese Verminderung rührt aber wahrscheinlich nicht von der Hypertrophie, sondern von secundären Veränderungen des Parenchyms her: in einem von Friedreich mitgetheilten Falle [2]), wo der Darm eine völlig gallenlose Masse enthielt, zeigten die Leberzellen eine starke körnige Trübung ihres Inhalts (parenchymatöse Degeneration).

Als Hypertrophie wird gewöhnlich auch die Volumszunahme der Leber bezeichnet, welche bei den in heisse Klimate übergesiedelten Europäern nach kürzerem oder längerem Aufenthalte daselbst den Berichten dortiger Aerzte [3]) zufolge fast ausnahmslos eintritt. Wenngleich für diese Auffassung der Umstand zu sprechen scheint, dass unter denselben Verhältnissen eine auffällige Vermehrung der Gallenabsonderung (beobachtet wird [4]), so fehlt doch bis jetzt der histologische Nachweis, dass die fragliche Vergrösserung des Organs wirklich auf Vermehrung oder Vergrösserung der Drüsenzellen und nicht etwa blos auf chronischer Hyperämie beruht. Dasselbe gilt von der Leberhypertrophie, welche angeblich unter dem Einfluss der Malaria entsteht.

Hin und wieder findet man bei Obductionen eine ungewöhnlich entwickelte, mit grossen Acinis und umfangreichen Zellen versehene

---

1) Virchow, Die krankh. Geschwülste. Bd. 2. S. 570.
2) Virchow's Arch. Bd. 12. S. 37.
3) Le Vacher, Guide médic. des Antilles. p. 212. — Haspel, Maladies de l'Algérie. T. I. p. 23. — Heymann, Verfolgen der phys.-med. Ges. zu Würzburg. Bd. 5. S. 40.
1) Hirsch, Handb. d. hist.-geogr. Pathol. Bd. 2. S. 307.

Leber, ohne dass sich bestimmte Ursachen oder Zeichen einer functionellen Anomalie im Leben hatten nachweisen lassen (Frerichs).

Am Kranken ist die durch Hypertrophie bedingte Vergrösserung der Leber häufig nur durch die Percussion zu constatiren, da die Resistenz des Organs nur bei den höheren Graden der hypertrophischen Schwellung merklich vermehrt zu sein pflegt. Die in der Regel langsam vor sich gehende Volumszunahme ist an sich schmerzlos. Diagnosticirbar ist die diffuse Leberhypertrophie, wenn bei einer derjenigen Krankheiten, bei denen sie erfahrungsgemäss vorkommt, das Organ eine mehr oder weniger beträchtliche Vergrösserung ohne wesentliche Abweichung von seiner normalen Form zeigt und andere pathologische Processe, welche bei jenen Krankheiten ebenfalls vorkommen und mit ähnlichen Veränderungen im physikalischen Verhalten des Organs verbunden sind, wie Fettinfiltration, amyloide Degeneration, interstitielle Hepatitis, ausgeschlossen werden können.

LEBERKREBS

VON

Prof. Dr. O. SCHÜPPEL und Prof. Dr. O. LEICHTENSTERN.

AMYLOIDLEBER, FETTLEBER, PIGMENTLEBER

VON

Prof. Dr. O. SCHÜPPEL.

LEBERKREBS.

Pathologische Anatomie

von

Prof. Dr. O. Schüppel.

Die Leber darf unbedenklich unter denjenigen Organen aufgeführt werden, welche als Prädilectionsort für Tumoren mancherlei
Art, namentlich für die proliferirenden, auf Gewebsneubildung beruhenden Geschwülste bekannt geworden sind. Ueberblickt man
aber die ganze Suite der bisher in der Leber aufgefundenen Neubildungen dieser Art vom anatomischen wie vom klinisch-praktischen
Standpunkte aus, so ergibt sich sofort, dass, trotz der grossen Mannichfaltigkeit der fraglichen Geschwulstformen in anatomisch-histo-
logischer Beziehung, das ärztliche Interesse sich gleichwohl beinahe
ausschliesslich auf eine Kategorie concentrirt, nämlich auf diejenige
ziemlich bunt zusammen gewürfelte Gruppe, welche man kurzweg
als Carcinom, als Krebs der Leber zu bezeichnen sich gewöhnt
hat. Dies hat nun allerdings seinen guten Grund. Denn mit dem
Ausdrucke Carcinom belegt der Praktiker promiscue alle bösartigen, d. h. schnell wachsenden, zellen- und saftreichen, das Mutter-
organ schwer beeinträchtigenden und die Existenz des Organismus
nicht blos bedrohenden, sondern auch meist schon nach kurzer Frist
vernichtenden Neubildungen. So verschieden die hier unter einem
Namen zusammengefassten Neoplasmen nach ihren anatomischen
Eigenschaften und ihrem feineren Baue in Wahrheit auch sind, so
gross ist die Aehnlichkeit welche sie für den Arzt am Krankenbette
darbieten; denn schneller Verlauf und immer wachsende Lebensge-
fahr sind Momente, welche den Fällen dieser Kategorie gemeinsam
zukommen. Diese Afterbildungen sind es aber auch zugleich, welche
der Arzt früher oder später, mit grösserer oder geringerer Sicherheit am Krankenbette ihrem ungefähren Sitze und ihrer wesentlichen
(bösartigen) Natur nach zu diagnosticiren vermag. Was dagegen über
die Kategorie Carcinom in jenem weitesten Sinne hinausliegt, wie
z. B. die Tuberkulose, die syphilitischen Tumoren, die einfachen

(nicht parasitären) Cysten, die cavernösen Angiome, gewisse lymphatische Neubildungen u. s. w., so treten diese für den Beobachter am Lebenden theils überhaupt nicht in die Erscheinung und sind daher nicht oder doch nur vermuthungsweise zu diagnosticiren, theils verrathen sie sich durch ihren langsamen Verlauf, ihr Stationärwerden oder selbst durch ihr nachträgliches Verschwinden, durch ihren relativ geringen Umfang u. s. w. als gutartige Bildungen. Thatsächlich sind diese, dem Lebercarcinom gegenübergestellten Neubildungen nur ganz ausnahmsweise der Gegenstand der Beobachtung und Beurtheilung am Krankenbette.

Unter der Kategorie Lebercarcinom in dem so eben erörterten Sinne werden sehr verschiedenartige Neubildungen zusammengefasst. Um einen Ueberblick zu gewinnen und eine gewisse Ordnung in die bunte Reihe derselben zu bringen, muss der Collectivbegriff „Lebercarcinom" in seine Componenten aufgelöst werden. Es kann sich hierbei weniger um eine streng wissenschaftliche Eintheilung der betreffenden Neubildungen handeln, da es hierzu vorläufig noch an den erforderlichen Grundlagen fehlt, als vielmehr darum, dass die zu treffende Eintheilung dem praktischen Bedürfnisse der Orientirung genüge. Zu diesem Zwecke werden möglichst natürliche Gruppen, d. h. solche, welche namentlich das genetisch Zusammengehörende umfassen, gebildet werden müssen. Wir glauben dieser Anforderung zu genügen, indem wir das Lebercarcinom im weiteren Sinne in folgende 5 Gruppen zerlegen:

1) Der primäre Leberkrebs.

2) Der secundäre (metastatische) Leberkrebs.

3) Das Adenom der Leber.

4) Der sog. Pigmentkrebs der Leber (Melanosarcoma).

5) Die Sarkome und verwandten Formen aus der Gruppe der Bindesubstanzen.

Hierzu haben wir vorläufig nur zu bemerken, dass wir unter Krebs nach dem Vorgange von Waldeyer solche Neubildungen verstehen, welche auf einer atypischen Wucherung echter Epithelien (der äusseren Haut, der Schleimhäute und der sog. echten Drüsen) beruhen, während wir als Sarkom mit Virchow diejenigen Geschwülste bezeichnen, welche aus einem der zur Gruppe der Bindesubstanzen gehörenden Gewebe durch Vermehrung und Vergrösserung der Zellen auf Kosten der Intercellularsubstanzen entstehen.

1) Der primäre Leberkrebs.

Die Angaben der Autoren über die relative Häufigkeit des primären und secundären Leberkrebses gehen weit aus einander, ja sie stehen sich diametral gegenüber. Je weiter man in der Zeit zurückgeht, um so öfter stösst man auf die Behauptung, dass der primäre Leberkrebs der häufigere sei. Je mehr wir uns aber der Gegenwart nähern, um so mehr gewinnt, bei den Anatomen noch mehr als bei den Klinikern, die Meinung an Terrain, dass derselbe eine verhältnissmässig nur seltene Erscheinung sei. Statistisch genaue Angaben lassen sich über dieses Frequenzverhältniss zur Zeit nicht geben, denn es ist evident, dass diejenigen, welche sich mit dieser Aufgabe befasst haben, von verschiedenen Anschauungen über das Object ihrer Beobachtung und Zählung ausgegangen sind.

Es gibt besonders zwei ganz charakteristische Bilder, unter welchen uns der primäre Leberkrebs entgegentritt. Entweder nämlich entwickelt sich hierbei in der Leber eine solitäre grosse kugelförmige Geschwulst, in welcher oft mehr als die Hälfte der Leber untergeht, oder das ganze Organ erleidet eine ziemlich gleichmässige, diffuse Krebsentartung unter Beibehaltung seiner früheren normalen Gestalt. In beiden Fällen pflegt die Leber allein zu erkranken, d. h. der primäre Leberkrebs macht keine Metastasen, er greift höchstens continuirlich auf Nachbarorgane (namentlich auf die Gallenwege) über.

Es muss zugegeben werden, dass der primäre Leberkrebs gelegentlich auch in Gestalt multipler Knoten von annähernd gleicher Grösse und sonstiger Beschaffenheit vorkommt, sei es, dass jeder der Krebsknoten unabhängig von den übrigen entstanden ist, sei es, dass einer derselben den primären Krankheitsherd darstellt, von welchem aus die Bildung der anderen veranlasst worden ist. Auf Fälle dieser Art findet, was das grob-anatomische Bild der Krebsknoten anbelangt, die Beschreibung Anwendung, welche von dem secundären Leberkrebs gegeben werden wird.

Entwickelt sich der primäre Leberkrebs nach Art eines solitären Tumors[1]), so stellt sich dieser als eine annähernd kugelförmige Masse von oft ganz enormen Dimensionen dar. An der Leberoberfläche tritt der Tumor früher oder später als ein runder, unebener Höcker hervor, über welchem die Serosa stets entzündlich getrübt und verdickt ist. Gelegentlich kommt es an dieser Stelle zur adhäsiven Peritonitis, wodurch das Uebergreifen des Leberkrebses auf die Nachbarorgane vorbereitet wird. Schneidet man einen solchen Knoten mitten durch, so stellt er sich meistens als eine weiche schwellende Masse von schmutzig weisser Farbe dar, welche sich über das Niveau des Schnittes etwas vordrängt und von dem

---

1) Vgl. Wulff, Der primäre Leberkrebs. Diss. inaug. Tübingen 1876.

umgebenden Lebergewebe namentlich da deutlich abgrenzt, wo jenes im Zustande der Compression sich befindet. Streicht man mit der flachen Klinge über den angeschnittenen Tumor hinweg, so befördert man einen dicken rahmigen Saft in reichlicher Menge hervor. Durch die schwellende Markmasse ziehen gröbere und feinere, sehnig glänzende Faserzüge hin, welche sich netzartig verbinden und dadurch der Schnittfläche eine freilich sehr unregelmässig läppchenartige Zeichnung verleihen. — Wenn man die Grenzlinien zwischen Krebs und Lebersubstanz genau zu verfolgen sucht, so kann man bemerken, dass das Wachsthum der Geschwulst in verschiedener Weise erfolgt. An manchen Stellen stösst die weissliche Krebsmasse mit scharfer Grenze an das bräunliche, sichtlich comprimirte Lebergewebe und scheint dieses gleichsam vor sich her zu drängen. An anderen Stellen dagegen ist die Grenze zwischen Krebs- und Lebersubstanz unbestimmt und verwaschen. Der Uebergang zwischen beiden wird vermittelt durch Leberläppchen, welche anschwellen, weicher und blässer werden und so allmählich das Aussehen des fertigen Krebses annehmen, mit dem sie auch alsbald zusammenfliessen. Solche schwellende und verblassende, offenbar in der krebsigen Umbildung begriffene, übrigens aber von normalem Lebergewebe umschlossene Inseln beobachtet man hier und da auch in einiger Entfernung von der Peripherie des Tumors. Diese Inseln wachsen zu kleinen Knötchen heran und fliessen zu einer späteren Zeit mit der Hauptgeschwulst in eins zusammen.

Die Neubildung bricht gern in die Venen ein. Sowohl in den Pfortaderästen als in den Lebervenen (in letzteren vielleicht noch häufiger als in ersteren) sieht man krebsige Thromben auftreten, welche anfänglich locker im Gefässrohre liegen, später aber fest mit der Gefässwand verwachsen sind. Die mit Krebsmasse erfüllten Venen zeigen sich immer auch stark erweitert. Die Gallenkanäle der Leber dagegen werden durch die Neubildung erdrückt und unwegsam gemacht, die grösseren Gallengänge wohl auch gelegentlich durch einbrechende Krebsmassen ausgefüllt. Auch auf die Lymphdrüsen an der Leberpforte kann die Entartung übergreifen, übrigens aber pflegt der primäre Leberkrebs sich auf das Bereich der Leber zu beschränken. Nur ausnahmweise kommen dabei Metastasen nach entfernten Orten hin vor. [1]

Das Wachsthum der Geschwulst schreitet unaufhaltsam bis zum Tode des Patienten fort. Während dessen kommen im Innern der-

---

[1] Vgl. z. B. den auch in anderer Beziehung lehrreichen Fall von Weigert in Virch. Arch. LXVII. S. 500.

selben allerhand Störungen des Blutkreislaufs und der Ernährung
vor, wodurch gewisse regressive Umwandlungen des Krebses eingeleitet werden. Im Centrum des Tumors sterben grössere Strecken
ab und wandeln sich zu einer trocknen und derben, blass graugelb
gefärbten käsigen Substanz um. Oder es kommt zu Blutungen
und zur Bildung blutiger Infarkte, welche gleichfalls der einfachen Nekrose anheimfallen und sich später als feste, trockene,
schmutzig grauroth bis gelb gefärbte Partien darstellen. Die häufigste Veränderung aber ist die fettige Entartung der Krebszellen,
welche in mehr oder minder hohem Grade fast über die ganze Geschwulst verbreitet auftreten kann. An vielen Stellen führt sie zur
vollständigen Auflösung der Zellen unter Hinterlassung eines fettigen
Detritus, so dass die gesammte Geschwulst mit Ausnahme ihrer
äussersten Randschichten eine blassgelbe Farbe und schmierige Beschaffenheit annimmt. Die käsigen, fettigen und sonst wie beschaffenen Produkte der angeführten Ernährungsstörungen bleiben unverändert an Ort und Stelle liegen.

Was von der Leber neben der Krebsgeschwulst erhalten bleibt,
beträgt kaum die Hälfte von der ursprünglichen Masse des Organs,
zuweilen selbst noch weniger als dies. Die Ueberreste der Leber
umhüllen die Geschwulst theilweise wie eine dünne Rinde, zum Theil
aber erscheinen sie auch nur wie ein Anhängsel an derselben. Manchmal zeigen die Leberreste ganz ihre frühere normale Beschaffenheit,
öfter jedoch tragen sie Spuren der durch die Geschwulst erlittenen
Compression, oder es haben sich Störungen im Blutkreislaufe entwickelt, die sich bald als Anämie, bald als Stauungsblutfülle darstellen. Endlich entwickelt sich in Folge der Compression der
Lebergallengänge in den übrig gebliebenen Leberabschnitten eine
Gallenstauung, wobei dieselben eine gelbe bis grünliche Färbung
annehmen.

Die diffuse krebsige Entartung der Leber[1] — die
zweite Form, unter welcher der primäre Leberkrebs sich darstellen
kann — wird gewöhnlich als infiltrirter Leberkrebs bezeichnet. Sie wird nur selten beobachtet, tritt aber unter einem
höchst charakteristischen Bilde auf. Wir finden hierbei die Leber
in allen ihren Abschnitten annähernd gleichmässig und zwar recht
ansehnlich vergrössert, etwa bis zum doppelten ihres ursprünglichen

[1] Vgl. B. Fetzer, Beiträge zur Histogenese des Leberkrebses. Diss. inaug.
Tübingen 1868. — Perls in Virch. Arch. 56. Bd. S. 448 und dessen Lehrb. d.
allg. Pathol. S. 482.

Umfangs. Die äussere Gestalt des Organs bleibt dabei in ihren gröbern Umrissen erhalten. Der seröse Ueberzug der Leber erscheint ziemlich gleichmässig getrübt, etwas verdickt; stellenweise treten lockere Verwachsungen mit Nachbarorganen auf. Die Leberoberfläche ist überall mit flachen rundlichen Höckern versehen, welche den Durchmesser einer Erbse oder kleinen Kirsche besitzen. Zwischen den Höckern ist die Serosa eingezogen. Sonach würde die Leber von aussen betrachtet den Eindruck einer granulirten Leber machen, nur dass die Höcker an ihrer Oberfläche grösser und von blässerer Farbe sind als bei jener.

Auch das Verhalten der Schnittfläche erinnert unwillkürlich an die cirrhotische Leber, denn dieselbe zerfällt in lauter Läppchen oder Acini von etwa dem 2—4fachen Durchmesser eines normalen Leberläppchens. Die Läppchen sind durch breite Züge eines derben, sehnig glänzenden Fasergewebes von einander gesondert und treten als weiche, schwellende Masse ein wenig über das Niveau des Schnittes hervor, während die interlobulären Bindegewebsmassen entsprechend eingesunken erscheinen. Die ursprüngliche Leberfarbe ist fast ganz verschwunden, denn die Läppchen haben eine weissliche oder durch Gallenimbibition gelbliche bis grünliche Farbe angenommen. Ihr Gewebe ist lockerer, saftiger, markiger als das Lebergewebe. Die interacinösen Bindegewebssepta, an sich von weisser Farbe, erscheinen bei stärkerem Blutgehalte blass rosenroth bis hochroth gefärbt, so dass die Schnittfläche in der That ein sehr farbenreiches Bild gewährt. In einzelnen Fällen ist das Lebergewebe fast spurlos verschwunden, nur das Mikroskop lässt hier und da noch einen kleinen Rest davon entdecken. Es ist gleichsam die Leber als solche geschwunden und durch eine ähnlich gestaltete Krebsmasse ersetzt, jeder Leberacinus durch einen Krebsacinus substituirt worden. Von der Schnittfläche einer solchen Leber lässt sich derselbe rahmige Krebssaft ausdrücken, wie aus jedem gewöhnlichen Krebsknoten. Die so ausgedrückten Krebsläppchen lassen schon mit Hülfe der Lupe eine schwammige oder fein netzförmige Structur erkennen.

Regressive Metamorphosen bleiben bei der in Rede stehenden Krebsform entweder gänzlich aus, oder sie beschränken sich auf theilweise Verfettung der Krebszellen, wodurch das Gesammtbild in keiner Weise merklich alterirt wird.

In einzelnen Fällen erstreckt sich die krebsige Infiltration auch auf die Wand der Gallenblase, welche dadurch zu einer fingerdicken, derben, weisslichen Masse umgebildet wird. Die Pfortader wie die

Lebervenen scheinen bei der diffusen Krebsentartung der Leber un-
betheiligt zu bleiben, ebenso die Gallenwege, soweit sie sich mit
blossem Auge verfolgen lassen. Auch Metastasen nach anderen entfernten Organen sind meines Wissens nicht beobachtet worden; höchstens nehmen die in der Leberpforte gelegenen Lymphdrüsen an der
krebsigen Entartung Antheil.

Histologie des primären Leberkrebses. Der ausgebildete primäre Leberkrebs bietet in seinem feineren Bau keine bemerkenswerthe Abweichung von der gewöhnlichen Structur weicherer
Krebse dar. Derselbe ist im Allgemeinen sehr reich an Zellen, das
bindegewebige Gerüstwerk tritt gegen die letzteren mehr zurück.
Seine Alveolen sind gewöhnlich gross und weit und nähern sich der
runden Gestalt. Die Stromabalken sind mehrentheils schmal, bestehen gelegentlich fast nur aus den nackten Gefässen. Die Zellen
des primären Lebercarcinoms zeigen in gewissen Fällen weder eine
bestimmte Form, noch eine regelmässige Anordnung. In andern
Fällen aber haben sie die Gestalt kurzer Cylinder und sind wenigstens am Rande des Alveolus in regelmässiger Reihe wie ein Drüsen-
epithel neben einander gestellt. Durchschnittlich sind die Zellen
dieser Krebse eher klein zu nennen, ihre Zellengrenzen sind häufig
schwer zu erkennen: man glaubt im Anfang einen körnigen Ballen
von der Form des betreffenden Alveolus zu sehen, in welchem sich
eine Masse grösserer Zellenkerne eingebettet vorfinden. Von den im
Stroma sich verbreitenden Blutgefässen gilt dasjenige, was weiter
unten über die Blutgefässe des secundären Leberkrebses dargelegt
ist: das Gefässsystem des primären Leberkrebses wird von der Leberarterie gespeist; es besteht aus Capillaren, die sich, Hand in Hand
mit dem fortschreitenden Wachsthum des Krebses, innerhalb der
Stromabalken neu gebildet haben.

Die Entwicklungsgeschichte des primären Leberkrebses[1] ist besser bekannt und beruht mehr auf directer Beobachtung, als die des secundären Leberkrebses. Der primäre Krebs
bietet nämlich für die mikroskopische Untersuchung den Vortheil,
dass man die Wachsthumsvorgänge an der Peripherie der Neubildung besser sehen und beurtheilen kann, sofern die Uebergangszone zwischen Lebergewebe und dem fertigen Krebsgewebe eine viel
breitere und mannichfacher abgestufte ist, als beim secundären Krebs,
wo man in der Regel beide Gebiete fasst unvermittelt an einander
stossen sieht. — Als summarisches Ergebniss der bisherigen Untersuchungen lässt sich der Satz hinstellen, dass die Zellen des pri-

---

[1] Vgl. die oben citirten Arbeiten von Fetzer, Perls, Wulff u. A.

mären Leberkrebses als Abkömmlinge theils der secretorischen Drüsenzellen der Leber, theils der Epithelzellen der kleineren Gallengänge zu betrachten sind. In untergeordneteren Fragen weichen die Ansichten der einzelnen Beobachter allerdings von einander ab, namentlich bezüglich der Grösse des activen Antheils, welchen sie den Leberzellen, resp. den Epithelien der Gallengänge an der Krebszellenproduction zuschreiben. In den von mir untersuchten Fällen waren es fast ausschliesslich die Leberzellen selbst, welche durch ihre schrankenlose Wucherung zur Krebsbildung führten. Dass in andern Fällen die Gallengangepithelien ausschliesslich oder vorzugsweise die gleiche Rolle übernehmen, ist allen Erfahrungen nach nicht bloss höchst wahrscheinlich, sondern auch durch zuverlässige Beobachter positiv nachgewiesen. Somit stünde auch nichts der Annahme entgegen, dass es gemischte Fälle gibt, wo beide Zellensorten sich in die Arbeit der Zellenproduction theilen.

Der Vorgang der krebsigen Transformation ist beim geschwulstförmigen primären Leberkrebs der gleiche wie bei der diffusen Krebsentartung der Leber. An den hierzu geeigneten Particen sieht man mit Hülfe des Mikroskops diesen Vorgang sich in folgender Weise vollziehen. Zunächst macht sich eine Vergrösserung der Leberzellen bemerklich, wodurch die betreffenden Zellenbalken sich merklich verbreitern. Die radiär verlaufenden Leberzellenreihen sondern sich von ihren seitlichen Nachbarn, indem die queren Verbindungsstücke zwischen jenen Reihen eingezogen werden. Die Contouren der vergrösserten Leberzellen werden undeutlich, scheinen sich sogar ganz zu verlieren, der ganze Lebercomplex scheint sich somit zu einem gleichartigen Protoplasmaballen mit einer entsprechenden Zahl von Kernen umzuwandeln. In diesen Zellencomplexen findet nunmehr eine Vermehrung der vorhandenen Kerne durch Theilung auf etwa die doppelte bis vierfache Zahl der ursprünglich vorhandenen Kerne statt. Um die jungen Kerne gruppirt sich das Protoplasma, es treten neue, wenn auch ziemlich undeutliche Grenzlinien zwischen den jetzt in vermehrter Menge vorhandenen Zellen auf. Gleichzeitig nehmen die jungen Zellen manchmal eine solche Ordnung an, dass sie wie die Epithelien eines Drüsenschlauchs kreisförmig um das centrale Lumen des letztern gelagert erscheinen. Aber dabei bleibt es niemals stehen. Die Zellenvermehrung schreitet vielmehr sehr bald in atypischer Weise fort, und da, wo früher ein Leberzellenbalken von Capillaren umrahmt gesehen wurde, sehen wir jetzt einen weiten rundlichen, ei- oder walzenförmigen Hohlraum (Alveolus), welcher mit einem Zellenballen von dunkelkörnigem Aussehen vollständig erfüllt ist.

Während dieser Umbildung geht gleichzeitig das portale Capillarsystem gänzlich verloren; die leeren Capillaren geben zusammen mit dem sie von früher her umgebenden Bindegewebe den Grundstock zu den Balken des fibrösen Krebsstromas her. Die in dem letzteren sich verbreitenden den Krebs ernährenden Blutgefässe sind Producte neuer Bildung und stellen Verzweigungen der Leberarterie dar.

Bei dem hier geschilderten Vorgange sind es immer nur einige wenige Leberzellenreihen, welche der krebsigen Umbildung unterliegen. Die grössere Menge des Lebergewebes, die Drüsenzellen sowohl wie die Capillaren, geht unter dem Drucke der wuchernden Krebszellen atrophisch zu Grunde. Gleiches gilt von den kleinsten interlobulären Gallengängen, deren Epithelien sich übrigens, wie bereits angedeutet, in gewissem Umfange an der Wucherung der Krebszellen betheiligen mögen.

In welchem Verhältnisse die bei der diffusen Krebsentartung der Leber vorkommende cirrhotische Wucherung des interacinösen Bindegewebes zur Krebsbildung steht, ist schwer zu sagen. Es scheint nicht, als ob diese interstitielle Wucherung ein für sich bestehender Process wäre und als ob zu einer interstitiellen Hepatitis sich nachträglich (zufällig) die krebsige Degeneration hinzugesellt hätte. Viel wahrscheinlicher möchte die Wucherung des interacinösen Bindegewebes zum Process der krebsigen Transformation selbst gehören, indem ein und dieselbe Ursache die secretorischen Drüsenzellen zur atypischen Vermehrung durch wiederholte Theilung, das Bindegewebe aber zur Wucherung nach Art eines chronischen Entzündungsvorganges anregt [1]).

2) Der secundäre Leberkrebs.

In den bei weitem meisten Fällen von Leberkrebs haben wir es mit secundärer, metastatischer Krebsbildung zu thun. Lungen und Leber sind diejenigen Organe, in welchen sich Geschwulstmetastasen krebsiger wie sarkomatöser Art besonders häufig entwickeln. Aber nicht von jedem Standorte des primären Krebses aus erfolgen derartige Metastasen nach der Leber gleich häufig, obschon kaum von einem Organe sich wird behaupten lassen, dass die in ihm beob-

---

1) Perls (Lehrb. d. allg. Pathol. S. 482) hat den fraglichen Zustand der Leber als Cirrhosis hepatis carcinomatosa bezeichnet, doch vermag ich nicht klar zu ersehen, wie er sich den Zusammenhang der Erscheinungen dabei vorstellt. Wie es scheint, erblickt er in der cirrhotischen Bindegewebswucherung nichts Zufälliges, sondern ein regelmässiges Glied des Gesammtvorganges.

achteten primären Krebse niemals den Ausgangspunkt für die Bildung
von Krebsmetastasen in der Leber abgäben. Am seltensten kommt
es wohl bei den Krebsen der äusseren Haut, den eigentlichen Plattenzellenkrebsen vor, dass sie sich metastatisch auf die Leber verbreiten, und wenn es geschieht, so bleiben die metastatischen Knoten
klein und ganz vereinzelt. Am häufigsten dagegen schliesst sich
der secundäre Leberkrebs an den primären Krebs des Magens, zumal des Pylorus, ferner an den Krebs des Darms und die mit jenen
im Zusammenhang stehenden Peritonäalkrebse an. Diese Thatsache
erscheint uns gegenwärtig vollkommen begreiflich, da wir anzunehmen pflegen, dass es sich hierbei um einen Transport von Krebskeimen von Magen und Darm aus nach der Leber handelt, welcher
durch Vermittelung der Pfortader und ihrer Wurzeln, bezichentlich
der Lymphgefässe zu Stande käme. Von grösster Bedeutung für die
Beurtheilung der hier in Frage kommenden Verhältnisse ist die leicht
zu constatirende Thatsache, dass der (jüngere) Krebs der Leber sich
meist viel rascher und üppiger entwickelt, daher bald eine viel
grössere Ausdehnung erreicht, auch in grösserem Umfange die Zeichen der regressiven Metamorphose erkennen lässt, als dies von dem
älteren (primären) Krebse gilt, der etwa am Pylorus oder am Darm
seinen Sitz hat. Denn die letztgenannten Krebse sind zuweilen von
so geringer Ausdehnung, dass ein weniger aufmerksamer Beobachter
sie ganz übersieht; ihre Entwicklung ist frühzeitig zum Stillstand
gekommen, oder es ist Zerfall des primären Krebses eingetreten
und nur ein mehr oder weniger charakteristisches Geschwür davon
zurückgeblieben. Da das ursprünglich erkrankte Organ in einzelnen
Fällen gar keine bestimmten Symptome veranlasst, so ist es erklärlich, dass über der imponirenden Krebswucherung in der Leber der
wahre Ausgangspunkt des Leidens am Lebenden übersehen und in
der Leiche nur bei aufmerksamer und consequenter Untersuchung
entdeckt wird. Man würde sich kaum getrauen, bei solcher Sach-
lage den unansehnlichen Pyloruskrebs für das primäre, die mächtig
entwickelten Tumoren der Leber dagegen für das secundäre Uebel
zu erklären, wenn es nicht hier und da gelänge die Bahnen zu entdecken, auf welchen der Transport der Krebskeime erfolgt ist, und
wenn nicht die mit Krebssaft erfüllten Venen und Lymphgefässe
die Richtung andeuteten, in welcher die Ausbreitung des Uebels erfolgt ist. In vielen Fällen werden wir freilich den Zusammenhang
der Veränderungen nur vermuthen, nur nach der Analogie erschliessen
und wiederum in anderen Fällen die betreffende Frage überhaupt
nicht beantworten können. Im allgemeinen aber dürfte die Annahme

berechtigt sein, dass bei gleichzeitigem Vorkommen von Krebsknoten einerseits in der Leber, andrerseits in irgend einem anderen Organe, zumal wenn letzteres im Bereiche der Pfortaderwurzeln liegt, der Leberkrebs als die secundäre, jüngere Bildung zu betrachten ist, selbst wenn er viel mächtiger entwickelt, und mehr regressiv verändert sich darstellen sollte, als die sonst vorhandenen Krebse, von welchen e i n e r der primäre, ältere sein würde.

Der secundäre Leberkrebs tritt uns beinahe ausnahmslos in Gestalt m u l t i p l e r K n o t e n, und nur äusserst selten nach Art einer diffusen Infiltration [1]) entgegen. In manchen Fällen — bei relativ später Erkrankung der Leber — sind die Krebsknoten in derselben so klein und so wenig zahlreich, dass sie erst in der Leiche gewissermaassen zufällig entdeckt werden. Gewöhnlich aber erreichen die Knoten in der Leber eine solche Ausdehnung, dass sie schon während des Lebens deutlich bemerkbar werden. Zahl, Grösse und sonstige Beschaffenheit der Krebsknoten bieten dabei die allergrössten Verschiedenheiten dar. Bald sind es, wie gesagt, nur einer oder einige wenige, bald aber auch 20, 30, hunderte von Knoten, und diese vertheilen sich ohne bestimmte Ordnung über alle Abschnitte der Leber. Sind die Knoten sehr zahlreich, so treten sie nicht blos an der Oberfläche des Organs allenthalben hervor, sondern man kann dasselbe auch nirgends einschneiden, ohne dabei eine Anzahl solcher Knoten in der Tiefe des Gewebes zu treffen. Die Grösse der einzelnen Knoten differirt gewaltig, nicht blos in verschiedenen Fällen, sondern auch in einer und derselben Leber. Die grössten Knoten erreichen den Umfang eines Kindskopfes; durchschnittlich sind sie etwa so gross wie ein Ei oder ein Apfel, und von da an abwärts bis zu miliarer, ja eben noch sichtbarer Grösse kommen alle Uebergänge vor. Die einzelnen Krebsknoten erscheinen im allgemeinen zwar scharf umschrieben, aber, ihrem eigenthümlichen (excentrischen) Wachsthume entsprechend, sind sie nicht rein ausschälbar, nicht eigentlich abgekapselt, sondern stossen an ihrem Rande unmittelbar an das meist unveränderte Lebergewebe an. Mit dem excentrischen Wachsthume des Krebses hängt es auch zusammen, dass die Lebersubstanz in der Umgebung [der Knoten nur selten die Zeichen erlittener Compression darbietet. Die Lebersubstanz wird eben durch den Krebs nicht verdrängt, sondern letzterer tritt an ihre Stelle, substituirt die erstere. Jeder einzelne Knoten wächst an seiner

---

1) Letzteres sah ich in einem Falle von Gallertkrebs der Leber im Anschluss an die entsprechende Erkrankung des Peritoneums und Magens.

Peripherie fort, vergrössert sich aber auch dadurch, dass kleinere Knoten in seiner Nachbarschaft allmählich mit ihm zusammenfliessen. Consistenz, Farbe und sonstige Eigenschaften der secundären Leberkrebse richten sich im Wesentlichen nach der Natur des primären Krebses, dessen Eigenthümlichkeiten sie gewöhnlich bis ins Einzelne wiederholen. Die Krebsknoten der Leber bieten bald die Festigkeit des Skirrhus, bald die Weichheit des Markschwammes dar. Nach beiden Richtungen bilden die Extreme die Ausnahme, denn in der Regel haben sie eine mittlere Consistenz (Carcinoma simplex). Beim Streichen mit dem Messer über einen angeschnittenen Knoten tritt fast ausnahmslos, in frischen Fällen immer, ein rahmiger Krebssaft bald reichlich, bald spärlicher hervor. Sehr grosse Markschwammknoten lassen zuweilen einen massenhaften, dicken Zellenbrei hervortreten, nach dessen Abspülung ein grobes faseriges Netzwerk (Stroma) zurückbleibt, dessen Maschen die Grösse eines Hirsekorns erreichen, während die Balken des Netzes die Dicke eines Haares darbieten. Im allgemeinen sind die Krebsknoten der Leber saftreich; trockne Formen bilden die Ausnahmen (z. B. Plattenzellenkrebs). Alle Krebse haben, soweit sie nicht regressiv verändert sind, eine weisse Farbe oder eine dem Weissen sich annähernde Nüance von blassroth, grau, gelb, grünlich.

Da die Krebsknoten im Beginne ihrer Entwicklung das Lebergewebe einfach substituiren, so erfährt die Leber anfänglich keine wahrnehmbare Veränderung ihres Umfangs. Zuweilen ist Form und Volumen der Leber selbst dann nicht erheblich alterirt, wenn zwar sehr zahlreiche Knoten in derselben vorhanden sind, diese aber sämmtlich ein gewisses Maass, etwa den Umfang einer Kirsche, nicht überschreiten. Allmählich jedoch, wenn die Knoten zahlreicher und namentlich wenn einzelne derselben immer grösser werden, erleidet Form, Volumen und Gewicht der Leber auffallende Veränderungen. An der Oberfläche treten die Knoten als rundliche glatte Höcker hervor und geben bei fortschreitendem Wachsthum dem Organ ein unebenes und höchst unregelmässiges Aussehen. Die Leber vergrössert sich nach allen Dimensionen, vorzugsweise nach der Dicke, ihr Gewicht verdoppelt und verdreifacht sich, ja in einzelnen Fällen erreicht die Krebsleber ein Gewicht von 20 und mehr Pfund. Die grössten und schwersten Lebern, welche man beobachtet hat, waren Krebslebern [1]. Von der Lebersubstanz selbst bleibt bei so massenhafter Krebsentwicklung nur sehr wenig übrig. In allen Fällen, wo

---

[1] Das Gesagte gilt ebenso von dem sog. Pigmentkrebs der Leber (s. unten).

die Leber allenthalben mit faustgrossen Knoten durchsetzt ist, welche
sich beinahe berühren, mag der schliesslich noch verbleibende Rest
an Lebergewebe vielleicht ein Fünftel und weniger von dem ursprünglich vorhanden gewesenen betragen. — Bestimmte Veränderungen werden an der zwischen den Geschwulstknoten liegenden
Lebersubstanz in der Regel nicht wahrgenommen, namentlich macht
sich, wie bereits erwähnt, gewöhnlich keine Compression desselben
bemerkbar. Zuweilen entwickeln sich Circulationsstörungen, Blut-
stockungen am Rande der Knoten, wodurch eine Erweiterung der
Gefässe zu Stande kommt und das Lebergewebe ein fast cavernöses
Aussehn annimmt. Am häufigsten entsteht noch ein gewisser Grad
von Icterus, zunächst natürlich an der Lebersubstanz, dann auch an
den Krebsknoten. Dies beruht auf dem Verschluss zahlreicher Ab-
fuhrwege der Galle durch die auf jene drückenden Knoten. Es erklärt sich aber hieraus auch, weshalb die gallige Verfärbung oft nur
eine partielle, fleckweise bleibt.

Während wir die Lebersubstanz mit zahlreichen Knoten durchsetzt finden, sind gleichzeitig zuweilen ähnliche Knoten auch in der
Wand der Gallenblase oder der grösseren Lebergallengänge vorhanden. Ueber den Ausgangspunkt derselben und über ihr Verhältniss
zu den Leberkrebsen lässt sich in der Regel nichts sicheres feststellen, zumal dieselben gewöhnlich zur einen Hälfte von Lebersubstanz umgeben sind, während sie mit der anderen Hälfte in das Lumen der betreffenden Gallenwege hineinragen. Sobald man auf Grund
des gesammten Leichenbefundes annehmen darf, dass die Krebsbildung im Bereiche der Leber wirklich eine secundäre ist, hat jene
Frage nach dem Ausgangspunkt keine Bedeutung. Wenn jedoch der
Krebs auf das Bereich der Leber und Gallenwege beschränkt ist, so
muss die Möglichkeit offen gehalten werden, dass der Krebs der
Gallenwege (vom Epithel der Schleimhaut derselben ausgehend) der
primäre war und dass die Leber von hier aus mit Krebskeimen inficirt worden ist. Dies würde um so wahrscheinlicher sein, je grösser
und in der Entwickelung wie in der Rückbildung vorgeschrittener
der Gallenblasenkrebs sich darstellt. Selbstverständlich ist, an sich
betrachtet, auch das Gegentheil möglich. Selbst unter Beachtung
aller Eigenthümlichkeiten des Einzelfalles wird man es in diesen
Fragen nicht weiter als bis zu einem gewissen Grade der Wahrscheinlichkeit bringen.

Auch die blutführenden Kanäle der Leber sind beim secundären
Leberkrebs oft betheiligt. Am häufigsten trifft man die Pfortaderäste in der Leber mit weichen, krebsigen Thromben ausgestopft.

Solche auf kürzere oder längere Strecken mit Krebsmasse erfüllten Pfortaderäste verlieren sich oft ganz unmerklich in den Krebsknoten der Leber. Auch in diesen Fällen wird sich nicht immer entscheiden lassen, ob die Leberknoten in die Pfortaderäste eingebrochen und nach Art des Venenkrebses in letzteren eine Strecke weit fortgewachsen sind, oder ob ein Pfortaderkrebs auf die zugehörige Capillarprovinz und auf die Lebersubstanz sich ausgebreitet hat. Wenn freilich, wie dies nicht selten der Fall ist, etwa ein Magenkrebs vorliegt, und wenn wir die aus dessen Bereich hervortretenden Magenvenen ebenso wie den ganzen Pfortaderstamm mit Krebsmasse erfüllt sehen, wenn ferner der krebsige Thrombus in den kleineren Leberästen der Pfortader continuirlich mit dem Krebs des Pfortaderstammes zusammenhängt: dann werden wir die mit Krebsthromben zusammenfliessenden Leberknoten als die directe Fortsetzung jener anzusehen haben. —

Ein Uebergreifen des secundären Leberkrebses auf die Lebervenen und ein Fortwachsen innerhalb derselben nach Art des Venenkrebses ist ein relativ seltenes Ereigniss. Noch viel seltener dürfte der Einbruch von Krebsknoten der Leber in die untere Hohlader vorkommen.

Die in der Leberpforte gelegenen Lymphdrüsen findet man beim secundären Leberkrebs ebenfalls oft genug krebsig degenerirt und zu Tumoren von der Grösse einer Nuss, eines Hühnereies angeschwollen. Sie üben in manchen Fällen einen bedenklichen Druck auf die durch die Pforte aus- und eintretenden Gallenwege und Blutgefässe aus.

Von einer Betheiligung der Lymphgefässe an der Ausbreitung des secundären Leberkrebses lässt sich in der Mehrzahl der Fälle nichts wahrnehmen. (Vergl. jedoch das weiter unten vom Gallertkrebs Gesagte.)

Der Bauchfellüberzug der Leber setzt in der Regel der Krebsentwickelung in diesem Organe ein Hinderniss entgegen. Nur ausnahmsweise kommt es vor, dass sich Adhäsionen zwischen der Leberoberfläche und den anstossenden Organen bilden und dass der Leberkrebs vermittelst solcher Verlöthungen sich auf die Nachbarorgane, namentlich den Quergrimmdarm und die vordere Bauchwand continuirlich fortsetzt.

Während die Krebsknoten der Leber fortfahren an ihrer Peripherie zu wachsen, während vielleicht zwischen den alten immer neue und neue Tumoren auftreten, erleiden dieselben Geschwülste in ihren älteren Partien allerhand Ernährungsstörungen: es kommt zu verschiedenartigen regressiven Metamorphosen. Dieselben hängen grösstentheils mit Störungen oder Unterbrechungen der Blutcirculation in den Gefässen des Krebsstromas zusammen. Solche Störungen werden sich am leichtesten entwickeln an Stellen, welche am weitesten von den Ernährungsquellen entfernt liegen. Und da letztere an der Peripherie der Krebsknoten liegen, so wird der Kern derselben am frühesten von der Störung betroffen werden. Auch werden im Allgemeinen sehr grosse und sehr ungestüm wachsende Geschwülste die regressiven Metamorphosen am ausgesprochensten zeigen. — Die regressiven Veränderungen des Leberkrebses bestehen überwiegend in Verfettung, Erweichung, Zerfall und Resorption zunächst der in den Alveolen enthaltenen Krebszellen. Das Krebsstroma kann sich innerhalb gewisser Grenzen an diesen Vorgängen betheiligen.

Der fettige Zerfall erstreckt sich in manchen Fällen fast gleichmässig über den ganzen Knoten, betrifft aber nur die Krebszellen, während das Stroma intact bleibt. Dann sind die Krebsalveolen mit fettigem Detritus erfüllt. Die entarteten Knoten bieten die Farbe und Consistenz eines Butterballens dar (butterähnlicher Krebs).

In anderen Fällen, wenn auch das Krebsstroma in ausgedehnter Weise an dem Zerfall betheiligt ist, löst sich der Krebsknoten zu einer zerfliessend weichen, weissgrauen Masse auf, welche man durch einen Wasserstrahl wie den Inhalt einer apoplektischen Erweichungshöhle wegspülen kann.

Meistens jedoch bleibt der Vorgang des fettigen Zerfalls und der Resorption ein partieller, d. h. er beschränkt sich nur auf den ältesten Theil, auf den Kern des Knotens, und auch hier betrifft er nur die eigentlichen Krebszellen, nicht aber auch das fibröse Stroma. Letzteres verdichtet sich durch Schrumpfung zu einer soliden Fasermasse, einer sog. Krebsnarbe. An oberflächlich gelegenen Knoten, wo der schrumpfende Narbenkern mit dem peritonealen Ueberzug der Leber zusammenhängt, erscheint nach diesem Vorgange die Mitte des prominirenden Knotens schüsselförmig eingezogen: es hat sich ein sog. Krebsnabel oder eine Krebsdelle gebildet. Das Peritonäum am Grunde derselben ist entzündlich getrübt und verdickt. Auch an ziemlich kleinen (etwa kirschengrossen) Knoten wird die Dellenbildung schon beobachtet.

Die Krebsdelle ist bekanntlich nicht blos eine Eigenthümlichkeit der Leberkrebse. In ganz ähnlicher Weise kommt sie den Krebsknoten der von einer Serosa überzogenen Organe zu, sofern nur diese Knoten in der Nähe der Serosa liegen, z. B. dem Darmkrebs, Pleurakrebs u. s. w. Selbst an schrumpfenden Krebsen der Brustdrüse, welche mit der äusseren Haut zusammenhängen, kommt etwas Analoges vor. — Dagegen wird die Dellenbildung im Allgemeinen vermisst bei solchen Geschwulstknoten der Leber, welche nicht zum eigentlichen Krebs in dem von uns festgehaltenen Sinne gehören, z. B. an den metastatischen Sarkomen, den Pigmentkrebsen u. s. w. Die multiloculäre Echinococcengeschwulst der Leber bietet in einzelnen Fällen da, wo sie bis zur Serosa vorgedrungen ist, Unebenheiten dar, welche sich wenigstens für den tastenden Finger ganz wie Krebsdellen darstellen können.

Aus grösseren Krebsknoten gehen durch die in Rede stehenden Rückbildungsvorgänge zuweilen sog. Cystenkrebse, d. h. Knoten hervor, welche in ihrem Centrum einen rundlichen meist nicht ganz glattwandigen, mit Serum erfüllten Hohlraum enthalten. Ihre Entstehung beruht auf Zerfall und Resorption der ältesten Partien des bis dahin soliden Krebsknotens, wobei an Stelle des resorbirten Gewebes Serum tritt. Die centrale Cyste bleibt aber jederzeit von einer breiten Zone von jüngerem Krebsgewebe eingeschlossen.

Seltener als die Verfettung mit ihren Folgezuständen wird eine Art von Verkäsung an den Krebsknoten der Leber beobachtet. Sie erstreckt sich in einzelnen Fällen über sämmtliche Tumoren, welche gerade vorhanden sind, und zwar ihrer ganzen Ausdehnung nach, gewöhnlich jedoch beschränkt sie sich auf einzelne Abschnitte grösserer Knoten. Bei der Verkäsung werden die Krebsknoten trocken und derb, ihre Schnittfläche nimmt eine gelbgraue, homogene Beschaffenheit an, der ganze Knoten zeigt grosse Aehnlichkeit mit einem grossen Tuberkelconglomerat oder mit einem alten Gumma. Die käsige Substanz geht hauptsächlich aus den Krebszellen hervor, welche eintrocknen und atrophiren, schliesslich ganz absterben und zu einem feinkörnigen Detritus sich auflösen. Doch ist auch das Krebsstroma an dem Vorgang betheiligt. Der Blutlauf in demselben wird sistirt, die Gefässe veröden, das Stroma verfällt der Vertrocknung und Nekrose, wobei es wenigstens theilweise ebenfalls zu käsigem Detritus umgewandelt wird.

Der teleangiektatische Krebs (Blutschwamm, Fungus haematodes) ist ausgezeichnet durch eine ungemein reiche Entwickelung der feinen Blutgefässe des Krebsstromas. Diese Tumoren zeigen daher einen starken Blutgehalt, besitzen eine lebhaft rosenrothe Farbe, sind sehr weich, scheinen besonders schnell zu wachsen und werden sehr häufig der Sitz von grösseren oder kleineren Blutergüssen. Dadurch entsteht der hämorrhagische Krebs. Durch stärkere Blutungen können ganze Krebsknoten zertrümmert und zu einem blutigen Brei umgewandelt werden. Liegen solche hämorrhagische Krebse zufällig in der Nähe des Bauchfellüberzuges, so kann dieser einreissen und das Blut ergiesst sich in die Bauchhöhle. Ich sah in einem solchen Fall das aus dem eingerissenen Leberkrebsknoten stammende Blut im Douglas'schen Raume angesammelt, ganz nach Art einer Haematocele retrouterina. — Zuweilen gibt der Einbruch des Bauchfells zu einer acuten Peritonitis Veranlassung.

Hier ist auch der Ort, vom Gallertkrebs (Alveolar- oder Colloidkrebs) zu reden. In der Leber ist derselbe jedenfalls ein seltenes Vorkommniss, namentlich scheint er primär in diesem Organe gar nicht aufzutreten. Die Gallertkrebse der Leber sind vielmehr theils metastatische (im Anschluss an die betreffende Krebsform des Magens und Darms), theils (vom Peritonäum aus) fortgesetzte Krebse. In den metastatischen Fällen enthält die Leber eine Anzahl von Knoten, denen man es oft deutlich ansieht, dass sie ursprünglich gewöhnliche (zellige) Krebse waren. Denn neben weiten, mit homogener Gallertmasse erfüllten Alveolen finden sich in diesen Tumoren andere mit rein markigem Inhalte und wieder andere, deren Zellen die verschiedenen Stadien der schleimigen Entartung erkennen lassen. Abgesehen von dieser Umwandlung seiner Zellen unterscheidet sich der knotenförmige Gallertkrebs der Leber in keinem wesentlichen Punkte von den gewöhnlichen Fällen des secundären Leberkrebses.

Ganz anders gestaltet sich das anatomische Bild, wenn sich ein Gallertkrebs des Peritonäums auf die Leber (continuirlich) fortsetzt. Dies geschieht in der Hauptsache durch Vermittelung der subserösen Lymphgefässe. Man sieht zunächst unter dem Peritonäalüberzug der Leber und der Gallenblase eine Anzahl kleiner Lymphgefässstämmchen mit der grau durchschimmernden transparenten Krebsgallerte erfüllt. An diese Stämmchen schliessen sich weitverbreitete engmaschige Netze ebenso veränderter und stark ausgedehnter Lymphgefässe an. Diese Netze werden immer dichter und enger, ihre Balken breiter, das Zwischengewebe schwindet allmählich und so entstehen flache plaqueähnliche Infiltrationen von Gallertkrebs in und unter der Serosa, welche sich immer mehr, auch in die Tiefe ausbreiten und die Lebersubstanz fortschreitend substituiren. Aber nicht blos an der Oberfläche, sondern gleichzeitig auch im Innern der Leber tritt der Gallertkrebs auf. Auf einem Schnitt durch die Leber sieht man in der Zellgewebsscheide der grösseren Blutgefässe zahlreiche mit Krebsgallerte erfüllte feine Kanäle und Kanalnetze, offenbar Lymphgefässe, welche sich strangförmig in der Lebersubstanz hinziehen. In einem etwas späteren Stadium sind die Blutgefässe von einer ihrem Durchmesser an Dicke nahekommenden Zone von Gallertkrebs eingescheidet und von hier aus wächst der letztere in ähnlicher Weise wie an der Oberfläche des Organs auf Kosten des Lebergewebes weiter. Schliesslich werden, ohne dass die Leber eine bemerkenswerthe Aenderung ihrer Form erleidet, selbst ohne dass sie sich erheblich vergrössert, ausgedehnte Abschnitte, ja ganze Lappen der Leber ausschliesslich vom Gallertkrebs gebildet. Auch die Wand der Gallenblase pflegt hierbei von den subserösen Lymphgefässen aus in die gallertkrebsige Infiltration hereingezogen zu werden. Ihre Schleimhaut kann dabei frei bleiben, doch bricht der Gallertkrebs gelegentlich auch in das Lumen der Gallenblase ein.

Trotz aller der oben angeführten regressiven Metamorphosen kann doch von einer Heilung des Leberkrebses, an welche man auf Grund unrichtig gedeuteter Leichenbefunde [1]) eine Zeit lang zu glauben geneigt war, keine Rede sein. Diesem Satze wird in der Gegenwart so wenig widersprochen, dass es überflüssig erscheint, noch einmal in eine Discussion der Frage von der Heilbarkeit des Krebses einzutreten.[2]) Der Verlauf des Leberkrebses erleidet durch jene Metamorphosen zum Theil vielleicht eine gewisse Verzögerung, sicherlich keinen völligen Stillstand und noch weniger eine wahre Involution. Denn bei genauerer Betrachtung wird man sich stets davon überzeugen können, dass die äusserste Randzone der Krebsknoten von unverändertem Krebsgewebe eingenommen wird und dass hier das peripherische Wachsthum fortdauert, unberührt von allen jenen regressiven Veränderungen, welche die älteren Theile des Krebsknotens erleiden.

Wie in Bezug auf ihr makroskopisch wahrnehmbares Verhalten, so wiederholen sich auch in histologischer Beziehung an den secundären Leberkrebsen (wie an den Krebsmetastasen überhaupt) alle die Eigenthümlichkeiten des jeweils vorhandenen primären Tumors, manchmal bis in das feinste Detail hinein. Dem entsprechend bieten die Krebsknoten in der Leber bei aller Uebereinstimmung in den allgemeinen Zügen ihres Bauplanes, doch mannichfache Abweichungen von einander dar, sowohl was das Stroma als was die Zellen des Krebses anbelangt. Das bindegewebige Stroma ist bald mächtig entwickelt, bildet fast die Hälfte des ganzen Knotens, bald ist es so spärlich vorhanden, dass die Blutgefässe desselben fast

---

1) Namentlich scheinen in der Rückbildung begriffene syphilitische Tumoren für heilende Leberkrebse gehalten worden zu sein.

2) Vgl. Köhler, Krebs- und Scheinkrebskrankheiten. S. 376. — Frerichs, Klinik der Leberkrankheiten II. S. 282.

nackt durch die markweiche Zellenmasse zu verlaufen scheinen und nur wenige stärkere Faserzüge der letzteren einigen Halt verleihen. Die Alveolen, in welchen die Krebszellen liegen, sind bald relativ weit, bald eng und schmal. Ihre Gestalt, gleichfalls sehr variabel, hängt bekanntlich mehr von der Richtung ab, in welcher wir sie durchschnitten sehen, als von einer ursprünglichen Formverschiedenheit derselben. Die Krebs zellen, der wichtigste Factor dieser Neubildung, erscheinen in sehr verschiedener Menge, Gestalt, Grösse und Anordnung. Ihre Menge und Vertheilung correspondirt natürlich mit dem jeweiligen Verhalten des Stromas. Bezüglich ihrer Grösse und Gestalt aber ist daran zu erinnern, dass das Carcinom nach der von uns acceptirten Definition eine epitheliale Neubildung ist, dass also seine Zellen alle diejenigen Formen darbieten werden, unter welchen die Epithelialzellen der verschiedensten Standorte überhaupt nur immer auftreten können. Diese Gestalt ist aber bekanntlich im wesentlichen abhängig von der gegenseitigen Lagerung: sie müssen sich innerhalb des ihnen angewiesenen Raumes gegenseitig anpassen, eine jede muss sich in den Raum schicken, den die anderen für sie übrig lassen. Sehr häufig wird daher von einer bestimmten Gestalt und Anordnung der Krebszellen innerhalb der Alveolen gar keine Rede sein können. Anders verhält es sich bei den sogenannten Cylinderzellenkrebsen und den allerdings sehr seltenen Plattenzellenkrebsen. Der Structur des Cylinderzellenkrebses begegnen wir in der Leber deshalb ziemlich oft, weil die primären Carcinome des Magens und Darms, welche besonders häufig nach der Leber hin metastasiren, diese Structur in exquisiter Weise darzubieten pflegen. Die Alveolen des Cylinderzellenkrebses sind gewöhnlich lang und schmal, ähnlich den Schläuchen einer röhrenförmigen Drüse. Die langgestreckten, gleich breiten Zellen stehen, eine dicht neben der andern, mit ihrer Längsrichtung senkrecht auf der Alveolenwand. Der freie Raum, welcher im Centrum des Alveolus zwischen den Köpfen der Zellen etwa übrig bleibt, ist gleichfalls mit Zellen von gestrecktovaler bis geschwänzter Form, jedoch ohne typische Anordnung, ausgefüllt.

Die Blutgefässe der Krebsknoten werden von den Balken des Stromas getragen und bilden in diesen ein mehr oder minder dichtes Netzwerk von vorzugsweise capillarer Natur. Sie treten in sehr verschiedener Menge und Dichtigkeit auf und pflegen bei massenhafter Entwicklung von einer äusserst zarten Bindegewebsscheide umgeben zu sein. Zum allergrössten Theil sind die feineren Blutgefässe des Krebsstromas neugebildete; damit stimmt auch ihre

grosse Zartheit und leichte Zerreisslichkeit überein. Das Capillarsystem der Krebsknoten lässt sich nach den hierauf gerichteten In-
jectionsversuchen von Frerichs [1]) von der Leberarterie aus füllen.
Das früher an Stelle des Knotens vorhanden gewesene, zwischen
Pfortaderästen und Lebervenen ausgebreitete Capillarnetz geht mit
Entwicklung des Krebses verloren; nur gröbere Aeste der letztgenannten beiden Gefässe ziehen anfänglich durch die Knoten hindurch,
werden aber mit der Zeit comprimirt und veröden, falls nicht der
Krebs in das Innere dieser Gefässe selbst einbricht. Die den Krebsknoten versorgenden Leberarterienäste sind relativ weit. Bei sehr
grossen und zahlreichen Carcinomen ist der Stamm der Leberarterie
sichtlich erweitert [2]). Dagegen erscheinen die Pfortaderäste in der
Nähe der krebsigen Tumoren comprimirt, verengt, und nehmen keine
Injectionsmasse in sich auf.

Histogenese. Die Histologen haben das Lebercarcinom mit
einer gewissen Vorliebe zum Ausgangspunkt ihrer Untersuchungen
über die Genese des Krebses gemacht. Man mag darüber streiten,
ob dies ein glücklicher Griff war. Sicherlich aber hat der Umstand,
dass die meisten Beobachter keinen strengen Unterschied zwischen
primären und secundären Krebsen, zwischen Krebsen und Sarkomen
der Leber gemacht, dass sie sich also über die Natur ihres Unter-
suchungsobjectes nicht vorher geeinigt haben, viel zu der herrschenden Meinungsverschiedenheit über die Genese des Lebercarcinoms
beigetragen. Was den secundären Leberkrebs [3]) anbetrifft, so
wird gewiss Jeder, der sich eingehend mit der mikroskopischen
Untersuchung desselben beschäftigt hat, mir darin beistimmen, dass
das Mikroskop über die Genese dieser Tumoren und über den Antheil, welchen die einzelnen Gewebsbestandtheile der Leber daran
nehmen, keinen hinlänglichen Aufschluss gewährt. Denn mögen wir
auch die allerjüngsten Knötchen untersuchen, so werden wir höchstens erfahren, wie dieselben wachsen, aber nicht wie sie entstanden sind und wie sich ihre ersten Anfänge gestaltet haben. Diese
Lücke müssen wir durch Vermuthungen ausfüllen, wobei wir uns
auf die Thatsachen zu stützen haben, welche uns von der Lebens-
geschichte des Krebses überhaupt bekannt sind. Aber auch die späteren Wachsthumsvorgänge sind mikroskopisch schwer zu verfolgen
Denn die Grenze zwischen Krebs und Lebergewebe bildet eine scharfe

---

1) Klinik der Leberkrankh. II. S. 276.
2) Vgl. Frerichs l. c.
3) Vgl. die entsprechenden Angaben bei den übrigen Unterabtheilungen des
„Lebercarcinoms".

Linie, diesseits welcher das unveränderte oder atrophische Lebergewebe liegt, während jenseits derselben der Krebs bereits fix und
fertig vorhanden ist. Von einer Uebergangszone zwischen den Zellen
dieser beiden Gewebe ist nichts wahrzunehmen. Dagegen lässt sich
constatiren, dass die bindegewebigen Stromabalken des Krebses die
directe Fortsetzung der zwischen den Leberzellenreihen verlaufenden
Capillaren sammt deren bindegewebiger Umhüllung darstellen. Dieser
sich regelmässig wiederholende Anblick macht den Eindruck, dass
das Wachsthum des secundären Krebsknotens durch fortschreitende
Theilung und Vermehrung der bereits vorhandenen Krebszellen an
der Peripherie des Knotens erfolgt, wobei die Leberzellen sich rein
passiv verhalten, atrophiren und schnell verschwinden, während das
Krebsstroma den nach Untergang der Leberzellen übrig bleibenden
Rest des Lebergewebes, d. h. also die verödeten Capillaren desselben
mit Einschluss des sie begleitenden Bindegewebes darstellt. Dass in
dem bindegewebigen Gerüst des Krebses eine Neubildung von Capillaren stattfindet, welche von der Leberarterie aus gespeist werden,
ist nicht sowohl durch die mikroskopische Beobachtung, als vielmehr durch Injectionsversuche festgestellt worden. — Was aber die
ersten Anfänge der Geschwulstbildung anbetrifft, so sind wir, wie
bereits angedeutet, auf Vermuthungen angewiesen. Wir nehmen an,
dass die Keime der Neubildung in die Leber eingewandert, beziehentlich in dieselbe verschleppt worden sind, was vorzugsweise oder
selbst ausschliesslich durch Vermittelung der Blut- und Lymphgefässe geschehen dürfte. Diese Keime sind Zellen, welche bis dahin
Bestandtheile des primären Krebses bildeten, nunmehr aber sich von
demselben abgelöst haben und nach ihrer Ankunft in der Leber
selbständig fortexistiren. Durch wiederholte Theilung der einge-
schleppten Keime entsteht ein Krebszellenhaufen, welcher unter fortschreitender Vermehrung der Zellen nach allen Richtungen hin Zapfen
und Sprossen vortreibt. Letztere drängen sich in die Interstitien des
Leberparenchyms ein, verdrängen dasselbe und treten an seine Stelle.
— Dass die hier gegebene Darstellung von der Histogenese des secundären Lebercarcinoms nicht allgemein acceptirt ist, dass vielmehr einzelne Forscher in Haupt- und Nebenpunkten von derselben
abweichen, bedarf keiner besonderen Erwähnung. Eben weil der
Vorgang der Entstehung des Krebses der unmittelbaren Wahrnehmung
sich entzieht, so sieht sich ein Jeder darauf angewiesen, auf die von
ihm jeweils recipirte Krebstheorie zurückzugreifen und mit Hülfe derselben die Lücken in der Beobachtung auszufüllen. So kommt es,
dass so ziemlich alle möglichen Fälle proclamirt worden sind, in-

dem der Eine die Zellen auch des secundären Krebses von den Leberzellen und Gallengangepithelien abstammen lässt, während der Andere
sie aus dem Endothel der Blutgefässe, zumal dem Endothelrohr der
Capillaren, der Dritte aus den zelligen Elementen des Bindegewebes
u. s. w. hervorgehen lässt.

3) Pigmentkrebs (Carcinoma melanodes). Melanosarcoma.

Die pigmentirten Geschwülste, sofern sie sich durch ihren Verlauf als bösartig documentirten, wurden von den meisten Autoren
bis vor nicht gar langer Zeit zu den Krebsen gerechnet. Erst Virchow[1]) betonte, dass viele sogenannte Pigmentkrebse zur Klasse
der Sarkome zu rechnen seien, und bezeichnete diese als Melanosarkome, indem er neben denselben noch die Existenz wirklicher
Pigmentkrebse oder Melanocarcinome zuliess. Wenn man jedoch, wie
wir es thun, dem Krebse eine epitheliale Abstammung vindicirt,
während man die aus den Geweben der Bindesubstanzreihe durch
überwiegende Wucherung der in ihnen enthaltenen Zellen hervorgehenden Geschwülste als Sarkome auffasst, so kann es nicht
zweifelhaft sein, dass alle nicht zu den gutartigen Melanomen im
Sinne Virchow's gehörenden pigmenthaltigen Geschwülste als Melanosarkome, und nicht als Carcinome, aufzufassen sind. Denn dass
die Zellen dieser Tumoren nicht epithelialer Abstammung sind, darüber dürfte leicht Einverständniss zu erzielen sein.[2]) Wir gehen also
davon aus, dass die in der Leber vorkommenden melanotischen Tumoren ohne Ausnahme Melanosarkome in dem oben dargelegten
genetischen Sinne sind. Dies soll uns jedoch nicht abhalten, den
bequemen Namen Pigmentkrebs für dieselben hier in Anwendung
zu bringen.

Der Pigmentkrebs kommt primär in der Leber gewiss nur
äusserst selten vor. Manche Autoren haben ein solches Vorkommniss bezweifelt oder in Abrede gestellt, jedoch, wie es scheint, ohne
hinreichenden Grund. Vereinzelte Beobachtungen stehen ihnen entgegen. So wurde neuerdings von Block[3]) unter dem Namen eines
primären melanotischen Endothelioms der Leber ein hier-

---

1) S. dessen krankh. Geschwülste II. S. 271 und a. a. O.
2) Wer dagegen in dem alveolären Bau das Kriterium des Krebses erblickt,
der wird allerdings gewisse Fälle von Melanosarkom (auch der Leber) zu den
eigentlichen Krebsen rechnen müssen. Denn thatsächlich gibt es derartige Geschwülste mit krebsähnlichem, d. h. alveolärem Bau.
3) Arch. d. Heilk. XVI. 1875. S. 412.

her gehörender Fall von diffusem oder infiltrirtem Pigmentkrebs beschrieben, in welchem an der primären Erkrankung der Leber nicht wohl gezweifelt werden kann. Aehnliches gilt von dem Fall eines Spindelzellensarkoms der Leber mit zum Theil pigmentirten Zellen, über welchen Frerichs[1]) berichtet, wo in der stark vergrösserten Leber einer 50jährigen Frau zahlreiche gelbliche und schwärzliche Knötchen von der Grösse eines Hanfkorns bis einer Zuckererbse vorhanden waren.

In der Regel verdankt der Pigmentkrebs der Leber seine Entstehung dem Vorgange der Metastase. Der primäre Standort der in Rede stehenden Tumoren ist bekanntlich am häufigsten in und an dem Auge sowie in der äusseren Haut. Wenn es von hier aus zur Bildung von Metastasen kommt, so treten dieselben zwar in sehr verschiedenen inneren Organen auf, mit besonderer Vorliebe und Häufigkeit jedoch gerade in der Leber. An keinem anderen Orte dürften die secundären Melanosarkome auch nur annähernd eine so üppige Entwickelung und in kürzester Frist einen so enormen Umfang erreichen, wie dies von der Leber bekannt ist. Wie bei den eigentlichen Krebsen, so erreicht auch beim Pigmentkrebs die metastatische Erkrankung der Leber eine Ausdehnung, gegen welche der Primärknoten beinahe verschwindet. Die Leber ist also ohne Zweifel ein besonders günstiger Keimboden für dergleichen melanotische Tumoren.

Der Pigmentkrebs tritt in der Leber bald in Gestalt multipler Knoten (welche zuweilen die Structur des „Strahlenkrebses" oder „Radiärsarkoms" darbieten)[2]), bald nach Art einer weitverbreiteten, diffusen Infiltration auf. Nicht selten treten beide Formen in wechselnden Verhältnissen combinirt auf.

Bei dem knotenförmigen Pigmentkrebs sehen wir, ähnlich wie in den gewöhnlichen Krebsfällen, eine grössere Anzahl rundlicher Tumoren in allen Abschnitten der Leber eingelagert. Die Knoten, vom Umfange einer Kirsche, eines Apfels und darüber, erscheinen für das blosse Auge meist scharf umschrieben, aber nicht ausschälbar, nicht abgekapselt. Ihre Farbe ist bald rein schwarz bis schwarzbraun, bald heller oder dunkler grau, bald unregelmässig schwarz, weiss und grau gefleckt. Abgesehen von der Farbe ist die Schnittfläche solcher Knoten homogen, ihre Consistenz ist mässig fest, gewöhnlich etwas weicher als die des umgebenden Lebergewebes. Streicht man über einen angeschnittenen Knoten hinweg, so kommt in der Regel kein

1) Klin. d. Leberkrankheiten II. S. 319 ff.
2) Das Nähere hierüber s. S. 310.

eigentlicher Krebssaft von rahmiger Consistenz, sondern nur etwas trübes Serum, vermischt mit kleinsten schwarzen Geschwulstfragmenten zum Vorschein. Wenn aber Erweichung und Zerfall der pigmenthaltigen Zellen vorausgegangen ist, so fliesst beim Streichen über den Knoten eine sepienfarbige, tintenähnliche Flüssigkeit von seröser Consistenz ab, in welcher einzelne Zellen, Bruchstücke von solchen und namentlich freie Farbstoffkörnchen in Menge suspendirt sind. An der Leberoberfläche treten die Knoten mit kugeliger Fläche, aber etwas abgeplattet hervor. Die Serosa geht glatt, höchstens schwach getrübt, über dieselben hinweg. Die den echten Krebsknoten eigenthümliche Nabel- oder Dellenbildung wird bei dem knotenförmigen Pigmentkrebs in der Regel vermisst.

Die Leber erfährt durch die Einlagerung der beschriebenen Knoten einen bedeutenden Zuwachs an Umfang und Gewicht. Letzteres stellt sich in der Leiche nicht selten zu 12—15, in einzelnen Fällen selbst zu 20—25 Pfund heraus. Das Lebergewebe zwischen den Knoten kann trotzdem in seiner Masse sehr reducirt sein. Dasselbe erleidet ähnliche Veränderungen, wie beim eigentlichen Leberkrebs, namentlich ist es häufig (und zwar aus den gleichen Gründen, wie dort) icterisch gefärbt. Gewisse Strecken der noch erhaltenen Lebersubstanz, oder auch diese in ihrem ganzen Umfang, zeigen dabei öfter ein unregelmässig braun und schwarzgrau geflecktes, getiegertes oder granitähnliches Aussehen, welches davon herrührt, dass die pigmentirten Geschwulstzellen in kleinsten Gruppen allenthalben zwischen die theilweise erhaltenen Gewebselemente der Leber eingelagert sind, wie dies später bei dem infiltrirten Pigmentkrebs genauer beschrieben werden wird.

Von regressiven Veränderungen ist — neben der seltener beobachteten hämorrhagischen Durchtränkung einzelner Knoten, welche zur völligen Zertrümmerung und, falls das Bauchfell in der Nähe ist, zum Durchbruch desselben, zu Blutergüssen in die Bauchhöhle und zu Peritonitis führen kann — nur der Zerfall der Knoten zu einer dickbreiigen schwarzen Masse zu erwähnen. Hierbei werden die Zellen der Tumoren zu einem fast nur aus Farbstoffkörnchen bestehenden Detritus aufgelöst. Weitere Metamorphosen schliessen sich jedoch nicht an: der Detritus bleibt ohne resorbirt zu werden an Ort und Stelle liegen.

Das anatomische Bild des diffusen, infiltrirten Pigmentkrebses[1]) gestaltet sich wesentlich verschieden von dem bisher ge-

---

1) Genau genommen sollte nur von vorwiegend knotenförmigen oder vorwiegend infiltrirten Pigmentkrebsen gesprochen werden, weil fast stets

schilderten Bilde. Hier schwillt die Leber, ohne eine erhebliche Veränderung in ihrer äusseren Gestalt zu erleiden, in relativ kurzer Zeit zu einem sehr beträchtlichen Umfange an. Binnen wenigen Monaten erreicht sie ein Gewicht von 15—20, ja selbst 24 Pfund. In den späteren Stadien der Krankheit sehen wir gewöhnlich sämmtliche Abschnitte der Leber, freilich nicht in gleichem Grade, von der in Rede stehenden Veränderung ergriffen. Die Leberoberfläche bleibt dabei im Allgemeinen glatt, doch treten an solchen Stellen, wo die Infiltration mit den Elementen des Pigmentkrebses sehr dicht und massenhaft ist, zuweilen breite, aber sehr flache, hügelartige Erhebungen hervor. Die Leberkapsel über denselben erscheint schwach getrübt.

Die Anschwellung der Leber ist bedingt durch die Einlagerung der Geschwulstzellen zwischen die normalen Formelemente des Organs. Allenthalben erweisen sich die Leberzellen mit den Zellen des Pigmentkrebses so innig gemengt, dass eine Scheidung der Lebersubstanz von der Neubildung für das unbewaffnete Auge ganz unmöglich ist. Die Leberzellen bleiben, mehr oder weniger comprimirt und atrophisch, zwischen den Zellen des Pigmentkrebses erhalten, oder sie werden durch die wuchernden Geschwulstzellen bald völlig erdrückt. In beiden Fällen aber bleibt die der Leber eigenthümliche acinöse Structur deutlich erkennbar erhalten. — Die Schnittfläche einer solchen Leber gewährt einen sehr bunten Anblick. Sie lässt überall, auch an den am meisten veränderten Stellen, eine acinöse Zeichnung erkennen, die Acini aber sind stark vergrössert und zeigen eine Mischfarbe, welche aus dem Braun des Lebergewebes und dem Schwarz und Weiss der infiltrirten Neubildung resultirt. Man trifft diese Mischfarbe in allen erdenklichen Nüancen vom schwarzbraun bis zum blässesten graubraun; ausserdem wechselt die Farbe nach Verhältniss des sehr variabeln Blutgehalts der einzelnen Abschnitte. Dazu kommt ferner, dass man auch kleine schwarze K n ö t c h e n, mehr oder minder deutlich begrenzt, von der Grösse eines Mohnkorns bis hinauf zum Umfang einer Kirsche, und zwar die kleineren in sehr beträchtlicher Anzahl, in das schon diffus infiltrirte Gewebe eingestreut sieht. Da aber die sog. Pigmentkrebse nicht blos schwarze, sondern auch pigmentfreie oder mit wenig Pigment beladene Zellen besitzen, so erblickt man neben den schwarzen Knötchen auch weisse oder hellgraue; und an Stellen, wo diese pigmentfreien Zellen in-

---

bei den ersteren auch infiltrirte Strecken und ebenso bei den letzteren mitten im Infiltrat oder neben demselben auch ausgebildete Knoten beobachtet werden.

filtrationsartig vorkommen, erscheint das Leberbraun durch Beimischung von weiss und blassgrau entsprechend abgeblasst. Somit
bekommt die Schnittfläche der Leber ein eigenthümlich fleckiges oder
getiegertes Aussehen, welches man nicht unpassend mit dem Aussehen gewisser Granitsorten verglichen hat und welches Veranlassung
gab, der fraglichen Neubildung die Bezeichnung des granitartigen
Krebses beizulegen.

Was den feineren Bau und die Histogenese des Pigmentkrebses der Leber anbetrifft, so liegen nur über vereinzelte Fälle
dieser Art eingehende Untersuchungen vor. Den Hauptbestandtheil
bilden Zellen, welche sämmtlich oder doch der Mehrzahl nach pigmentirt sind. Das Pigment ist theils gelöst, die Zelle also diffus
braun gefärbt, theils liegt es in Form schwarzer Körnchen im Protoplasma. Die Menge der Farbstoffkörnchen ist häufig eine so grosse,
dass dadurch alles andere verdeckt wird und die Zelle nur als homogenes schwarzes Klümpchen erscheint.

Die Zellen des knotenförmigen Pigmentkrebses sind von runder,
gestreckter oder spindelförmiger Gestalt, oft sog. geschwänzte Zellen.
Sie werden durch eine geringe Menge von fibrillärer oder albuminös-
breiiger Zwischensubstanz zusammengehalten. Eine bestimmte Anordnung der Zellen ist nicht immer zu erkennen, namentlich nicht,
wenn es sich um Rundzellen handelt. Meistens aber hat man es mit
Spindelzellen zu thun und diese liegen in schmalen Bündeln bei einander, welche sich gegenseitig durchflechten. Die schwarzen Knoten
sind reich an zarten, gleichfalls neugebildeten Blutgefässen. Nach
Analogie des Leberkrebses mögen dieselben wohl der Arteria hepatica angehören, während die zum System der Pfortader und Lebervenen gehörenden Gefässe durch die Neubildung erdrückt sein mögen.

In genetischer Beziehung nimmt man an, dass die einzelnen
Knoten durch eine Aussaat von Zellen entstehen, welche sich von
der primären Geschwulst abgelöst haben und in die Leber hinein-
gelangt sind. Auf welchen Wegen dies geschieht, darüber liegen
keine directen Nachweise vor; doch liegt es nahe zu vermuthen,
dass der Transport durch die Leberarterie erfolgt. In der Leber
angekommen, vermehren sich die Zellen durch fortgesetzte Theilung,
während das Lebergewebe sich ganz passiv zu verhalten, d. h. unter
dem Andrang der Neubildung erdrückt zu werden scheint. Wahrscheinlich findet von den zuerst entstandenen Lebertumoren aus eine
weitere Infection der bis dahin unberührt gebliebenen Partien der
Leber statt.

Besser sind wir über die Histogenese des infiltrirten Pigmentkrebses der Leber unterrichtet. Ein von mir untersuchter Fall [1]) betraf einen 40jähr. Mann, der mit einem melanotischen Choroidealtumor behaftet war. Patient starb mehrere Monate nach der Ennucleation des Augapfels. Bei der Obduction fand man Leber und Milz enorm vergrössert, beide Organe waren Sitz eines infiltrirten Pigmentkrebses, alle übrigen Theile des Körpers dagegen waren von der Geschwulstmetastase verschont geblieben. Die Geschwulstzellen haben in Form und Grösse Aehnlichkeit mit den Zellen eines gewöhnlichen Brustdrüsenkrebses, sind aber in verschiedenem Grade pigmentirt. Sie liegen in der Milz vereinzelt oder in kleinsten Gruppen zwischen den Zellen der rothen Pulpa verstreut, kommen aber auch vermischt mit Blutkörperchen in den sogenannten capillaren Venen der Milz vor. Die Milzvene sowohl wie der Stamm und die Leberäste der Pfortader beherbergen eine ziemliche Menge der schon durch ihren Pigmentgehalt leicht erkennbaren Geschwulstzellen, sowohl in dem flüssigen Blute als in den Thromben, welche die genannten Gefässe enthalten. In der Leber aber findet man die Capillaren des Pfortadersystems mit den Zellen des Pigmentkrebses fast allenthalben vollständig ausgefüllt, dagegen frei von Blut. Die Capillaren sind sehr stark erweitert, die Leberzellenbalken zwischen ihnen entsprechend comprimirt und atrophisch. An den am stärksten infiltrirten Stellen sind die Leberzellen spurlos verschwunden, die Wände der mit den fremdartigen Zellen ausgestopften Capillaren berühren sich und bilden zusammen mit den Ueberresten der erdrückten Lebersubstanz ein Gerüstwerk mit regelmässigen runden Alveolen, ganz ähnlich dem Bindegewebsstroma des gewöhnlichen Krebses und wie dieses von neugebildeten, der Arteria hepatica angehörenden Capillargefässen ernährt. — In diesem Falle kann also kein Zweifel darüber bestehen, dass die Keime der Neubildung wenn nicht ausschliesslich, so doch zu einem sehr grossen Theile durch die Pfortader, und zwar zunächst von der Milz aus eingewandert sind und dass das melanotische Infiltrat ein intracapillares ist. Ob in anderen hierher gehörigen Fällen der Zellentransport auf anderen Bahnen, etwa durch die Leberarterie erfolgt, muss vorläufig dahingestellt bleiben.

In dem bereits erwähnten Falle eines primären Pigmentkrebses der Leber von Block bot die Neubildung gleichfalls einen ausgesprochen alveolären Bau dar, und die Zellen derselben lagen unmittelbar, d. h. ohne jede Zwischensubstanz, neben einander. Block deutet die Alveolen als erweiterte Capillaren, zwischen denen die

---

1) Arch. d. Heilk. IX. 1868. S. 389 (mit mikroskop. Abbild.).

Leberzellen allmählich ganz verschwinden; die pigmentirten Zellen aber, welche den Inhalt der Alveolen bilden, betrachtet er als Abkömmlinge der Gefässendothelien, resp. der Capillarwandzellen. Auch gelang es ihm, in dem Bindegewebsstroma seines Endothelioms in der Neubildung begriffene Capillaren aufzufinden, welche mit Zweigen der Leberarterie in Zusammenhang standen.

Zuweilen zeigt der knotenförmige Pigmentkrebs der Leber das eigenthümliche Aussehen des Strahlenkrebses oder Radiärsarkoms [1]), d. h. die schwarzen Knoten sind von relativ starken weissen Faserzügen in radiärer Richtung durchsetzt und ausserdem in Läppchen oder Acini getheilt. Nach Rindfleisch [2]) rührt diese eigenthümliche Structur davon her, „dass hier die Capillargefässe bis in die Lebervenen hinein mit den schwarzen Krebszellen verstopft sind und in Folge davon die bekannte Wirtelbildung, durch welche sich jene Seite des Gefässapparates auszeichnet, in schwarzen Sternbildungen von allen möglichen Dimensionen zum Vorschein kommt." Darnach würde der pigmentirte Strahlenkrebs der Leber sich unmittelbar dem infiltrirten Pigmentkrebse anreihen, beziehentlich in Betreff der Histogenese mit diesem decken.

4) Das Adenom oder Adenoid der Leber.

Diese Geschwulstform hat, zum Theil gerade wegen ihrer noch fraglichen Beziehungen zum Lebercarcinom, das Interesse der Histologen lebhaft erregt, während nur sehr selten Gelegenheit gegeben war, sich klinisch mit derselben zu beschäftigen. Denn die Zahl der bis jetzt beobachteten und beschriebenen Fälle von Adenom der Leber ist noch eine sehr kleine, und überdies steht es fest, dass Tumoren von sehr verschiedener Dignität und Herkunft mit diesem Namen belegt worden sind, wie dies schon Hoffmann [3]) näher dargelegt hat. In mehreren der Fälle, die als Leberadenom beschrieben wurden, handelte es sich um Tumoren, welche nach keiner Seite hin zu einem Vergleich mit dem Leberkrebs auffordern konnten. In einigen anderen dagegen war die Leber von Geschwülsten durchsetzt, welche man ohne Hülfe des Mikroskops sicher mit dem Leberkrebs in gleiche Reihe gestellt haben würde, zumal da auch die Symptome und der Verlauf dieser Fälle noch am ehesten eine kreb-

1) Vgl. die Abbildung bei Frerichs, Atlas zu den Leberkrankh. 2. Heft. Taf. IX. Fig. 3, sowie bei Virchow, Geschwülste II. S. 286.
2) s. dessen Pathol. Gewebelehre, 5. Aufl. S. 431.
3) Virch. Arch. XXXIX. S. 203.

sige Entartung der Leber voraussetzen liessen, wenngleich gewisse
Abweichungen von dem gewöhnlichen Krankheitsbilde des Lebercarcinoms zu constatiren waren. Die Zahl dieser letzteren Fälle,
mit denen wir uns hier allein zu beschäftigen haben, ist, wie erwähnt, noch eine sehr beschränkte. Ich rechne hierher den Griesinger'schen[1] Fall, welcher Rindfleisch[2] die Basis für seine
schönen Studien über die Histologie des Leberadenoids darbot, sodann den Fall von Greenfield[3], ferner den von Kelsch und
Kiener[4] beobachteten, sowie einen von Birch-Hirschfeld[5] kurz
erwähnten Fall.

In allen den angeführten Fällen handelte es sich nicht um vereinzelte Tumoren, sondern es lag eine multiple Adenombildung
vor. Die stark vergrösserte Leber beherbergte zahlreiche, ja viele
hunderte von Knötchen von der Grösse eines Mohnkorns und darunter bis zum Umfange einer Erbse und darüber. Neben diesen
kommen gewöhnlich auch einige grössere Knoten vor, welche etwa
einem Hühnereie gleichkommen. Die Knoten sind über die ganze
Leber zerstreut; an der Oberfläche derselben treten sie als rundliche
Höcker merklich hervor. Auf der Schnittfläche betrachtet zeigen
sich die grösseren Knoten von einer zarten Bindegewebshülle eingeschlossen; die kleineren dagegen, obschon deutlich umschrieben,
stossen unmittelbar an die Lebersubstanz an. Die Tumoren besitzen
entweder ein homogenes Aussehen, oder verrathen durch ihre läppchenartige Zeichnung, dass sie durch Confluenz kleinerer Knötchen
entstanden sind. Die Adenome sind etwas weicher und succulenter
als die Lebersubstanz; auf der Schnittfläche prominiren sie ein wenig
über dieselbe. Ihre Farbe bietet grosse Verschiedenheiten dar. Im
allgemeinen sind sie von weissgrauer bis blassgelber Farbe. Bei
grösserem Blutgehalte nehmen sie ein röthliches, selbst hochrothes
Aussehen an. Häufig zeigen sie einen lebhaft gelben, gelbgrünen
oder olivengrünen Farbenton, welcher von ihrem wechselnden Ge-
halte an Gallenfarbstoff abhängt. Aus den Adenomknoten lässt sich
nur ein spärlicher, ziemlich klarer Gewebssaft von wässerig-schleimi-
ger Beschaffenheit, aber kein Krebssaft, keine rahmähnliche Flüssig-

1) Arch. d. Heilk. V. 1864. S. 385 mit Abbildung.
2) Ibidem. Vgl. auch dessen Pathol. Gewebelehre, 5. Aufl. S. 427 ff.
3) Transact. of the Patholog. Soc. XXV. 1871. S. 166.
4) Arch. de Physiol. norm. et pathol. No. 3. 1876. Im Auszug in Virchow-Hirsch's Jahresber. f. 1876. I. 2. S. 255. Das Orginal mit sehr schönen mikro-skopischen Abbildungen.
5) Lehrb. d. pathol. Anat. S. 958.

keit ausdrücken. In den grösseren Knoten stellen sich mit der Zeit regressive Veränderungen, namentlich eine ausgebreitete und hochgradige Fettentartung der Geschwulstzellen, sowie mehr oder minder ausgedehnte Blutungen in das erweichte Gewebe ein, wodurch natürlich das ursprüngliche Verhalten der Tumoren bis zur Unkenntlichkeit abgeändert wird. — Das Lebergewebe zwischen den Adenomen behält im allgemeinen seine früheren Eigenthümlichkeiten bei; sind grössere Knoten vorhanden, so kommt es gelegentlich zur Gallenstauung und zur icterischen Verfärbung sowohl der Lebersubstanz wie der Adenomknoten.

Soweit sich nach dem spärlichen hierüber vorliegenden Beobachtungsmaterial beurtheilen lässt, scheint das Adenom der Leber, selbst bei massenhafter Entwickelung an seinem ursprünglichen Standorte, in der Regel den Charakter eines localen Uebels beizubehalten: es bleibt auf die Leber beschränkt und geht weder auf die zu ihr gehörenden Lymphdrüsen noch auf entfernte Organe über. In dem Greenfield'schen Falle fanden sich allerdings neben der (als die primäre angesehenen) Geschwulstbildung in der Leber auch Adenomknoten in den Lungen und Mediastinaldrüsen vor.

In seinem feineren Baue unterscheidet sich das Adenom der Leber noch viel bestimmter vom Krebse, als in seinem makroskopisch wahrnehmbaren Verhalten. Wie der Name besagt, ist das Adenom nach, dem Typus der ächten Drüsen, und zwar der röhrenförmigen aufgebaut. Seine Drüsenschläuche liegen theils parallel neben einander, theils sind sie in ähnlicher Weise netzförmig mit einander verbunden und hängen mit den interacinösen Gallengängen in derselben Art zusammen, wie dies von den Leberzellenbalken bekannt ist. Die Adenomschläuche haben, namentlich auf dem Querschnitt gesehen, grosse Aehnlichkeit mit den gewundenen Harnkanälchen der Nierenrinde. Das einschichtige Epithel derselben besteht aus Zellen von kurzcylindrischer bis kubischer Gestalt. In dem vom Epithel umschlossenen Hohlraum der Schläuche liegt eine homogene, gelb oder grünlich gefärbte, zähschleimige Masse, welche man als Analogon des Drüsensecrets zu betrachten hat. Die Drüsenschläuche werden getragen und zusammengehalten durch ein bindegewebiges Stroma, welches zugleich als Träger für die Blutgefässe dient. Die Schläuche sind von einem dichten Capillarnetz umsponnen, welches sich, wenigstens an den kleineren Knoten, von den Aesten der Pfortader aus injiciren lässt.

Ueber die Entstehung und das Wachsthum der Leberadenome ist mit Hülfe des Mikroskopes ermittelt worden, dass die Schläuche aus den Leberzellenbalken, die Drüsenzellen aus den Leberzellen hervorgehen. An einer bestimmten Stelle erleiden die Leberzellen zunächst eine Vergrösserung; die hyperplastischen Zellen vermehren sich sofort durch Theilung. Die hierbei entstandenen Zellen aber ordnen sich jetzt kreisförmig um den central gelegenen capillaren Gallengang herum und bilden somit einen Zellenschlauch, ein Drüsenrohr. Die Capillaren bleiben bei dieser Umbildung der Leberzellenbalken in Adenomschläuche zunächst unverändert erhalten. Das weitere Wachsthum der Knoten erfolgt auf verschiedenem Wege: theils durch Uebergreifen der Hyperplasie und Metatypie auf benachbarte Leberzellenbalken, theils durch Confluenz der Knötchen, . theils endlich wohl auch durch Bildung seitlicher Sprossen an den bereits vorhandenen Zellenschläuchen. — Vielleicht verdankt das Adenom der Leber seine Entstehung in gewissen Fällen nicht dem soeben geschilderten Vorgange, sondern vielmehr einer Wucherung der Gallengangepithelien, wobei sich an den feinen interacinösen Gallengängen seitliche Sprossen entwickeln, welche nachher zu langen Schläuchen auswachsen und das Lebergewebe vor sich herdrängen.[1])

Es wäre eine, gewiss nicht blos in histologischer Hinsicht interessante Frage, ob und welche Beziehungen zwischen den Adenomen und gewissen ihnen nahestehenden Neubildungen der Leber einerseits und dem primären Leberkrebs andererseits bestehen. Unsere eigenen in dieser Richtung angestellten Studien haben uns zu der Ansicht geführt, dass von der partiellen (herdweisen) Hyperplasie der Leberzellen (welche namentlich als vicariirende Hyperplasie nach Atrophie des Leberparenchyms beobachtet wird) zu der sog. multiplen knotigen Hyperplasie von Lebergewebe (Friedreich) und von dieser zu den eigentlichen Adenomen der Leber ein ganz allmählicher Uebergang stattfindet, dass demnach die genannten Zustände ihrem innern Wesen nach identisch sind und dass sie nur in untergeordneten, äusserlichen Punkten von einander mehr oder weniger abweichen. Weiter aber sind wir der Ansicht, dass ein allmählicher Uebergang vom Adenom zu dem wahren (primären) Krebs der Leber existirt und dass das erstere unter gewissen Umständen, z. B. wenn es in Reizung versetzt oder sonst zu schnellerem Wachsthum angeregt wird, sofort in den letzteren übergehen, die typische Neubildung von Drüsenepithelzellen und Drüsenschläuchen sofort in die atypische, krebsige Wucherung umschlagen kann. Das Adenom ist gleichsam eine histologische Vorstufe für den primären Krebs. Die Neubildung kann auf dieser Stufe für immer, für längere oder kürzere Zeit verharren, sie kann aber auch früher oder später in Krebs übergehen. — Diese Ansicht stützt sich hauptsächlich auf den Umstand, dass bei der Entwickelung des primären Leberkrebses alle die angedeuteten Vorgänge schnell nach

---

1) Vgl. Birch-Hirschfeld l. c.

und dicht bei einander an bestimmten Punkten der Leber zu beobachten sind: Hyperplasie der Leberzellen, Vermehrung derselben, Verbreiterung der Leberzellenbalken resp. Umbildung derselben zu Drüsenschläuchen mit kranzförmig angeordnetem Epithel (Adenom), endlich atypische Zellenwucherung und Umbildung der bisherigen Drüsenschläuche zu Krebsgängen und Krebsalveolen.

5) Sarkome und verwandte Tumoren aus der Gruppe der Bindesubstanzreihe (mit Ausschluss der Melanosarkome).

Eine Reihe von Neubildungen, welche wir nach unserem modernen histologischen Standpunkte als Sarkome bezeichnen müssen, kommt in der Leber unter Umständen vor, wodurch sie sich den eigentlichen Krebsen in dem Grade nähern, dass sie ohne Zuhülfenahme des Mikroskops von jenen sich gar nicht unterscheiden lassen. Nicht blos in früheren Zeiten sind die sarkomatösen Geschwülste in der Leber fast durchgehends für Carcinom angesehen worden, auch gegenwärtig, wo die Begriffe Krebs und Sarkom schärfer definirt sind, geschieht dies gewiss noch häufig genug, ja es kann unbedenklich zugestanden werden, dass selbst ein mit der pathologischen Anatomie der Geschwülste vollständig vertrauter Arzt wenigstens am Lebenden nicht unter allen Umständen im Stande sein wird, ein Sarkom der Leber als solches zu erkennen und vom ächten Krebs zu unterscheiden. Hierin aber liegt die Rechtfertigung dafür, dass wir die Sarkome und verwandten Tumoren der Leber vorläufig noch unter die Kategorie Lebercarcinom im weitern Sinne subsumiren.

Sarkome kommen in der Leber keineswegs so selten vor, als man bis vor Kurzem anzunehmen pflegte. Als primärer Tumor freilich dürfte das Sarkom nur in sehr wenigen Fällen in der Leber beobachtet worden sein. Dagegen entwickeln sich die Sarkommetastasen mit einer gewissen Vorliebe in der Leber (freilich noch häufiger in den Lungen, den serösen Häuten, und wohl auch in den Nieren und im Pankreas), und gerade diese secundären Lebersarkome bieten manchmal die grösste Aehnlichkeit mit dem gewöhnlichen Lebercarcinom dar.

In der Mehrzahl der Fälle, wo metastatische Sarkome der Leber sich entwickeln, erreichen dieselben einen so geringen Umfang oder sind in so kleiner Anzahl vorhanden, dass sie am Lebenden ganz übersehen werden, namentlich wenn sie ganz in das Leberparenchym eingebettet sind. Erst bei der Obduction werden solche Tumoren mehr zufällig aufgefunden. In einzelnen Fällen aber erreichen die secundären Lebersarkome eine solche Ausdehnung oder treten in einer so beträchtlichen Anzahl von Knoten auf, dass die Leber dadurch eine colossale Grösse und das 3—5 fache ihres normalen Gewichtes erlangt, sich also ganz wie eine gewöhnliche „Krebsleber" darstellt. Wir finden dann die Leber mehr oder minder gleichmässig mit einigen Dutzend, ja selbst mit hundert und mehr Geschwulstknoten durchsetzt, welche sich gewöhnlich scharf gegen das etwas comprimirte Lebergewebe absetzen und an der Oberfläche als rundliche Höcker hervortreten. Die Serosa über diesen Knollen ist getrübt, eine ausgesprochene Dellenbildung dagegen wird an ihnen vermisst. Seltener stellt sich die sarkomatöse Neubildung in der Leber als ein diffuses Infiltrat mit mehr oder minder vollständiger Verdrängung des Leberparenchyms oder in Gestalt von Knoten dar, welche sich am Rande infiltrationsartig in das Nachbargewebe gleichsam verlieren. Letzteres ist namentlich bei den medullären Lymphosarkomen beobachtet worden.

Die sonstigen Eigenschaften der Lebersarkome wechseln nach den Eigenthümlichkeiten des jeweils vorhandenen primären Tumors. Die Fibrosarkome [1]) sind von fest-fleischiger Consistenz, weisslicher Farbe, ihre Schnittfläche ist homogen oder undeutlich gestreift; es lässt sich nur sehr wenig klarer, schwach schleimiger Saft aus ihnen ausdrücken. Ganz ähnlich verhalten sich die Myosarkome, welche freilich als secundäre Tumoren in der Leber zu den grössten Seltenheiten gehören [2]). Die secundären Osteosarkome (bösartiges Osteoid Joh. Müller) erscheinen in der Leber nicht von knochenartig harter Consistenz, wie der primäre Tumor, sondern stellen gut umschriebene Knoten von weicher Beschaffenheit und medullärem Aussehen dar. Am häufigsten möchte wohl das Lymphosarkom, namentlich die weichen, medullären, an Zellen überreichen und daher dem Markschwamm täuschend ähnlichen Varietäten desselben, in der Leber secundär vorkommen, doch ist auch das sogenannte harte Lymphosarkom an diesem Orte (von mir selbst) beobachtet worden. Die medullären Lymphosarkome [3]) als Knoten wie als In-

---

1) Ich sah die Leber eines 18jähr. Jünglings wohl mit 100 durchschnittlich hühnereigrossen, derben, schnig glänzenden Tumoren durchsetzt, zwischen denen nur ganz schmale Streifen atrophischen Lebergewebes übrig geblieben waren. Die Leber war enorm gross, wog gegen 15 Pfund. Das primäre Fibrosarkom schien von der Sehne des Musc. biceps femoris auszugehen.

2) Den einzigen mir bekannten Fall beschreibt Brodowsky in Virch. Arch. 67. Bd. S. 227. Das primäre Myosarkom sass am Magen.

3) Vgl. den in mehrfacher Hinsicht lehrreichen Fall von E. Wagner im Arch. d. Heilk. VI. 1865. S. 53. Der Ausgangspunkt der Neubildung wird nicht bestimmt angegeben.

filtrat auftretend, sind namentlich auch dadurch ausgezeichnet, dass
sie beim Ueberstreichen mit der Messerklinge einen dicken rahmigen
Saft hervortreten lassen, wodurch sie dem Krebs nur noch ähnlicher
werden.

Unter Berücksichtigung der Natur und des Standorts des primären
Tumors wird es in der Regel nicht schwierig sein, die Sarkome der
Leber als solche zu diagnosticiren und von den Krebsen epithelialer
Natur abzuscheiden. In den selteneren Fällen, wo der Ausgangspunkt
der Neubildung nicht sicher zu ermitteln ist, muss die mikroskopische
Untersuchung für die Diagnose des Sarkoms den Ausschlag geben.
Histologie und Genese der Lebersarkome sind bisher nicht eingehend
erforscht worden. Wahrscheinlich gehen sie aus einem in die Leber
verschleppten Zellen-Seminium hervor. Den wuchernden Sarkommassen
gegenüber verhält sich das Leberparenchym völlig passiv, es wird
durch jene verdrängt. Das Wachsthum der Sarkommetastasen in der
Leber ist meist ein ziemlich rapides, daher kommt es auch nicht leicht
an denselben zu regressiven Metamorphosen.

Die sonst gelegentlich in der Leber vorkommenden Tumoren aus
der Reihe der Bindesubstanzen, wie Fibrome, Chondrome, Gliome [1])
u. s. w., werden, von ihrer extremen Seltenheit abgesehen, nicht leicht
Veranlassung zu einer Verwechselung mit Carcinom geben. Da sie
gewöhnlich vereinzelt vorkommen, nur eine mässige Grösse erreichen,
wohl auch relativ langsam heranwachsen, so werden sie wohl meist
erst in der Leiche angetroffen werden und dann kann die Erkenntniss
ihrer histologischen Natur nicht schwer fallen.

---

1) Der von Bizzozero (Moleschott's Untersuchungen X. 1869) untersuchte
Fall eines secundären Glioms der Leber ist dadurch von besonderem Interesse,
dass er seine Entstehung einer intracapillaren Zellenwucherung verdankt,
ähnlich, wie dies oben von dem diffusen Melanosarkom der Leber beschrieben worden ist.

Klinik des Leberkrebses.

von

Prof. Dr. O. Leichtenstern.

Bayle, Diction. des scienc. méd. T. III. Art. Cancer. Par. 1812. — Andral, Clin. méd. 1829—1833. T. IV. p. 188. — Derselbe, Préc. d'anat. pathol. Par. 1829. T. II. p. 604. — Hope, Principl. and Illustrat. Fig. 90—109. Lond. 1834. — Carswell, Illustrat. of the element. form. of diseases. Lond. 1838. Fasc. II. Pl. 4. Fasc. IV. Pl. 1. — Cruveilhier, Anat. pathol. Par. 1835—1842. Livr. 12, Pl. 2. 3; L. 22, Pl. 1; L. 23, Pl. 5; L. 37, Pl. 4. — Th. Meyer, Unters. üb. d. Carc. der Leber. Basel 1843. — J. Abercrombie, Krankh. d. Magens, der Leber u. s. w. Uebers. v. Gerh. v. d. Busch. Bremen 1830. S. 444 ff. — Halla, Ueb. Krebsablag. in inneren Organen. Prag. Vierteljahrschr. 1844. 1. — Oppolzer, Ueb. d. Medull. Sarkom d. Leb. Ibid. 1845. 2. — Bochdalek, Ueb. d. gl. Gegenst. Ibid. 1845. 2. — Dittrich, ibid. 1846. 2. 4. 1848. 3. — Waller, Zeitschr. d. Wien. Aerzte 1846. Sept. Oct. — Lebert, Traité prat. des malad. cancer. Par. 1851. — Köhler, Die Krebs- u. Scheinkrebskrankh. Stuttg. 1853. — Budd, Diseas. of the liver. Lond. 1854. — Bamberger, Krankh. d. chylopoët. Apparat. in Virchow's Handb. d. spec. Path. u. Therap. VI. 1. S. 599. — Meyer, Zeitschr. f. rat. Med. N. F. III. S. 136. — A. Hirsch, Handb. d. hist. geogr. Path. Erl. 1862—1864. 2. Bd. S. 321. — Luschka, Arch. f. path. Anat. v. Virch. Bd. IV. S. 400. — J. Wilks, Transact. of the path. Society. Vol. X. — Böttcher, Arch. f. path. Anat. Bd. XV. S. 352. — van der Byl, Transact. of the path. soc. Vol. IX. p. 207. — Rokitansky, Lehrb. d. path. Anat. Wien 1861. III. Bd. S. 260 ff. — Virchow, Verhandl. d. Würzb. Gesellsch. I. Bd. u. Ges. Abhandl. S. 155. — Frerichs, Klin. d. Leberkrankh. 1861. Bd. II. S. 271 ff. — E. Wagner, Die Struct. d. Leberkrebs. Arch. d. Heilk. 1861. II. S. 209. — E. Rollet, Wien. med. Wochenschr. 1865. XV. 14. 15. — Naunyn, Reichert's u. Du Bois-Reymond's Arch. 1866. H. 6. — Murchison, Clin. lect. on diseas. of the liv. Lond. 1868. S. 187 ff. — Schüppel, Arch. d. Heilk. 1868. S. 387. — Fetzer, Beitr. z. Histogenese d. Leberkrebs. Dissert. inaug. Tübingen 1868 (praeside Schüppel). — Wulff, Der prim. Leberkr. Dissert. inaug. Tüb. 1870 (praes. Schüppel). — Riesenfeld, Dissert. inaug. Berl. 1865. — E. Hess, Zur Path. d. Lebercarc. Diss. inaug. Zürich 1872. (Klinik v. Biermer).

Historisches.

Erst mit dem Aufblühen der Anatomie im 16. und 17. Jahrhundert wurden allmählig die verschiedenen anatomischen Veränderungen der Leber bekannt, die Vergrösserungen (Obstructiones), die Verhärtungen (Indurationes), die Abscesse und Erweichungen (Apostemata, Colliquationes), die Tumoren, Cysten „Steatome",

Tuberkeln, Skirrhen, Infarkte.[1]) In den grossen anatomischen Sammelwerken des 17. Jahrhunderts, in den späteren Werken von Lieutaud, Sandifort, Baillie finden sich Beschreibungen von Lebergeschwülsten, die zweifellos Carcinome oder andere maligne Neoplasmen betreffen. Man hielt alle diese Geschwülste für verschiedene Ausgänge der Entzündung der Leber, so, wie es Galen gelehrt hatte, oder für die Folgen einer Säfteversetzung, woraus später die Begriffe der Anschoppung, des Leberinfarktes hervorgingen.

Die Auffassung des Leberkrebses als einer besonderen, anatomisch charakterisirten Krankheitsform, seine Unterscheidung von anderen Arten der Induration und Geschwulstbildung gehört erst dem Ende des vorigen und insbesondere unserem Jahrhundert an.

Bayle's[2]) vortreffliche Untersuchungen legten den Grund zur anatomischen Unterscheidung zwischen Cancer und Tuberkel. Die von Bichat, Bayle, Laennec inaugurirte, und im Laufe unseres Jahrhunderts sich immer mehr befestigende pathologisch-anatomische Richtung in der Medicin, insbesondere der Aufschwung der mikroskopischen Forschung, endlich die Anwendung der cellularen Theorie auf die pathologischen Vorgänge erhellten von allen Seiten das bis dahin dunkle Gebiet der pathologischen Neubildungen. Die Reform auf speciell klinischem Gebiete blieb nicht aus. Die traditionellen irrigen und unklaren Begriffe von „Leberanschoppung", Infarkt, Obstruction u. s. w. kamen allmählich auch klinischerseits

---

1) Auch von den Aerzten des Alterthums werden Indurationen, Skirrhen und Tumoren der Leber als Ausgänge der Entzündung derselben beschrieben. Anatomische Vorstellungen über die Art, das Aussehen und die Verschiedenartigkeit dieser Intumescenzen und Indurationen gingen ihnen ab. (Hippokrates, Aphorism. Sect. VI. Edit. Kühn, III. S. 755. — Aretaeus, De caus. et sign. acut. morb. L. I. C. XIII. Ed. eadem. S. 109. — Galen, Method. medendi. Lib. II. C. VII. — Einzelne vortreffliche Beschreibungen bei Morgagni, Ep. 30. Art. 14. Ep. 38. Art. 28. Daneben, ibid. Art. 30. 31, die vorzügliche Beschreibung der granulirten Leber. Vergl. auch Ep. 36. Art. 25. — Die ärztlichen Autoritäten acceptirten zwar die anatomischen Befunde, hielten aber noch lange an der Ansicht fest, dass die verschiedenartigen Tumoren, Tuberkel, Steatome aus Entzündung hervorgingen. (Bianchi, Hist. hep. Lib. I. p. 336. — Fr. Hoffmann, Diss. med. de hep. Scirrho 1722. — v. Swieten, Comm. in H. Boerhave Aphor. Lib. III. p. 117. — Stoll, Rat. med. Tom. III. p. 1. — M. Baillie, Anat. d. krankh. Baues. Uebers. v. Sömmering. Berl. 1794. S. 130. — Portal, Malad. du foie. Paris 1813. — Citate nach Frerichs l. c. S. 271 sq.) — Mehrere geschichtlich werthvolle Mittheilungen in den Ephemerid. medico-phys. German. acad. Caesareo-Leopold. nat. curios. 1670, anni sq. — Siehe die historischen Notizen bei R. Köhler, Die Krebs- und Scheinkrebskrankh. Stuttg. 1853. S. 360.

2) Diction. des scienc. méd. Paris 1812. Art. Cancer.

in Misscredit. Das Bedürfniss nach anatomischen Differential-diagnosen ward rege und eroberte das bis dahin von altehrwürdigen aber falschen Theorien occupirte Feld des medicinischen Denkens. Es bedarf kaum des Hinweises, wie sehr diese Reform auf kli-nischem Gebiete gestützt und gefördert wurde durch die der gleichen Zeit angehörende Entdeckung der physikalisch-diagnostischen Unter-suchungsmethoden.

Aetiologie.

So sehr auch durch die Leistungen der pathologischen Anatomie das anatomische Wesen des Krebses aufgeklärt wurde, die Frage nach der Aetiologie desselben theilt das Schicksal der meisten ätiologischen Fragen, dass sie nämlich nicht beantwortet werden kann. Indess ist auch hier ein Fortschritt zu verzeichnen, der, wenn auch nur nach der negativen Seite gerichtet, doch nicht zu unter-schätzen ist. Die früher, noch in unserem Jahrhundert zur Zeit der naturphilosophischen Schule, allgemein geltenden und für wahr an-genommenen, diversen ätiologischen Theorien, die in nichts Anderem gipfelten, als in phantastischen Einfällen und hohlen Redensarten, haben endgiltig ihren Credit verloren, und man ist zur Ueberzeu-gung gelangt, dass aus dem gegenwärtigen Stande unseres positiven Wissens, das ätiologische Wesen des Krebses nicht zu er-schliessen ist.

Einzelne mit der Aetiologie des Leberkrebses innig verknüpfte causale Momente sind uns bekannt; wären unsere Statistiken brauchbarer, so würden wir den Einfluss dieser Momente durch sichere Zahlen feststellen können. Betrachten wir die wichtigsten dieser Punkte.

1) Die Heredität. Frerichs spricht sich in seinem epoche-machenden Werke über Leberkrankheiten dahin aus, dass „die bis-herigen Daten nicht genügen, der Heredität einen wesentlichen Ein-fluss zu sichern". Es gibt viele Thatsachen, welche zwar durch statistische Zahlen nicht belegt, nichts destoweniger aber sicher sind. Dahin gehört auch die Heredität beim Krebse. Der Einfluss der-selben ist seit Langem, allgemein, und ich glaube mit Recht aner-kannt. Was für den Krebs im Grossen und Ganzen gilt, gilt selbst-verständlich und erfahrungsgemäss auch für den Krebs der einzelnen Organe. [1]

---

1) Ich verweise auf die zwar nicht einwurfsfreien, immerhin aber bedeuten-den und interessanten Arbeiten von C. H. Moore, A brief report on cases of

Ich habe der Mühe nicht geachtet und mehrere Jahrgänge des
gut geordneten Archivs der Tübinger medicinischen Klinik auf den fraglichen Punkt eingesehen. Die Ausbeute war eine geringe. In 68 Fällen von diversem Krebs innerer Organe war Heredität in 8 Fällen (12 pCt.) angegeben; in den übrigen war ausdrücklich das Gegentheil bemerkt.

Die meines Wissens grösste Statistik über Heredität des Krebses
im Allgemeinen ist die folgende, von mir zusammengestellte:

Paget[1]	333	Fälle, davon	83	mit Nachweis der Heredität.
Cooke	79	,,	,.	21	,,	,,	,,	,,
Sibley[2]	305	,,	,,	34	,,	,,	,,	,,
Lebert	102	,,	,,	14	,,	,,	,,	,,
Lafond[3]	71	,,	,,	7	,,	,,	,,	,,
Hess	25	,,	,,	1	,,	,,	,,	,,
Tübing. med. Klin.	68	,,	,,	8	,,	,,	,,	,,
Moore	144	,,	,,	24	,,	,,	,,	,,

Summa 1137 Fälle, davon 192 mit Nachweis der Heredität.

Es ergibt sich somit Erblichkeit in **17** pCt. der Fälle.

Auch beim Leberkrebs spielt das hereditäre Moment eine,
freilich untergeordnete Rolle. Wir sind aus naheliegenden Gründen
nicht im Stande diesen Einfluss statistisch darzulegen und abzuwä-
gen. Eine Statistik, die sich, wie im vorliegenden Falle, auf die
Angaben der Kranken stützen muss, hat immer viel Prekäres. Wir
sind einzig und allein auf das Krankengeschichten-Material grösserer
Kliniken angewiesen; dieses würde verwerthbar sein, wenn die Anamnese in allen Fällen gleich sorgfältig erhoben, und das Resultat derselben auch dann, wenn es negativ ausfiel, verzeichnet wäre.

Unter 12 Fällen von Leberkrebs der hiesigen medicinischen
Klinik fand ich Heredität 2 mal als „sicher nachgewiesen" angeführt. E. Hess berichtet über 25 Fälle der Züricher Klinik. Unter
diesen wurde Heredität nur 1 mal constatirt.

2) Das Alter. Die uralte, längst vor Einführung der Statistik
bekannte Thatsache, dass Krebs im vorgerückten Alter, besonders
jenseits der 40 er Jahre häufiger ist als in der Jugend, gilt natürlich
auch für den Leberkrebs.

---

cancer. British med. Journ. 1866. Dec. 1. 66; Morrant Baker, The inheri-
tance of cancer etc. St. Bartholomew's hosp. reports. II. 1866. p. 129 ff. und Brit.
med. Journ. 1867. April 27. p. 476; ferner Cooke, Th. Weeden, On cancer.
Lond. 1865.

1) Citirt bei Cooke, M. Baker u. A.
2) Middlesex hosp. 1853—1856. Med. chir. Transact. 1859. XLII. p. 111.
3) Citirt bei Hess l. c. Dieser Autor hat die Zahlen Moore's und Morrant Baker's falsch gelesen.

472 Fällle von Leberkrebs, die ich zusammenstellte, vertheilen sich dem Alter nach wie folgt:

	Alter:					Sa.
	20—30 J.	30—40 J.	40—60 J.	60—70 J.	Ueber 70 J.	
1. Köhler l. c. S. 378.	8	8	33	16	7	72
2. C. Genf, 1838 bis 1855.	3	8	51	19	12	93
3. Frerichs l. c. S. 294.	7	14	41	19	2	83
4. Smoler[1], Prager Klinik.	2	6	37	7	2	54
5. Riesenfeld, Path. Inst. Berlin 1864 bis 1868.	5	14	30	16	4	69
6. E. Hess l. c. S. 10. (Biermer's Klin.)	11	9	50	13	6	89
7. Tübing. med. Klinik, 1871 bis 1876.	1	2	8	1	—	12
Sa.	37	61*	250	91	33	472
pCt	7,8	12,9	53,1	19,3	6,9	—

Lebercarcinom ist, wie überhaupt Carcinom, im Kindesalter ausserordentlich selten. Siebold[2]) beobachtete Lebercarcinom beim Neugeborenen, Farré[3]) secundären Leberkrebs bei einem 3 monatlichen Kinde und in zwei Fällen bei 2 ½ jährigen. Cornil[4]) beschreibt ein Lebermyxom bei einem 8 monatlichen Mädchen, Kottmann[5]) primären Leberkrebs bei einem 9 jährigen, Roberts[6]) bei einem 12 jährigen Mädchen; ich selbst beobachtete einen 7 jährigen Knaben mit Krebs des Peritoneums und der Leber.

3) Geschlecht. Die Statistik hat längst gezeigt, dass das weibliche Geschlecht am Krebs im Allgemeinen häufiger erkrankt als das männliche.[7]) Die ausserordentliche Häufigkeit des Mamma-

---

1) Citirt bei E. Hess l. c. S. 10.
2) Canstatt's Jahresber. 1854. IV. S. 319.
3) Citirt nach Frerichs l. c. S. 293.
4) Gaz. méd. de Paris 1872.
5) Correspondenzbl. d. Schweiz. Aerzte 1872. Nr. 21.
6) Lancet I. 3. Jan. 1867. Schmidt's Jahrb. Bd. 135. S. 25.
7) Rechne ich die Zahlen Englands, Londons (1849—1859) und des C. Genf (1838—1855) zusammen, so erhalten wir auf 12019 an Krebs verstorbenen Männern 29308 Weiber. Verhältniss 1 : 2,44.

Uterus-Ovarial-Carcinoms [1]) ist die Ursache hiervon. Schaltet man diese Krebse aus einer grösseren Statistik (z. B. der des C. Genf) aus, so nähern sich die Ziffern für das männliche und weibliche Geschlecht so sehr, dass kaum noch ein Ueberwiegen des letzteren angenommen werden kann. [2]) Da nun der Leberkrebs in der weitaus grössten Mehrzahl der Fälle ein secundärer ist, und ausser nach Magencarcinom besonders häufig auch nach Uterus-Ovarial-Mamma-Krebs beobachtet wird, so leuchtet schon daraus ein, dass das weibliche Geschlecht häufiger vom Leberkrebs befallen wird, als das männliche.

Dies zeigt die folgende, von mir zusammengestellte Statistik, die, wie es scheint, zwischen primärem und secundärem Leberkrebs nicht schärfer unterscheidet; wenigstens habe ich bei den betreffenden Autoren keine bestimmten Angaben hierüber gefunden.

	Männer	Weiber	Summa
Oppolzer[3]) . . .	9	21	30
Halla[4]) . .	6	1	7
Lebert[5]) . .	6	8	14
Heyfelder[6]) . .	24	15	39
Wilkinson[7]) .	9	21	30
Ulrich[8]) . . .	5	6	11
van der Byl[9])	13	16	29
Frerichs[10])	10	21	31
Hess[11]) . . .	18	17	35
Biermer[12])	18	10	28
Riesenfeld[13]) . . .	32	37	69
Prag. pathol. Inst. [14]) . . .	96	132	228
Wiener allg. Krankenh.[15]) .	88	117	205
	334	422	756

Ausser den genannten, ätiologisch in Betracht kommenden Faktoren werden häufig noch andere namhaft gemacht. So namentlich

1) 25 pCt. aller Krebse sind Mamma-Uterus-Ovarialkrebse (C. Genf 1838 bis 1855). — 2) Vergl. Oesterlen, Med. Stat. Tüb. 1865. S. 432. — 3) Prag. Vierteljahrschr. 1845. II. S. 65. — 4) Ibid. 1844. I. — 5) Op. cit. S. 537. — 6) Stud. im Geb. d. Heilk. I. Th. Stuttg. 1838. — 7) und 8) Cit. bei Hess. — 9) und 10) l. c. — 11) und 12) Citate bei Hess l. c. S. 12. — 13) l. c. — 14) Jahrg. 1850—1855 und 1866. Cit. bei Hess. — 15) Jahrg. 1858—1874 (exclus. 1871). Von mir zusammengestellt aus den Berichten des k. k. Krankenhauses zu Wien.

auch Traumen, Contusionen der Lebergegend. [1] Frerichs hält
es für wahrscheinlich „dass äussere Verletzungen unter begünstigenden Umständen den ersten Anstoss zu der veränderten Nutrition
der Lebersubstanz abgeben können". Eine früher einmal erlittene
Contusion, ein Stoss befriedigt ebenso wie die „Erkältung" sehr
häufig das Causalitätsbedürfniss des Kranken, wenn ätiologische Anhaltspunkte überhaupt fehlen und unbekannt sind. Auch der Missbrauch der Spirituosen wird beschuldigt. Mit noch geringerem
Rechte; wird ja doch das weibliche Geschlecht eher häufiger von
Leberkrebs befallen als das männliche. Rein aus der Luft gegriffen
ist die Angabe, dass deprimirende Gemüthsaffekte, Kummer und Sorgen, mangelhafte Ernährung, oder wie im Gegensatz hierzu Andere
wollen, eine üppige, träge Lebensweise (Budd) „Plethora" und Fettleibigkeit zum Leberkrebs disponiren.

Auf die bekannte Thatsache gestützt, dass Narben, Warzen,
Muttermäler mitunter zum Ausgangsort von Krebs werden, hat man
behauptet, dass auch der Leberkrebs zuweilen seinen Ausgang von
pathologischen Bindegewebsanhäufungen in der Leber oder in der
Umgebung der Pfortader und der grösseren Gallengänge nehme. Man
rechnet hierher Fälle, wo Leberkrebs in einer cirrhotischen (granulirten) Leber auftrat, — einen exquisiten Fall dieser Art hat Recklinghausen [2]), einen andern habe ich selbst beobachtet — oder
wo nach vorausgegangenen schweren Gallensteinkoliken der Leberkrebs „wahrscheinlich" seinen Ausgang nahm von den durch den
Reiz der Gallensteine hervorgerufenen Bindegewebsanhäufungen in
der Umgebung der Gallengänge. [3]) Mag die Deutung dieser Fälle
richtig sein oder nicht, jedenfalls bilden sie so extrem seltene Vor-
kommnisse, dass sie ätiologisch kaum ins Gewicht fallen. (Vgl.
hierüber Schüppel, Path. anatom. Theil.)

Geographische Verbreitung. Der Leberkrebs kommt in
allen Klimaten vor. In den gemässigten Breiten ziemlich häufig,
scheint er dagegen in den tropischen und subtropischen Gegenden seltener zu sein; in Indien begegnet man dieser Krankheit nach
den übereinstimmenden Angaben glaubwürdiger und erfahrener Autoren sehr selten. „I have never seen a single instance of cancerous
deposition in the liver in this country" sagt Webb, der in dieser
Beziehung ein sehr competentes Urtheil hat, „not even in cases,

---

1) Leared, Transact. of the path. society 1869. XIX.
2) Rosenblatt, Diss. inaug. Würzb. 1867.
3) Willigk, Virch. Arch. Bd. 48. S. 524.

where the disease has been well manifested in the uterus, stomach and intestines"; und in ähnlicher Weise spricht sich Morchead aus.[1] Der Leberkrebs ist in der Mehrzahl der Fälle ein secundärer.

Es liegt auf der Hand, dass eine Statistik über das Häufigkeits-verhältniss des primären zum secundären Leberkrebs nur einen untergeordneten, höchstens approximativen Werth besitzt. Ich gebe mit aller Reserve die folgende Zusammenstellung:

Sibley l. c.	63	Fälle;	3	primäre,	60	secundäre.
van der Byl l. c.	29	„	3	„	26	„
Riesenfeld l. c.	69	„	10	„	59	„
Frerichs l. c.	31	„	10	„	21	„
Oppolzer l. c.	53	„	17	„	36	„
Pemberton[2]	51	„	18	„	33	„
Meissner[3]	109	„	5	„	104	„
Biermer[4]	25	„	6	„	19	„

Sa. 430 Fälle; 72 primäre, 358 secundäre.

Es ergibt sich somit ein Häufigkeitsverhältniss der primären Leber-krebse zu den secundären von 1 : 5.

Fragen wir, welche Organkrebse secundären Leberkrebs am häufigsten im Gefolge haben, so lautet die einfache Antwort: 1) die primären Krebse jener Organe, welche ihr Blut in die Pfort-ader schicken, also die Krebse des Magens, des Darms, beson-ders auch des Mastdarms[5]), des Peritonaeums, des Pankreas. Auch der Krebs des Uterus und der Ovarien hat, wie die Casuistik in zahl-reichen Beispielen lehrt, secundären Leberkrebs nicht selten im Ge-folge. Es ist daran zu erinnern, dass die Venen des Peritonealüber-zugs der inneren Genitalien mit Pfortaderästen communiciren, und constante Anastomosen bestehen zwischen den Venae uterinae und den Venae mesentericae; 2) ist secundärer Leberkrebs natürlich am häufigsten im Gefolge jener Organkrebse, welche erfahrungsgemäss am häufigsten vorkommen. Hier steht der Magenkrebs an erster Stelle, ihm folgen der Uterus-, Mamma-, Mastdarm-, Peritoneal-, Pan-kreas-, Lymphdrüsen-Krebs. (Vgl. Schüppel, Pathol. anat. Theil.) Secundärer Leberkrebs kann zu Carcinomen der verschiedensten

---

1) Citirt nach Hirsch, Hist. geogr. Path. II. Bd. S. 321.
2) Citirt nach Hess l. c. S. 14.
3) Ibidem. — 4) Ibidem.
5) Constante Anastomose zwischen Vena haemorrhoidalis inferior des Plexus haemorrhoidalis und V. haemorrhoidalis superior der V. mesenterica inferior.

Organe hinzutreten und bei sehr verbreiteter Carcinose ist regelmässig auch die Leber krebsig afficirt.

Anderseits gibt der Leberkrebs selbst wieder zu secundären Krebsablagerungen Veranlassung. Hier ist besonders zu nennen secundärer Lungen- und Pleurakrebs (Verschleppung durch die Blutgefässe), ferner krebsige Entartung der Lymphdrüsen, der in der Porta hepatis gelegenen Glandulae hepaticae, und der Glandulae coeliacae. Durch diese Drüsen hindurch laufen die t i e f e n Lymphgefässe der Leber. Die oberflächlichen treten in das Ligamentum suspensorium hepatis ein, gelangen zum Zwerchfell, dringen hinter dem Schwertknorpel durch, und erreichen die Plexus lymph. mammarii und mediastinici anteriores. Da noch andere Lymphgefässe der Leber sich in das h i n t e r e Mediastinum begeben, zu den dort gelegenen Lymphdrüsen, so ersieht man, dass die secundäre Krebsentwicklung beim Leberkrebs sehr verschiedene und divergente Bahnen einschlagen kann. Allen diesen Bahnen zu folgen ist nicht meine Aufgabe, um so weniger, als über die Verbreitung des Leberkrebses durch die Venen, die Lymphgefässe, die Gallengänge das Wichtigste bereits in der pathologisch-anatomischen Darstellung vorausgeschickt wurde.

Was die H ä u f i g k e i t d e s L e b e r k r e b s e s , seine Stellung in der Frequenzscala der Krebse überhaupt betrifft, so genügen zur Beantwortung dieser, zur Zeit nur statistisches Interesse darbietenden Frage folgende Zahlenzusammenstellungen.

Den Berichten des k. k. allg. Krankenhauses in Wien entnehme ich Folgendes:

Vom Jahre 1858 — 1874 (excl. Jahrg. 1871) wurden behandelt 368548 Kranke; darunter litten 205 an Leberkrebs. Auf 1798 Kranke der v e r s c h i e d e n s t e n i n n e r e n und ä u s s e r e n Krankheiten traf somit 1 Fall von Leberkrebs [1]). Nimmt man die i n n e r e n Krankheiten für sich allein, so ändert sich natürlich das Verhältniss sehr erheblich; es beläuft sich nämlich auf 1 : 322.

Die überall zur Aufnahme und Geltung gekommene statistische Angabe O p p o l z e r ' s , der unter 4000 (!) diversen i n n e r e n Krankheiten 53 Leberkrebse zählte (Verhältniss somit 1 : 76), bedarf kaum der Widerlegung. Noch unbrauchbarer sind die vielen kleineren Statistiken, welche fast ausnahmslos ein viel zu grosses Häufigkeitsverhältniss des Leberkrebses zu anderen inneren Krankheiten angeben.

Die S e c t i o n s s t a t i s t i k lehrt Folgendes : Wir erhalten, die unten [2]) angegebenen statistischen Zahlen zusammenfassend, auf 6019 L e i c h e n d i v e r s e r K r a n k h e i t e n 174 L e b e r k r e b s e ; V e r h ä l t n i s s 1 : 34.

---

1) Dabei zeigt sich wieder deutlich das grössere Häufigkeitsverhältniss des Leberkrebses beim weiblichen Geschlechte. Auf 232540 aufgenommene Männer treffen 88 Leberkrebskranke (1 : 2646), auf 135708 Weiber 117 Leberkrebskranke (1 : 1160).

2) v a n d e r B y l l. c. — F ö r s t e r , Prager pathol. anat. Inst. 1850—1855 und 1866. Cit. bei H e s s l. c. S. 13.

Welche Stellung nimmt der Leberkrebs in der Häufigkeitsscala der Krebse ein?

Tanchou's aus den Civilstandsregistern des Seine-Departements entworfene Krebsstatistik leidet an bekannten Mängeln. Auf 9118 Krebsleichen treffen 578 Leberkrebse, Verhältniss 1 : 16.

Die Berichte des k. k. allgem. Krankenhauses in Wien lehren, dass von 368548 Kranken 5955 an Krebs (resp. bösartigen Neubildungen) diverser Organe litten; und von den 5955 Krebskranken litten 205 an Leberkrebs, d.' i. auf 29 Krebskranke 1 Leberkrebskranker.

Die Genfer Liste (1838—1855) endlich ergibt auf 889 Krebstodte 93 Leberkrebse; Verhältniss 1 : 9,5.

Alle drei Statistiken, Krebskranke und Krebstodte, zusammengefasst, erhalten wir somit auf 15962 Krebse aller Organe 876 Leberkrebse; Verhältniss 1 : 18.

Der Leberkrebs nimmt in der Häufigkeitsscala des Krebses der verschiedensten Organe etwa den 4. Platz ein. Ihm voraus gehen Uterus-, Magen- und Mammakrebs.

Es vertheilen sich die Häufigkeitsprocente, berechnet aus Tanchou's und Marc d'Espine's Tabellen — im Ganzen 10007 Krebstodte — wie folgt:

Uteruskrebs . . . . 31 pCt.

Magenkrebs . . . . 27 „

Mammakrebs . . . . 12 „

Leberkrebs . . . . 6 „

Krebs aller anderen Organe zusammengenommen 23 „

Symptome. Diagnose.

Das Krankheitsbild, zu welchem der Leberkrebs Anlass gibt, ist in manchen Fällen so prägnant, durch das Vorhandensein so zahlreicher Symptome von Seite des erkrankten Organs charakterisirt, dass Nichts leichter ist, als die Diagnose zu stellen. In anderen Fällen ist diese schwierig, nur vermuthungsweise möglich, oder selbst unmöglich; dies dann, wenn alle Symptome fehlen, die uns berechtigen, eine Erkrankung der Leber anzunehmen.

Betrachten wir zunächst die Fälle, wo der Leberkrebs als solcher latent verläuft. Da ist in erster Linie an die nicht seltenen Fälle zu erinnern, wo wir mit Bestimmtheit die Diagnose auf Carcinom des Magens, Mastdarms, Peritoneums, des Uterus, der Mamma u. s. w. stellen, und die Section diese Diagnose bestätigt; gleichzeitig finden sich auch mehrere secundäre Krebsknoten in der Leber vor, auf die während des Lebens keinerlei Erscheinungen hinwiesen. In manchen dieser Fälle wäre die Diagnose aus der veränderten Gestalt und Oberfläche der Leber zu stellen möglich gewesen, wenn nicht der Meteorismus beim Darm-, der Ascites beim Peritonealkrebs, die Gastrektasie beim Pyloruskrebs die Leber nach aufwärts von der vorderen Bauchwand abgedrängt und so der Palpation entzogen hätte. Der secundäre Leberkrebs verläuft in zahlreichen Fällen als solcher symptomlos, und ist klinisch nicht zu diagnosticiren. Dennoch würde vielleicht in manchen dieser Fälle die Diagnose möglich gewesen sein, wenn sich unsere Aufmerksamkeit, die ganz von dem Carcinomhauptheerde absorbirt war, mehr dem Verhalten der Leber zugewandt hätte, wenn nach Icterus in den Conjunctiven gesucht, wenn der Harn wiederholt auf Gallenfarbstoff geprüft worden wäre.

Auch der primäre Leberkrebs verläuft mitunter längere Zeit latent. Das sind die Fälle, wo sich bei einem Individuum reiferen Alters zuerst Beschwerden unbestimmter Art, vage Schmerzen im Rücken und Abdomen, Verdauungsstörung, Appetitverlust, Stuhlbeschwerden einstellen; die Ernährung leidet rasch; das gute Aussehen verliert sich, Hautfarbe und Physiognomie werden krankhaft verändert; der Kranke fühlt sich immer müde, er ist reizbar oder verstimmt und apathisch. Dachte man anfangs vielleicht an chronischen Magendarmkatarrh, als Ursache der Ernährungsstörung, so gewinnt doch bei der täglich zunehmenden Kachexie, dem rapiden Verlauf der Abmagerung die Vermuthung, dass ein tieferes, ein krebshaftes Leiden zu Grunde liege, mehr und mehr an Gewicht. Aber die sorgfältigste Untersuchung der Magengegend, der Leber durch Percussion und Palpation kann nichts Abnormes entdecken. Es tritt Ascites, Oedem der Unterextremitäten hinzu und extrem kachektisch geht der Kranke nach vielleicht $^{1}/_{2}-1$ jähriger Dauer des Leidens zu Grunde. Die Section entdeckt zahlreiche Krebsknoten der Leber, primäre oder neben einem latent verlaufenen Carcinom des Magens, des Pankreas, der Retroperitonealdrüsen u. s. w.

Es kommen Fälle von Leberkrebs vor, wo die Krebsknoten alsbald den convexen (oberen) Rand der Leber erreichen und zu Adhäsion mit dem Zwerchfell führen. Frühzeitig treten Erscheinungen einer rechtsseitigen Pleuritis auf. Es kommt zur Bildung eines rechtsseitigen Exsudats, das, wie Beispiele lehren, alsbald eitrig werden und zu hohem hektischem Fieber mit profusen Morgenschweissen führen kann; die Ernährung des Kranken leidet rasch; da Icterus fehlt, und die Untersuchung der Leber und der Magengegend ein vollkommen negatives Resultat ergibt, so wird vielleicht Pleuritis exsudativa, Empyem diagnosticirt und für ausreichend gehalten, das ganze Krankheitsbild zu erklären. Die Section zeigt, dass die Pleuritis eine

secundäre war, hervorgerufen durch zahlreiche Krebsknoten in der
Leber, primäre, oder secundäre, vielleicht neben einem latent verlaufenen Magencarcinom.

In wieder anderen Fällen führt der Leberkrebs frühzeitig, durch
Hereinwachsen in grössere Pfortaderäste, zu Ascites. Dazu treten
entzündliche Processe, vielleicht ausgehend von Krebsknoten in der
Porta hepatis. Der Ascites gewinnt alle Eigenschaften der chronischen exsudativen Peritonitis. Unter hektischem Fieber magern
die Kranken rapid ab. Die Leber wird verdrängt, ist der Palpation
unzugänglich, Icterus fehlt. Betrifft ein solches Vorkommen ausnahmsweise ein jüngeres Individuum, so wird vielleicht die Diagnose
tuberculöse Peritonitis gestellt; die Section weist Leberkrebs mit
secundärer chronischer Peritonitis nach. Ein 14jähriges Mädchen,
das ich beobachtete, war bis zum Skelett abgemagert, hatte hohes
hektisches Fieber und bot alle Erscheinungen einer chronischen Peritonitis mit massenhaftem Exsudate dar; die an einigen Stellen der
Bauchhöhle durchfühlbaren Knoten wurden für tuberculöse oder indu-
rirte einfache Entzündungsheerde angesehen und die Diagnose: tuberculöse chronische Peritonitis gestellt. Die Section ergab sarkomatöse
Peritonitis mit mehreren secundären Sarkomknoten in der Leber.

Die eben geschilderten Fehldiagnosen sind äusserst selten, sie gehören zu den Ausnahmen. In der Mehrzahl der Fälle ist das Symptomenbild des Leberkrebses ein höchst prägnantes. Neben den Erscheinungen des Krebsmarasmus stellen sich so zahlreiche Symptome
von Seite des erkrankten Organs ein (Leberschwellung mit Fühlbarsein knolliger Protuberanzen, Ascites, Icterus), dass die Diagnose bei
Berücksichtigung des Alters der Kranken und der Dauer der Krankheit keine Schwierigkeiten darbietet. Schildern wir eines dieser
unverkennbaren Krankheitsbilder, unter welchem der Leberkrebs
verläuft.

Ein Individuum vorgerückten Alters beginnt an mannichfachen
Verdauungsbeschwerden zu leiden, der Appetit vermindert sich, ein
Gefühl von Völle und Druck im Abdomen, schmerzhafte Empfindungen im Rücken, im rechten Hypochondrium, in der Magengegend
treten auf, dabei Unregelmässigkeiten in der Stuhlentleerung, meist
hartnäckige Verstopfung zuweilen mit Diarrhöen wechselnd. Das bis-
herige gesunde Aussehen des Kranken ändert sich, die Gesichtsfarbe
und auch die übrige Hautfarbe wird fahl, schmutzig gelblich, die
Gesichtszüge gewinnen die eigenthümlich spitzen und scharfen Contouren der Krebsphysiognomie. Der Kranke magert rapid ab; nur
das stärker prominirende Abdomen steht im Contrast zu der skelett-

artigen Abmagerung des übrigen Rumpfes, der Nates, der Extremitäten. Die Venen des fettberaubten Unterhautzellgewebes stechen als prominirende blaue Stränge ausnehmend deutlich von dem schmutzig gelben Grund der trocken schilfrigen Haut ab, die sich in hohen und langen Falten erheben lässt. Der Kranke fühlt sich immer müde, unfähig zu körperlicher und geistiger Arbeit; die Stimmung ist eine gedrückte, reizbare, apathische, hypochondrische. Leichte Fieberbewegungen werden vorübergehend beobachtet. Die periodisch exacerbirenden und remittirenden Schmerzen erreichen oft einen erheblichen Grad und strahlen nach den verschiedensten Richtungen hin aus. Icterus, bald blos an der Conjunctiva deutlich zu erkennen, bald in exquisiter Weise über die ganze Haut verbreitet, tritt auf, der Harn ist dunkel gefärbt, gibt bei Vornahme der Gallenfarbstoffproben ein positives Resultat. Die Untersuchung der Leber lehrt, dass das Organ erheblich vergrössert, von vermehrter Consistenz ist, und mehrere Unebenheiten, knollige Protuberanzen darbietet. Endlich geht der Kranke nach ½—1 jähriger Dauer des Leidens im höchsten Grade der Abmagerung und des Marasmus zu Grunde, nachdem Ascites, Oedem der Unterextremitäten, vielleicht Cruralvenenthrombose hinzugetreten war.

Von dem geschilderten Symptomencomplex finden mancherlei Abweichungen statt, die wir in der folgenden Analyse der einzelnen Symptome betrachten wollen.

Verhalten der Leber. Im Anfang der Erkrankung fehlen alle objectiven Symptome von Seite des Organs. Später nimmt regelmässig das Volumen der Leber zu, mitunter in sehr erheblichem Grade. Das sich vergrössernde Organ dehnt sich dahin aus, wo die Widerstände am geringsten sind, d. i. in erster Linie nach der Bauchhöhle zu. Der scharfe Leberrand überschreitet den Rippenbogenrand in der rechten Mamillarlinie um 4 Finger- bis Handbreite, in der Mittellinie befindet er sich am Nabel oder etwas unterhalb desselben; der Rand des linken Lappens schneidet den Rippenbogenrand der linken Seite nach aussen von der nach abwärts verlängerten Mamillarlinie, an der 9.—10. Rippe. Das ist etwa der Verlauf des unteren Leberrandes bei einer mittleren Vergrösserung der Leber. In der Mehrzahl solcher Fälle befindet sich die obere oder Lungenlebergrenze in der Mamillarlinie noch an ihrer normalen Stelle, auf der 6. Rippe. R. H. U. dagegen macht sich viel häufiger schon bei solchen Graden von Lebervergrösserung ein deutliches Hinaufgerücktsein des unteren Lungenrandes (um 2—3 Fingerbreiten) bemerkbar. Es hat dies unzweifelhaft seinen Grund in der grösseren Athmungs-

thätigkeit der vorderen Thoraxwand im Vergleich zu der hinteren
unteren, eine Thatsache, die sich ja auch in den grösseren respiratorischen Excursionen der vorderen unteren Lungengrenze ausdrückt.

In manchen Fällen wird die Vergrösserung der Leber eine excessive. Das Organ erreicht in extremen Fällen ein Gewicht von
20 Pfd. (Colling, Frerichs[1])), von 24 Pfd. (Gordon[2])), ja selbst
25 Pfd. (Axel-Key[3])). In einem solchen Falle wird die Leber, bei
der Untersuchung, fast die ganze Bauchhöhle ausfüllend angetroffen;
sie reicht bis an die Spina ossis ilci anterior superior, in der Mittellinie bis in die Mitte zwischen Nabel und Symphyse; ihr linker
Lappen ragt weit und breit ins linke Hypochondrium hinein, legt
sich dem Margo crenatus der Milz unmittelbar an, diese nach abwärts und hinten drängend. In solchen Fällen gibt oft der linke
Complementärraum gedämpften Schall mit starker Percussions-Resi-
stenz; nun wird auch das Zwerchfell nach aufwärts gedrängt; die
Lungenlebergrenze befindet sich vorn auf der 5., 4., ja selbst der
3. Rippe, hinten dicht unterhalb des Angulus scapulae. Roberts
in Manchester beschreibt[4]) einen Fall von Leberkrebs bei einem
12jährigen Mädchen, wo die enorm vergrösserte 10 Pfd. schwere
Leber das Zwerchfell bis an die Clavicula emporgedrängt (?), die
Lunge total comprimirt, und sogar einen nachtheiligen Druck auf
die A. subclavia dextra — der Puls war rechts merklich kleiner als
links — ausgeübt haben soll. Die Verdrängung des Zwerchfells wird
besonders hochgradig und tritt schon bei mässiger Lebervergrösserung
ein, wenn zu dieser noch ein anderes den Bauchraum beschränken-
des Moment — Meteorismus, Ascites — hinzutritt.

Die Vergrösserung der Leber ist im Allgemeinen proportional
der Grösse und Anzahl der Krebsknoten. Sie ist bald eine totale,
bald betrifft sie nur einen Lappen, häufiger den rechten als den
linken. Zuweilen wird der Lobus sinister vergrössert angetroffen,
obwohl derselbe nicht, sondern nur der rechte, Sitz von Carcinomknoten ist. Eine solche Vergrösserung des linken Lappens, die man
wohl hie und da noch als eine „sympathische, vicariirende" bezeichnet
liest, hat meistens ihren Grund in einer parenchymatösen Entzündung, in seltenen Fällen auch darin, dass Carcinomknoten z. B. im
Lobulus Spigelii die Vena hepatica sinistra comprimiren, oder sie
durch Hereinwachsen in diese partiell obturiren. Aber durchaus

---

1) l. c. S. 288 Anmerk.
2) Dubl. quarterly Journ. 1867. Nov.
3) Hygiea. Bd. XXVII. 1865. Nr. 5.
4) Lancet. 1867. Jan.

nicht in allen Fällen von Leberkrebs ist die Leber vergrössert. Die Vergrösserung fehlt sehr häufig beim secundären Carcinom, wenn die Entwicklung von Carcinomknoten in der Leber zu einer Zeit erfolgt, wo der primäre Krebs zu Kachexie, zu Verminderung der Blutfülle des Körpers, zu Parenchym-Verarmung der meisten Organe geführt hat; in solchen Fällen kann die von zahlreichen Krebsknoten durchsetzte Leber sogar etwas kleiner sein als normal. Die bedeutendsten Vergrösserungen werden angetroffen beim primären Leberkrebs und bei jenen secundären Carcinomen, die sich frühzeitig in der Leber entwickeln, zu einer Zeit, wo der primäre Herd noch nicht zu Kachexie Veranlassung gegeben hat. Es scheint mir auch, wenigstens nach meinen Erfahrungen, dass die Vergrösserung der Krebsleber bei jüngeren Individuen durchschnittlich bedeutender wird, als bei sehr alten.

Wir haben im Vorhergehenden bereits hervorgehoben, dass Meteorismus, Ascites, bedeutende Gastrektasie den Nachweis einer mässigen Vergrösserung der Leber unmöglich machen kann.

Man muss dessen auch eingedenk sein, wenn eine bisher erheblich vergrösserte Krebsleber nach einiger Zeit weniger weit ins Abdomen hinabragend angetroffen wird. Meteorismus, Ascites kann die Ursache davon sein. Indess kommen unzweifelhaft Fälle vor, wo die vergrösserte Leber gegen das Lebensende wieder kleiner wird. Der Marasmus hat Parenchymverlust aller Organe, so auch der Leber zur Folge, und diese muss kleiner werden, wenn nicht durch Entwicklung neuer Krebselemente ersetzt wird, was an normalem Parenchym in Folge des Marasmus zu Grunde geht.

Man vergesse ferner nicht, dass Carcinomknoten der Leber zu allmählicher Atrophie des normalen Lebergewebes, zu interstitieller Entzündung der Leber Anlass geben können, ferner, dass Carcinomknoten selbst durch centrale Vernarbung und regressive Metamorphose kleiner werden können.

Ein sehr wichtiges Symptom beim Leberkrebs ist ausser der Vergrösserung des Organs das Fühlbarsein höckriger oder grösserer, knolliger Protuberanzen auf der Oberfläche oder längs des scharfen Randes der Leber. Letzterer ist meist sehr leicht zu palpiren, da die Consistenz des Organs vermehrt ist. Dringt man mit den palpirenden Fingern von unten her unter den Leberrand ein und lässt diesen über die sich erhebenden Fingerspitzen hinweg nach abwärts gleiten, so überzeugt man sich von der grösseren Resistenz des Leberrandes. Zuweilen fühlt man denselben an einzelnen Stellen scharf, an anderen verdickt, wulstig abgerundet.

Die Tumoren sind meistens hart, resistent, was natürlich nicht dafür beweisend ist, dass man es nun auch mit soliden Geschwülsten zu thun habe. Eine prall gespannte Cystenwand kann, besonders durch dicke Bauchdecken hindurch palpirt, ganz den gleichen Gefühlseindruck hervorrufen, wie solide Tumoren. Hie und da, aber selten, fühlt man weiche, fast fluctuirende Tumoren. Unter günstigen Umständen können selbst Tumoren in der Leberconcavität, welche sich dem scharfen Rande nähern, durch Eindringen der palpirenden Finger unter letzteren, eben noch palpirt werden. Differentialdiagnostisch ist es oft von Wichtigkeit mehrere diskret stehende Tumoren, sowohl über dem rechten, als entfernt davon über dem linken Leberlappen zu constatiren.

Zuweilen wird auch die Gallenblase secundär von der Entartung ergriffen. In einem solchen Falle, den ich 1871 beobachtete, fand sich unmittelbar am Leberrand, der Lage der Gallenblase entsprechend, eine in die Bauchhöhle halbkuglig vorspringende, höckrige Geschwulst, welche die respiratorischen Excursionen der Leber in exquisiter Weise mitmachte.

Täuschungen durch einen Schnürlappen der Leber, durch Gallenblasenhydrops oder Ektasie derselben in Folge von Verstopfung des Gallenausführungsganges, Täuschungen durch Kothtumoren im Colon transversum oder ascendens, welche dem scharfen Leberrande oft unmittelbar anliegen, und, zuweilen auch ohne Verwachsung des Colons mit der Leber, deren respiratorische Excursionen ganz ebenso mitmachen, als wenn sie in Continuität mit der Leber stünden, Täuschungen durch den zwischen zwei Inscriptiones tendineae liegenden Muskelbauch des Rectus abdominis werden bei einiger Uebung und Aufmerksamkeit leicht vermieden.

Schwieriger dagegen ist die Unterscheidung eines dem scharfen Leberrande unmittelbar anliegenden Carcinomes des Colons, des Netzes, und besonders der Portio pylorica des Magens von einem Leberkrebs. Häufig besteht Verwachsung mit der Leber, aber auch ohne diese, wird der mit der Leber in Contiguität stehende fühl- und oft sichtbare Krebstumor mit jeder Inspiration nach abwärts, mit jeder Exspiration nach aufwärts bewegt. Die Percussion gibt in solchen Fällen nur dann Aufschluss, wenn es bei leiser Percussion gelingt zwischen der Leberdämpfung und der Dämpfung des Tumors eine Zone helleren, intensiveren tympanitischen Schalles nachzuweisen. Meistens ist die Percussion nicht, wohl aber die Palpation im Stande die Entscheidung zu geben. Eine sehr aufmerksame, feine Palpation lässt erkennen, dass der scharfe Leberrand über den Tumor sich hinschiebt; man kann zwischen Tumor und Leberrand palpirend eindringen, letzteren etwas erheben und über die Fingerspitzen gleiten lassen. In anderen Fällen überzeugt man sich, dass der dicht unterhalb der Leber hervortretende Tumor für sich allein sowohl in querer als auch, was besonders beweisend ist, in verticaler Richtung verschoben werden kann. Eine aufmerksame Beobachtung des Tumors zu verschiedenen Zeit lehrt ferner, dass derselbe z. B. bei Magen- und Colon-Carcinom nicht immer an der gleichen Stelle sitzt, dass er je nach den Füllungszuständen dieser Organe seine Stelle ändert, bald leicht und umfangreich, bald gar nicht oder von geringerer Ausdehnung palpabel ist. Auf die übrigen differentialdiagnostischen Zeichen will ich hier nicht eingehen.

Zuweilen genügt schon eine aufmerksame Inspection, um das Vorhandensein von Lebervergrösserung und Lebertumoren sicher zu stellen. Man sieht das rechte Hypochondrium (inclus. dem Epigastrium) stärker vorgewölbt, den Rippenbogen der rechten Seite mehr nach aussen gedrängt; ausserdem zeichnen sich oft die Contouren der halbkugligen Protuberanzen der Leberoberfläche durch die dünnen Bauchdecken hindurch ab; man sieht wie die Tumoren im rechten Hypochondrium, in der Regio epigastrica etc. bei jeder Inspiration, die Haut erhebend, nach abwärts rücken, bei jeder Exspiration nach aufwärts. Legt man während dieser respiratorischen Excursionen die Hand auf den Tumor, so fühlt man zuweilen, durchaus nicht so selten, wie Manche glauben, deutliches Reiben; setzt man das Stethoskop auf, so vernimmt man knarrendes Reibegeräusch. Auch durch stärkeren Druck auf die Tumoren oder durch Verschieben der dünnen Hautdecken über diesen wird fühlbares Reiben erzeugt. Entzündliche Aufloeckerung des Peritonealüberzuges der Tumoren ist die nothwendige Bedingung dieser Erscheinung.

In einem Falle von Leberkrebs, den ich beobachtete, war bei ruhiger Athmung, ein Tumor der Leber weder sicht- noch fühlbar. Liess man aber den Kranken eine tiefe Inspiration machen, so trat unter dem Rippenbogen ein Tumor hervor, der seine Contouren durch die dünnen Bauchdecken hindurch zu erkennen gab und leicht palpirt werden konnte; bei der Exspiration verschwand der Tumor sofort wieder hinter dem Rippenbogen.

Bei länger fortgesetzter Beobachtung und wiederholter genauer Untersuchung überzeugt man sich zuweilen, dass die Leber, oder ein einzelner Lappen derselben, im Verlauf der Krankheit allmählich grösser wird, und seine Gestalt ändert, dass früher constatirte Tumoren an Grösse zunehmen, dass neue Protuberanzen auftreten und der Palpation zugänglich werden. Man überzeugt sich in seltenen Fällen aber auch, dass die Leber kleiner wird (S. 331), dass ein vordem deutlicher Tumor schwerer palpirt werden kann, vielleicht sogar verschwindet. Dies kann von Erweichung des Tumors herrühren, oder von Einziehung, Dellenbildung. Doch ist mir kein Fall bekannt, wo letztere mit Sicherheit während des Lebens constatirt wurde. Die Dellen sind eben für gewöhnlich zu seicht. Das Wachsthum der Krebsleber vollzieht sich meistens langsam, das der Tumoren kann schneller erfolgen; innerhalb 8 Tagen kann ein vorher eben fühlbarer Tumor merklich grösser geworden sein. Fälle dieser Art haben Budd, Andral, Henoch beschrieben. Murchison[1]) konnte eine Zunahme der Lebergrösse von Woche zu Woche constatiren. Ich konnte mich in einem Falle sehr leicht von der Grössenzunahme eines Tumors überzeugen, in einem anderen Falle beobachtete ich eine rasche Volumsabnahme des vorher deutlich prominirenden, resistenten Tumors. Eine plötzliche und erhebliche Vergrösserung der Leber oder eines vorher constatirten Tumors wird zuweilen bei Blutungen in erweichte Krebsheerde oder bei subcapsulären Hämorrhagien beobachtet.

Ascites und Exsudativ-Peritonitis sind häufige Folgen des Leberkrebses. Fasse ich die Zahlen von Frerichs, die von Hess aus Biermer's Klinik und aus der Literatur gesammelten Fälle zusammen, so erhalte ich 154 Fälle, bei welchen in 78 d. i. in 50 pCt. Ascites resp. Exsudat notirt ist. Es dürfte das Vorkommen von Ascites noch häufiger sein, wie auch Murchison[2]) schätzungsweise angibt.

Der Ascites tritt gewöhnlich im späteren Verlauf der Krankheit ein, oder erreicht erst dann eine durch Percussion nachweisbare Grösse. Doch kommen Fälle von frühzeitigem Ascites vor; gerade in diesen Fällen kann die Differentialdiagnose zwischen Leberkrebs und Cirrhose schwierig werden. Der Ascites ist eine Folge der Stauung des Pfortaderblutes, die auf verschiedene Weise hervorgerufen wird, bald durch Obturation, bald durch Compression grösserer Pfortaderäste resp. des Pfortaderstammes. Krebsmassen der Leber wachsen in grössere Pfortaderäste oder bis in den Hauptstamm hinein und obturiren theilweise; beim secundären Leberkrebs, z. B. in Folge von Magencarcinom, geschieht dieses Hereinwachsen von der Vena coronaria ventriculi oder pylorica aus. In anderen Fällen handelt es sich um partielle Compression des Pfortaderstammes durch die ver-

1) l. c. S. 187.   2) l. c. S. 191.

grösserten, krebsig infiltrirten und mit der Pfortader zu einem derben
Conglomerate (Periphlebitis fibrosa) verwachsenen portalen Lymphdrüsen. Vielleicht wird eine particlle Compression der Pfortader zuweilen auch von der im Dickendurchmesser sehr erheblich vergrösserten Krebsleber ausgeübt, besonders wenn gleichzeitig auch die
portalen Lymphdrüsen vergrössert sind. Wachsen Krebsmassen in
einen der Lebervenenstämme hinein, oder wird die Vena hepatica
eines Lobus durch benachbarte Krebsgeschwülste comprimirt, so führt
auch dies zu Stauung des Blutes in der Pfortader und zu Ascites.
Die geschilderten mechanischen Hindernisse für den Blutlauf in der
Pfortader erreichen oft erst dann eine Höhe, genügend um Ascites
hervorzurufen, wenn die Vis a tergo, die Herzkraft nachlässt; daher
tritt Ascites oft erst gegen das Lebensende, ziemlich gleichzeitig mit
Oedemen der Unterextremitäten ein, ohne dass die Ursache der
Pfortaderobturation oder Compression zugenommen hätte.

Die Ascitesflüssigkeit, deren spec. Gewicht zwischen 1009 — 1023,
deren Eiweissgehalt zwischen 1—4 pCt. schwankt, ist bald vollkommen klar, hellgelb, grünlichgelb, bald stärker icterisch dunkelgrün,
rothbraun gefärbt. Häufiger als dies ist die Flüssigkeit trübe, enthält
Fibrinflocken und bei mikroskopischer Untersuchung zahlreiche weisse
Blutkörperchen; sie hat somit die Eigenschaften des entzündlichen
Transsudates und ist in diesem Falle durchschnittlich auch eiweissreicher. Oft ist die Flüssigkeit bluthaltig; meist handelt es sich um
Blutungen per diapedesim.

Sehr häufig tragen die Ergüsse im Abdomen den entzündlichen
Charakter; zuweilen von Anfang an, indem sich, ausgehend von der
Perihepatitis, ein chronisch entzündlicher Process auf einen grösseren
Distrikt des Bauchfelles ausbreitet und zu Exsudation Veranlassung
gibt; oder, wir haben es primär wohl mit Stauungshydrops, Ascites
zu thun; derselbe gewinnt aber durch den Hinzutritt entzündlicher
Vorgänge im Peritoneum der Leber und deren Nachbarschaft alsbald die Charaktere des entzündlichen Ergusses (Fibrinflocken, Aus-
wanderung weisser Blutzellen, vermehrter Albumingehalt). Eine
acute, subacute Peritonitis, die den tödtlichen Ausgang beschleunigt,
wird hervorgerufen durch die Perforation eines erweichten Mark-
schwammknotens der Leber. Ist die Perforation die Folge einer
stärkeren Blutung in die Krebsmassen, so ist das peritonitische Exsudat von Anfang an ein hämorrhagisches. Zuweilen ist das Exsudat ein eiteriges, so besonders bei chronischer Peritonitis nach
Perforation eines erweichten Krebsknotens.

Endlich ist die Peritonitis exsudativa chronica beim Leberkrebs
mitunter von Anfang an eine krebsige, d. h. durch die Entwick-

lung secundärer Krebsknoten im Peritoneum bedingt. Häufiger ist die Peritonitis carcinomatosa das Primäre, der Leberkrebs das Secundäre.

Auf einen, wie es scheint, wenig bekannten Umstand hinsichtlich der Palpation der Leber bei Flüssigkeitsansammlungen im Abdomen möchte ich hier aufmerksam machen.

Nicht selten ereignet es sich bei hochgradigem Ascites, dass die Leber bei horizontaler Rückenlage des Kranken von der vorderen Rumpfwand sich entfernt, nach hinten zurücksinkt, während Flüssigkeit zwischen Leberoberfläche und Rumpfwand sich einlagert. In solchen Fällen kann man durch eine ballotirende, stossweise ausgeführte Palpation durch die Flüssigkeit hindurch die darunter liegende harte Leber palpiren.

Milz. Die Milz ist beim Leberkrebs nur sehr selten vergrössert, ein Verhalten, das für die Differentialdiagnose zwischen Krebs und Cirrhose (auch Wachsleber) von Werth ist, jedoch nur dann, wenn in dem gegebenen Falle eine erhebliche Milzanschwellung constatirt werden kann. Unter 116 Fällen von Frerichs und Biermer [1] war die Milz nur 15 mal, das ist unter 77 Fällen 1 mal vergrössert. Vielleicht tritt Milzvergrösserung bei Leberkrebs hauptsächlich nur dann auf, wenn zu einer Zeit, wo noch ein grösserer Blutreichthum des Körpers und normaler Parenchymgehalt der Organe besteht, zahlreiche Pfortaderzweige durch diffuse Krebsablagerungen verlegt werden, oder, wenn frühzeitig ein Hereinwachsen von Krebsmassen in den Hauptstamm der Pfortader, die sich aus der Vena mesenterica magna und der Vena splenica zusammensetzt, stattfindet. Die Milz wird ferner erheblich vergrössert in den höchst seltenen Fällen, wo sie, besonders bei diffusem Krebs der Leber, secundär krebsig infiltrirt wird.

Schmerz. Die im Anfang vorhandenen lästigen Gefühle von dumpfem Druck, von Völle im Abdomen, im Epigastrium und Hypochondrium werden im weiteren Verlaufe der Krankheit meist zu heftigen Schmerzen gesteigert. Unter 55 Fällen von Frerichs und Biermer fehlte der Schmerz nur 6 mal im ganzen Verlauf der Krankheit. In manchen Fällen erreichen die Schmerzen excessive Grade und erfordern zu ihrer Linderung ansehnlich gesteigerte Dosen von Opiaten; in anderen Fällen sind die Schmerzen geringfügig, intermittirend, oft längere Zeit hindurch ganz abwesend. Budd hat das verschiedene Verhalten der Schmerzhaftigkeit hauptsächlich aus

---

1) Hess l. c. S. 46.

der Lage der Aftergebilde und der Schnelligkeit ihres Wachsthums
zu erklären gesucht. Wenn die Tumoren in der Tiefe der Leber
sitzen, sagt dieser Autor, und sich langsam vergrössern, so sind die
Schmerzen geringfügig oder fehlen; wenn sie dagegen der Oberfläche
sich nähern, das Peritoneum erreichen, und in Entzündung versetzen,
so sind die Schmerzen lebhaft; das Gleiche ist der Fall wenn in
Folge raschen Wachsthumes der Tumoren oder der ganzen Leber
die Serosa in acuter Weise stärker gespannt wird. Am intensivsten
sind die Schmerzen, wenn beide Momente — Spannung und entzündliche Veränderungen der Serosa — zusammenwirken. Diese Deutung Budd's hat gewiss für viele Fälle ihre Richtigkeit, aber sie
erleidet nicht selten auch Ausnahmen; insbesonders kommen Fälle
vor, wo harte, langsam wachsende Tumoren im Inneren der Leber
intensive Schmerzen zur Folge haben.

Vielleicht werden heftige Schmerzen zuweilen auch dadurch hervorgerufen, dass entzündliche Vorgänge in der Leberpforte (ausgehend
von schwellenden, krebsig entartenden, portalen Lymphdrüsen) die
hier liegenden, mit der Arteria hepatica verlaufenden, aus dem Plexus
coeliacus stammenden sympathischen und spinalen Nerven (letztere
stammen aus den Nervis splanchnicis) in Mitleidenschaft ziehen.

Der Druck auf die Leber, die Percussion derselben steigert oft
lebhaft den Schmerz. Mitunter sind es gewisse Stellen des Randes
oder der Oberfläche der Leber, zuweilen die fühlbaren Tumoren,
welche bei Palpation und Percussion constant und ganz besonders
schmerzhaft sind.

Einige Autoren früherer Zeit legten wie beim Krebse überhaupt,
so besonders beim Leberkrebse grossen Nachdruck auf den lanci-
nirenden Charakter des Schmerzes. Dieser ist höchst variabel und
ohne jede diagnostische Bedeutung.

Zuweilen vermindern sich die Schmerzen im späteren Verlauf
der Krankheit oder hören fast ganz auf. .Der Nachlass derselben
coincidirte in einigen Fällen mit dem Auftreten eines reichlichen
Ascites.

Die Schmerzen beim Leberkrebs theilen mit Abdominalschmer-
zen, welche auf anderen Ursachen beruhen, die Eigenthümlichkeit,
dass sie nach verschiedenen Regionen, oft weithin ausstrahlen. Der
Hauptsitz des Schmerzes ist die Lebergegend, das Hypochondrium
dextrum, das Epigastrium. Es werden aber auch Fälle beschrieben,
wo im ganzen Verlauf der Krankheit vorzüglich Rücken-, Lumbal-
oder Sacralschmerzen beobachtet wurden, oder wo neben den Schmerzen in der Lebergegend, solche in der rechten Schulter und der

rechten Oberextremität, im rechten Oberschenkel u. s. w. zugegen
waren. Bei verbreiteter Irradiation des Schmerzes auf die Regio
lumbalis, sacralis, ischiadica, femoralis muss mit Recht der Gedanke
an gleichzeitiges Retroperitonealdrüsencarcinom erwachen.

Die so häufige Irradiation der Schmerzen nach verschiedenen
Körpergegenden findet zum Theil ihren anatomischen Ausdruck in
den verschiedenen, von Ganglien durchsetzten sympathischen Ge-
flechten, in welche ausser verschiedenen anderen auch die von der
Leber und ihrem serösen Ueberzug kommenden Nerven eintreten.
Die Ganglien dieser Plexus stellen Reductionsgebiete von Nerven
dar, gewissermaassen niedere Centren, welche höchst wahrscheinlich
Erregungen, die von v e r s c h i e d e n e n Organen des Abdomens durch
die Nerven zugeleitet werden, räumlich zusammenfassen.

Fragen wir, welche Nervenganglien es sind, in welche die von
der Leber kommenden Nerven sich einsenken, so sind in erster Linie
die Ganglia coeliaca s. solaria zu nennen. Von diesen aus tritt der
P l e x u s h e p a t i c u s, sympathische und spinale Fasern, letztere von
den Splanchnicis, enthaltend, mit der Leberarterie in die Leber ein.
Dem Plexus hepaticus sendet der Vagus sinister einen ansehnlichen
Ast zu, der mit in die Leber verläuft.

Die Nerven des serösen Involucrums der Leber treten zum Theil
in den Plexus diaphragmaticus (ein Seitengebiet des Plexus solaris)
ein, der neben sympathischen Fasern auch solche des Phrenicus auf-
nimmt. Ausserdem gehen in den serösen Ueberzug der Leber P h r e -
n i c u s fasern direct über und endigen hier, wie L u s c h k a [1]) zeigte,
der den Verbreitungsbezirk dieser Bahnen eingehend studirt hat.

Seitdem R o m b e r g Neuralgien des Plexus brachialis, S c h ö n -
l e i n Schmerzen in der rechten Schulter als eine häufige Begleiterscheinung verschiedener Leberkrankheiten hervorhob, hat man, besonders in früherer Zeit, auf diese Art von Schmerzirradiation beim
Leberkrebs ein grosses, man darf wohl sagen ein viel zu grosses Gewicht gelegt. L u s c h k a erklärte die Schmerzirradiation als einen
Reflex, der von dem spinalen Centrum einer sensiblen Bahn auf das
benachbarte einer anderen übertragen wird. Der Phrenicus, dessen
Fasern zu einem kleinen Theil im serösen Ueberzug der Leber
endigen, anastomosirt mit dem Nerv. cervicalis quartus, der sensible
Aeste zur Schultergegend (N. subcutaneus humeri) sendet. Die Irradiation oder reflectorische Uebertragung der von den Phrenicusfasern
der Leber geleiteten Erregung auf die betreffenden Hautäste des Cer-

---

1) De nervo phrenico. Tüb. 1853; ferner: Anat. d. Bauches. S. 245.

vicalis IV kann entweder im Spinalganglion der hinteren Wurzel oder im Rückenmark selbst stattfinden. Die Anastomose gibt gewissermaassen die anatomische Signatur dafür ab, dass auch die Rückenmarkscentren beider Nerven einander nahe liegen und anastomosiren. In den letzten Jahren hat A. Spedl[1]) diesem Gegenstand neuerdings seine Aufmerksamkeit anatomischerseits zugewandt. Er entdeckte eine starke Communication zwischen Phrenicus und dem N. cervicalis V. Da letzterer dem Plexus brachialis angehört, so wird aus dieser Anastomose weiter auf den Zusammenhang zwischen Leberschmerzen und der Neuralgia brachialis geschlossen.

Ernährungszustand, Physiognomie, Veränderungen der Haut.

Die Kranken magern, oft in rapider Weise, ab. Der Parenchymverlust betrifft alle Organe, insbesondere das Unterhautzellgewebe. Die Abmagerung ist zuweilen eine extreme, die Kranken sind nahezu bis zum Skelett abgemagert. Die Contouren des Knochenskeletts treten besonders deutlich und scharf im Gesichte und am Kopfe (Planum temporale, Margines orbitales, Os zygomaticum etc.), ferner an der Hand, am Thorax, an den Ellenbogen, am Knie, an dem Schultergürtel, der Wirbelsäule hervor, da, wo keine oder nur dünne Muskellagen zwischen Haut und Knochen zwischengelagert sind. Eine Folge des Schwundes des Unterhautzellgewebes ist spontane Faltenbildung der Haut, die sich besonders im Gesichte als Vertiefung der Nasolabialfurchen und mehrerer mit dieser parallel verlaufenden Furchen geltend macht. Die Physiognomie wird dadurch wesentlich geändert, und gewinnt jenes scharfcontourirte Ansehen, das uns oft sofort an ein Krebsleiden denken macht. In der hiesigen medicinischen Klinik habe ich mehrere Fälle von Krebs beobachtet, wo das Körpergewicht auf ein extrem niederes Maass gesunken war. Eine 50jährige Frau mit Magen- und Leberkrebs wog bei ihrem Eintritt ins Hospital 82 Pfd. (nackt), 3 Wochen später als Leiche 62¼ Pfd. Dieselbe Kranke erzählte, dass sie zwei Jahre vor ihrer Erkrankung 113 Pfd. (in Kleidern) gewogen habe.

Die wesentliche Quelle der fortschreitenden Abmagerung, der Anämie und Kachexie ist zweifellos der mangelhafte Wiederersatz der verbrauchten Gewebsbestandtheile, die ungenügende Zufuhr von Nahrungsmitteln in Folge der Appetitverminderung, und die gestörte

---

1) Reichert's und Du Bois-Reymond's Arch. 1872. S. 307.

Verdauung und Assimilation des zugeführten Ernährungsmaterials. Die nähere Art und Weise, in welcher diese Störungen durch den Krebs bedingt sind, die Einflüsse, welche die besondere Form der Krebskachexie hervorbringen, sind uns unbekannt. Genaue und vollständige Stoffwechscluntersuchungen werden hierüber noch manches Licht verbreiten.

Ueberall liest man als Ursache der Abmagerung und der Kachexie in erster Linie ein anderes Moment als wesentlich und Ausschlag gebend hervorgehoben, nämlich, dass das Wachsthum der Krebstumoren eine Menge von Albuminaten des Blutes verbrauche. Budd berechnet, dass eine in 5 Monaten entstandene 5 Pfd. schwere Krebsmasse die Albuminate von 20 Pfd. Blut verbrauchte, und diese Berechnung genügt Manchen für die Erklärung der Kachexie und Anämie der Krebskranken. Ich will natürlich nicht leugnen, dass die Krebstumoren zu ihrem Aufbau Albuminate dem Blute entziehen, aber man sollte doch billigerweise bedenken, dass innerhalb 5 Monaten (!) die Albuminate von 20 Pfd. Blut mit Leichtigkeit wieder ersetzt werden können, und dass sie diess sicher auch würden, wenn die Verdauungs- und Assimilationsvorgänge beim Krebskranken ungestört von Statten gingen.

Der Verbrauch wird gesteigert und beschleunigt und der Wiederersatz noch mehr gehemmt, wenn Fieber hinzu tritt.

Mit dem Fettschwunde des Unterhautzellgewebes geht Atrophie der Cutis Hand in Hand. Die Haut lässt sich in hohen und langen Falten erheben, die sich nur langsam wieder ausgleichen; die Elasticität der Haut ist vermindert, sie ist eigenthümlich trocken, weniger glatt, oft fein gefaltet und schilfert stark ab (Pityriasis tabescentium). Die atrophische Haut verliert nicht allein ihre frühere Glätte, ihre Weichheit und ihren Glanz, sie geht auch eine Farbenveränderung ein, wird schmutzig grau, gelblich oder bräunlich; ähnlich wird auch im hohen Alter die Haut in Folge der senilen Atrophie verfärbt. Aber nicht immer ist eine solche Färbung der Haut vorhanden. Manche der Kranken sind ausserordentlich anämisch von blasser, erdfahler Farbe der Haut.

Davon verschieden ist die icterische Färbung der Haut, die in allen Nüancen von einem schwachen gelblichen Anflug bis zum gesättigten Citronengelb und Olivengrün, zuweilen als ein tieferes Braungelb (Melas-Ikterus) vorkommt. In Fällen, wo es zweifelhaft ist, ob die Braunfärbung durch Icterus oder durch die Atrophie der Haut bedingt sei, versäume man nicht die Conjunctiven auf Icterus zu untersuchen, desgleichen auch den Harn (s. unten).

Gelbsucht verschiedenen Grades ist bei Leberkrebs eine ziemlich häufige Erscheinung. Doch sind die Ansichten über diesen Punkt getheilt. Frerichs gibt an, dass Icterus in der Mehrzahl der Fälle fehle, Budd und Murchison fanden ihn „in a large number of cases". Rechne ich die Zahlen dieser Autoren, sowie die von van der Byl, Bamberger, Biermer zusammen, so erhalte ich 146 Fälle, bei welchen Icterus in 67 constatirt wurde. Der Icterus fehlt somit in etwa der Hälfte der Fälle. Der Icterus ist differentialdiagnostisch oft von grossem Werth, so besonders, wenn es sich um die Frage handelt, ob zu einem constatirten Carcinom des Magens, Mastdarmes u. s. w. Leberkrebs hinzugetreten sei, oder bei der Differentialdiagnose zwischen Carcinoma hepatis oder ventriculi, zwischen Krebs oder Wachsleber. Ist einmal Icterus bei Leberkrebs zu Stande gekommen, so bleibt er constant und ist keinen Schwankungen unterworfen (s. unten). Der Icterus bei Leberkrebs hat in der Mehrzahl der Fälle seinen Grund in Compression oder Obturation eines grösseren oder zahlreicher kleinerer Gallengänge. Krebsknoten der Leber rufen Icterus durch Compression von Gallengängen um so leichter hervor, wenn sie dicht gedrängt in der Nähe des Leberhilus ihren Sitz haben. Mitunter wachsen die Krebsmassen in grössere Gallengänge herein und wirken obturirend. So beobachtete Budd einen Fall von Leberkrebs mit intensivem Icterus, wo der Ductus cysticus und hepaticus durch Krebsmassen vollgestopft war.

Aber auch krebsig infiltrirte Lymphdrüsen in der Porta hepatis können durch Druck oder dadurch, dass sie umschriebene entzündliche Processe mit Ausgang in constringirende Bindegewebsbildung hervorrufen, zu Gallenstauung und Icterus führen. In gleicher Weise kann Krebs des Magens, des Pankreaskopfes, des Duodenums Gallenstauung und Icterus auch ohne Leberkrebs veranlassen. Als anatomischen Ausdruck der stattgehabten Gallenstauung finden wir nicht selten varicöse, ampulläre Ektasie von Lebergallengängen, zuweilen zahlreiche mit Galle gefüllte Cysten in der Leber vor.

Der Icterus bei Leberkrebs hat ausnahmsweise auch andere Gründe. Biermer[1]) hebt mit Recht hervor, dass Gallensteine bei Lebercarcinom häufig vorkommen; in 49 Fällen fanden sie sich 16 mal; er beschreibt einen Fall von Leberkrebs mit intensivem Icterus, wo Verstopfung eines Astes des Ductus hepaticus durch einen Gallenstein beobachtet wurde. Ausnahmsweise kann auch einmal Katarrh des Gallenausführungsganges bei Leberkrebs zu Icterus Veranlassung geben.

1) Bei Hess l. c. S. 39.

In den zuletzt geschilderten Fällen kann der Icterus bei Leberkrebs Schwankungen darbieten, auch einmal ganz wieder verschwinden. Es ist einleuchtend, wie gerade durch die Complication des Leberkrebses mit Gallensteinen, manche Symptome, wie der Schmerz, der Icterus Modificationen erfahren können.

Nicht unerwähnt soll endlich bleiben, dass Icterus bei Leberkrebs zuweilen beobachtet wird, ohne dass Compression oder Obturation von Gallengängen und besondere Zeichen von Gallenstauung durch die Section nachgewiesen werden.

Starkes Hautjucken (Pruritus cutaneus) wird als eine den Kranken oft im höchsten Grade quälende, der Therapie hartnäckig widerstehende Folgeerscheinung des Icterus auch beim Leberkrebse angetroffen. Zahlreiche Kratzeffekte, Excoriationen an den verschiedensten Stellen der Haut sind der objective Ausdruck des Pruritus, der besonders bei bereits länger dauerndem, chronischem Icterus beobachtet wird.

Harn. Der Nachweis von Gallenfarbstoff im Harn ist dann von Wichtigkeit, wenn wir über das Vorhandensein icterischer oder kachektischer Hautfärbung im Zweifel sind. Es ist erforderlich den Harn wiederholt auf Gallenfarbstoff zu untersuchen, da dieser zuweilen nur vorübergehend im Harn vorhanden ist, und zeitweise daraus wieder verschwindet. Bei intensivem Icterus liefert schon das Aussehen des Harnes, seine Farbe, sein intensiv gelber Schaum, seine Färbekraft (wenn wir z. B. Filtrirpapier eintauchen) den sicheren Entscheid. Jede der verschiedenen Gallenfarbstoffproben gibt in solchen Fällen ein positives Resultat; die einfachste ist die alte Gmelin'sche Probe, vor welcher die später, besonders in den letzten Jahren hinzugekommenen Modificationen von Fleischl, Rosenbach und Anderen nicht den geringsten Vorzug besitzen.

Handelt es sich um Spuren von Gallenfarbstoff, so gibt oft keine der Proben vollkommen sicheren Entscheid, am ehesten auch hier noch die Gmelin'sche Probe mit einigen Cautelen vorgenommen.

Es kommen Fälle vor, wo der Harn weder Bilirubin noch Biliverdin mehr enthält, wohl aber Biliprasin. Dann hat mir wiederholt die von Huppert angegebene Probe ein schönes und sicheres Resultat gegeben, besonders auch da, wo keine der anderen Gallenfarbstoffproben im Stande war, Gallenpigment im Harne nachzuweisen.

Der Harn bei Leberkrebs enthält zuweilen reichliche Mengen von Indican. Da eine solche Vermehrung der Indigo-bildenden Substanz im Harne bei den verschiedenartigsten krankhaften Zustän-

den vorkommt (ich habe sie bei Magenkrebs, Gastrektasie, gutartiger ·
Pylorusstenose, bei Magengeschwür, bei chronischer Dysenterie, bei
chronischer exsudativer Pleuritis, bei chronischer Peritonitis, in einem
Falle von Bleikolik, vor wenigen Tagen im Harne einer Typhusreconvalescentin erheblich vermehrt angetroffen), so hat der Nachweis reichlicher Indicanmengen im Harn keine pathognomonische Bedeutung [1]) für Leberkrebs.

Bei Pigmentkrebs der Leber treten noch andere, nicht näher
bekannte Chromogene im Harn auf, besonders ein Farbstoff, der
durch Oxydation beim Stehen des Harnes an der Luft oder auf
HNO_3 Zusatz schwarz wird (Melanin, Melanurie). Ganghofer, Pri-
bram[2]), Stiller, Lench fanden diesen Farbstoff in Fällen von
Pigmentkrebs; ich sah das Gleiche in einem Falle von nicht pigmen-
tirtem, einfachem Markschwamm des Magens und der Leber. Auch
der von Vierordt (l. c.) spektroskopisch untersuchte, ausserordentlich indicanreiche Harn einer von mir beobachteten Kranken, die an
Magenkrebs litt, war auffallend dunkel, schwarzbraun und wurde auf
HNO_3 Zusatz ganz schwarz. Vielleicht concurrirt in allen diesen
Fällen mit dem Auftreten des schwarzen Chromogens (Phenol) reichliche Indicanbildung[3]).

Geringe Mengen von Eiweiss im Harn werden bei länger dauerndem, intensiven Icterus regelmässig angetroffen. Das Vorkommen
von Leucin und Tyrosin im Harn von Leberkrebskranken gehört
zu den grössten Seltenheiten. In einem Falle von multiplen Adenoid-
knoten der Leber fand Griesinger[4]) beide Stoffe im Harn vor.

Es scheint, dass die Ablagerung von Gallenfarbstoff in den Nieren
und der Durchtritt desselben durch die Harnkanälchen oft „reizend"
wirkt und Desquamation der Epithelien veranlasst. Auf diese Weise
erklären sich am einfachsten die Fälle, wo auch bei einfachem katarrhalischen Icterus Spuren von Albumin und Cylinder im Harn auftreten.

Die Gallenpigmentablagerung in den Nieren ruft zuweilen eine
schleichende interstitielle Nephritis hervor und führt zu icterischer

1) Ueber den qualitativen und quantitativen Nachweis des Indicans siehe die
Lehrb. d. phys. Chemie von Hoppe-Seyler, Neubauer und Vogel, Lö-
bisch. — Ueber die spektroskopische Mengenbestimmung des Indicans s. Vierordt, Zeitschr. f. Biolog. X. Bd. S. 27.
2) Prager Vierteljahrschrift 1876. CXXX. S. 77.
3) Vergl. Näheres hierüber bei Salkowsky, Centralbl. d. med. Wissensch.
1876. Nr. 46.
4) Arch. d. Heilk. 1864. 1. Jahrg. S. 395.

Pigmentinduration der Niere. In anderen Fällen von beträchtlicher und anhaltender Albuminurie handelt es sich um Complication mit parenchymatöser Degeneration der Nieren, um Morb. Brightii. Bier- mer fand unter 24 Fällen von Leberkrebs parenchymatöse Nieren- degeneration nur einmal vor.

Die 24stündige Harnmenge ist häufig geringer als normal, be- sonders zur Zeit, wo reichlicher Ascites auftritt oder wenn Fieber be- steht, ferner gegen das Lebensende, wenn die Herzkraft sinkt und Oedeme entstehen, endlich, wenn häufiges Erbrechen oder profuse Durchfälle zugegen sind. Auch hier begegnet man der bekannten Thatsache, dass die Harnmenge nach der Punction und Entleerung des Ascites oft zunimmt. Die 24stündige Harnstoffmenge und die Chloride pflegen der mangelhaften Nahrungsaufnahme und Assimila- tion sowie dem Körpergewicht entsprechend verringert zu sein.

Circulation und Blut. Die absolute Blutmenge des Körpers wird der Abmagerung entsprechend verringert; der Quotient zwischen Körper- und Blutgewicht bleibt annähernd der gleiche.

Die qualitativen Veränderungen des Blutes sind nur zum gering- sten Theil bekannt. Noch am meisten Aufmerksamkeit ist, Dank der schrittweisen Vervollkommnung der Untersuchungsmethoden, dem Hämoglobulingehalt des Blutes zu Theil geworden. Ich kann über diesen Punkt auf Grund eigener, zahlreicher Untersuchungen des Blutes Carcinomkranker Aufschluss geben. Wir finden eine mehr oder minder beträchtliche, im Allgemeinen der Dauer des Leidens und dem Grade der Kachexie entsprechende Abnahme des relativen Hb-Gehaltes des Blutes. In extremen Fällen beträgt derselbe 50—60 pCt. des Hb-Gehaltes des Gesunden.

Eine interessante Thatsache, welche ich durch die Hb-Unter- suchung des Blutes nach der Vierordt'schen Methode gefunden habe, ist die, dass der relative Hb-Gehalt des Blutes von Krebskranken (besonders bei Magen- und Leberkrebs) gegen das Lebensende zu- weilen rasch wieder ansteigt, und selbst die normale Grenze über- schreitet.

Diese interessante Erscheinung wird beobachtet, wenn Krebs- kranke unter den Symptomen der Wasserverarmung des Blutes und der Parenchyme, gewissermaassen mumienartig vertrocknend, all- mählich zu Grunde gehen. Den pathologischen Anatomen ist die Trockenheit aller Gewebe und die theerartige Beschaffenheit des Blutes in solchen Fällen längst bekannt. Sie findet ihren Ausdruck während des Lebens in dem Nachweise des erhöhten Hb-Gehaltes des Blutes.

Die Hb-Verarmung des Blutes bei Leberkrebskranken führt manche Erscheinungen herbei, welche denen bei Chlorose analog sind. Dahin gehören ausser der sichtbaren Anämie der Haut und der Schleimhäute, die Kurzathmigkeit bei geringfügigen Bewegungen, die Neigung zu Ohnmachten, die Erscheinungen von Herzklopfen und Erethismus cordis. Letzterer drückt sich in einer erheblichen Frequenzsteigerung des Pulses bei mässiger Körperbewegung aus. Auch die rasche Ermüdbarkeit, die Unfähigkeit zu körperlicher Anstrengung hat zum Theil ihren Grund in der pathologischen Blutbeschaffenheit, zum anderen Theil im Muskelschwunde selbst.

Gegen das Lebensende machen sich in Folge des Marasmus cordis, Zeichen von mangelhafter (verlangsamter) Circulation geltend, Oedem der Unterextremitäten, Thrombenbildung in der Vena cruralis, poplitaea. Oft wird die Entstehung des Unterschenkelödems begünstigt durch den Druck, welchen die enorm vergrösserte Leber oder ein beträchtlicher Ascites auf die Vena cava inferior ausübt. Nach der Punktion und Entleerung des Ascites verschwinden manchmal wieder die Oedeme.

In solchen Fällen von Behinderung des Blutlaufes in der Vena cava inferior sieht man mitunter die Vena epigastrica superficialis s. abdominalis subcutanea abnorm stark gefüllt; auch die mit dieser communicirenden Hautäste der V. epigastrica superior und der V. thoracica longa werden zuweilen stark gefüllt angetroffen.

Die eingehende mikroskopische Untersuchung des Blutes Krebskranker liefert mitunter Resultate, welche zwar nicht für Krebs charakteristisch, immerhin aber werth sind, mit Aufmerksamkeit studirt zu werden. In zahlreichen Fällen lassen die rothen Blutkörper weder nach Grösse noch Gestalt und Farbe irgend welche Abweichung von der Norm erkennen. In anderen Fällen besteht ein gewisser, freilich nie höherer Grad von Poikilocytose. Man findet ausser den normal grossen rothen Blutkörperchen von 7—7,5 μ Durchmesser kleinere von 6—4 μ, hie und da auch ein Riesenblutkörperchen (Globule géant, Hayem), oder einen „Mikrocyten" im Sinne von Masius und Vanlair, d. h. 4 μ im Durchmesser haltende, vollkommen kuglige, dellenlose, etwas dunkler gefärbte Blutkörper. Wiederholt fand ich ferner im Blute Krebskranker körnige Zerfallsproducte weisser Blutkörper, wie sie Riess[1]) zuerst beschrieben, ferner körnige Zerfallsproducte rother Blutkörper. Letztere präsentiren sich als kleine, 1—3 μ im Durchmesser betragende, kuglige,

---

1) Reichert's und Du Bois-Reymond's Arch. 1872. S. 244.

vollkommen homogene Körperchen von starkem Lichtbrechungsvermögen, bald röthlich bald mehr grünlichgelb gefärbt, ähnlich der
Farbe, welche rothe Blutkörper im Anfange der Wassereinwirkung
annehmen.

Die Herztöne sind rein; häufig wird ein systolisches acci-
dentelles Geräusch an der Herzspitze constatirt. Mitunter erscheinen
die Herztöne auffallend laut und klingend, eine Folge der durch
Muskel und Fettschwund bewirkten Verdünnung der Thoraxplatte.
Zuweilen besteht Retraction der Lungenränder in Folge sublimer Respiration und geringen Athembedürfnisses. Dann erscheint die Herzdämpfung trotz der Herzatrophie etwas grösser als normal, besonders
auch in der Vertikalen längs des linken Sternalrandes, und der Herz-
impuls lässt systolische Pulsationen nicht nur an der Herzspitze, sondern auch parasternal im 4. und selbst 3. Intercostalraum zu Tage
treten.

Bei erheblichem Icterus macht sich auch hier die Wirkung der
Gallensäuren auf das Herz in einer Verlangsamung der Action desselben geltend.

Erscheinungen von Seite des Magendarmkanals.

Dyspeptische Erscheinungen verschiedener Art, Aufstossen, Appe-
titlosigkeit, Erbrechen u. s. w., Unregelmässigkeiten in den Stuhlentleerungen, temporäre Gasauftreibungen des Abdomens, sind gewöhnliche Initialsymptome des Leberkrebses, die mit der zunehmenden
Kachexie gesteigert zu werden pflegen.

Für diese initialen Störungen der Magendarmfunction, welche eine
so wichtige Rolle bei Entstehung der Kachexie spielen, sind wir eine
ausreichende Erklärung zu geben nicht im Stande. Man denkt
wohl in erster Linie an Veränderungen in der Function der Leber,
an qualitative Anomalien oder eine mangelhafte Absonderung der
Galle, an daraus hervorgehende Störungen der Verdauung, besonders
der Fettverdauung. Doch das sind unbewiesene Hypothesen.

In späterer Zeit, wenn der Leberkrebs zu Pfortaderstauung geführt hat, beruhen die Erscheinungen von Dyspepsie und die Störungen der Darmfunction wohl zum Theil auf dem durch Stauungshyperämie hervorgerufenen diffusen Katarrh.

Mitunter ist bei ausschliesslichem Leberkrebs hartnäckiges Erbrechen während des ganzen Verlaufs der Krankheit zugegen. Man
nennt dieses Erbrechen oft ein consensuelles, sympathisches, oder
leitet es von dem Drucke der vergrösserten Leber auf den Pylorus
her, wodurch gewissermaassen eine Compressionsstenose herbeige-

führt werden soll. Ich glaube nicht an die Wirkung eines solchen Druckes. Dagegen können constringirende Adhäsionen des Pylorus in der Leberconcavität, oder einfache Adhäsionen durch Knickung und Verziehung verengernd wirken; ebenso wirkt eine neben der Adhäsion bestehende Umlagerung des Pylorus von krebsig infiltrirten portalen Lymphdrüsen. In vielen Fällen ist das Erbrechen wirklich ein consensuelles, d. h. in die Sprache der Physiologie übersetzt, es ist reflectorisch ausgelöst durch Reizung des Peritoneums oder der Lebernerven, besonders der Rami capsulares.

Es liegt auf der Hand, dass in Fällen von ausschliesslichem Leberkrebs mit hartnäckigem Erbrechen, wenn nur die Allgemein-erscheinungen des Krebsleidens vorliegen, wenn die Leber nicht vergrössert, kein Tumor nachweisbar, kein Icterus vorhanden ist, dass die Diagnose in solchen Fällen sehr leicht auf Irrwege geräth; es wird Magenkrebs diagnosticirt. Die Section lehrt den Irrthum. Umgekehrt fehlt beim Magenkrebs das Erbrechen oft gänzlich; der Tumor des Pylorus ist nicht zu fühlen; besteht in einem solchen Falle secundärer Leberkrebs mit Vergrösserung des Organes und fühlbaren Knoten in der Leber, so wird vielleicht an primären Leberkrebs gedacht und der wirkliche primäre Sitz des Leidens verkannt. Solche Irrthümer sind unvermeidlich.

Hartnäckige Obstipation mit den daraus resultirenden Folgen ist eine häufige Begleiterscheinung des Leberkrebses. Die venöse Stauungshyperämie der Darmwandung setzt Functionsschwäche der Darmmusculatur, verlangsamt die Peristaltik. Ebenso wirken die Veränderungen der Darmschleimhaut durch chronischen Katarrh (verminderte Reizempfänglichkeit), vielleicht auch der Mangel von Galle im Darm.

Bei Behinderung des Gallenabflusses in den Darm werden die Faeces farblos, grau, lehmartig, fettreich, sie faulen und verbreiten einen aashaften, putriden Geruch. Zuweilen stellen sich in den letzten Lebenswochen ausserordentlich hartnäckige Diarrhöen ein und beschleunigen den tödtlichen Ausgang. Dann findet man mitunter folliculäre Verschwärungen im Dickdarm vor, strichweise hämorrhagische Infiltrationen der Schleimhaut, oberflächlichen diphtheritischen Zerfall derselben, besonders längs des freien Randes der Schleimhautfalten.

Erreicht die Stauung des Pfortaderblutes einen erheblichen Grad, so können hieraus ebenso wie bei Cirrhose, Blutungen aus Magen und Darm hervorgehen. Es ist dies ein sehr seltenes Vorkommen beim Leberkrebs, das unter besonderen Umständen die Dif-

ferentialdiagnose zwischen Leberkrebs einerseits, Magenkrebs oder
Cirrhose anderseits wesentlich erschweren kann.

Hämorrhoidal-Anschwellungen kommen nicht selten vor;
der Aufbruch und die Blutung eines Knotens wird vom Kranken
oft als ein wichtiges, Besserung verkündendes Symptom angesehen.
Respiration. Ueber die von der Anämie abhängige Dyspnoe
bei Bewegungen des Kranken haben wir oben (S. 345) referirt. Hinaufdrängung des Zwerchfelles in Folge von bedeutender Vergrösserung
der Leber, in Folge von Ascites oder Meteorismus veranlasst mehr
minder erhebliche Dyspnoe, mit livider Färbung der Lippen und
der Prominenzen des Gesichtes.

Erscheinungen von Pleuritis sicca treten auf, wenn Krebsknoten oder dadurch bedingte entzündliche Vorgänge auf das Zwerchfell und von hier auf die Pleura diaphragmatica, pulmonalis, oder co-
stalis übergreifen.

Hämorrhagische Transsudate, pleuritische Exsudate des
rechten Pleurasackes sind eine nicht seltene Folgeerscheinung des
Leberkrebses. Man hat auch Empyeme entstehen sehen, besonders
beim Durchbruch erweichter Krebsknoten durch das Zwerchfell in
den rechten Pleurasack.

Secundärer Krebs der Pleura, der Lungen, der mediastinalen oder bronchialen Lymphdrüsen ist selten.

Hypostasen verschiedenen Grades in beiden Unterlappen, Lungenödem, croupöse Pneumonien sind häufige Terminalerscheinungen.

Fieber. Der Verlauf ist in den meisten Fällen ein vollkommen
fieberloser. Die Körpertemperatur ist häufig, besonders gegen das
Lebensende niedriger als normal. Ursache hiervon kann der Marasmus
sein (Frerichs), die Parenchymverarmung aller Organe, die Anämie;
dadurch ist die Summe der Zersetzungsvorgänge im Organismus auf
eine niedere Stufe gesunken, die Wärmebildung weniger lebhaft,
während die Factoren der Wärmeleitung nicht im gleichen Grade
verringert wurden. Hess meint, dass häufig auch der Icterus Ursache der subnormalen Temperaturen sei, da dieser die Pulsfrequenz
herabsetze. Die Verlangsamung der Circulation kann wohl das Kühler-
werden der Haut, der Extremitäten des Kranken erklären, nicht aber
das Sinken der Körpertemperatur auch im Innern. Es ist übrigens
eine fehlerhafte Meinung zu glauben, dass mit der Abnahme der
Pulsfrequenz nothwendig auch die Circulation verlangsamt werde.

Längere Zeit fortgesetzte häufige Temperaturbeobachtungen
lehren, dass vollkommen atypische, sporadisch auftretende Fieberbewegungen in vielen Fällen von Leberkrebs, unabhängig vom Stadium

der Krankheit anzutreffen sind. Es gibt auch Ausnahmen, wo der
Leberkrebs von Anfang bis Ende mit Fieber einhergeht. Das Fieber
kann sogar längere Zeit hindurch ein continuirliches sein mit mor-
gendlichen Remissionen und abendlichen Exacerbationen; häufiger
trägt das Fieber den Charakter der hectica; dann werden auch nächt-
liche Schweisse constatirt. Fieber tritt ferner beim Leberkrebs regelmässig ein, wenn Peritonitis, Pleuritis, Zerfall der Krebsmassen,
Verjauchung derselben, Pylephlebitis, Cruralvenenthrombose, eine
croupöse Pneumonie und Anderes hinzutreten.

Nervöse Symptome. Wir haben bereits oben den Schmerz
als ein fast constantes Symptom beim Leberkrebs besprochen.

Die Stimmung des Kranken erleidet wie bei vielen anderen
chronischen Unterleibskrankheiten eine Veränderung, sie wird deprimirt. Der Kranke ist reizbar und empfindlich, niedergeschlagen,
hoffnungslos. Die Schlaflosigkeit, die Schmerzen, das anhaltende
Ermüdungsgefühl, die Unfähigkeit zu körperlicher und geistiger
Thätigkeit steigern das psychische Unbehagen. In späterer Zeit
tritt häufig eine mehr indifferente, apathische, gleichgültige Stimmung ein, dabei oft die Zeichen psychischer Schwäche, Gedächtniss-
abnahme, Verlust der früheren Urtheilskraft. Zuweilen beobachtet
man ein terminales Wiederaufleben der Stimmung, mit Wiederer-
wachen neuer Hoffnungen und daraus entspringenden Zukunftsplänen.

Die körperliche Schwäche kennzeichnet sich im Gang der Kranken, in dem Tremor artuum, besonders der Hände, in Schwäche und
Klanglosigkeit der Stimme.

Singultus wird als ein den Kranken oft im höchsten Grade
quälendes Symptom häufig beobachtet.

Ein soporöser Zustand, auf Hirnödem beruhend, entwickelt sich
oft gegen das Lebensende.

Bei erheblichem Icterus erfolgt der Tod zuweilen unter den Erscheinungen der Cholämie, im tiefsten Sopor, nachdem lebhafte Delirien mit Convulsionen vorausgegangen waren.

Lymphdrüsen. Nur in extrem seltenen Fällen (z. B. bei mela-
notischem Carcinom oberflächlich gelegener Lymphdrüsen) tragen
die Lymphdrüsen zur Diagnose des Leberkrebses etwas bei. Ein
unverdientes Gewicht wird von Manchen auf die Anschwellung der
Jugularlymphdrüsen (dicht über dem linken Schlüsselbein oder im
Jugulum) gelegt. Ich habe bei Untersuchung zahlreicher Leberkrebskranken auf diesen Punkt hin stets negative Befunde gehabt. Auch
die Vergrösserung der inguinalen Lymphdrüsen hat man als diagnostisch werthvolles Zeichen hervorgehoben. Man hüte sich aus dem

deutlicheren Hervortreten dieser Drüsenpackete in Folge der Abmagerung oder in Folge der ödematösen Schwellung bei Stauung,
auf Carcinom derselben zu schliessen.

Differentialdiagnose.

Die Diagnose Leberkrebs ergibt sich aus den angeführten Symptomen, bei deren Schilderung wir wiederholt auch der Abweichungen und der differentialdiagnostischen Bedeutung einzelner Symptome
gedacht haben.

Die Frage, welche Krebsform der Leber vorliegt, ob Carcinoma
simplex, durum, medullare, cysticum, alveolare, melanodes, ob Adeno-
carcinom, ob Sarkom u. s. w., ist während des Lebens in den seltensten Fällen zu beantworten. Wir können uns intra vitam mit der
Diagnose: maligne Neubildung der Leber begnügen. Die feinere anatomische Unterscheidung liefert ja oft erst das Mikroskop.
Nur in jenen Fällen von Leberkrebs, wo ein melanotisches Carcinom,
ausgehend z. B. von der Choroidea, besteht, oder vor Jahren operirt
wurde, oder wo ein bestimmtes Carcinom der äusseren Weichtheile,
ein Alveolarcarcinom des Rectums, ein Sarkom, z. B. Epulis, erkannt
ist, nur da kann aus der bekannten Form des zu Tage liegenden primären Krebses auf eine ähnliche Carcinomform der Leber geschlossen
werden.

In vielen Fällen, wo alle Erscheinungen des Leberkrebses vorliegen, erhebt sich die Frage, ob dieser ein primärer oder secundärer
sei. Die Beantwortung ist einfach, wenn sich ein grösserer Krebs-
heerd in irgend einem anderen Organe nachweisen lässt. Wir werden
kaum jemals fehl gehen, wenn wir dann den Leberkrebs als secundären bezeichnen; nur der Lungen- und Pleurakrebs tritt häufiger
secundär im Gefolge von Leberkrebs auf, vielleicht auch noch das
Mediastinalcarcinom, oder, was gewöhnlich erst die Section lehrt, vereinzelte kleinere Krebsheerde im Peritoneum, Netze, in den portalen
oder retroperitonealen Lymphdrüsen, Carcinomheerde, welche dann
unstreitig die Folgen des primären Leberkrebses sind. Es ist nicht
zu vergessen, dass der primäre Krebs, z. B. im Magen, sich langsam entwickeln kann, während der secundäre Leberkrebs in rapider
Weise proliferirt und disseminirt; dann erscheint der primäre Sitz
des Krebses unbedeutend im Verhältniss zu der erheblichen Entwicklung, welche das secundäre Carcinom genommen hat.

Mitunter sind ausschliesslich die Erscheinungen des Leberkrebses
vorhanden, der ein primärer zu sein scheint; und doch besteht als
primärer Ausgangspunkt Krebs eines anderen Organes, z. B. latenter

Magenkrebs, oder es besteht ein latentes primäres Carcinom der Retroperitoneal- oder portalen Lymphdrüsen, der Gallenblase, des Pankreas, des Mediastinums, der Wirbelsäule oder anderer Knochen, des Mesenteriums, des Peritoneums, des Darmes, eines Ovariums u. s. w.

Aber auch umgekehrt kommt es, wenn auch viel seltener, vor, dass bei constatirtem Leberkrebs mehrere Erscheinungen, wie häufiges Erbrechen, Hämatemesis oder blutige Stühle auf primäres Magencarcinom hinzuweisen scheinen, während sich der Leberkrebs als primärer herausstellt.

Endlich fehlen oft bei constatirtem Magen-, Peritoneal-, Mamma-, Mastdarm-, Uterus-, Ovarienkrebs u. s. w. alle Erscheinungen, aus denen auf gleichzeitigen Leberkrebs geschlossen werden könnte, und doch weist die Section einen oder selbst mehrere Krebsknoten in der Leber nach.

Zuweilen liegt die Frage vor, ob Leberkrebs vorhanden sei oder Magenkrebs, ob Leberkrebs oder Krebs des Colons, des Omentums oder selbst der rechten Niere? Dies dann, wenn die Erscheinungen, aus welchen das eine oder andere sicher erschlossen werden könnte, nicht ausreichend gegeben sind, wenn insbesondere der fühlbare Tumor so gelegen ist, dass er ebensowohl der Leber oder Gallenblase angehören, als auch mit dieser nur per contiguitatem oder durch directe innige Verwachsung verbunden sein kann. Oft ist das Unvermögen eine bestimmte Diagnose zu stellen nur ein temporäres, indem späterhin die Erscheinungen sich klären und eine bestimmte Diagnose möglich machen.

Wir haben oben gezeigt, dass in höchst seltenen Fällen ein latenter Leberkrebs sogar unter dem Bilde einer chronischen exsudativen (für tuberculös gehaltenen) rechtsseitigen Pleuritis oder einer Peritonitis, unter anhaltenden Fiebererscheinungen verlaufen kann. Von den Krankheiten der Leber, welche zu Verwechslung mit Lebercarcinom und vice versa Anlass geben können, heben wir Folgende hervor:

1) Multiple Adenoid-Tumoren der Leber. Sie haben mit dem Leberkrebs gemeinsam: bedeutende Vergrösserung der Leber, fühlbare knollige Protuberanzen und Tumoren, Icterus, Ascites u. s w. Dagegen erhält sich beim Adenoid der Kräftezustand längere Zeit, die Kachexie entwickelt sich langsam und nicht in der Form des eigentlichen Krebsmarasmus. Die Dauer ist eine viel längere, sie betrug in dem interessanten von Griesinger[1] beschriebenen Fall volle 2 Jahre.

---

[1] Arch. d. Heilkunde 1864. 1. Jahrg. S. 385. Vergl. Rokitansky, Wien. allg. med. Zeit. 1859. S. 98.

Adenocarcinome sind natürlich während des Lebens in keiner
Weise von Carcinomen zu unterscheiden.

2) Das diffuse Adenom der Leber. Einen exquisiten Fall
dieser Art habe ich längere Zeit auf der Lindwurm'schen Klinik beobachtet bei einem jungen Mann in den 20er Jahren. Auch hier
enorme Leberschwellung aber ohne fühlbare Tumoren, intensiver Icterus, bedeutende Milzschwellung, später Ascites. Dauer der Krankheit etwas über 2 Jahre. Unsere Diagnose lautete auf multiloculären
Echinococcus. Buhl zeigte durch die anatomische Untersuchung,
dass man es mit diffusem Adenom der Leber zu thun hatte.

3) Bei chronischer Verschliessung der Gallengänge
durch Gallensteine oder bei dadurch angeregter Entzündung und
Schrumpfung des Glisson'schen Bindegewebes in der Umgebung der
in der Porta gelegenen Gallengänge (Obliteration derselben) kann sich
ein Symptomenbild entwickeln, das mit Leberkrebs grosse Aehnlichkeit hat. Die Leber ist vergrössert, später wird sie kleiner; an
der Oberfläche können durch cystöse Erweiterung von Gallengängen
Protuberanzen fühlbar werden; es besteht intensiver Icterus, die Kranken magern in hohem Grade ab. In einem von mir in der Münchener Klinik beobachteten Falle, der zur Section kam, sicherte die
lange Dauer, die vorausgegangenen Anfälle von Gallensteinkoliken
u. s. w. die Diagnose. Auf Murchison's Abtheilung im St. Thomas-
hospital in London sah ich einen ganz ähnlichen Fall; auch hier
war durch die lange Dauer und vorausgegangene Gallensteinkoliken
Verwechslung mit Carcinom ausgeschlossen. Im letzten Falle liess·
der hochgradige Marasmus, die harte, stellenweise' höckrig prominirende Beschaffenheit der Leber auf den ersten Blick an Carcinom
denken.

4) Auch das Krankheitsbild der Pylephlebitis adhaesiva
chronica, besonders jene Form, wo die Pfortaderobliteration auf
einzelne Leberäste beschränkt zur Entstehung einer theilweise gelappten, knollig sich anfühlenden Leber führt (Frerichs l. c. S. 374)
kann unter Umständen, bei rapidem Kräfteverfall der Kranken, zu
Verwechslung mit Carcinom Veranlassung geben. Ich verweise hinsichtlich der Diagnose dieser Erkrankung auf das betreffende Kapitel
über Pfortaderthrombose und Obliteration in diesem Handbuche.

5) Der Leberabscess verläuft zuweilen, wie beispielsweise der
von Frerichs S. 117 erzählte Fall beweist, unter so unbestimmten
Zeichen, dass seine Diagnose unmöglich ist. Da nun auch beim
Leberkrebs manchmal unregelmässige Fieberbewegungen, oder selbst
solche mit dem Typus der Febris hectica beobachtet werden, dabei

durchaus nicht immer fühlbare Tumoren zugegen sind, die Abmagerung und der Marasmus auch beim Abscess zuweilen rasche Fortschritte macht, so kann allerdings in Ausnahmefällen eine Verwechslung zwischen Carcinom und Abscess vorkommen. Besonders gilt dies hinsichtlich der rasch wachsenden, weichen, fluctuirenden Leberkrebse. Schüttelfröste sind bei Abscess häufig, bei Krebs sehr selten. Icterus fehlt bei Abscess meistens und ist nie so hochgradig als in manchen Fällen von Krebs. In vielen Fällen ist die Aetiologie für Abscess oder für Krebs Ausschlag gebend.

6) Cirrhose. Wenn beim Leberkrebs das Fühlbarsein grösserer knolliger Protuberanzen fehlt, die Kachexie sich langsam entwickelt, keine Zeichen von anderwärtigem Krebse z. B. des Magens zugegen sind, wenn die Anamnese Potatorium ergibt, wenn ausnahmsweise dabei Magen- oder Darmblutung sich ereignet, wenn ferner bei Cirrhose die Leber vergrössert, Milzanschwellung nicht nachweisbar, Potatorium nicht eruirbar ist, wenn rapider Kräfteverfall und Abmagerung besteht, so kann die Differentialdiagnose zwischen Leberkrebs oder Cirrhose zeitweise sehr schwierig oder selbst unmöglich sein. Der weitere Verlauf sichert in den meisten Fällen die richtige Diagnose. Beim infiltrirten, diffusen Leberkrebs kann die Leberoberfläche grosse Aehnlichkeit darbieten mit der granulirten Leber. (Vgl. Schüppel, Path. anat. Theil.)

7) Echinococcus hydatidosus und multilocularis. Ersterer kann ausnahmsweise insoferne latent verlaufen, als er wohl zu Lebervergrösserung oder zur Bildung einer flachen Protuberanz, aber nicht zum Fühlbarsein einer grösseren, fluctuirenden Cyste Veranlassung gibt. Indess schliesst in einem solchen Falle die Dauer der Erkrankung, der Mangel von Krebskachexie Leberkrebs sicher aus. Keine Verwechslung ist ferner möglich, wenn eine grössere Cyste vorliegt oder die Untersuchung der durch Punction gewonnenen Flüssigkeit Eiweissmangel und die übrigen Charakteristica des Echinococcus nachweist.

Der multiloculäre E., wovon ich zwei hübsche, während des Lebens richtig diagnosticirte Fälle beobachtet habe, hat häufiger Aehnlichkeit in seinen Symptomen mit Leberkrebs. Harte kuglige Tumoren treten auf, dieselben werden späterhin grösser und weicher, die Leber ist bedeutend vergrössert, der Kranke meist hochgradig icterisch. Aber auch Milzanschwellung ist eine fast constante Begleiterscheinung des multiloculären E. im Gegensatz zum Leberkrebs, wo Milzanschwellung ausserordentlich selten ist; auch die längere, 2, 3 und mehrjährige Dauer der Krankheit, der langsame

und nicht eigentlich krebshafte Marasmus beim Echinococcus schliesst
in den meisten Fällen den Leberkrebs aus. Auch das Alter spricht
oft mehr für die eine oder andere der beiden in Betracht gezogenen
Erkrankungen.

8) Eine Verwechslung der Wachsleber mit Leberkrebs ist
wohl nicht leicht auf die Dauer möglich. Der langsame Verlauf,
der Mangel von Krebskachexie, die glatte Oberfläche der harten,
vergrösserten Amyloidleber, die gleichzeitige Amyloidmilz, die Albuminurie, endlich die Aetiologie der Wachsleber schliessen eine solche
Verwechslung aus.

9) Die syphilitische Leber kann bei der Untersuchung mit
Krebsleber die grösste Aehnlichkeit darbieten, besonders dann, wenn
sich die Lappung nicht deutlich zu erkennen gibt und mehr den
Eindruck flacher Protuberanzen als eigentlicher Lappenbildung macht.
Aber die lange Dauer der Krankheit, die Aetiologie, der Mangel
eigentlicher Krebskachexie, der Nachweis anderer Symptome von
Syphilis (geheilte Rachengeschwüre u. s. w.) sichern in den meisten
Fällen die richtige Diagnose, besonders dann, wenn Milz und Nieren
gleichzeitig amyloid degenerirt sind.

Ein Schnürlappen der Leber, Kothansammlungen im Colon ad-
scendens und transversum dürften nur dem gänzlich Ungeübten und
Unerfahrnen auf die Dauer als Carcinom imponiren. Ebensowenig
dürfte kaum jemals eine Verwechslung mit der durch venöse Stauungshyperämie vergrösserten Leber (bei Herz- und Lungenleiden,
grossen pleuritischen Exsudaten u. s. w.) vorkommen.

Ich kann dieses Kapitel der Differentialdiagnose nicht schliessen,
ohne eines diagnostischen Hilfsmittels zu erwähnen, das in zweifelhaften Fällen zuweilen von Werth sein kann; ich meine die Waage.

In manchen Fällen, wo wir beim Mangel aller objectiven Erscheinungen von Seite des Magens oder der Leber im Zweifel sind,
ob die Symptome der Dyspepsie und Abmagerung auf einem latenten
Magen- oder Leberkrebs beruhen oder nur durch chronischen Magendarmkatarrh hervorgerufen sind, geben wiederholte Körpergewichts-
bestimmungen des Kranken zuweilen einen Anhaltspunkt in der
Diagnose.

Wenn es bei rationeller Ernährungsweise gelingt, alsbald eine,
wenn auch geringe Körpergewichtszunahme des Kranken zu erzielen,
so dürfen wir, auch wenn das Aussehen des Kranken noch nicht
gebessert erscheint, Carcinom mit ziemlicher Wahrscheinlichkeit ausschliessen. Ich habe bei zahlreichen Wägungen Krebskranker auf
hiesiger medicinischer Klinik ausnahmslos progressive Gewichtsab-

nahmen constatiren können. Gewichtszunahme wird nur dann beobachtet, wenn Oedeme, Ascites, Hydrothorax auftreten, Zeichen, die uns angeben, dass die Parenchyme aller Organe wasserreicher zu werden anfangen. Dagegen ist mir kein Fall bekannt, wo rapides Wachsthum der Leber zu Gewichtszunahme der Kranken geführt hätte.

Dauer.

Bei der Unmöglichkeit, aus den Angaben des Kranken den Krankheits b e g i n n genau festzustellen, haben die meisten Erfahrungen, die wir über die Krankheitsdauer sammeln, nur eine approximative Richtigkeit. Es kommen Fälle vor, wo chronische Verdauungsstörungen, Hypochondrie, Erscheinungen von Dyspepsie dem Leberkrebs längere Zeit vorausgehen; indem man in solchen Fällen den Beginn des Krebses von dem Auftreten der ersten Symptome von Kranksein überhaupt datirte, kamen einige Autoren dazu, für einzelne Fälle die Dauer des Krebses irrthümlicherweise selbst auf mehrere Jahre zu berechnen.

Ueber die mittlere oder Durchschnittsdauer des Leberkrebses lauten die Angaben sehr different. Rechne ich zu 6 Fällen der hiesigen medicinischen Klinik die zur Entscheidung der vorliegenden Frage verwerthbaren Fälle aus der von F r e r i c h s und M u r c h i s o n mitgetheilten Casuistik, so erhalten wir 19 Fälle, welche zusammen 378 Wochen dauerten, somit eine durchschnittliche Dauer von etwa 20 Wochen. Die durchschnittliche Dauer von 25 möglichst sorgfältig analysirten Fällen von B i e r m e r beträgt ca. 17 Wochen, Fälle von etwas mehr als einjähriger Dauer gehören jedenfalls zu den grössten Seltenheiten, und die Angabe B a m b e r g e r's, „dass der Verlauf des Leberkrebses sich öfters über m e h r e r e Jahre erstrecke" halte ich für irrthümlich. V i e l l e i c h t handelt es sich in den Fällen von abnorm langer Dauer um primäre Adenoidtumoren, die erst späterhin in Adenocarcinome sich umwandelten. Es kommen seltene Fälle vor, wo der Leberkrebs unter dem Bilde einer a c u t e n Hepatitis mit continuirlichem hohen Fieber, rapider Abmagerung binnen wenigen (4—8) Wochen tödtlich verläuft. B i e r m e r beobachtete einen solchen Fall von 5 wöchentlicher, F r e r i c h s von nur 4 wöchentlicher, B a m b e r g e r von 8 wöchentlicher Dauer.

Interessant ist besonders der von B a m b e r g e r (l. c. S. 606) beobachtete Fall. Ein früher ganz gesunder 48 jähriger Mann ward plötzlich von heftigen Schmerzen in der Lebergegend mit intensivem Icterus und lebhaftem Fieber befallen. Es gesellten sich bald leichte Delirien, erschwerte Respiration, zeitweise Singultus hinzu. Die vergrösserte sehr schmerzhafte Leber zeigte keine Unebenheiten. Es traten Schüttelfröste, blutige Stuhlentleerungen ein. Unter fortdauerndem heftigen Fieber, raschem Collaps und Abmagerung erfolgte der Tod in comatösem Zustande, 8 Wochen nach Beginn der ersten Krankheitserscheinungen. Die Section zeigte neben zahlreichen Ablagerungen in der Leber ein verjauchtes Medullarsarkom, das die Gallenblase gänzlich zerstört und das Duodenum perforirt hatte.

Die Dauer ist im Allgemeinen um so kürzer, der Verlauf um so rascher, je zahlreicher die Knoten sind, welche sich in der Leber etabliren, je rapider das Wachsthum derselben, je frühzeitiger sie in Erweichung oder Verjauchung übergehen. Skirrhus hat daher wohl im Allgemeinen eine längere Dauer als Markschwamm. Die Dauer ist selbstverständlich auch davon abhängig ob der Leberkrebs ein primärer ist, oder ob er secundär zu bereits weit fortgeschrittenen Carcinomen anderer Organe hinzutritt.

Endlich wird der Verlauf oft wesentlich abgekürzt durch den Hinzutritt einer rechtsseitigen Pleuritis, oder einer Pneumonie, durch Perforation in die Bauchhöhle und Peritonitis, durch Hämorrhagien in erweichte Krebsknoten oder in die Bauchhöhle, durch Fieber, Durchfall, hartnäckiges Erbrechen u. s. w.

Ausgänge und Prognose.

Die Prognose ist unter allen Umständen eine lethale. Oppolzer, Bochdalek, Henoch, gestützt auf die regressive fettige Metamorphose, welche Krebsknoten der Leber anatomisch oft darbieten, insbesonders gestützt auf die derben Narbenmassen, welche inmitten grösserer Krebsknoten angetroffen werden und die centrale Depression derselben bedingen, hielten bekanntlich die Heilung des Krebses auf diesem Wege für möglich.

In den von Bochdalek als geheilte Leberkrebse gedeuteten Fällen handelte es sich, wie Dietrich später zeigte, um syphilitische, gelappte Lebern. Oppolzer und Henoch nahmen ihre Ansicht später zurück. Der fettige Zerfall der Krebszellen und die Narbenbildung im Centrum der Krebsknoten kann wohl als ein Heilungsvorgang des einzelnen Krebsknotens angesehen werden, führt aber nie zur Heilung des Leberkrebses, da stets in der Peripherie oder in der Nachbarschaft des schrumpfenden und fettig entartenden Krebsknotens neue Carcinomelemente auftreten und zu neuen Tumoren heranwachsen.

Der tödtliche Ausgang erfolgt auf verschiedene Weise. Einmal unter mehr und mehr zunehmendem Marasmus; der Kranke stirbt an

Erschöpfung nach einer oft Tage lang sich hinziehenden Agone. Die Schwäche steigert sich in extremer Weise, die Bewegungen werden immer matter, die Stimme wird klanglos, flüsternd und versiegt; Mumien gleichend liegen die Kranken bewegungslos da, mit tiefliegenden halonirten, stieren, eigenthümlich matt glänzenden Augen, die Athmung ist oberflächlich und selten, die Zunge lederartig trocken, die Extremitäten kalt, der Puls fadenförmig klein.

In manchen dieser Fälle scheint die Wasserresorption aus dem Darmkanal, ' vielleicht in Folge der mangelhaften Magenperistaltik, schwer darnieder zu liegen. Man findet bei der Section die Leiche vom Aussehen der Choleraleiche, die meisten Gewebe, besonders die Muskeln, das Unterhautzellgewebe auffallend trocken, das Blut schwarz, von theerartiger Consistenz (vergl. S. 344). In einigen dieser Fälle habe ich bei Untersuchung des Herzens leise anstreifende pericardiale Geräusche vernommen, und die Vermuthung, dass es sich wohl um Trockenheit des Pericardiums als Ursache der Anstreifegeräusche handle, durch die Section bestätigt gefunden.

In anderen Fällen treten gegen das Lebensende Oedeme der Unterextremitäten auf, Ascites, der zu schwerer Dyspnoe Veranlassung gibt, Venenthrombosen in der Cruralis oder Poplitea u. s. w., endlich erfolgt durch Lungenödem der Tod.

Oder es erfolgt der Tod plötzlich einmal, besonders gern bei einem raschen Aufrichten des Kranken im Bette, durch eine tödtliche Steigerung der Hirnanämie.

Zuweilen ist es eine durch Blutungen herbeigeführte Steigerung der Anämie, welche den tödtlichen Ausgang beschleunigt. Solche Blutungen erfolgen in erweichte Krebsgeschwülste; eine rasch eintretende Vergrösserung der Leber mit den Zeichen schwerer Anämie lässt mitunter die Blutung diagnosticiren; in anderen Fällen hat die Blutung Ruptur des Krebsknotens zur Folge; die Blutung erfolgt in die Bauchhöhle oder zwischen Leber und Zwerchfell, oder bei Durchbruch in die rechte Pleurahöhle, in diese hinein.

Die Perforation eines erweichten oder jauchigen Krebsherdes in die Peritoneal- oder Pleurahöhle hat eine tödtliche Peritonitis resp. Pleuritis zur Folge.

Besonders in Fällen, wo hochgradiger Icterus besteht, entwickelt sich gegen das Lebensende zuweilen eine durch zahlreiche kleine Blutungen in die verschiedensten Organe ausgezeichnete hämorrhagische Diathese. Blutungen aus der Nase, dem Zahnfleisch, dem weichen Gaumen, zahlreiche Petechien der Haut, Ekchymosen auf den serösen Häuten, Extravasate im mediastinalen oder retro-

peritonealen Zellgewebe, hämorrhagische Pleura- und Peritoneal-
transsudate u. s. w. gehen daraus hervor. In einem von mir beobachteten Falle von multiloculärem Echinococcus führte die hämorrhagische Diathese zu einer tödtlichen Blutung in die Gehirnmeningen
und in den Subarachnoidealraum einer Hemisphäre. Zuweilen, besonders bei hochgradigem Icterus, erfolgt der Tod nach vorausgegangenen Delirien und Convulsionen unter Coma und hohem Fieber
an sogenannter „cholämischer Intoxication".

Hirnödem und Hirnanämie kann häufig als Todesursache mit
angeführt werden. Auch eine croupöse Pneumonie wird zuweilen als
Todesursache beobachtet.

Therapie.

Die Therapie beim Leberkrebs hat kein anderes Ziel, als die
Kräfte des Kranken möglichst lange aufrecht zu erhalten und die
Beschwerden und Schmerzen desselben zu lindern und zu entfernen.

Die erstere Aufgabe, die der Ernährung, wird nie vollständig geleistet werden können; der Marasmus ist ein nicht aufzuhaltender,
ein progressiver. Das Einzige was wir durch zweckmässige Auswahl
der Nahrungsmittel (Milch, Fleisch, besonders das leicht verdauliche
rohe geschabte Rindfleisch), durch Appetit anregende und Reizmittel,
China, Rheum u. s. w., starke Weine leisten können, ist, dass wir
den Kräfteverfall verlangsamen.

Die Beschwerden des Kranken, welche aus den Unregelmässigkeiten der Darmfunction erwachsen (Obstipation mit Meteorismus, profuse Diarrhöen u. s. w.) werden mit zweckentsprechenden Mitteln
bekämpft. Die durch Ascites erzeugte Dyspnoe wird durch den Troi-
kart am sichersten beseitigt.

Bei der Behandlung der Schlaflosigkeit, der Schmerzen, des Singultus, Pruritus cutaneus nehmen die Opiate und das Chloralhydrat
die erste Stelle ein.

Amyloide Entartung der Leber

(speckige oder wachsartige Entartung, Speckleber, Wachsleber)

von

Prof. Dr. O. Schüppel.

Literatur.

Kyber, Studien üb. d. amyloide Degener. Diss. inaug. Dorpat 1871. — Rokitansky, Handb. d. pathol. Anat. III. 1842. S. 311. — Budd, Die Krankheiten der Leber. Deutsch von Henoch. Berlin 1846. S. 271. — Virchow, Cellularpathologie und an zahlr. a. O. — Frerichs, Klinik d. Leberkrankh. II. 1861. — Wilks in Guy's hospit. reports 1856. — E. Wagner, Beiträge zur Kenntniss der Speckkrankh., insbes. d. Speckleber. Arch. d. Heilk. II. 1861. S. 481. — Rindfleisch, Patholog. Gewebelehre. — Hoffmann, Ueber die Aetiologie und Ausbreitung d. amyl. Degen. Diss. inaug. Berlin 1868. — Cornil, Note sur la dégénér. amyl. Arch. de physiol. norm. et patholog. II. Sér. Tom. II. 1875. S. 679. (Prüfung der Methyl-Anilin-Reaction u. s. w.). — Cohnheim, Lehrb. d. allg. Pathol. I. S. 569 ff. — Derselbe in Virch. Arch. LIV. S. 271. — Heschl, Ueb. d. amyl. Degen. d. Leber. Sitzungsber. d. k. Akad. d. Wiss. III. Abth. LXXIV. Bd. Octob. 1876. — Tiessen, Untersuchungen üb. d. Amyloidleber. Arch. d. Heilk. 1877. XVIII. S. 545. — Schütte, Ueber die amyloide Degeneration der Leber. Diss. inaug. Bonn 1877 (mit instructiver Figurentafel).

Die höheren Grade der amyloiden Entartung der Leber bedingen so grobe und zugleich so charakteristische Veränderungen dieses Organs, dass man von vorn herein vermuthen darf, dieselben werden der Aufmerksamkeit auch der älteren Aerzte nicht entgangen sein. In der That finden wir in den medicinischen Werken und Sectionsberichten unserer Vorfahren Darstellungen, aus welchen man mit grosser Sicherheit die Diagnose der Amyloidleber entnehmen kann. Wir ersehen aus denselben Quellen, dass die älteren Aerzte sich die Amyloidleber sowohl wie manche andere mit Vergrösserung der Organe einhergehende Veränderungen durch Ablagerung eines fremdartigen Stoffes entstanden dachten, denn der dafür gebräuchliche Ausdruck der Obstruction, des Infarkts, der Physkonie u. s. w. beruht doch eben auf der Vorstellung, dass krankhafte, eingedickte Säfte in den Gefässen der Organe stecken geblieben und hier gleichsam deponirt worden sind. Bei so wenig bestimmten und zum Theil irrigen Vorstellungen hat es lange Zeit sein Bewenden gehabt. Es ist ein Verdienst Rokitansky's, dass er die anatomischen Charaktere der amyloid entarteten Organe, zunächst der Leber und Milz, zu einem in seinen Hauptzügen zutreffenden Gesammtbilde zusammenfasste, wie er denn auch gleichzeitig den genetischen Zusammenhang der Amyloidentartung mit gewissen kachektischen Zuständen constatirte.

Ueber die chemische Natur des Stoffes, der bei der amyloiden Entartung in den betreffenden Organen abgelagert wird, gingen die Ansichten lange Zeit hindurch weit aus einander. Die Einen begnügten sich, ihn seinen physikalischen Eigenschaften nach mit dem Speck (Speckleber) zu vergleichen, und dies geschah vorzugsweise in der Wiener Schule, während andere den Vergleich mit dem Wachs für zutreffender hielten und dem entsprechend von wachsartiger Entartung der Leber sprachen. Letzteres war namentlich in England nach dem Vorbilde der Edinburger Schule der Fall. Wiederum Andere brachten den fraglichen Stoff in dem sehr unbestimmten Sammelbegriff des Colloids unter und behielten den Ausdruck der Colloidleber bei, so Oppolzer, Schrant u. A. Budd bespricht die Amyloidleber unter der Bezeichnung des scrophulösen Tumors der Leber.

In stetigen Fluss und Fortschritt kamen die Untersuchungen über die Amyloidkrankheit erst durch Virchow, welcher im Jahre 1853 die eigenthümliche Jod-Schwefelsäure-Reaction des fraglichen Körpers entdeckte. Er führte bald nachher auch den Namen der Amyloidentartung für den fraglichen Zustand ein und diese Bezeichnung ist allmählich in fast allgemeine Aufnahme gekommen. Nachdem einmal ein brauchbares und leicht zu verwendendes Reagens auf die amyloide Substanz gefunden war, fiel es nunmehr leicht, diesen Stoff in den verschiedensten Organen, in den leisesten Anfängen seines Auftretens zu verfolgen. Auch erweiterte sich jetzt schnell der Kreis von Krankheitszuständen, in deren Gefolge die amyloide Entartung der Organe vorkommt, und endlich wurde es möglich, der Frage nach der chemischen Natur des betreffenden Körpers näher zu treten, von deren Beantwortung die wichtigsten Aufschlüsse über das eigentliche Wesen der Amyloidkrankheit zu erwarten waren. Es ist demnach nur gerecht, wenn wir in Virchow den eigentlichen Begründer und grössten Förderer der Lehre von der Amyloidentartung in ihrer heutigen Gestalt erblicken. Bezüglich des weiteren Ganges, welchen diese Lehre seitdem genommen hat, verweisen wir auf die oben citirten Studien von Kyber, wo die Geschichte wie die Literatur derselben in befriedigender Vollständigkeit mitgetheilt wird.

Was die Amyloidleber im Besonderen anbetrifft, so lässt sich die Geschichte derselben nicht von derjenigen der amyloiden Entartung im allgemeinen ablösen. Die speciellen Studien, welche der Amyloidleber gewidmet worden sind, beziehen sich auf die anatomische und namentlich auf die histologische Seite der Frage, welche übrigens gerade in neuester Zeit, in Folge des Bekanntwerdens neuer Reagentien auf Amyloid (Jod-Methylanilin u. s. w.) lebhafter als je erörtert worden ist. Die Pathologie der Amyloidleber, welche in Frerichs' klassischem Werke über die Leberkrankheiten eine für lange Zeit mustergültige Darstellung gefunden hatte, hat zwar die Ergebnisse der pathologisch-anatomischen, histologischen und chemischen Untersuchungen über die Amyloidkrankheit entsprechend verwerthet, aber sie hat doch seit jener Zeit keine tiefer greifende Umgestaltung erfahren. Uebrigens bietet die Pathologie der Amyloidleber noch grosse Lücken dar, namentlich haben die Functionsstörungen der Leber in Folge der in Rede stehenden Entartung noch nicht die eingehende Untersuchung gefunden, welche sie verdienen.

Die amyloide Entartung der Leber besteht darin, dass eine dem gesunden Organismus fremdartige Substanz, das sog. Amyloid, in dem Parenchym der Leber abgelagert wird. Die amyloide Substanz ist eine ziemlich consistente, fest-gallertige, farblose Masse von eigenthümlichem, wachsartigem Glanze und fast glasartiger Transparenz. Sie ist ausgezeichnet durch ihre grosse Resistenz gegen allerhand chemische Einwirkungen, namentlich auch gegen die Fäulniss. Sie ist chemisch charakterisirt durch das eigenthümliche Verhalten, welches sie gegen Jod und Schwefelsäure zeigt, indem sie durch eine wässerige Jodlösung eine mahagonirothe Farbe annimmt, die später bei Zusatz von Schwefelsäure in Blau oder Violett übergeht. In diesem, an das Amylum (das freilich durch Jod allein blau gefärbt wird) erinnernden Verhalten lag die Veranlassung, weshalb der Name Amyloid für die fragliche Substanz gewählt wurde. Ein ähnlicher Farbenwechsel, wie beim Zusatz von Jod und Schwefelsäure, vollzieht sich an der amyloiden Substanz durch Jod und Chlorzink, sowie durch Jod und Chlorcalcium. Neuerdings ist man darauf aufmerksam geworden, dass das Amyloid durch gewisse Anilinfarben, namentlich durch das Jod-Methylanilin, lebhaft rubinroth bis rothviolett gefärbt wird, während amyloidfreie Gewebe dadurch eine blassblaue Färbung erleiden. — Während man anfangs glaubte, dass die amyloide Substanz in chemischer Beziehung den Kohlehydraten nahe verwandt sei, wurde

durch Kekulé u. C. Schmidt, sowie später durch Kühne u.
Rudneff der Nachweis geliefert, dass das Amyloid ein stickstoff-
haltiger, zu den Eiweisssubstanzen gehörender Körper sei. Von den
letzteren unterscheidet es sich allerdings auch wieder in mehrfacher
Beziehung, besonders durch seine Unlöslichkeit in pepsinhaltigen
Flüssigkeiten.

Die Herkunft und Entstehungsweise des Amyloids ist auch heute
noch in völliges Dunkel gehüllt. Dass das Amyloid aus dem gewöhnlichen Körpereiweiss hervorgeht, darf als sicher gelten; allein
sowohl über die näheren Modalitäten dieser Umwandlung als namentlich über den Ort, wo dieselbe sich vollzieht, wissen wir nichts anzugeben. Es ist nicht entschieden, ob das Amyloid in die betreffenden Gewebe von aussen (vom Blute) her abgesetzt wird, oder ob es
an den Fundstellen in den Geweben selbst entsteht. Virchow,
Rindfleisch u. A. sind der Ansicht, dass die amyloide Substanz
den damit behafteten Geweben durch das Blut, beziehentlich durch
das aus jenem stammende Transsudat zugeführt werde und jene Gewebe somit gleichsam infiltrire. Rindfleisch hält es für das Wahrscheinlichste, dass ein Eiweisskörper der Ernährungsflüssigkeit auf
seinem Wege durch die Gewebe angehalten und sofort in fester Form
ausgeschieden werde. Zu Gunsten dieser Anschauung könnte man
darauf hinweisen, dass das Amyloid zunächst in der Wandung der
kleinsten Arterien und der Capillaren des erkrankten Organs angetroffen zu werden pflegt. Allein der Umstand, dass man niemals,
selbst bei den höchsten Graden der Entartung, das Amyloid auch
nur in Spuren in dem Blute selbst angetroffen hat, möchte gegen
eine solche Anschauung sprechen. Umgekehrt lassen sich mehrere
Momente für die Annahme geltend machen, dass das Amyloid an
den Fundstellen selbst, innerhalb der Gewebe entsteht. Erstens nämlich tritt die amyloide Entartung an den Gefässen und Parenchymzellen des erkrankten Organs in höchst ungleichmässiger Weise ein.
Dies scheint darauf hinzudeuten, dass die betreffenden Theile in verschiedenem Grade für die Entartung disponirt sind, beziehentlich
dass der ganze Vorgang als ein örtlicher, wenn auch durch allgemeine Ursachen bedingter, aufzufassen ist. Wichtiger aber erscheint
ein zweites Moment, nämlich dass bei sorgfältiger Anwendung der
Methylanilin-Reaction an den amyloid infiltrirten Geweben gewisse
Farbenunterschiede zu bemerken sind, welche zu beweisen scheinen,
dass die in den verschieden nüancirten Theilen vorhandene fremdartige Substanz den verschiedenen Stadien der Umwandlung des Eiweisses zu dem fertigen Amyloid entsprechen möchte. Jene Farben-

nüancen weisen darauf hin, dass ein allmählicher Uebergang des Eiweisses in Amyloid stattfindet.

Die amyloide Entartung der Leber repräsentirt niemals eine für sich bestehende, in sich abgeschlossene Krankheit. Denn abgesehen davon, dass die amyloide Entartung überhaupt stets nur im Anschluss an gewisse chronische, den allgemeinen Ernährungszustand des Körpers tief störende Primäraffectionen sich entwickelt, so ist die betreffende Entartung der Leber fast ausnahmslos combinirt mit der gleichen Entartung der Milz, der Nieren und anderer Organe. Die Amyloidleber repräsentirt mit anderen Worten nicht ein für sich bestehendes örtliches Leiden, sondern bildet nur einen Theil der allgemeinen Amyloidkrankheit. Letztere aber ist eine Störung von progressivem Charakter, welche bei längerer Dauer sich nicht auf ein einzelnes Organ beschränkt. Uebrigens vermögen wir nicht zu sagen, warum die amyloide Entartung die einzelnen Organe bald in dieser, bald in jener Reihenfolge ergreift, warum das eine oder andere Organ bald frei von der Entartung bleibt, bald im höchsten Grade von derselben betroffen wird.

Aetiologie.

Die amyloide Entartung der Leber oder irgend eines anderen Organs wird niemals als selbstständige oder primäre Krankheit beobachtet, sondern sie hat stets die Bedeutung einer Secundäraffection. Denn sie tritt nur dann auf, wenn der Organismus durch eine Reihe von schweren chronischen Leiden tiefgreifende Störungen in seinem Ernährungszustande erlitten hat und dadurch in den Zustand der Kachexie versetzt worden ist. Die Primäraffectionen, welche die amyloide Entartung nach sich zu ziehen pflegen und welche man als die Gelegenheitsursachen der Amyloidkrankheit bezeichnen darf, sind uns nun zwar im allgemeinen wohl bekannt. Dagegen fehlt es an einem Einblick in den inneren Zusammenhang zwischen dem Auftreten der amyloiden Substanz und den dasselbe veranlassenden Primärleiden, beziehentlich der durch die letzteren bedingten Kachexie. Es fehlt uns also die Kenntniss der nächsten Ursache der Amyloidkrankheit.

Als Gelegenheitsursachen der Amyloidleber wie der Amyloidkrankheit überhaupt sind aufzuzählen:

1) Langdauernde Eiterungen und Verschwärungen der Knochen und Gelenke. Veranlassung hierzu gibt am häufigsten die Caries eines oder mehrerer Knochen. Dieselbe entwickelt sich mit Vorliebe bei Kindern und jugendlichen Personen im Gefolge der

käsigen oder scrophulösen Ostitis an den schwammigen Epiphysen
der Röhrenknochen, sowie an der spongiösen Substanz der kurzen
und dicken Knochen, wie der Wirbelkörper (Psoasabscesse), der Hand-
und Fusswurzelknochen u. s. w. — In zweiter Linie ist die Nekrose
der Knochen aufzuführen. Namentlich die mit Bildung von offenen
Kloaken und massenhafter Eiterabsonderung verbundene Nekrose der
grossen Röhrenknochen, des Femur, der Tibia u. s. w., gibt oft den
Anstoss zur amyloiden Entartung. — Den gleichen Erfolg sehen wir
nach Verletzungen der Knochen eintreten, wenn dieselben zu langwierigen Eiterungen Veranlassung geben, wie dies bei den complicirten Comminutivfracturen, besonders aber bei den Schussfracturen
der grossen Röhrenknochen so häufig geschieht. — Chronische Ver-
eiterungen und Verschwärungen der Gelenke mit Zerstörung der Ge-
lenkenden und Aufbruch der Gelenkkapsel, auf welche Weise sie
auch entstanden und durch welches Grundleiden sie auch bedingt
sein mögen, ziehen sehr häufig die amyloide Entartung nach sich.

2) Chronische Eiterungen und Verschwärungen der
Weichtheile (ohne Mitbetheiligung eines Knochens) führen im
Ganzen genommen viel seltener zur amyloiden Entartung, als die
von den Knochen ausgehenden Vorgänge der fraglichen Art. Hier-
bei scheint es keinen erheblichen Unterschied zu machen, ob die
Eiterung an der Oberfläche oder im Innern des Körpers stattfindet.
In der Regel jedoch kann der Eiter, auch wenn es sich um innere
Eiterungen handelt, abfliessen und nach aussen entleert werden. Von
den hierher gehörigen Primäraffectionen sind hervorzuheben: die
chronischen (sog. atonischen oder varicösen) Fussgeschwüre älterer
Personen, sowie überhaupt die einfachen chronischen Geschwüre der
äusseren Haut, welche eine grössere Ausdehnung besitzen; ebenso
alte Fisteln, z. B. Harnfisteln, Urethralfisteln, Mastdarmfisteln u. dgl.
Zu den häufigsten Ursachen dieser Kategorie gehört das Empyem
des Thorax, mag dabei eine Pleurafistel vorhanden sein oder fehlen.
Ferner hat man die sackigen Bronchiektasien mit reichlicher Secret-
bildung (bei Lungencirrhose), chronische Abscesse (wie Leberabscesse,
noch häufiger freilich die mit Caries der Knochen zusammenhängen-
den Congestionsabscesse), eitrige Pyeliten und Perinephriten, die
chronische Dysenterie und ähnliche Zustände zur Amyloidkrankheit
den Anstoss geben sehen. Dasselbe thut in seltenen Fällen auch
das runde Magengeschwür, sobald es eine ungewöhnlich grosse Ausdehnung erreicht hat.

3) Die chronische Lungenschwindsucht, wenn sie mit
ausgedehnter Verschwärung und Höhlenbildung in der Lunge ver-

bunden ist, besonders aber, wenn gleichzeitig eine weit verbreitete
tuberkulöse Verschwärung der Darmschleimhaut, des Kehlkopfs und
der Trachea besteht, führt sehr oft zur amyloiden Entartung. Bei
der enormen Häufigkeit der chronischen Lungenschwindsucht hat die
Behauptung, dass die absolute Mehrzahl aller Fälle von amyloider
Entartung der Leber u. s. w. gerade auf die eben genannten Krankheitszustände zurückzuführen sei, durchaus nichts Ueberraschendes.
Andere Formen der Tuberkulose scheinen viel seltener den gleichen
Effect nach sich zu ziehen. So gibt z. B. die primäre Tuberkulose
des Urogenitalapparates selbst dann, wenn sie den ausgedehntesten
käsigen Zerfall der Nieren, der Uterusschleimhaut und anderer Organe herbeigeführt hat, nur ganz ausnahmsweise den Anstoss zur
amyloiden Entartung.

4) Die constitutionelle Syphilis gehört ebenfalls zu den
gewöhnlicheren Grundkrankheiten der fraglichen Degeneration und
ist von Anfang an unter den Veranlassungen zu derselben von den
betreffenden Beobachtern aufgeführt worden. Die Syphilis hat diese
Folge namentlich in den Fällen, welche mit langdauernden Eiterungen
und Verschwärungen der Theile einhergehen. Die syphilitischen
Knochenleiden ziehen die amyloide Entartung am ehesten nach sich,
aber auch die syphilitischen Haut- und Schleimhautverschwärungen
haben die gleiche Folge. Uebrigens sieht man im Verlaufe der constitutionellen Syphilis die amyloide Entartung auch dann auftreten,
wenn weder an den Knochen noch an den Weichtheilen Ulcerationsprocesse stattgefunden haben. Die Amyloidentartung gesellt sich sowohl zur hereditären, beziehentlich angeborenen, als zu der in späteren Jahren erworbenen Syphilis und zwar zur ersteren relativ vielleicht noch häufiger als zur letzteren. Bei angeborener Syphilis soll
nach dem Zeugniss von Rokitansky und einigen anderen Beobachtern auch die amyloide Entartung der Leber als angeborenes
Leiden vorkommen.

5) Gewisse chronische Constitutionskrankheiten,
welche schwer störend in die Ernährungsverhältnisse des Organismus eingreifen und allgemeine Kachexie veranlassen, geben in einzelnen Fällen den Anstoss zum Eintritt der amyloiden Entartung.
Hierher sind zu rechnen die langdauernden intermittirenden Fieber,
beziehentlich die Wechselfieberkachexie, ferner die Merkurialkachexie, die Gicht, die Rhachitis u. s. w. Bezüglich einiger dieser Krankheiten sind Zweifel darüber erhoben worden, ob sie in der That für
sich die amyloide Entartung bewirken könnten. Bezüglich der Wechselfieberkachexie, welche schon Rokitansky unter den Ursachen

der Speckleber anführte, dürften diese Zweifel durch weitere in dieser
Richtung inzwischen gemachte Beobachtungen wohl für beseitigt gelten. Die Merkurialkachexie dagegen, welche namentlich von einigen
englischen Aerzten als Veranlassung der Amyloidleber beschuldigt
worden ist, und von welcher schon F r e r i c h s sagte, dass ihr Einfluss auf das Zustandekommen der fraglichen Entartung nicht genügend erwiesen sei, hört man neuerdings nur noch selten als ver-
anlassendes Moment der Speckleber nennen.

6) Gar nicht so selten sieht man endlich die amyloide Entartung
im Verlaufe gewisser G e s c h w u l s t k r a n k h e i t e n, im Anschluss
an gewisse N e u b i l d u n g e n sich entwickeln. Es sind Tumoren der
verschiedensten Art, gutartige sowohl wie bösartige, welche gelegentlich die fragliche Entartung nach sich ziehen. Sie thun es aber nur
unter der Voraussetzung, dass die Neubildung sich langsam entwickelt,
eine ansehnliche Grösse erreicht und namentlich, dass durch dieselbe
die Ernährung des Körpers herabgesetzt und eine ausgesprochene
Kachexie bedingt worden ist. Eine rückschreitende Metamorphose,
Zerfall und Verschwärung braucht an den Tumoren keineswegs stattzufinden, wenn sich darnach die amyloide Entartung einstellen soll.
Man hat die letztere sich hinzugesellen sehen zu grossen Ovarial-
tumoren, zu den cystischen sowohl (Gallertcystoid) wie zu den soliden. Ich sah die Amyloidleber bei einem 40jähr. Manne auftreten,
bei welchem sich vom Zellgewebe der linken Nierengegend ausgehend ein colossales Fibromyxom entwickelt hatte. Die sehr allmählich heranwachsende Geschwulst hatte schliesslich ein Gewicht
von 38 Pfund erreicht. Auch krebsige und sarkomatöse Geschwülste
können die gleiche Folge nach sich ziehen, um so mehr, je langsamer sie sich entwickeln. Sehr bösartige, rapid wachsende und das
Leben frühzeitig bedrohende Neubildungen lassen es nicht zur amyloiden Entartung kommen, wohl aber z. B. die festeren Krebse der
Mamma, des Magens und des Uterus, namentlich auch die im allgemeinen langsamer verlaufenden Gallertkrebse. Wenn sich die Amyloidentartung zu Krebsen des Magens, der Gebärmutter u. s. w. hinzugesellt, welche im Zustande des jauchigen Zerfalls und der Verschwärung sich befinden, so scheint es mehr der mit der Verschwärung
verbundene Säfteverlust als die Neubildung an sich, beziehentlich der
beträchtliche Umfang der letzteren zu sein, worauf sich die Entartung
zurückbezieht. — Zur chronischen Leukämie und öfter noch zur
Pseudoleukämie hat man die Amyloidentartung ebenfalls hinzutreten
sehen.

In ganz vereinzelten Fällen wird die amyloide Entartung der

Leber und anderer Organe beobachtet, ohne dass man irgend eine der vorstehend aufgeführten Primäraffectionen oder etwas ihnen ähnliches als Ursache der Entartung beschuldigen dürfte. Schon Wilks (a. a. O.) hat dergleichen Fälle unter dem Namen der Simple lardaceous disease aufgeführt, und neuere Beobachter bestätigen die Thatsache durch weitere Beispiele der Art. Es erscheint jedoch nach allen unseren Erfahrungen über die Natur der amyloiden Degeneration nicht angemessen, dergleichen Fälle als primäre Amyloidentartung aufzufassen, wie dies von Einzelnen geschehen ist. Denn auch in jenen Fällen ist die amyloide Entartung stets verbunden mit allgemeiner Kachexie, welche ja doch in jedem Falle ihren bestimmten Grund haben muss, wenn derselbe auch nicht immer offenbar vor Augen liegt.

Ueber die relative Häufigkeit der Coincidenz der amyloiden Entartung mit den einzelnen Kategorien der vorstehend aufgezählten Primäraffectionen liegen zwar vereinzelte statistische Angaben vor, aber man sieht es den betreffenden Zahlenreihen auf den ersten Blick an, dass sie nicht der Ausdruck der wirklich bestehenden Durchschnittsverhältnisse sind, dass vielmehr zufällige Umstände auf die fraglichen Zahlenergebnisse von Einfluss waren. Die grossen Verschiedenheiten in den hierher bezüglichen Angaben der einzelnen Beobachter lassen sich einfach darauf zurückführen, dass die Hospitäler, aus welchen die betreffenden Angaben herstammen, sich aus verschiedenen Bevölkerungsgruppen rekrutiren und dass demnach die Primäraffectionen, an welche sich die amyloide Entartung eventuell anschliesst, in jenen Anstalten in verschiedener relativer Häufigkeit vertreten sind. So fand Hoffmann unter 80 Fällen von Amyloidkrankheit nur 6 (7,5 pCt.) welche durch chronische Knocheneiterung bedingt waren, während O. Weber von 37 Fällen nicht weniger als 14 (38 pCt.) und E. Wagner von 48 Fällen deren 11 (23 pCt.) auf diese Primäraffection zurückführt. Aehnliche Verschiedenheiten ergeben sich bezüglich anderer zur amyloiden Degeneration führender Krankheitszustände. Nur soviel darf als feststehend betrachtet werden, dass, wie wir bereits erwähnt, die absolut meisten Fälle von Amyloidkrankheit auf chronische Lungenschwindsucht zurückzuführen sind. Hoffmann zählte unter seinen 80 Fällen deren 54 = 67,5 pCt., O. Weber unter 37 Fällen deren 15 (resp. 21) = 40,5 pCt. und E. Wagner unter 48 Fällen deren 27 = 56,25 pCt.

Was das Vorkommen der Amyloidleber auf den verschiedenen Altersstufen anbetrifft, so wird dieselbe zwar in jedem Lebensalter, aber freilich in sehr verschiedener Häufigkeit beobachtet. Nach dem

368

Zeugniss von Rokitansky u. A. kommt die Amyloidleber auch als angeborner Zustand vor, z. B. bei hereditärer Syphilis. Aber ebenso wird sie noch im Greisenalter angetroffen. Wenn wir die Natur der Primäraffectionen beachten, an welche sich die Amyloidleber anschliesst, und das Lebensalter, in welchem jene Leiden vorzugsweise auftreten, so finden wir die durch die allgemeine Erfahrung festgestellte Thatsache ganz begreiflich, dass die Amyloidleber am häufigsten bei Individuen im Alter von 10—30 Jahren beobachtet wird. Es fielen

	von 68 Fällen bei Frerichs	von 48 Fällen bei E. Wagner
auf d. Alter unt. 10 Jahren	3	5
von 10—20 Jahren	19	. 5
„ 20—30 „	19	18
„ 30—50 „	18	13
„ 50—70 „	9	7

Auch in diesen Zahlen spiegelt sich die verschiedenartige Zusammensetzung des Beobachtungsmaterials in den betreffenden Spitälern ab.

Bei dem männlichen Geschlechte kommt die Amyloidleber beträchtlich häufiger vor als bei dem weiblichen. Von Frerichs' 68 Fällen trafen 53 auf Männer, 15 auf Weiber, von Wagner's 48 Fällen 33 auf Männer und 15 auf Weiber. Frerichs bemerkt zu dieser, gleichfalls durch die allgemeine Erfahrung bestätigten Thatsache mit Recht, es sei diese Verschiedenheit in der Frequenz der Amyloidleber bei den beiden Geschlechtern um so auffallender, als die Krankheiten, welche diese Entartung nach sich ziehen, keineswegs vorzugsweise das männliche Geschlecht betreffen.

Pathologische Anatomie.

Wenn die amyloide Entartung in ihrer reinen Form auftritt und einen sehr hohen Grad erreicht hat, so zeigt die Leber höchst charakteristische Veränderungen. Das Organ ist in verschiedenem Grade, zuweilen ganz enorm vergrössert und zwar betrifft die Vergrösserung alle drei Dimensionen und alle Abschnitte der Leber ganz gleichmässig. Die Leber eines Erwachsenen erreicht in einzelnen Fällen ein Gewicht von 12 Pfund und selbst darüber; die Leber eines 10jährigen Kindes sah ich nur um wenig unter diesem Gewicht zurückbleiben. Durchschnittlich mag die Leber etwa das Doppelte des Normalgewichtes besitzen. — Der seröse Ueberzug der Leber erleidet durch die amyloide Entartung keine Veränderung, er bleibt glatt und durchsichtig, gespannt, es kommt nicht zur Verwachsung mit der Nachbarschaft. Der vordere scharfe Rand der Leber erscheint dabei verdickt, etwas abgerundet, selbst auffallend plump

gewulstet, doch ist diese Veränderung der Form keineswegs so constant, wie dies nach den Angaben mancher Autoren erwartet werden könnte, denn selbst bei den höheren Graden der Entartung kann
der betreffende Rand seine Schärfe fast unvermindert beibehalten.
Schon beim äusseren Anblick erscheint die Amyloidleber in hohem
Grade blutarm, ihre Farbe ist ein eigenthümliches helles graubraun
oder gelbgrau, zuweilen mit einer Beimischung von roth. Höchst
auffallend ist die Consistenz der Amyloidleber. Sie erscheint beim
Betasten sehr resistent, von fast kautschukartiger Festigkeit. Ein
stärkerer Druck mit dem Finger bringt, ähnlich wie bei dem com-
pakten Oedem, einen Eindruck zu Stande, welcher sich erst nach
längerer Zeit und nur unvollständig ausgleicht. Die Consistenz ist
also fest teigig. Mit dieser gesteigerten Resistenz gegen Druck steht
in einem gewissen Contrast die verhältnissmässig leichte Schneid-
barkeit der Amyloidleber. Wenn sie sich auch etwas schwerer
schneiden lässt, als die gesunde Leber, so findet das Messer doch
lange nicht den Widerstand, welchen man beim blossen Betasten
vorauszusetzen geneigt war. An der Schnittfläche fällt nun zunächst
auf der ausserordentlich hohe Grad von Anämie. Nur aus den gröberen Gefässen tritt etwas dünnes Blut oder Serum hervor; im
übrigen erscheint das Gewebe trocken, fast blutleer, von sehr blasser,
graugelber bis schmutzig graubrauner Farbe, zuweilen röthlich durch-
schimmernd, ähnlich wie scharfgeräucherter Schinken. Die Schnittfläche erscheint niemals vollständig homogen; selbst bei den höchsten Graden der Entartung ist der acinöse Bau noch angedeutet,
sofern die Leberinseln durch eine feine blassgelbe opake Linie von
einander abgegrenzt sind. Auch im Centrum der Läppchen tritt ein
solcher opaker, blasser Punkt hervor. Das Gewebe der Amyloidleber besitzt auf dem Schnitte einen charakteristischen matten Wachs-
glanz; Andere lieben den Glanz der Schnittfläche mit dem Speck-
glanze zu vergleichen. Neben diesem Glanze ist es die eigenthümliche
Transparenz des Gewebes, durch welche sich die Amyloidleber auszeichnet; dünne Scheiben desselben, gegen das Licht gehalten, zeigen
eine fast glasartige Durchsichtigkeit, welche nur durch die opaken
Grenzlinien der Läppchen und deren ebenso beschaffene Central-
punkte unterbrochen wird. Die glasigen, d. h. amyloid entarteten
Strecken nehmen bei Zusatz einer wässerigen Jodlösung eine lebhaft
rothbraune Farbe an, während die opaken Linien und Punkte dadurch nur blass gelb gefärbt werden. Dass die Amyloidleber wie
andere amyloid entartete Theile auch der Fäulniss lange widersteht,

ist eine weitere bemerkenswerthe Eigenthümlichkeit, auf deren Hervortreten man freilich nicht wird warten wollen.

In Fällen, wo die amyloide Entartung nur einen niederen Grad erreicht hat oder wo noch anderweite Veränderungen des Lebergewebes vorliegen, gestaltet sich das Bild der Amyloidleber freilich wesentlich anders. Eine Vergrösserung und Gewichtszunahme der Leber ist nicht in allen Fällen zu constatiren, wo die fragliche Entartung soweit vorgeschritten ist, dass sie mit blossem Auge und ohne Zuhülfenahme chemischer Reactionen sicher nachgewiesen werden kann. Auch die Abrundung des sonst scharfen vorderen Leberrandes kann unter solchen Umständen vermisst werden. Stets aber wird, entsprechend dem jeweils vorliegenden Grade der Entartung, die Leber eine gewisse Zunahme der Consistenz beim Betasten, einen ungewöhnlichen Grad von Blutleere, die blasse graugelbe Farbe, den wachsartigen Glanz der Schnittfläche und die Transparenz des amyloid infiltrirten Gewebes mehr oder minder ausgesprochen erkennen lassen. Die Beschaffenheit der Schnittfläche bei den schwächeren Graden der Amyloidleber lässt bei genauerer Betrachtung gewisse Abweichungen von dem oben gezeichneten Bilde erkennen. Die glasige Transparenz und die eigenthümlich blassgraue Farbe erstreckt sich nicht über die ganze Leberinsel, sondern tritt nur in vereinzelten kleinen Punkten oder in einer gewissen Zone der Läppchen hervor. Die Randpartien der Acini ebenso wie das Centrum derselben bestehen nämlich aus dem ursprünglichen Lebergewebe, während zwischen beiden eine verschieden breite Zone von transparenter Beschaffenheit und blassgrauer Farbe ringartig eingelagert ist. Die amyloide Infiltration tritt also, wie dies namentlich Rindfleisch sehr gut dargestellt hat, zuerst in der mittleren Zone jedes Läppchens (in dem von Rindfleisch als Einmündungsbezirk der Leberarterienenden bezeichneten Gebiete) auf und schreitet von dort gegen das Centrum und zuletzt erst auch gegen die Peripherie des Läppchens hin fort.

Die schwächsten Grade der Amyloidleber lassen sich mit blossem Auge überhaupt nicht erkennen: dazu ist die mikroskopische Untersuchung unter gleichzeitiger Zuhülfenahme der Jodschwefelsäure- oder einer ähnlichen Reaction erforderlich. Nur muss dabei die Vorsicht beobachtet werden, dass man die zu untersuchenden Präparate vorher vollständig von Blut befreit, weil sonst Täuschungen möglich sind. Bei richtigem und methodischem Verfahren (besonders wenn man in Alkohol erhärtete dünne Schnitte und nicht die frische Lebersubstanz benutzt) wird man aber auf diesem Wege nicht blos in zweifelhaften

Fällen die Anwesenheit oder das Fehlen des Amyloids leicht constatiren, sondern auch einen ganz genauen Einblick in den Grad und die Verbreitung der Entartung gewinnen können.

Häufig kommt es vor, dass die amyloide Entartung sich nicht gleichmässig über die ganze Leber erstreckt, sondern dass sie einzelne Strecken derselben ganz frei lässt, an anderen nur in den ersten Anfängen sich zeigt, während sie an anderen Strecken bereits die Hälfte eines jeden Acinus einnimmt, oder selbst den ganzen Acinus umgewandelt hat. Diese verschiedenen Stadien der Entartung zeigen sich auf der Schnittfläche in regelloser Weise vertheilt, gehen bald allmählich in einander über, bald aber sind sie auch ziemlich scharf von einander abgesetzt. — In ganz seltenen Fällen tritt die amyloide Entartung an der Leber nicht diffus, sondern als herdweise Ablagerung der amyloiden Substanz, beziehentlich in Gestalt speckiger, nicht scharf begrenzter Knoten auf, während die Hauptmasse der Leber ganz frei von Amyloid ist. Einen Fall dieser Art erwähnt Rindfleisch (l. c.). Vielleicht hatte auch Rokitansky etwas Aehnliches im Auge, wenn er von dem Vorkommen weisslicher Speckknoten in der Leber spricht.[1]) Doch wäre es möglich, dass ihm dabei eine Verwechselung mit syphilitischen Knoten im Innern der Amyloidleber begegnet ist.

Die Ablagerung der amyloiden Substanz in der Leber erfolgt auch dann, wenn die Leber bereits anderweitig krankhaft verändert war, wie denn auch umgekehrt zu der bereits bestehenden Amyloidleber sich weitere Veränderungen hinzugesellen können. So kommen combinirte Formen zu Stande, bezüglich deren sich nicht immer feststellen lässt, in welcher zeitlichen Folge die einzelnen Störungen sich entwickelt haben und in welchem inneren Zusammenhang sie mit einander stehen.

Ganz gewöhnlich ist die Amyloidleber zugleich eine Fettleber (sog. Speckfettleber) und zwar hat bald die eine bald die andere Metamorphose das räumliche Uebergewicht. Im allgemeinen findet man hierbei die Randpartien eines jeden Leberläppchens fettig infiltrirt, daher opak, von weissgelber Farbe, während der Rest des Läppchens amyloid infiltrirt, daher transparent und hellgrau gefärbt ist. Auch diese combinirte Entartung ist häufig nicht gleichmässig über die ganze Leber verbreitet, vielmehr überwiegt auf einzelnen Strecken die fettige Infiltration, während an anderen die amyloide Entartung vorherrscht. Es kann keinem Zweifel unterliegen, dass

----

[1]) Handbuch d. pathol. Anatomie. 1842. III. S. 311.

in der Regel die Leber bereits fettig infiltrirt war (meist in Folge
voraufgegangener Abmagerungskrankheiten), als die Amyloidablage-
rung begann. In gewissen Fällen wird man aber die fettige Infiltration der Randpartien der Läppchen als Folge der Amyloidentartung auffassen dürfen, sofern nämlich nach dem Untergang zahlreicher Leberzellen durch die letztgenannte Entartung der noch vorhandene Rest von Leberzellen nicht ausreicht, das ihnen zugeführte
Material gehörig zu bewältigen. Es häuft sich daher ein Theil desselben in Gestalt des Fettes innerhalb der Leberzellen an. — Die
amyloide Fettleber kann sich als sehr voluminöser Tumor darstellen,
doch sind solche Lebern keineswegs immer bemerklich vergrössert.

Die sonst etwa vorkommenden Complicationen der Amyloidleber
sind von geringerer Bedeutung. Die Ablagerung der amyloiden Substanz kann erfolgen in der cirrhotischen, in der gelappten syphilitischen oder in solchen Lebern, welche mit syphilitischen Knoten in
den verschiedensten Entwickelungsstadien durchsetzt sind. Namentlich die letztere Complication ist relativ häufig. In der Amyloidleber können sich metastatische Abscesse entwickeln, welche dadurch
bemerkenswerth sind, dass man in denselben die amyloide Substanz
in Gestalt grösserer Schollen herumschwimmen sieht. Auch Tumoren
entstehen zuweilen in der Amyloidleber. Sie interessiren uns insofern, als dabei eine prompte Resorption der amyloiden Substanz
vorausgesetzt werden muss. Bei einem mit lymphatischer Pseudoleukämie behafteten Manne von 28 Jahren sah ich vor Kurzem eine
Amyloidleber der reinsten Form, in deren Innern sich ein etwa gans-
eigrosser und daneben mehrere kleine lymphosarkomatöse Knoten
gebildet hatten. In diesem Falle liessen die Umstände keinen Zweifel
darüber, dass jene Geschwulstknoten viel jüngeren Datums seien als
die amyloide Entartung, dass folglich das im höchsten Grade amyloid
infiltrirte Gewebe resorbirt worden sein musste, um der Neubildung
Platz zu machen. Die mikroskopische Untersuchung ergab, dass im
Bereiche der Geschwulstknoten keine Spur von Amyloid vorhanden
war, selbst die feinen Blutgefässe in denselben waren frei von dieser
Substanz.

Was das Verhalten der Galle bei der Amyloidleber anbelangt,
so sollte man erwarten, dass sich auch an ihr die Erkrankung der
Leber zu erkennen geben sollte. Das ist aber durchaus nicht immer
der Fall. Selbst bei den höheren Graden der Amyloidleber finden
wir oft genug die Gallenblase mit einer mässigen Menge von normal
aussehender Galle gefüllt. Manchmal ist selbst stark eingedickte,
schwarzgrüne, dickschleimige Galle in dem Reservoir vorhanden

(nach langem Verweilen der Galle in der Blase). In andern Fällen aber, und zwar nur in den ausgebildetsten, enthält die Gallenblase eine dünnschleimige, fast farblose oder blassgelb gefärbte klare Flüssigkeit in mässiger Menge, und die chemische Untersuchung hat in einzelnen Fällen ergeben, dass in dieser Flüssigkeit nicht blos der Gallenfarbstoff, sondern auch die Gallensäuren nur in Spuren vorhanden waren, dass demnach dieselbe nicht eigentlich Galle, sondern einfach das verdünnte Absonderungsproduct der Schleimhaut der Gallenwege ist (Hoppe-Seyler).

Was den sonstigen pathologisch-anatomischen Befund bei der Amyloidleber anbetrifft, so sind die betreffenden Leichen fast stets in hohem Grade abgezehrt, äusserst anämisch und gewöhnlich auch wassersüchtig. Nur ganz ausnahmsweise ist der Ernährungszustand solcher Leichen ein ziemlich guter, das Unterhautzellgewebe verhältnissmässig fettreich. In solchen Fällen ist also die Kachexie, auf deren Boden die Amyloidleber entstanden war, wieder beseitigt worden. Fast ausnahmslos ist die Primärerkrankung, welche den Anstoss zur amyloiden Entartung gab, noch in vollem Gange oder hat wenigstens unverkennbare pathologisch-anatomische Veränderungen hinterlassen. Ausser der Amyloidleber sind sehr häufig die Milz, die Nieren, der Darm und andere Organe amyloid infiltrirt. In den schweren Fällen von Amyloidleber ist in der Regel Ascites und ödematöse Schwellung der unteren Körperhälfte zugegen.

Die wichtigste Frage in Betreff der Amyloidleber ist ohne Zweifel die, in welchen Geweben die amyloide Substanz abgelagert wird und wie sich überhaupt die einzelnen Gewebselemente der Leber zu dieser Entartung verhalten. Sind es die secretorischen Leberzellen, sind es die Blutgefässe der Leber, und welche unter ihnen, ist es vielleicht gar das Bindegewebe des Organs, in welchem sich die amyloide Substanz anhäuft? Diese Frage, welche natürlich nicht anders als durch die mikroskopische Untersuchung zu entscheiden ist, hat von Anfang an diejenigen lebhaft beschäftigt, welche die Amyloidleber speciell studirt haben. Merkwürdiger Weise ist jedoch diese scheinbar so einfache Frage noch nicht definitiv erledigt, vielmehr stehen sich die Ansichten in dieser Beziehung bis zum heutigen Tage ziemlich schroff gegenüber. Der am meisten bestrittene Punkt ist der Antheil der Leberzellen an der amyloiden Infiltration. Auf der einen Seite wird behauptet, dass die Leberzellen allein das Amyloid in sich aufnehmen, auf der anderen Seite, dass sie dies niemals thun

und dass ausschliesslich die Wand der Capillaren mit diesem Stoff
sich infiltrire, während die Leberzellen der Druckatrophie verfallen;
auf einer dritten Seite lässt man die Leberzellen ebensowohl wie die
Capillaren zwischen ihnen amyloid entarten, und schliesslich ist neuerdings sogar die Ansicht ausgesprochen worden, dass weder die Drüsenzellen noch die Blutgefässe, sondern die Bindegewebsscheiden der letzteren das Amyloid in sich aufnehmen. Unter solchen Umständen erscheint es angemessen, über den Gang der Entartung und den Antheil
der verschiedenen Gewebsbestandtheile daran die Ansichten einiger
derjenigen Autoren, von welchen man voraussetzen darf, dass sie die
Frage selbständig geprüft haben, in aller Kürze aufzuführen.

Rokitansky und ebenso H. Meckel betonen nur die Entartung der Leberzellen und lassen die Blutgefässe dabei ganz ausser
Betracht.

Virchow[1]) lehrt, dass die amyloide Entartung gewöhnlich an
den kleinsten Arterien beginnt. Erst nachdem die Umwandlung ihrer
Wandungen bis zu einem hohen Grade gediehen ist, kann die Infiltration auf das umliegende Parenchym fortschreiten. Dies geschieht
aber nicht häufig, vielmehr atrophirt oft das Parenchym und die Erkrankung breitet sich auf die Capillaren aus, welche verquellen und
die Leberzellen erdrücken. Da die feinsten Aeste der Leberarterie
stets zuerst ergriffen werden, so leidet auch zuerst die mittlere Zone
der Acini, da dort die Aestchen der Leberarterie sich in die Capillaren auflösen und mit den Pfortadercapillaren anastomosiren. Geht
nun der Process auch auf die Capillaren über, so verquellen auch
diese und werden brüchig, ja die Krankheit greift selbst auf die
Venae intralobulares, sehr selten dagegen auf die Venae interlobulares über. Werden die Leberzellen selbst betroffen, so sieht man,
wie der Inhalt derselben sich leicht trübt, dann ganz homogen wird;
es schwindet der Kern und die Membran der Zelle und es bleibt
eine glänzende homogene Scholle zurück. Auf diese Weise können
alle Zellen der betreffenden Zone zu Grunde gehen, ja in sehr hohen
Graden kann der ganze Acinus amyloid werden.

Weniger klar und bestimmt schildert Frerichs[2]) die Verhältnisse. Die amyloide Entartung beginnt nach ihm in den Drüsenzellen oder in den feinsten Aesten der Leberarterie, und verbreitet
sich nach und nach von der Mitte des Läppchens aus über den ganzen Acinus. Vorzugsweise werden die Verästelungen der Arteria

---

1) Cellularpathologie. 3. Aufl. S. 334.
2) l. c. S. 167 ff.

hepatica ergriffen, aber der Process geht auch auf die Capillaren und auf die Anfänge der Venen über.

Dem gegenüber stellte E. Wagner (l. c.) schon im Jahre 1861 die Behauptung auf, dass die amyloide Entartung in der Leber sich stets auf die feinen Blutgefässe derselben beschränke, und dass niemals die Leberzellen selbst amyloid infiltrirt gefunden würden. Die Capillaren des Acinus verquellen durch die Aufnahme des Amyloids in ihre Wandung, verdicken sich und üben einen Druck auf die Leberzellen aus, welche dadurch grösstentheils zur Atrophie und zum völligen Verschwinden gebracht werden. Soweit die Leberzellen erhalten bleiben, erscheinen sie getrübt und mit Fetttröpfchen erfüllt, namentlich am Rande des Acinus.

Mit dieser Ansicht stand Wagner lange Zeit hindurch ganz isolirt. Die Mehrzahl der zunächst folgenden Beobachter hielten im wesentlichen an der Darstellung fest, welche Virchow von der Sache gegeben hatte; sie constatirten zwar den Antheil, welchen die Blutgefässe an der Entartung nehmen, blieben aber auch dabei, dass zugleich die Leberzellen in mehr oder minder beträchtlichem Umfange mit der amyloiden Substanz infiltrirt gefunden würden. Zu diesen Autoren gehört Förster, Billroth, Friedreich u. Andere. Einzelne stellen sogar die amyloide Entartung der Leberzellen scharf in den Vordergrund, wie z. B. Rindfleisch und Klebs.

Rindfleisch nimmt zwar an, dass in erster Linie die Aestchen der Leberarterie sich amyloid entartet zeigen und dass an einem jeden Acinus die Entartung am Einmündungspunkte dieser Arterienästchen in das portale Capillarsystem, also halbwegs zwischen Rand und Centrum des Acinus zuerst auftrete. Die Entartung geht aber nach seiner Darstellung von den kleinen Arterien nicht auf die Capillaren, sondern auf die Leberzellen über, welche zu rundlichen Schollen verquellen, deren mehrere zu einem walzenförmigen glänzenden Conglomerat verschmelzen. Die Entartung schreitet an den Leberzellen von der mittleren Zone des Acinus gegen das Centrum, also in das Gebiet der Lebervene, und erst später und in den höheren Graden befällt die Entartung auch die Zellen des Pfortadergebietes, d. h. die Randzone des Acinus.

Nach Klebs[1]) kann sich zwar die fragliche Entartung auf die Arterien und Capillaren beschränken, allein in solchen Fällen soll sie nur durch die chemische Reaction nachzuweisen sein. Sobald jedoch makroskopisch schon durch das äussere Aussehen und die

---

1) Handbuch der pathol. Anatomie. I. S. 408.

veränderte Consistenz die amyloide Entartung zu constatiren ist, dann sollen auch stets die Leberzellen daran betheiligt sein.

Von den Autoren, welche ganz neuerdings mit dem in Rede stehenden Gegenstande sich befasst haben, erklärt Cornil (l. c.) bei Gelegenheit der Prüfung des Jodmethyl-Anilins als Reagens auf die amyloide Substanz, dass er die Leberzellen von Amyloid frei bleiben sah und dass die Capillarwände allein diesen Stoff in sich aufnehmen. Jedoch will Cornil angesichts der für die Theilnahme der Leberzellen an der Infiltration aufgetretenen Autoritäten und angesichts der geringen Zahl der von ihm untersuchten Amyloidlebern den Gegenstand durch seine desfallsigen Beobachtungen noch nicht als entschieden angesehen wissen.

Am meisten haben sich Tiessen, Heschl und Schütte, resp. dessen Lehrer Koester, dem oben dargelegten Standpunkte von E. Wagner genähert. Tiessen constatirt, dass die Leberzellen niemals die amyloide Substanz in sich aufnehmen. Die amyloiden Massen stehen vielmehr in der engsten räumlichen Beziehung zu den Capillarwänden, während die Leberzellen durch jene Masse erdrückt werden und der Atrophie anheimfallen. Allein Tiessen lässt nicht die eigentliche Capillarwand, also das Endothelzellenrohr selbst infiltrirt werden, sondern er betrachtet das Amyloid als eine amorphe Ausscheidung, welche sich äusserlich um die unversehrte Capillarwand herum anlagere. Tiessen lässt es unentschieden, ob die amyloiden Schollen sich in präformirten Hohlräumen (es könnte sich dabei wohl nur um die von Biesiadecki angenommenen perivasculären Lymphräume handeln) ablagern, oder ob sie sich zwischen Capillaren und Leberzellen einschieben, nachdem sie den lockeren Zusammenhang beider Gebilde getrennt haben. Für die immerhin zulässige Annahme, dass die amyloide Masse in der zarten bindegewebigen Adventitia capillaris der Lebercapillaren infiltrirt enthalten sei, kann sich Tiessen nicht aussprechen.

Zuletzt ist noch Heschl's Ansicht anzuführen. Auch dieser Beobachter constatirt, dass die Leberzellen selbst niemals amyloid degeneriren, sondern dass sie nur unter dem Drucke der amyloiden Massen verschwinden. Heschl stimmt mit Tiessen insofern überein, als er die amyloiden Massen für eine Einlagerung zwischen Capillarwand und Leberzellen hält: er bezeichnet demnach die Amyloidleber als eine interstitielle Infiltration dieses Organs. Ob er jedoch mit dieser Infiltration zugleich eine amyloide Umwandlung des perivasculären Bindegewebes der Leberacini verbunden glaubt, darüber spricht er sich nicht bestimmt aus.

Die Darstellung von Schütte stimmt fast Punkt für Punkt mit der von Tiessen gegebenen überein, was um so mehr bemerkt zu werden verdient, als sie ungefähr gleichzeitig mit der von Tiessen publicirt worden ist, beide Autoren aber allem Anscheine nach vollständig unabhängig von einander gearbeitet haben. Wenigstens erwähnt keiner den Namen des Anderen.

Nach meinen eigenen Erfahrungen über den Gang der Amyloidentartung der Leber bin ich veranlasst, mich in den wesentlichen Punkten den betreffenden Angaben E. Wagner's anzuschliessen. Ich glaube mich bestimmt davon überzeugt zu haben, dass eine Infiltration der Leberzellen mit amyloider Substanz überhaupt niemals vorkommt, sondern dass davon ausschliesslich die Blutgefässe, und zwar ausser den Leberarterienästchen das ganze Capillarsystem des Acinus und in geringem Grade und erst zuletzt auch die kleinen Venen, ergriffen werden.

Zur mikroskopischen Untersuchung verwendet man am besten nicht frische, sondern in Weingeist erhärtete Partien der Leber. Die Untersuchung wird sehr erleichtert durch die gleichzeitige Anwendung einer Jodkaliumlösung oder des neuerdings hierzu empfohlenen Jodmethyl-Anilins, letzteres in Gestalt der Dresdner Salontinte von Leonhardi, von welcher einige Tropfen zu einem Uhrglas voll destillirtem Wasser zugesetzt ausreichen, um den amyloiden Theilen schon nach wenigen Minuten eine rubinrothe Farbe zu verleihen, während die nicht amyloiden Gewebe eine blassblaue trübe Beschaffenheit beibehalten. An den Leberarterienästen äussert sich die amyloide Entartung darin, dass die Wand derselben dicker wird, verquollen, von glasigem Glanze, stark transparent erscheint und dass die Structur ihrer Wandung vollkommen verschwindet, letztere also ein homogenes Aussehen annimmt. Das Lumen der kleinen Arterien scheint dabei nur wenig verengt zu werden. — Die Capillaren dagegen werden durch die Aufnahme des Amyloids in glänzende, transparente und dabei gleichfalls völlig homogene Röhren umgewandelt, welche beträchtlich (wohl 2—3 mal) dicker sind, als die normalen Capillaren. Die verquollenen, enorm verdickten Capillarwände lassen nur ein sehr enges Lumen übrig, drücken aber andererseits auf die sie umgebenden Leberzellen, bewirken Atrophie und bald vollständigen Schwund derselben. Die Entartung beginnt an den Capillaren damit, dass man an dem Querschnitt derselben halbmond- oder sichelförmige glänzende Anschwellungen, am Längsschnitt aber spindel- bis knollenförmige Verdickungen auftreten sieht, welche sich zu einem Bande von gleichmässiger Breite, der Dicke der verquollenen Capillarwand entsprechend, umformen. In höheren Graden erkranken die Capillaren stets gleichmässig, sie sind an jeder Stelle ihrer Wand gleich dick; in schwächeren Graden erstreckt sich die Verquellung nur auf einen Theil, etwa nur auf die Hälfte des Capillarquerschnitts. Manche Umstände scheinen mir in der That dafür zu sprechen, dass — der Anschauung von Heschl, Tiessen, Schütte

entsprechend — die amyloide Ausscheidung zwar den Capillarwänden
in engem Anschlusse folgt, dass aber das Zellenrohr, also die eigentliche Capillarwand unverändert bleibt und nur von der amyloiden Substanz wie von einer Scheide umschlossen wird. Doch soll dieser Punkt
hier nicht weiter erörtert werden. — Was die Ausbreitung der amyloiden Entartung in der Leber anbelangt, so werden davon zuerst die
Verästelungen der Leberarterie betroffen, dann greift sie auf die Capillaren der Acini über und zwar so, dass sie in der mittleren Zone
eines jeden Läppchens schnell hohe Grade erreicht, während am Rand-
gebiete der Acini von Anfang an nur einige wenige Capillarquerschnitte
amyloid verquollen erscheinen. Während nun der Zustand der Randzone vorläufig der gleiche bleibt, schreitet die totale Entartung von
der intermediären Zone gegen die Centralvene hin fort, und wenn sie
ganz in die Nähe der letzteren gekommen ist, so breitet sie sich schliesslich auch gegen die Peripherie des Acinus hin aus. In den höchsten
Graden der Entartung sieht man nur noch am äussersten Randsaume
der Leberläppchen einen schmalen Streifen meist fettig infiltrirter Leberzellen und ebenso werden einige meist stark atrophische Leberzellen
in nächster Umgebung der Centralvene angetroffen. Alles übrige Parenchym ist zu Grunde gegangen, die Gallengänge aber und ihre Epithelien bleiben unter allen Umständen gänzlich intact.

Pathologie.

Welchen Einfluss die amyloide Entartung auf die Functionen
der Leber ausübt und inwieweit die gestörte Leberfunction wiederum
auf den Gesammtorganismus zurückwirkt, das ist schwierig zu bestimmen. Man muss eben bedenken, dass man es bei der Amyloidleber nicht blos mit einem localen Uebel, sondern mit einer tiefen
Störung der gesammten Ernährungsverhältnisse des Organismus zu
thun hat, und dass dieselbe nicht primär auftritt, sondern sich an
langdauernde erschöpfende Krankheitsprocesse anschliesst, welche an
sich schon die verschiedensten üblen Folgen für den Körper mit sich
führen. Es ist daher schwer, den Antheil zu bestimmen, welcher
in jedem einzelnen Falle auf Rechnung der Amyloidleber kommt.

Die wichtigste Folge der amyloiden Entartung ist der Untergang der Leberzellen. Selbst wenn diejenigen Recht haben sollten,
welche meinen, dass die Leberzellen selbst die amyloide Substanz
in sich aufnehmen, so würde dies doch mit Rücksicht auf die Function
soviel wie Untergang der Leberzellen zu bedeuten haben. Denn
unmöglich können wir annehmen, dass amyloide Schollen oder ein
mit dem Amyloid durchtränkter und aufgeblähter Zellenleib, dem
alle Kriterien der Zelle abhanden gekommen sind, sich noch an den
Verrichtungen des Organs bethätigen sollten. Die wenigen Leberzellen aber, welche übrig bleiben, sind grossentheils im Zustande

der einfachen oder fettigen Atrophie, resp. der Fettinfiltration. Auf jeden Fall müssen wir also eine hochgradige Verminderung der Functionen bei der Amyloidleber voraussetzen. Hierzu kommt die Erkrankung der Capillaren, welche wir uns nicht ohne Veränderung in der Transsudation und damit in der Ernährung der Gewebe zu denken vermögen. Näheres freilich wissen wir über den letzteren Punkt nicht anzugeben. Mehr noch dürfte die ausserordentliche Blutarmuth der Amyloidleber für die Störung ihrer Verrichtungen ins Gewicht fallen. Auch hier wiederum vermögen wir nicht abzumessen, inwieweit die Blutarmuth von der amyloiden Infiltration der Lebercapillaren abhängt, und wieviel davon auf Rechnung der allgemeinen Anämie zu setzen ist. Mit der amyloiden Erkrankung der Capillaren ist allem Anschein nach eine erhebliche Verengerung derselben verbunden. Vielleicht überschätzen wir den Grad der Verengerung, wenigstens steht es fest, dass sich selbst stark entartete Lebern ohne besondere Schwierigkeit injiciren lassen. Immerhin aber ist der Blutmangel in der Amyloidleber ein so enormer und so viel beträchtlicher als in den übrigen Organen derselben Leiche, dass wir ihn zu einem Theil mit der Erkrankung der Capillaren in ursächlichen Connex bringen müssen.

Hochgradige Anämie der Leber, hydrämische Beschaffenheit der gesammten Blutmenge und Mangel an Blutzellen auf der einen Seite, Untergang der meisten Leberzellen und anderweitige Entartung eines Theils des übriggebliebenen Parenchyms auf der anderen, das sind die Bedingungen, unter welchen die Function der Amyloidleber vor sich geht. Was die Bildung von Glykogen und weiterhin von Zucker anbetrifft, so dürfen wir ohne weiteres annehmen, dass dieselbe dem Untergang der Leberzellen entsprechend eingeschränkt sein wird. Für einzelne Fälle [1]) ist dies positiv erwiesen worden. — Die Gallenabsonderung scheint nicht immer in dem Umfange reducirt zu sein, als man es nach dem Grade der Leberentartung vermuthen sollte. In den schlimmsten Fällen jedoch ist die Gallensecretion beinahe auf Null herabgesetzt, die Gallenblase enthält nur farblose, klare, dünnschleimige Flüssigkeit, in welcher die Gallensäuren nur in Spuren angetroffen werden (Hoppe-Seyler).

Allgemeines Krankheitsbild.

Die mit Amyloidleber behafteten Individuen gewähren mit ganz seltenen Ausnahmen das Bild hochgradiger allgemeiner Kachexie.

[1) Frerichs, Klinik der Leberkrankheiten. II. S. 171.

Sie sind abgemagert, blutarm, von bleicher Gesichtsfarbe, zu hydropischen Ausschwitzungen disponirt. Natürlich gestaltet sich das Krankheitsbild im einzelnen Falle sehr verschieden, je nach der Natur der
Krankheit, welche zur Amyloidleber die Veranlassung gibt, sowie
je nach der Ausbreitung der Entartung auch auf die Milz, Nieren
und andere Organe. Die Kachexie aber, welche schon vor dem Beginn der Leberschwellung mehr oder weniger entwickelt war, tritt
um so ausgeprägter hervor und macht um so schnellere Fortschritte,
sobald der amyloide Lebertumor hinzukommt. Das Krankheitsbild
erfährt im weiteren Verlaufe des Leidens keine augenfällige Veränderung: der allgemeine Zustand verschlimmert sich ganz allmählich
ebenso wie die Leberschwellung selbst, bis schliesslich Oedem der
unteren Körperhälfte und Ascites oder selbst allgemeine Wassersucht
sich einstellt und der Kranke unter den Zeichen äusserster Erschöpfung dem Tode verfällt. Bei entsprechender Behandlung kann
zwar die Volumszunahme der Leber für einige Zeit zum Stillstand
gebracht, selbst eine Abschwellung derselben beobachtet werden,
allein es ist sehr fraglich, ob dies eine Rückbildung der amyloiden
Infiltration zu bedeuten hat. Solche zeitweilige Verzögerungen im
Verlaufe vermögen nicht, das lethale Ende abzuwenden.

Symptomatologie.

Das maassgebende Symptom der Amyloidleber ist die Vergrösserung des Organs, welche bei weitem in der Mehrzahl der Fälle
vorhanden ist und welche jedenfalls dann nicht vermisst wird, wenn
die Entartung einen höheren Grad erreicht hat. Die Grössenzunahme
der Leber schwankt in ziemlich weiten Grenzen, durchschnittlich erreicht sie etwa das Doppelte des normalen Umfangs. Das Gewicht
der Leber kann 6—8, in einzelnen Fällen selbst 10—12 Pfund betragen. Ist die Entartung nur in den Anfängen vorhanden, so ist
die Leber normal gross oder doch nicht merklich vergrössert, ja in
einzelnen Fällen findet man die Entartung trotz der normal grossen
Leber doch schon ziemlich weit gediehen. Unter gewissen Umständen ist die Amyloidleber selbst verkleinert, nämlich dann, wenn
ausser der genannten Entartung anderweite zur Schrumpfung der
Leber führende Processe (wie Syphilis, Cirrhose) vorhergegangen
sind. Sehr grosse Amyloidlebern ragen um Handbreite und mehr
unter dem Rippenbogen hervor, drängen das Zwerchfell in die Höhe
und weiten die unteren Partien des Brustkorbs aus, da die Leber
in dem Hypochondrium nicht den erforderlichen Raum findet. Man
kann die unter dem Rippenbogen hervortretende Leber durch die

Bauchdecken als einen äusserst resistenten Tumor von fast holz-
artiger Derbheit hindurchtasten. Ihr vorderer Rand lässt sich, falls
die Bauchdecken nicht zu stark gespannt sind (etwa durch Ascites
oder durch Tumoren in der Bauchhöhle), umgreifen und man em-
pfindet dann, dass die Schärfe dieses Randes verloren gegangen ist
und einer gewissen Abrundung Platz gemacht. hat. Bei stark abge-
magerten Kranken mit sehr grosser Amyloidleber, zumal bei Kindern, vermag man selbst schon mit dem Auge die Lage und untere
Grenze des Lebertumors zu verfolgen.

Der amyloide Lebertumor erscheint für die tastende Hand vollkommen glatt, falls nicht anderweite Krankheitsprocesse die Leberoberfläche verändert haben. Ausser einem gewissen Gefühle von
Völle und Druck im rechten Hypochondrium und in der Magengegend
werden den Kranken durch die vergrösserte Leber keine abnormen
Empfindungen erweckt. Auch ein ziemlich starker Druck gegen die
Leber wird ohne besondere Steigerung jener Empfindung ertragen.
Nur wenn straffere Verwachsungen der Leber mit den Nachbarorganen da sind und zumal, wenn eine diffuse Perihepatitis mit all-
seitiger Verwachsung der Leber besteht, wie dies bei den auf Syphilis
beruhenden Fällen vorkommen kann, klagt der Kranke über lebhafte
stechende Schmerzen in der Lebergegend.

Störungen der Gallenabfuhr sind bei der Amyloidleber nicht vorhanden, namentlich führt dieselbe an und für sich niemals zur Gallenretention und zum Icterus. Wenn im Verlaufe der Amyloidleber
Icterus auftritt, was selten genug geschieht, so liegt die Ursache davon in Umständen, welche mit der Leberentartung in keinem directen
Zusammenhang stehen, z. B. in dem Drucke, welchen vergrösserte
Portallymphdrüsen auf die grossen Gallenausführungsgänge ausüben.

Man sollte erwarten, dass die amyloide Entartung der Capillaren,
namentlich wegen der dabei vorhandenen Engigkeit derselben, ein
schweres Hinderniss für den Durchtritt des Pfortaderblutes durch die
Leber erzeugen und somit zu Stockungen des Blutes im Bereiche
der Pfortader führen müsste. Allein Störungen dieser Art treten bei
der Amyloidleber gewöhnlich nicht in ausgesprochener Weise hervor. Allerdings pflegen die höheren Grade der Amyloidleber mit
Ascites verbunden zu sein. Allein bei dem Mangel anderweiter
Zeichen von Stockung des Pfortaderblutes dürfte der Ascites wohl
mehr auf die hydrämische Blutmischung als auf Circulationshindernisse innerhalb der Leber zurückzuführen sein. Oft genug fehlt selbst
bei weit gediehener Leberentartung der Ascites ebenso wie die anderen Zeichen von erschwertem Durchfluss des Blutes durch die Leber.

Neben der Amyloidleber ist sehr häufig ein Milztumor vorhanden, welcher gewöhnlich ebenfalls auf amyloider Entartung beruht. Je nach der Art der Primäraffection, an welche sich die amyloide Degeneration anschliesst, kann der vorhandene Milztumor aber auch die Bedeutung einer auf Syphilis, auf Intermittens, Leukämie oder Pseudoleukämie beruhenden Anschwellung haben. Bestimmten Aufschluss hierüber gibt weder die Grösse noch die Consistenz und Oberflächenbeschaffenheit des Tumors in allen Fällen, denn alle die genannten Tumoren fühlen sich fest und glatt an. — Uebrigens ist der Milztumor keineswegs ein constanter Begleiter der Amyloidleber, denn weder besteht neben der Entartung der Leber auch immer eine solche der Milz, noch ist die amyloide Milz immer deutlich vergrössert. Der Milztumor wird in etwas mehr als der Hälfte aller Fälle von Amyloidleber angetroffen, und in etwa zwei Dritteln dieser Fälle ist der Milztumor ein amyloider.

Von Seiten des Magendarmkanals fehlt es bei der Amyloidleber oft an jedem Symptom. Am ehesten machen sich noch die Folgen der verminderten Gallenproduction bemerklich. Die Stühle sind dann sehr blass, grau, zeitweilig fast farblos, während sie zu anderen Zeiten wieder lebhafter gefärbt sind. Der Mangel der Galle im Darm verursacht abnorme Zersetzungsvorgänge des Darminhaltes mit reichlicher Entwickelung von Gasen, welche Tympanitis der Därme und Abgang stinkender Blähungen veranlassen. — In manchen Fällen von Amyloidleber treten jedoch die Störungen von Seiten des Magens und Darmkanals in den Vordergrund. Der Appetit verliert sich, es stellt sich von Zeit zu Zeit selbst Erbrechen ein. Die wichtigste Erscheinung aber sind die Durchfälle, wobei Massen von blasser Farbe und schleimiger Beschaffenheit entleert werden. Diese Durchfälle stellen sich ohne bestimmte äussere Veranlassung ein, sind sehr hartnäckig, halten oft Wochen lang an oder kehren mit kurzen Unterbrechungen von Zeit zu Zeit wieder. Die Ursache der Durchfälle liegt in anatomischen Läsionen der Darmschleimhaut. Diese nämlich ist entweder amyloid entartet oder sie ist der Sitz von Geschwüren verschiedener Art, am häufigsten tuberkulöser Geschwüre. Doch können in solchem Falle auch syphilitische oder einfach follikuläre Geschwüre, leukämische und pseudoleukämische Infiltration der Schleimhaut den Anstoss zu jenen Durchfällen geben. Natürlich wird durch die profuse Darmabsonderung sowie durch die Störungen der Digestion und Resorption die bereits vorhandene Anämie erheblich gesteigert werden und die Abmagerung schnellere Fortschritte machen.

Die Harnabsonderung ist bei der Amyloidleber an sich nicht augenfällig verändert. Sofern jedoch mit der Entartung der Leber sehr häufig eine solche der Nieren Hand in Hand geht, kommt es dabei zur Absonderung eines eiweisshaltigen Harns. Albuminurie ist in der Mehrzahl der Fälle von Amyloidleber vorhanden.

Endlich ist noch die Wassersucht als Symptom der Amyloidleber hervorzuheben. Hydropische Transsudationen sind in der Mehrzahl der Fälle, zumal in den späteren Stadien des Krankheitsverlaufes zu constatiren, fehlen aber allerdings auch in manchen Fällen zu jeder Zeit. Manchmal sind nur die unteren Extremitäten ödematös geschwollen, manchmal erstrecken sich die Oedeme über den ganzen Körper. Wie bereits erwähnt ist daneben in der Regel auch Ascites vorhanden, aber derselbe erreicht keine beträchtliche Höhe. Alle diese Umstände machen es wahrscheinlich, dass, wie Bamberger mit Nachdruck gegen Budd hervorgehoben hat, die Wassersucht auf die bestehende hydrämische Blutmischung, nicht aber direct auf die Amyloidleber zurückzuführen ist.

Abgesehen von der Kachexie, der Anämie und der Wassersucht kommen der Amyloidleber weiter keine allgemeinen Symptome zu. Namentlich pflegt Fieber nicht zugegen zu sein, und wenn es vorkommt, so hat es nichts mit der Amyloidleber zu thun, sondern wird hervorgerufen durch anderweite zufällige Krankheitsproeesse oder es gehört der Primäraffection an, in deren Gefolge die amyloide Entartung aufgetreten ist.

Diagnose.

Als die leitenden Symptome für die Diagnose der Amyloidleber müssen die örtlichen Erseheinungen von Seiten der Leber bezeichnet werden. Der Naehweis einer deutlich oder selbst sehr stark und nach allen Richtungen hin gleiehmässig vergrösserten Leber, welche sich beim Betasten von ganz ungewöhnlich fester Resistenz zeigt, manchmal brettartig hart zu fühlen ist, welche aber von glatter Oberfläche und gegen Druck unempfindlich, ausserdem sehr allmählich angesehwollen ist, spricht für die Amyloidleber. Wenn wir einen solchen Lebertumor antreffen bei kachektischen Individuen, welche an Caries und Nekrose, an chronischen Eiterungen aller Art gelitten haben oder welche Zeichen der Syphilis, der Lungenschwindsucht oder überhaupt einer jener Krankheiten darbieten, welche wir als die der amyloiden Entartung zu Grunde liegenden Affectionen aufgeführt haben, so kann die Diagnose der Amyloidleber kaum einem Zweifel unterliegen. Sie wird um so sicherer, wenn gleiehzeitig ein

fester und glatter Milztumor zugegen ist und wenn der Harn eiweisshaltig gefunden wird, wenn also Zeichen von amyloider Entartung
der Milz und Nieren vorliegen. — Die vergrösserte Leber lässt sich
jedoch in ihrer Consistenz nicht immer sicher abschätzen, es sind
Verwechselungen mit hyperämischen Schwellungen, mit Leberhypertrophie, mit dem leukämischen Lebertumor und vor allen Dingen
mit der Fettleber möglich. Hier muss auf dem Wege der Exclusion
vorgegangen werden. Hyperämische Schwellungen der Leber wird
man bei äusserst anämischen und kachektischen Individuen nicht
voraussetzen können, gegen Verwechselung mit dem leukämischen
Tumor schützt die Untersuchung des Blutes und die bei Leukämie
bestehende Neigung zu Blutungen u. s. f. Am ehesten ist eine Verwechselung der Amyloidleber mit der Fettleber denkbar, weil letztere
jener in der Grösse und Glätte am nächsten kommt und häufig unter
denselben Umständen, nämlich im Gefolge verschiedener Abmagerungskrankheiten sich entwickelt, auf welche auch die amyloide Entartung folgt. Wenn jedoch eine einfache Fettleber (nicht eine Speckfettleber) vorliegt, so wird diese sich durch ihre viel weichere Consistenz verrathen, es wird auch der Milztumor und die Albuminurie
eher vermisst werden und endlich greift die Fettleber entfernt nicht
so tief in die gesammten Ernährungsvorgänge ein, wie dies die Amyloidleber thut.

In manchen Fällen ist die Diagnose der Amyloidleber nicht mit
Sicherheit zu stellen, die Krankheit kann höchstens mit mehr oder
minder gutem Grunde vermuthet werden. Die Diagnose ist unmöglich, wenn die Leber nicht vergrössert ist, denn man kann dann
auch ihre Consistenz nicht bestimmen. Immerhin lässt sich trotz
mangelnder Volumszunahme ein geringerer Grad von Amyloidleber
vermuthen, wenn eines der zur Amyloidentartung führenden Leiden
vorliegt, wenn Kachexie und Anämie hohen Grades besteht und
neben einem glatten und festen Milztumor auch Albuminurie constatirt werden kann.

Dauer, Ausgänge, Prognose.

Die Amyloidleber nimmt stets einen sehr langwierigen Verlauf,
falls nicht durch intercurrente mit der Leberentartung nicht zusammenhängende Zufälle eine Abkürzung desselben herbeigeführt wird.
Die Krankheit erstreckt sich stets über eine Reihe von Monaten;
ganz sicher lässt sich aber ihre Dauer deshalb nicht bestimmen, weil
die Anfänge der amyloiden Entartung sich unserer Wahrnehmung
vollständig entziehen.

Was den Beginn der Entartung anbetrifft, so glaubte man früher, die betreffende Primäraffection, welche den Anstoss zur amyloiden Entartung gibt, müsse sehr lange, womöglich Jahre lang bestanden haben, bevor es zur fraglichen Degeneration kommen könnte. Aus Mittheilungen Cohnheim's [1]) und anderweiten Erfahrungen wissen wir jetzt, dass wenigstens bei Knocheneiterungen (nach Schussfracturen u. s. w.) schon ein Zeitraum von etwa 3 Monaten ausreicht, um amyloide Entartung herbeizuführen.

Wenn aber die Krankheit einmal begonnen hat, so ist ihr weiterer Verlauf in der Regel ein ganz gleichartiger, es finden keine Unterbrechungen oder Verlangsamungen, keine Exacerbationen des Processes statt, es lassen sich auch keine besonderen Stadien des Verlaufes unterscheiden. Der Zustand verschlimmert sich ganz allmählich, bis endlich der Tod, durch die allgemeine Erschöpfung bedingt, sich einstellt. Wieviel von diesem Zustande äusserster Erschöpfung direct auf Rechnung der Amyloidleber, wieviel auf die gleichzeitige Entartung der Milz und Nieren oder auf die primären Krankheitsprocesse kommt, das lässt sich nicht klar stellen. — Zuweilen stirbt der Kranke nicht schlechthin an Erschöpfung, sondern schon bevor es zu dieser gekommen ist an intercurrenten Krankheiten oder an Nachkrankheiten der jeweils vorliegenden Primäraffectionen, z. B. an Pneumonie, Peritonitis, Lungenödem u. s. w.

Das Fortbestehen der die amyloide Entartung verursachenden Krankheitsprocesse während der fortschreitenden Entwickelung der Amyloidleber macht es, von anderen Umständen abgesehn, fast unmöglich zu sagen, ob eine Heilung der Amyloidleber vorkommt oder nicht. Ausgezeichnete Aerzte (Frerichs, Graves, Budd u. A.) vertreten die Ansicht, dass frischere Infiltrate unter Umständen zurückgebildet würden, und führen Beispiele dafür an, dass selbst beträchtliche Intumescenzen der Leber bei entsprechender Behandlung sich verkleinerten. Allein da die Diagnose der Amyloidleber, so lange der Fall noch frisch und nicht allzuweit fortgeschritten ist, meist eine unsichere bleibt, so ist es erklärlich, dass immer wieder Zweifel gegen die Heilbarkeit der Amyloidleber erhoben werden. Voraussetzung für die Rückbildung der Amyloidleber wäre die Resorption der amyloiden Massen und die Regeneration der zu Grunde gegangenen Leberzellen. Beide Voraussetzungen sind an sich zulässig. Denn dass die amyloide Substanz in ziemlich grosser Ausdehnung und prompt resorbirt werden kann, zeigt das von uns oben

---

[1]) Virchow's Archiv. LIV. S. 271.

angeführte Beispiel einer Geschwulst, welche sich in der stark entarteten Leber entwickelt und dabei das Amyloid zum Verschwinden
gebracht hatte. Und eine Regeneration von Leberzellen nach atrophischen Vorgängen mancherlei Art sehen wir ziemlich häufig eintreten. Allein wenn nun auch eine zu grosse und feste Leber bei
einer gewissen Curmethode an Volumen abnimmt, ist es dann auch
wirklich das Amyloid, welches verschwindet? Vielleicht war solches
gar nicht da und wurde nur irrthümlich vermuthet; vielleicht aber
schwindet nicht das vorhandene Amyloid sondern Fett, oder es ändern sich die Verhältnisse des Organs in irgend einer anderen Weise.
F r e r i c h s selbst führt an, dass die Abnahme der Leberschwellung
nicht immer zur Genesung führt. Das ist nach dem eben Gesagten
ganz erklärlich: die Leber kann kleiner werden, aber die amyloide
Entartung derselben gleichwohl Fortschritte machen.

Die P r o g n o s e der Amyloidleber darf hiernach wohl unter
allen Umständen als ungünstig bezeichnet werden. Ist die Entartung
der Leber eine so ausgesprochene, dass sie diagnosticirt werden kann,
so ist der Tod meistens binnen einer Reihe von Monaten zu erwarten. Es ist natürlich ungünstig, wenn die ursächlichen Primärleiden fortfahren, ihre Wirkung auf den Organismus zu entfalten.
Wie lange Zeit die Amyloidleber für sich gebrauchen würde, um den
lethalen Ausgang herbeizuführen, das ist nicht zu sagen. Wenn die
Milz und Nieren an der Entartung mitbetheiligt sind, so wird das
tödtliche Ende um so schneller eintreten.

Therapie.

Die allgemeine Erfahrung geht dahin, dass, wenn einmal eine
ausgesprochene und deutlich erkennbare Amyloidleber vorliegt, so
gut wie keine Aussicht mehr dafür vorhanden ist, den weiteren Verlauf der Krankheit aufzuhalten oder gar Genesung herbeizuführen.
Während wir also der entwickelten Krankheit gegenüber ohnmächtig
sind, wird das Streben des Arztes dahin gehen müssen, die Entstehung der Amyloidleber zu verhüten oder ihre Entwickelung hinauszuschieben. Zu diesem Zwecke müssen diejenigen Krankheitsprocesse, welche notorisch die amyloide Entartung nach sich ziehen,
mit allen dafür zu Gebote stehenden Mitteln zu bekämpfen und einzuschränken, namentlich aber ihr Verlauf abzukürzen gesucht werden.
Dies ist freilich nur bei gewissen der hier in Frage kommenden Affectionen ausführbar, bei anderen dagegen ganz unmöglich. Namentlich
werden wir die mit abundanter Eiterung verbundenen chronischen

Krankheiten der Knochen und Gelenke unter Umständen durch eine entsprechende Operation abkürzen, chronische Hautgeschwüre durch consequente Behandlung zur Vernarbung bringen, der constitutionellen Syphilis entgegen arbeiten können. Bei allen diesen Primäraffectionen, auch wenn sie an sich nicht heilbar sind, wird ferner dem gesammten Ernährungszustande die grösste Aufmerksamkeit gewidmet werden müssen. Denn es steht zu erwarten, dass, wenn die Ernährung auf einem relativ guten Stande erhalten bleibt, wenn die Kachexie verzögert, der allgemeinen Anämie und Hydrämie vorgebaut wird, trotz der andauernden Säfte- und Eiweissverluste doch die Chancen für den Eintritt der amyloiden Entartung weniger günstig liegen möchten.

Wo die Zeichen der Amyloidleber hervortreten, namentlich also eine harte Intumescenz der Leber sich entwickelt hat, da mag der Versuch, durch medicamentöse Mittel der Anschwellung selbst entgegenzuwirken, immerhin gemacht werden. Die Hauptaufgabe wird aber auch jetzt noch darin bestehen, durch diätetische Maassregeln den Ernährungszustand im allgemeinen zu bessern. Die Kost solcher Patienten sei eine nahrhafte und leicht verdauliche, vorzugsweise Fleischkost. Man halte auf warme Kleidung und sorge für den Aufenthalt in reiner und milder Luft. Wenn es die Umstände gestatten, mag dem Patienten mässige Bewegung im Freien angerathen werden. Im Uebrigen gestaltet sich die Behandlung zu einer wesentlich symptomatischen. Gegen die drohende Anämie und Hydrämie sind neben der diätetischen Pflege die Eisenpräparate in Anwendung zu bringen. Der Regelung der Hautsecretionen, des Stuhlgangs und der Harnabsonderung ist alle Aufmerksamkeit zu widmen. Zur Beförderung des trägen Stuhlgangs dient das Rheum, die Aloë und ähnliche Mittel. Die in den späteren Stadien der Amyloidleber auftretenden Diarrhöen suche man durch adstringirende Mittel und durch kleine Dosen von Opiaten einzuschränken. Gegen die Albuminurie und zur Beförderung der Hautabsonderung ist der Gebrauch warmer Bäder angezeigt.

Der Indicatio morbi, welche auf Verkleinerung des Lebertumors hinzielt, entsprechen nach den vorliegenden Erfahrungen am besten die Jodpräparate, namentlich das Jodkalium und das Jodeisen in Gestalt des Syrupus ferri jodati. Diese Mittel finden besonders bei den auf Syphilis beruhenden Fällen von Amyloidleber erfolgreiche Anwendung. Ausserdem wird empfohlen der Eisensalmiak; Budd sah von dem Salmiak zu 5—10 Gran dreimal täglich guten Erfolg. Da jedoch diese Salze ebenso wie die stärkeren alkalischen Wässer

von Carlsbad, Vichy, Marienbad u. s. w., welche so gern bei Leber-
schwellungen jeder Art in Gebrauch gezogen werden, leicht erschöpfende Diarrhöen veranlassen, so muss ihr Gebrauch zum mindesten sorgfältig überwacht werden. Weniger bedenklich sind die
milden alkalischen Thermen von Ems sowie die schwefelhaltigen
Mineralwässer, welche daher vorzugsweise gegen die amyloide Leberschwellung angewendet zu werden verdienen.

Fettleber, Hepar adiposum

(Fettinfiltration, fettige Entartung der Leber)

von

Prof. Dr. O. Schüppel.

Gorup-Besancz, Lehrb. d. physiol. Chemie. 3. Aufl. Braunschweig 1874.
S. 171 (mit zahlreichen Literaturangaben in Betreff der physiolog. Chemie der
Fette). — Voit, Ueber Fettbildung im Thierkörper, in der Zeitschr. f. Biolog.
V. S. 79; ferner eine Reihe weiterer Artikel über den gleichen Gegenstand von
Voit, Pettenkofer, Hofmann, Subbotin, Forster u. A. in derselben
Zeitschrift. — Franz Hofmann, Der Uebergang der Nahrungsfette in die Zel-
len des Thierkörpers, Habilitationsschrift. München 1872. — Radziejewsky,
Experim. Beiträge zur Fettresorption. Virch. Arch. XLIII. S. 268 u. LVI. S. 211.
— Perls, Lehrb. d. allgem. Pathologie. Stuttg. 1877. S. 169 ff. — Cohnheim,
Vorlesungen über allgem. Pathologie. Berlin 1877. I. S. 536. — Louis, Re-
cherches sur la phthisie. 2. éd. Paris 1843. p. 116. — Lereboullet, Mémoire sur la
struct. int. du foie et sur la nature de l'altération connue sous le nom de foie
gras. Paris 1853. — Addison, Observations on fatty degeneration. Guy's Hosp.
rep. I. p. 476. — Frerichs, Klinik d. Leberkrankheiten. I. Braunschweig 1858.
— Murchison, Clinical lectures on diseases of the liver. London 1868. —
P. Müller, Die acute Verfettung der Neugeborenen, in Gebhardt's Handbuch
der Kinderkrankheiten. Tübingen 1877. II. S. 186.

Die Fettleber beruht auf der Anhäufung von Fett in Gestalt
grösserer oder kleinerer Tropfen im Innern der Parenchymzellen der
Leber. Solche Fettanhäufung tritt uns in der Leber nicht blos ausserordentlich häufig, sondern auch unter den verschiedenartigsten äusseren
wie inneren Bedingungen entgegen. Die Fettleber kommt keineswegs nur unter Verhältnissen vor, welche wir als krankhaft bezeichnen müssten oder welche wenigstens in dem Verdachte stehen könnten
es zu sein, sondern auch bei ganz gesunden Individuen. Gerade bei
den letzteren ist unter gewissen Umständen eine mehr oder minder
beträchtliche Menge von Fett so regelmässig in den Leberzellen anzutreffen, dass wir ein Recht haben, die Leber als eines der natürlichen Reservoire, als normale Ablagerungsstätte des im Körper über-
schüssig vorhandenen Fettes anzusehen, geradeso, wie wir in dem
Unterhautzellgewebe und in dem Knochenmark ein physiologisches

Fettdepot erblicken. Es wird nur von der Menge des vorhandenen
Fettes und wohl noch mehr von den Ursachen und den begleitenden Umständen der Fettanhäufung in der Leber abhängen, ob wir
im concreten Falle die Fettleber als einen pathologischen Zustand
aufzufassen haben oder nicht.

Seiner chemischen Zusammensetzung nach unterscheidet sich das
in der Fettleber angehäufte Fett nicht von dem an anderen Körperstellen auftretenden Fette. Alles im menschlichen Körper vorkommende Fett ist ein Gemenge der drei Glyceride: Tripalmitin, Tri-
stearin, Triolein. Je nach dem Ueberwiegen des einen oder anderen
dieser drei Gemengbestandtheile hat das Fett eine grössere oder
geringere Neigung zum Erstarren. Denn das Palmitin und Stearin
sind Stoffe, welche bei der Temperatur unseres Körpers den festen
Aggregatzustand besitzen, aber durch das Olein flüssig erhalten werden. Mit dem Vorwiegen der krystallisirbaren Glyceride, namentlich
des Stearins, mag es zusammenhängen, dass die Fettleber manchmal
eigenthümlich starr, von fast wachsartiger Resistenz ist.

Was die Herkunft des Fettes in den Leberzellen anbetrifft, so
wird dasselbe den letzteren entweder mit dem Blute zugeführt, oder
es entsteht im Inneren der Leberzellen selbst aus dem Eiweiss derselben. In dem ersteren Falle, wo zu dem festen Bestande der Zelle
an Eiweiss ein Plus von Fett hinzugefügt wird, haben wir es mit
demjenigen Vorgange zu thun, welcher gewöhnlich als Fettinfiltration bezeichnet wird. In dem letzteren Fall dagegen wird von
dem Eiweiss der Leberzellen ein stickstofffreier Atomencomplex, eben
das Fett, abgeschieden und diesen Vorgang pflegt man als fettige
Metamorphose oder fettige Entartung der Zellen zu bezeichnen.
Wenn jedoch in dem letzteren Fall derjenige Betrag an Eiweiss,
welcher bei der Fettbildung aufgebraucht worden ist, der Zelle sofort
wieder ersetzt und somit der normale Eiweissbestand derselben aufrecht erhalten wird, das Fett aber unverbrannt in der Zelle liegen
bleibt, so ist ganz derselbe Effect erreicht, wie bei der Fettinfiltration
durch Zufuhr des Fettes von aussen. Anders freilich, wenn das zur
Fettbereitung verwendete Eiweiss nicht sofort restituirt wird; dann
resultirt ein Zustand von Atrophie der Zelle und solch' einen Zustand von fettiger Atrophie hat man gewöhnlich im Auge, wenn
man von fettiger Entartung der Zellen u. s. w. redet.

Es ist von vornherein klar, dass es im concreten Falle sich
nicht wird feststellen lassen, ob das in den Leberzellen vorhandene
Fett vom Blute aus dort abgelagert wurde, oder ob es innerhalb der
Zelle selbst aus dem Eiweiss derselben hervorgegangen ist, sobald

nur der Eiweissbestand der Zellen auf seine ursprüngliche Norm ergänzt wird. Dagegen ist es fraglich, ob wir sichere Erkennungszeichen dafür besitzen, dass die Fettanhäufung in den Leberzellen die Bedeutung der fettigen Atrophie hat. Die Frage ist mit Nein zu beantworten. Man suchte bisher den Unterschied der fettigen Entartung von der Fettinfiltration gewöhnlich darin, dass bei der ersteren das Fett in Gestalt zahlreicher kleinster Körnchen oder Tröpfchen, bei der letzteren aber in einer geringeren Zahl grösserer Tropfen, und schliesslich nur eines einzigen grossen Fetttropfens vorkommen sollte. Aber diese mikroskopische Unterscheidung dürfte als nicht stichhaltig aufgegeben werden müssen und ist namentlich bei der Leber nicht durchführbar. Sowohl bei der Fettinfiltration als bei der fettigen Entartung treten in den Zellen erst vereinzelte kleinste Fettkörnchen auf, welche an Zahl zunehmen, während jedes einzelne von ihnen gleichzeitig grösser wird. Die kleineren Körner fliessen sodann zu etwas grösseren Tropfen zusammen, deren Zahl natürlich geringer ist, und zuletzt vereinigen sich die Tropfen zu einer einzigen grossen Kugel, welche die Zelle aufbläht und ihr eine rundliche Gestalt verleiht. Gerade an der Leber zeigen sich diese Verhältnisse in sehr ausgesprochener Weise, denn wir sehen hier bei Zuständen von zweifellos degenerativer Natur die Zellen mit grosstropfigem Fett erfüllt (z. B. bei der acuten Phosphorvergiftung), während im Anfange der Fettinfiltration das Fett im Zustande feinster Vertheilung, also in Form kleinster Körnchen vorhanden sein muss, da es eine physikalische Unmöglichkeit ist, dass flüssiges Fett ohne Weiteres (d. h. ohne besondere Form der Vertheilung) und in Masse durch die mit Wasser getränkten Membranen der Gefässe und Zellen hindurchgehen sollte.

Perls[1]) hat den Versuch gemacht, auf dem Wege der chemischen Analyse die Unterschiede zwischen Fettinfiltration und fettiger Entartung zu ermitteln, indem er den Gehalt der betreffenden Organe — Leber und Herz — an Wasser, an Fett und an fettfreier fester Substanz bestimmte. Abgesehen von der Menge des Fettes, welche bei der Fettinfiltration sehr viel grösser ist als bei der fettigen Entartung, ergab es sich, dass bei der letzteren eine Abnahme an fester (fettfreier) Substanz, d. h. also an Eiweiss, stattfindet, während der Wassergehalt der Leber der normale bleibt. Bei der Fettinfiltration dagegen tritt das Fett vorzugsweise auf Kosten des Wassers hinzu, der Wassergehalt der Leber kann von der durchschnittlichen Norm

---

1) Lehrb. d. allg. Pathol. S. 171.

von 77 pCt. auf 50 pCt. und darunter sinken, während die Menge
der fettfreien festen Substanz, also des Eiweisses, keine erhebliche
Abänderung erfährt.

Die Leber wurde ein natürliches Fettreservoir unseres Körpers
genannt. Sie dient als Ablagerungsstätte für dasjenige Fett, welches
der Organismus nicht sofort verbrennt und daher als Vorrathsmaterial
für spätere Zeiten aufhäuft, um es im geeigneten Augenblicke weiter
für seine Zwecke zu verwerthen. Der Umstand, dass die Leberzellen mit Galle getränkt sind, welche erfahrungsgemäss den Durchtritt des flüssigen Fettes durch thierische Membranen bedeutend erleichtert, macht die Leber zur Aufnahme des ihr mit dem Blute zugeführten Fettes ganz besonders geeignet. Die Leber theilt die Rolle
eines Fettdepot mit anderen Organen, namentlich mit dem Unterhautzellgewebe und dem Knochenmarke. Es werden jedoch die genannten Organe keineswegs immer in gleichem Grade zur Fettablagerung
verwendet. Vielmehr pflegt das Unterhautzellgewebe früher und in
höherem Grade in Anspruch genommen zu werden, als die Leber.
Da, wo der Fettansatz in Folge überreichlicher Ernährung eintritt,
bleibt die Leber nicht selten ganz frei von Fett, während sich ein
starker Panniculus adiposus entwickelt. Unter den gleichen Umständen bildet sich dagegen bei anderen Individuen nicht bloss ein
starkes Embonpoint, sondern gleichzeitig auch eine hochgradige Fettleber aus. Ueber den Grund dieser Erscheinung vermögen wir uns
keine Rechenschaft zu geben. Bei gewissen Consumptionskrankheiten
sehen wir sogar das Fettgewebe unter der Haut u. s. w. verschwinden, während gleichzeitig eine hochgradige Fettinfiltration der Leber
sich entwickelt — eine Erscheinung, auf deren Erklärung wir weiter
unten werden einzugehen haben.

Aehnliche Verhältnisse begegnen uns auch im Thierreiche. Bei
Hunden und Schweinen, welche bei überreicher Nahrung viel Fett
ansetzen, wird dasselbe fast ausschliesslich im Zellgewebe abgelagert,
während die Leber leer ausgeht. Bei manchen Fischen ist dagegen
die Leber das bevorzugte Fettreservoir, während der übrige Körper
sehr fettarm erscheint. Bei einigen winterschlafenden Thieren häuft
sich im Herbste eine Masse von Fett in der Leber an, welches im
Laufe des Winters allmählich aufgebraucht wird.

Unter normalen Verhältnissen dient beim Menschen die Leber
nur periodisch als Fettreservoir, das in ihr aufgehäufte Fett pflegt
nach längerer oder kürzerer Frist wieder zu verschwinden. Wohin
das Fett kommt und was aus ihm wird, ist nicht ganz klar zu über-
schauen. Höchst wahrscheinlich geht ein grosser Theil des Fettes

wieder in das Blut zurück und wird in demselben weiter oxydirt, also zur Wärmeproduction verwendet. Ein anderer Theil geht in gelöster oder emulsiver Form in die Galle über[1]). Vielleicht auch wird Fett zur Bereitung gewisser specifischer Gallenbestandtheile verwendet, namentlich hat man in dieser Beziehung an die Cholalsäure gedacht. Letzteres wird jedoch von Seiten der theoretischen Chemie deshalb bezweifelt, weil die atomistische Structur der betreffenden Moleküle die Abstammung jener Säure aus Fett als unwahrscheinlich erscheinen lässt.

Allgemeine Voraussetzung für das Liegenbleiben des Fettes in den Leberzellen ist die, dass es nicht alsbald in demselben Umfange verbrannt werde, in welchem es sich bildet oder an dem genannten Orte angesammelt wird. Die letzte Ursache der mangelhaften Fettverbrennung ist die unzureichende Sauerstoffzufuhr. In dieser Beziehung erscheint nun die Leber als ein ganz besonders geeigneter Stapelplatz für das Fett. Denn der Leber wird schon unter normalen Verhältnissen eine relativ sehr geringe Menge von Sauerstoff mit dem Blute zugeführt, namentlich ist das Pfortaderblut, welches dabei vorzugsweise in Frage kommt, eminent arm daran. Unter pathologischen Umständen kann die Sauerstoffmenge noch mehr herabgesetzt werden, z. B. wenn es an rothen Blutkörpern, an Sauerstoffträgern fehlt, und damit werden die Chancen für die Verbrennung des Fettes überhaupt, also auch des Leberfettes, noch mehr herabgemindert werden. Mehr aber als dieser Umstand dürfte für das Leberfett die Energie der Gallenbereitung in Frage kommen. Ist die Lebersecretion eine reichliche, so eröffnet sich damit dem in den Leberzellen angehäuften Fette ein ausgiebiger Abzugsweg, ist sie dagegen wegen Störungen in der Verdauung oder habituell herabgesetzt, wie dies bei ausgesprochener Disposition zur Fettsucht der Fall ist, so sind die Aussichten für den Verbrauch des Fettes gering.

Es wird sich zeigen, dass bei der Entstehung der Fettleber alle die hier berührten Momente, sowohl was die Herkunft und die An-

---

1) Die Menge des mit der Galle abgeschiedenen Fettes unterliegt nach den hierüber vorliegenden Bestimmungen von Frerichs, J. Ranke, Jacobsen sehr grossen Schwankungen. Von den festen Gallenbestandtheilen kommt etwa ein Fünftel bis ein Sechstel auf Fett und Cholestearin. Wenn nach J. Ranke 1 Kilo Mensch innerhalb 24 Stunden im Mittel 13,52 C.-Cm. Galle mit 0,44 Grm. festen Bestandtheilen ausscheidet, so würde ein Mensch im Gewichte von 130 Pfd. täglich 28,60 Grm. feste Galle liefern, wovon 5—6 Grm. auf das Fett und Cholestearin kommen werden. (Vgl. Gorup-Besanez, Lehrb. d. phys. Chem. 3. Aufl. 1874. S. 534.)

bildung des Fettes, als was den Verbrauch desselben, namentlich
die Fettverbrennung anbelangt, in Wirksamkeit treten, dass sie jedoch nicht in allen Fällen in der gleichen Weise zusammen wirken,
indem vielmehr bald der eine bald der andere Factor für den concreten Fall von überwiegender Bedeutung ist.

Aetiologie.

1) Auf die Entstehung der Fettleber übt die Ernährungsweise,
die Diät, den allergrössten Einfluss aus. Unter den verschiedenen
Factoren, welche dabei in Betracht kommen, dürfte zunächst der
F e t t g e h a l t   d e r   I n g e s t a zu berücksichtigen sein. Der
Gedanke, dass bei sehr fettreicher Nahrung ein Theil des mit derselben eingeführten Fettes ohne Weiteres in die natürlichen Fett-
depots, also auch in die Leber übergehen möchte, liegt von vorn
herein gewiss sehr nahe. Zahlreiche Erscheinungen auf dem Gebiete der Ernährungsphysiologie scheinen in jener Voraussetzung ihre
einfachste und ungezwungenste Erklärung zu finden. Schon Ma-
g e n d i e machte die Erfahrung, dass Hunde, welche ausschliesslich
mit Butter gefüttert werden, eine sehr fettreiche Leber bekommen,
während gleichzeitig durch die Talgdrüsen der Haut grosse Fett-
mengen ausgeschieden werden. Später haben andere Beobachter
diesen Versuch, mannichfach variirt, mit dem gleichen Resultat wiederholt. Namentlich hat F r e r i c h s, während er Hunde mit Fett füt-
terte, die an den Leberzellen vor sich gehenden Veränderungen direct mikroskopisch controlirt, indem er dem Versuchsthiere sowohl
vor dem Versuche als im Verlaufe desselben kleinste Leberstückchen
ausschnitt und die Leberzellen auf ihren jeweiligen Fettgehalt prüfte.
Mit jenen Versuchen an Thieren stimmt der Umstand überein, dass
während der Säugungsperiode, also bei ausschliesslicher Milchnahrung,
sich ganz gewöhnlich bei den kleinen Kindern eine Fettleber aus-
bildet, die später wieder verschwindet, wie denn auch der gleiche
Zustand unter dem Gebrauche grösserer Dosen von Leberthran sich
entwickelt. Wenn man jedoch genauer zusieht, so erweist es sich
als bedenklich ohne weiteres zu schliessen: wenn viel Fett mit der
Nahrung eingeführt wird und sich gleichzeitig eine Fettleber aus-
bildet, so ist das in der Leber auftretende Fett zu einem gewissen
oder zu einem grossen Theile als directes Nahrungsfett zu betrachten. Denn es wäre ja immerhin möglich, dass alles in der Leber erscheinende Fett aus dem Eiweiss herstammt, also sog. Spaltungsfett
wäre, das sämmtliche Nahrungsfett aber könnte nach erfolgter Oxy-

dation vollständig aus der Säftemasse verschwunden sein. Dieses an sich berechtigte Bedenken ist jedoch durch die Untersuchungen von Fr. Hofmann[1]), Radziejewsky[2]) u. A. beseitigt worden. Es ist durch dieselben mit aller Schärfe der Nachweis geführt worden, dass allerdings ein Theil des mit der Nahrung eingeführten Fettes unverändert in den natürlichen Ablagerungsstätten, und zwar auch in der Leber, deponirt wird.

Aber unser Organismus setzt auch Fett an, wenn ihm keines mit der Nahrung zugeführt wird, er vermag also selbst Fett zu bilden, und allem Anscheine nach ist die Menge des auf solchem Wege entstandenen Fettes viel beträchtlicher als diejenige, welche mit der Nahrung direct eingeführt wird. Bis vor wenigen Jahren galt es für eine festgestellte Thatsache, dass die Fettbildung vorzugsweise auf Kosten der mit der Nahrung eingeführten Kohlehydrate erfolge. Die neueren Forschungen auf dem Gebiete der Ernährungsvorgänge, namentlich die aus dem Kreise der Münchener Physiologen hervorgegangenen Arbeiten, haben jedoch einen durchgreifenden Wechsel in den bisher gültigen Anschauungen herbeigeführt. Es gilt gegenwärtig unter den Chemikern für höchst unwahrscheinlich, dass aus Kohlehydraten überhaupt jemals Fett hervorgehen könne, während sie es beinahe für sicher halten, dass alles bei fettfreier Nahrung angebildete Fett aus dem Eiweisse der letzteren hervorgeht. Unter Abspaltung eines stickstoffhaltigen Atomencomplexes, welcher schliesslich nach allerhand Wandlungen den Organismus mit dem Harne (als Harnstoff u. drgl.) verlässt, wird aus dem Eiweiss das Fett gebildet, welches die Bestimmung hat verbrannt zu werden und durch verschiedene Zwischenstufen hindurchgehend schliesslich zu Kohlensäure und Wasser oxydirt wird. In welchen Organen und Gewebstheilen diese Eiweissspaltung und die Fettbildung vor sich geht, darüber lässt sich nichts sicheres angeben, wahrscheinlich aber erfolgen diese Vorgänge allenthalben im Körper, in allen Organen und Geweben. — Wenn nun auch die Kohlehydrate nicht direct bei der Fettbildung betheiligt sind, so steht es doch ausser allem Zweifel, dass das Fettwerden des Organismus begünstigt wird durch eine an Kohlehydraten reiche Nahrung. Ihre Rolle scheint nämlich darin zu bestehen, dass sie den im Körper vorhandenen disponiblen Sauerstoff mit einer gewissen Vorliebe an sich ziehen, so dass für die Verbrennung des aus dem Eiweiss abgespaltenen Fettes kein Sauerstoff mehr

---

1) Der Uebergang der Nahrungsfette in die Zellen des Thierkörpers. München 1872.
2) Virchow's Archiv. XLIII. S. 268 und LVI. S. 211.

übrig bleibt und das Fett demnach unverbrannt in seine Ablagerungsstätten übergeführt werden muss.

Bei sehr guter und reichlicher Nahrung sehen wir also den Körper Fett ansetzen, aber selbstverständlich nur unter der Voraussetzung, dass das aus dem Eiweiss abgespaltene oder mit der Nahrung als solches eingeführte Fett nicht sofort wieder verbrannt wird. Es muss ein Missverhältniss zwischen Fettbildung und Fettverbrennung vorliegen, es muss die letztere hinter der ersteren zurückbleiben. Ueberhaupt braucht nicht schlechthin ein Unmaass in der Nahrungseinfuhr vorzuliegen, vielmehr wird im Allgemeinen dann, wenn Jemand mehr Eiweiss und Fett geniesst, als zur Erhaltung seines Bestandes an diesen Dingen erforderlich ist, der Ueberschuss als Fett angesetzt, sobald die Sauerstoffzufuhr nicht in entsprechendem Grade zunimmt.

Aber gerade in Bezug auf den Sauerstoffverbrauch bestehen bei den einzelnen Individuen auch innerhalb der Breite der Gesundheit die grössten Unterschiede. Wer sich einem ruhigen und bequemen Leben hingibt, wer körperliche wie geistige Anstrengungen vermeidet, bei dem wird der gesammte Stoffwechsel und damit die Sauerstoffzufuhr vermindert, die Chancen für den Fettansatz sind gesteigert. Wenn gleichzeitig eine über das Maass gesteigerte Zufuhr von Ernährungsmaterial stattfindet, so muss die Fettanbildung eine excessive werden, während bei einem thätigen Leben und gehöriger körperlicher Anstrengung die Sauerstoffzufuhr hinreichend gross ist, um alles direct oder indirect aus der Nahrung stammende Fett vollständig zu verbrennen. Ein Mensch, welcher bei reichlicher Nahrung sich wenig Bewegung macht, befindet sich unter ähnlichen Verhältnissen, unter welche man die Thiere bringt, die man zu mästen beabsichtigt. Solche Thiere werden nicht blos reichlich gefüttert, namentlich mit Kohlehydraten, sondern man schränkt auch ihre Bewegungen ein, indem man sie im Stalle zurückhält, und ausserdem sucht man den Stall möglichst warm zu erhalten, da die Wärme aus naheliegenden Gründen den Sauerstoffverbrauch des Thieres herabsetzt.

Es ist jedoch eine alte Erfahrung, dass nicht alle Individuen den hier in Frage kommenden Einflüssen gegenüber sich in derselben Art verhalten. Unter denselben Bedingungen, bei der gleichen Diät und dem gleichen Maasse von körperlicher Anstrengung werden einzelne Individuen fett, bekommen namentlich auch eine grosse Fettleber, während andere mager bleiben und ihre Leber fast fettfrei erscheint. Wir schreiben daher den ersteren eine individuelle Anlage, eine Disposition zur Fettleibigkeit und zur Fettleber zu. In manchen Familien sehen wir diese Anlage zur Fettsucht sich von einer Ge-

neration auf die andere vererben. — Worauf die gesteigerte Anlage
einzelner Individuen zur Fettsucht beruht, ist schwer zu sagen, doch
ist dabei wahrscheinlich nicht sowohl an Unterschiede in der Aufnahme und Resorption der Nahrungsstoffe, als vielmehr an eine
abnorm geringe Verbrennung des einmal vorhandenen Fettes zu
denken. Diese könnte ihren Grund darin haben, dass bei solchen
Individuen alle oxydativen Processe im Organismus mit einer abnorm
geringen Energie vor sich gehen. Der Fehler würde also an den
Geweben liegen und zwar darin, dass dieselben dem Angriffe des
Sauerstoffs eine abnorm grosse Resistenz entgegen setzen. Uebrigens
handelt es sich bei der Fettsucht nicht blos um eine individuelle
Disposition, denn auch allgemeine Einflüsse machen sich bei derselben geltend, deren Wirkungsweise nichts weniger als aufgeklärt
ist. Hierher ist zu rechnen das Geschlecht, sofern das weibliche
Geschlecht entschieden mehr zu Fettsucht disponirt, als das männliche; ferner das Lebensalter, denn in den mittleren Mannesjahren
ist die Neigung zur Fettleibigkeit am ausgesprochensten. Selbst das
Klima soll von Einfluss sein, sofern ein gemässigtes feuchtes Klima
dem Fettansatze günstig ist.

In den meisten Fällen, wo die Fettleber in der Hauptsache auf
die Diät zurückzuführen ist, lassen sich neben dieser noch einige
andere Momente bezeichnen, welche auf das Zustandekommen der
Fettleber begünstigend einwirken, meist durch Einschränkung des
Fettverbrauchs. Solche begünstigende Momente sind der Mangel an
Körperbewegung und die reichliche Einfuhr von Kohlehydraten (Zucker)
bei den Säuglingen, welche der ausschliesslichen Milchdiät ihre Fettleber verdanken. Bei trägen Personen, namentlich bei den zu starkem Embonpoint neigenden Frauen kommt die Unlust zu Bewegungen
stark mit in Frage. Fettsüchtige Frauen sind gleichzeitig sehr häufig
anämisch, und die hieraus sich ergebende Verminderung des Gas-
wechsels im Körper ist der Fettverbrennung hinderlich. Endlich ist
bei Fettsüchtigen erfahrungsgemäss die Gallenabscheidung eine zu
geringe, es wird also auch auf diesem Wege zu wenig Fett abgeführt, die Fettanhäufung in der Leber begünstigt.

2) Die Fettleber entsteht ferner sehr oft im Zusammenhange mit
gewissen pathologischen Processen, welche, ohne übrigens direct etwas
mit der Leber zu thun zu haben, ein tiefes Leiden des Gesammtorganismus bedingen. Allbekannt ist die überaus häufige Coincidenz der Fettleber mit der Lungenschwindsucht, nicht minder bekannt aber, dass
sich die Fettleber ebensogut zu anderen Abzehrungskrankheiten hinzugesellt, z. B. zur Krebskachexie, zu chronischen Verschwärungen der

Knochen und Gelenke, zur chronischen Ruhr u. s. w. Der hier be-
rührte Zusammenhang findet seinen Ausdruck in der Bezeichnung
„kachektische Fettleber". Für den ersten Augenblick hat es
unläugbar etwas Ueberraschendes und macht den Eindruck des Para-
doxen, dass ein Zustand, welcher als die gewöhnliche Folge einer
übermässig reichlichen Nahrungszufuhr bekannt ist und hier seine
natürliche Erklärung findet, ganz ebenso auch unter den scheinbar
entgegengesetztesten Verhältnissen, nämlich bei darniederliegender
Ernährung, allgemeiner Abmagerung und Kachexie sich einstellt. Man
hat verschiedene Versuche gemacht, diese jedenfalls auffallende Erscheinung zu erklären. Die meisten gingen dabei von der Voraussetzung aus, dass der nächste Grund der Fettanhäufung in der Leber
nur an der mangelhaften Verbrennung des Fettes liegen könne, da
von einer vermehrten Fettbildung im Organismus bei einem an
fortschreitender Abmagerung leidenden Kranken doch nicht füglich
die Rede sein könne. Die Ursache der unvollkommenen Fettverbrennung aber erblickte man in dem Mangel an Sauerstoff, welcher
bei Phthisikern in der durch die geschwürige Zerstörung der Lungen
bedingten Herabsetzung des Respirationsprocesses seine einfachste
Erklärung zu finden scheint. Man hat gegen diese Auffassung ein-
gewendet, dass die Fettleber nicht blos bei Phthisikern, d. h. nicht
blos bei zerstörter Lunge angetroffen wird, sondern dass andere Consumptionskrankheiten, bei welchen die Lunge intact bleibt, ebenfalls
zur Entstehung der Fettleber Veranlassung geben. Wenn also der
Mangel an Sauerstoff die Ursache der kachektischen Fettleber wäre,
so müsste wenigstens dieser Sauerstoffmangel durch andere Umstände
als durch die anatomischen Läsionen des Respirationsorganes begründet werden. Ein weiterer Einwand gegen den obigen Erklä-
rungsversuch besteht darin, dass bei mancherlei krankhaften Zuständen, wo der Gaswechsel entschieden gestört und die Sauerstoffaufnahme eine verminderte ist, wie z. B. bei Lungenemphysem, bei
Stenose der grossen Luftwege, bei Kyphosis u. s. w. gleichwohl
keine Fettleber sich entwickelt. Dieser Einwand erscheint allerdings
von geringem Gewichte, denn es ist zu bedenken, dass unser Organismus über mannichfache compensatorische Einrichtungen verfügt,
durch welche trotz des vorhandenen mechanischen Respirationshinder-
nisses bewirkt wird, dass gleichwohl die erforderliche Menge von
Sauerstoff in den Körper gelangt. Es wird in solchen Fällen die
Sauerstoffzufuhr zu den Geweben nicht leicht unter das Bedürfniss
herabgedrückt werden, so lange die Kranken nur bei gutem Kräfte-
zustande sind. Immerhin darf unbedenklich ausgesprochen werden,

dass die Fettleber der Schwindsüchtigen in der Zerstörung der Lunge allein nicht begründet sein kann.

Andere wollen bei der Erklärung der kachektischen Fettleber vorzugsweise die Beschaffenheit des Blutes berücksichtigt wissen. Das Blut zeigt bei Phthisikern (ebenso wie bei Säufern) sehr häufig eine milchige trübe Beschaffenheit, welche von einer reichlichen Beimengung von fein vertheiltem Fette zum Blutplasma herrührt und welche als Lipämie oder Galactämie bezeichnet zu werden pflegt. Bei Phthisikern wird der grosse Fettreichthum des Blutes davon hergeleitet, dass bei der fortschreitenden Abmagerung solcher Kranken das bisher im Unterhautzellgewebe u. s. w. abgelagerte Fett in das Blut aufgenommen wird, um für die Bedürfnisse des Stoffwechsels seine weitere Verwendung zu finden. Da nun aber die Verbrennung des in dem Blute enthaltenen Fettes wegen Störung der Respirationsorgane oder aus anderweiten Gründen nicht vollständig erfolgen kann, so wird der unverbrannte Ueberschuss an Fett vorläufig wieder in der Leber deponirt. Man stellt sich also den ganzen Vorgang als eine Art von physiologischer Fettmetastase vor. Die hier entwickelte Anschauung von der Entstehung der Fettleber bei der Lungenschwindsucht soll zuerst von Larrey ausgesprochen worden sein. Sie hat in Budd und Frerichs gewichtige Anhänger gefunden, aber es lassen sich auch Bedenken dagegen geltend machen und es erscheint in der That sehr fraglich, ob damit der ganze Vorgang erschöpfend erklärt ist. Dass das dem Blute der Schwindsüchtigen beigemengte Fett aus dem Zellgewebe unter der Haut herstammt, lässt sich nicht exact nachweisen. Es ist schwer zu begreifen, weshalb die Abmagerung, also der Schwund des Fettgewebes Fortschritte macht, da doch kein Bedürfniss nach Fett für den Stoffwechsel vorliegt, selbst ein Ueberschuss davon vorhanden ist, von welchem das Blut durch die Intervention der Leber befreit werden muss. Bei der Lipämie Schwindsüchtiger würde es sich nach obiger Auffassung um einen blossen Ortswechsel des Fettes handeln, wofür man keine Nothwendigkeit einsieht. Es verdient daher eine andere Eventualität geprüft zu werden, nämlich die, ob bei der Fettleber der Kachektischen neben dem Factor der unvollkommenen Fettverbrennung, welcher unzweifelhaft vorliegt, nicht noch ein weiteres Moment, nämlich eine zu reichliche Production von Fett im Organismus, herangezogen werden darf.

Dass der Schwindsüchtige sehr grosse Stoffverluste erleidet, ist ebenso zweifellos, als dass er diese Ausgaben durch die eingeführte Nahrung nicht zu bestreiten vermag. Die Thatsache der Abmage-

rung, der Abnahme des Körpergewichts, ist ja der unzweideutige
Ausdruck hierfür. Wenn aber die Nahrungszufuhr nicht zur Deckung
des Bedürfnisses hinreicht, so muss der Organismus seinen eigenen
Bestand an Eiweiss, Fett u. s. w. angreifen, die laufenden Ausgaben
werden zu einem gewissen Theile auf Kosten der Körpersubstanz,
der Gewebe bestritten, und es scheint, als ob alle Gewebe, wenn
auch in sehr verschiedenem Grade dabei in Anspruch genommen
würden. Wie nun ein Gesunder bei reichlicher und guter Ernährung
aus dem Eiweiss der Nahrung Fett anbildet, so bildet der abmagernde
Kranke dasselbe aus seinem Körpereiweiss: er producirt Fett, indem
er an Eiweiss einbüsst. Das gleichzeitige Schwinden des Fettes aus
dem Zellgewebe steht mit der Annahme einer gesteigerten Fettproduction aus dem der Consumption verfallenden Körpereiweiss nur in
einem scheinbaren Widerspruche. Beide Processe erfolgen unabhängig von einander. Der Fettgewebsschwund ist der Ausdruck für
die allgemeine Consumption; zwischen dieser Erscheinung und der
gewissermaassen zufälligen Thatsache, dass aus dem Eiweiss Fett
abgespaltet wird, besteht durchaus kein innerer Zusammenhang.

Das im Blute der Schwindsüchtigen vorhandene Fett, von welchem
wir annehmen dass es in der Leber abgelagert werde, könnte also
sehr wohl aus verschiedenen Quellen herstammen. Zum Theil mag
es direct oder indirect aus der Nahrung stammen, zu einem anderen
Theil ist es das aus dem zerstörten Organeiweiss abgespaltete Fett,
zum Theil endlich wurde es aus dem schwindenden Fettzellgewebe
aufgenommen. Wenn sich nun auch nicht klar übersehen lässt, wieviel auf Rechnung der einen oder anderen Fettquelle zu setzen ist,
so steht doch um so mehr dies fest, dass bei der Lungenschwindsucht die Fettverbrennung eine unvollkommene ist. Die nächste
Ursache dafür ist selbstverständlich der Mangel an Sauerstoff, seine
Erklärung findet dieser jedoch, wie bereits angedeutet, weniger in
der anatomischen Läsion der Lunge, als vielmehr darin, dass entsprechend dem Grade der Consumption auch die Leistungsfähigkeit
der einzelnen Gewebe und Organe erheblich gelitten hat. Die Folge
davon ist verminderter Stoffwechsel und geschwächter Gasaustausch
in den Geweben und eben damit sind die Bedingungen der ver-
ringerten Sauerstoffzufuhr eingetreten. Die Consumption betrifft aber
auch die geformten Bestandtheile des Blutes, und der Untergang
zahlreicher rother Blutzellen, welche als Vehikel des Sauerstoffs
dienen, kommt als ein weiteres Moment für die eingeschränkte Fettverbrennung in Betracht.

Das unverbrannte Fett tritt uns also in der Fettleber der Schwind-

süchtigen wieder entgegen. Auf die Entwickelung derselben ist von
Einfluss der Zustand der Digestion. Je besser dieselbe im Gange
ist, um so reichlicher ist die Gallenbildung und damit der Fettver-
brauch innerhalb der Leber. Ist dagegen die Verdauung gestört, so
sinkt die Gallensecretion und die Fettanhäufung in der Leber wird
eine ganz excessive. Auch ist es für den Grad der Fettleber gewiss
nicht gleichgültig, wie gross der Fettbestand des Panniculus adiposus
vor dem Eintritt der Abmagerung war. Je mehr Fett bei der Consumption aus dem Zellgewebe resorbirt wurde, um so mehr davon
treffen wir in der Leber an. Bei Phthisikern weiblichen Geschlechts,
bei welchem der Panniculus adiposus stärker entwickelt ist als bei
dem männlichen, erreicht daher auch die Fettleber besonders hohe
Grade.

Die Fettleber, welche bei anderen Consumptionskrankheiten sich
entwickelt, findet ihre Erklärung auf gleiche Art, wie bei der Lungenschwindsucht, doch ist zu bemerken, dass sie zu den übrigen aus-
zehrenden Krankheiten weder so constant hinzutritt, noch auch durchschnittlich so hohe Grade zu erreichen pflegt, wie bei der Phthisis,
was theils aus dem Zustand der Respirationsorgane, theils aus dem
Grade der Kachexie zu erklären sein möchte. Die Fettleber wird
beobachtet bei der Consumption in Folge von käsigen Entzündungen
und Verschwärungen der Knochen und der Lymphdrüsen, von Darm-
phthisis, von erschöpfenden langwierigen Eiterungen zumal der
Knochen und Gelenke, von chronischer Ruhr, bei der Krebskachexie,
bei ausgedehntem Decubitus nach Myelitis und ähnlichen Störungen.
Sehr gern entsteht die kachektische Fettleber auch bei solchen Veränderungen der Gesammtblutmasse, welche eine beträchtliche Verminderung des Hämoglobingehaltes bedingen, also bei den verschiedenen Formen der Anämie, sowohl derjenigen, welche durch einmalige sehr starke oder öfter wiederholte Blutverluste entstanden
ist, als bei der auf idiopathischer Grundlage sich entwickelnden pro-
gressiven perniciösen Anämie, aber auch, obschon in niederem Grade,
bei der Chlorose und Leukämie. Die Fettleber ist bei diesen Zuständen offenbar der Ausdruck der mangelhaften Fettverbrennung,
welche ihrerseits wieder auf mangelhafte Sauerstoffzufuhr zurückzuführen ist. Dass die Abnahme der Sauerstoffzufuhr in solchen
Fällen schlechthin mit der Verminderung in der Anzahl der rothen
Blutkörperchen parallel gehen sollte, ist nicht anzunehmen, weil er-
wiesenermaassen auch bei einer geringern Zahl rother Blutzellen der
Gasaustausch in dem ursprünglichen normalen Umfange stattfinden
kann, indem die vorhandenen Blutkörper gleichsam die Arbeit der

am Normalbestande fehlenden Blutkörper mit übernehmen. So ist
es bei der Chlorose und Leukämie, und daher ist bei diesen Zuständen die Fettverbrennung meist nicht merklich alterirt, es kommt
seltener dabei zur Fettleber und nur zu den niederen Graden derselben.
Aber mit der Zeit nimmt bei den Zuständen von Anämie in Folge
mangelhafter Ernährung auch die Leistungsfähigkeit der Organe ab,
ihr Sauerstoffconsum wird eingeschränkt und dem entsprechend hält
sich auch die Sauerstoffzufuhr zu dem Blute und den Geweben innerhalb abnorm niedriger Grenzen. Damit erst sind die Voraussetzungen der mangelhaften Fettverbrennung und weiterhin der Fettleber
selbst gegeben.

3) Die Fettleber ist eine häufige, jedoch nicht regelmässige Erscheinung bei Gewohnheitstrinkern, namentlich bei der eigentlichen Säuferdyskrasie. Sie erreicht hier sehr hohe Grade, ist
gelegentlich auch mit Wucherung des interstitiellen Bindegewebes
verbunden, so dass die Leber härter erscheint oder selbst das charakteristische Verhalten der eigentlichen Cirrhose darbietet (cirrhotische Fettleber). Die Fettleber der Säufer darf mit Rücksicht auf
die gleichzeitig vorhandene Lipämie gewiss als Fettinfiltration aufgefasst werden, und wenn man die Lebensweise der Gewohnheitstrinker erwägt, welche sehr wenig feste Nahrung zu sich zu nehmen
pflegen, so wird man den Fettreichthum des Blutes nicht sowohl für
den Ausdruck gesteigerter Fettproduction, als vielmehr für die
Folge unvollständiger Fettverbrennung anzusehen haben. Ursache
der letzteren ist aber der übermässige Alkoholgenuss. Es ist erwiesen, dass der Alkohol die oxydativen Vorgänge im Organismus
herabsetzt, dass er die Kohlensäureausscheidung und die Sauerstoff-
einfuhr verringert. Wenn man sich vorstellt, dass der Alkohol die
Gewebe gegen den aggressiven Einfluss des Sauerstoffs resistenter
macht, so liesse sich, wie Cohnheim (l. c. S. 554) andeutet, das
Fettwerden der Gewohnheitstrinker der Fettsucht auf constitutioneller
Grundlage an die Seite stellen, wo ein ähnliches Verhalten der Gewebe gegen den Sauerstoff vorausgesetzt werden darf. — Das Liegenbleiben des Fettes in der Leber wird bei Säufern begünstigt durch
die verminderte Energie der Digestionsvorgänge. Verdauung und
Gallenbereitung liegen bei ihnen darnieder, die Abzugswege für das
Leberfett sind also theilweise verlegt.

4) Die Fettleber gehört zu den hervorragendsten Erscheinungen
der acuten Phosphorvergiftung. Es ist viel darüber gestritten
worden, ob man es bei der Phosphorleber mit einer fettigen Degeneration oder mit einer Fettinfiltration der Leberzellen zu thun habe.

Die grosstropfige Form des in den Leberzellen vorhandenen Fettes und das ganze Aussehen und sonstige physikalische Verhalten der Phosphorfettleber wurde als Beweis für die Identität derselben mit der gemeinen infiltrirten Fettleber der Schwelger und Alkoholisten angesehen. Allein das anatomische Verhalten der übrigen Organe — das dichte Durchsetztsein der Herzmuskelfasern, der Labdrüsenzellen, der Nierenepithelien u. s. w. mit feinkörnigem Fette — sowie die äusseren Umstände, welchen die Phosphorfettleber ihre Entstehung verdankt, weisen mit grösster Bestimmtheit auf einen degenerativen Vorgang als Quelle des Fettes in den Leberzellen hin. Vielleicht ist die Durchtränkung der Leberzellen mit Galle die Ursache dafür, dass sich das Fett im Innern derselben nicht im Zustande feinkörniger Vertheilung erhält, sondern alsbald zu grösseren Tropfen zusammenfliesst. Der Phosphor bewirkt, wenn er der Säftemasse in entsprechend grosser Menge einverleibt worden ist, die schwersten Veränderungen des gesammten Stoffwechsels: es wird, wie Bauer[1]) nachgewiesen hat, die Sauerstoffaufnahme und die Kohlensäureausscheidung sehr erheblich herabgesetzt, ja sie kann bis auf die Hälfte ihres normalen Werthes heruntergehen. Gleichzeitig findet eine Steigerung des Eiweisszerfalles statt, und wir sehen die Harnstoffausscheidung steigen. Das aus dem acut zerfallenden Eiweisse der Gewebe hervorgehende Fett bleibt unverbrannt liegen, da es eben an dem hierzu erforderlichen Sauerstoffe fehlt; wir treffen somit die Leberzellen, die Muskelfasern des Herzens und andere Parenchyme im Zustande der Verfettung an. Dass von einer Fettinfiltration der Leber in diesem Falle keine Rede sein kann, ergibt sich zur Evidenz aus dem Versuche Bauer's (l. c.), welcher die ausgebildetste Fettleber bei einem mit Phosphor vergifteten Hunde — neben fettiger Entartung der übrigen Parenchyme — entstehen sah, obschon derselbe absolut hungern musste und nachdem er zuvor durch längeres Fasten seines etwaigen Fettvorrathes möglichst beraubt worden war. Das Fett der Leber konnte also nur aus dem Eiweiss ihrer Zellen hervorgegangen sein.

5) Die Fettleber ist Theilerscheinung der sog. acuten Fettdegeneration der Neugeborenen[2]). Diese Krankheit ist bisher beim Menschen nur in wenigen Fällen beobachtet worden, um so häufiger kommt sie unter unseren Hausthieren, namentlich bei

---

1) Zeitschr. f. Biolog. VII. S. 53.

2) P. Müller, Die acute Fettentartung der Neugeborenen (in Gebhardt's Handbuch der Kinderkrankh. Tübingen 1877. II. S. 186). — Hecker u. Buhl, Klinik der Geburtskunde. I. 1861. S. 296.

jungen Schweinen, Lämmern und Pferden vor (sog. Lähme), unter
welchen sie arge Verheerungen anrichtet. Anatomisch ist die Krankheit charakterisirt durch die fettige Entartung des Herzens, der Kör-
permuskulatur, der Leber und Nieren; die Ursachen derselben sind
jedoch noch in völliges Dunkel gehüllt. Auch hier scheint es sich,
ähnlich wie bei der Phosphorvergiftung, um gesteigerten Eiweiss-
zerfall der Gewebe bei gleichzeitiger mangelhafter Sauerstoffzufuhr
zu handeln. In ganz entsprechender Weise, wie bei Neugeborenen,
ist die Krankheit auch bei Wöchnerinnen zur Beobachtung gekommen.[1]

In allen den Fällen, welche vorstehend erörtert worden sind,
haben wir die Fettleber auf solche ätiologische Momente zurückführen
können, welche den ganzen Organismus betreffen, nämlich im Wesentlichen auf ein regelwidriges Verhalten des gesammten Stoffwechsels.
Die Fettleber zeigte sich uns also bisher immer als Ausdruck eines
allgemeinen Leidens der Constitution. Es gibt jedoch

6) auch Fälle, wo die Fettanhäufung in den Leberzellen die Bedeutung eines rein localen Processes und zwar die der fettigen Atrophie (Fettdegeneration) hat. Dies gilt vorzugsweise von der fettigen Muskatnussleber der Herzkranken. Dieselbe erklärt sich
daraus, dass in Folge der dauernden venösen Stauung eine Beeinträchtigung des arteriellen Zuflusses wie des die Gewebe durchziehen-
den Säftestromes sich herausbildet. Das in den Leberzellen aus dem
Eiweiss abgespaltene Fett wird wegen Mangels an Sauerstoff nicht
verbrannt, es wird auch wegen des abgeschwächten Säftestroms nicht
weiter abgeführt, sondern häuft sich im Innern der Zellen an. Das
zerspaltene Eiweiss der letzteren aber wird aus demselben Grunde
nicht genügend wieder ersetzt, die Zelle bleibt also im Zustande fettiger Atrophie zurück. — Den gleichen Vorgang beobachten wir in
beschränkterem Umfange in der Umgebung von Geschwülsten, z. B.
von Krebsknoten in der Leber. Solche Tumoren zeigen sich manchmal von einer schmalen Zone blassen, äusserst fettreichen Lebergewebes umschlossen, während die übrige Lebersubstanz ganz fettfrei sein kann. Hier ist es der Druck der Geschwulst auf die Blutgefässe, welcher den Säftestrom stört, örtlichen Sauerstoffmangel und
somit fettige Entartung bedingt.

Vorkommen der Fettleber. Nach allem, was über die ursächlichen Momente für die Entstehung der Fettleber gesagt worden

1) Hecker, Beiträge zur Lehre von der acuten Fettdegeneration der Wöchnerinnen und Neugeborenen (in der Monatsschrift f. Geburtskunde. XXIX. S. 321).
— Derselbe, Arch. f. Gynäkol. X. S. 537.

ist, hat der Umstand, dass höhere wie niedere Grade der Fettleber
ausserordentlich häufig angetroffen werden, durchaus nichts befremd-
liches an sich. Am Leichentisch namentlich begegnet uns die Fettleber noch viel öfter, als man nach der klinischen Beobachtung allein
erwarten würde. Es sind von verschiedenen Seiten Versuche gemacht worden, die Häufigkeit des Vorkommens der Fettleber zahlen-
mässig zu bestimmen. Dass sich dabei sehr differente Resultate ergeben haben, kann nicht befremden, wenn man erwägt, dass die niederen Grade der Fettansammlung nur mikroskopisch zu constatiren
sind und daher leicht ganz übersehen werden, dass ferner regionäre
Unterschiede wegen der verschiedenen Lebensweise mit einfliessen
werden, und endlich, dass die Spitalbevölkerung sich in verschieden-
artigster Weise zusammensetzt. Es kann daher den betreffenden Zahlen kein anderer Werth zugeschrieben werden, als dass sie uns ganz
im Allgemeinen und in groben Umrissen eine Vorstellung von der
enormen Häufigkeit der Fettleber zu geben vermögen.

Frerichs hat 466 Leichen in der angegebenen Richtung untersucht. Hierunter fanden sich 28 Fälle mit Fettlebern höchsten Grades, und weitere 164 Leichen (also nahezu ein Drittel der Gesammtsumme) mit fettreichen Lebern überhaupt. Die Höhe der letzteren
Zahl rührt von der grossen Menge Schwindsüchtiger her, welche
zufällig unter jenen 466 Fällen begriffen sind. Beim weiblichen
Geschlecht fand sich die fettreiche Leber häufiger als beim männlichen; das Verhältniss bei jenem war 1 : 2,2 bei diesem 1 : 3,5. Bei
plötzlich verunglückten, sonst aber gesunden Individuen, bei Kindern, welche gesäugt wurden oder ausschliessliche Milchkost erhielten, bei Schwangeren und Wöchnerinnen fand ·sich die Fettleber
recht häufig vor. Sie wurde ferner neben den verschiedenartigsten
Krankheitszuständen beobachtet, bei keiner Krankheit jedoch häufiger als bei der Lungenschwindsucht. Von 117 Tuberkulösen hatten
17 eine Fettleber höchsten Grades, bei weiteren 62 Leichen dieser
Kategorie fand sich eine fettreiche Leber, und auch hier hatte das
weibliche Geschlecht einen gewissen Vorsprung. Aehnliche Bewand-
niss hat es mit der Säuferdyskrasie. Von 13 unter den Zufällen des
Delirium tremens Gestorbenen zeigten 6 eine sehr fettreiche Leber,
bei 3 war wenig, bei 2 gar kein Fett vorhanden, 2 andere litten
an Lebercirrhose. — Sehr abweichend gestalten sich die Zahlenan-
gaben von Louis [1]), welcher unter 230 Individuen, die an verschiedenen acuten Krankheiten (unter Ausschluss jedoch der Phthisis) ge-

---

[1]) Recherches sur la phthisie. S. 116.

storben waren, nur 9 Fälle von Fettleber gesehen haben will (wovon in 7 Fällen nebenbei übrigens Tuberkel vorhanden waren), während er unter 120 Phthisikern die Fettleber 40 mal antraf.

Pathologische Anatomie.

Die fettige Infiltration bewirkt an der Leber eine Umfangszunahme, welche in recht ausgesprochenen Fällen das Doppelte des normalen Umfangs und selbst noch mehr ausmacht. Hiermit ist eine entsprechende Zunahme des absoluten Gewichts verbunden, während das specifische Gewicht der Fettleber geringer ist als das der gesunden Leber, ja in den schlimmsten Fällen bis fast auf dasjenige des Wassers herabgeht. Da die Fettablagerung durch das ganze Organ hindurch gleichmässig erfolgt, so ist damit gewöhnlich keine bemerkliche Veränderung in der äussern Gestalt der Leber verbunden. Es wird zwar angegeben, dass die Fettleber weniger in die Dicke als in die Fläche wachse und dass sie deshalb zumal in ihrem rechten Lappen auffallend lang erscheine und weit nach unten herabreiche. Indessen ist dies keineswegs durchgängig der Fall, zuweilen findet man die Leber vorzugsweise in dem Dickendurchmesser vergrössert. An Fettlebern hohen Grades bemerkt man, dass der vordere sonst scharfe Rand abgerundet und wulstig erscheint. Der seröse Ueberzug erleidet bei der Fettleber keine Veränderung, er ist gespannt, glatt und glänzend, lässt das Parenchym mit blasser Farbe hindurchschimmern. Zuweilen sieht man, wenn die Blutcirculation in der Leber gestört war, kleine stark injicirte Venensterne unter der serösen Kapsel hervortreten. Die Consistenz der Fettleber lässt sich nur dann richtig beurtheilen, wenn die Leber, resp. die ganze Leiche noch warm ist, denn in der Kälte erstarrt das in dem Parenchym abgelagerte Fett und die sonst weiche Fettleber wird in eine starre, dem Messer starken Widerstand entgegensetzende Masse umgewandelt. Die noch warme Fettleber dagegen fühlt sich weich an, sie hat eine eigenthümlich teigige Consistenz, bei Druck mit dem Finger bildet sich eine Grube, welche unverändert fortbesteht. Die Fettleber lässt sich ohne Schwierigkeit schneiden, ähnlich wie eine normale Leber, an der Klinge des Messers aber bleibt eine dicke Lage von weissgrauem Talg zurück, und ein ebensolcher Talg lässt sich beim Streichen mit dem Messer aus der Schnittfläche in reichlicher Menge hervordrücken. Die Schnittfläche zeigt bei den verschiedenen Graden der Fettinfiltration ein wechselndes Aussehen. In den höchsten Graden ist sie, ähnlich wie an der Oberfläche, von mehr gleichmässigem Aussehen, die acinöse Structur des Parenchyms ist verwischt, die Farbe blassgelb bis grauweiss, der Schnitt fettig glänzend. In minder hohem Grade tritt die acinöse Structur sogar gewöhnlich recht deutlich hervor, indem dann das Centrum der Läppchen, wo das Parenchym fettfrei geblieben ist, eine leberbraune oder blutrothe Farbe aufweist, während allein die Randpartien der Läppchen in einer mehr oder minder breiten Zone die blassgelbe oder weissgraue Farbe der Fettinfiltration aufzeigen. Es ist dies die Zeichnung der sog. Muskatnussleber.

Der Blutgehalt der Fettleber erscheint im allgemeinen, wenigstens in der Leiche, als ein sehr geringer, er nimmt ab mit dem Anwachsen der vorhandenen Fettmenge. Daher erscheint das Parenchym der Fettleber ausserordentlich trocken und nur die gröberen Gefässe sind mit Blut versehen. Bei sonst gesunden Individuen möchte jedoch diese an der Fettleber hervortretende extreme Blutarmuth zu einem guten Theil die Bedeutung einer blossen Leichenerscheinung haben; im Leben ist der Blutgehalt unter solchen Umständen gewiss ein grösserer, vielleicht ein ganz normaler. Während des Lebens nämlich wird der von den fetterfüllten Zellen auf die Gefässe ausgeübte Druck durch den Gegendruck des Blutes bis zu einem gewissen Punkte überwunden. Erst wenn im Tode der Gegendruck von Seite des Blutes aufhört, kommt die Compression der Capillaren durch die aufgeblähten Parenchymzellen zur vollen Geltung, das Blut wird aus den Capillaren ausgedrückt und tritt in die gröbern Gefässe zurück. Dass die Kreislaufsverhältnisse in der Fettleber sich während des Lebens wirklich in der angedeuteten Weise gestalten, ist daraus zu entnehmen, dass die künstliche Injection der Fettleber von der Pfortader aus durchaus keine besondere Kraftanstrengung verlangt, sondern ganz ebenso wie an einer gesunden Leber zu bewerkstelligen ist.

Es gibt allerdings auch Zustände, wo neben fettiger Infiltration der Leberzellen der Blutgehalt des Organs erhöht ist, z. B. in der Stauungsleber der Herzkranken u. s. w. Aber auch hier hat man es im Grunde genommen mit den gleichen Verhältnissen wie bei der reinen Fettleber zu thun. Soweit nämlich an einem jeden Acinus die Fettinfiltration des Parenchyms reicht, so weit besteht auch Blutarmuth (am Rande des Acinus), und soweit (im Centrum) die Blutstockung sich geltend macht, wird die Fetteinlagerung in den Zellen vermisst. Also auch in der Stauungsleber geht Anämie mit der Fettinfiltration Hand in Hand.

Rokitansky beschreibt eine Abart der gemeinen Fettleber

unter der Bezeichnung der wächsernen Leber, wobei jedoch nicht
an die Wachs- oder Amyloidleber zu denken ist. Diese wächserne
Form soll sich von der gewöhnlichen Fettleber unterscheiden durch
eine gesättigte, dem gelben Wachs vergleichbare Färbung, eine
grössere Consistenz und trockne Brüchigkeit des Gewebes. Trotz
der grossen Menge des vorhandenen Fettes bleibt nur wenig von
demselben an der Messerklinge haften. Rokitansky erklärt dieses
Verhalten durch die Annahme einer besonderen Beschaffenheit des
Fettes. Letztere dürfte am ehesten in dem Ueberwiegen der starren
Fette, des Palmitins und Stearins, über das flüssige Olein begründet sein.

Die oben gegebene Beschreibung der Fettleber stimmt nur für
die typischen Fälle dieses Zustandes. Indessen kommen zahlreiche
Abweichungen davon vor. Nicht alle fettreichen Lebern sind entsprechend vergrössert, die Fettleber kann normal gross, selbst verkleinert sein. Letzteres gilt namentlich von den mit Cirrhose complicirten Formen der Fettleber. Auch aus der Farbe, Consistenz
und dem sonstigen physikalischen Verhalten lässt sich nicht immer
ein sicheres Urtheil über den Fettgehalt der Leber ableiten. Besonders leicht können einfach anämische Lebern dem blossen An-
blicke nach für Fettlebern gehalten werden, denen sie durch Blässe
und Weichheit äusserst ähnlich sind. Umgekehrt können ziemlich
hohe Grade von Fettgehalt der Leber vorliegen, ohne sich durch
ein charakteristisches Aussehen zu verrathen. Volle Sicherheit über
das Vorhandensein, sowie annähernd über die Menge des Fettes kann
daher nur die mikroskopische Untersuchung gewähren.

Zuweilen findet sich das Fett nicht gleichmässig in der ganzen
Leber, sondern nur in einzelnen Herden und Strecken abgelagert.
Dann liegen aber der Fettanhäufung auch rein locale Ursachen zu
Grunde und der ganze Zustand hat mehr die Bedeutung der fettigen
Entartung als die der eigentlichen Infiltration. So sehen wir z. B.
in der Umgebung von Krebsknoten, von Tuberkelconglomeraten, von
Narben u. s. w. einen schmalen Ring von fettig entartetem Lebergewebe auftreten. Hier dürfte der Druck der Neubildung und die
davon abhängenden Circulationsstörungen die Ursache der gestörten
Ernährung der Leberzellen und ihrer fettigen Entartung sein. Bei
der so häufig vorkommenden Combination der Fettinfiltration mit
amyloider Entartung (Speckfettleber) mögen vielleicht dergleichen
locale Einflüsse bei der Fettablagerung mit einwirken, obschon es
gerade bei diesem Zustand nicht an den allgemeinen Ursachen der
Fettinfiltration fehlt.

Störungen des Gallenapparates sind mit der Fettleber an und für sich nicht verbunden.

Die Menge des in der Leber abgelagerten Fettes kann ganz enorme Grade erreichen. Nach der Tabelle von P e r l s [1]) möchte der normale Fettgehalt der Leber auf etwa 3 pCt. des Lebergewichts zu veranschlagen sein. Bei Säufern und Fettsüchtigen sieht man den Fettgehalt bis auf 40 pCt. und noch etwas darüber steigen. V a u - q u e l i n bestimmte den Fettgehalt einer Fettleber höchsten Grades bis auf 45 pCt., in einem Falle von P e r l s betrug derselbe fast 40 pCt. F r e r i c h s fand in einer frischen Fettleber fast 44 pCt. Fett, während in demselben Falle die wasserfreie Lebersubstanz zu 78 pCt. aus Fett bestand. Dass die Steigerung des Fettgehalts mit einer Abnahme des Wassergehalts des Leber parallel geht, wurde schon von F r e r i c h s bemerkt und von P e r l s neuerdings bestätigt.

Die mikroskopische Untersuchung lässt auf den ersten Blick erkennen, dass das Fett im Innern der Leberzellen enthalten ist. Die Veränderungen, welche die letzteren hierbei erleiden, beginnen mit dem Auftreten feinster dunkler Körnchen im Protoplasma derselben. Die Körnchen vergrössern sich allmählich und erscheinen bald als sehr kleine Fettkugeln, welche durch starkes Lichtbrechungsvermögen, scharfe dunkle Umrisse und ein glänzendes lichtreiches Centrum gekennzeichnet sind. Die kleinen Fettkugeln fliessen weiterhin zu wenigen grössern Tropfen zusammen, und schliesslich ist alles in der Zelle vorhandene Fett in Gestalt einer einzigen grossen Fettkugel vorhanden, welche die Zelle ausdehnt, ihr eine kugelförmige Gestalt verleiht und das Protoplasma sowie den Kern der Zelle zur Seite drängt. In den allerhöchsten Graden gewährt die so veränderte Leberzelle schlechthin den Anblick einer gewöhnlichen Fettzelle, doch verschwindet der Kern der Leberzelle niemals vollständig, wenn er auch schwer aufzufinden ist. Die Menge des Protoplasmas solcher zu Fettblasen umgewandelten Leberzellen scheint, soweit sich dies mikroskopisch beurtheilen lässt, eine nicht unerhebliche Verminderung zu erfahren. Das Protoplasma zieht sich entweder als schmaler Saum rings um die Fettkugel herum, oder es erscheint zusammen mit dem Zellkern in Gestalt eines halbmöndförmigen Streifens dicht an die Zellmembran angedrückt. Die Leberzelle als solche geht also durch die Aufnahme selbst der grössten Fettmenge nicht zu Grunde. Sie kann vermuthlich von einem jeden Stadium der Infiltration aus wieder zu ihrer ursprünglichen Beschaffenheit zurückkehren. Beim Ver-

1) l. c. S. 172.

schwinden des Fettes aus den Leberzellen sehen wir dieselben mikroskopischen Bilder wie bei steigender Infiltration, nur gerade in der umgekehrten Reihenfolge auftreten.

Der Gang der Fettablagerung erfolgt ganz regelmässig so, dass zuerst die am äussersten Rande eines jeden Acinus gelegenen Zellen infiltrirt werden. Von der Peripherie des Läppchens rückt die Veränderung in radiärer Richtung gegen die Centralvene hin vor. Wo die Fettablagerung auf eine mehr oder minder breite Randzone beschränkt ist, sehen wir sie innerhalb der letzteren die höhern Grade erreichen, während die mehr central gelegenen Zellen ganz frei von Fett zu sein pflegen. Es werden also diejenigen Leberzellen, welche zuerst bei der Fettinfiltration an die Reihe kommen, allemal erst ganz mit Fett ausgestopft, bevor weitere Leberzellen zu diesem Zweck herangezogen werden.

Im Gegensatz zu der herrschenden Ansicht glaubt Perls [1]) annehmen zu dürfen, dass das Fett nicht ausschliesslich in den Parenchymzellen, sondern auch ausserhalb der letzteren, wahrscheinlich in den intercellulären Gallengängen abgelagert ist. Er schliesst dies aus den eigenthümlichen Formen, in welchen das Fett sich darstellt, wenn man feine Scheiben der frischen Fettleber in einer Lösung von Osmiumsäure gehärtet und nachher durch Zusatz von Javelli'scher Lauge (unterchlorigsaures Kali) das Gewebe aufgelöst hat. Die starren Osmiumfettmassen, welche zunächst durch die Lauge nicht verändert werden, erscheinen nun zum Theil nicht als einzelne Kugeln', wie es sein müsste, wenn das Fett nur innerhalb der Zellen läge, sondern als an einander gereihte Kugeln und als eigenthümlich verästelte Gebilde, die stellenweise wie Ausfüllungsmassen feiner Gänge erscheinen und denen sich die kugeligen Fettmassen anreihen. Untersucht man feine Schnitte der mit Osmium behandelten Fettleber vor der Corrosion durch Javelli'sche Lauge, so erhält man entsprechende Bilder, aber man sieht die Leberzellen um die eigenthümlichen Fettgebilde herumgelagert. — Der Gegenstand bedarf jedenfalls noch eingehenderer Untersuchung, ehe das vermuthete Verhältniss als sichergestellt betrachtet werden darf.

Pathologie.

Die pathologische Bedeutung der Fettleber kann nur auf Grund eines klaren Einblickes in die Entstehungsweise derselben recht ge-

---

1) l. c. S. 177. Schon Vogel und Wedl haben behauptet, dass das Fett auch in den Interstitien des Lebergewebes vorkomme.

würdigt werden, denn nur auf diesem Wege können wir zu einer correkten Anschauung von dem Wesen des fraglichen Zustandes gelangen. So lange man jede Fettansammlung in der Leber für das Product einer Ernährungsstörung ihrer Zellen, für den Ausdruck der fettigen Entartung hielt, wie dies u. A. Andral, Cruveilhier, Barlow, Henoch gethan haben, musste man consequenterweise die Fettleber in jedem Falle für eine krankhafte Erscheinung gelten lassen. Wir sind jetzt mit uns darüber im Reinen, dass der Fettleber diese Bedeutung doch nur in der geringern Zahl von Fällen zukommt, z. B. bei der Phosphorvergiftung und der fettigen Muskatnussleber der Herzkranken, dass dagegen gerade die ausgesprochensten und häufigsten Fälle — die Fettleber der Schwelger, der Alkoholisten und Kachektiker — solche sind, wo die Leber als Reservoir für das im Ueberschuss vorhandene Körperfett dient, wo wir es also in der Hauptsache mit einer Fettinfiltration zu thun haben. Dass sich übrigens beide Zustände selbst in pathogenetischer Beziehung nicht so scharf von einander sondern lassen, als man gewöhnlich annimmt, haben wir klar genug bei Erörterung der Aetiologie ausgesprochen. Wo die Leber die Stelle eines Fettreservoirs versieht, da kann die Fettleber natürlich nicht ohne Weiteres als eine Krankheit bezeichnet werden. Denn die Leber erfüllt hier zunächst nur ihre physiologische Bestimmung und Niemand denkt daran, etwas krankhaftes darin zu sehen, dass der Organismus zeitweilig einen Vorrath von Material ansammelt, den er unter veränderten Umständen für seine Zwecke anderweitig nutzbringend verwenden kann. Ein gewisser Fettgehalt der Leber, der selbst eine recht ansehnliche Höhe erreichen kann, ist also mit der Idee von Gesundheit sehr wohl verträglich. Auf der andern Seite ist es einleuchtend, dass die Fettanhäufung in der Leber, wenn sie über ein gewisses Maass hinausgeht, . die Bedeutung einer Krankheit gewinnt. Es ist jedoch ganz unmöglich, eine genaue Grenzlinie zu bezeichnen, jenseits welcher die Fettleber entschieden krankhaft genannt werden müsste. Auf die Menge des angehäuften Fettes kommt es dabei gewiss nicht allein an. Wir werden vielmehr in der Fettleber eine mit der Gesundheit verträgliche Erscheinung dann erblicken, wenn der Anstoss zu ihrer Entstehung nicht von pathologischen Zuständen des Organismus ausgeht, wenn sie ferner eine vorübergehende Erscheinung ist und die Leber befähigt bleibt, das in ihr aufgestapelte Fett im normalen Gange ihrer Verrichtungen zu verarbeiten und sich überhaupt wieder von demselben zu befreien, wenn endlich die Fettanhäufung keinen so hohen Grad erreicht, dass daraus eine störende Rückwirkung auf die Functionen der Leber und des Organismus überhaupt, sowie auf das Wohlbefinden des Inhabers hervorgeht. Zur Krankheit wird dagegen die Fettleber nicht blos durch die grosse Menge des angehäuften Fettes, wegen der davon abhängenden Störung in den Verrichtungen der Leber und der Belästigung des Patienten, sondern auch bei geringerer Fettmasse dadurch, dass sie pathologischen Vorgängen ihre Entstehung verdankt und, worauf das Hauptgewicht fällt, dass sie einen Zustand von permanentem und selbst progressivem Charakter darstellt, von welchem eine Rückkehr zum Normalzustande wenn nicht unmöglich, so doch höchst unwahrscheinlich geworden ist.

Was die Folgen der Fettanhäufung in der Leber für die Verrichtungen derselben und mittelbar für den gesammten Organismus anbelangt, so lehrt die alltägliche Erfahrung, dass die Ablagerung einer mässigen Fettmenge mit keinerlei Störung für die Leberzellen verbunden ist. Eine excessive Fettanhäufung dagegen, wie sie bei Schlemmern, Säufern und Phthisikern angetroffen wird, beeinträchtigt nicht blos die Functionen der Leber, sondern wirkt auch, und zwar um so mehr als sie in der Regel zugleich eine andauernde ist, störend auf den Organismus zurück. Wir pflegen uns vorzustellen, dass der übermässige Fettgehalt der Leberzellen eine mechanische Störung der Blutbewegung im Capillarsystem der Pfortader bewirkt und dass er den Abfluss der Galle aus den Leberläppchen erschwert. Denn indem sich die Leberzellen durch das aufgenommene Fett zu grossen kugelförmigen Gebilden aufblähen, drücken sie von allen Seiten gegen die blutführenden Capillaren, und dieser Druck wird sich um so mehr geltend machen, als der Gegendruck von Seiten des Blutes in den Pfortaderästen an sich schon ein sehr niedriger ist. Daher finden wir die einfache, nicht complicirte Fettleber stets anämisch, während der Stamm der Pfortader und sein Wurzelgebiet stark gefüllt erscheint. Sehr hohe Grade erreicht die Blutstockung in der Pfortader allerdings niemals, es kommt bei der Fettleber nie zum Ascites, es fehlt die Milzschwellung, höchstens treten wegen des verzögerten Abflusses des Venenblutes aus der Darmschleimhaut die Erscheinungen der Hämorrhoidalkrankheit auf, welche übrigens gewiss sehr oft in andern Umständen begründet sind als in dem erschwerten Durchtritt des Blutes durch die Fettleber. — Auch die Gallenausscheidung ist bei höhern Graden der Fettleber erschwert, denn die intraacinösen capillaren Gallengänge werden durch die aufgeblähten Leberzellen verengt, das Fortrücken der Galle in diesen Gängen verzögert. Dies macht sich namentlich dadurch bemerklich,

dass die Zellen des centralen Gebietes der Leberläppchen diffus bräunlich gefärbt oder mit zahlreichen gelben Körnchen angefüllt sind.
Auch makroskopisch bemerkt man die Störung daran, dass die Centra
der Läppchen oft grünlich gefärbt sind und deutlich von den blass-
gelben fettreichen Randpartien der Acini abstechen. Aber auch der
Gallenabfluss wird niemals in dem Grade gestört, dass es zur Gallen-
resorption und zur Gelbsucht käme. Wenn man ab und zu einmal
in einer Fettleber auf gallenhaltige Cysten stösst, so ist das wohl
ein zufälliges Zusammentreffen, beweist aber nicht, dass die interlobulären Gallenwege in der Fettleber einem irgend erheblichen
Drucke ausgesetzt sind.

Dass die Fettinfiltration höheren Grades auf die Menge der ab-
gesonderten Galle nicht ohne Einfluss bleiben mag, ist eine wohl-
begründete Voraussetzung, denn die Gallenbereitung ist gebunden an
das Protoplasma der Leberzellen, und wenn dieses eine der Menge
des angehäuften Fettes entsprechende Verminderung erleidet, so dürfte
auch die Menge des von ihm gelieferten Secretes eine geringere werden, und zwar um so mehr, als der Durchfluss des Blutes durch die
mit Fett überladene Leber erschwert ist und einen hemmenden Einfluss auf die Intensität der Absonderung ausüben muss. Der obigen
Voraussetzung entspricht die Thatsache, dass man bei excessiven
Graden der Fettleber bei der Obduction die Gallenblase leer und
den Darminhalt von blasser, aschgrauer Farbe gefunden hat. Freilich macht sich die Verminderung der Gallensecretion während des
Lebens in der Regel nicht deutlich bemerklich. Da wir bei Beurtheilung der Intensität der Gallenbildung ausschliesslich auf die Färbung des Fäces angewiesen sind, auf welche noch andere Umstände
als die Menge der in den Darm ergossenen Galle von Einfluss sind,
so liegt es auf der Hand, dass leichtere Schwankungen in der Quantität der Gallensecretion uns ganz entgehen müssen, und dass wir
nur eine sehr beträchtliche Abnahme oder den völligen Stillstand
der Secretion zu constatiren vermögen.

In ihrer Qualität unterscheidet sich die von der Fettleber ab-
gesonderte Galle nicht von der aus einer gesunden Leber stammenden. Bei der Obduction finden wir die Gallenblase bald mit einem
blassen und dünnen, bald mit einem dunkel gefärbten, zähflüssigen
Secrete erfüllt, Verschiedenheiten, welche von dem Grade der Con-
centration, dem längeren oder kürzeren Verweilen in der Blase und
von der Stärke der Schleimabsonderung von Seiten der Gallenweg-
schleimhaut abhängen und uns in derselben Weise sowohl bei voller
Gesundheit der Leber als in sehr verschiedenartigen Krankheitszu-

ständen entgegengetreten. Es liegen zwar vereinzelte Angaben vor, wonach die aus der Fettleber stammende Galle eiweisshaltig (Thé-nard) oder sehr reich an Fett gewesen sein soll (Lereboullet), oder dass sie mit einem eigenthümlichen, höchst widerwärtigen Geruch behaftet gefunden wurde (Addison), welcher etwa von einer stinkenden flüchtigen Fettsäure herrühren könnte: allein andere zuverlässige Beobachter haben von allen diesen Veränderungen nichts wahrgenommen.

Auch die zuckerbildende Function der Leber wird durch die Fettanhäufung nicht aufgehoben, wohl aber ist anzunehmen, dass mit der Verdrängung des Zellenprotoplasmas durch das Fett sowie in Folge des gestörten Blutstroms auch die Zuckerbildung eine entsprechende Beeinträchtigung erfährt (Frerichs l. c. S. 315.).

Symptome.

Die Symptome der Fettleber sind in den allermeisten Fällen sehr unbestimmter Art. Die leichteren Formen derselben veranlassen überhaupt keinerlei charakteristische Zufälle und können somit kaum auf den Namen einer Krankheit Anspruch machen. Aber selbst bei den höheren Graden sind die Erscheinungen nicht immer der Art, dass sie uns eine sichere Handhabe für die Diagnose bieten können.

Das wichtigste Symptom ist die Vergrösserung des Leber-umfanges. Da die Fettleber sich vorzugsweise der Fläche nach ausdehnt und weniger an Dicke zunimmt, und da sie wegen ihrer schlaffen Beschaffenheit mehr als sonst geneigt ist, sich nach abwärts zu senken, so wird sich schon eine verhältnissmässig geringe Volumszunahme durch die Ausbreitung der Leberdämpfung nachweisen lassen. Nach dem Ergebniss der Perkussion könnte man die Leber für grösser halten, als sie sich später bei der Obduction wirklich darstellt. Die vergrösserte Leber tritt mehr oder minder tief unter den Rippenbogen hervor und erreicht bei den höheren Graden der Fettinfiltration mit ihrem vorderen Rande leicht die Höhe des Nabels. Eine Palpation der Leber gelingt selbst bei beträchtlicher Vergrösserung derselben nicht immer, weil die Bauchdecken entweder zu dick und fettreich, oder weil sie zu stark gespannt sind. Wenn aber die Umstände eine ordentliche Palpation erlauben, so fühlt man die Leber glatt, weich, von schlaffer Consistenz. Der Leberrand ist in der Regel nur schwierig herauszufühlen, wenn es aber gelingt, so erscheint er verdickt und abgerundet.

Subjective Erscheinungen verursacht die Fettleber, selbst wenn sie sehr voluminös geworden ist, in vielen Fällen gar nicht, höchstens hat der Patient ein Gefühl von Völle und unbehaglichem Drucke in der Leber- und Magengegend, besonders beim Liegen auf der linken Seite. In einzelnen Fällen jedoch, namentlich bei Tuberkulösen, erreichen die Beschwerden von Seiten der Leber einen so hohen Grad und drängen sich so sehr in den Vordergrund des Krankheitsbildes, dass der Patient sein ursprüngliches Leiden darüber ganz vergisst und zu dem Glauben kommt, sein Hauptleiden gehe von der Leber aus. Selbst der Arzt kann dadurch irre geführt werden. Wenn sich die Fettleber sehr schnell entwickelt und der seröse Ueberzug derselben durch die rasche Ausdehnung des Organs gedehnt wird, so treten lebhaftere Schmerzempfindungen auf, welche in seltenen Fällen sogar sehr heftig werden können.

Störungen von Seiten des Verdauungsapparates sind bei den höheren Graden der Fettleber zwar ganz gewöhnlich vorhanden, aber dieselben lassen sich durchaus nicht immer mit der Fettleber selbst in ursächlichen Zusammenhang bringen, sondern sind grösstentheils durch die jener zu Grunde liegenden pathologischen Zustände oder durch zufällige Complicationen bedingt. Die Verdauung ist gestört, es besteht Mangel an Appetit, häufiges Aufstossen von Gasen, Auftreibung und Empfindlichkeit des Epigastriums. Der Stuhlgang ist gewöhnlich träge und erfolgt unregelmässig, die Fäces sind zwar in der Regel normal gefärbt, doch werden sie in den weiter fortgeschrittenen Fällen, wo die Gallenbereitung vermindert ist, zeitweilig blass, lehmfarbig bis aschgrau gefunden. Manchmal ist mit der Fettleber eine auffallende Neigung zu Diarrhöen verbunden: auf ganz geringfügige Veranlassungen stellen sich profuse und erschöpfende Durchfälle ein. Auch Blutungen aus dem Mastdarm und sonstige sog. Hämorrhoidalbeschwerden sind mit den höheren Graden der Fettleber verbunden und dürften wohl mit mehr Recht als die vorher aufgeführten übrigen Erscheinungen von Seiten des Magendarmkanals in Verbindung gebracht werden mit dem gestörten Durchfluss des Pfortaderblutes durch die verengten Capillaren der Fettleber.

Bei den mit Fettleber behafteten Individuen macht sich zuweilen ein eigenthümliches Verhalten der äusseren Haut bemerklich. Die schmierig-fettige Beschaffenheit der Haut, wie sie bei Fettsüchtigen und Potatoren vorkommt, hat mit der Fettleber an sich wohl nichts zu schaffen, sondern rührt von der Hypersecretion der Talgfollikel und einem ungewöhnlich hohen Fettgehalt der Hautsecrete überhaupt her, welche ihrerseits wiederum die Folge der Ueberladung des Blutes mit fettigen Stoffen ist. Dagegen gibt Addison an, dass er

bei der Fettleber die Haut blass und blutleer, von wachsartiger
Transparenz fand und dass sie sich weich und glatt wie Sammt anfühlte. Dabei war die Haut bald rein weiss, bald schmutzig gelblich gefärbt und es trat die geschilderte Veränderung besonders an
der Haut des Gesichtes hervor, ohne an anderen Körperstellen vermisst zu werden. Dass die angegebene Beschaffenheit der Haut
nichts weniger als eine constante Erscheinung bei der Fettleber ist,
darüber dürfte unter den Aerzten kein Zweifel bestehen. Es ist aber
überhaupt fraglich, ob sie mit der Fettleber in einem inneren Zusammenhange steht. Schwindsüchtige Frauen, bei welchen wir die
Fettleber öfter antreffen als vermissen, bieten diese Veränderung der
Haut allerdings nicht selten dar: wir bewundern ihren zarten und
feinen Teint; allein sie verdanken denselben nicht der Fettleber,
sondern ihrem hektischen Zustande, vielleicht auch den profusen
Schweissen, von denen die Phthisiker heimgesucht zu werden pflegen.

Diagnose.

Die schwächeren Grade der Fettleber, welche noch nicht zu
einer bemerklichen Vergrösserung des Organs geführt haben, sind
bei dem völligen Mangel anderweiter, namentlich functioneller Symptome der Diagnose ganz unzugänglich. Sobald aber die durch die
Fettanhäufung verursachte Umfangszunahme der Leber durch die
Perkussion nachweisbar geworden ist, so bietet die Diagnose in der
Regel keine Schwierigkeiten dar, wenn man nur die ätiologischen Momente gehörig in Rechnung zieht, die erfahrungsmässig der Fettleber
zu Grunde liegen. Wenn man bei einem wohlbeleibten Menschen
von schwelgerischer Lebensweise, oder bei einem Gewohnheitstrinker,
bei einem schwindsüchtigen oder sonst kachektischen Individuum eine
deutlich vergrösserte Leber antrifft, welche sich glatt und weich anfühlt, neben welcher keine Milzschwellung, kein Ascites, kein Icterus
vorhanden ist, so wird man mit der Annahme einer Fettleber nicht
leicht irre gehen. Lassen sich daneben die Zeichen der sog. Abdo-
minalplethora constatiren, wie Verdauungsbeschwerden, Auftreibung
der Magengegend, häufiges Aufstossen von Gasen, unregelmässiger
träger Stuhlgang, Hämorrhoidalbeschwerden u. s. w., so wird dadurch
die Diagnose noch weiter begründet. Dass der Mangel einer Volumszunahme der Leber bei Individuen, für welche die oben angegebenen
ätiologischen Momente zutreffen, wo also eine Fettleber vermuthet
werden darf, noch nicht den Schluss erlaubt, es liege keine Fettleber vor, ist einleuchtend. Am ehesten kann noch bei der Lungen-

tuberkulose und anderen chronischen, mit Kachexie verbundenen
Leiden ein Zweifel darüber entstehen, ob man in dem merklich vergrösserten Organ eine Fettleber oder eine Amyloidleber zu erblicken
habe. Hier entscheidet die Consistenz des Tumors, denn die Amyloidleber fühlt sich derb und resistent an und ihre Ränder sind gewöhnlich leicht durchzutasten, während die Fettleber, falls die Palpation derselben überhaupt gelingt, sich weich anfühlt und ihre
Ränder schwer zu verfolgen sind. Wo die Consistenz nicht zu ermitteln wäre, da würde ein etwa vorhandener fester Milztumor, die
Gegenwart von Eiweiss im Harn, der Ascites und die hydropische
Anschwellung der unteren Extremitäten für die Amyloidleber, das
Fehlen aller dieser Symptome mehr für die Annahme einer Fettleber sprechen, denn andere mit Leberschwellung verbundene Leiden
sind meist schon durch die äusseren Umstände des Falls oder durch
das Fehlen bestimmter ihnen zukommender Symptome ausgeschlossen.

Dauer. Ausgänge. Prognose.

Von den relativ seltenen Fällen der acuten Verfettung der Leber
bei der acuten Phosphorvergiftung und bei der sog. acuten Verfettung der Neugeborenen und Wöchnerinnen, welche meist schon nach
wenigen Tagen tödtlich zu endigen pflegen, kann hier füglich abgesehen werden. — Die gemeine Fettleber ist ein chronisches Leiden, welches nach einem mindestens über einige Monate, oft über
Jahre sich erstreckenden Verlaufe zur Norm zurückkehren kann, oder
aber in annähernd gleicher Höhe bis zu dem Lebensende fortbesteht.
Im letzteren Falle wird zwar die Fettleber durch Abschwächung der
Gallenproduction und durch die begleitenden Verdauungsstörungen
in gewissem Umfange eine störende Rückwirkung auf den Gesammtorganismus ausüben, aber einen das Leben direct verkürzenden Einfluss kann man ihr wohl nicht zuschreiben. Die Prognose der Fettleber ist daher eine gute, mindestens quoad vitam. Dass die Fettleber heilbar sei und dass das in ihr angehäufte Fett sehr häufig
vollständig verschwindet, ist eine nicht zu bezweifelnde Sache. Ob
es aber im einzelnen Falle wirklich geschieht, hängt wesentlich davon ab, ob die Ursachen der Fettleber vorübergehender oder dauernder Art sind, ob sie sich beseitigen lassen oder nicht.

Therapie.

Bei der Behandlung der Fettleber hat man den Ursachen, welche
derselben zu Grunde liegen, die eingehendste Beachtung zu schenken,
denn sobald nur die Zufuhr von Fett zur Leber abgeschnitten oder

die Fettbildung in den Leberzellen sistirt wird, kann das allmähliche Schwinden des in dem Organ bereits angehäuften Fettes in bestimmte Aussicht genommen werden. Dieses Ziel ist allerdings nur in denjenigen Fällen zu erreichen, wo die Fettleber die Folge unzweckmässiger Diät, einer üppigen und trägen Lebensweise ist, oder wo sie auf übertriebenem Alkoholgenuss beruht, denn gegenüber der Fettleber der Schwindsüchtigen und sonstigen Kachektiker kann von einer Beseitigung der Ursachen kaum jemals die Rede sein. In den Fällen der ersteren Art ist die Regelung des diätetischen Verhaltens oft allein ausreichend, die Norm wieder herzustellen. Die Kost muss hier auf das nothwendige Maass beschränkt werden, sie muss möglichst arm an Fetten und solchen Stoffen sein, welche erfahrungsgemäss die Fettbildung im Organismus begünstigen. Alle Fette und fetten Fleischsorten sind zu vermeiden, desgleichen ist der Genuss stärkemehlreicher und süsser Speisen möglichst einzuschränken. Dagegen empfehlen sich magere Fleischsorten, besonders das Fleisch der Fische, sowie frisches Obst und grüne Gemüse. Man verbiete den Genuss alkoholischer Getränke, namentlich auch der schweren Biere, der starken und süssen Weine, schränke den Patienten auf ein Glas leichten herben Rothweins ein und halte ihn an, recht viel Wasser zu trinken. Der Kranke soll nicht zu lange schlafen, zumal den Schlaf nach der Hauptmahlzeit vermeiden, er soll früh aufstehen, sich tüchtige körperliche Bewegung in der freien Luft machen und sich auch angemessener geistiger Beschäftigung hingeben.

Hat man es mit Individuen zu thun, bei welchen Grund zu der Annahme vorliegt, dass neben der Fettleber auch fettige Entartung des Herzfleisches besteht, so darf das eben empfohlene Regime nicht zu plötzlich durchgeführt und muss in seiner Wirkung sorgfältig überwacht werden, um gefährliche Zufälle von Seiten des Herzens zu verhüten. Besonders könnte der Wegfall der stimulirenden Wirkung des Alkohols, an welche das Herz einmal gewöhnt ist, eine bedenkliche Rückwirkung auf die Thätigkeit dieses Organs ausüben.

Die Wirkung der diätetischen Maassregeln sucht man durch medicamentöse Mittel zu unterstützen. Besonders sind es die Alkalien, welche bei der Fettleber Verwendung finden, da sie der gangbaren Vorstellung nach das freie Fett verseifen und somit zur Resorption geeignet machen sollen. Den ausgedehntesten Gebrauch finden bei der Behandlung der Fettleber die alkalischen und kochsalzhaltigen Mineralwässer, namentlich die Heilquellen von Carlsbad, Marienbad (Kreuzbrunnen), Vichy, Ems, Kissingen, Homburg u. s. w. Hat man es mit anämischen Individuen zu thun, etwa mit Frauen, welche neben starker Anlage zur Fettbildung an Amenorrhoe und verwandten Störungen der Menstruation leiden, so leisten die Eisenpräparate und die eisenhaltigen Mineralwässer von Spaa, Pyrmont, Schwalbach u. s. w. vortreffliche Dienste. Den Mineralwässern ähnlich, nur minder eingreifend, wirken die Kräuter- und Obstcuren, die sich demnach mehr für schwächliche und heruntergekommene Individuen eignen.

Gegen die bei Fettleber so gewöhnlich vorhandenen Verdauungsbeschwerden werden die bitteren Pflanzenstoffe, die Gentiana, das Extr. Taraxaci, Cichorei und ähnliche Mittel mit gutem Erfolg angewendet. Bei grosser Trägheit der Darmentleerung muss man zur Aloë, den Coloquinthen und anderen Drasticis greifen, während umgekehrt bei Neigung zur Diarrhoe die Adstringentien angezeigt sind.

Bei der im Verlaufe der Lungenschwindsucht und anderer chronischer Leiden auftretenden Fettleber ist eine directe Behandlung meistens nicht ausführbar. In den minder vorgeschrittenen Fällen von Lungentuberkulose sind unter Umständen die kohlensäurehaltigen alkalischen Mineralwässer von Ems, Selters, Obersalzbrunn, Gleichenberg u. s. w. als nicht blos gegen die Tuberkulose, sondern auch gegen die Fettleber vortheilhaft wirkend zu empfehlen. Die bei Kranken dieser Art zuweilen vorkommenden Schmerzen in der Lebergegend sind durch Kataplasmen auf die schmerzhafte Stelle und im Nothfall selbst durch eine subcutane Morphiuminjection zu bekämpfen. Uebrigens wird man in der Fettleber der Schwindsüchtigen eine Contraindication gegen den Gebrauch des Leberthrans und anderer fettiger Mittel (Milch) zu erblicken haben.

27*

Pigmentleber, melanämische Leber[1])

von

Prof. Dr. O. Schüppel.

Literatur.

Frerichs, Klinik der Leberkrankheiten. I. 1858. S. 325, hierzu Atlas Taf. IX u. X; die betreffenden Abbildungen sind theilweise in Lebert's Atlas der pathol. Anat. reproducirt worden. — Heschl, Zeitschr. d. Gesellsch. d. Aerzte in Wien 1850. — Planer, ibid. 1854. — Arnstein, Bemerkungen über Melanämie und Melanose. Virch. Arch. LXI. S. 494; ferner ibid. LXXI. S. 256. — Mosler, Ueber das Vorkommen von Melanämie. Virch. Arch. LXIX. S. 369. — Kelsch, Contribution à l'anat. patholog. des maladies palustres endémiques. Arch. de physiolog. norm. et patholog. 2. Sér. Tome II. p. 690. 1875.

Abnorme Pigmentirungen der Leber sind eine sehr gemeine Erscheinung. Abgesehen von der sämmtliche Gewebselemente der Leber betreffenden gelben, braunen oder grünlichen Färbung, welche den Stauungsicterus begleitet und mit diesem wiederum zu verschwinden pflegt, sind es namentlich zwei Zustände, welche hierher gehören, nämlich die rostbraune atrophische Leber und die melanämische Leber. Was die erstere anbetrifft, so rührt die lebhaft rostbraune Farbe derselben davon her, dass die geschrumpften Leberzellen zahlreiche braunrothe Körnchen, manchmal förmliche Pigmentballen umschliessen, welche man als ausgeschiedenen Gallenfarbstoff anzusehen pflegt. Die Function der Leber scheint dadurch nicht erheblich beeinflusst zu werden, der Zustand selbst gibt sich während des Lebens durch kein Symptom zu erkennen, er wird nur zufällig am Leichentische angetroffen.

Anders verhält es sich mit der Pigmentleber $\varkappa\alpha\tau'$ $\dot{\varepsilon}\xi o\chi\dot{\eta}\nu$ oder der melanämischen Leber. Sie verdankt ihre Entstehung der eigenthümlichen Alteration des Blutes, welche als Melanämie, „schwarzes Blut", bezeichnet wird. Das Pigment liegt hier vorzugsweise im Innern der Blutgefässe der Leber, zum Theil auch ausserhalb derselben im interstitiellen Bindegewebe, während die Parenchymzellen

---

1) Da die Melanämie bei den Krankheiten der Milz ihre Darstellung gefunden hat (d. Handb. VIII. Bd. 2. Hälfte), so beschränken wir uns hier darauf, den Antheil der Leber an dieser Krankheit hervorzuheben. In Betreff der Literatur wolle man den eben citirten Abschnitt über Melanämie vergleichen.

des Organs ganz frei davon bleiben. Die Menge des in den Capillaren angehäuften Pigments ist in manchen Fällen so beträchtlich, dass dadurch ernsthafte Störungen des Blutstroms und eine Reihe davon abhängiger Symptome hervorgerufen werden. Diese Form der Pigmentleber stellt sich somit als eine wirkliche Krankheit dar.

Das Wesen der Melanämie besteht darin, dass dem Blute reichliche Mengen schwarzen Farbstoffes in fester Form beigemengt sind. Das Pigment erscheint theils in Form feiner rundlicher Körner, welche gern zu grössei.⁻ Conglomeraten zusammentreten, theils in Form gröberer Klumpen und Schollen. Dasselbe ist ursprünglich frei im Blute enthalten, d. h. die Pigmentkörner sind nicht in Zellen eingeschlossen, sondern schwimmen frei im Blutplasma herum. Die Hauptmasse des anfangs freien Pigments scheint jedoch bald nach seiner Entstehung von den farblosen Blutzellen aufgenommen zu werden. Letztere werden damit zu pigmentführenden Zellen. Wenn sie die Blutgefässe verlassen, aus denselben auswandern, so gelangt mit ihnen natürlich auch das Pigment in das die Gefässe umgebende Gewebe, wo es für längere Zeit abgelagert bleiben kann.

Ursache der Melanämie sind die bösartigen Formen der Malariafieber. Nach den neueren Untersuchungen von Arnstein und Kelsch scheint es, als ob mit jedem Fieberparoxysmus eine grosse Menge rother Blutkörper zu Grunde geht. Der dabei freiwerdende Farbstoff scheidet sich in fester Gestalt aus und circulirt mit dem Blute. Bei ausgebildeten Formen der Melanämie wird das Pigment in der Zeit kurz nach einem Wechselfieberanfall überall vorgefunden, wohin Blut gelangt. Später werden die pigmentführenden Zellen in gewissen Gefässbezirken zurückgehalten und es verschwindet, wenn nicht alles, so doch die Hauptmasse des Pigments aus dem Kreislaufe.

Ueber die Frage, wo der Zerfall der rothen Blutkörper und die Pigmentbildung vor sich geht, ob letztere an bestimmte Organe gebunden sei, sowie über die damit eng zusammenhängende Frage von dem Verhältniss der Melanämie zur Melanose, d. h. zur Ablagerung des schwarzen Pigments in gewissen Organen, sind die Erörterungen noch nicht zu einem definitiven Abschluss gelangt. Frerichs und Virchow vertreten die Ansicht, dass die Pigmentbildung in der Hauptsache an die Milz gebunden sei, dass von hier aus das Pigment in die Milzvene und die Pfortader übergehe, dass es zu einem Theile in den Capillaren der Leber zurückgehalten werde, während der übrige Theil die Leber passirt und mit dem Blute den Kreislauf durch den Körper zurücklegt. Nach dieser Ansicht würde die

Melanose der Milz die primäre Veränderung sein, die Melanämie dagegen wäre eine secundäre Erscheinung. Arnstein und Kelsch vertreten die entgegengesetzte Ansicht: sie halten die Melanämie für die primäre Veränderung und erblicken in der Melanose der Milz, der Leber, des Knochenmarks u. s. w. eine von jener veranlasste secundäre Alteration. Sie glauben, dass der Zerfall der rothen Blutkörper und die Pigmentausscheidung allenthalben im Innern der Gefässbahnen erfolge, aber das Pigment circulire nur kurze Zeit, einige Stunden oder höchstens wenige Tage mit dem Blute, vielmehr verschwinde die Melanämie sehr bald dadurch, dass das Pigment, resp. die farbstoffführenden Zellen, in gewissen Gefässprovinzen zurückgehalten wird und somit die Melanose, die schwarze Färbung der betreffenden Theile veranlasst. Die pigmentführenden Zellen stauen sich in den Capillaren und Venen derjenigen Organe auf, in welchen die Stromgeschwindigkeit eine sehr geringe ist, nämlich vorzugsweise in der Leber, der Milz und dem Knochenmarke. Während aber in der Milz und im Knochenmarke die pigmentführenden Zellen aus den Gefässen in das Gewebe der genannten Organe übergehen, werden sie in den Capillaren der Leber längere Zeit hindurch zurückgehalten. Im Allgemeinen lässt sich behaupten, dass das melanämische Pigment in Bezug auf seine Verbreitung und Ablagerung in den einzelnen Organen sich ganz analog verhält, wie körnige Farbstoffe, welche man künstlich in das Blut einverleibt hat. [1]

Durch vielfältige Beobachtungen, neuerdings namentlich durch Kelsch (l. c. S. 724) ist festgestellt worden, dass das Blut der Milzvene und der Pfortader, namentlich ihrer Leberäste, den wahren Pigmentherd bei der Melanämie darstellt. Das Blut dieser Gefässe ist unvergleichlich reicher an Pigment, als dasjenige an irgend einem andern Punkte des Gefässsystems. Auch sind die farblosen Blutkörper, welche das Pigment mit sich führen, in den genannten Gefässen viel reichlicher damit ausgestattet, als in den mehr peripherisch gelegenen Gefässen. Die betreffenden Zellen sind mit Pigment ganz vollgestopft und ähneln mehr einem Pigmenthaufen als wirklichen Zellen.

Das anatomische Verhalten der Leber bei der Melanämie gestaltet sich verschieden nach dem Stadium und der Dauer der Krankheit. In frischen Fällen findet man die Leber von normalem Umfange oder ein wenig vergrössert, sehr blutreich, mürbe und

---

1) Vgl. Ponfick, Studien über die Schicksale körniger Farbstoffe im Organismus. Virch. Arch. XLVIII. S. 1. — Hoffmann und Langerhans, Ueber den Verbleib u. s. w. des Zinnobers. Ibid. S. 304.

brüchig, dabei von eigenthümlich düsterer, schmutzig brauner Farbe. Nach längerem Bestande der Krankheit verliert sich die hyperämische Schwellung der Leber, dieselbe zeigt eine chocoladenartige, stahlgraue oder schwärzlich-schieferartige Färbung. Diese Färbung ist entweder eine gleichmässige, oder es erscheinen die bräunlichen Acini durch schwarze Säume eingefasst, letzteres dann, wenn das Pigment vorzugsweise in den Venae interlobulares angehäuft ist. Sehr oft entwickelt sich im Verlaufe der Melanämie eine interstitielle Hepatitis: Das interacinöse Bindegewebe bildet breite, mit kleinen Rundzellen dicht infiltrirte Faserzüge, die Acini werden kleiner, das ganze Organ schrumpft und bietet die Eigenthümlichkeiten der granulirten Leber dar, jedoch mit dem Unterschiede, dass das fibröse Zwischengewebe schiefergrau oder schwärzlich gefärbt ist, während die atrophischen Leberläppchen eine blässere Farbe aufweisen.

Die mikroskopische Untersuchung der melanämischen Leber lehrt, dass die Leberzellen zuweilen mit Fetttropfen überladen, öfter noch mit einer ungewöhnlich reichlichen Menge von Gallenfarbstoff imprägnirt sind, dass sie aber niemals die geringste Spur von melanämischem Pigment einschliessen. Letzteres befindet sich beinahe ausschliesslich im Innern der Blutgefässe, namentlich in den Capillaren der Leberläppchen. Man findet das Pigment nicht oder nur zum kleinsten Theile frei, sondern vielmehr incorporirt in den Leukocyten, und die Capillaren sind mit solchen pigmentführenden Zellen mehr oder minder vollständig ausgestopft. Gegen die Centralvene des Läppchens hin sind die Capillaren durch die angehäuften Pigmentzellen zuweilen ansehnlich erweitert, die zwischengelegenen Leberzellen aber werden dadurch erdrückt und verfallen der Atrophie, ähnlich wie dies an der Stauungsleber von Herzkranken zu sehen ist. Das Centrum der Leberläppchen ist manchmal der Art verändert, dass man nur noch die enorm erweiterten Capillaren, ausgestopft mit grossen pigmentführenden Zellen und nur begrenzt von schmalen Faserzügen (den Ueberresten der atrophischen Leberzellenbalken) antrifft. — Aber nicht blos die Capillaren der Acini enthalten das Pigment, welches bald gleichmässig über das ganze Läppchen vertheilt, bald an einzelnen Punkten stärker angehäuft ist, sondern auch in der Centralvene der Läppchen sowie weiterhin in den Lebervenen wird das Pigment angetroffen. Namentlich aber ist dasselbe zuweilen massenhaft angehäuft in den interlobulären Pfortaderästen sowie in den kleinen Leberarterienästen, welche sich im interacinösen Bindegewebe verbreiten, so dass die Acini von schwärzlichen Streifen umgeben erscheinen. Ein gewisser Theil des Pigments

tritt späterhin auch ausserhalb der Gefässe, namentlich im interacinösen Bindegewebe auf. Wahrscheinlich geschieht dies auf die Art,
dass sich eine entzündliche Störung, eine interstitielle Hepatitis entwickelt, wobei die pigmentführenden Leukocyten auswandern und
sich in dem die Gefässe umgebenden Fasergewebe festsetzen.

Bei denjenigen Individuen, welche einem Fieberanfall erlagen
und intensive Melanämie darboten, fand Kelsch die Leber mit Galle
durchtränkt, die Blase enorm ausgedehnt und den Darm mit Galle
überfluthet. Die Gallengänge wurden stets frei angetroffen. Diese
regelmässige Coincidenz von Polycholie und Melanose der Leber
bei den bösartigen Sumpffiebern scheint mehr als ein blosser Zufall
zu sein.

Obschon die Leber in allen lethal endigenden Fällen von Melanämie mehr oder minder pigmentreich angetroffen wird und obwohl
die Vermuthung berechtigt erscheint, dass sich dies auch in den nicht
lethal endigenden Fällen ähnlich verhalten werde, so gibt sich die
fragliche Alteration der Leber doch keineswegs in allen Fällen von
Melanämie durch bestimmte Symptome von Seiten der Leber und
des Pfortaderbereichs zu erkennen. Fälle von Melanämie mit vor-
wiegender Theilnahme der Leber und des Magendarmkanals sind
namentlich seltener als solche, wo die Symptome von Seiten des
Gehirns in den Vordergrund treten. Unter den von Frerichs in
Breslau beobachteten 51 Fällen von Melanämie, wovon 38 lethal
endigten, kamen schwere Hirnsymptome 28 mal, Albuminurie 20 mal,
Fälle mit profusen Diarrhöen dagegen 17 mal vor (worunter 5 Fälle
von Dysenterie). Profuse Darmblutungen wurden 3 mal beobachtet,
Icterus war in 11 Fällen, jedoch immer nur wenig ausgeprägt vorhanden. Die Leber zeigte sich in allen lethal endigenden Fällen
pigmentreich, 10 mal erschien sie vergrössert und blutreich, 8 mal
atrophisch, in 9 Fällen waren die Leberzellen fettreich, Speckstoffe
wurden 3 mal, jedoch nur in beschränktem Maasse nachgewiesen.

Die Betheiligung der Leber an der Melanämie kündigt sich nach
Frerichs in manchen Fällen durch ein Gefühl von Druck im rechten
Hypochondrium sowie durch eine Zunahme des Leberumfangs an.
Indessen können diese Erscheinungen fehlen, auch wenn die Lebercapillaren mit Pigment vollgestopft sind. Eine leichte icterische Verfärbung der Haut und der Conjunctiva sowie die Anwesenheit von
Gallenfarbstoff im Harn lässt sich vielfach constatiren, doch ist auch
dieses Symptom nichts weniger als constant. Die reichliche Gallenabsonderung, welche namentlich in frischeren Fällen die Regel zu
sein scheint, gibt sich am Lebenden nicht direct zu erkennen und

kann ebensowenig, wie der von Frerichs constatirte Eiweissgehalt der Galle als Symptom verwerthet werden. Wenn der Durchfluss des Pfortaderblutes durch die Leber in Folge der Verstopfung ihrer Gefässbahnen mit pigmentführenden Zellen in höherm Grade gestört wird, so kommt es zur Stockung des Blutes in den Wurzeln der Pfortader, welche sich an der Schleimhaut des Darmkanals durch gesteigerte Secretion von Darmsaft, durch profuse Diarrhöen oder selbst durch Blutungen in den Darm zu erkennen gibt. Auch hat man zuweilen seröse Transsudationen im Bauchfellraume in acuter Weise sich dabei entwickeln sehen. Ob alle diese Erscheinungen direct von der Verstopfung der Blutbahnen in der Leber abgeleitet werden dürfen, ist freilich noch nicht über jeden Zweifel erhaben. Denn die Veränderungen der Leber wurden auch in solchen Fällen constatirt, wo es nicht zu Diarrhöen, Darmblutungen und ähnlichen Erscheinungen kam, und die Darmblutungen, welche Frerichs in 3 Fällen beobachtete, traten deutlich intermittirend auf, wichen ferner dem Chinin, während sie der direct gegen die Blutung gerichteten Behandlung widerstanden. Mit der Beständigkeit der präsumirten Ursache, nämlich der Verstopfung der Lebergefässe, ist der intermittirende Charakter der Folgeerscheinung, nämlich der Darmblutung, schwer in Uebereinstimmung zu bringen. Auch bezüglich der Diarrhöen könnte in den von Frerichs berichteten Fällen daran gedacht werden, dass sie andern ätiologischen Momenten ihre Entstehung zu verdanken haben, als der Undurchgängigkeit der Lebergefässe und der daraus resultirenden Pfortaderstockung. Wenigstens wird von dem Autor ausdrücklich das gleichzeitige Vorkommen von Dysenterie zur Zeit der von ihm beobachteten Endemie hervorgehoben. In manchen Fällen von Melanämie gibt sich die Alteration, welche die Leber dabei erlitten hat, erst von dem Zeitpunkte an zu erkennen, wo die Atrophie des Organs sich einstellt.

Die Anhaltspunkte für die Diagnose der Pigmentleber sind hiernach wenig zahlreich und wenig sicher. Aber die Aufgabe des Arztes beschränkt sich nicht darauf, die etwa vorhandene Pigmentleber zu diagnosticiren, vielmehr hat dieser dem Gesammtzustande des Patienten, d. h. der Melanämie in allen ihren Manifestationen, seine Aufmerksamkeit zuzuwenden. Die Diagnose der Melanämie aber gründet sich theils auf den Nachweis der stattgehabten Malariainfection, theils auf die directe mikroskopische Untersuchung des Blutes, in welchem das schwarze Pigment aufgesucht werden muss, theils endlich auf die Erscheinungen von Seiten der Milz, des Gehirns, der Harnsecretion und der äusseren Haut, welche der Melanämie zukommen. Wenn man auf diesem Wege zu der Annahme der Melanämie gelangt ist, so wird man berechtigt sein, die oben erörterten Symptome von Seiten der Leber und des Magendarmkatarrhs auf das Vorhandensein der Pigmentleber zu beziehen. Ohne Berücksichtigung jener weiteren Momente aber würde die Diagnose „Pigmentleber" sich nicht aufrecht erhalten lassen.

Wenn die von Arnstein und Kelsch vertretene Anschauung von der Pathogenese der Melanämie die richtige ist, so müsste die Entstehung der Pigmentleber acut erfolgen, sofern das während der Fieberparoxysmen rasch gebildete Pigment in den Gefässen der Leber stecken bleibt. Sobald es aber einmal zur Pigmentleber gekommen ist, so bleibt dieser Zustand für längere Zeit annähernd stationär. Nach der Beseitigung der Fieberanfälle scheint jedoch das Pigment auch aus den Lebergefässen wieder allmählich zu verschwinden. Eine Rückkehr der Leber zum Normalzustande erfolgt gleichwohl nur ausnahmsweise, sofern sich nämlich in der Regel entzündliche Wucherung des interstitiellen Bindegewebes, Atrophie des Leberparenchyms und cirrhotische Schrumpfung des ganzen Organs anschliesst. Die Prognose muss daher immer, auch abgesehen von den sonstigen Gefahren der Melanämie, schon in Betreff der Leber eine ungünstige oder wenigstens zweifelhafte genannt werden.

Die Aufgabe der Therapie gegenüber der Pigmentleber besteht vor allen Dingen darin, die Intermittensanfälle zu beseitigen, denn mit jedem Anfall vermehrt sich die Menge des Pigments, steigert sich die Undurchgängigkeit der Blutbahnen in der Leber. Das Chinin in entsprechend grossen Dosen angewendet ist hier das fast souveräne Mittel. Nicht blos das Fieber wird dadurch coupirt, sondern auch die intermittirenden Blutungen und der acute Ascites, welche unmittelbar auf die ausgedehnteren Capillarverstopfungen in der Leber folgen, werden durch das Chinin am sichersten bekämpft. Nach dem Aufhören der Fieberanfälle mag sich die Behandlung gegen die zurückbleibenden localen Störungen der Leber und der sonst betheiligten Organe richten. Die Hyperämie der Leber verliert sich mit dem Aufhören des Fiebers meistens von selbst. Gegen die sich allmählich einfindende Atrophie der Leber gibt es kein Vorbeugungsmittel. Die von der Leberschrumpfung abhängenden Symptome, der chronische Magendarmkatarrh, die profusen Diarrhöen, der Ascites müssen nach den dafür geltenden Grundsätzen bekämpft werden. Gleiches gilt von den Zuständen fettiger und amyloider Infiltration der Leber, welche sich nach lange dauernden Malariafiebern gelegentlich einfinden.

DIE SCHMAROZER DER LEBER

VON

PROFESSOR DR. ARNOLD HELLER.

SCHMAROZER DER LEBER.

Allgemeines.

Die Zahl der in der Leber bis jetzt beim Menschen gefundenen Schmarozer ist eine nur kleine. Mit Echinococcus, Cysticercus, Pentastomum denticulatum, endlich den sogenannten Psorospermien ist ihre Reihe erschöpft.

Von praktischer Bedeutung ist bis jetzt nur der Echinococcus. Die übrigen sind theils nur seltene Gäste, theils sind bis jetzt keine Erscheinungen bekannt, welche durch ihre Anwesenheit etwa hervorgerufen sein könnten.

Echinococcus.

Heller, Dies Handbuch. III. S. 315—358. 2. Aufl. — Neisser, Die Echinococcen-Krankheit. Berlin 1877. — Davaine, Traité des Entozoaires. 2. éd. Paris 1878. — Küchenmeister u. Zürn, Die Parasiten des Menschen. 2. Aufl. 1. Lief. Leipzig 1878. — Leuckart, Parasiten. 1. Bd.

Die Naturgeschichte und allgemeine Pathologie und Therapie des Echinococcus, ebenso wie im Speciellen die der Leberechinokokken sind so ausführlich bereits im III. Bande dieses Handbuches behandelt, dass es nicht zulässig erscheint, hier nochmals darauf weitläufig einzugehen. Es dürfte genügen, die Hauptpunkte hervorzuheben und etwa neue Beobachtungen und Fortschritte besonders in der Therapie zu erwähnen.

Der Echinococcus tritt meist in einem, seltener in mehreren Exemplaren in der Leber auf. Er drängt durch sein Wachsthum nicht nur das Lebergewebe bei Seite, sondern bringt dasselbe auch in ausgedehntem Maasse zur Atrophie. Er tritt als umschriebene Geschwulst beim Sitze an der Oberfläche frühzeitig, beim Sitze in der Tiefe später hervor und hebt sich mit zunehmender Grösse stärker von der Oberfläche ab. Sein Wachsthum ist ein sehr lang-

sames, Jahre scheinen meist nöthig, bevor er eine bedeutendere
Grösse erreicht. In sehr zahlreichen Fällen stirbt er ohne nachweisbaren Grund von selbst ab und erfährt Rückbildungen, so dass
schliesslich nur ein käsiger oder kreidiger, von einer Bindegewebskapsel umfasster Herd zurückbleibt, in welchem bisweilen Reste der
Membran, Häkchen oder auch verkalkte Bandwurmköpfchen nachweisbar sind. Stirbt er nicht ab, so erreicht er allmählich eine
sehr bedeutende Grösse.

Je nach dem Sitze in der Leber wird der Verlauf ein verschiedener sein. An der oberen Fläche sich entwickelnd verschiebt er
die Brustorgane nach aufwärts, die Leber muss nach abwärts gedrängt werden; besonders beim Sitze an der Oberfläche des rechten
Lappens schiebt er das Zwerchfell vor sich her, entweder ohne oder
mit Durchbohrung desselben, drängt die Lunge nach links und steigt
so weit nach aufwärts, dass die rechte Thoraxhälfte grösstentheils
von ihm ausgefüllt erscheint; das Herz wird nach links hin verschoben. Die Verhältnisse ändern sich natürlich bei vorher etwa
schon vorhandenen Verwachsungen der Pleurablätter unter einander.
Der in die Pleurahöhle hinaufgestiegene Echinococcus kann nach
der Lunge hin in die Luftwege durchbrechen oder durch die Brustwand nach aussen sich entleeren [1]), falls er nicht vorher durch
Athemnoth oder Marasmus zum Tode führt.

Als Illustration solcher nach oben steigenden Echinokokken möge
ein Fall aus der Klinik von Bartels hier kurze Mittheilung finden, da
er wie so vieles in den „Jahresberichten über die Leistungen und Fortschritte in der gesammten Medicin" keine Stelle gefunden hat.[2])

Wohlgenährtes Mädchen von 22 Jahren, seit drei Jahren zunehmende Brustbeschwerden, besonders Athemnoth, seit 1½ Jahren heftige
Schmerzen unter dem rechten Schulterblatt. Bei der Aufnahme Oktober
1868 rechte Brusthälfte enorm ausgedehnt, Intercostalräume rechts
sehr verbreitert, Skoliose der Wirbelsäule; Percussionsschall rechts
völlig leer bis einen Zoll über den linken Sternalrand, nur auf dem
rechten zweiten Rippenknorpel tympanitischer Schall von veränder-
licher Höhe beim Oeffnen und Schliessen des Mundes. Herzstoss in
der linken Axillarlinie im sechsten später im siebenten Intercostalraum;
Leberdämpfung kaum den Rippenbogen überragend, steigt allmählich
weiter hinab. Kein Fieber. Im Januar 1869 operative Eröffnung der
rechten Pleurahöhle im sechsten Intercostalraum, Entleerung von circa
5000 C.-Cm. Flüssigkeit mit circa 300 kleinen und grossen Echinococcusblasen. Täglich mehrmalige Ausspülung mit 1 pCt. Kochsalz-

---

1) Hertz, Dies Handbuch. V. S. 443.
2) Dütsch, Ein Fall von Echinococcusblasen im Pleurasack durch die Operation zur Heilung gebracht. Dissert. Kiel 1869.

lösung, welche noch viele Blasen entleert; langdauernde Eiterung mit Fieber; allmähliche Verkleinerung der Höhle, theils durch die deutlich nachweisbare Entfaltung der rechten Lunge, theils durch Hinaufsteigen der Leber an ihren normalen Platz, theils durch geringe Einziehung der Brustwand bedingt. Der allgemeine Ernährungszustand vortrefflich.

Die Ausheilung kam ganz allmählich bis auf eine feine zurückbleibende Fistel zu Stande. Vier Jahre [1]) nach der Operation starb die Patientin. Bei der Section fand sich der rechte Leberlappen ausserordentlich verkleinert, auf die Grösse etwa des linken Lappens reducirt; der linke Lappen war sehr stark vergrössert, so gross etwa wie ein normaler rechter Lappen. Die Oberfläche des rechten Lappens mit dem Zwerchfelle und der rechten Lungenbasis in mässiger Ausdehnung sehr fest durch derbe narbige von kleinen kalkigen Concrementen durchsetzte Bindegewebsmassen verwachsen, durch welche die Continuität des Zwerchfells unterbrochen ist; nach diesem Narbengewebe hin führt ein mit schwieligem schiefrigem Gewebe umgebener Fistelgang der Thoraxwand — das Residuum der Operationsöffnung.

Soviel ich finden kann, ist dies ausser einem von Frerichs[2]) der einzige Fall, bei welchem eine vicariirende Hypertrophie des übrigen Lebergewebes beobachtet wurde, ähnlich wie in einem von mir früher beschriebenen Falle nach wahrscheinlich traumatischer Zerstörung eines Theiles des rechten Leberlappens.[3]) Bei den Nieren ist ähnliche vicariirende Hypertrophie nicht allzuselten.

Die Folgen des Echinococcus beim Wachsthum nach unten machen sich vor Allem nach den daselbst befindlichen Hohlorganen hin geltend; Compression der Gallenwege hat Gallenstauung und Ikterus zur Folge; Compression der Vena cava inferior, der Vena portae führt zu Circulationsstörungen und deren Folgen.

Durchbruch nach der unteren Hohlvene bedingt sofortigen Tod durch Embolie der Pulmonalarterie, Durchbruch nach der Bauchhöhle ist meist von tödlicher Peritonitis gefolgt, selten tritt zeitweilige Heilung ein. Eröffnung in die Gallenwege kann zu völliger Ausheilung führen; zeitweiliger Ikterus wird durch Gallenstauung von den durchpassirenden Blasen veranlasst.

Ein solcher Fall wurde neuerdings aus der Nothnagel'schen Klinik veröffentlicht[4]).

---

1) Neisser hat l. c. S. 137 u. 199. Nr. 9 (wo es übrigens S. 228 heissen muss) diesen Fall offenbar durch ein Versehen als 4 Tage nach der Operation tödlich endigend angeführt; während erst nach 4 Jahren der Tod die Section ermöglichte.

2) Klinik der Leberkrankheiten. II. S. 223.

3 Heller, Virchow's Archiv. 51. S. 355. 1870.

4) Westerdyk, Berliner klin. Wochenschrift 1877. S. 629. Nr. 43.

Im Laufe mehrerer Jahre verschwand wiederholt eine Geschwulst in der Oberbauchgegend mit heftigen Schmerzen nach kurzer Zeit, in den letzten Anfällen trat Ikterus auf, mit dem Stuhlgang wurden Blasen entleert, circa 400 Stück wurden in der Klinik gezählt.[1]

Acut entzündliche Erscheinungen entstehen bei Echinococcus gewöhnlich nur durch äussere Einwirkung; während der Echinococcus sonst in der Regel keine Temperatursteigerung bewirkt, kommt es dann unter heftigem Fieber zu lebhafter Eiterung um den Echinococcus, ausgedehnte Abscedirung der Leber kann den Tod herbeiführen.

Die andere Form des Echinococcus, die multiloculäre, zeigt manche Unterschiede der gewöhnlichen gegenüber. Vor Allem ist das fast regelmässige Auftreten von Ikterus und von Milzschwellung zu betonen, während der gewöhnliche Echinococcus nur ersteren zeigt, wenn er auf die Gallenwege drückt oder wenn er dahin durchbrechend zeitweiligen Verschluss durch abgehende Blasen bewirkt.

Unter 40 Fällen von Echinococcus multilocularis finden sich 29 mal Angaben über die Milz, davon war in 25 Fällen Milztumor vorhanden; in 33 Fällen finde ich Angaben über Ikterus, in 28 war solcher vorhanden, nur in 4 Fällen fehlte der Milztumor, in 5 Fällen der Ikterus, in einem der letzteren scheint er aber früher vorhanden gewesen zu sein.

In den letzten Jahren sind wieder mehrere neue Fälle dieser selteneren Form veröffentlicht worden. Während Klebs[2] 21 Fälle (25 mit Einschluss der unsicheren von Dittrich und Meyer und dem nicht dazu gehörigen zweiten von Schethauer) zusammenstellt, Prougeanski[3] 1873 deren 17 (19 mit zwei noch nicht zur Sektion gelangten), Morin[4] bereits 32 nennt, konnte ich 1876 beim Menschen 35 Fälle aufzählen; zu ihnen kommen seitdem folgende fünf neue.

36. Laudenberger[5] 34jähriger Italiener, Ikterus, Milztumor, im rechten Lappen faustgrosse Jauchehöhle, an deren unterer Fläche bindegewebige Massen von Blasen durchsetzt. In der Leberpforte die Lymphgefässe damit erfüllt, ebenso die Lymphgefässe und feineren Gallengänge gegen den scharfen Rand des linken Leberlappens; im subserösen Zellgewebe der Bauchwand über dem Nabel einige nussgrosse derbe weisslichgelbe Knoten mit dem rechten Leberlappen durch Bindegewebe verbunden, welche sich ebenfalls als multiloculärer Echinococcus erweisen.

1) Vergl. Barth, Archiv d. Heilkunde. 13. 187. (Dies Handbuch. III. S. 352).
2) Patholog. Anatomie. I. S. 517.
3) Dissert. inaug. Zürich 1873.
4) Dissert. inaug. Bern 1876.
5) Würtemb. Correspondenzblatt 1875. S. 195. Nr. 45.

37. Dean[1]), 39jähriger Schmied, aus Schwangau in Baiern, Ikterus, Milz normal. Hydrops. Leber doppelt so gross, 10 Pfund schwer, Oberfläche mit knorpelartigen Knötchen mit gallertigem Inhalte, im rechten Lappen kopfgrosse Höhle mit blutig-gallig-serösem Inhalte mit Gewebsbröckeln gemischt.

38. Dean (ibid.) gänseeigrosser Echinococcus multiloc. in der Leber einer Negerin.

39. Scheuthauer[2]), 30jähr. Dienstmagd aus Kärnten. Ikterus. Milz stark vergrössert. Im rechten Leberlappen am vorderen und hinteren Rande je eine gänseeigrosse knorpelharte Masse, von mohnkorn- bis erbsengrossen Gallertkörnern durchsetzt; in der Mitte eine mit molkiger Flüssigkeit gefüllte Höhle. Ein dritter Knoten in der Pforte, aus welchem drei verdickte mit Gallertkörnern gefüllte Lymphgefässe entspringen; ein pflaumengrosser Knoten in der Fossa longitudinalis sinistra, ein bohnengrosser am rechten Leberrand.

40. Küchenmeister[3]), 32jähriger Kaufmann, Fleischerssohn aus Baiern. Ikterus; faustgrosser Echinococcus multilocularis des rechten Leberlappens.

Diagnose.

Die Diagnose eines Leberechinococcus ist anfangs sehr schwierig, wenn überhaupt möglich. Erst bei weiterem Wachsthum lässt sich eine mehr oder weniger sichere Diagnose stellen. Entwickelt sich bei einem jüngeren Individuum langsam und allmählich, ohne Fieber und bedeutende Schmerzen, ohne hervortretende Ernährungsstörungen oder Kachexie eine starke Anschwellung der Lebergegend, lässt sich an der Geschwulst Fluctuation erkennen, so ist an Echinococcus zu denken; durch Ausschluss andersartiger Geschwülste kann die Wahrscheinlichkeit vermehrt werden. Für die Differentialdiagnose kämen in Betracht: chronischer Leberabscess, Aneurysma, Erweiterung der Gallenblase, Hydronephrose, Cystenniere, bei Weibern Hydrovarien; sonstige fluctuirende Geschwülste, wie Hämatometra, kolossale Ektasie der Harnblase, cystische Erweiterung eines Urachusrestes, sind allzu selten, werden auch kaum bei einigermaassen eingehender Untersuchung unerkannt bleiben; ebensowenig wird der schwangere Uterus zu Verwechselungen Veranlassung geben.

Weit schwieriger dagegen ist die Unterscheidung eines von der oberen Leberfläche ausgehenden Echinococcus von einem Pleuraexsudat. Denn auch das von Frerich's[4]) wie von Bartels[5])

---

1) St. Louis Med. and surg. Journ. 14. S. 420. 1877.
2) Wien. allgem. med. Zeit. 1877. Nr. 21 u. 22.
3) Parasiten des Menschen. I. S. 192. 1878.
4) l. c.
5) Dies. Handbuch. III. S. 356.

betonte Verhalten, dass beim Echinococcus am Rücken die Däm-
pfungslinie gegen die Wirbelsäule absteige, ist durch eine neuere
Beobachtung [1]) als nicht immer zutreffend erkannt.

' Auf eine Erscheinung möchte ich für weitere Beachtung aufmerksam machen. Traube wies in seiner Klinik auf Schmerz in der
Gegend der rechten Scapula als charakteristisch für Lebererkrankung
hin, sodass bei Vorhandensein dieses Symptomes das Pleuraexsudat
vielleicht ausgeschlossen werden könnte. Dieselben Schmerzen waren
in dem oben berichteten Falle von Bartels (S. 430) vorhanden.

Alle gewöhnlichen Hilfsmittel für die Erkennung lassen häufig
im Stiche. Nur die Probepunktion gibt fast ohne Ausnahme bei
nicht entzündeten Echinokokken sichere Aufschlüsse, obwol auch
dabei einige Möglichkeiten für Verwechselungen vorhanden sind.
Entweder wird durch die Probepunktion nur Flüssigkeit entleert;
ist die Flüssigkeit klar, von 1007—1015 specifischem Gewichte, eiweissfrei, mit reichlichem Kochsalzgehalte, 0,61 pCt. und darüber,
so ist die Diagnose fast sicher; nur der Inhalt der seltenen Cysten
des Ligamentum latum und, wie es scheint, in höchst seltenen Fällen
ascitische Flüssigkeit bei in Folge von Amyloidentartung hydrämi-
schen Individuen zeigen sich ebenfalls eiweissfrei; dieselben sind
aber gewöhnlich von geringerem specifischem Gewichte; der Nachweis von Bernsteinsäure oder Traubenzucker spricht für Echinococcus.

Für die Frage von der chemischen Beschaffenheit von Punktions-
flüssigkeiten ist die Arbeit von Westphalen [2]) besonders werthvoll.
Er gibt neben eigenen Untersuchungen auch einen Ueberblick des bis
dahin vorliegenden Materiales.

Das Freisein von Eiweiss bei nicht entzündeten Echinokokken
ist besonders zu betonen gegenüber der Verwirrung, welche Küchenmeister [3]) durch einen ganz unbegreiflichen Fehlgriff anzurichten
droht. Er sagt: „Einen sehr grossen diagnostischen Werth legt man
auf die chemische Untersuchung der durch eine Probepunktion
gewonnenen Flüssigkeit. Der Gehalt an Eiweiss (nachgewiesen durch
Kochen, Alkohol oder Salpetersäure), Inosit oder Bernsteinsäure gilt
heute für das beste Beweismittel, dass eine wasserhelle Flüssigkeit
ohne Scolices und Häkchen dennoch Echinokokken angehöre." Ein-
stimmig haben ältere und neuere Untersucher die frische Echino-

---

1) Seligsohn, Berlin. klin. Wochenschr. 1876. Nr. 9 u. 10.
2) Beitrag zur Lehre von der Probepunktion. Archiv f. Gynäkologie. VIII. S. 1.
3) Küchenmeister u. Zürn, Die Parasiten des Menschen. 2. Aufl. I. S. 185.
1878. Auch sonst zeichnet sich leider diese Lieferung neben einer üppigen Saat
von Druckfehlern durch zahlreiche Irrthümer aus.

kokkenflüssigkeit eiweissfrei gefunden; nur eine Caseïn ähnliche Substanz in geringer Menge fand beim Verdampfen Jacobsen [1]).

Einige Angaben über geringen oder sehr starken Eiweissgehalt von Echinokokkenflüssigkeit sind auf Transsudatbeimischung zurückzuführen.

Unzweifelhaft ist die Diagnose, sobald entweder mikroskopisch Bandwurmköpfchen im Sedimente gefunden oder auch Stückchen von Echinococcusmembranen mit herausbefördert werden; diese zeigen die charakteristische Schichtung.

Die Probepunktion lässt, was die chemische Untersuchung betrifft, im Stiche, sobald Entzündung eingetreten ist, in der Regel auch, sobald einmal eine Punktion einige Zeit vorher vorgenommen war.

Täuschungen können entstehen, wenn der Echinokokkenflüssigkeit beim Zurückziehen des Probetrokars Eiter oder ascitische Flüssigkeit sich beimischt.

Ist Eiterung jedoch eingetreten, so ist ja die weitere operative Therapie gegeben, ob der Abscess auf Echinococcus oder eine andere Ursache zurückzuführen ist.

Die Diagnose des Echinococcus multilocularis stösst auf andere Schwierigkeiten. Da derselbe selten nur bedeutende Fluctuation zeigt, sondern sich durch Härte und Starrheit auszeichnet, so kommen andersartige Schwellungen der Leber für die Verwechselung in Betracht.

Vom gewöhnlichen Echinococcus unterscheidet er sich durch die fast immer vorhandene Milzschwellung, meist frühzeitig eintretenden Ikterus, sehr harte Beschaffenheit des Tumors, wenn er für die Betastung zugänglich ist.

Dem Leberkrebs gegenüber hat der Echinococcus immer sehr langsamen Verlauf; ersterer zeigt immer weit früher allgemeine Ernährungsstörungen; Milzschwellung findet sich nur bei sehr rasch verlaufendem Leberkrebse, durch das rasche Wachsthum ist Echinococcus ausgeschlossen. Beim Hervortreten der Leber unter dem Rippenrande werden die Krebsknoten fühlbar. Der Leberkrebs trifft vorwiegend das reifere Alter, Echinococcus das frühere.

Amyloidleber und die hypertrophische Form der Leberkirrhose zeichnen sich durch die gleichmässige Vergrösserung aus, bedingen auch völlig andere Erscheinungen, besonders fehlt die Schmerzhaf-

1) Herrn Professor Jacobsen in Rostock, früher in Kiel, verdanken wir die sorgfältigen Analysen, nicht „Jacobson", wie Neisser ständig citirt.

28*

tigkeit, welche bei dem multiloculären Echinococcus so sehr häufig
vorhanden ist.

Lebersyphilis würde wohl kaum zu Verwechselungen führen.

Prognose.

In jedem Falle von Leberechinococcus, der noch im Wachsen
ist oder welcher in Abscedirung begriffen ist, muss die Prognose sehr
rückhaltend gestellt werden. Der Ausgang hängt von so vielerlei
Umständen, von Grösse, Sitz, Kräftezustand des Individuums überhaupt ab. Die Prognose eines multiloculären ist bis jetzt sehr
schlecht.

Therapie.

Für die Therapie gilt vor Allem Kussmaul's [1] Ermahnung,
bei noch wachsendem Echinococcus innerer Organe mit der Operation nicht zu warten, bis lebensgefährliche Erscheinungen eintreten.
Ein noch wachsender Echinococcus ist eine immerwährend drohende,
unmittelbare Gefahr. Zudem tritt bei frühzeitiger Operation die Heilung leichter ein, als wenn erst durch längeren Bestand die um-
hüllende Cystenwand starrer, die Veränderung anderer Organe durch
den Druck des wachsenden Schmarozers bedeutender geworden ist.

Was die Behandlung selbst betrifft, so sind die Aussichten einer
inneren oder äusseren medicamentösen Therapie äusserst gering.
Nur operative Eingriffe können ernstlich in Betracht gezogen werden. Solche zerfallen in zwei Hauptgruppen:

1. Methoden, durch welche der Schmarozer zum Absterben
und Schrumpfen gebracht werden soll. Hierher gehört die einfache
Punktion mit feinem Trokar, die Punktion mit Aspiration, die Punktion
mit folgender Jodinjektion, endlich die Elektrolyse. Letztere scheint
mit der einfachen Punktion durch feinen Trokar in der Wirkungsweise
zusammenzufallen; beide Methoden haben eine Anzahl guter Erfolge
für sich, während die beiden anderen weniger günstige Resultate
ergeben haben.

Die zweite Gruppe umfasst die Methoden, welche die Eröffnung
des Sackes und die Entleerung desselben bezwecken. Die Zahl der
Methoden mit grösseren und geringeren Abänderungen ist gross.
Das erste Ziel aller ist, eine Verwachsung der Cystenwand mit der
Bauchwand zu erzielen, sei es durch Aetzung oder durch Einstechen
von Nadeln, durch Einstossen eines oder mehrerer Trokare; eine

---

1) Berl. klin. Wochenschrift 1867. S. 545.

darauf folgende weite Eröffnung gestattet die Entleerung des Cysten-
raumes und Nachbehandlung desselben bis zur Ausheilung.

Am meisten versprechend erscheint die Simon'sche Methode [1].
Er empfiehlt die mehrfache Punktion des Echinococcus; der erste
Einstich wird sofort durch Untersuchung von 40—60 Ccm. des Inhalts zur Sicherung der Diagnose benutzt; ergibt die chemische und
mikroskopische Untersuchung die Bestätigung der Diagnose auf Echinococcus, so werden sofort drei weitere Trokare in genügender Entfernung (wenigstens 5 Ctm.) eingestossen; die Trokare bleiben liegen,
bis neben den Kanülen Flüssigkeit aussickert; täglich wird eine
gleichgrosse Menge, wie beim ersten Einstich, aus den Kanülen
entleert; meist entsteht am 4.—5. Tage Eiterung. Sind die Reaktions-
erscheinungen gering, so kann noch einige Tage gewartet werden,
sonst wird die Incision so gemacht, dass die am weitesten auseinander gelegenen Stichöffnungen durch einen geraden, schichtweise
in die Tiefe dringenden Schnitt mit einander verbunden werden;
sorgfältige frühzeitige Entfernung der Echinokokkenblasen wird von
Simon als besonders wichtig für günstigen Verlauf betont. Die
von Simon nicht begünstigte antiseptische Nachbehandlung dürfte
doch der offenen vorzuziehen sein.

Bei der völligen Hoffnungslosigkeit des Echinococcus multilocularis dürfte auch bei ihm die Operation zu wagen sein, wie sie
Griesinger und Jürgensen bereits versuchten, da sich doch
vielleicht eine Heilung erreichen lässt.

Die übrigen Leberschmarozer.

Cysticercus cellulosae

ist sehr selten in der Leber; bis jetzt sind keinerlei Störungen, welche
durch seine Anwesenheit in derselben hervorgerufen sein könnten,
bekannt.

Pentastomum denticulatum,

der Jugendzustand des Pentastomum taenioides, welches in der Nasenhöhle des Hundes schmarozt. Dieser Schmarozer war früher bereits
bei verschiedenen Thieren, wie Ziege, Kaninchen, Meerschweinchen
u. s. w. gefunden. Dann hatte Bilharz [2] ihn in Egypten in zwei

---

1) Die Echinokokkencysten der Nieren und des perirenalen Bindegewebes,
herausgegeben von Dr. H. Braun. Stuttg. 1877.

2) Zeitschrift f. wissenschaftl. Zoologie 4. S. 53. 1852.

Leichen gefunden, doch wurde er fälschlich für identisch mit dem weit grösseren von Pruner ebenfalls in Egypten gefundenen Pentastomum constrictum gehalten. Erst Zenker [1]) entdeckte ihn in Deutschland beim Menschen, beschrieb ihn genauer und wies ihn als einen keineswegs seltenen Gast nach. Ausser in der Leber findet er sich auch in anderen Theilen, besonders in Lunge und Darmwand.

Das Pentastomum denticulatum findet sich meist an der Leberoberfläche als stecknadelkopfgrosses, meist wenig über die Umgebung hervorragendes rundliches Knötchen von weisslicher Farbe. Bei genauerer Besichtigung findet man, dass der Knoten aus einer sehr derben weisslichen Bindegewebskapsel besteht, welche einen halbmondförmig gekrümmten, meist verkalkten gelben Körper einschliesst. Dieser Kern lässt sich nur sehr schwer ausschälen, ohne zu zerbrechen. Löst man die Kalksalze in Säuren, so findet man sowohl die 4 grossen krallenartigen Füsse mit Stützapparaten als auch gewöhnlich Bruchstücke der glashellen Haut; dieselbe ist mit regelmässigen Reihen von feinen Stacheln besetzt, mit welchen Reihen von doppeltconturirten Stigmaten abwechseln.

Aus der Entozoenstatistik, welche Müller [2]) nach Professor Zenker's Sektionsmaterial zusammengestellt hat, ergeben sich über die Häufigkeit des Vorkommens von Pentastomum mehrfach interessante Thatsachen. Zu Grunde gelegt sind 1939 Sektionen aus den Jahren 1852 — 1862 in Dresden gemacht und 1755 Sektionen aus Erlangen. Es ergibt sich vor allem das auffallende, dass Pentastomum bei keinem der 631 Individuen unter 20 Jahren gefunden wurde. Im Ganzen fanden sich in Dresden bei 4,69 pCt. aller Secirten oder bei 5,16 pCt. aller über 20 Jahren Pentastomen, in Erlangen dagegen bei 1,42 pCt. aller Secirten oder 1,9 pCt. aller über 20 Jahre. Auf das männliche Geschlecht trafen in Dresden 5,76 pCt. (6,2 pCt.), auf das weibliche 3,03 pCt. (3,3 pCt.); in Erlangen Männer 1,66 pCt. (2,2 pCt.), Frauen 1,04 pCt. (1,4 pCt.)

Unter 670 in den Jahren 1873 — 1876 in Kiel secirten über 15 Jahre alten Individuen fand sich bei 1,6 pCt. ·Pentastomum denticulatum, also ähnlich wie in Erlangen.

Wenn auch bis jetzt noch nie Krankheitserscheinungen beim Menschen beobachtet wurden, welche auf die Anwesenheit von Pentastomum denticulatum zu beziehen gewesen wären, so ist doch nicht aus dem Auge zu lassen, dass die Wanderungen derselben im Leber-

---

1) Zeitschrift für rationelle Medicin. N. F. V. S. 212. 1854.
2) Statistik der menschlichen Entozoen. Dissert. inaug. Erlangen 1874.

parenchym nach Leuckart's[1]) Untersuchungen von den schwersten Störungen gefolgt sind, sobald eine grössere Zahl der jungen Schmarozer zugleich einwandert.

Die Pentastomen gehören zu den Milben. Ihre Entwicklungsgeschichte ist durch Leuckart aufgeklärt. Die erwachsenen Thiere, Pentastomum taenioides, leben in der Nasenhöhle des Hundes und ihren Nebenhöhlen. Das Männchen ca. 15 Millimeter, das Weibchen 83 Millimeter lang. Die Eier zeigen schon, bevor sie abgelegt werden, völlig entwickelte Embryonen; sie gehen dem Nasenschleime beigemischt ab. Gelangen sie in den Verdauungskanal eines geeigneten Thieres, so werden die Eihüllen gelöst, die Embryonen durchbohren mit ihren zwei Krallenpaaren die Wandungen des Verdauungskanales und gelangen auf noch nicht festgestelltem Wege in die verschiedensten Organe namentlich Leber und Lunge. Daselbst eingekapselt machen sie mehrere Häutungen durch und entwickeln sich zum Pentastomum denticulatum. Gelangt das eingekapselte Pentastomum denticulatum nun auf irgend eine Weise in die Nasenhöhle des Hundes oder Wolfes, so entwickelt es sich daselbst zur Geschlechtsreife.

Psorospermien

sind bis jetzt nur zweimal in der Leber des Menschen gefunden. Es sind eiförmige Körper 0,03—0,04 Mm. lang, 0,012—0,02 Mm. breit, mit gleichmässiger doppeltconturirter Schale und körnigem Inhalte; letzterer erfüllt entweder den ganzen Hohlraum oder ist nur zu einem rundlichen Häufchen zusammengeballt, während der übrige Raum klar erscheint.

Nach Eimer[2]) sind diese Psorospermien zur Ruhe gekommene Gregarinen; durch Furchung entstehen aus ihnen die eigentlichen Psorospermien. Die Gregarine wächst frei oder in einer Epithelzelle eingeschlossen zu einer nackten Psorospermie heran, kapselt sich dann ein und bildet die Rundwurm-Eiern ähnlichen Gebilde. Sie theilt sich in ihnen durch Furchung in Kugeln, aus welchen junge Gregarinen entstehen.

Solche Psorospermien bedingen zeitweilig seuchenartiges Wegsterben der jungen Kaninchen; die Gallenwege derselben erscheinen in der blutreichen Leber als wurstartig aufgetriebene gelbe Schläuche; beim Anschneiden entleert sich aus denselben ein eiterartiger Brei, welcher neben Eiterkörperchen und Epithelzellen enorme Massen der genannten Gebilde enthält. Dieselben Bildungen finden sich im Darme theils frei theils in Cylinderepithelien eingeschlossen. Auch bei Hühnern hat man seuchenartige Erkrankungen durch solche Psorospermien hervorgerufen beobachtet.

---

1) Bau und Entwicklungsgeschichte der Pentastomen. Leipzig 1860.
2) Die Psorospermien. Würzburg 1870.

Nur zwei Fälle von Psorospermien in der Leber sind bis jetzt sicher beobachtet. Der erste ist von Gubler[1]) mitgetheilt. In der Leber eines 45jährigen Mannes fanden sich etwa 20 kuglige Tumoren; in dem zähen schleimigen Inhalte fanden sich neben grösseren körnigen Zellen, Cylinderepithelien und eiterkörperchenähnlichen Zellen, ausgebildete Psorospermien; der eine Pol zeigte einer Mikropyle ähnliche Zuspitzung, wie sie auch sonst schon beschrieben ist. Den zweiten Fall berichtet Leuckart[2]) nach einer brieflichen Mittheilung des Beobachters. Dressler (Prag) fand nahe am scharfen Rande einer menschlichen Leber drei hirsekorn- bis erbsengrosse Knoten; der in ihnen enthaltene milchweisse Brei liess mikroskopisch vollständig entwickelte Psorospermien erkennen.

Als dritter Fall findet sich allenthalben noch die interessante Beobachtung von Virchow[3]) angeführt, von Klebs[4]) allerdings nur mit grossem Zweifel. Ich habe jedoch nachgewiesen, dass es sich dort unzweifelhaft um Eier von Ascaris lumbricoides handelt, welche wohl von einem in die Gallenwege verirrten Spulwurm stammten.[5])

---

1) Mém. de la Soc. de biologie 1859. T. V. p. 61.
2) Parasiten. II. S. 741 mit Abbildung.
3) Archiv 18. S. 524. Tafel X. Fig. 5.
4) Patholog. Anatomie I. S. 528.
5) Dies. Handbuch. VII. 2. S. 649. (2. Aufl.)

Berichtigungen:

Seite 7 Zeile 2 v. o. lies Höhe statt Breite.
„   7   „   3 v. u.   „   die pathologischen Vorgänge statt viele.
„   7   „   3 v. u.   „   vielfach eine statt eine.
„   8   „   4 v. u.   „   umschliessender statt einschliessender.
„ 15   „   6 v. o.   „   symptomatischen statt gleichfalls symptomatischen.

Druck von J. B. Hirschfeld in Leipzig.